教育部高等学校电工电子基础课程教学指导委员会推荐教材

电子信息学科基础课程系列教材

江苏省精品教材

电路理论基础
（第3版）

邢丽冬　潘双来　编著

清华大学出版社

北京

内 容 简 介

本书内容符合电工电子基础课程教学指导委员会制订的"电路"课程教学基本要求,满足后续开设"信号与线性系统"、"自动控制原理"等课程的电类专业的课程设置。

全书共 10 章,主要内容有:电路基本概念和基本定律,电阻电路等效法分析,电阻电路系统法分析,正弦交流电路相量法分析,复杂正弦交流电路稳态分析,非正弦周期电流电路的稳态分析,非线性电路,线性电路过渡过程的时域分析,线性电路过渡过程的复频域分析,磁路和有铁心线圈的交流电路。另有一个介绍电路计算机辅助分析与仿真的附录。每章附有习题,书末有部分习题答案。

本书适合高等学校电类专业使用,也可供科技人员参考。

图书在版编目(CIP)数据

电路理论基础/邢丽冬,潘双来编著. —3 版. —北京:清华大学出版社,2015(2024.7重印)
电子信息学科基础课程系列教材
ISBN 978-7-302-40343-2

Ⅰ. ①电… Ⅱ. ①邢… ②潘… Ⅲ. ①电路理论—高等学校—教材 Ⅳ. ①TM13

中国版本图书馆 CIP 数据核字(2015)第 112740 号

责任编辑:文 怡
封面设计:常雪影
责任校对:梁 毅
责任印制:宋 林

出版发行:清华大学出版社
    网 址:https://www.tup.com.cn, https://www.wqxuetang.com
    地 址:北京清华大学学研大厦 A 座   邮 编:100084
    社 总 机:010-83470000   邮 购:010-62786544
    投稿与读者服务:010-62776969,c-service@tup.tsinghua.edu.cn
    质量反馈:010-62772015,zhiliang@tup.tsinghua.edu.cn
    课件下载:https://www.tup.com.cn,010-83470236
印 装 者:三河市君旺印务有限公司
经 销:全国新华书店
开 本:185mm×260mm 印 张:32.25   字 数:801 千字
版 次:1999 年 10 月第 1 版 2015 年 11 月第 3 版 印 次:2024 年 7 月第14次印刷
定 价:69.00 元

产品编号:057844-02

《电子信息学科基础课程系列教材》
丛 书 序

电子信息学科是当今世界上发展最快的学科,作为众多应用技术的理论基础,对人类文明的发展起着重要的作用。它包含诸如电子科学与技术、电子信息工程、通信工程和微波工程等一系列子学科,同时涉及计算机、自动化和生物电子等众多相关学科。对于这样一个庞大的体系,想要在学校将所有知识教给学生已不可能。以专业教育为主要目的的大学教育,必须对自己的学科知识体系进行必要的梳理。本系列丛书就是试图搭建一个电子信息学科的基础知识体系平台。

目前,中国电子信息类学科高等教育的教学中存在着如下问题:

(1) 在课程设置和教学实践中,学科分立,课程分立,缺乏集成和贯通;

(2) 部分知识缺乏前沿性,局部知识过细、过难,缺乏整体性和纲领性;

(3) 教学与实践环节脱节,知识型教学多于研究型教学,所培养的电子信息学科人才不能很好地满足社会的需求。

在 21 世纪之初,积极总结我国电子信息类学科高等教育的经验,分析发展趋势,研究教学与实践模式,从而制定出一个完整的电子信息学科基础教程体系,是非常有意义的。

根据教育部高教司 2003 年 8 月 28 日发出的〔2003〕141 号文件,教育部高等学校电子信息与电气信息类基础课程教学指导分委员会(基础课分教指委)在 2004—2005 两年期间制定了"电路分析"、"信号与系统"、"电磁场"、"电子技术"和"电工学"5 个方向电子信息科学与电气信息类基础课程的教学基本要求。然而,这些教学要求基本上是按方向独立开展工作的,没有深入开展整个课程体系的研究,并且提出的是各课程最基本的教学要求,针对的是"2+X+Y"或者"211 工程"和"985 工程"之外的大学。

同一时期,清华大学出版社成立了"电子信息学科基础教程研究组",历时 3 年,组织了各类教学研讨会,以各种方式和渠道对国内外一些大学的 EE(电子电气)专业的课程体系进行收集和研究,并在国内率先推出了关于电子信息学科基础课程的体系研究报告《电子信息学科基础教程 2004》。该成果得到教育部高等学校电子信息与电气学科教学指导委员会的高度评价,认为该成果"适应我国电子信息学科基础教学的需要,有较好的指导意义,达到了国内领先水平","对不同类型院校构建相关学科基础教学平台均有较好的参考价值"。

在此基础上,由我担任主编,筹建了"电子信息学科基础课程系列教材"编委会。编委会多次组织部分高校的教学名师、主讲教师和教育部高等学校教学指导委员会委员,进一步探讨和完善《电子信息学科基础教程 2004》研究成果,并组织编写了这套"电子信息学科基础课程系列教材"。

在教材的编写过程中,我们强调了"基础性、系统性、集成性、可行性"的编写原则,突出了以下特点:

(1) 体现科学技术领域已经确立的新知识和新成果。

(2) 学习国外先进教学经验,汇集国内最先进的教学成果。

(3) 定位于国内重点院校,着重于理工结合。

(4) 建立在对教学计划和课程体系的研究基础之上,尽可能覆盖电子信息学科的全部基础。本丛书规划的 14 门课程,覆盖了电气信息类如下全部 7 个本科专业:

- 电子信息工程
- 通信工程
- 电子科学与技术
- 计算机科学与技术
- 自动化
- 电气工程与自动化
- 生物医学工程

(5) 课程体系整体设计,各课程知识点合理划分,前后衔接,避免各课程内容之间交叉重复,目标是使各门课程的知识点形成有机的整体,使学生能够在规定的课时数内,掌握必需的知识和技术。各课程之间的知识点关联如下图所示:

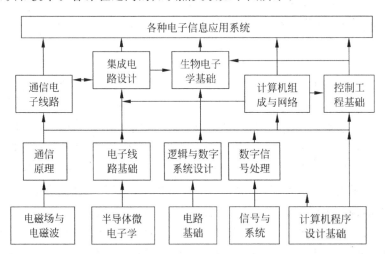

即力争将本科生的课程限定在有限的与精选的一套核心概念上,强调知识的广度。

(6) 以主教材为核心,配套出版习题解答、实验指导书、多媒体课件,提供全面的教学解决方案,实现多角度、多层面的人才培养模式。

(7) 由国内重点大学的精品课主讲教师、教学名师和教指委委员担任相关课程的设计和教材的编写,力争反映国内最先进的教改成果。

我国高等学校电子信息类专业的办学背景各不相同,教学和科研水平相差较大。本系列教材广泛听取了各方面的意见,汲取了国内优秀的教学成果,希望能为电子信息学科教学提供一份精心配备的搭配科学、营养全面的"套餐",能为国内高等学校教学内容和课程体系的改革发挥积极的作用。

然而,对于高等院校如何培养出既具有扎实的基本功,又富有挑战精神和创造意识的社会栋梁,以满足科学技术发展和国家建设发展的需要,还有许多值得思考和探索的问题。比如,如何为学生营造一个宽松的学习氛围? 如何引导学生主动学习,超越自己? 如何为学生打下宽厚的知识基础和培养某一领域的研究能力? 如何增加工程方法训练,将扎实的基础和宽广的领域才能转化为工程实践中的创造力? 如何激发学生深入探索的勇气? 这些都需要我们教育工作者进行更深入的研究。

提高教学质量,深化教学改革,始终是高等学校的工作重点,需要所有关心我国高等教育事业人士的热心支持。在此,谨向所有参与本系列教材建设工作的同仁致以衷心的感谢!

本套教材可能会存在一些不当甚至谬误之处,欢迎广大的使用者提出批评和意见,以促进教材的进一步完善。

2008 年 1 月

本书第 1 版于 2000 年出版,第 2 版于 2007 年出版,此次是第 3 版。编写本书的主要目标是促进工程教育的改革,加强工程实践教育。本书参照教育部高等学校电工电子基础课程教学指导委员会制定的《"电路理论基础"课程教学基本要求》和《"电路分析基础"课程教学基本要求》,体现培养专业基础扎实、知识面宽、工程实践能力强、具有创新能力的综合型人才的目标,展现"高等学校教学质量和教学改革工程"取得的成果。

新版教材在保持原教材优点的基础上,弱化强弱电的界限,突出"优化重组、主线突出、结构精练"的特色。保持重视电路的基本概念、基本理论、基本分析方法的特点;重新构筑知识体系,使教材结构更紧凑;重视工程性内容的引入,培养学生工程概念和能力。补充设计应用性的例题、习题,明确本课程的核心课程地位,拓展电路理论的应用范例。介绍常用的电路分析软件,以加强计算机技术在电路中应用的能力。与本教材配套的《电路学习指导与习题精解》、《电路实验与实践》也做了修订,以方便广大学生学习和教师参考。

新版教材共有 10 章,另有一个附录。基本内容有:电阻电路(直流电路)的稳态分析、正弦交流电路的分析、动态电路的过渡过程分析。内容编排上:将原版中第 2 章的电源的等效、含受控源一端口网络的等效,第 3 章的戴维南定理、诺顿定理、互易定理及第 10 章二端口网络的部分内容整合成一章内容,称为电阻电路等效法分析;将原版中第 4 章正弦交流电路中谐振电路、三相交流电路和第 5 章的含互感、变压器电路整合成复杂正弦交流电路稳态分析一章。新版教材在内容上做了一定的补充和删减,主要有:在电路模型的基本元件中,增加了多端元件的介绍,如受控源模型中的三极管、MOSFET、IGBT 等;在非线性电路中又介绍了其开关工作状态(即可控开关元件)的特性。三相电路中介绍了触电故障,动态电路中基于可控开关元件介绍了斩波电路(buck 变换器)。删减了特性阻抗、阻抗匹配等内容。附录介绍了 MATLAB 中用于电路仿真的 Simulink 的应用、专用电路仿真的 PSpice 及目前最为流行的 Saber 软件。全书力求在最基础的知识点中涵盖较丰富的内容。

新版教材对习题和例题做了补充,补充了设计性和应用型题目,如模数转换、三运放放大电路、滤波电路、点火电路及需通过计算机仿真软件完成的题目。

本书适合作为高等学校电气和电子信息类专业(电气工程、自动化、测试技术与仪器、生物医学工程、电子信息科学与工程)电路相关课程的教材和参考书。本书参考学时为 56~80 学时(不含实验),书中加注"*"的章节内容为选学内容,可根据专业需求、学时要求和学生水平不同选择使用,个别章节如非线性电路、线性动态电路的复频域分析及磁路部分内容略去不影响授课的连续性。

　　本书的修订在潘双来指导下,由邢丽冬主持完成,参加修订的还有王芸、方天治、谢捷如、吴旭文、张砦等。本书也凝聚了前辈们的智慧和心血,特别是艾燃、龚余才、周璧玉老师。在此对本书参考的所有教材和文献的作者,对出版过程中给予帮助和支持的同志们一并表示衷心的感谢。

　　本书虽为修订教材,但由于编者水平有限,不足和错误之处在所难免,恳请广大读者批评指正。意见请寄南京航空航天大学自动化学院(210016)或发电子邮件至 xldnuaa@nuaa.edu.cn。

编者

于南京航空航天大学

2015 年 6 月

第2版前言

本书第 1 版于 2000 年出版,此次出版的第 2 版,主要目标是适应面向 21 世纪电工电子课程体系和教学内容的改革以及高等教育迅速发展的形势。参照教育部高等学校电子信息科学与电气信息类基础课程教学指导分委员会 2004 年制定的《电路理论基础》和《电路分析基础》课程教学基本要求,瞄准"宽口径、厚基础、强能力、高素质"的培养目标。全书共有 11 章。

新版保持重视基本内容、基本概念和基本分析方法的特点;明确本课程主要任务是为信号与系统、自动控制和模拟电路等后续课程及学生今后工作需要准备必要的基础知识;虽然本课程总学时有所减少,新版在教材内容上力求保持课程知识体系的完整性和系统性,并适当补充电路理论的应用范例,以启发学生的创新思维。另外,与新版配套,已出版了《电路学习指导与习题精解》、《电路实验与实践》,后者作为实验实践教材,以方便广大学生学习和教师教学参考。

新版在内容上作了一定的补充,主要有:考虑电路课程知识系统的完整性,增加了线性动态电路的复频域分析一章,拓宽了教材的适用面;加强了诸如运算放大器、谐振、滤波等知识的应用,增加了脉冲序列作用下的 RC 电路一节,删去了第 5 章中有关耦合谐振电路等内容;为配合双语教学,在正文第一次出现有关名词和术语时就给出其英文词汇,使学生在阅读时能够直接接触和熟悉相应的英文词汇,为今后阅读相关的英文资料打下基础。

新版保留了第 1 版中的大部分习题,补充了一些设计应用性的习题,使习题类型有所增加。书后给出了部分习题的答案。部分习题分析计算可参考与本书配套的《电路学习指导与习题精解》。

本书适合作为高等学校电气工程及其自动化、工业自动化、测试技术与仪器、生物医学工程、电子科学与技术、电子信息科学与工程等电气、电子信息类专业电路相关课程的教材和参考书,参考学时为 72～96 学时(不含实验)。书中加注"＊"的章节内容可供课外选用或自学时参考。教材可依学时多少和学生水平的不同选择使用。

本教材的修订由潘双来主持,参加修订工作的有潘双来、邢丽冬,全书经潘双来修改、补充和定稿。本书承清华大学王树民教授主审,他对全书的修订做了仔细的审阅,提出许多宝贵意见,在此我们表示最诚挚的谢意。

这里要感谢为本教材的建设做出重要贡献的所有编者,特别是艾燃、龚余才老师,对所有在本书的编写和出版过程中给予热情帮助和支持的同志们,我们在此一并表示衷心的感谢。

由于编者水平有限,书中不足与错误之处,恳请广大同行和读者批评指正。意见请寄南京航空航天大学自动化学院(邮编:210016),也可发送电子邮件至 PSL307@nuaa.edu.cn。

编者
2007 年 4 月于南京

第1版前言

《电路理论基础》课程是电类专业的一门重要的技术基础课。通过本课程的学习,使学生掌握电路的基本理论和分析计算电路的基本方法,为学习后续课程准备必要的电路知识。

本书是在我校使用多年的自编《电路》教材的基础上重新编写而成的。为适应面向21世纪电工电子课程体系改革,根据工科电工课程教学指导委员会制订的《电路》课程教学基本要求,对原《电路》教材的内容进行重新编排和编写,删减了部分内容:均匀传输线全部删除;对网络图论、三相电路和状态方程等内容进行了较大的精简和重组;拉普拉斯变换和网络函数放到后续课程"信号与线性系统"中。增加了第11章磁路和有铁心线圈的交流电路。本教材满足电气工程与自动化、信息工程、计算机科学与技术、测控技术与仪器等电类专业的教学要求,计划教学时数80学时。教材内容的选择与编排力求与有关专业的前设和后续课程良好衔接。各专业可根据本专业的特点取舍教学内容。

本书初稿以讲义形式在电气工程与自动化及测控技术与仪器等专业教学中试用过六遍,经过三次修改,反映效果良好。初稿主要由张明一等编写,周璧玉编写了部分初稿,曹作维、郑步生、潘双来在初稿编写过程中做了不少工作。这次重新编写由龚余才、潘双来完成,也得到了教研室其他老师的支持和协助,可以说该书是教研室电路课程组集体劳动的成果。

编写大纲经过电路课程组的多次讨论,吸收了许多合理的建议。蒙艾燃教授仔细审阅书稿,提出许多具体修改意见,这些意见基本上都采纳了。对所有关心和热情帮助的同志,在此一并致以衷心的感谢。

由于编者水平有限,本书中的缺点与错误在所难免,恳请广大同行和读者不吝赐教。

编者
1999 年 9 月

目录

第1章　电路基本概念和基本定律 ··· **1**

1.1　实际电路和电路模型 ·· 2

1.2　电路中的基本电气量 ·· 3

   1.2.1　电流、电压及其参考方向 ······································ 3

   1.2.2　电功率和电能量 ·· 5

1.3　电路中的基本元件 ·· 7

   1.3.1　电阻元件 ·· 7

   1.3.2　电容元件 ··· 10

   1.3.3　电感元件 ··· 13

   1.3.4　耦合电感元件 ··· 16

   1.3.5　电压源和电流源 ··· 19

   1.3.6　受控源 ··· 22

   1.3.7　运算放大器 ··· 26

1.4　电路基本定律 ··· 29

   1.4.1　基尔霍夫电流定律 ··· 29

   1.4.2　基尔霍夫电压定律 ··· 30

习题 ··· 33

第2章　电阻电路等效法分析 ··· **42**

2.1　一端口电阻网络 ··· 43

   2.1.1　一端口电阻网络 ··· 44

   2.1.2　电源的模型及其等效变换 ····································· 48

   2.1.3　含受控源无源一端口网络的等效 ······························· 50

   2.1.4　有源一端口网络的等效 ······································· 51

   2.1.5　最大功率传输定理 ··· 57

2.2　二端口电阻网络 ··· 58

   2.2.1　二端口网络的方程和参数 ····································· 59

   2.2.2　二端口网络的等效电路 ······································· 66

   2.2.3　二端口网络的联接 ··· 69

   2.2.4　有载二端口网络 ··· 72

目录

　　　2.2.5　二端口电阻网络的互易定理 ………………………………… 75

　习题 ……………………………………………………………………… 79

第 3 章　电阻电路系统法分析 ………………………………………… **91**

　3.1　支路电流法 ………………………………………………………… 92

　3.2　回路(网孔)电流法 ………………………………………………… 95

　3.3　节点电压法 ………………………………………………………… 104

　3.4　具有运算放大器的电阻电路 ……………………………………… 108

　3.5　叠加定理 …………………………………………………………… 113

　3.6　系统法的一端口等效 ……………………………………………… 117

　*3.7　对偶原理 ………………………………………………………… 119

　习题 ……………………………………………………………………… 120

第 4 章　正弦交流电路相量法分析 …………………………………… **128**

　4.1　正弦量及其描述 …………………………………………………… 129

　　　4.1.1　正弦量的时域表示 ………………………………………… 129

　　　4.1.2　正弦量的频域(相量)表示 ………………………………… 131

　4.2　相量形式的电阻、电感和电容元件的伏安关系 ………………… 134

　4.3　相量形式电路定律、欧姆定律 …………………………………… 137

　4.4　正弦稳态功率 ……………………………………………………… 147

　4.5　正弦稳态电路分析 ………………………………………………… 152

　4.6　最大功率传输 ……………………………………………………… 157

　4.7　相量形式的二端口网络方程和参数 ……………………………… 160

　　　4.7.1　Z 参数方程 ……………………………………………… 160

　　　4.7.2　Y 参数方程 ……………………………………………… 160

　　　4.7.3　T 参数方程 ……………………………………………… 161

　　　4.7.4　H 参数方程 ……………………………………………… 161

　　　4.7.5　回转器和负阻抗变换器 …………………………………… 162

　*4.8　RC 有源滤波器 ………………………………………………… 166

　　　4.8.1　RC 有源低通滤波器 ……………………………………… 166

　　　4.8.2　RC 有源高通滤波器 ……………………………………… 167

　　　4.8.3　RC 有源带阻滤波器 ……………………………………… 168

4.8.4　RC 有源带通滤波器 ················· 169
习题 ·························· 169

第 5 章　复杂正弦交流电路稳态分析 ················· 182
5.1　含有耦合电感电路的分析 ················· 183
5.1.1　具有耦合的两线圈串联 ················· 184
5.1.2　具有耦合的两线圈并联 ················· 186
5.1.3　耦合电感的三端接法 ················· 188
5.1.4　具有耦合电感电路分析 ················· 189
5.2　空心变压器电路 ················· 192
5.3　全耦合变压器和理想变压器 ················· 194
5.3.1　全耦合变压器 ················· 194
5.3.2　理想变压器 ················· 195
5.3.3　全耦合变压器的等效电路 ················· 198
5.4　变压器的电路模型 ················· 199
5.5　谐振电路 ················· 200
5.5.1　RLC 串联谐振 ················· 201
5.5.2　GCL 并联谐振电路 ················· 206
5.6　三相电路 ················· 211
5.6.1　电源配送 ················· 211
5.6.2　三相电源及其联接 ················· 212
5.6.3　三相负载及其联接 ················· 215
5.6.4　对称三相电路的计算 ················· 216
5.6.5　不对称三相电路的概念 ················· 219
5.6.6　三相电路的功率 ················· 222
*5.7　人体电阻电路模型及触电事故 ················· 226
习题 ·························· 227

第 6 章　非正弦周期电流电路的稳态分析 ················· 238
6.1　非正弦周期函数的傅里叶级数展开式 ················· 239
6.2　非正弦周期量的有效值和平均值及平均功率 ················· 243
6.2.1　非正弦周期电流或电压的有效值和平均值 ················· 243

目录

  6.2.2 非正弦周期电流电路的平均功率 …………………………… 244

 6.3 非正弦周期电流电路的稳态分析 ………………………………… 246

 *6.4 对称三相电路中的高次谐波 …………………………………… 251

 *6.5 谐波污染与谐波治理 …………………………………………… 254

  6.5.1 谐波污染及危害 ……………………………………………… 254

  6.5.2 谐波治理 ……………………………………………………… 254

 习题 ………………………………………………………………………… 255

第 7 章 非线性电路 ………………………………………………………… **260**

 7.1 非线性元件 ……………………………………………………… 261

  7.1.1 非线性电阻元件 ……………………………………………… 261

  7.1.2 非线性电容元件 ……………………………………………… 263

  7.1.3 非线性电感元件 ……………………………………………… 263

  7.1.4 开关器件 ……………………………………………………… 264

 7.2 非线性电阻的串联和并联 ……………………………………… 267

 7.3 非线性电阻电路的解析法和图解法 …………………………… 269

  7.3.1 解析法 ………………………………………………………… 269

  7.3.2 图解法 ………………………………………………………… 270

 7.4 分段线性化法 …………………………………………………… 272

 7.5 小信号分析法 …………………………………………………… 276

 *7.6 非线性电路方程的列写 ………………………………………… 278

  7.6.1 非线性电阻电路的节点方程 ………………………………… 278

  7.6.2 非线性动态电路的状态方程 ………………………………… 279

 *7.7 牛顿-拉夫逊法 ………………………………………………… 281

 习题 ………………………………………………………………………… 283

第 8 章 线性电路过渡过程的时域分析 …………………………………… **288**

 8.1 动态电路方程 …………………………………………………… 289

 8.2 初始条件和初始状态 …………………………………………… 290

 8.3 一阶电路的零输入响应 ………………………………………… 293

  8.3.1 RC 电路的零输入响应 …………………………………… 293

  8.3.2 RL 电路的零输入响应 …………………………………… 295

8.4　一阶电路的零状态响应 ·················· 299

　　8.4.1　RC 电路在恒定输入时的零状态响应 ·················· 299

　　8.4.2　RL 电路在恒定输入时的零状态响应 ·················· 301

　　8.4.3　RL 电路接入正弦电压的零状态响应 ·················· 301

8.5　一阶电路的全响应——三要素法 ·················· 305

8.6　脉冲序列作用下的 RC 电路 ·················· 312

8.7　直流斩波电路 ·················· 314

8.8　单位阶跃函数和单位冲激函数 ·················· 316

　　8.8.1　单位阶跃函数 ·················· 316

　　8.8.2　单位冲激函数 ·················· 318

　　8.8.3　单位冲激函数与单位阶跃函数之间的关系 ·················· 319

8.9　一阶电路的阶跃响应和冲激响应 ·················· 320

　　8.9.1　阶跃响应 ·················· 320

　　8.9.2　冲激响应 ·················· 322

8.10　二阶电路的零输入响应 ·················· 326

　　8.10.1　$\left(\dfrac{R}{2L}\right)^2 > \dfrac{1}{LC}$ 即 $R > 2\sqrt{\dfrac{L}{C}}$（非振荡放电过程） ·················· 327

　　8.10.2　$\left(\dfrac{R}{2L}\right)^2 < \dfrac{1}{LC}$ 即 $R < 2\sqrt{\dfrac{L}{C}}$（振荡放电过程） ·················· 328

　　8.10.3　$\left(\dfrac{R}{2L}\right)^2 = \dfrac{1}{LC}$ 即 $R = 2\sqrt{\dfrac{L}{C}}$（临界情况） ·················· 329

8.11　二阶电路的零状态响应和全响应 ·················· 334

　　8.11.1　激励为阶跃函数的零状态响应 ·················· 334

　　8.11.2　激励为冲激函数的零状态响应 ·················· 335

　　8.11.3　二阶电路的全响应 ·················· 337

*8.12　电容电压和电感电流的跃变 ·················· 337

*8.13　任意激励下的零状态响应——卷积积分 ·················· 340

　　8.13.1　卷积积分 ·················· 341

　　8.13.2　卷积积分的图解 ·················· 344

8.14　状态方程 ·················· 345

　　8.14.1　状态和状态变量 ·················· 345

　　8.14.2　状态方程和输出方程 ·················· 346

　　8.14.3　状态方程的列写 ·················· 347

目录

习题 ……………………………………………………………… 349

第9章　线性电路过渡过程的复频域分析 …………………………… 364

　9.1　拉普拉斯变换的定义 …………………………………… 365

　9.2　拉普拉斯变换的基本性质 ……………………………… 366

　　9.2.1　线性性质 ………………………………………… 367

　　9.2.2　时域微分 ………………………………………… 367

　　9.2.3　时域积分 ………………………………………… 369

　　9.2.4　时域平移（时域延时） …………………………… 369

　　9.2.5　复频域平移 ……………………………………… 371

　　9.2.6　卷积定理 ………………………………………… 371

　9.3　拉普拉斯反变换 ………………………………………… 373

　　9.3.1　部分分式展开法 …………………………………… 373

　　9.3.2　留数法（围线积分法） …………………………… 377

　9.4　电路定律的复频域形式 ………………………………… 378

　　9.4.1　电路的 s 域模型 ………………………………… 378

　　9.4.2　复频域阻抗与复频域导纳 ………………………… 381

　9.5　应用拉普拉斯变换分析线性动态电路 ………………… 383

　9.6　网络函数 ………………………………………………… 389

　　9.6.1　网络函数的定义与分类 …………………………… 389

　　9.6.2　网络函数的物理意义与求法 ……………………… 390

　9.7　网络函数的应用 ………………………………………… 391

　　9.7.1　$H(s)$ 的零点和极点 ……………………………… 391

　　9.7.2　$H(s)$ 的极点、零点与冲激响应 ………………… 393

　　9.7.3　$H(s)$ 与频率特性 ………………………………… 396

　　9.7.4　复频域二端口网络 ………………………………… 399

　　9.7.5　对给定激励 $f(t)$ 求系统的零状态响应 $y_f(t)$ …… 401

　　9.7.6　根据 $H(s)$ 写出微分方程 ……………………… 402

　*9.8　用拉普拉斯变换解微积分方程 ……………………… 402

　习题 ……………………………………………………………… 406

目录

第 10 章　磁路和有铁心线圈的交流电路 ……………………………………… 416

　　10.1　磁路的概念和铁磁材料的磁特性 …………………………………… 417

　　　　10.1.1　磁路的概念 …………………………………………………… 417

　　　　10.1.2　铁磁材料的主要特性及磁滞回线 …………………………… 418

　　10.2　磁路的基本定律 ……………………………………………………… 420

　　　　10.2.1　磁路的欧姆定律 ……………………………………………… 421

　　　　10.2.2　基尔霍夫磁通定律 …………………………………………… 422

　　　　10.2.3　基尔霍夫磁位差(磁压)定律 ………………………………… 422

　　10.3　恒定磁通磁路的计算 ………………………………………………… 423

　　　　10.3.1　无分支磁路的计算 …………………………………………… 423

　　　　10.3.2　分支磁路的计算 ……………………………………………… 428

　　10.4　磁饱和与磁滞对电压、电流及磁通波形的影响 …………………… 428

　　　　10.4.1　磁饱和对电压电流及磁通波形的影响 …………………… 428

　　　　10.4.2　磁滞对电压电流及磁通波形的影响 ……………………… 430

　　10.5　铁心中的功率损耗 …………………………………………………… 431

　　　　10.5.1　涡流和涡流损耗 ……………………………………………… 431

　　　　10.5.2　磁滞损耗 ……………………………………………………… 432

　　　　10.5.3　磁损耗(铁损) ………………………………………………… 434

　　10.6　有铁心线圈的等效电路 ……………………………………………… 434

　　10.7　铁心变压器 …………………………………………………………… 438

　　*10.8　小功率变压器的设计 ……………………………………………… 440

　　　　10.8.1　铁心尺寸的计算和铁心的选用 …………………………… 441

　　　　10.8.2　初、次级各绕组匝数的计算 ……………………………… 442

　　　　10.8.3　初、次级绕组线径的计算和选用 ………………………… 443

　　　　10.8.4　绕组层数和绝缘层厚度的计算 …………………………… 443

　　　　10.8.5　漆包尺寸的计算和校核 …………………………………… 443

　　习题 ………………………………………………………………………… 446

附录　电路的计算机辅助分析与仿真 ………………………………………… 453

　　附录 A　PSpice 软件 ……………………………………………………… 453

　　　　A.1　OrCAD/PSpice 软件简介 ……………………………………… 453

　　　　A.2　OrCAD/PSpice 的运用 ………………………………………… 453

目录

附录 B MATLAB 软件 ……………………………………………… 463

    B.1 MATLAB 软件简介 ……………………………………… 463

    B.2 Simulink 的运用 ……………………………………… 463

附录 C Saber ………………………………………………………… 469

    C.1 Saber 软件简介 ………………………………………… 469

    C.2 Saber 软件应用 ………………………………………… 469

部分习题答案 ………………………………………………………… 482

参考文献 ……………………………………………………………… 492

第
1
章

电路基本概念和基本定律

本书讨论的是由实际电路抽象而成的理想化的电路模型,和与之相关的电路理论基础,包括电路的基本概念、基本定理、定律、基本分析方法和基本应用。

本章首先介绍实际电路和电路模型的概念,在此基础上介绍电路分析中的基本电气量,构成电路的基本元件,元件的伏安关系,元件与元件之间的电压、电流的约束关系,此两类关系是电路分析的基本理论依据。

1.1　实际电路和电路模型

实际电路是由若干**电气器件**或**设备**(electric devices)按照一定的方式相互联接而构成的总体。

实际电路的种类很多,其主要功能:一是实现电能的转换传输和分配,如电力系统,由分布在各地的各类发电厂、升压或降压变电所、输电线路及电力用户组成,完成电能的生产、电压变换、电能的输配及使用,其涉及的电气设备有:发电机、变压器、输电线等。二是实现电信号的传输、处理和再现,如通信系统是由信号源、发送设备、信道、接收端组成,在整个通信系统中涉及的调制器、解调器等也都是电子设备。这些系统,按用途不同还可细分为:控制电路、测试电路、电气照明电路等。

不论哪种电路,其内在本质的规律是一致的,涉及的电气器件的电磁性能可以在一定工作条件下用数学方程来描述。因此,为了便于分析、设计电路,在电路理论中,将实际电路中的各个器件或其部件的主要物理特征抽象出来,建立相应的物理模型,称为**理想电路元件**(ideal electric element),简称电路元件,由电路元件构成的**电路**(circuit),即是实际电路的**电路模型**(circuit model),它是在一定精确度范围内对实际电路的一种近似。可见"实际电路"和"电路"在概念上是有差异的,不可混为一谈。

因为电路模型是由理想电路元件相互联接而构成的,所以对实际电路的抽象实质上是不考虑内部物理过程的一些理想电路元件的组合。例如实际电阻器通有电流时,主要表现为电能的损耗(转变为热能),因而可将它理想化为反映电能损耗的电路元件——电阻元件;实际电感线圈在电路中主要表现为磁场能量的储存,因而可将它理想化为储存磁场能量的电路元件——电感元件;如果线圈的能量损耗不可忽略,则可将它抽象为电感元件和电阻元件的串联组合;电路器件的电场储能性质可用电容元件加以抽象。

应当指出,用理想元件的组合来模拟实际电路,只能在一定条件下近似地反映实际器件中所发生的物理过程。根据工作条件及要求精确度的不同,同一器件可能用不同的电路元件组合来予以模拟。如一个电感线圈用于高频,线圈匝间的电容效应不能忽略时,表征此线圈的较精确的模型除了前述电感元件及电阻元件外,还应包含电容元件。本课程的任务不是研究如何建立实际器件的理想化模型问题,而是根据电路模型来探讨其基本定律、定理及分析方法。

上述电路中某一物理现象被认为是集中在一个元件中发生的,即这些元件不可再分。例如电能损耗、磁场储能和电场储能是分别集中在电阻元件、电感元件和电容元件中进行的。于是在任何时刻从具有两个端子(钮)的集总元件的一个端子(钮)流入的电流,将恒等于从另一端子(钮)流出的电流,且该元件的端电压是单值的。满足上述条件的元件称为集总参数元件,由其构成的电路称为**集总参数电路**(circuit with lumped **parameters**)。然而在实际电路中,能量损耗和电磁场都是连续分布在器件内部及电路中的。若电路工作频率较低,确切地说,当实际电路的各向尺寸较之电路工作时电磁波的波长可以忽略不计时,从电磁波传输的观点看,可将该电路视为集中在空间的一个点,这样的实际电路可抽象为一个集总参数电路,或者说该电路满足集总化的条件。如电路的工作频率为 f,电磁波的传播速度为 v,则电磁波的波长 $\lambda = v/f$,电路集总化的条件就是:电路的各向尺寸 $d \ll \lambda$。一个实际电路的工作频率越高,电磁波波长越短,符合集总化条件的电路尺寸就越小。反之,若电路尺寸越大,则符合集总化条件的工作频率就越低。例如,2 m 长的一段馈线,在工频 50 Hz 时,如馈线周围介质是空气,电磁波的速度(光速)为 3×10^8 m/s,电磁波波长 $\lambda = v/f = 6 \times 10^6$ m,可视为集总参数元件;若将此馈线作为电视机天线的引线,电视信号频率一般在 50 MHz 以上,若以 $f = 50$ MHz 计算,波长 $\lambda = 6$ m,显然不能满足集总化条件。本书研究集总参数电路,所指电路没有特殊说明一律为电路模型。

1.2　电路中的基本电气量

电磁学中的物理量较多,而电路分析中所有元件被认为是集总参数元件,其内部的物理特征及物理存在,如外形尺寸、材料、构造等均不做考虑,只考虑元件对外显示的物理特性,即与能量有关的物理量,这些物理量有电流、电压、功率和能量,这些量称为电路中的基本电气量。

1.2.1　电流、电压及其参考方向

物理上把单位时间内通过导体任一横截面的电荷量叫做电流强度,简称**电流**(**current**)。在电路分析中,不仅要求出电流或电压的大小,而且还要知道它们的方向。

电流在导体或一个电路元件中流动的实际方向是指正电荷定向移动的方向。因此在一段电路中电流的实际方向有两种可能。在电路分析中,如果电路结构复杂,或电流大小、方向随时间变化,如正弦交流,往往对某一段电路中电流的实际方向无法预先判断,有时电流的实际方向还在不断地改变,因此很难在电路中标明电流的实际方向。为此,引入了"参考方向"的概念。**参考方向**(**reference direction**)是分析电路前任意指定的,因而所选的参考方向并不一定就是电流的实际方向。有了参考方向还必须借助电流的代数值才能说明实际方向。这里的代数值,是根据所假定的参考方向和电路的各种约束关系求解出来的。

例如在图 1-1 中,用实线箭头标出了元件 A 与元件 B 中的电流参考方向。若解出的电流为 $i_1 = 3$ A,$i_2 = -4$ A。式中的数值表示电流的大小分别为 3 A 和 4 A,而数值的正负 $i_1 > 0$ 表示参考方向与实际方向(图中用虚线箭头表示)一致;$i_2 < 0$,则表示参考方向与实际方向相反。所以参考方向也称为参考正方向或假定的正方向。

图 1-1　电流参考方向与它的实际方向间的关系

可见,只有参考方向而无代数表达式就不能确定实际方向;反之,没有参考方向,表达式(包括列写的方程式)就没有意义,同样不能知道实际方向。电流的参考方向在电路中一般用画在元件旁或元件引线上的箭头表示。也可用双下标表示,如 i_{AB},其参考方向是由 A 指向 B。

物理上把单位正电荷受电场力作用从 A 点移动到 B 点所做的功,称为这两点之间的电势差或电位差,简称**电压**(**voltage**)。两点之间电压的实际方向(即高电位点指向低电位点的方向)也有两种可能。可选定其中任意一个方向作为电压的参考方向,当其代数值为正值($u>0$)时,表示电压的实际方向与其参考方向一致;反之,当其代数值为负值($u<0$)时,则表示实际方向与参考方向相反。

电压的参考方向也是任意指定的。在电路中,电压的参考方向可用正(＋)、负(－)极性来表示,正极指向负极的方向就是电压的参考方向。有时为了方便起见,也可用一个箭头来表示电压的参考方向,如图 1-2 所示;也可用双下标表示,如 u_{AB}。电路分析时,常常将某个节点的电位设为零电位(即参考节点电位),其他节点与参考节点间的电压,也是这些节点的电位。

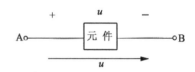

图 1-2　电压参考方向

对于电流(或电压)的实际方向不断改变的情况,有了参考方向可得到很好的说明。设某元件中的电流参考方向如图 1-3(a)所示,其表达式为 $i(t)=I_m\sin\omega t$,式中 $\omega=\dfrac{2\pi}{T}$,波形如图 1-3(b)所示。当 $0<t<\dfrac{T}{2}$ 时,$i(t)>0$,表示这段时间内电流的实际方向与参考方向一致。当 $T/2<t<T$ 时,$i(t)<0$,则表示这段时间内电流的实际方向与参考方向相反。只要用一个参考方向并借助于表达式即可说明任意瞬间的实际方向,这对分析电路无疑是很方便的。

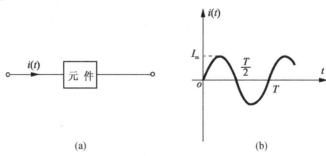

图 1-3　正弦电流参考方向和波形

参考方向在电路分析中起着十分重要的作用,没有参考方向,复杂电路的分析将难以进行。

对一个元件或一段电路的端电压和其间电流的参考方向,可以独立地任意指定。如果指定电流从标以电压"+"极性的一端流入,从标以"一"极性的一端流出,即电流的参考方向与电压的参考方向一致,这种参考方向称为关联参考方向,简称关联方向,如图 1-4 所示。若默认某个元件或某段电路的电压电流的参考方向为关联参考方向,则只需标出一个参考方向,或者电压方向,或者电流方向。

图 1-4　电压和电流的关联参考方向

今后,在任何瞬间 t 的电流和电压将用 $i(t)$ 和 $u(t)$ 表示,且往往简写为 i 和 u。

1.2.2　电功率和电能量

正电荷从电路元件的电压"+"极经元件移到电压的"一"极,是电场力对电荷作功的结果,这时元件吸收电能量,即将电能转换成其他形式的能量。相反地,正电荷从电路元件的电压"一"极经元件移到电压"+"极是非电场力对电荷作功的结果,此时元件将其他形式的能量转换为**电能**(electric energy),即元件向电路提供能量。

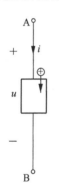

图 1-5　电功率

根据电压的定义,A、B 两点间的电压等于电场力将单位正电荷由 A 点移动到 B 点时所作的功。可知 $\mathrm{d}t$ 时间内将电荷 $\mathrm{d}q$ 由 A 点移动到 B 点电场力所做的功为

$$\mathrm{d}w = u\mathrm{d}q$$

该瞬间电场力做功的速率称为该瞬时的**电功率**(electric power),用 p 表示。若 u、i 为关联方向,如图 1-5 所示,则

$$p(t) = \frac{\mathrm{d}w}{\mathrm{d}t} = u\frac{\mathrm{d}q}{\mathrm{d}t} = u(t)i(t)$$

根据定义,式中 p 是元件吸收的功率。但 u、i 的值可能为"+",也可能为"一",因此 p 的值也有"+"或"一"的可能。若 p 为"+"(即 $p>0$),表示元件实际是吸收功率,若 p 为"一"($p<0$),表示元件实际是发出功率。

如果电压参考方向与电流参考方向相反,则 $p=ui$ 表示元件发出的功率。在这种情况下,$p>0$ 表示元件实际发出功率;$p<0$ 表示元件实际吸收功率。

为不致混淆,可加下角标以资区别。若 u、i 取关联方向,用 $p_{吸}=ui$ 表示($p_{吸}>0$ 实际吸收,$p_{吸}<0$ 实际发出)。若 u、i 非关联方向,则用 $p_{发}=ui$ 表示($p_{发}>0$ 实际发出,$p_{发}<0$ 实际吸收)。如图 1-6 所示。

电功率的积分就是电能量,在关联参考方向下,电路元件在 t_0 到 t 的时间内吸收的电能量为

$$w(t_0, t) = \int_{t_0}^{t} p(\xi)\mathrm{d}(\xi) = \int_{t_0}^{t} u(\xi)i(\xi)\mathrm{d}(\xi)$$

图 1-6 吸收功率和发出功率

在国际单位制(SI)中,电流单位是安培(A),简称安;电荷的单位是库仑(C),简称库;电压的单位是伏特(V),简称伏;能量的单位是焦耳(J),简称焦;功率的单位是瓦特(W),简称瓦。这些单位在实际应用中有时嫌小,如计量大容量电机的功率和高压设备的电压;有时又嫌太大,如计量电子电路中的电压和电流。所以常常在这些单位前加词头,形成辅助单位,如

$$2 \text{ kV(千伏)} = 2 \times 10^3 \text{ V(伏)}$$

$$8 \text{ } \mu\text{A(微安)} = 8 \times 10^{-6} \text{ A(安)}$$

常用国际制单位词头如表1-1所示。在日常用电及工程上,还常用千瓦小时(kW·h)作电能量的单位,生活中称1千瓦小时为"1度电"。

表 1-1 常用单位词头

因　数	10^9	10^6	10^3	10^{-3}	10^{-6}	10^{-9}	10^{-12}
符　号	G	M	k	m	μ	n	p
中文名称	吉	兆	千	毫	微	纳	皮

例 1-1 图1-7中,各元件 u、i 的参考方向及其代数值均已给出,试求各元件的功率。

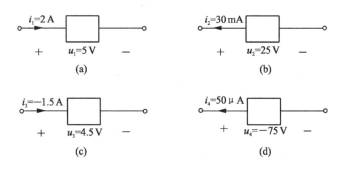

图 1-7 例 1-1 图

解 图1-7(a)中电压、电流为关联方向,所以

$$p_{1吸} = u_1 i_1 = 5 \times 2 = 10 \text{ W} \quad \text{(实际吸收)}$$

图1-7(b)中电压、电流为非关联方向,所以

$$p_{2发} = u_2 i_2 = 25 \times 30 \times 10^{-3}$$

$$= 0.75 \text{ W} = 750 \text{ mW} \quad \text{(实际发出)}$$

图 1-7(c)中电压、电流为关联方向,所以

$$p_{3\text{吸}} = u_3 i_3 = 4.5 \times (-1.5) = -6.75 \text{ W} \qquad (\text{实际发出})$$

图 1-7(d)中电压、电流为非关联方向,所以

$$p_{4\text{发}} = u_4 i_4 = (-75) \times 50 \times 10^{-6}$$
$$= -3.75 \times 10^{-3} \text{ W} = -3.75 \text{ mW} \qquad (\text{实际吸收})$$

1.3　电路中的基本元件

电路元件是构成电路的基本理想元件,它是从实际电路中抽象模拟出的。电路元件自身的电压、电流关系,简称伏安关系(VAR),是电路分析中的第一类约束关系。根据其自身是否有能量产生,分为**有源元件**(active element)和**无源元件**(passive element),有源元件如电压源、电流源;无源元件如电阻元件、电感元件和电容元件。根据其与外电路连接端钮的多少,可分为二端子元件和多端子元件。如果表征元件特性的代数关系是一个线性关系,则该元件称为线性元件;如果表征元件特性的代数关系是一个非线性关系,则该元件称为非线性元件。

1.3.1　电阻元件

通常的材料都有阻止电荷流动的特性。这种物理性质,即阻止电流通过的能力称为**电阻**(resistance)。用符号 R 表示,任何均匀截面材料的电阻取决于截面积 S 及其长度 l,如图 1-8(a)所示,其数学式为

$$R = \rho \frac{l}{S}$$

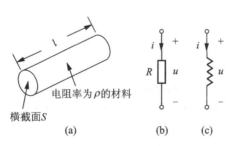

电阻率为 ρ 的材料

横截面 S

(a)　　　　(b)　　　(c)

图 1-8　线性电阻

式中,ρ 称为材料的电阻率,单位是欧姆·米。良导体如铜、铝等,其电阻率小;而绝缘体,如云母、玻璃等,其电阻率很高。表 1-2 所示为某些常用材料的电阻率、并标明了哪些材料是导体、绝缘体或半导体。

表 1-2 常用材料的电阻率

材料名称	电阻率/$(\Omega \cdot m)$	用处
银	1.64×10^{-8}	导体
铜	1.72×10^{-8}	导体
铅	2.8×10^{-8}	导体
金	2.45×10^{-8}	导体
炭	4×10^{-5}	半导体
锗	47×10^{-2}	半导体
硅	6.4×10^{2}	半导体
纸张	10^{10}	绝缘体
云母	5×10^{11}	绝缘体
玻璃	10^{12}	绝缘体
聚四氟乙烯	3×10^{12}	绝缘体

电阻元件通常由合金和碳化合物制成,电阻元件在电路中的符号如图 1-8(b)所示,图中 R 即表示图中元件为电阻元件,也表示该电阻元件的电阻值,电阻元件一般都简称为电阻。电阻是电路中最简单的无源元件。图 1-8(c)为一些仿真软件中的电阻符号。

欧姆(Georg Simon Ohm,1787—1854),德国物理学家,发现了电阻、电压和电流之间的关系,称之为**欧姆定律(Ohm's law)**,若电阻元件的电压和电流为关联方向时,其欧姆定律的数学式可表示为

$$\left. \begin{array}{l} u = Ri \\ i = u/R \\ R = u/i \end{array} \right\} \tag{1-1}$$

式中,R 是一个实常数,即线性电阻。电压 u 的单位为伏特(V),电流 i 的单位为安培(A),电阻 R 的单位为欧姆(Ω),简称欧。

令 $G = \dfrac{1}{R}$,则式(1-1)变为

$$\left. \begin{array}{l} u = i/G \\ i = Gu \\ G = i/u \end{array} \right\} \tag{1-2}$$

式中,G 称为电阻元件的**电导(conductance)**。电导的单位为西门子(S),简称西。

如果电阻元件的电压和电流为非关联方向(见图 1-9),则欧姆定律应写为

$$u = -Ri$$
$$i = -Gu$$

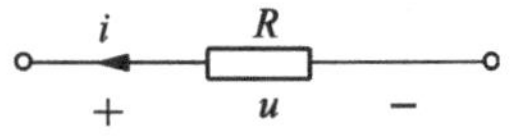

图 1-9 u、i 为非关联方向

所以 VAR 表达式必须与参考方向联合使用。

如果把电阻元件的电压取为横坐标(或纵坐标),电流取为纵坐标(或横坐标),画出电压和电流的关系曲线,这条曲线称为该元件的伏安特性曲线。伏安特性是 $u \sim i$(或 $i \sim u$)平面上通过坐标原点的直线的电阻称为线性电阻。若此直线处在平面 1、3 象限上,则为

线性正电阻；若处在 2、4 象限上，则称为线性负电阻。

如果已知某线性电阻元件在关联参考方向下的伏安特性如图 1-10 所示，则其电阻值可由下式来确定

$$R = \frac{u}{i}\bigg|_{\text{特性曲线上某点p}} = \frac{U_p}{I_p}$$

若两个电阻元件的伏安特性画在同一平面上，电阻大者其伏安特性与电流轴之间的夹角也大。电阻值为此夹角的正切值，即伏安特性的斜率。如图 1-11 所示的两条伏安特性对应电阻 $R_2 > R_1$。

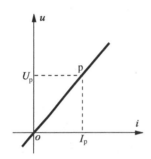

图 1-10　线性电阻元件的伏安特性[①]

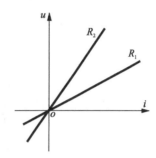

图 1-11　两个线性电阻元件的伏安特性

在电压和电流为关联方向时，任一时刻电阻元件吸收的电功率为

$$p_{吸} = ui = Ri^2 = \frac{u^2}{R} = Gu^2 = \frac{i^2}{G} \qquad (1-3)$$

电阻 R、电导 G 是正实常数，所以 $p_{吸} \geq 0$，说明任何时刻电阻元件绝不可能发出电能。它吸收（消耗）的电能全部转变成热能或其他能量，所以线性电阻元件（$R>0$）是无源元件。

从 t_0 到 t 时间内，电阻元件吸收的电能为

$$w = \int_{t_0}^{t} Ri^2(\xi)\,\mathrm{d}\xi$$

电阻参数随时间变化的电阻元件称为线性时变电阻元件，其电路符号及伏安特性如图 1-12(a)、(b)所示，表达式为

$$u = R(t)i$$

由上式可知，时变电阻元件的伏安特性是随时间改变的。

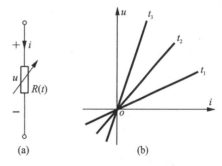

图 1-12　线性时变电阻及其伏安特性

"开路"（open circuit）与"短路"（short circuit）可看作两个特殊的线性电阻元件（$R=\infty$，$R=0$），"开路"如图 1-13(a)所示，其伏安特性与 u 轴重合，如图 1-13(b)所示，不论 u 为何值 i 总为零，其表达式为

$$f(u,i) = i = 0, \quad 对任意 u \qquad (1-4)$$

此时，电压 u 不可再用式(1-1)的伏安关系求，而是将其转移到外电路来计算。"短路"如

----

① 本书中原点用英文小写斜体表示。

图 1-14(a)所示,其伏安特性与 i 轴重合,如图 1-14(b)所示,不论 i 为何值,u 总为零。其表达式为

$$f(u,i) = u = 0, \quad 对任意 i \tag{1-5}$$

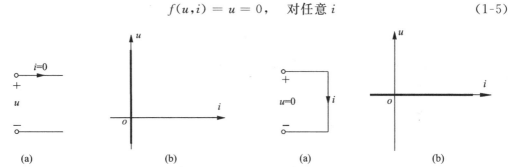

图 1-13 $R=\infty$ 的电阻元件的伏安特性   图 1-14 $R=0$ 的电阻元件的伏安特性

此时,电流 i 不可再用式(1-1)的伏安关系来求,而是将其转移到外电路来计算。

今后为了叙述方便,没有特殊表明,所提电阻均为线性时不变电阻。

非线性电阻元件的电压和电流之间的关系不是线性函数(不服从欧姆定律),它的伏安特性或是通过原点的曲线,或是不通过原点的曲线(或直线)。值得指出的是,有些非线性电阻元件的伏安特性还与电压或电流的方向有关。也就是说,当元件两端的电压方向不同时,流过它的电流不同,即 $u \sim i$ 平面上的伏安特性第一象限内的曲线与第三象限内的曲线不是对称于原点的,称为非双向性元件。而线性电阻元件的伏安特性则与电压或电流的方向无关,因此线性电阻元件是双向性元件。

实际电阻器件如电阻器、电炉、电烙铁等,它们的伏安特性曲线或多或少都是非线性的。但在一定条件下这些器件(特别是金属膜电阻器、线绕电阻器等)的伏安特性近似为一条过原点的直线,用线性电阻元件作为它们的电路模型进行电路分析可以得出令人满意的结果。

电阻器根据其结构和材料可分为线绕电阻器、薄膜电阻器、实心电阻等,据其敏感的物理量不同可分为压敏电阻器、热敏电阻器、光敏电阻器、力敏电阻器、气敏电阻器、湿敏电阻器等。实际电阻器件除了标注电阻值外,还标注额定功率。使用电阻器件时,电阻器件吸收的功率应小于额定功率。

1.3.2 电容元件

工程中电容器应用极为广泛。电容器虽然品种规格繁多,但就其构成原理来说,都是由两块金属极板中间隔着某种介质所组成。加上电压后,两极板上分别聚集起等量异号的电荷,在介质中建立起电场,并储存有电场能量。电源移去后,电荷可以继续聚集在极板上,电场继续存在。所以电容器是一种能够储存电场能量的实际器件。**电容元件**（**capacitor**）是实际电容器的理想化模型。

线性电容元件在电路中的符号如图 1-15(a)所示。图中 $+q$ 和 $-q$（q 是代数量）是该

元件正极板和负极板上的电荷量。当然,极板的正、负是任意指定的。若电容元件上电压的参考方向规定由正极板指向负极板,则任何时刻正极板上的电荷 q 与其两端的电压 u 有下列关系

$$q = Cu \tag{1-6}$$

式中,C 称为该元件的**电容（capacitance）**,是一个正实常数。

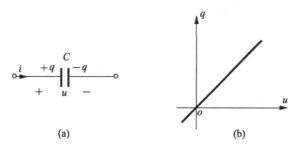

图 1-15 线性电容元件的符号及其库伏特性

在 SI 单位制中,电荷 q 的单位是库仑(C),电容 C 的单位是法拉(F)。实际电容器的电容往往比 1 F 小得多。通常采用微法(μF)和皮法(pF)作为单位,它们的换算关系为

$$1 \ \mu\text{F} = 10^{-6} \ \text{F}, \ 1 \ \text{pF} = 10^{-12} \ \text{F}$$

如果把电容元件的电荷 q 取为纵坐标(或横坐标),电压 u 取为横坐标(或纵坐标),画出电荷与电压的关系曲线,该曲线称为电容元件的库伏特性。库伏特性是通过 $u \sim q$(或 $q \sim u$)平面上坐标原点的一条直线的电容,称为线性电容元件,如图 1-15(b)所示。

当极板间电压 u 变化时,极板上电荷也随之改变,于是在电容电路中出现电流(极板之间的介质中是位移电流,极板外的导线中是传导电流,两者是连续的)。如果指定电流的参考方向为流进正极板,亦即与电压 u 为关联方向,则电流

$$i = \frac{\mathrm{d}q}{\mathrm{d}t} \tag{1-7}$$

把式(1-6)代入,得

$$i = C \frac{\mathrm{d}u}{\mathrm{d}t} \tag{1-8}$$

式(1-8)是线性电容的 VAR,是在 u、i 关联方向下得到的。该式说明:线性电容元件的电流与该时刻电压的变化率成正比。当电压不随时间变化时电流为零,这时电容元件相当于开路,所以电容元件有隔断直流(简称隔直)的作用,常用于放大器级间耦合、滤波、去耦、旁路及信号调谐。

线性电容元件的电压 u 和电流 i 之间的关系也可用积分形式表示,即

$$u(t) = \frac{q(t)}{C} = \frac{1}{C} \int_{-\infty}^{t} i(\xi) \mathrm{d}\xi \tag{1-9}$$

或写成

$$u(t) = u(t_0) + \frac{1}{C} \int_{t_0}^{t} i(\xi) \mathrm{d}\xi \tag{1-10}$$

式中 $u(t_0) = \dfrac{1}{C} \displaystyle\int_{-\infty}^{t_0} i(\xi)\mathrm{d}\xi = \dfrac{q(t_0)}{C}$,是在初始时刻 t_0 电容上的电压,称为初始电容电压或电容电压的初始值。一般取 $t_0 = 0$,于是式(1-10)又可写成

$$u(t) = u(0) + \frac{1}{C}\int_0^t i(\xi)\mathrm{d}\xi \tag{1-11}$$

从上式可见,在任何时刻 t,电容元件的电压 $u(t)$ 与初始值 $u(0)$ 以及从 0 到 t 的所有电流值有关,所以电容元件是一种**记忆元件(memory element)**。

在电压和电流取关联方向时,电容元件吸收的功率为

$$p_{吸} = ui = Cu\frac{\mathrm{d}u}{\mathrm{d}t}$$

从 t_1 到 t_2 时间内元件吸收的电能为

$$
\begin{aligned}
w_C(t_1,t_2) &= \int_{t_1}^{t_2} u(\xi)i(\xi)\mathrm{d}\xi \\
&= \int_{t_1}^{t_2} Cu(\xi)\frac{\mathrm{d}u(\xi)}{\mathrm{d}\xi}\mathrm{d}\xi \\
&= C\int_{u(t_1)}^{u(t_2)} u(\xi)\mathrm{d}u(\xi) \\
&= \frac{1}{2}Cu^2(t_2) - \frac{1}{2}Cu^2(t_1) \\
&= w_C(t_2) - w_C(t_1)
\end{aligned}
$$

电容元件在任何时刻所储存的电场能量为

$$w_C(t) = \frac{1}{2}Cu^2(t)$$

元件在 t_1 到 t_2 时间内吸收的电能等于元件在 t_2 和 t_1 时刻的电场能量之差。

当电压的绝对值 $|u|$ 增加时,$w_C(t_2) > w_C(t_1)$,$w_C > 0$,元件吸收能量,且全部转变为电场能;当 $|u|$ 减小时,$w_C(t_2) < w_C(t_1)$,$w_C < 0$,元件将电场能量释放出来并转变成电能。可见它并不把吸收的能量消耗掉,而是以电场能量的形式储存起来,所以电容元件是一种"储能元件"。由于它不会释放出多于它所吸收或储存的能量,因此它是一种无源元件。

如果电容元件的库伏特性在 $u \sim q$ 平面上不是通过原点的直线,则此元件称为非线性电容元件。如电容元件的库伏特性不随时间改变,则称为非时变电容元件。

今后为了叙述方便,把线性电容元件简称为电容,所以"电容"这个术语及其相应的符号 C,一方面表示一个电容元件,另一方面也表示这个元件的参数。

电容器是为了获得一定大小的电容而特意制成的,一般情况下电容器的电路模型用电容元件即可。电容器按结构可分为固定电容、可变电容、微调电容。按介质材料可分为气体介质电容、液体介质电容、无机固体介质电容、有机固体介质电容。按极性可分为有极性电容和无极性电容。在分析精度要求较高的情况下,还应考虑介质损耗和漏电流,其模型就应采用电容元件与电阻元件并联(或串联)形式。此外,电容效应在很多场合下是客观存在的,如一对架空输电线之间就有电容,晶体三极管的三个极之间也都存

在着电容,甚至一个线圈各线匝之间也都有电容(简称匝间电容),只是因为此电容很小,在电流和电压随时间变化不太快(频率较低)时,其电容效应可略去不计。

1.3.3　电感元件

电感元件(**inductor**)是实际线圈的理想化模型。假想它是由无阻导线绕制而成的线圈。线圈中通过电流 i 时,将产生磁通 Φ_L,若磁通 Φ_L 与线圈的 N 匝都交链,则磁通链 $\psi_L = N\Phi_L$,如图 1-16 所示。

Φ_L 和 ψ_L 是由线圈本身的电流产生的,分别叫作自感磁通和自感磁通链。规定磁通 Φ_L 和磁通链 ψ_L 的参考方向与电流参考方向之间满足右手螺旋定则,在这种参考方向下,任何时刻线性电感元件的自感磁通链 ψ_L 与电流 i 是成正比的,即

$$\psi_L = Li \tag{1-12}$$

式中,L 称为该元件的自感或电感,是一个正实常数。

在 SI 单位制中,磁通和磁通链的单位是韦伯(Wb),电感的单位是亨利(H),简称亨。

线性电感元件在电路中的图形符号如图 1-17(a)所示。

电感元件的特性是由 $i \sim \psi_L$(或 $\psi_L \sim i$)平面上的曲线表征的,该曲线称为元件的韦安特性。线性电感元件的韦安特性是通过坐标原点的一条直线,如图 1-17(b)所示。

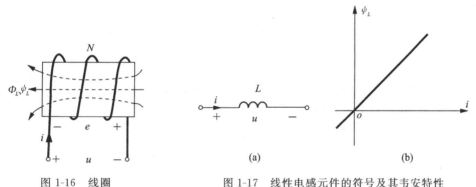

图 1-16　线圈　　　　　　图 1-17　线性电感元件的符号及其韦安特性

在电压 u 和电流 i 取关联方向下,u 的参考方向与 ψ_L 的参考方向之间也满足右手螺旋定则,见图 1-16。由法拉第电磁感应定律知,电感元件两端的感应电压为

$$u = \frac{\mathrm{d}\psi_L}{\mathrm{d}t} \tag{1-13}$$

将式(1-12)代入,即得电感元件电压与电流的关系式

$$u = L\frac{\mathrm{d}i}{\mathrm{d}t} \tag{1-14}$$

注意上式中 u、i 是关联方向。

楞次定律指出:线圈中磁通变化引起的感应电动势其方向总是企图产生感应电流来阻止磁通变化。如果所指定的电动势的参考方向(定义为参考低电位点指向参考高电位

点)与电流 i 的参考方向相同(见图 1-16),则由以上陈述可得

$$e = -L \frac{\mathrm{d}i}{\mathrm{d}t} \tag{1-15}$$

而电压的参考方向定义为参考高电位点指向参考低电位点。于是,如果选择电压 u 和电流 i 的参考方向相同(关联方向),则有

$$u = -e = L \frac{\mathrm{d}i}{\mathrm{d}t} \tag{1-16}$$

因此,式(1-16)亦即式(1-14)是满足楞次定律的。

式(1-14)是线性电感元件的 VAR。该式说明,任何时刻线性电感元件上的电压与该时刻电流的变化率成正比。当电流不随时间变化时电压为零,这时电感元件相当于短路,所以在直流稳态下,即电流恒定不变时,电感元件相当于短路。而高频时,常用作扼流圈。

电感元件的 VAR 也可用积分形式表示,对式(1-14)取积分可得

$$i(t) = \frac{1}{L} \int_{-\infty}^{t} u(\xi) \mathrm{d}\xi \tag{1-17}$$

或写成

$$i(t) = i(t_0) + \frac{1}{L} \int_{t_0}^{t} u(\xi) \mathrm{d}\xi \tag{1-18}$$

式中,$i(t_0) = \frac{1}{L} \int_{-\infty}^{t_0} u(\xi) \mathrm{d}(\xi) = \frac{\psi_L(t_0)}{L}$ 是初始时刻 t_0 电感元件中的电流,称为初始电流或电感电流的初始值。一般也取 $t_0 = 0$,则式(1-18)又可写为

$$i(t) = i(0) + \frac{1}{L} \int_{0}^{t} u(\xi) \mathrm{d}\xi \tag{1-19}$$

上式指出,在任何时刻 t,电感元件中的电流 $i(t)$ 与初始值 $i(0)$ 以及从 0 到 t 的所有电压值有关,所以电感元件也是一种记忆元件。

在电压、电流取关联参考方向时,电感元件吸收的功率为

$$p_{吸} = ui = Li \frac{\mathrm{d}i}{\mathrm{d}t}$$

从 t_1 到 t_2 时间内元件吸收的电能为

$$
\begin{aligned}
w_L(t_1, t_2) &= \int_{t_1}^{t_2} u(\xi) i(\xi) \mathrm{d}\xi \\
&= \int_{t_1}^{t_2} Li(\xi) \frac{\mathrm{d}i(\xi)}{\mathrm{d}\xi} \mathrm{d}\xi \\
&= L \int_{i(t_1)}^{i(t_2)} i(\xi) \mathrm{d}i(\xi) \\
&= \frac{1}{2} Li^2(t_2) - \frac{1}{2} Li^2(t_1)
\end{aligned}
$$

电感元件在任何时刻 t 所储存的**磁场能量(energy of magnetic field)**为

$$w_L(t) = \frac{1}{2} Li^2(t)$$

元件在 t_1 到 t_2 时间内吸收的电能等于元件在 t_2 和 t_1 时刻的磁场能量之差。

$$w_L = w_L(t_2) - w_L(t_1)$$

当电流的绝对值 $|i|$ 增加时，$w_L(t_2) > w_L(t_1)$，$w_L > 0$，元件吸收能量并全部转变成磁场能量；当 $|i|$ 减少时，$w_L(t_2) < w_L(t_1)$，$w_L < 0$，元件将磁场能量释放出来转变成电能。可见它并不把吸收的能量消耗掉，而是以磁场能量的形式储存起来，所以电感元件是一种储能元件。由于它不会释放出多于它所吸收或储存的能量，因此它也是一种无源元件。

空心线圈可以用线性电感元件来表征其储存磁场能量的特性。由于空心线圈的电感量一般不大，而线圈导线电阻的损耗有时不可忽略，所以常用线性电阻元件和线性电感元件的串联组合作为它的模型。

非线性电感元件的韦安特性不是通过 $i \sim \psi$ 坐标原点的直线。非线性电感元件的典型例子就是具有铁心的线圈。在线圈中放入铁心后，电感量虽然明显增大，但一般说来电感已不再是常数。如果铁心中含有较大的空气隙，或者铁磁材料在非饱和状态下工作，韦安特性仍近似是线性的，在这种情况下，铁心线圈可以当作线性电感元件来处理。

如果电感元件的韦安特性不随时间改变，则称为非时变电感元件。

以后为了叙述方便，把线性电感元件简称为电感，所以"电感"这个术语及相应的符号 L，一方面表示一个电感元件的名称，另一方面也表示这个元件的参数。

例 1-2 图 1-18(a)所示电感元件上的电压波形如图 1-18(b)所示。试求电流 i_L 并画出其波形。设 $i_L(0) = 0$。

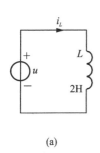

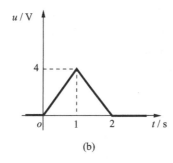

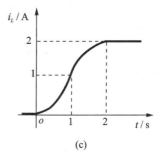

(a)　　　　　　　　(b)　　　　　　　　(c)

图 1-18　例 1-2 图

解　根据式(1-18)，用积分方法求 i 的函数表达式。由于电压波形不能用一个函数描述，积分须分段进行。

当 $0 < t \leqslant 1$ s 时

$$i_L(t) = i_L(0) + \frac{1}{L} \int_0^t u \mathrm{d}\xi = 0 + \frac{1}{2} \int_0^t 4\xi \mathrm{d}\xi = t^2 \text{ A}$$

$$i_L(1) = 1 \text{ A}$$

当 $1 < t \leqslant 2$ s 时

$$i_L(t) = i_L(1) + \frac{1}{L} \int_1^t u \mathrm{d}\xi = 1 + \frac{1}{2} \int_1^t (8 - 4\xi) \mathrm{d}\xi = (-t^2 + 4t - 2) \text{ A}$$

$$i_L(2) = 2 \text{ A}$$

当 $t > 2$ s 时

$$i_L(t) = 2 \text{ A}$$

即

$$i_L(t) = \begin{cases} 0 & (t \leqslant 0) \\ t^2 & (0 < t \leqslant 1 \text{ s}) \\ -t^2 + 4t - 2 & (1 \text{ s} < t \leqslant 2 \text{ s}) \\ 2 & (t > 2 \text{ s}) \end{cases}$$

$i_L(t)$ 的波形如图 1-18(c) 所示。

1.3.4 耦合电感元件

1.3.3 节讨论的电感元件,其磁通和感应电动势是由线圈自身的电流变化引起的,所以也称自感元件。如果线圈的磁通和感应电动势是由邻近线圈的电流变化引起的,则称线圈间存在互感或**耦合电感**(**coupled inductor**)。具有互感的两个(或几个)线圈称为互感线圈或耦合线圈,其电路模型就是互感元件。互感元件为多端元件,也称为耦合电感元件。

图 1-19 表示两个耦合的线圈 1 和 2,匝数分别为 N_1 和 N_2。当线圈 1 通以电流 i_1 时,则在线圈 1 中产生自感磁通 Φ_{11},Φ_{11} 的一部分(或全部)将穿过线圈 2,用 Φ_{21} 表示,显然有 $\Phi_{21} \leqslant \Phi_{11}$。这种一个线圈的部分磁通穿过另一线圈的现象,称为**磁耦合**(**magnetic coupling**)。Φ_{21} 称为耦合磁通。为了下面叙述上的方便,将产生磁场的电流 i_1 称为施感电流。

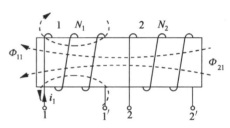

图 1-19　两线圈的耦合电感

假设两个线圈均为细线密绕。也就是说,线圈各匝所交链的磁通相同,于是有

$$\psi_{11} = N_1 \Phi_{11}$$
$$\psi_{21} = N_2 \Phi_{21}$$

ψ_{11} 称为自感磁通链,ψ_{21} 称为互感磁通链。

如果线圈周围没有铁磁物质,互感磁通链与施感电流是成正比的,可以如同定义自感系数一样,把下列比值定为**互感系数**(**mutual**)。

$$M_{21} = \frac{\psi_{21}}{i_1} = \frac{N_2 \Phi_{21}}{i_1} \tag{1-20a}$$

此式表示线圈 1 对线圈 2 的互感系数,同理

$$M_{12} = \frac{\psi_{12}}{i_2} = \frac{N_1 \Phi_{12}}{i_2} \tag{1-20b}$$

表示线圈 2 对线圈 1 的互感系数。

习惯上,磁通或磁通链的参考方向与施感电流的参考方向满足右手螺旋定则,因而互感系数本身为大于零的常数。

互感系数的单位为 H(亨)。可以证明 $M_{12} = M_{21}$,表明互感的互易性质,所以在只有

两个线圈耦合时,可以略去下标,即令

$$M = M_{12} = M_{21} \tag{1-21}$$

工程上为了定量地描述两个耦合线圈的耦合紧密程度,常用耦合系数 k 来表示,**耦合系数**(coupling coefficient)定义为

$$k = \frac{M}{\sqrt{L_1 L_2}} \tag{1-22}$$

假设线圈为密绕,则由

$$L_1 = \frac{N_1 \Phi_{11}}{i_1}, \quad L_2 = \frac{N_2 \Phi_{22}}{i_2}$$

及式(1-20)与式(1-21)可以导出

$$k^2 = \frac{M^2}{L_1 L_2} = \frac{M_{21} M_{12}}{L_1 L_2} = \frac{\dfrac{N_2 \Phi_{21}}{i_1} \cdot \dfrac{N_1 \Phi_{12}}{i_2}}{\dfrac{N_1 \Phi_{11}}{i_1} \cdot \dfrac{N_2 \Phi_{22}}{i_2}} = \frac{\Phi_{21} \Phi_{12}}{\Phi_{11} \Phi_{22}}$$

$$k = \sqrt{\frac{\Phi_{21} \Phi_{12}}{\Phi_{11} \Phi_{22}}}$$

由于 $\Phi_{21} \leqslant \Phi_{11}$,$\Phi_{12} \leqslant \Phi_{22}$,所以必有 $k \leqslant 1$。$k = 0$ 时,表明两线圈没有磁耦合,k 越大说明耦合越紧密;$k = 1$ 时,每个线圈产生的磁通将全部穿过另一个线圈,即 $\Phi_{21} = \Phi_{11}$,$\Phi_{12} = \Phi_{22}$,这种情况称为**全耦合**(perfect coupling)。

两个线圈之间的耦合程度或耦合系数 k 的大小,与线圈的结构、两线圈的相对位置及周围磁介质有关。如果两个线圈靠得近或密绕在一起,如图 1-20(a)所示,则 k 值接近于 1;反之,如它们相隔甚远,或者两者轴线互相垂直,如图 1-20(b)所示,则 k 值就很小,甚至接近于零。由此可见,改变或调整它们相互位置,可以改变耦合系数大小(当 L_1、L_2 一定时),也就相应地改变了互感 M 的大小。

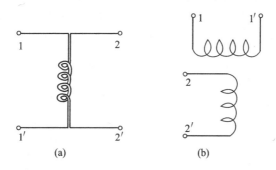

图 1-20 耦合系数与相互位置的关系

当施感电流 i_1 变动时,根据电磁感应定律,除了因自感磁通变化在线圈 1 中产生自感电压外,还将通过耦合磁通 Φ_{21} 的变化在线圈 2 中产生感应电压,这个电压称为互感电压,记为 u_{M21}。如果根据线圈 2 的绕向来选择 u_{M21} 和 Φ_{21} 的参考方向,使它们符合右手螺旋定则,则有

$$u_{M21} = \frac{\mathrm{d}\psi_{21}}{\mathrm{d}t}$$

同理,如果线圈 2 通以电流 i_2,它在线圈 2 中产生自感磁通 Φ_{22},其一部分(或全部)穿过线圈 1,此时由施感电流 i_2 在线圈 1 中产生的互感磁通,用 Φ_{12} 表示,且 $\Phi_{12} \leqslant \Phi_{22}$。在线圈 1 中产生的互感磁通链为 $\psi_{12} = N_1 \Phi_{12}$。当电流 i_2 变动时会在线圈 1 中产生互感电压 u_{M12},按照右手螺旋定则规定 u_{M12} 和 Φ_{12} 的参考方向,有

$$u_{M12} = \frac{\mathrm{d}\psi_{12}}{\mathrm{d}t}$$

将 $\psi_{21} = M_{21} i_1$ 和 $\psi_{12} = M_{12} i_2$ 分别代入上面两式,互感电压将为

$$\begin{cases} u_{M21} = M_{21}\,\dfrac{\mathrm{d}i_1}{\mathrm{d}t} = M\,\dfrac{\mathrm{d}i_1}{\mathrm{d}t} \\[2mm] u_{M12} = M_{12}\,\dfrac{\mathrm{d}i_2}{\mathrm{d}t} = M\,\dfrac{\mathrm{d}i_2}{\mathrm{d}t} \end{cases} \tag{1-23}$$

若互感电压与互感磁通的参考方向不满足右手螺旋定则,则互感电压表达式前就要加一个负号。

由以上讨论可以看出,按右手螺旋定则所规定的互感电压参考方向与施感电流的参考方向和两个线圈的绕向都有关系。如果分析含互感的电路都像图 1-19 所示那样画出两线圈的绕向,将多有不便。通常采用标记同名端(对应端)的方法来反映它们的耦合。同名端是指两个耦合线圈中的这样一对端钮,当电流由该对端钮分别流入两个线圈时,它们产生的磁通是相互增强的。图 1-19 中,1 与 2 是同名端(当然,$1'$ 和 $2'$ 也是同名端)。在电路图中同名端常用符号"·"或"＊"加以标记。这样,就可以把图 1-19 的两个耦合线圈用图 1-21 的图形符号来表示。有了同名端之后互感电压表达式之前的"+""−"号便可由电压与电流的参考方向来确定,即:施感电流从同名端流入线圈,互感电压的"+"极在同名端一侧,如图 1-21 和图 1-22 所示。若线圈中都通有电流,则各线圈的自感电压和互感电压同时存在,自感电压 u_{L1}、u_{L2} 与其电流 i_1、i_2 分别取关联参考方向时,仍满足式(1-14),线圈总电压用 u_1、u_2 表示时,则图 1-21 线圈 VAR 表示为

$$\begin{cases} u_1 = u_{L1} + u_{M12} = L_1\,\dfrac{\mathrm{d}i_1}{\mathrm{d}t} + M\,\dfrac{\mathrm{d}i_2}{\mathrm{d}t} \\[2mm] u_2 = u_{L2} + u_{M21} = L_2\,\dfrac{\mathrm{d}i_2}{\mathrm{d}t} + M\,\dfrac{\mathrm{d}i_1}{\mathrm{d}t} \end{cases} \tag{1-24}$$

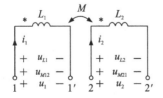 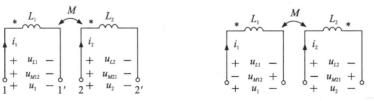

图 1-21　图 1-19 的图形符号　　　　图 1-22　耦合电感的 VAR

图 1-22 所示耦合电感的 VAR 表示为

$$\begin{cases} u_1 = u_{L1} - u_{M12} = L_1 \dfrac{\mathrm{d}i_1}{\mathrm{d}t} - M \dfrac{\mathrm{d}i_2}{\mathrm{d}t} \\ u_2 = u_{L2} - u_{M21} = L_2 \dfrac{\mathrm{d}i_2}{\mathrm{d}t} - M \dfrac{\mathrm{d}i_1}{\mathrm{d}t} \end{cases} \tag{1-25}$$

具有耦合的两个线圈是一个整体,即耦合电感元件,对外的伏安关系是一对表达式,也称为外特性。耦合电感元件可构成变压器、互感器等器件。对用两个以上线圈构成的变压器,其伏安关系的分析相似。

1.3.5 电压源和电流源

实际电路中提供电能量或电信号的器件,统称为电源。

本节介绍的电压源和电流源是独立电压源与独立电流源的简称。加"独立"二字是为了与以后介绍的非独立电源相区别。

电压源(voltage source)和**电流源**(current source)是有源元件。

电压源是一种理想的有源二端元件,元件的电压保持为某给定的时间函数,而与通过它的电流无关。也就是说,它有如下两个特点:

(1) 元件的电压不会因为它所联接的外电路不同而改变;

(2) 元件中的电流与它联接的外电路有关。

电压源在电路中的图形符号如图 1-23(a)所示,其中 u_S 为电压源的电压,而"+"、"−"号则是其参考极性。如果电压源的电压 u_S 为常数,即 $u_S = U_S$ 为常数,这种电压源称为直流电压源。直流电压源还可以用图 1-23(b)的符号来表示,长线段表示电压源的高电位端,短线段表示低电位端。图 1-23(b)也是表示电池的图形符号。

图 1-24 所示为直流电压源在整个时间范围内的波形。

图 1-23　电压源　　　　　　　图 1-24　直流电压源波形曲线

图 1-25 所示为常见的典型电压源的电压波形,图(a)为正弦电压,图(b)为方波电压。

图 1-26 所示为直流电压源在 $i \sim u$ 平面上的伏安特性,它是一条与电流轴平行的直线。对于一般电压源,其伏安特性如图 1-27 所示,图中 $u_S(t_1)$、$u_S(t_2)$、$u_S(t_3)$、$\cdots$ 等为 u_S 在 t_1、t_2、t_3、$\cdots$ 等瞬间的值。

如果令一个电压源的电压 $u_S = 0$,它相当于短路,此电压源的伏安特性与 $i \sim u$ 平面

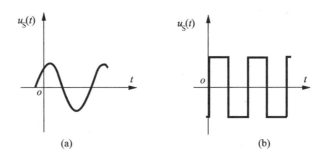

图 1-25　正弦电压和方波电压

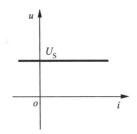

图 1-26　直流电压源的伏安特性

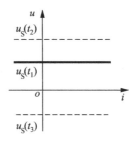

图 1-27　一般电压源的伏安特性

上的电流轴重合。

图 1-28 示出电压源的两个特点。图 1-28(a)表示电压源没有接外电路(电压源处于开路),此时 $i=0$,电压源两端的电压为 u_S。图 1-28(b)表示电压源接有外电路,电流 i 的大小及实际方向将随外电路的不同而不同,但端电压 u 始终为 u_S 而不受外电路的影响。

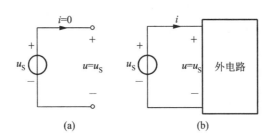

图 1-28　电压源的特点

当电压源开路时,$i=0$,这时电压源既不发出功率也不吸收功率。当电压源接有外电路时,由于电压源的电压是给定的,但电流的大小及实际方向则与外电路有关。如果电压源的电压 u 及其电流 i 取非关联参考方向,如图 1-28(b),其功率为 $p_发=ui$。在这种情况下,若 $p_发>0$ 表示电压源发出功率,其实际作用就是电源;反之,$p_发<0$,则表示电压源吸收功率,这时它起负载的作用。

实际的电压源,如蓄电池、干电池、发电机、开关电源等都有内阻,随着电流的变化,其输出电压会有微小的变化。在进行电路分析时,采用电压源与电阻串联组合作为实际电压源的电路模型,如图 1-29(a)所示。正是由于内阻上的压降使其输出端电压会随着输出电流的增大而降低,如图 1-29(b)所示。

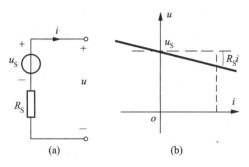

图 1-29　有内阻电压源及其伏安特性

电流源也是一种理想的有源二端元件。通过电流源的电流与电压无关,而总是保持为给定的时间函数。电流源的两个特点是:

(1) 元件中的电流是固定的,不会因为它所联接的外电路不同而改变;

(2) 元件的电压与它所联接的外电路有关。

电流源在电路中的图形符号如图 1-30 所示,i_S 表示电流源的电流,箭头所指的方向为 i_S 的参考方向。

如果电流源的电流 $i_S = I_S$ 为常数,则称为直流电流源。它的伏安特性在 $i \sim u$ 平面上是一条与电压轴平行的直线,如图 1-31 所示。对于一般电流源,其伏安特性如图 1-32 所示。

图 1-30　电流源

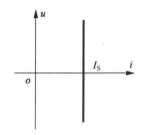

图 1-31　直流电流源的伏安特性

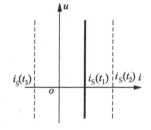

图 1-32　一般电流源的伏安特性

如果一个电流源的电流 $i_S = 0$,则此电流源的伏安特性与 $i \sim u$ 平面上的电压轴重合,它相当于开路。这一概念在以后的电路分析中是很有用的。

图 1-33 示出电流源的两个特点。图 1-33(a)表示电流源处于短路,此时电流源的端电压 $u = 0$,而 $i = i_S$,短路电流即为电流源的电流;图 1-33(b)表示电流源接有外电路,电压 u 的大小及实际极

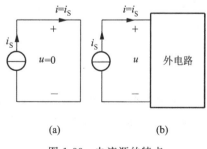

图 1-33　电流源的特点

性将随外电路不同而不同,但电流始终为 i_S 而不受外电路的影响。

当电流源短路时,$u=0$,这时电流源既不发出功率,也不吸收功率。当电流源接有外电路时,由于电流源的电流是给定的,但电压的大小及实际极性与外电路有关。如果电流源的电流和电压取非关联参考方向,如图 1-33(b)所示,其功率为 $p_发=ui$。若 $p_发>0$,则表示电流源发出功率;若 $p_发<0$,则表示电流源吸收功率。

光电管、光电池等器件的工作特性比较接近电流源。目前已有产生恒定电流的电子产品——稳流源,它的特性很接近电流源,LED 供电专用电源为电流源。

例 1-3 耦合电感电路如图 1-34 所示,已知 $L_1=1$ H,$L_2=0.5$ H,$M=0.5$ H,电流源 $i_{S1}=2e^{-t}$ A,$i_{S2}=10\cos4t$ A。求电压 $u_1(t)$ 和 $u_2(t)$。

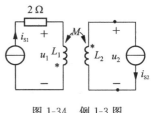

解 根据电流源性质和耦合电感的伏安关系,有

$$u_1(t)=L_1\frac{di_{S1}}{dt}+M\frac{di_{S2}}{dt}=-2e^{-t}-20\sin4t \text{ V}$$

$$u_2(t)=-L_2\frac{di_{S2}}{dt}-M\frac{di_{S1}}{dt}=20\sin4t+e^{-t} \text{ V}$$

图 1-34 例 1-3 图

1.3.6 受控源

在电路理论中,除了独立电源外,还引进了**受控源**(controlled source)。受控电压源的电压和受控电流源的电流并不是给定的时间函数,而是受电路中某部分的电流或电压控制的。因此受控源又称为非独立电源,受控源为多端元件。

根据控制量是电压还是电流,受控的是电压源还是电流源,受控源可分为四种。

(1) 电压控制型电压源(voltage-controlled voltage source,VCVS),简称压控电压源,如图 1-35(a)所示,从 2-2' 两端看进去是一电压源,其电压受 1-1' 两端的电压控制,呈开路状态,压控电压源的特性为

$$\begin{cases} i_1=0 \\ u_2=\mu u_1 \end{cases} \tag{1-26}$$

(2) 电压控制型电流源(VCCS),简称压控电流源,如图 1-35(b)所示。从 2-2' 两端看进去是一个电流源,其电流受 1-1' 两端的电压控制,呈开路状态,压控电流源的特性为

$$\begin{cases} i_1=0 \\ i_2=gu_1 \end{cases} \tag{1-27}$$

(3) 电流控制型电压源(CCVS),简称流控电压源,如图 1-35(c)所示,从 2-2' 两端看进去是一个电压源,其电压受 1-1' 端的电流控制,呈短路状态,流控电压源的特性为

$$\begin{cases} u_1=0 \\ u_2=ri_1 \end{cases} \tag{1-28}$$

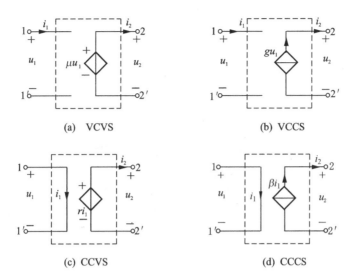

(a) VCVS   (b) VCCS

(c) CCVS   (d) CCCS

图 1-35 受控源

（4）电流控制型电流源（CCCS），简称流控电流源，如图 1-35(d)所示，从 2-2′ 端看进去是一个电流源，其电流受 1-1′ 端的电流控制，呈短路状态，流控电流源的特性为

$$\begin{cases} u_1 = 0 \\ i_2 = \beta i_1 \end{cases} \tag{1-29}$$

图 1-35 中采用菱形符号表示受控电压源或受控电流源以便与独立源相区别，参考方向的表示方法与独立源相同。μ、g、r、β 是控制系数，其中 μ 和 β 无量纲，g 和 r 分别具有电导和电阻的量纲。当这些控制系数为常数时，被控制量与控制量成正比，这种受控源为线性受控源。本书只考虑线性受控源，常将"线性"二字略去。

图 1-35 中所示的四种受控源，控制量及受控源两对端子画在一起，标注得比较清楚。但在很多场合下，两者可能相距较远，而且不一定标出控制量所在的端子，如控制电压为某元件的电压时，1-1′ 端子就不另外标出，这就要根据受控源旁标注的控制量在电路中确定。

必须指出，受控源与独立源不同。独立源在电路中起着激励的作用，因为有了它才能在电路中产生电流和电压（响应）；而受控源则不同，它的电压或电流是受电路中其他电压或电流所控制的，当这些控制电压或电流为零时，受控源的电压或电流也就为零。因此，它只是反映电路中某处的电压或电流能控制另一处的电压或电流这一现象而已，本身并不起激励作用。

最后讨论受控源的功率。对于 1-1′ 这对端子而言，不是 $u_1 = 0$，就是 $i_1 = 0$，所以 1-1′ 端的 $p = 0$，即既不吸收功率也不发出功率。2-2′ 这对端子若接有电阻负载，只要受控源不为零，电阻将获得功率。如图 1-36 所示虚线框内为 VCVS，1-1′ 端接在独立电压源 u_1，2-2′ 端接电阻 R_L，则

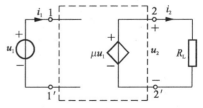

图 1-36 含受控源电路

$$u_2 = \mu u_1$$

$$i_2 = \frac{u_2}{R_L}$$

电阻吸收的功率为

$$p_{2吸} = u_2 i_2 = \frac{u_2^2}{R_L} = \frac{(\mu u_1)^2}{R_L}$$

因为此时 1-1′端的电流 $i_1 = 0$，独立源 u_1 没有功率输出，所以电阻吸收的功率是由受控电压源 μu_1 提供的。对其他几种受控源也可作类似的分析。可见受控源是一种有源元件。

在电子电路中，广泛使用各种晶体管、场效应管、运算放大器等多端器件。这些器件的某些端钮的电压或电流受另一些端钮电压或电流的控制，此种情况下可用受控源模拟多端器件电压、电流的这种控制关系。

1. 晶体管

晶体管（transistor）是一种半导体器件，**双极型晶体管**（bipolar junction transistor，**BJT**）是一种常用的晶体三极管，由它构成的单元电路可以具有检波、整流、放大、开关、稳压等多种功能。

晶体三极管按结构可分为 NPN 型和 PNP 型，其电路符号如图 1-37 所示，它们都有三个电极：发射极 e、基极 b 和集电极 c 引出。图 1-37 中的箭头表示电流实际方向，NPN 型管的电流从集电极 c 和基极 b 流入，从发射极 e 流出，发射极箭头指向外；PNP 型管的电流方向从发射极 e 流入，集电极 c 和基极 b 流出，发射极箭头指向内。

晶体管是一种非线性器件，但在一定条件下（合适的静态工作点，输入信号幅度小，或输入信号变化量很小），可以用线性受控源等效替代（等效概念将在第 2 章中介绍）。以 NPN 型管为例，共发射极连接时，如图 1-38(a) 所示，其等效电路如图 1-38(b) 所示，输入端等效为一个电阻 r_{be}，输出端等效为受基极电流 i_b 控制的受控电流源 βi_b，r_{be} 的值一般为几百欧姆到几千欧姆，可据发射极静态电流值算出。由图 1-38(b) 可得出

$$i_c = \beta i_b$$

$$i_e = i_b + i_c = (1 + \beta)i_b$$

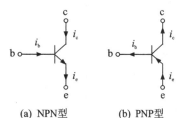

(a) NPN型　　　　(b) PNP型

图 1-37　晶体管的电路符号

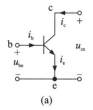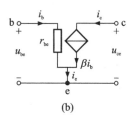

(a)　　　　　　　(b)

图 1-38　晶体管及其等效电路

由图 1-38(b)等效电路可分析出含晶体管电路的放大倍数、输入、输出电阻等。

2. 场效应管

场效应管(field effect transistor,FET)是利用电场效应控制电流的半导体器件。场效应管按结构可分**结型场效应管**(junction field effect transistor,JFET)和**绝缘型场效应管**(insulated gate field effect transistor,IGFET),IGFET 也称为**金属-氧化物-半导体三极管**(metal-oxide-semiconnduetor field-effect transistor,MOSFET),简称 MOS 管。由于 MOS 管性能优越,因此发展迅速,应用广泛。

MOS 管有 N 沟道和 P 沟道两类,而每一类又分为增强型和耗尽型,图 1-39 所示为场效应管电路符号,它为四端元件,其中三个引出电极为:栅极(g)、漏极(d)、源极(s),b 为基极。图 1-39(a)、(b)为**增强型**(enhancement)绝缘栅型场效应管,简称 EMOS,EMOS 在电压 $u_{gs}=0$ 时没有导电沟道,用竖直虚线表示漏源间没有原始导电沟道。图 1-39(a) 为 N 沟道 MOS 管,简称 NMOS,符号中箭头方向表示 P(衬底)指向 N(沟道)。图 1-39(b) 为 P 沟道 MOS 管,简称 PMOS,符号中箭头方向为 N(沟道)指向 P(衬底)。图 1-39(c)、(d)为**耗尽型**(depletion)绝缘栅型场效应管,其在电压 $u_{gs}=0$ 时具有原始导电沟道,符号中 d 与 s 之间用实线连接表示,图 1-39(c)、(d)中箭头方向意义同图 1-39(a)、(b)。

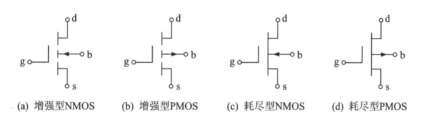

(a) 增强型NMOS   (b) 增强型PMOS   (c) 耗尽型NMOS   (d) 耗尽型PMOS

图 1-39　MOSFET 电路符号

类似晶体管小信号等效电路,场效应管在合适的静态工作点下,其小信号模型也近似为线性受控源,所不同的是场效应管是电压控制器件,需要有合适的栅源电压 u_{gs},场效应管工作在线性放大区,其漏极输出可等效为受控于输入电压 u_{gs} 的恒流源 $g_m u_{gs}$。

图 1-40(a)所示为场效应管共源接法,在一般分立元件 MOSFET 中,通常将基极 b 与源极 s 接在一起构成三端元件。对于低频小信号场效应管,其微变等效电路如图 1-40(b) 所示,由于低频段输入电阻 R_{gs} 和漏极电阻 R_{ds} 为高电阻,可看作开路,故其简化等效电路如图 1-40(c)所示,据其可分析含场效应管的电路。

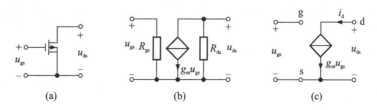

(a)   (b)   (c)

图 1-40　场效应管及其微变等效电路

3. 绝缘栅双极晶体管

绝缘栅双极晶体管(**Insulated-Gate Bipolar Transistor，IGBT**)结合了 MOSFET 和 BJT 特性，既具有 BJT 的输出导通特性，又像 MOSFET 那样是电压控制型器件，在高电压和大电流的应用上，大量地取代了 MOSFET 与 BJT。

图 1-41(a)所示为 N 沟道的 IGBT 的电路符号，图 1-41(b)为其简化等效电路。IGBT 有三个极：栅极 g、集电极 c、发射极 e。

例 1-4 图 1-42 表示一个晶体管放大器的简单电路模型。设晶体管的输入电阻 $r_{be}=1$ kΩ，电流放大系数 $\beta=50$，试求输出电压与输入电压的比值(称为电压增益)$\dfrac{u_o}{u_i}$。

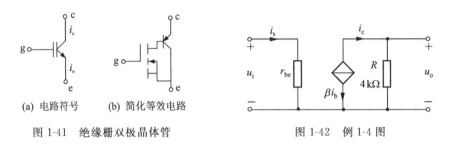

(a) 电路符号　　(b) 简化等效电路

图 1-41　绝缘栅双极晶体管　　　　　　　图 1-42　例 1-4 图

解 根据欧姆定律有

$$u_o = Ri_c = R(-\beta i_b)$$
$$u_i = r_{be}i_b$$

故电压增益为

$$\frac{u_o}{u_i} = \frac{-R\beta}{r_{be}} = \frac{-4\times 10^3 \times 50}{10^3} = -200$$

1.3.7　运算放大器

运算放大器(**operational amplifier**)，简称"运放"，是目前应用非常广泛的具有很高放大倍数的电路单元。它可以由分立的元件实现，也可以实现在半导体集成芯片中。随着半导体集成技术的发展，大部分运放是以单芯片的形式存在。

图 1-43 所示为典型的运放集成芯片式样。一个典型的双列八引脚集成芯片(DIP)如图 1-44(a)所示，引脚 8 是不用的，引脚 1 和 5 一般不外接元件。5 个重要的引脚是：

(1) 引脚 2：反相输入端；

(2) 引脚 3：同相输入端；

(3) 引脚 6：输出端；

(4) 引脚 7：正电源端(V^+)；

图 1-43　典型的运算放大器

（5）引脚 4：负电源端（V⁻）。

运算放大器的电路符号如图 1-44(b) 所示，其中三角形"▷"表示"放大器"。运放有两个输入端和一个输出端。两个输入以负（一）和正（＋）标记，分别指的是反相和同相输入。若输入加到同相端则输出与其相同极性的信号；若输入加到反相输入端，则输出与输入极性相反。不要误认为是电压的参考方向。电源端 V⁺ 和 V⁻ 联接直流偏置电压。

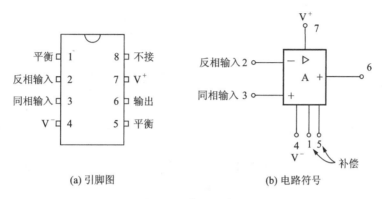

(a) 引脚图 (b) 电路符号

图 1-44 典型运放图

作为一个有源元件，运算放大器必须有电压源赋以动力，以维持运放内部晶体管正常工作。V⁺ 端接正电压，V⁻ 端接负电压，这里电压的正、负是对"地"或公共端[①]而言的，如图 1-45 所示。在电路图中，为简单起见，常常不画出运放的工作电源，故电路符号如图 1-46 所示。不过电源电流不应该被忽视，当运放的差模输入电压（u_2-u_1）在一定范围时，放大器对输入信号进行无失真放大，运放工作在线性区域，运算放大器的输出信号与两个输入端信号电压差成正比。若电压 $u_i = u_2 - u_1$ 为输入，u_o 为输出，则有

$$u_o = Au_i = A(u_2 - u_1) \tag{1-30}$$

式中 A 称为运算放大器的开环增益。

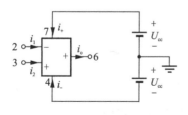

图 1-45 运算放大器的电源供给

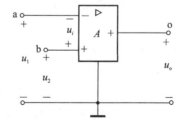

图 1-46 运算放大器

由式(1-30)可以看出，图 1-46 所示运算放大器可以用电压控制电压源来模拟。若考虑运算放大器的输入电阻 R_i 和输出电阻 R_o，其模型将如图 1-47 所示。由于常用的运

---

① 公共端或"地"的电压（位）是零，它相当于电路中的参考节点。有关"地"的概念详见例 1-6 后的阐述。

算放大器的输入电阻 R_i 很大,输出电阻 R_o 很小,开环增益 A 非常大,所以我们常把它看作理想的运算放大器,理想运算放大器的电路符号如图1-48(a)所示,增益 A 改为"∞"表示。有时,为简化起见,可将接地的连接线省略掉,用图1-48(b)所示的电路符号表示,①而不使用图1-47的模型。

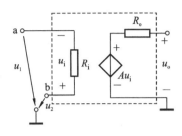
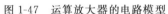

图 1-47　运算放大器的电路模型

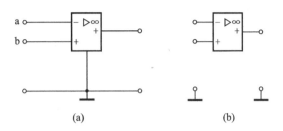

图 1-48　理想运算放大器电路符号

理想运算放大器是指有下列参数的放大器

$$\begin{cases} R_i \to \infty \\ R_o \to 0 \\ A \to \infty \end{cases} \tag{1-31}$$

由于 $R_i \to \infty$,所以输入端 a、b 均无电流,即输入电流为零;由于 $A \to \infty$ 而输出电压 u_o 为有限值,由式(1-30)可见,将有 $u_i = (u_2 - u_1) \to 0$,即输入端 a、b 之间的电压 u_i 被强制为零,a、b 两点等电位。

综上所述,理想运放具有如下特征:

输入端无电流,相当于断路,但内部却是接通的,所以称之为"虚断路",简称"虚断"。

输入端 a、b 等电位,相当于短路,但又无电流,所以称之为"虚短路",简称"虚短"。

如果运放有一输入端接地,如图1-49中b端接地,即b点电位为零,则根据"虚断"、"虚短"特性,输入端 a 的电位也为零。这时称 a 点为"虚接地",简称"虚地"。

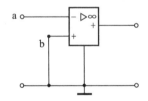

图 1-49　理想运算放大器的"虚地"接法

断路和短路是两个矛盾的概念,但对于理想运算放大器,"虚断"和"虚短"必须同时满足。以后将会看到,这两个概念对于分析含有理想运放的电路是极为有用的。

当然,理想运放实际上是不存在的,但随着微电子技术的发展,目前集成运放的性能指示越来越趋于理想。将一个实际运放作为理想运放来进行分析,其误差甚微,工程上是可以接受的。本教材中今后讨论的运放,一般都指理想运放。

_____

① 目前有些运放产品的引出端中往往不存在公共端或接地端,而接地端是通过偏置电源实现的,如图1-45所示。

1.4　电路基本定律

前面介绍了各种元件的伏安关系——第一类约束,也是元件的自身约束。本节介绍第二类约束,即元件相互联接给元件与元件之间的电压、电流带来的约束,也称为**拓扑约束**(**topological constraint**),表示这类约束关系的是**基尔霍夫定律**(**Kirchhoff's laws**)。

在介绍基尔霍夫定律之前,先介绍电路分析中常用的术语。

(1)支路:通常为了分析方便,将电路中通过同一电流的每个分支称为**支路**(**branch**)如图 1-50 所示的电路中,a1、1b、a1b、b2c、c3d、ad、ae······都是支路。a1b、c3d 支路中含有电源,称为含源支路;其他支路中没有电源,称为无源支路,支路中至少有一个元件存在。

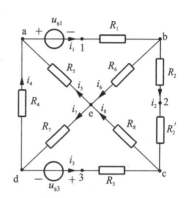

图 1-50　支路、节点、回路

(2)节点:三条或三条以上支路的联接点称为**节点**(**node**)。在图 1-50 的电路中,共有五个节点,即a、b、c、d、e。

以上关于支路、节点的定义只是一种约定,还可以有其他的约定。例如可将每一个二端元件规定为一条支路;将两条或两条以上支路的联接点规定为一个节点。对于同一电路,采用这样的规定,得出的支路数、节点数一般都比按前述规定得出的要多。电路分析时会列较多的方程,因此图中点 1、点 2 和点 3 一般不作为节点分析。

(3)回路:电路中由支路构成的闭合路径称为**回路**(**loop**)。循回路绕行一周,回路中的节点只经过一次。如图 1-50 所示电路中,a1bea、a1b2cea、aeda 等都是回路。而 alea、b2eb 不构成实际回路,称为广义回路,或称虚假回路。**平面电路**(**planar circuit**)中,回路内部不再含有支路的回路称为**网孔**(**mesh**)。

基尔霍夫定律是集总电路的基本定律。它包括电流定律和电压定律。

1.4.1　基尔霍夫电流定律

基尔霍夫电流定律(Kirchhoff's Current Law,KCL):在集总电路中,任何时刻对任一节点,联接于该节点的所有支路电流的代数和恒等于零,即

$$\Sigma i = 0 \tag{1-32}$$

例如,对图 1-50 所示的电路,首先确定各支路电流的参考方向,并规定流出节点的电流为正,对节点 a 应用 KCL 有

$$i_1 - i_4 - i_5 = 0 \tag{1-33}$$

亦可规定流入节点的电流为正。这里所讲的流出或流入节点都是对电流的参考方向而言的。式(1-33)可改写为

$$i_4 + i_5 = i_1$$

此式表明：任何时刻流入任一节点的支路电流必等于流出该节点的支路电流，即

$$\sum i_{入} = \sum i_{出} \tag{1-34}$$

同理，对节点 e，KCL 方程为

$$i_5 - i_6 + i_7 - i_8 = 0 \tag{1-35}$$

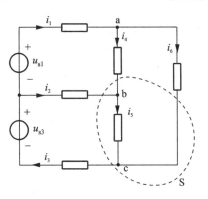

KCL 给支路电流加上了线性约束。例如方程(1-33)和方程(1-35)为支路电流 i_1、i_2、$\cdots$、i_8 的常系数(系数为 1、0 或 -1)线性齐次代数方程。

KCL 也可用于包围几个节点的闭合面(即所谓广义节点)。如图 1-51 所示的电路，闭合面 S 内有 2 个节点 b、c。各支路参考方向已设定，应用 KCL 有

节点 b　　　　$-i_2 - i_4 + i_5 = 0$

节点 c　　　　$i_3 - i_5 - i_6 = 0$

将以上两式相加，得

图 1-51　广义节点

$$-i_2 + i_3 - i_4 - i_6 = 0$$

可见，通过一个闭合面的电流代数和也总是等于零，亦即流出闭合面的电流等于流入该闭合面的电流。

对于具有 n 个节点的电路，可列写出 $(n-1)$ 个独立的 KCL 方程。

基尔霍夫电流定律(KCL)是电流连续性或电荷守恒的体现。

1.4.2　基尔霍夫电压定律

基尔霍夫电压定律(Kirchhoff's Voltage Law，KVL)：在集总电路中，任何时刻沿任一回路，构成该回路的所有支路电压的代数和恒等于零，即沿任一回路有

$$\Sigma u = 0 \tag{1-36}$$

在写上式时，首先需要指定一个绕行回路的方向，若规定电压的参考方向与回路绕行方向一致则为正，反之则为负。

图 1-52 所示为某电路中的一个回路，绕行方向如图所示，若按图中所标明的电压参考方向"+"指向"-"与绕行方向一致，则 KVL 方程为

$$u_1 + u_2 + u_3 + u_6 - u_5 - u_4 = 0 \tag{1-37}$$

KVL 不仅适用于上述回路，对广义回路也适用。如图 1-53 中的广义回路 ADEFA 及 ABCDA，可认为 AD 之间有一条虚设的支路，其电压为 u_{AD}，于是

$$u_{AD} + u_6 - u_5 - u_4 = 0 \tag{1-38}$$

$$u_1 + u_2 + u_3 - u_{AD} = 0 \tag{1-39}$$

由式(1-38)　　　　$u_{AD} = u_4 + u_5 - u_6 \tag{1-40}$

由式(1-39)　　　　$u_{AD} = u_1 + u_2 + u_3 \tag{1-41}$

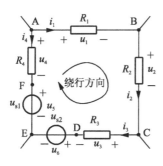

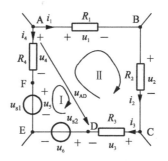

图 1-52　基尔霍夫电压定律　　　　图 1-53　KVL 适用于广义回路

而由式(1-40)和式(1-41)得　　　$u_1 + u_2 + u_3 = u_4 + u_5 - u_6$

说明由式(1-40)及式(1-41)计算出的 u_{AD} 相等,即电路中两节点间的电压是单值的,不论沿哪条路径两节点间的电压值是相同的。基尔霍夫电压定律实质上是电压与路径无关这一性质的反映。

　　KVL 给支路电压加上了线性约束关系,例如式(1-37)为支路电压 u_1、u_2、u_3 … 的常系数(系数为 1、0 或 −1)线性齐次代数方程。

　　如果回路仅由电阻和电压源组成,电阻上的电压可用电阻与电流的乘积来表示,这样式(1-37)变为

$$R_1 i_1 + R_2 i_2 + R_3 i_3 + u_{S2} - u_{S1} - R_4 i_4 = 0$$

经整理　　　　　　　$$R_1 i_1 + R_2 i_2 + R_3 i_3 - R_4 i_4 = u_{S1} - u_{S2}$$

即　　　　　　　　　$$\Sigma R_k i_k = \Sigma u_{Sk}$$

它表示沿任一(仅含电阻和电压源的)回路的绕行方向,电阻电压降的代数和等于电压源电压升的代数和。

　　对于具有 n 个节点,b 条支路的电路可列写出 $(b - n + 1)$ 个独立的 KVL 方程。

　　KCL 规定了电路中各支路电流必须服从的约束关系,KVL 规定了电路中各支路电压必须服从的约束关系。每个元件的电压、电流形成一个自身约束。KCL 和KVL 连同各元件的 VAR 是电路中的两类约束关系,它们共同构成了分析集总参数电路的基础。

　　例 1-5　电路如图 1-54 所示。试问 u_S 为多少伏方可使 $i_4 = 1$ A。

　　解　已知部分支路的电压或电流,可用 KCL 和KVL 推算出其他支路的电压和电流。

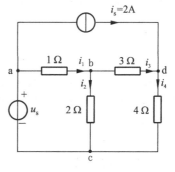

图 1-54　例 1-5 图

　　在计算之前,应先设定各支路电流及电压的参考方向,如图 1-54 所示,一般取关联方向。对节点 d,由 KCL

$$i_3 = i_4 - i_S = 1 - 2 = -1 \text{ A}$$

对回路 bcdb,由 KVL

$$u_{bc} = u_{bd} + u_{dc}$$
$$= 3i_3 + 4i_4$$
$$= 3 \times (-1) + 4 \times 1 = 1 \text{ V}$$
$$i_2 = \frac{u_{bc}}{2} = 0.5 \text{ A}$$

对节点 b,由 KCL

$$i_1 = i_2 + i_3 = 0.5 - 1 = -0.5 \text{ A}$$

对回路 acba,由 KVL

$$u_S = 1 \times i_1 + 2 \times i_2 = -0.5 + 2 \times 0.5 = 0.5 \text{ V}$$

此例中节点数 $n=4$,支路数 $b=6$,故可列写出 3 个独立的 KCL 方程和 3 个独立的 KVL 方程,由于两条支路电流已知,故可用的独立的 KCL 方程为两个。又由于电流源端电压未知,可用的 KVL 方程也只有两个。

例 1-6 求例 1-5 中电压源及电流源的功率。

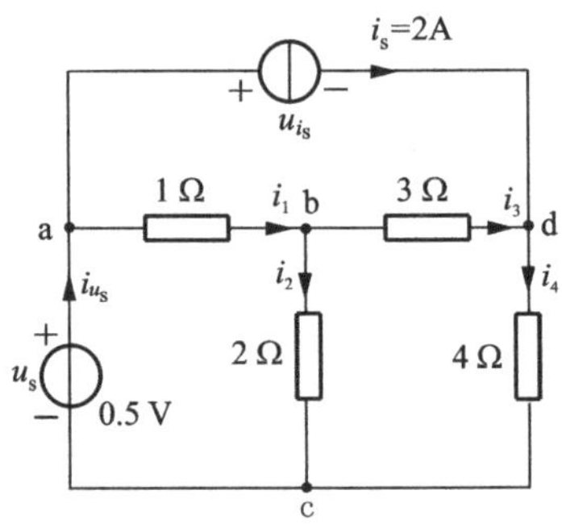

解 电路重画于图 1-55 中,欲求电压源 u_S 的功率,须先求出其电流。对节点 a,由 KCL

$$i_{u_s} = i_1 + i_S = -0.5 + 2 = 1.5 \text{ A}$$

因为 u_S 与 i_{u_s} 为非关联方向,所以

$$p_{发} = u_S i_{u_s} = 0.5 \times 1.5 = 0.75 \text{ W} \quad (实际发出)$$

欲求电流源 i_S 的功率,须借助 KVL 将端电压 u_{i_s} 求出,u_{i_s} 的参考方向如图 1-55 所示,对回路 adba,由 KVL 有

$$u_{i_s} = 1 \times i_1 + 3 \times i_3 = -3.5 \text{ V}$$

此式可由 KVL 推出,读者可自行寻找能直接写出此式的规律。

因为 u_{i_s} 与 i_S 是关联方向,所以

$$p_{吸} = u_{i_s} i_S = -3.5 \times 2 = -7 \text{ W} \quad (实际发出)$$

两电源共发出功率 7.75 W,各电阻消耗的功率为 $i_1^2 \times 1 + i_2^2 \times 2 + i_3^2 \times 3 + i_4^2 \times 4 = 7.75 \text{ W}$,发出功率与消耗功率相等,功率平衡,说明计算正确。

在电子电路中,常把金属机壳作为导体而把一些应连接在一起的元件分别就近与机壳相连,例如图 1-56(a)中电源的负极与 R_1 的一端本应相连,在实际设备中可分别与机壳相连而无需再另用导线,图中"⊥"系接机壳的图形符号。机壳往往也称为"地"(**ground**),虽然它并不与大地相连接。在对电子电路进行电压测量时,为方便计,常把电压表的"一"端接机壳,而以"+"端依次接触电路中各个节点,测得各节点与机壳间的电压(电表反向偏转读数记为负值)。因此,机壳又称为电路的参考节点,各节点至参考节点间的电压降则定义为该点的**电位(electric potential)**或称**节点电压(node voltage)**。例如图 1-56(a)中,a 点的电位实际上即为 a 点至参考点 c 的电压降 u_{ac},相应地可记为 u_a。参考节点又称为"零点"或零电位点"。对节点电压,通常无须标示参考极性,参考点被认为是节点电压的"一"端。

图 1-55 例 1-6 图

根据上述特点,电子电路有一种简化的习惯画法,即电源不用图形符号表示而改为只标出其极性及电压值。这样,图 1-56(a)可改画为图 1-56(b),b 端标出"$+u_\text{S}$",意为电压源的正极接在 b 端,其电压值为 u_S,电源的另一极(负极)则接在参考点 c,且不再标示。

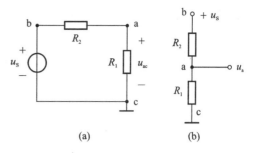

图 1-56　电子电路习惯表示形式

在分析电路时,参考点的选择往往是任意的,但是一旦选择好参考点,则电路中各点的电位也随之确定。若改变参考点,则电路中各点的电位也随之改变,但任意两点的电压是不随参考点的改变而改变的。

例 1-7　用电位表示的电路如图 1-57(a)所示,求电压 U_mn。

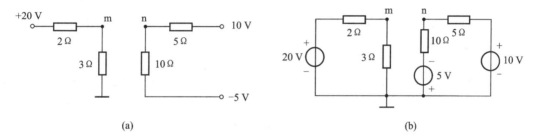

(a)　　　　　　　　　　　　　　(b)

图 1-57　例 1-7 图

解　初学者往往对图 1-57(a)所示形式不习惯,不妨把它改画成图 1-57(b)。由图根据基尔霍夫电压定律和欧姆定律可知

$$U_\text{m} = \frac{20}{2+3} \times 3 = 12 \text{ V}$$

$$U_\text{n} = -\frac{10+5}{5+10} \times 5 + 10 = 5 \text{ V}$$

由两点电位之差即为两点间电压得

$$U_\text{mn} = 12 - 5 = 7 \text{ V}$$

注意　此例中各电源点一定画成对地的电压源,而两电源点之间不可用电压源替代。

习题

1-1　根据图题 1-1 所示参考方向,判断各元件是吸收还是发出功率,其功率各为多少?

1-2　各元件的条件如图题 1-2 所示。

(1) 若元件 A 吸收功率为 10 W,求 I_a;

(2) 若元件 B 产生功率为(-10 W),求 U_b;

(3) 若元件 C 吸收功率为(-10 W),求 I_c;

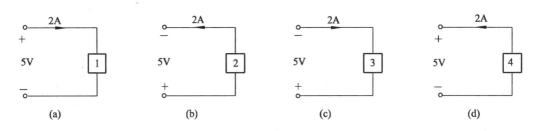

图题 1-1

图题 1-2

（4）求元件 D 吸收的功率。

1-3　电路如图题 1-3 所示，求各电路中所标出的未知量 u、i、R 或 p 的值。

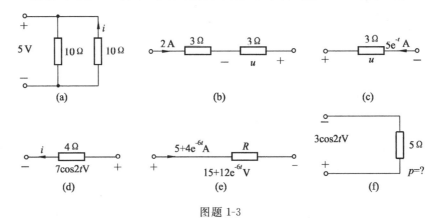

图题 1-3

1-4　根据图题 1-4 所指定的参考方向，写出各电阻的电压电流约束方程，并画出各元件伏安特性曲线的示意图。

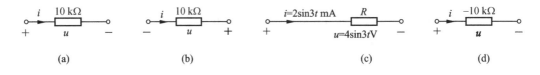

图题 1-4

1-5　图题 1-5(a)电阻的电压波形如图题 1-5(b)所示。试绘出该电阻的电流波形和瞬时功率波形图。

1-6　图题 1-6 中的三个电阻串联使用，其额定值如图中所示。求使用时电路的最大允许电流。

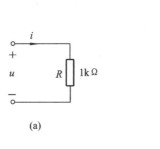 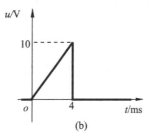

图题 1-5

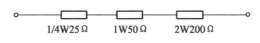

图题 1-6

1-7 已知电容元件电压 u 的波形如图题 1-7(b)所示,试求 $i(t)$ 并绘出波形图。若已知其电流 i 的波形,如图题 1-7(c)所示。设 $u(0)=0$,试求 $u(t)(t\geqslant0)$ 并绘出波形图。如果 $u(0)$ 改为-20 V,则结果如何?

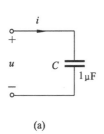 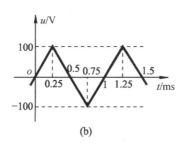 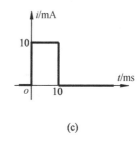

图题 1-7

1-8 图题 1-8 所示为一电容的电压和电流波形。(1)求 C 值;(2)计算电容在 $0<t<1$ ms 期间得到的电荷;(3)求 $t=2$ ms 时电容吸收的功率;(4)求 $t=2$ ms 时电容储存的能量。

1-9 作用于某 25 μF 电容的电流波形如图题 1-9 所示,若 $u(0)=0$,求 $t=17$ ms 及 $t=40$ ms 时的电压、吸收的功率和储存的能量。

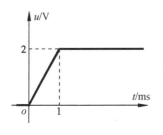 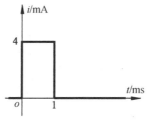 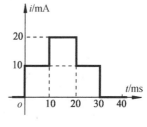

图题 1-8　　　　　　　　　　　　　　图题 1-9

1-10 图题 1-10 所示电路，电感 $L=10$ mH，当通过电感的电流分别为(a)直流 10 mA；(b) $10\sqrt{2}\cos(100\pi t)$ A；(c) $5e^{-6t}$ mA；(d) $20te^{-100t}$ mA。求对应的电感两端的电压。

1-11 10 μH 电感的电压波形如图题 1-11 所示，设 $i(0)=0$，试求 $i(t)(t\geqslant0)$，并绘出其波形。

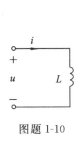

图题 1-10

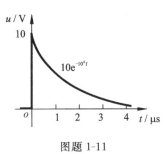

图题 1-11

1-12 在关联参考方向下某电感电流及电压的波形如图题 1-12 所示。

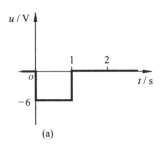

(a)

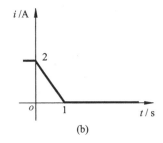

(b)

图题 1-12

(1) 试求电感 L；

(2) 试求在 $0<t<1$ s 期间磁场能量的瞬时值 $w_L(t)$；

(3) 若图题 1-11 中两波形的时间单位由秒改为毫秒，试重新计算(1)、(2)中的量。

1-13 某元件电压 u 和电流 i 的波形如图题 1-13 所示，u 和 i 为关联参考方向，试绘出该元件吸收功率 $p(t)$ 的波形，并计算该元件从 $t=0$ 至 $t=2$ s 期间所吸收的能量，它可能是什么元件？

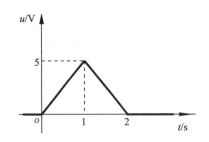

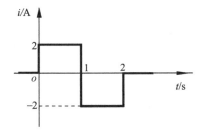

图题 1-13

1-14　耦合电感如图题 1-14(a)所示,已知 $L_1=4$ H,$L_2=2$ H,$M=1$ H,若电流 i_1 和 i_2 的波形如图题 1-14(b)所示,试绘出 u_1 及 u_2 的波形。

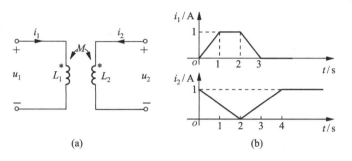

图题 1-14

1-15　图题 1-15 所示耦合电感电路。已知电源电压 $u_S=10\cos(2\pi\times10^3 t)$ V。当 2-2′线圈开路时,$i_1=0.1\sin(2\pi\times10^3 t)$ A,$u_o=-0.9\cos(2\pi\times10^3 t)$ V;当 2-2′线圈短路时,$i_{2sc}=0.9\sin(2\pi\times10^3 t)$ A。求 L_1、L_2、M 及耦合系数 k。

1-16　图题 1-16 所示各电路,已知:$L_1=1$ H,$L_2=0.25$ H,$M=0.25$ H,求 $u_1(t)$ 及 $u_2(t)$。

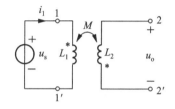

图题 1-15

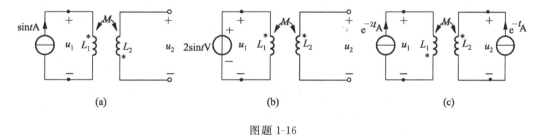

图题 1-16

1-17　图题 1-17 所示各电路中的电源对外部是提供功率还是吸收功率? 其功率为多少?

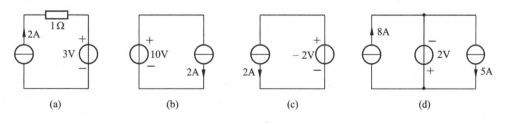

图题 1-17

1-18　求图题 1-18 所示各电路中的电压 u 和电流 i。

1-19　求图题 1-19 所示各电路中电压源流过的电流 i 和它发出的功率。

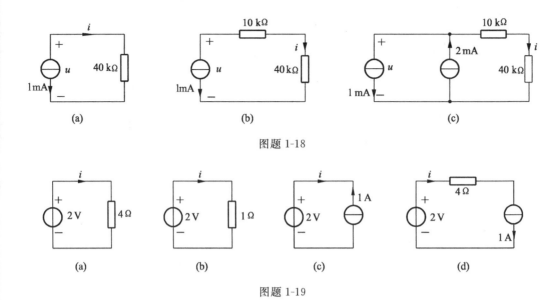

图题 1-18

图题 1-19

1-20 求图题 1-20 所示各电路中电流源的端电压 U 和它发出的功率。

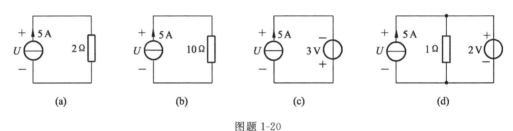

图题 1-20

1-21 我国自长江三峡水电站至南京的高压直流输电线示意图如图题 1-21 所示。输电线每根对地耐压为 500 kV,导线容许电流 1 kA。每根导线电阻为 20.5 Ω(全长 826 km)。试问当首端线间电压 U_1 为 1000 kV 时,可传输多少功率到南京?传输效率是多少?

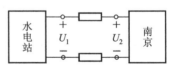

图题 1-21

1-22 试求图题 1-22 所示电路中各电阻上的电压、电阻上消耗的功率,并计算电压源和电流源所提供的功率。

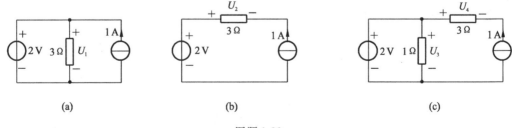

图题 1-22

1-23 （1）求图题 1-23(a)电路中受控电压源的端电压和它的功率；

（2）求图题 1-23(b)电路中受控电流源的电流和它的功率；

（3）试问(1)、(2)中的受控源是否可以用电阻或独立电源来替代？若能，所替代元件的参数值为多少？并说明如何联接。

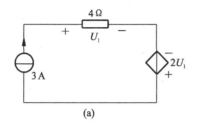 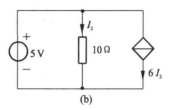

图题 1-23

1-24 试用虚断路和虚短路的概念求图题 1-24 所示两电路中的 i_1、i_2 及 u_o 的表达式。

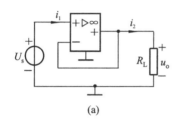 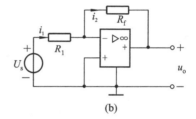

图题 1-24

1-25 图题 1-25(a)所示为一同相放大器，它可用图题 1-25(b)所示电压控制电压源表示，求受控源控制系数 k 值。

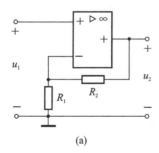 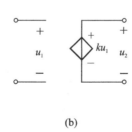

图题 1-25

1-26 电路如图题 1-26 所示，求：（1）图(a)中未知的支路电流；（2）图(b)中的 U_1、U_2 和 U_3。

1-27 求图题 1-27 所示各电路开关 S 打开及闭合时 a、b 点的电位 u_a、u_b 及电压 u_{ab}。

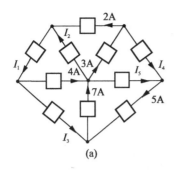

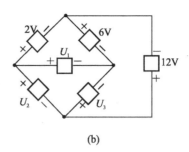

图题 1-26

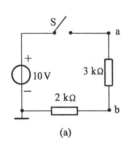

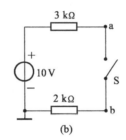

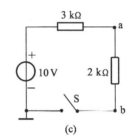

图题 1-27

1-28 求图题 1-28 所示各电路中的 U_{ab},设端口 a、b 均为开路。

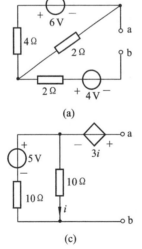

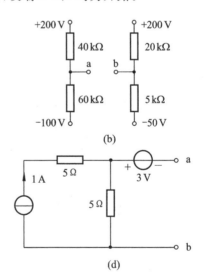

图题 1-28

1-29 图题 1-29 所示电路中,已知 $U_{AB}=10$ V,试求 R 之值。

1-30 电路如图题 1-30 所示,求 m、n 两点间的电压 U_{mn}。

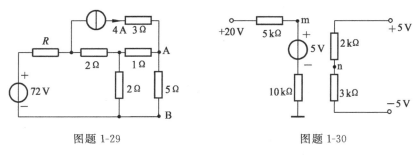

图题 1-29 图题 1-30

1-31 求图题 1-31 所示电路中的电流 i 和电压 u。

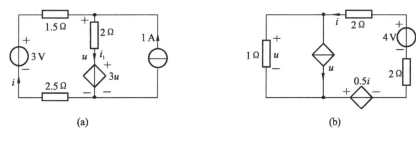

(a) (b)

图题 1-31

1-32 求图题 1-32 所示电路中的电压 u，并求受控源吸收的功率。

1-33 图题 1-33 所示电路中，灯泡负载 R_L 的额定电压为 6 V，额定功率为 1.8 W。求电压源 U_S 为何值时才能使灯泡工作在额定状态。

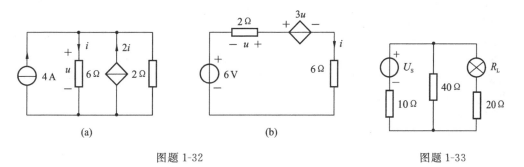

(a) (b)

图题 1-32 图题 1-33

第2章

电阻电路等效法分析

由非时变线性无源元件、线性受控源和独立电源组成的电路称为非时变线性电路,以后简称为**线性电路**(linear circuit)或线性网络。本书的绝大部分内容是线性电路分析。

电路中的独立电压源、电流源是能量或信号的输入,一般称为**激励**(excitation),而在其作用下电路中各个元件、各条支路中产生的电压、电流即为输出,一般称为**响应**(response)。当激励为直流,响应也是直流,电路称为**直流电路**(direct current),简称 DC;如果激励是周期性交变的,则称为**交流电路**(alternating current),其最基本的形式是正弦交流,简称 AC。在分析电路过程中,电路参数和结构都不发生改变,称为**稳态**(steady state)过程分析;当电路结构和(或)参数发生改变,则电路将从一个稳态向另一个稳态过渡,这个过渡过程称为**暂态**(transient sate)过程。本书将在第 8 章介绍暂态分析,在第 8 章之前均为稳态分析。

本书以电阻电路分析为起点介绍电路分析基本方法。所谓的**电阻电路**(resistive circuit)是指直流电路或者电路中的无源元件没有电容、电感而只有电阻的线性电路。

2.1 一端口电阻网络

如果一个电路或电网络具有两个引出端子与外电路相联(可以作为测量用,也可作为与外部电源或其他电路的联接之用),而不管其内部结构如何,这样的网络叫作一端口网络(简称一端口)或二端网络。图 2-1(a)、(b)示出两个仅含电阻的一端口。为了分析简便起见,有时把端口以内的电路用一个矩形框表示,如图 2-1(c)所示。根据基尔霍夫电流定律,对一个端口来说,一个端子流出的电流一定等于另一个端子流入的电流,所以只要在一个端子处标注电流参考方向即可。如图 2-1 端子 1 流出电流 i 必然等于流入端子 $1'$ 的电流 i。

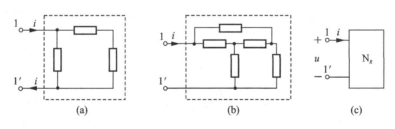

图 2-1 一端口网络

图 2-1(a)、(b)虚线框部分称为一端口网络的内部,即图中 1-1'端以右的部分、1-1'端以左的部分称为外电路,如果电路分析中只关心外电路的电压、电流或功率,而不需要知道一端口内部的细节情况,则一端口网络对外就可以**等效变换**(equivalent transformation)为一个最简二端网络。端口网络对外等效的前提是端口的伏安关系(VAR)相同。

2.1.1 一端口电阻网络

1. 电阻的串联、并联和串并联

图 2-2(a)表示 n 个电阻 $R_1, R_2, \cdots, R_n$ 串联形成的一端口,根据 KVL 及电阻元件的 VAR 可证明等效的一端口为图 2-2(b),其中电阻 R 为

$$R = R_1 + R_2 + \cdots + R_n = \sum_{k=1}^{n} R_k \tag{2-1}$$

R 称为这些串联电阻的**等效电阻**(**equivalent resistance**)。

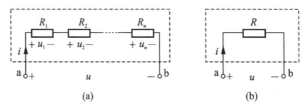

图 2-2 电阻的串联

电阻串联时,各电阻上的电压为

$$u_k = R_k i = \frac{R_k}{R} u \tag{2-2}$$

可见,各个串联电阻的电压与其电阻值成正比。式(2-2)称为分压公式。注意图 2-2 中电压参考方向,若各电阻电压与端口电压方向不一致,则式(2-2)前标以"—"。

分压电路可用一个具有滑动接触端的三端电阻器来组成,如图 2-3 所示。这种可变电阻器又称为"**电位器**"(**potentiometer**)。电压 u_S 施加于电阻 R 的两端,即 ab 端,随着 c 端的滑动,在 cb 端间可得到从零至 u_S 连续可变而极性不变的电压。

例 2-1 图 2-4(a)所示电路为双电源直流分压电路,试说明 U_A 可在 $+15 \sim -15$ V 间的连续变化。电位器电阻为 R,α 表示 ac 间的电阻在电位器总电阻 R 中所占比例的数值,$0 \leqslant \alpha \leqslant 1$。

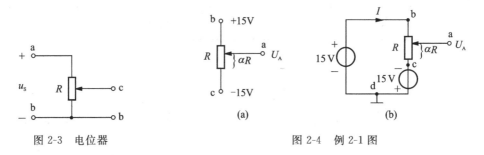

图 2-3 电位器　　　　　　　　　　图 2-4 例 2-1 图

解 不妨把用电位表示的电路改画成电路中习惯画法,如图 2-4(b)所示。由该图可知

当滑动端 a 移至 b 时,$\alpha = 1$,$U_A = 15$ V

当滑动端 a 移至 c 时,$\alpha = 0$,$U_A = -15$ V

当滑动端 a 在其他位置时,U_A 可计算如下:

设电流 I 的参考方向如图 2-4 所示,由 KVL 及欧姆定律可得

$$RI - 15 - 15 = 0$$

解得

$$I = \frac{30}{R}$$

故得

$$U_A = U_{ad} = U_{ac} + U_{cd} = \alpha RI - 15 = (30\alpha - 15) \text{ V}$$

此为沿 acd 路径算得的结果,如沿 abd 路径计算,可得同样的结果,即

$$U_A = U_{ad} = U_{ab} + U_{bd} = -(1 - \alpha)RI + 15 = (30\alpha - 15) \text{ V}$$

当滑动端移动时,α 随之而变,U_A 亦随之而变。$\alpha = 1$,$U_A = 15$ V;$\alpha = 0.5$,$U_A = 0$;$\alpha = 0$,$U_A = -15$ V。故知,当滑动端 a 点移动时,U_A 可在 $+15 \sim -15$ V 间连续变化。

图 2-5(a)表示 n 个电阻并联形成的一端口。G_1,G_2,$\cdots$,G_n 表示各电阻的电导,并联的总电导 G 为

$$G = G_1 + G_2 + \cdots + G_n = \sum_{k=1}^{n} G_k \tag{2-3}$$

电导 G 称为并联电阻的等效电导。

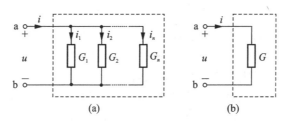

图 2-5　电阻的并联

电阻并联时,各电阻中的电流为

$$i_k = G_k u = \frac{G_k}{G} i \tag{2-4}$$

可见各并联电阻中的电流与它们各自的电导值成正比。式(2-4)称为分流公式。

当 $n = 2$ 时,即两个电阻并联时,见图 2-6(a),其等效电阻为

$$R = \frac{R_1 R_2}{R_1 + R_2} \tag{2-5}$$

这就是所谓"积被和除"的公式(应注意 $n \geq 3$ 时不存在这种关系!)。已知总电流 i,分支电流为

$$\left. \begin{array}{l} i_1 = \dfrac{R_2}{R_1 + R_2} i \\[2mm] i_2 = \dfrac{R_1}{R_1 + R_2} i \end{array} \right\} \tag{2-6}$$

若图 2-6(a)中某个电阻为零,则为该电阻被短路的情况,由式(2-6)可知,被短接支路电流为零,短接支路电流则为 i。

电阻的串联和并联相结合的联接方式叫作阻的串并联,或称混联。图 2-7(a)电路中,R_3、R_4 串联后与 R_2 并联,再与 R_1 串联。这些电阻的等效电阻为

$$R = R_1 + \frac{R_2(R_3 + R_4)}{R_2 + R_3 + R_4}$$

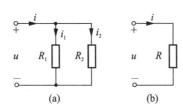

图 2-6　两个电阻并联

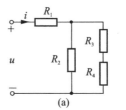
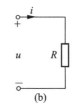

图 2-7　电阻的串并联

图 2-7 中再次明确元件的串联是首尾相接,中间没有分支,它们流过同一电流,如 R_3、R_4 为串联,R_1 与 R_2 或 R_3 都不是串联关系;元件并联是指某两端施加同一电压,如 R_2 与 R_3 或 R_4 都不能视为并联,而 R_3 与 R_4 是串联,其串联等效电阻与 R_2 为并联,这才是正确的。

2. 电阻的丫形联接与△形联接的等效变换

在电路中,有时电阻的联接既非串联又非并联,如图 2-8 所示电路,若求 AB 两端的等效电阻,就无法通过串并联化简来进行,通常可用丫形联接与△形联接的等效变换来求得。

丫形联接与△形联接都是通过三个端钮与外部相联。等效互换要求它们的对外 VAR 相同,亦即当它们的对应端子间的电压相同时,流入对应端子的电流也必须分别相等,即对外电路等效。为示区别,电阻下标用两端标号表示。

下面来推导等效变换时两组电阻参数的关系式,图 2-9(a)、(b)分别示出了接到端钮 1、2、3 的丫形联接与△形联接的三个电阻。

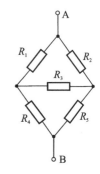

图 2-8　电阻的桥形联接

设它们对应端钮间有相同的电压 u_{12}、u_{23}、u_{31},如果它们彼此等效,那么流入对应端钮的电流必须相等,即有

$$i_1 = i_1', \quad i_2 = i_2', \quad i_3 = i_3'$$

在△形联接的电路中,流入三个端钮的电流分别为

$$i_1' = i_{12}' - i_{31}' = \frac{u_{12}}{R_{12}} - \frac{u_{31}}{R_{31}}$$

$$i_2' = i_{23}' - i_{12}' = \frac{u_{23}}{R_{23}} - \frac{u_{12}}{R_{12}} \quad\quad (2\text{-}7)$$

$$i_3' = i_{31}' - i_{23}' = \frac{u_{31}}{R_{31}} - \frac{u_{23}}{R_{23}}$$

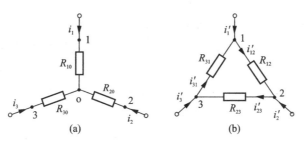

图 2-9　电阻的丫形联接与△形联接的等效变换

对丫形联接的电路,可按下述方法找出流入端钮的电流与端钮间电压的关系。

由 KVL
$$u_{12} = R_{10}i_1 - R_{20}i_2$$
$$u_{23} = R_{20}i_2 - R_{30}i_3$$

和 KCL
$$i_1 + i_2 + i_3 = 0$$

可解出电流

$$\left.\begin{aligned}
i_1 &= \frac{R_{30}}{R_{10}R_{20} + R_{20}R_{30} + R_{30}R_{10}}u_{12} - \frac{R_{20}}{R_{10}R_{20} + R_{20}R_{30} + R_{30}R_{10}}u_{31} \\
i_2 &= \frac{R_{10}}{R_{10}R_{20} + R_{20}R_{30} + R_{30}R_{10}}u_{23} - \frac{R_{30}}{R_{10}R_{20} + R_{20}R_{30} + R_{30}R_{10}}u_{12} \\
i_3 &= \frac{R_{20}}{R_{10}R_{20} + R_{20}R_{30} + R_{30}R_{10}}u_{31} - \frac{R_{10}}{R_{10}R_{20} + R_{20}R_{30} + R_{30}R_{10}}u_{23}
\end{aligned}\right\} \quad (2\text{-}8)$$

不论电压 u_{12}、u_{23}、u_{31} 为何值,如果两个电路等效,流入对应端子的电流就必须相等,故式(2-8)和式(2-7)中电压 u_{12}、u_{23} 和 u_{31} 前的系数就应该对应相等,于是得

$$\left.\begin{aligned}
R_{12} &= \frac{R_{10}R_{20} + R_{20}R_{30} + R_{30}R_{10}}{R_{30}} = R_{10} + R_{20} + \frac{R_{10}R_{20}}{R_{30}} \\
R_{23} &= \frac{R_{10}R_{20} + R_{20}R_{30} + R_{30}R_{10}}{R_{10}} = R_{20} + R_{30} + \frac{R_{20}R_{30}}{R_{10}} \\
R_{31} &= \frac{R_{10}R_{20} + R_{20}R_{30} + R_{30}R_{10}}{R_{20}} = R_{30} + R_{10} + \frac{R_{30}R_{10}}{R_{20}}
\end{aligned}\right\} \quad (2\text{-}9)$$

式(2-9)是由丫形联接的电阻来确定等效△联接的电阻的关系式。由式(2-9)可以解得

$$\left.\begin{aligned}
R_{10} &= \frac{R_{31}R_{12}}{R_{12} + R_{23} + R_{31}} \\
R_{20} &= \frac{R_{12}R_{23}}{R_{12} + R_{23} + R_{31}} \\
R_{30} &= \frac{R_{23}R_{31}}{R_{12} + R_{23} + R_{31}}
\end{aligned}\right\} \quad (2\text{-}10)$$

式(2-10)是由△形联接的电阻来确定等效丫形联接的电阻的关系式。

式(2-9)中各电阻若用电导表示,则有

$$\left.\begin{aligned}
G_{12} &= \frac{G_{10}G_{20}}{G_{10} + G_{20} + G_{30}} \\
G_{23} &= \frac{G_{20}G_{30}}{G_{10} + G_{20} + G_{30}} \\
G_{31} &= \frac{G_{30}G_{10}}{G_{10} + G_{20} + G_{30}}
\end{aligned}\right\} \quad (2\text{-}11)$$

式(2-10)与式(2-11)形式具有某种规律性,注意其特点对掌握知识很有益。

若丫形联接的三个电阻相等,即 $R_1 = R_2 = R_3 = R_Y$,则等效△形联接的电阻也相等,它们等于

$$R_\triangle = R_{12} = R_{23} = R_{31} = 3R_Y$$

反之

$$R_Y = \frac{1}{3}R_\triangle$$

(2-12)

丫形与△形联接的等效变换在三相电路分析中是很有用的。

2.1.2 电源的模型及其等效变换

当 n 个电压源串联时,形成一个端口,如图 2-10(a),可以用一个电压源等效替代。等效电压源的电压 u_S[如图 2-10(b)]为各串联电压源的代数和,即

$$u_S = u_{S1} + u_{S2} + \cdots + u_{Sn} = \sum_{k=1}^{n} u_{Sk}$$

当 n 个电流源并联时,形成一个端口,可用一个电流源等效替代,如图 2-11 所示。等效电流源的电流 i_S 为各电流源的代数和,即

$$i_S = i_{S1} + i_{S2} + \cdots + i_{Sn} = \sum_{k=1}^{n} i_{Sk}$$

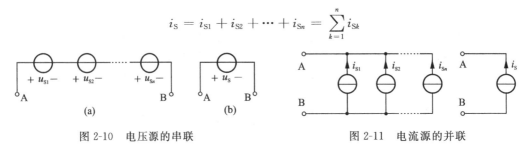

图 2-10 电压源的串联　　　　　　　　图 2-11 电流源的并联

从外部性能等效的角度来看,任何一条支路[例如图 2-12(a)中所示的电流源 i_S 或电阻 R]与电压源 u_S 并联后,总可以用一个等效电压源替代,等效电压源的电压仍为 u_S,但等效电压源中的电流不再等于替代前的电压源的电流,即对内部并不等效。

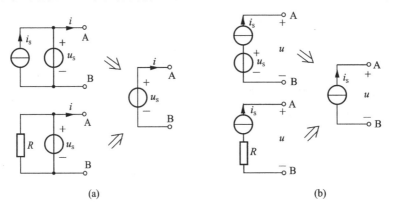

(a)　　　　　　　　　　　　　(b)

图 2-12 电源与其他支路的串联和并联

同理,任何一条支路与电流源 i_S 串联后,总可以用一个等效电流源替代,等效电流源的电流仍为 i_S,如图 2-12(b)所示。

只有电压相等的电压源才允许并联,只有电流相等的电流源才允许串联。

另外,电压源不能短路,电流源不能开路。若电压源短路,如图 2-13(a)所示,从虚线处向左看是电压源 u_S,则 $u=u_S$,而向右看是短路,$u=0$,这与电压单值性相矛盾。若电流源开路,如图 2-13(b)所示,从虚线处向左看是电流源 i_S,则 $i=i_S$,而向右看是开路,$i=0$,这是与电流连续性矛盾的。

理想电压源与理想电流源之间不能进行等效变换。下面所讲的电源等效变换是指图 2-14(a)所示电压源、电阻的串联组合与图 2-14(b)所示电流源、电导的并联组合之间的相互等效变换。

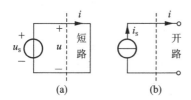

图 2-13　电源短路和开路

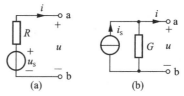

图 2-14　有伴电压源和有伴电流源

实际电源的模型常用上述元件组合来表示。具有串联电阻的电压源称为有伴电压源,具有并联电导的电流源称为有伴电流源。

在图 2-14(a)中,按图示电压、电流的参考方向,由 KVL 得

$$u = u_S - Ri \tag{2-13}$$

图 2-15(a)为 u 与 i 的关系曲线,也称外特性曲线,它是一条直线。

对于图 2-14(b)所示的并联组合,由 KCL

$$i = i_S - Gu \tag{2-14}$$

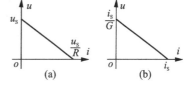

图 2-15　有伴电压源和有伴电流源的外特性

其 u、i 关系曲线(外特性)如图 2-15(b)所示,也是一条直线。如果两者对外电路等效,则应有相同的外特性曲线。比较图 2-15(a)、(b),应有

$$u_S = \frac{i_S}{G} \quad 及 \quad i_S = \frac{u_S}{R}$$

亦即

$$\left. \begin{array}{l} G = \dfrac{1}{R} \\[2mm] i_S = Gu_S \quad (或\ u_S = Ri_S) \end{array} \right\} \tag{2-15}$$

这就是有伴电压源与有伴电流源相互等效变换的条件,变换时要注意 u_S 与 i_S 的参考方向,i_S 的参考方向由 u_S 的负极指向正极。

此外还要注意,这种等效变换也是对外部电路而言的,即两者等效变换后对外电路

无任何影响,但其内部情况有所不同。例如,不接外电路,即 $i=0$ 时,两种电路对外部来说功率均为零,但其内部则不同。对有伴电压源而言,由于 $i=0$,电压源的功率亦为零;而对有伴电流源而言,电流源发出的功率全部为电导所吸收。

受控电压源、电阻的串联组合与受控电流源、电导的并联组合亦可用本节提供的方法进行等效变换。此时是把受控源当作独立源来处理,不过应注意在变换过程中控制量(或者控制支路)必须保持完整而不被改变。当然,控制系数及其量纲将随着变换有所变化。

例 2-2 电路如图 2-16(a),试求电流 i。

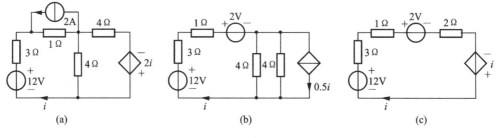

图 2-16 例 2-2 图

解 利用等效变换条件,可将图 2-16(a)中的有伴电流源和有伴受控电压源进行等效变换,如图 2-16(b)所示。再将图 2-16(b)中的有伴受控电流源变成受控电压源,如图 2-16(c)所示。由图 2-16(c)可得

$$(3+1+2)i-i+2-12=0$$
$$5i=10$$
$$i=2 \text{ A}$$

2.1.3 含受控源无源一端口网络的等效

一个端口中除了电阻还含有受控源(受控源的控制量为端口或内部的电压、电流),但不含独立源,则为含受控源的无源一端口网络,此时端口的电压与电流的比值为常数(可为负值或零),此常数为端口看进去的等效电阻,也称为入端电阻 R_i。如在端口处外加电压源 u_S(或电流源 i_S),可求得端口电流 i(或电压 u),如图 2-17(a)和(b)所示。则有

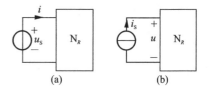

图 2-17 一端口网络的入端电阻

$$R_i = \frac{u_S}{i} = \frac{u}{i_S} \qquad (2\text{-}16)$$

这就是通常讲的加电压求电流(加电流求电压)的方法,即外施电源法。下面举例说明。

例 2-3 求图 2-18 所示含受控源一端口的等效电阻。

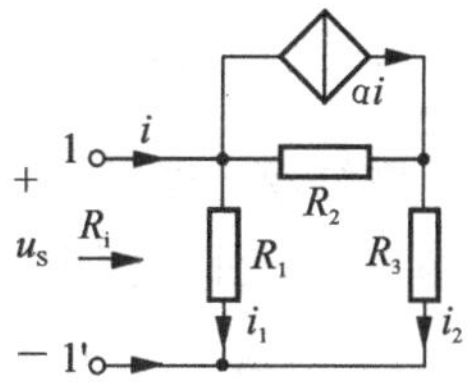

解 在端口处加一输入电压 u_S，按式(2-16)求 R_i，先假定各支路电流的参考方向如图示，然后按 KVL、KCL 列出方程。

由 KVL

$$u_S = R_2(i_2 - \alpha i) + R_3 i_2 = (R_2 + R_3)i_2 - \alpha R_2 i$$

又

$$u_S = R_1 i_1$$

由 KCL

$$i = i_1 + i_2$$

图 2-18 例 2-3 图

从这些式子中消去非端口变量 i_1、i_2，即可得

$$R_i = \frac{u_S}{i} = \frac{R_1 R_3 + (1-\alpha)R_1 R_2}{R_1 + R_2 + R_3}$$

上式的分子中出现负项，故在一定条件下 R_i 可能为零甚至为负值。设 $R_1 = R_2 = 2\ \Omega$，$R_3 = 1\ \Omega$，当 $\alpha = 1.5$ 时，$R_i = 0$；$\alpha < 1.5$ 时，R_i 为正值；$\alpha > 1.5$ 时，R_i 为负值，例如，当 $\alpha = 2$ 时，$R_i = -0.4\ \Omega$。含有受控源的一端口有可能出现这种负阻现象。一个线性负电阻的伏安特性在 $i \sim u$ 平面上是通过原点且位于 2、4 象限的直线（u，i 为关联方向），负电阻中的电流从低电位点流向高电位点，因而此电阻将发出功率。

含受控源一端口网络的入端电阻也可用控制量设为"1"的方法求解。仍以例 2-3 为例说明。

在图 2-18 中，令控制量 $i = 1$，则电流控制电流源的电流 $\alpha i = \alpha$，由 KVL

$$u_S = R_2(i_2 - \alpha) + R_3 i_2 = (R_2 + R_3)i_2 - \alpha R_2 \qquad ①$$

$$u_S = R_1 i_1 \qquad ②$$

由 KCL

$$i_1 + i_2 = i = 1 \qquad ③$$

则由式②解出 i_1，i_1 代入式③解出 i_2，i_2 代入式①得

$$u_S = (R_2 + R_3)(1 - \frac{u_S}{R_1}) - \alpha R_2$$

解出

$$u_S = \frac{R_1 R_3 + (1-\alpha)R_1 R_2}{R_1 + R_2 + R_3}$$

由定义可得

$$R_i = \frac{u_S}{i} = \frac{R_1 R_3 + (1-\alpha)R_1 R_2}{R_1 + R_2 + R_3}$$

结果与外施电源法相同。此例还可以利用电源的等效变换，将端口等效成简单网络，再用外施电源法或控制量设为"1"的方法，其求解过程将更为简单，请读者自行尝试。

2.1.4 有源一端口网络的等效

仅含电阻和受控源的一端口网络是无源一端口网络，对外部而言可等效为一个电阻，即可用一个电阻替代；如果一端口网络中含有独立源，其等效电路又是怎样的呢？**戴维南定理（Thevenin's theorem）和诺顿定理（Norton's theorem）**解决了这个问题。

1. 戴维南定理

戴维南定理指出:任何一个含独立源、线性电阻和受控源的一端口网络,如图 2-19(a) 中的 N_S,对外电路来说可以用一个电压源和电阻的串联组合来等效替换,如图 2-19(b) 所示,电压源的电压 u_{oc} 是原一端口的开路电压,如图 2-19(c)所示;电阻 R_i 是原一端口 的入端电阻,即网络内独立源为零时端口的等效电阻,如图 2-19(d)所示,亦称除源电阻。

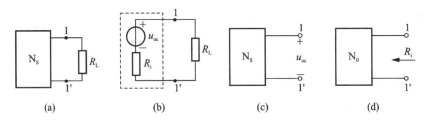

(a) (b) (c) (d)

图 2-19 戴维南定理

上述电压源和电阻的串联组合称为戴维南等效电路。用戴维南等效电路替换含源 一端口网络后,对外部电路没有任何影响。

戴维南定理的证明,需要用到替代定理,替代定理仍是一个等效的概念。

替代定理指出:在给定的任意一个线性或非线性电路中,若已知第 k 条支路的电压 u_k 和电流 i_k,则该支路可以用下列任一种元件去替代:①电压为 u_k 为电压源;②电流为 i_k 的电流源。替代后电路中各支路电压和电流均保持为原值(电路在替代前后,各支路 电压和电流均应是唯一的。一般情况下,电路的解均是唯一的)。

替代定理不但可用于某一条支路,也可推广到一个端口网络(但有一个条件限制,即 该端口网络内某部分电压或电流不能是外部受控源的控制量),此时所替代的电压源电 压或电流源电流要由其端口电压或电流来确定。

戴维南定理证明如下:如图 2-20(a)所示,N_S 为含源一端口网络。根据替代定理,用 电流源 $i_S = i$ 替代 R_L,如图 2-20(b)。再应用叠加原理(将在第 3 章中详细介绍),将电源 分为两组,一组是一端口内部的所有独立源,另一组是电流源 i_S,如图 2-20(c)、(d)。 图 2-20(c)为电流源 i_S 不作用,由一端口内部独立源作用时,1-1′端口处的电压 $u' = u_{oc}$, 即原一端口的开路电压。图 2-20(d)所示为仅有 i_S 作用,N_S 内部各独立源全部为零(用 N_0 表示),这时 1-1′端口处的电压为 $u'' = -R_i i_S = -R_i i$,R_i 为 N_0 的等效电阻,或称除源 电阻,所以

$$u = u' + u'' = u_{oc} - R_i i$$

这是一端口网络 N_S 在端口处的电压和电流关系。对图 2-20(e)所示的电压源与电阻的 串联组合,若令电压源的电压等于一端口的开路电压 u_{oc},而电阻等于一端口内的独立源 置零后的等效电阻 R_i,则此串联电路的电压与电流关系与上式完全一致,因此图 2-20(a) 中的 N_S 可用图 2-20(e)的等效串联电路替换。戴维南定理得证。

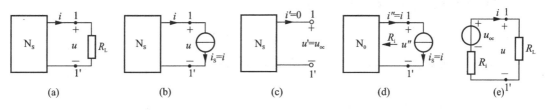

图 2-20 戴维南定理证明

以上证明是以外电路为电阻 R_L 进行讨论的。若将 R_L 换成其他二端电路,也可含独立源、受控源(其控制量不得在 N_s 内部),或是非线性电阻,上述证明仍然成立。

应用戴维南定理,关键是要求出一端口 N_s 的开路电压和等效电阻。应该注意:(1) N_s 内部的电阻应为线性电阻;(2) 当 N_s 内部含有受控源时,这些受控源只能受 N_s 内部(包括端口)有关电压或电流控制;当然 N_s 内部的电压或电流也不能作为外电路中的受控源的控制量。

例 2-4 电路如图 2-21(a)所示,试求 6 Ω 电阻中的电流 i。

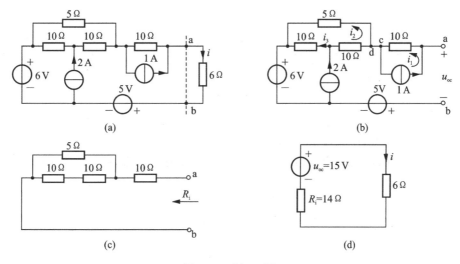

图 2-21 例 2-4 图

解 求 ab 左边一端口网络的戴维南等效电路。先求图 2-21(b)的开路电压。由于 cd 线中无电流,按分流公式可求出

$$i_2 = 2 \times \frac{10}{10 + (5 + 10)} = 0.8 \text{ A}$$

$$i_3 = 2 \times \frac{5 + 10}{10 + (5 + 10)} = 1.2 \text{ A}$$

$$u_{oc} = 10i_1 + 5i_2 + 6 - 5 = 15 \text{ V}$$

求除源电阻,将各独立源置零,如图 2-21(c)所示

$$R_i = 10 + \frac{5(10 + 10)}{5 + 10 + 10} = 14 \text{ Ω}$$

最后按图 2-21(d)的戴维南等效电路求得

$$i = \frac{15}{14+6} = 0.75 \text{ A}$$

例 2-5 电路如图 2-22(a)所示,试求其戴维南等效电路。

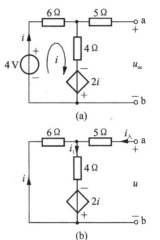

解 先求开路电压。由 KVL

$$6i + 4i = 4 + 2i$$

所以 $\qquad i = 0.5 \text{ A}$

于是 $\qquad u_{oc} = -6i + 4 = 1 \text{ V}$

求除源电阻时,独立源置零,受控源应保留,如图 2-22(b)所示。这时用加电压求电流或控制量为"1"法,求其除源电阻。由 KCL

$$i_入 = i_1 - i$$

由 KVL $\qquad u = 5i_入 + 4i_1 - 2i$

$$6i + 4i_1 - 2i = 0$$

从以上三式中消去 i_1 及 i,得

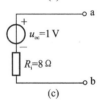

$$u = 5i_入 + 4 \times \frac{1}{2}i_入 + 2 \times \frac{1}{2}i_入$$

$$= 8i_入$$

$$R_i = \frac{u}{i_入} = 8 \text{ Ω}$$

图 2-22 例 2-5 图(一)

等效电路如图 2-22(c)所示。

此外,一端口的短路电流 i_{sc},与其等效电路的短路电流 i_{sc} 应一致,如图 2-23(a)与(b)所示。由图 2-23(b)可知

$$i_{sc} = \frac{u_{oc}}{R_i}$$

即戴维南等效电阻

$$R_i = \frac{u_{oc}}{i_{sc}} \qquad\qquad (2\text{-}17)$$

可知只要求出一端口 N_s 的开路电压 u_{oc} 及短路电流 i_{sc},由式(2-17)即得戴维南等效电阻,此法称为"开路短路法"。如果 $u_{oc} = 0$,i_{sc} 也等于零,此时就不能用式(2-17)求 R_i。

如例 2-5 中 $u_{oc} = 1$ V,短路电流可通过图 2-24 中 5 Ω 上电流求出。

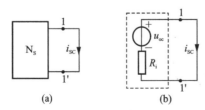

图 2-23 例 2-5 图(二)

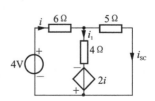

图 2-24 例 2-5 图(三)

由 KCL $\qquad i_1 + i_{sc} = i$

由 KVL $\qquad 6i + 4i_1 - 2i = 4$

$$4i_1 - 2i - 5i_{sc} = 0$$

解得

$$i_{sc} = \frac{1}{8}\ \text{A}$$

所以

$$R_i = \frac{u_{oc}}{i_{sc}} = 8\ \Omega$$

此结果与除源后外施电压法和控制量为"1"法求解结果一致。

例 2-6 图 2-25(a)中,若电阻 R_L 有微小变化 ΔR_L,电流 i 将随之改变 Δi,求电流 i 对电阻 R_L 的灵敏度

$$S_{R_L}^i = \frac{\Delta i}{i} \Big/ \frac{\Delta R_L}{R_L}$$

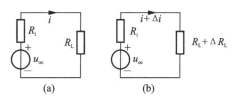

图 2-25 例 2-6 图

解 作出 R_L 变化后的等效电路,如图 2-25(b)所示。对图 2-25(a)有

$$(R_i + R_L)i = u_{oc} \tag{2-18}$$

对图 2-25(b)有

$$(R_i + R_L + \Delta R_L)(i + \Delta i) = u_{oc} \tag{2-19}$$

将式(2-18)代入式(2-19),并略去 $\Delta R_L \cdot \Delta i$ 项得

$$\Delta R_L i + (R_i + R_L)\Delta i = 0$$

即

$$\frac{\Delta i}{i} = -\frac{\Delta R_L}{R_i + R_L} = -\frac{\Delta R_L / R_L}{R_i / R_L + 1}$$

所以灵敏度为

$$S_{R_L}^i = -\frac{1}{R_i / R_L + 1}$$

2. 诺顿定理

应用电阻和电压源串联组合与电导和电流源并联组合的等效交换,可推得诺顿定理。

诺顿定理指出:任何一个含独立源、线性电阻和受控源的一端口,对外电路来说,可以用一个电流源和电导的并联组合来等效替换。这里电流源的电流等于一端口的短路电流 i_{sc},电导 G_i 等于一端口的入端电导(参见图 2-26),也就是网络内部独立源置零时,端口的等效电导,即除源电导。

证明 可进行图 2-26 中的等效变换,由于 u_{oc}/R_i 正好等于图 2-26(b)一端口的短路电流,亦即等于 N_S 的端口短路电流 i_{sc},故图 2-26(c)即为图 2-26(a)的诺顿等效电路。

例 2-7 求图 2-27(a)所示一端口的诺顿等效电路。

解 先求短路电流 i_{sc},电路如图 2-27(b)所示,1-1′端短接后,其上电流由 KCL 得

$$i_{sc} = i + 2$$

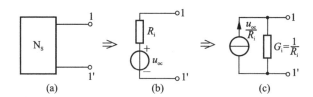

图 2-26　诺顿定理证明

对节点 2,由 KCL 得

$$i_1 + i_2 + i = 0$$

由 KVL

$$20i_1 + 15 = 10i$$
$$20i_2 + 5 = 10i$$

解得

$$i = 0.5 \text{ A}$$
$$i_{sc} = 2 + i = 2.5 \text{ A}$$

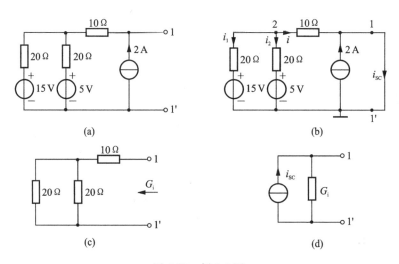

图 2-27　例 2-7 图

再求除源电导。如图 2-27(c)所示,等效电阻为

$$R_i = 10 + \frac{20 \times 20}{20 + 20} = 20 \text{ } \Omega$$

除源电导为

$$G_i = \frac{1}{R_i} = 0.05 \text{ S}$$

诺顿等效电路如图 2-27(d)所示。

　　注释　对同一个电路来说,戴维南等效电路和诺顿等效电路同时存在。若等效电阻 R_i 为零或等效电导 G_i 为∞,则其只有戴维南等效电路,即电路等效为一个电压源;若等效电阻为∞或等效电导为零,则其只有诺顿等效电路,电路等效为一个电流源。

2.1.5 最大功率传输定理

含源一端口网络所接的负载电阻不同,传输给负载的功率也不同,既不是负载电阻越大传输的功率越多,也不是负载电阻越小传输的功率越多。为了分析负载能从含源一端口网络获得最大功率的条件,含源一端口网络可以用戴维南(或诺顿)等效电路代替,如图 2-28 所示。设负载电阻为 R_L,在图 2-28(a)电路中的电流为

$$i = \frac{u_\mathrm{oc}}{R_\mathrm{i} + R_\mathrm{L}}$$

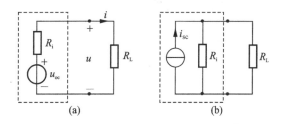

图 2-28 最大功率传输定理

负载电阻 R_L 消耗的功率为

$$p = i^2 R_\mathrm{L} = \left(\frac{u_\mathrm{oc}}{R_\mathrm{i} + R_\mathrm{L}}\right)^2 R_\mathrm{L}$$

若 R_L 可变,令 $\dfrac{\mathrm{d}p}{\mathrm{d}R_\mathrm{L}} = 0$,即可求得 R_L 获得最大功率的条件:

$$\frac{\mathrm{d}p}{\mathrm{d}R_\mathrm{L}} = \frac{u_\mathrm{oc}^2 (R_\mathrm{i} + R_\mathrm{L})^2 - u_\mathrm{oc}^2 \cdot 2R_\mathrm{L}(R_\mathrm{i} + R_\mathrm{L})}{(R_\mathrm{i} + R_\mathrm{L})^4} = \frac{u_\mathrm{oc}^2 (R_\mathrm{i} - R_\mathrm{L})}{(R_\mathrm{i} + R_\mathrm{L})^3} = 0$$

可得
$$R_\mathrm{L} = R_\mathrm{i} \tag{2-20}$$

因此,负载从有源一端口网络获得最大功率的条件是:负载电阻 R_L 应与该有源一端口网络的戴维南(或诺顿)等效电阻 R_i 相等。这常称为最大功率传输定理。满足这一条件时,称为负载与电源匹配。此时负载获得的最大功率为

$$P_\mathrm{max} = \left(\frac{1}{2} u_\mathrm{oc}\right)^2 \Big/ R_\mathrm{L} = \frac{u_\mathrm{oc}^2}{4R_\mathrm{L}} \tag{2-21}$$

如用诺顿电路,如图 2-28(b)所示,则

$$P_\mathrm{max} = \left(\frac{1}{2} i_\mathrm{sc}\right)^2 R_\mathrm{L} = \frac{1}{4} i_\mathrm{sc}^2 R_\mathrm{L} \tag{2-22}$$

必须注意,一端口网络和它的等效电路只对外电路等效,其内部的工作情况(例如其内部功率)是不等效的。因此不能用等效电路计算一端口网络内部消耗的功率或工作效率等,除非负载的功率来自内阻为 R_i 的电压源或电流源。

用电压源供电的电路在任意工作状态(负载电阻为 R)时的传输效率为

$$\eta = \frac{i^2 R}{i^2 (R_\mathrm{i} + R)} = \frac{R}{R_\mathrm{i} + R}$$

由上式可见,R 越大 η 就越高;当 $R=R_i$ 时,$\eta=50\%$,即匹配时电路传输效率是相当低的,因为有一半电功率消耗在电源内阻上。因此在电力工程中不允许电路工作在匹配状态,只能工作在 $R>R_i$ 的状态下。但在电子工程中,由于传输的功率数值小,获得最大功率成为矛盾的主要方面,而效率问题往往无关紧要,因此,在电子工程中应尽量使电路工作在匹配状态。

例 2-8 电路如图 2-29 所示,负载 R_L 为何值时能获得最大功率?并求最大功率的值 P_{max}。

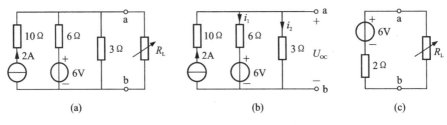

图 2-29 例 2-8 图

解 求最大功率问题,实质上是戴维南定理的应用。断开负载 R_L,电路如图 2-29(b)所示,先求开路电压 u_{oc},由 KCL、KVL 列出方程

$$\begin{cases} i_1 + i_2 = 2 \\ 6i_1 + 6 - 3i_2 = 0 \end{cases}$$

联立求得

$$\begin{cases} i_1 = 0 \\ i_2 = 2 \text{ A} \end{cases}$$

所以

$$u_{oc} = 3i_2 = 3 \times 2 = 6 \text{ V}$$

再求除源电阻 R_i

$$R_i = \frac{3 \times 6}{3 + 6} = 2 \text{ } \Omega$$

构成戴维南等效电路如图 2-29(c)所示。当 $R_L = R_i = 2 \text{ } \Omega$ 时,应用最大功率公式直接计算得

$$P_{max} = \frac{u_{oc}^2}{4R_i} = \frac{36}{4 \times 2} = 4.5 \text{ W}$$

2.2 二端口电阻网络

二端口网络具有两对与外部电路联接的端子,如图 2-30(a)所示。一对端子构成一个端口,端口的条件是:流入一个端子的电流恒等于流出另一个端子的电流,如图 2-30(a)中从端子 1 流入网络的电流 i_1 就等于从网络流入端子 $1'$ 电流。所以二端口网络与图 2-30(b)所示四端网络是不同的,四端网络亦具有四个可联接的端子,但其端子电流可

以各不相同,它们不受端口条件的约束。

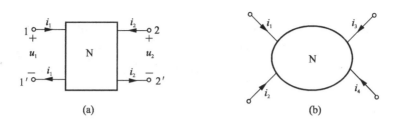

图 2-30　二端口网络与四端网络

在工程实际问题中,"大"网络也可根据需要作如图 2-31 所示划分,其中 N_1、N_2 为单口网络,N 则为一对外具有两个端口的双口网络。作为一个例子,N_1、N_2 分别视为信号源网络和负载网络,双口网络 N 则为放大电路部分。

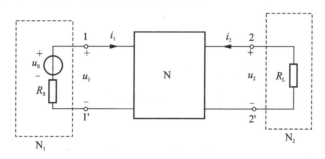

图 2-31　放大电路示例

来自 N_1 的信号经 N 放大后传送给 N_2。在这种情况下,双口的一个端口是信号的输入端口,另一端口则为处理后信号的输出端口。习惯上,输入端口称为端口 1,输出端口称为端口 2。

在理论分析中,划分也是十分有益的。图 2-31 所示划分中,N_1、N_2 可能是含源的线性电阻网络或是非线性电阻网络或是动态网络,而 N 是线性网络。也可能 N_1、N_2 是线性的,而 N 是非线性的。划分后,双口网络的端口电压、电流往往是分析的主要对象,突出了分析的重点。

二端口网络是一种常见的网络。实际电路中,晶体管、变压器的电路模型都是二端口网络。常用的放大器、滤波器等因为只有一个输入端口和一个输出端口,也都是二端口网络。另外,在分析网络中某一激励和某一响应之间的关系时,可将该激励支路和响应支路抽出,剩下的电路就构成了一个二端口网络。

本节仅限于研究二端口电阻网络,即网络由电阻和受控源构成的无源二端口网络,目的是介绍其有关的基本概念。

2.2.1　二端口网络的方程和参数

一端口网络的外部特性是用端口的电压和电流的关系表示。二端口网络的外特性则要用两个端口变量的关系来表示,它与一端口网络一样取决于网络的结构和参数,而与外部联接的电路无关。

二端口网络如图 2-32 所示,端口变量用 u_1、u_2、i_1 和 i_2 表示,取其中两个作为自变量、另两个为因变量来建立端口变量间的关系,写出一组方程。从四个变量中任取两个作为自变量共有六种取法,因而用以表示二端口网络的端口特性有六种方程(相应地有六组参数),常用的有四种。

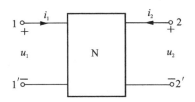

图 2-32　端口变量的参考方向

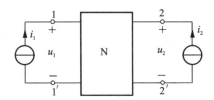

图 2-33　二端口网络选 i_1、i_2 为自变量

1. R 参数方程

选 i_1、i_2 为自变量,相当于在两个端口上接入两个独立电流源 i_1 与 i_2,如图 2-33 所示,u_1 及 u_2 为网络的响应。可得出以下线性方程:

$$\left.\begin{array}{l} u_1 = R_{11}i_1 + R_{12}i_2 \\ u_2 = R_{21}i_1 + R_{22}i_2 \end{array}\right\} \tag{2-23}$$

式中,R_{11}、R_{12}、R_{21}、R_{22} 四个参数决定于网络内部电路元件及其联接方式。它们具有电阻的量纲,其意义可从式(2-23)看出,即

$$R_{11} = \left.\frac{u_1}{i_1}\right|_{i_2=0}$$

为 2-2′ 端开路时,1-1′ 端口的输入电阻,

$$R_{22} = \left.\frac{u_2}{i_2}\right|_{i_1=0}$$

为 1-1′ 端开路时,2-2′ 端口的输入电阻,

$$R_{12} = \left.\frac{u_1}{i_2}\right|_{i_1=0}$$

为 1-1′ 端开路时,端口 2 对端口 1 的转移电阻,

$$R_{21} = \left.\frac{u_2}{i_1}\right|_{i_2=0}$$

为 2-2′ 端开路时,端口 1 对端口 2 的转移电阻。

将式(2-23)写成矩阵形式为

$$\begin{bmatrix} u_1 \\ u_2 \end{bmatrix} = \begin{bmatrix} R_{11} & R_{12} \\ R_{21} & R_{22} \end{bmatrix} \begin{bmatrix} i_1 \\ i_2 \end{bmatrix} = \boldsymbol{R} \begin{bmatrix} i_1 \\ i_2 \end{bmatrix} \tag{2-24}$$

其中
$$\boldsymbol{R} = \begin{bmatrix} R_{11} & R_{12} \\ R_{21} & R_{22} \end{bmatrix}$$

称为二端口网络的 R 参数矩阵，R 参数亦称开路电阻参数。对于纯电阻网络，$R_{12}=R_{21}$。

例 2-9 试确定图 2-34 所示二端口网络的 R 参数。

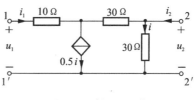

图 2-34 例 2-9 网络

解 对于电阻网络，电压、电流也可用瞬时值来表示。设 2-2′端开路，1-1′端接电流源 i_1，如图 2-35(a)所示。列 KVL 方程，有

$$u_1 = 10i_1 + 60i$$

$$u_2 = 30i$$

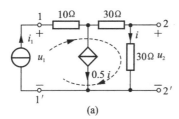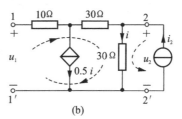

图 2-35 求解例 2-9 电路

又 $i_1=0.5i+i$，即 $i=i_1/1.5$，所以

$$u_1 = 50i_1, \quad u_2 = 20i_1$$

因而

$$R_{11} = \frac{u_1}{i_1}\bigg|_{i_2=0} = 50\ \Omega$$

$$R_{21} = \frac{u_2}{i_1}\bigg|_{i_2=0} = 20\ \Omega$$

设 1-1′端开路，2-2′端接电流源 i_2，如图 2-35(b)所示，有

$$u_2 = 30i$$

$$u_1 = 30i - 30 \times 0.5i$$

又 $i_2=i+0.5i$，所以 $i=i_2/1.5$，故

$$u_1 = 10i_2, \quad u_2 = 20i_2$$

因而

$$R_{12} = \frac{u_1}{i_2}\bigg|_{i_1=0} = 10\ \Omega, \quad R_{22} = \frac{u_2}{i_2}\bigg|_{i_1=0} = 20\ \Omega$$

R 参数矩阵为

$$\boldsymbol{R} = \begin{bmatrix} 50 & 10 \\ 20 & 20 \end{bmatrix} \Omega$$

本题的另一种解法是应用电路定律直接写出式(2-23)形式的方程，由对应系数来确定 R 参数。为此在图 2-34 中，其 KVL 方程为

$$10i_1 + 30(i - i_2) + 30i = u_1 \qquad\qquad ①$$

$$30i = u_2 \qquad\qquad ②$$

又由广义节点用 KCL 得 $\quad i_1 + i_2 = 0.5i + i \qquad\qquad ③$

即
$$i = \frac{1}{1.5}(i_1 + i_2) \qquad ④$$

将④式代入①、②式,消去 i 并整理,得
$$u_1 = 50i_1 + 10i_2$$
$$u_2 = 20i_1 + 20i_2$$

对照 R 参数方程式(2-24),即得 R 参数为 $R_{11} = 50\ \Omega, R_{12} = 10\ \Omega, R_{21} = 20\ \Omega, R_{22} = 20\ \Omega$。

2. G 参数方程

如选择端口电压 u_1 与 u_2 为自变量,相当于在两个端口接入电压源 u_1 与 u_2,i_1 与 i_2 为网络的响应。如图 2-36 所示,可得 G 参数方程为

$$\left.\begin{array}{l} i_1 = G_{11}u_1 + G_{12}u_2 \\ i_2 = G_{21}u_1 + G_{22}u_2 \end{array}\right\} \qquad (2\text{-}25)$$

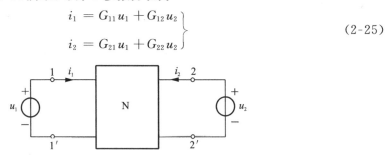

图 2-36　二端口网络选 u_1、u_2 为自变量

由式(2-25)可知各参数的意义为

$$G_{11} = \left.\frac{i_1}{u_1}\right|_{u_2=0}, \quad G_{22} = \left.\frac{i_2}{u_2}\right|_{u_1=0}$$

$$G_{21} = \left.\frac{i_2}{u_1}\right|_{u_2=0}, \quad G_{12} = \left.\frac{i_1}{u_2}\right|_{u_1=0}$$

它们分别表示一个端口短路时的输入电导和转移电导,将式(2-25)写成矩阵形式为

$$\begin{bmatrix} i_1 \\ i_2 \end{bmatrix} = \begin{bmatrix} G_{11} & G_{12} \\ G_{21} & G_{22} \end{bmatrix} \begin{bmatrix} u_1 \\ u_2 \end{bmatrix} = \boldsymbol{G} \begin{bmatrix} u_1 \\ u_2 \end{bmatrix} \qquad (2\text{-}26)$$

式中
$$\boldsymbol{G} = \begin{bmatrix} G_{11} & G_{12} \\ G_{21} & G_{22} \end{bmatrix}$$

称为 G 参数矩阵,G 参数亦称短路电导参数,对于纯电阻网络,$G_{12} = G_{21}$。

由式(2-24)可得

$$\begin{bmatrix} i_1 \\ i_2 \end{bmatrix} = \boldsymbol{R}^{-1} \begin{bmatrix} u_1 \\ u_2 \end{bmatrix}$$

所以
$$\boldsymbol{G} = \boldsymbol{R}^{-1} \text{ 或 } \boldsymbol{R} = \boldsymbol{G}^{-1} \qquad (2\text{-}27)$$

例 2-10　求图 2-37(a)所示网络的 G 参数。

解　在直流电路中,电压、电流常用大写 U、I 表示。设 2-2′端短路,1-1′端接入电压源 U_1 如图 2-37(b)所示,1-1′端等效电路如图 2-37(c)所示。

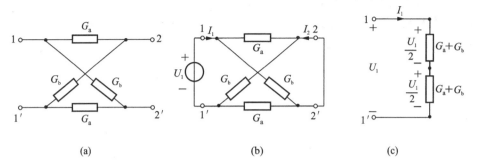

图 2-37 例 2-10 电路

则
$$I_1 = \frac{G_a + G_b}{2} U_1$$

在图 2-37(b)中得
$$I_2 = \frac{1}{2}(G_b - G_a)U_1$$

所以
$$G_{11} = \frac{I_1}{U_1} \bigg|_{U_2 = 0} = \frac{1}{2}(G_a + G_b)$$

$$G_{21} = \frac{I_2}{U_1} \bigg|_{U_2 = 0} = \frac{1}{2}(G_b - G_a)$$

再将 1-1′端短路,2-2′端接入电压源,显然,由电路的对称性可知
$$G_{22} = G_{11}, \quad G_{12} = G_{21}$$

所以 G 参数矩阵为
$$\boldsymbol{G} = \begin{bmatrix} \dfrac{1}{2}(G_a + G_b) & -\dfrac{1}{2}(G_a - G_b) \\ -\dfrac{1}{2}(G_a - G_b) & \dfrac{1}{2}(G_a + G_b) \end{bmatrix}$$

若网络仅由 R 元件构成,则有 $G_{12} = G_{21}$。其 G 参数矩阵和 R 参数矩阵是对称的,此种网络称为互易网络。一般来说,含有受控源的网络为非互易网络,表示互易二端口网络特性的独立参数只有三个。

对称的二端口网络,除了 $G_{12} = G_{21}$(或 $R_{12} = R_{21}$)外,还有 $G_{11} = G_{22}$(或 $R_{11} = R_{22}$),故对称二端口网络只有两个独立参数。

对称二端口网络的物理意义是,将两个端口互换位置后与外电路连接,其端口特性保持不变。电路结构对称的二端口网络[例如图 2-37(a)所示],在电性能上也一定是对称的,称为对称二端口网络。但要注意,在电性能上对称,其电路结构则不一定对称。

3. 传输参数方程(T 参数方程)

如选择输出端的电压 u_2 和电流 $(-i_2)$ 为自变量。则得传输参数方程为
$$\left. \begin{aligned} u_1 &= Au_2 - Bi_2 \\ i_1 &= Cu_2 - Di_2 \end{aligned} \right\} \tag{2-28}$$

因为最初定义传输参数时,根据信号传输方向选取输出端口电流的参考方向与图 2-32 所示的方向相反。故按现在的规定,i_2 前应冠以负号。式(2-28)的矩阵形式为

$$\begin{bmatrix} u_1 \\ i_1 \end{bmatrix} = \begin{bmatrix} A & B \\ C & D \end{bmatrix} \begin{bmatrix} u_2 \\ -i_2 \end{bmatrix} = \boldsymbol{T} \begin{bmatrix} u_2 \\ -i_2 \end{bmatrix} \tag{2-29}$$

传输参数矩阵为

$$\boldsymbol{T} = \begin{bmatrix} A & B \\ C & D \end{bmatrix}$$

可按式(2-28)得出各参数的定义为

$$A = \frac{u_1}{u_2} \Big|_{i_2=0}, \quad B = -\frac{u_1}{i_2} \Big|_{u_2=0} \tag{2-30}$$

$$C = \frac{i_1}{u_2} \Big|_{i_2=0}, \quad D = -\frac{i_1}{i_2} \Big|_{u_2=0}$$

其中,B 有电阻的量纲,C 有电导的量纲,A、D 为无量纲的参数。

4. H 参数(混合参数)方程

如选 i_1 和 u_2 为自变量。则得 H 参数方程为

$$\begin{aligned} u_1 &= H_{11} i_1 + H_{12} u_2 \\ i_2 &= H_{21} i_1 + H_{22} u_2 \end{aligned} \tag{2-31}$$

其矩阵形式为

$$\begin{bmatrix} u_1 \\ i_2 \end{bmatrix} = \boldsymbol{H} \begin{bmatrix} i_1 \\ u_2 \end{bmatrix} \qquad \boldsymbol{H} = \begin{bmatrix} H_{11} & H_{12} \\ H_{21} & H_{22} \end{bmatrix}$$

由式(2-31)可得出 H 参数的定义为

$$H_{11} = \frac{u_1}{i_1} \Big|_{u_2=0}, \quad H_{12} = \frac{u_1}{u_2} \Big|_{i_1=0} \tag{2-32}$$

$$H_{21} = \frac{i_2}{i_1} \Big|_{u_2=0}, \quad H_{22} = \frac{i_2}{u_2} \Big|_{i_1=0}$$

H_{11} 是 2-2′端口短路时 1-1′端口的驱点电阻,H_{22} 是 1-1′端口开路时 2-2′端口的驱动点电导。H_{12} 为 1-1′端口开路时的转移电压比,H_{21} 是 2-2′端口短路时的转移电流比。H 参数常用于分析晶体管电路。

5. 二端口网络各参数之间的关系

已知网络的某一个参数矩阵,通过变量的运算就可求得其他参数矩阵。只要这个矩阵是存在的。如已知 R 参数,由式(2-27)得

$$\boldsymbol{G} = \boldsymbol{R}^{-1} = \frac{1}{\Delta_R} \begin{bmatrix} R_{22} & -R_{12} \\ -R_{21} & R_{11} \end{bmatrix}$$

Δ_R 为 R 参数矩阵的行列式,即 $\Delta_R = R_{11} R_{22} - R_{12} R_{21}$,也可以通过方程间转换得到。

如果要求 H 参数,由 R 参数方程

$$\begin{cases} u_1 = R_{11} i_1 + R_{12} i_2 \\ u_2 = R_{21} i_1 + R_{22} i_2 \end{cases}$$

由 R 参数方程第二式解得

$$i_2 = -\frac{R_{21}}{R_{22}} i_1 + \frac{1}{R_{22}} u_2 = H_{21} i_1 + H_{22} u_2$$

将上式代入 R 参数方程的第一式，得

$$u_1 = \left(R_{11} - \frac{R_{12} R_{21}}{R_{22}} \right) i_1 + \frac{R_{12}}{R_{22}} u_2 = H_{11} i_1 + H_{12} u_2$$

所以 H 参数矩阵为

$$\boldsymbol{H} = \begin{bmatrix} \dfrac{\Delta_R}{R_{22}} & \dfrac{R_{12}}{R_{22}} \\ -\dfrac{R_{21}}{R_{22}} & \dfrac{1}{R_{22}} \end{bmatrix}$$

同理亦可求得 T 参数。现将各参数相互转换关系列于表 2-1 中。

表 2-1 二端口网络外部特性方程参数的转换关系

	R		G		T		H	
R	R_{11}	R_{12}	$\dfrac{G_{22}}{\Delta_G}$	$-\dfrac{G_{12}}{\Delta_G}$	$\dfrac{A}{C}$	$\dfrac{\Delta_T}{C}$	$\dfrac{\Delta_H}{H_{22}}$	$\dfrac{H_{12}}{H_{22}}$
	R_{21}	R_{22}	$-\dfrac{G_{21}}{\Delta_G}$	$\dfrac{G_{11}}{\Delta_G}$	$\dfrac{1}{C}$	$\dfrac{D}{C}$	$-\dfrac{H_{21}}{H_{22}}$	$\dfrac{1}{H_{22}}$
G	$\dfrac{R_{22}}{\Delta_R}$	$-\dfrac{R_{12}}{\Delta_R}$	G_{11}	G_{12}	$\dfrac{D}{B}$	$-\dfrac{\Delta_T}{B}$	$\dfrac{1}{H_{11}}$	$-\dfrac{H_{12}}{H_{11}}$
	$-\dfrac{R_{21}}{\Delta_R}$	$\dfrac{R_{11}}{\Delta_R}$	G_{21}	G_{22}	$-\dfrac{1}{B}$	$\dfrac{A}{B}$	$\dfrac{H_{21}}{H_{11}}$	$\dfrac{\Delta_H}{H_{11}}$
T	$\dfrac{R_{11}}{R_{21}}$	$\dfrac{\Delta_R}{R_{21}}$	$-\dfrac{G_{22}}{G_{21}}$	$-\dfrac{1}{G_{21}}$	A	B	$-\dfrac{\Delta_H}{H_{21}}$	$-\dfrac{H_{11}}{H_{21}}$
	$\dfrac{1}{R_{21}}$	$\dfrac{R_{22}}{R_{21}}$	$-\dfrac{\Delta_G}{G_{21}}$	$-\dfrac{G_{11}}{G_{21}}$	C	D	$-\dfrac{H_{22}}{H_{21}}$	$-\dfrac{1}{H_{21}}$
H	$\dfrac{\Delta_R}{R_{22}}$	$\dfrac{R_{12}}{R_{22}}$	$\dfrac{1}{G_{11}}$	$-\dfrac{G_{12}}{G_{11}}$	$\dfrac{B}{D}$	$\dfrac{\Delta_T}{D}$	H_{11}	H_{12}
	$-\dfrac{R_{21}}{R_{22}}$	$\dfrac{1}{R_{22}}$	$\dfrac{G_{21}}{G_{11}}$	$\dfrac{\Delta_G}{G_{11}}$	$-\dfrac{1}{D}$	$\dfrac{C}{D}$	H_{21}	H_{22}

注：$\Delta_R = R_{11} R_{22} - R_{12} R_{21}$，$\Delta_G = G_{11} G_{22} - G_{12} G_{21}$，$\Delta_T = AD - BC$，$\Delta_H = H_{11} H_{22} - H_{12} H_{21}$。

对于互易性的二端口网络，其 R 参数中，有

$$R_{12} = R_{21} \tag{2-33}$$

其 Y 参数中有

$$G_{12} = G_{21} \tag{2-34}$$

根据表 2-1 中参数换算关系，可知 T 参数及 H 参数中分别有以下关系

$$\Delta_T = AD - BC = 1 \tag{2-35}$$

$$H_{12} = -H_{21} \tag{2-36}$$

一个二端口网络是否为互易网络，可由式（2-33）～式（2-36）中任意一个来进行判

断。互易二端口网络的参数只有三个是独立的。

对于某一个二端口网络,以上四种参数不一定都存在。如 R 参数矩阵是奇异的,G 参数就不存在,反之亦然。又如传输参数中 $C=0$ 时,R 参数不存在。

2.2.2 二端口网络的等效电路

对于一个不含独立源的一端口电阻网络,不管其内部电路如何复杂,从外部特性来看,总可以用一个电阻(或电导)来等效代替。同理,一个二端口网络亦可用一个简单的等效电路来代替,二端口的等效电路与原网络必须具有相同的外部特性,即具有相同的方程及参数。

对于不含受控源的电阻网络,$R_{12}=R_{21}$,$G_{12}=G_{21}$,其外部特性是由三个独立参数所确定的,所以其最简等效电路是由三个电阻(或电导)所构成的 T 形或 Ⅱ 形网络,如图 2-38 所示。

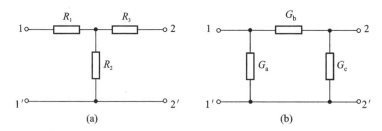

图 2-38 互易网络的等效电路

1. T 形等效电路

如给定二端口网络的 R 参数,可方便地确定图 2-38(a)中的各电阻。对图示 T 形网络,其 R 参数为 $R_{11}=R_1+R_2$,$R_{12}=R_{21}=R_2$,$R_{22}=R_3+R_2$,它应与原网络 R 参数相等,因而 T 形等效电路的各参数为

$$R_1 = R_{11} - R_{12}, \quad R_2 = R_{12}, \quad R_3 = R_{22} - R_{12}$$

2. Ⅱ 形等效电路

如给定的是二端口电阻网络的 G 参数,按等效网络的参数相等原则,可确定图 2-38(b)所示 Ⅱ 形等效电路中各电导的值为

$$G_a = G_{11} + G_{12}, \quad G_b = -G_{12} = -G_{21}, \quad G_c = G_{22} + G_{12}$$

如给定的是传输参数,对于互易网络,$\Delta_T=1$,根据传输参数与 R、G 参数之关系(表 2-1),就可将图 2-38 中各电阻或电导用 T 参数表示,对于图 2-38(a)所示 T 形网络有

$$R_1 = \frac{A-1}{C}, \quad R_2 = \frac{1}{C}, \quad R_3 = \frac{D-1}{C}$$

对于图 2-38(b)的等效 Ⅱ 形网络有

$$G_a = \frac{D-1}{B}, \quad G_b = \frac{1}{B}, \quad G_c = \frac{A-1}{B}$$

例 2-11 求图 2-39(a)所示二端口网络的 T 形和 Ⅱ 形等效电路。

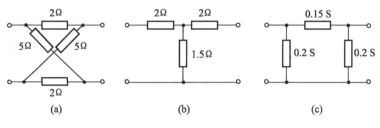

图 2-39 例 2-11 电路

解 由例 2-10 可知,图 2-39(a)所示二端口的 G 参数矩阵为

$$\boldsymbol{G} = \begin{bmatrix} 0.35 & -0.15 \\ -0.15 & 0.35 \end{bmatrix} \text{S}$$

R 参数矩阵为

$$\boldsymbol{R} = \boldsymbol{G}^{-1} = \begin{bmatrix} 3.5 & 1.5 \\ 1.5 & 3.5 \end{bmatrix} \Omega$$

所以 T 形电路的元件值为

$$R_1 = R_{11} - R_{12} = 2 \ \Omega, \quad R_2 = R_{12} = 1.5 \ \Omega, \quad R_3 = R_{22} - R_{12} = 2 \ \Omega$$

Ⅱ 形电路中各元件值为

$$G_a = G_{11} + G_{12} = 0.2 \ \text{S}, \quad G_b = -G_{12} = 0.15 \ \text{S}, \quad G_c = G_{22} + G_{12} = 0.2 \ \text{S}$$

Ⅱ 形等效电路亦可由 T 形电路经 Y→△ 变换来求得。等效电路如图 2-39(b)、(c)所示。可见对称二端口网络的等效电路亦是对称的。

3. 非互易网络的等效电路

含有受控源的二端口网络一般不具有互易性,四个参数都是独立的,其等效电路可以有多种形式。如给定二端口的 R 参数,可用图 2-40 的等效电路来表示。对于图 2-40(a)的电路,R 参数方程为

$$u_1 = R_{11}i_1 + R_{12}i_2$$
$$u_2 = R_{21}i_1 + R_{22}i_2$$

对于图 2-40(b)的 T 形电路,端口电压与电流的关系为

$$u_1 = (R_{11} - R_{12})i_1 + R_{12}(i_1 + i_2)$$
$$u_2 = (R_{21} - R_{12})i_1 + (R_{22} - R_{12})i_2 + R_{12}(i_1 + i_2)$$

显然,它具有同样的 R 参数方程。观察图 2-40(b)和图 2-38(a)可知,非互易网络用 T 形等效时,仅仅由于 $R_{21} \neq R_{12}$,而在输出端多了一个受控电压源,控制量为输入端电流 i_1,控制系数为非互易的两个系数差值 $(R_{21} - R_{12})$。据此可快速地由 R 参数得到非互易网络的 T 形等效电路。

根据二端口的 G 参数方程,可得出用 G 参数表示的等效电路,如图 2-41(a)及(b)所

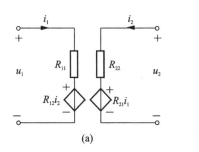 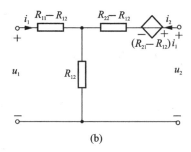

图 2-40 非互易网络的等效电路

示。图 2-41(b)与图 2-38(b)比较,也只是输出口并联了一个电压控制电流源。

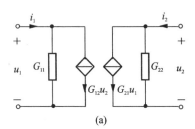 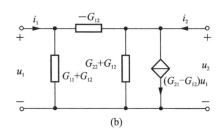

图 2-41 非互易网络的等效电路

晶体管是常用的二端口元件,其特性通常用 H 参数表示,由 H 参数方程

$$u_1 = H_{11}i_1 + H_{12}u_2$$

$$i_2 = H_{21}i_1 + H_{22}u_2$$

可得出用 H 参数表示的等效电路,如图 2-42 所示。

例 2-12 图 2-43(a)所示二端口网络,求其最简等效电路。

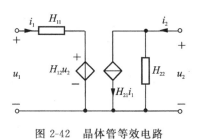

图 2-42 晶体管等效电路

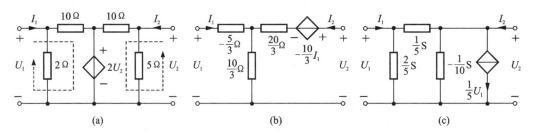

图 2-43 例 2-12 图

解 标出电路中端口的电压和电流,对所取回路列出 KVL 方程

$$10\left(I_1 - \frac{U_1}{2}\right) + 2U_2 = U_1 \qquad \text{①}$$

$$10\left(I_2 - \frac{U_2}{5}\right) + 2U_2 = U_2 \qquad \text{②}$$

整理得 R 参数方程

$$\begin{cases} U_1 = \dfrac{5}{3}I_1 + \dfrac{10}{3}I_2 & ③ \\[3mm] U_2 = 10I_2 & ④ \end{cases}$$

由此得 R 参数为

$$\boldsymbol{R} = \begin{bmatrix} \dfrac{5}{3} & \dfrac{10}{3} \\[3mm] 0 & 10 \end{bmatrix} \Omega$$

由式③、式④经方程转换得 G 参数方程

$$\begin{cases} I_1 = \dfrac{3}{5}U_1 - \dfrac{1}{5}U_2 \\[3mm] I_2 = \dfrac{1}{10}U_2 \end{cases}$$

由此得 G 参数为

$$\boldsymbol{G} = \begin{bmatrix} \dfrac{3}{5} & -\dfrac{1}{5} \\[3mm] 0 & \dfrac{1}{10} \end{bmatrix} S$$

由 R 参数得 T 形等效电路如图 2-43(b)所示,其中:$R_1 = R_{11} - R_{12} = -\dfrac{5}{3}\Omega$,$R_2 = R_{12} = \dfrac{10}{3}\Omega$,$R_3 = R_{22} - R_{12} = \dfrac{20}{3}\Omega$。

由 G 参数得 Ⅱ 形等效电路如图 2-43(c)所示,其中:$G_a = G_{11} + G_{12} = \dfrac{2}{5}S$,$G_b = -G_{12} = \dfrac{1}{5}S$,$G_c = G_{22} + G_{12} = -\dfrac{1}{10}S$。

2.2.3 二端口网络的联接

在确定一个复杂二端口的参数时,如能将其看作是若干个简单二端口适当联接而成,则可使分析得到简化。另外,在网络设计中,将一些性能不同的二端口按一定方式联接起来,可以复合成一个所需特性的二端口网络。

二端口网络可按多种不同的方式相互联接起来。图 2-44(a)、(b)、(c)分别表示两个二端口网络的级联、串联和并联。除了这三种联接方式外,还有串并联和并串联等。由于级联用得最多,故下面重点讨论这种联接方式。

将一个网络 N_a 的输出端口与另一个网络 N_b 的输入端口直接联在一起,而构成一个复合二端口网络,如图 2-45 所示,称为二端口网络的级联,也称链联。

用传输参数表示二端口网络的特性对级联分析最为方便。设网络 N_a 的传输参数方程为

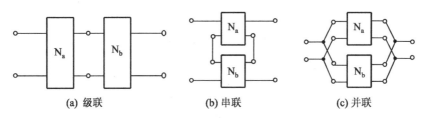

(a) 级联   (b) 串联   (c) 并联

图 2-44　二端口网络的联接

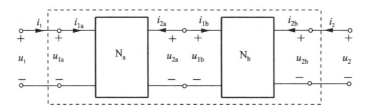

图 2-45　二端口网络的级联

$$\begin{bmatrix} u_{1a} \\ i_{1a} \end{bmatrix} = \boldsymbol{T}_a \begin{bmatrix} u_{2a} \\ -i_{2a} \end{bmatrix}$$

网络 N_b 的传输参数方程为

$$\begin{bmatrix} u_{1b} \\ i_{1b} \end{bmatrix} = \boldsymbol{T}_b \begin{bmatrix} u_{2b} \\ -i_{2b} \end{bmatrix}$$

因为 $u_{2a}=u_{1b}$，$-i_{2a}=i_{1b}$，所以

$$\begin{bmatrix} u_1 \\ i_1 \end{bmatrix} = \begin{bmatrix} u_{1a} \\ i_{1a} \end{bmatrix} = \boldsymbol{T}_a \begin{bmatrix} u_{1b} \\ i_{1b} \end{bmatrix} = \boldsymbol{T}_a \boldsymbol{T}_b \begin{bmatrix} u_{2b} \\ -i_{2b} \end{bmatrix} = \boldsymbol{T}_a \boldsymbol{T}_b \begin{bmatrix} u_2 \\ -i_2 \end{bmatrix} = \boldsymbol{T} \begin{bmatrix} u_2 \\ -i_2 \end{bmatrix}$$

即得

$$\boldsymbol{T} = \boldsymbol{T}_a \boldsymbol{T}_b \tag{2-37}$$

可见级联时，复合二端口的 T 参数矩阵等于两个二端口网络 T 参数矩阵的乘积。矩阵之积按级联的先后次序排列。

按上述推导过程可以看出，如果有 n 个网络级联，则复合二端口的 T 参数矩阵等于 n 个网络的 T 参数矩阵之积，即

$$\boldsymbol{T} = \boldsymbol{T}_1 \boldsymbol{T}_2 \cdots \boldsymbol{T}_n \tag{2-38}$$

例 2-13　两个相同的放大器级联，电路模型如图 2-46 所示。求输出端开路时的电压放大倍数 u_2/u_1。

解　每一个放大器的传输参数矩阵为

$$\boldsymbol{T}_1 = \begin{bmatrix} \dfrac{1}{\mu} & \dfrac{R_o}{\mu} \\ \dfrac{1}{\mu R_i} & \dfrac{R_o}{\mu R_i} \end{bmatrix}$$

级联后的复合二端口网络的传输参数矩阵为

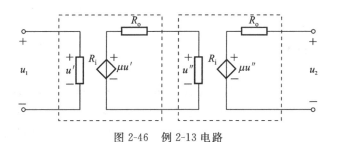

图 2-46　例 2-13 电路

$$T = T_1 T_2 = \begin{bmatrix} \dfrac{1}{\mu^2} + \dfrac{R_o}{\mu^2 R_i} & \dfrac{R_o}{\mu^2} + \dfrac{R_o^2}{\mu^2 R_i} \\ \dfrac{1}{\mu^2 R_i} + \dfrac{R_o}{\mu^2 R_i^2} & \dfrac{R_o}{\mu^2 R_i} + \dfrac{R_o^2}{\mu^2 R_i^2} \end{bmatrix} = \begin{bmatrix} A & B \\ C & D \end{bmatrix}$$

当输出端开路时,$i_2 = 0$,由式(2-28)可知

$$\frac{u_2}{u_1} = \frac{1}{A} = \frac{\mu^2 R_i}{R_i + R_o}$$

如图 2-47 所示,网络 N_a 与 N_b 的输入端口并联,输出端口亦并联,称为二端口网络的并联。由图中可看出

$$i_1 = i_{1a} + i_{1b} \qquad i_2 = i_{2a} + i_{2b}$$
$$u_1 = u_{1a} = u_{1b} \qquad u_2 = u_{2a} = u_{2b}$$

设两个简单二端口网络 N_a、N_b 的 G 参数矩阵分别为 G_a、G_b,复合二端口网络的 G 参数矩阵为 G,则可证明有

$$G = G_a + G_b \tag{2-39}$$

如图 2-48 所示,网络 N_a 和 N_b 的输入端口相互串联,输出端口亦串联,称为二端口网络的串联[*]。由图中看出

$$i_1 = i_{1a} = i_{1b} \qquad i_2 = i_{2a} = i_{2b}$$
$$u_1 = u_{1a} + u_{1b} \qquad u_2 = u_{2a} + u_{2b}$$

设两个简单的二端口网络 N_a、N_b 的 R 参数矩阵分别为 R_a、R_b,复合二端口网络的 R 参数矩阵为 R,则可证明有

$$R = R_a + R_b \tag{2-40}$$

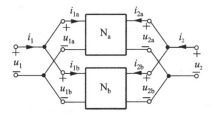

图 2-47　二端口网络的并联

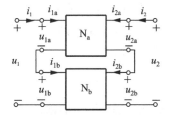

图 2-48　二端口网络的串联

---

　　[*] 二端口网络串联时,每个简单二端口条件(即端口上流入一个端子的电流等于流出另一个端子的电流)不能被破坏,否则所得结论和公式不再适用。对于并联、串并联、并串联也同样。这个条件称为二端口网络联接的有效性条件。而对于级联其结论总是有效的。

2.2.4　有载二端口网络

在二端口网络的输出端口处接上支路电阻为 R_L 的负载,在输入端口处接上一个内电阻为 R_S、端电压为 u_S 的电压源,如图 2-49 所示。这样就构成一个有载二端口网络,也称为端接二端口网络。在实际应用中,常常需要研究这种二端口网络的输入电阻和输出电阻。

所谓有载二端口网络的输入电阻,是指入口处的电压 u_1 和电流 i_1 的比值 R_i,如图 2-50 所示。

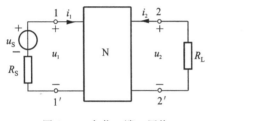

图 2-49　有载二端口网络

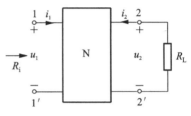

图 2-50　输入电阻

应用传输参数方程

$$u_1 = Au_2 - Bi_2$$
$$i_1 = Cu_2 - Di_2$$

及

$$u_2 = -R_L i_2$$

可得 1-1′端口的输入电阻

$$R_i = \frac{u_1}{i_1} = \frac{Au_2 - Bi_2}{Cu_2 - Di_2} = \frac{AR_L + B}{CR_L + D} \tag{2-41}$$

一般情况下,$R_i \neq R_L$,对不同的二端口,R_i 与 R_L 的关系不同;对同一个二端口,R_L 的不同将会使 R_i 不同。从这个意义上来说,二端口网络具有变换电阻的能力。

反之,如在 1-1′端除源,如图 2-51 所示,则 2-2′端即输出端口电压 u_2 与电流 i_2 之比 R_o 称为二端口网络的输出电阻为

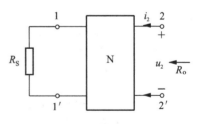

图 2-51　输出电阻

$$R_o = \frac{DR_S + B}{CR_S + A} \tag{2-42}$$

从有载二端口网络的输入、输出电阻定义可以导出其与其他种参数的关系式。下面以常用的晶体管共射极电路为例,导出有载二端口网络的输入电阻和输出电阻与 G 参数的关系式。1-1′端口有源时,求得 2-2′端口的开路电压 u_{oc},则可得 2-2′看进去的戴维南等效电路。

晶体管共射极电路及其相应的交流简化电路图* 如图 2-52 所示。将晶体管看成一个二端口网络后，其 G 参数矩阵方程为

$$\begin{bmatrix} i_b \\ i_c \end{bmatrix} = \begin{bmatrix} G_i & G_r \\ G_f & G_o \end{bmatrix} \begin{bmatrix} u_b \\ u_c \end{bmatrix}$$

晶体三极管的四个参数 G_i、G_r、G_f、G_o 可以通过测量或计算得到。它们与二端口网络 G 参数矩阵的对应关系是

$$\begin{bmatrix} G_{11} & G_{12} \\ G_{21} & G_{22} \end{bmatrix} = \begin{bmatrix} G_i & G_r \\ G_f & G_o \end{bmatrix}$$

这样，图 2-52(b) 是一个有载二端口网络。用 G 参数模型(图 2-53)分析得知

$$u_c = -\frac{G_f u_b}{G_o + G_L}$$

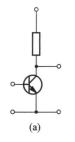
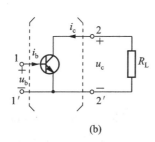
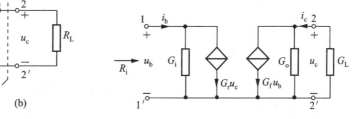

图 2-52　共射极电路及其交流简化电路图　　　　图 2-53　共射极电路的 G 参数模型

即

$$\frac{u_c}{u_b} = -\frac{G_f}{G_o + G_L} \tag{2-43}$$

又因为

$$i_c = -G_L u_c \qquad i_b = G_i u_b + G_r u_c$$

从而

$$\frac{i_c}{i_b} = \frac{-G_L u_c}{G_i u_b + G_r u_c} = \frac{-G_L u_c}{-G_i \dfrac{G_o + G_L}{G_f} u_c + G_r u_c} = \frac{G_f G_L}{G_i G_o - G_r G_f + G_i G_L} = \frac{G_f G_L}{\Delta_G + G_i G_L}$$

$$\tag{2-44}$$

由此导出输入电阻

$$R_i = \frac{u_b}{i_b} = \frac{u_b}{u_c} \frac{u_c}{i_b} = \frac{u_b}{u_c} \frac{i_c}{i_b} \left(-\frac{1}{G_L} \right)$$

将式(2-43)和式(2-44)代入上式得

$$R_i = \frac{G_o + G_L}{\Delta_G + G_i G_L}$$

---

　　* 晶体管交流简化电路图，是指在增量分析中，电路系统中的直流电源通常是由其等效电阻代替，这些电阻往往被认为是零，采用这个条件后，所得到的电路图称为交流简化电路图。

即

$$R_i = \frac{G_{22} + G_L}{\Delta_G + G_{11}G_L} \tag{2-45}$$

欲求该有载二端口网络的输出电阻,只要比较图 2-53 和图 2-54 所示电路,由对称性可知,若在输入电阻的表达式中,用 G_S 替换 G_L 就可得到如下的输出电阻表达式

$$R_{i2} = \frac{G_i + G_S}{\Delta_G + G_oG_S}$$

即

$$R_{i2} = \frac{G_{11} + G_S}{\Delta_G + G_{22}G_S} \tag{2-46}$$

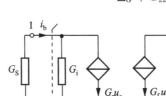

图 2-54 共射极输出电阻电路模型

顺便指出,式(2-43)所描绘的物理意义是晶体管共射极电路的电压增益。式(2-44)所描绘的物理意义是晶体管共射极电路的电流增益。电压增益、电流增益、输入电阻和输出电阻是研究晶体管电路基本性能的重要指标。由此看出,二端口网络理论为分析晶体管电路又开辟了一条新途径。

例 2-14 图 2-55(a)所示电路,已知线性二端口电阻网络 N_R 的 R 参数为 $\boldsymbol{R} = \begin{bmatrix} 4 & 3 \\ 3 & 5 \end{bmatrix} \Omega$,求其输出端口所接电阻 R_L 为何值时可获得最大功率? 此时最大功率 P_{max} 为何值?

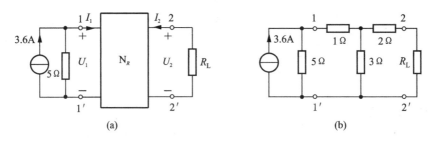

图 2-55 例 2-14 图

解 此为最大功率传输的问题,所以需求出图 2-55(a)2-2′端口以左部分的戴维南等效电路,可以通过列写方程的方法求出 2-2′端口的开路电压 U_{oc} 以及除源电阻 R_i。

由 R 参数列出二端口网络 N_R 的方程

$$\begin{cases} U_1 = 4I_1 + 3I_2 & ① \\ U_2 = 3I_1 + 5I_2 & ② \end{cases}$$

输入端口有

$$U_1 = 5(3.6 - I_1) \qquad\qquad ③$$

当输出端口开路时,$I_2 = 0$,此时开路电压为

$$U_{oc} = U_2$$

将式③代入式①得

$$I_1 = 2\mathrm{A} \qquad\qquad ④$$

将式④代入式②得

$$U_{oc} = 6\mathrm{V}$$

求除源电阻 R_i 时,输入端口有 $U_1 = -5I_1$,代入式①并与式②联立求得

$$R_i = \frac{U_2}{I_2} = 4\Omega$$

也可用互易网络 N_R 的 T 形等效电路图 2-55(b)求解。

当电阻 R_L 支路断开时,其开路电压为

$$U_{oc} = \frac{5 \times 3}{5 + (1+3)} \times 3.6 = 6\mathrm{V}$$

当电流源开路时,其除源电阻为

$$R_i = 2 + \frac{6 \times 3}{6 + 3} = 4\Omega$$

当 $R_L = R_i = 4\Omega$ 时,获得的最大功率为

$$P_{max} = \frac{U_{oc}^2}{4R_i} = \frac{6^2}{4 \times 4} = 2.25\mathrm{W}$$

2.2.5 二端口电阻网络的互易定理

对于一个仅含线性电阻的二端口网络,端口的一侧为激励,另一侧为响应,则激励与响应具有一定的互易特性。互易定理的依据是特勒根定理。

特勒根定理是电路理论中一个普遍适用的定理。它是由基尔霍夫定律导出的,故适用于任何集总参数电路。

特勒根定理一:对于一个具有 n 个节点和 b 条支路的电路,若其各支路电流和电压取关联参考方向,并令 $(i_1, i_2, \cdots, i_b)$ 和 $(u_1, u_2, \cdots, u_b)$ 分别为 b 条支路的电流和电压,则恒有

$$\sum_{k=1}^{b} u_k i_k = 0 \qquad\qquad (2\text{-}47)$$

定理证明详见本书第 2 版 *3.5 节特勒根定理。特勒根定理一实质上是功率守恒的体现。

特勒根定理二:如果有两个具有 n 个节点和 b 条支路的电路,它们的结构相同,对应支路中的元件可能不同。设两网络的对应支路编号一致,所取关联参考方向相同,并分别用 $(i_1, i_2, \cdots, i_b)$、$(u_1, u_2, \cdots, u_b)$ 和 $(\hat{i}_1, \hat{i}_2, \cdots, \hat{i}_b)$,$(\hat{u}_1, \hat{u}_2, \cdots, \hat{u}_b)$ 表示两个电路中 b 条支路的电流和电压,则恒有

$$\sum_{k=1}^{b} u_k \hat{i}_k = 0 \tag{2-48}$$

及

$$\sum_{k=1}^{b} \hat{u}_k i_k = 0 \tag{2-49}$$

为简化证明,设两个电路具有 4 个节点和 6 条支路,如图 2-56(a)、(b)所示。

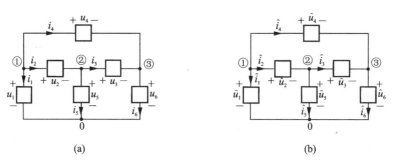

图 2-56　特勒根定理二

对图 2-56(a)电路,将支路电压用节点电压表示

$$\left.\begin{array}{l} u_1 = u_{n1}, u_2 = u_{n1} - u_{n2}, u_3 = u_{n2} - u_{n3} \\ u_4 = u_{n1} - u_{n3}, u_5 = u_{n2}, u_6 = u_{n3} \end{array}\right\} \tag{2-50}$$

对图 2-56(b)电路的节点①、②、③,由 KCL 得

$$\left.\begin{array}{l} \hat{i}_1 + \hat{i}_2 + \hat{i}_4 = 0 \\ -\hat{i}_2 + \hat{i}_3 + \hat{i}_5 = 0 \\ -\hat{i}_3 - \hat{i}_4 + \hat{i}_6 = 0 \end{array}\right\} \tag{2-51}$$

将式(2-50)代入式(2-48),整理后可得

$$\sum_{k=1}^{6} u_k \hat{i}_k = u_{n1}(\hat{i}_1 + \hat{i}_2 + \hat{i}_4) + u_{n2}(-\hat{i}_2 + \hat{i}_3 + \hat{i}_5) + u_{n3}(-\hat{i}_3 - \hat{i}_4 + \hat{i}_6)$$

再将式(2-51)代入,即有

$$\sum_{k=1}^{6} u_k \hat{i}_k = 0$$

式(2-49)也可用类似方法证明。

定理二并不能用功率守恒来解释,因为它涉及两个相同结构的电路(或者是同一电路在不同时刻的支路电压和电流)所必然遵循的规律。它具有类似功率之和的形式,故有时称之为"似功率守恒"。同样,定理二适用于任何集总参数电路。

例 2-15　网络 N 如图 2-57(a)所示,网络 N̂ 如图 2-57(b)所示。两电路结构相同,但支路元件性质不同。电路中的各支路电流、电压已求出,试验证特勒根定理二。

解　$\sum_{k=1}^{b} u_k \hat{i}_k = 3 \times (-2) + 4 \times 2 + 1 \times (-1) + 6 \times (-1) + 5 \times 1 = 0$

$\sum_{k=1}^{b} \hat{u}_k i_k = 15 \times (-0.8) + 10 \times 0.8 + 5 \times (-0.2) + 2 \times 1 + 3 \times 1 = 0$

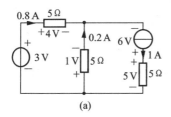
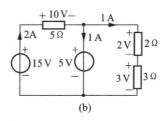

(a)　　　　　　　(b)

图 2-57　例 2-15 图

有时两个电路结构并不完全相同,可用开路或短路来替代支路。例如,两电路如图 2-58(a)、图 2-58(b)所示,图 2-58(a)中 bc 为短路,与图 2-58(b)中 bc 支路对应。而图 2-58(b)中 bd 间开路,与图 2-58(a)中的电流源支路对应。

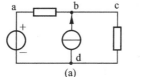
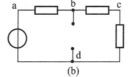

(a)　　　　　　　(b)

图 2-58　同结构图

互易定理是特勒根定理的特例。互易定理有三种形式,现分述如下。

第一种形式: 电路如图 2-59(a)所示,接在 1-1′端的支路 1 为电压源 u_S,接在 2-2′端的支路 2 为短路。其中电流 i_2 是激励 u_S 所产生的响应。电路其余部分 N 由线性电阻支路组成。若将电压源移至 2-2′端,而支路 1 短路,如图 2-59(b)所示(注意:N 与 N̂ 内部是完全相同的)。互易定理指出

$$\hat{i}_1 = i_2$$

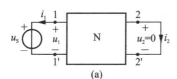
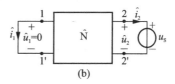

(a)　　　　　　　(b)

图 2-59　互易定理(一)

用特勒根定理来证明这一结论,设图 2-59(a)、图 2-59(b)中的 b 条支路电流、电压分别为 $i_1,i_2,\cdots,i_b$; $u_1,u_2,\cdots,u_b$ 和 $\hat{i}_1,\hat{i}_2,\cdots,\hat{i}_b$; $\hat{u}_1,\hat{u}_2,\cdots,\hat{u}_b$,则有

$$u_1\hat{i}_1 + u_2\hat{i}_2 + \sum_{k=3}^{b} u_k\hat{i}_k = 0$$

$$\hat{u}_1 i_1 + \hat{u}_2 i_2 + \sum_{k=3}^{b} \hat{u}_k i_k = 0$$

由于方框内部$(b-2)$条支路均为线性电阻,有 $u_k = R_k i_k$,$\hat{u}_k = R_k \hat{i}_k$,将其分别代入上式,得

$$u_1\hat{i}_1 + u_2\hat{i}_2 + \sum_{k=3}^{b} R_k i_k \hat{i}_k = 0$$

$$\hat{u}_1 i_1 + \hat{u}_2 i_2 + \sum_{k=3}^{b} R_k \hat{i}_k i_k = 0$$

所以 $$u_1 \hat{i}_1 + u_2 \hat{i}_2 = \hat{u}_1 i_1 + \hat{u}_2 i_2 \qquad (2\text{-}52)$$

在图 2-59(a)中 $u_1 = u_S, u_2 = 0$；在图 2-59(b)中 $\hat{u}_2 = u_S, \hat{u}_1 = 0$，代入上式得

$$u_S \hat{i}_1 = u_S i_2$$

所以 $$\hat{i}_1 = i_2 \qquad (2\text{-}53)$$

第二种形式：将上述形式中的电压源改为电流源 i_S，短路改为开路(开路为一条电流为零的支路)，如图 2-60 所示。互易定理指出

$$\hat{u}_1 = u_2$$

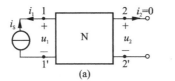 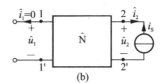

图 2-60 互易定理(二)

证明方法与前面类似，式(2-52)仍成立，为

$$u_1 \hat{i}_1 + u_2 \hat{i}_2 = \hat{u}_1 i_1 + \hat{u}_2 i_2$$

这里 $i_1 = -i_S, i_2 = 0, \hat{i}_2 = -i_S, \hat{i}_1 = 0$。代入上式得

$$-u_2 i_S = -\hat{u}_1 i_S$$

所以 $$\hat{u}_1 = u_2 \qquad (2\text{-}54)$$

第三种形式：如图 2-61(a)、图 2-61(b)所示，在图 2-61(a)中，接在端口 1-1′处的是电流源 i_S，端口 2-2′短路；在图 2-61(b)中，接在端口 2-2′处的为电压源 u_S，而端口 1-1′开路。若 $u_S = i_S$(数值上)，则互易定理指出

$$\hat{u}_1 = i_2 \qquad (数值上) \qquad (2\text{-}55)$$

图 2-61 互易定理(三)

证明方法同上，读者可自行推证。

例 2-16 线性无源电阻网络 N_R 如图题 2-62(a)所示，当 $U_S = 100$ V 时，$U_2 = 20$ V。当电路改为图 2-62(b)时，求 I。

解法 1 将 10 Ω 和 5 Ω 电阻看成是电阻网络 N'_R 的一部分，如图 2-62(c)所示。直接用互易定理第三种形式，在图 2-62(c)中为电压源 U_S 激励，U_2 为开路电压，在图 2-62(b)中为电流源激励，I 为短路电流。如果激励在数值上相等，则响应在数值也相等。所以有

$$100 : 20 = 5 : I$$

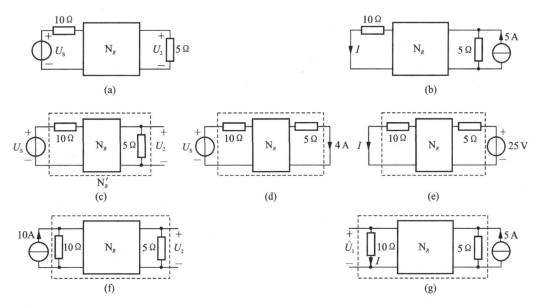

图 2-62 例 2-16 图

得 $$I = \frac{20 \times 5}{100} = 1 \text{ A}$$

解法 2 将 $\frac{U_2}{5} = \frac{20}{5} = 4$ A 看成为短路电流，如图 2-62(d)所示。将图 2-62(b)有伴电流源等效为有伴电压源，如图 2-62(e)所示。用互易定理第一种形式有

$$100 : 4 = 25 : I$$

得 $$I = \frac{4 \times 25}{100} = 1 \text{ A}$$

解法 3 将入端有伴电压源等效为有伴电流源，如图 2-62(f)所示。将图 2-62(b)改成图 2-62(g)所示。由互易定理第二种形式有

$$10 : 20 = 5 : \hat{U}_1$$

得 $$\hat{U}_1 = \frac{20 \times 5}{10} = 10 \text{ V}$$

所以 $$I = \frac{10}{10} = 1 \text{ A}$$

习题

2-1 求图题 2-1 所示各电路的等效电阻 R_{ab}。图题 2-1(h)中分开关 S 断开和闭合两种情况。

2-2 图题 2-2 所示电路。(1)当 $R = 60$ Ω 时，求 I_o；(2)当 R 为何值时，恰好使电流 I_o 为零。

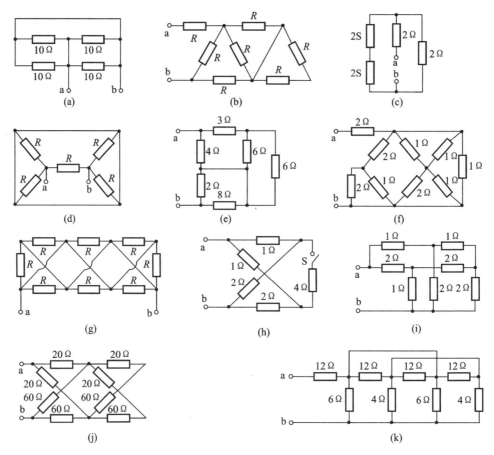

图题 2-1

2-3 图题 2-3 所示为一无限梯形网络。试求 a、b 端的等效电阻 R。

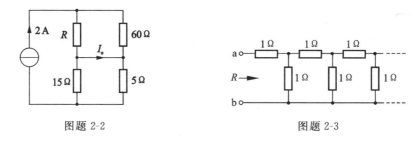

图题 2-2　　　　　　　　　　　图题 2-3

2-4 一个 220 V 电源的电热器,由两根同样的 50 Ω 的镍铬电阻丝组成,这两个电阻丝串联,则提供低热;若并联,则提供高热。求其在低热和高热状态下的功率。

2-5 有一滑线电阻器作分压器使用[见图题 2-5(a)],其电阻 R 为 500 Ω,额定电流为 1.8 A。若已知外加电压 $u=500$ V,$R_1=100$ Ω。

(1) 求输出电压 u_2;

(2) 用内阻为 800 Ω 的电压表去测量输出电压,如图(b)所示,问电压表的读数为多大?

（3）若误将内阻为 0.5 Ω，量程为 2 A 的电流表看成是电压表去测量输出电压，如图题 2-5(c)所示，将发生什么后果？

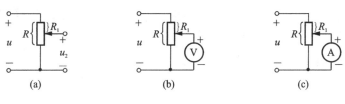

图题 2-5

2-6 在图题 2-6 所示电路中，当 $R_L = \infty$ 时，电流表读数为 I_1，当 $R_L = R$ 时（R 为一已知电阻），电流表读数为 I_2，证明 R_x 可由下式确定

$$R_x = R\left(\frac{I_1}{I_2} - 1\right)$$

2-7 在图题 2-7 所示电路中，已知 $i = 1$ mA，求 R 之值。

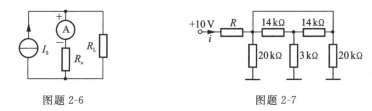

图题 2-6　　　　　　　　图题 2-7

2-8 在图题 2-8 所示的网络中，已知流过电阻器 R_L 的电流 $i_L = 1$ A，试求 R_L 之值。

2-9 在某种应用场合下，某电路设计成如图题 2-9 所示，且满足：

（a）$U_o/U_s = 0.05$ 　　（b）$R_{ab} = 40$ kΩ

若负载电阻 5 kΩ 是固定的，求满足设计要求条件下的电阻 R_1 和 R_2。

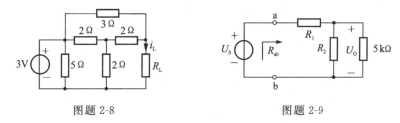

图题 2-8　　　　　　　　图题 2-9

2-10 利用电源等效变换化简图题 2-10 所示各二端网络。

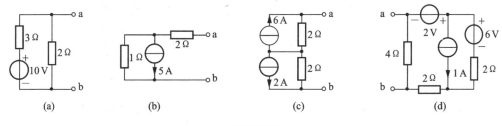

图题 2-10

2-11 化简图题 2-11 所示各二端网络。

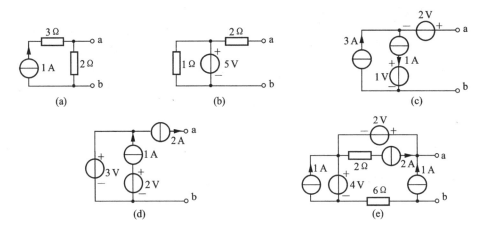

图题 2-11

2-12 应用电源等效变换的方法求图题 2-12 所示电路中的电流 i。

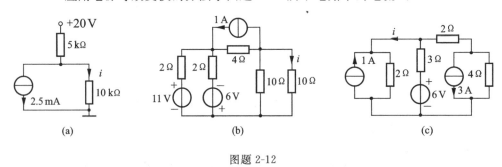

图题 2-12

2-13 求图题 2-13 所示各电路的等效电阻 R_i。

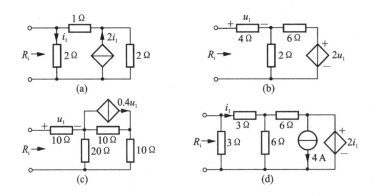

图题 2-13

2-14 求图题 2-14 所示各电路的等效电阻 R_i(提示:设控制量等于 1)。

2-15 求图题 2-15 所示各电路的最简单等效电路。

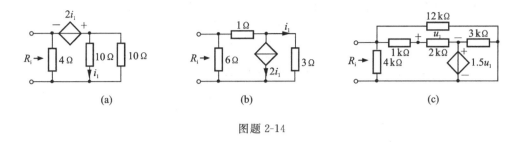

图题 2-14

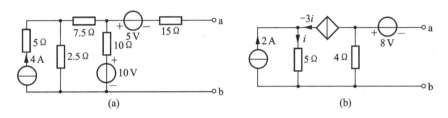

图题 2-15

2-16 试证明图题 2-16(a)电路的戴维南等效电路如图题 2-16(b)所示。

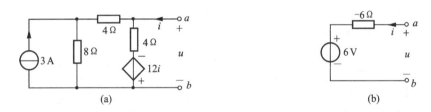

图题 2-16

2-17 试用戴维南定理求图题 2-17 所示各电路的电流 i。

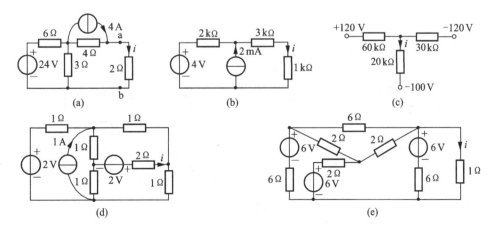

图题 2-17

2-18 在图题 2-18 所示电路中，已知 R_x 支路的电流为 0.5 A，试求 R_x。

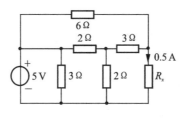

图题 2-18

2-19 在图题 2-19(a)电路中，测得 $U_2=12.5$ V，若将 A、B 两点短路，如图题 2-19(b) 所示，短路线电流为 $I=10$ mA，试求网络 N 的戴维南等效电路。

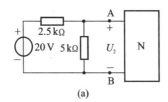 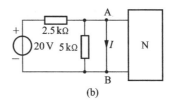

图题 2-19

2-20 用诺顿定理求图题 2-20 所示电路的电压 u。

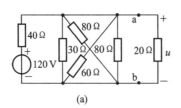 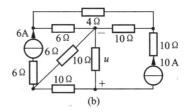

图题 2-20

2-21 用诺顿定理求图题 2-21 所示各电路中的电流 i。

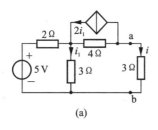 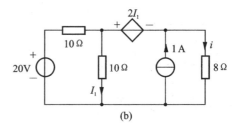

图题 2-21

2-22 图题 2-22 所示电路中，N 为线性含源电阻网络，已知当 $I_S=0$ 时，$U=-2$ V； $I_S=2$ A 时，$U=0$。求网络 N 的戴维南等效电路。

2-23 图题 2-23 所示电路。(1)求 ab 端口的最简等效电路;(2)写出 ab 端口的 $U\sim I$ 关系;并在 $U\sim I$ 平面上作出其特性曲线。

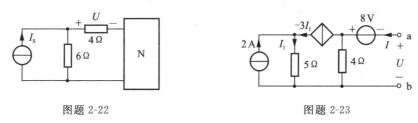

图题 2-22   图题 2-23

2-24 电路如图题 2-24 所示,试求当负载电阻 R_L 为何值时可获得最大功率,并求最大功率的值。

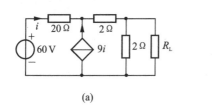   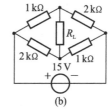

(a)   (b)

图题 2-24

2-25 电路如图题 2-25 所示,R_x 为何值时,R_x 可获得最大功率? 此最大功率为何值?

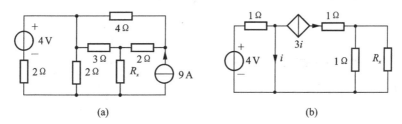

(a)   (b)

图题 2-25

2-26 图题 2-26 所示电路。(1)画出 a、b 端以左部分的戴维南等效电路;(2)若负载电阻 $R_L=2\ \Omega$,求 R_L 消耗的功率;(3)当 R_L 为何值时,它能获得最大功率,并求此最大功率 $P_{\max}$。

2-27 图题 2-27 所示电路中,线性有源二端网络 N_1 与 R_2 并联构成二端网络 N。自 N 端口 a、b 向右看的除源电阻为 R_{ab}。设 $R=0$ 时,$u=u_1$;$R=\infty$ 时,$u=u_2$。求证:当 R 为任意值时,电压

$$u=\frac{R_{ab}u_1+Ru_2}{R_{ab}+R}$$

2-28 写出图题 2-28 所示二端口网络的 R 参数矩阵。

2-29 写出图题 2-29 所示二端口网络的 G 参数和 R 参数矩阵。

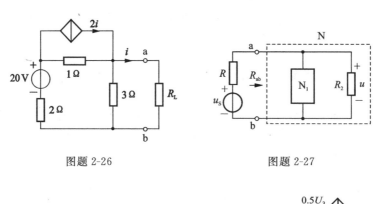

图题 2-26   图题 2-27

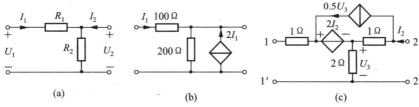

图题 2-28

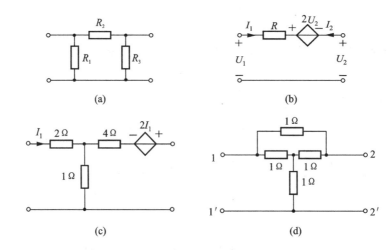

图题 2-29

2-30 写出图题 2-30 所示二端口网络的传输参数矩阵。

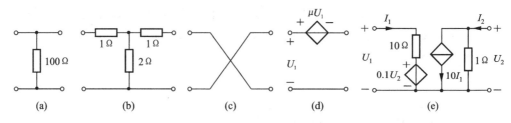

图题 2-30

2-31 写出图题 2-31 所示二端口网络的 H 参数矩阵。

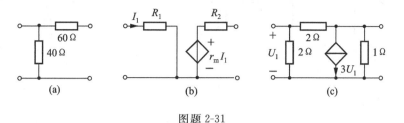

图题 2-31

2-32 已知图题 2-32 所示二端口网络的 R 参数矩阵为

$$\boldsymbol{R} = \begin{bmatrix} 10 & 8 \\ 5 & 10 \end{bmatrix} \Omega$$

求 R_1、R_2、R_3 和 r 的值。

2-33 试设计一个由三个电阻组成的 Π 形等效电路如图题 2-33 所示,若该二端口网络的 G 参数矩阵为

$$\boldsymbol{G} = \begin{bmatrix} 0.3 & -0.1 \\ -0.1 & 0.15 \end{bmatrix} S$$

试求 R_1、R_2 和 R_3 的值。

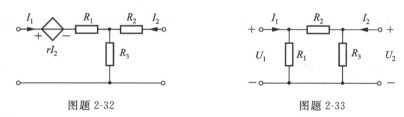

图题 2-32   图题 2-33

2-34 试绘出对应于下列各短路电导矩阵的任意一种二端口网络图形,并注意标出各端口的电压、电流参考方向。

(提示:当 $G_{12} \neq G_{21}$ 时为非互易二端口网络,其中可能有受控源存在。)

(a) $\boldsymbol{G} = \begin{bmatrix} 5 & -2 \\ -2 & 3 \end{bmatrix} S$ (b) $\boldsymbol{G} = \begin{bmatrix} 5 & -2 \\ 0 & 3 \end{bmatrix} S$ (c) $\boldsymbol{G} = \begin{bmatrix} 10 & 0 \\ -5 & 20 \end{bmatrix} S$

2-35 图 2-35 所示电路中,N_R 为电阻二端口网络。当 3 A 电流源不作用时,2 A 电流源向电路提供 28 W 功率,且 U_2 为 8 V;当 2 A 电流源不作用时,3 A 电流源提供 54 W 功率,U_1 为 12 V。(1)写出二端口网络 N_R 的 R 参数方程;(2)若 3 A 电流源改为 5 A 电流源,求 2 A 电流源和 5 A 电流源对双口网络提供的总功率。

2-36 图题 2-36 所示二端口网络。

(1) 求 T 参数;

(2) 求 T 形等效电路;

(3) 当 2-2′端口加 10 V 电压时,1-1′端口接 2 Ω 负载。求负载所吸收的功率。

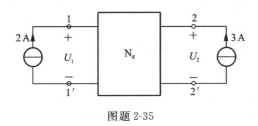

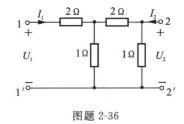

图题 2-35   图题 2-36

2-37　将图题 2-37 所示电路分成若干个简单二端口的级联,计算出每个简单的二端口的 T 参数,然后算出整个网络的 T 参数。

2-38　试将图题 2-38 所示电路先分解为两个简单二端口网络的并联或串联,计算出简单网络的有关参数,再求整个网络的 G 或 R 参数。

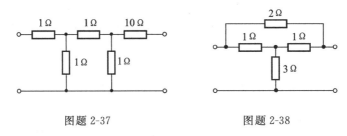

图题 2-37   图题 2-38

2-39　图题 2-39 所示的二端口网络中,已知电阻双口网络 N_R 的 R 参数为 $\boldsymbol{R} = \begin{bmatrix} \dfrac{5}{3} & \dfrac{4}{3} \\ \dfrac{4}{3} & \dfrac{5}{3} \end{bmatrix} \Omega$。求二端口网络的传输参数。

2-40　图题 2-40 所示为具有终端负载的复合二端口网络。已知 $\boldsymbol{T}_1 = \begin{bmatrix} 1 & 10\,\Omega \\ 0 & 1 \end{bmatrix}$,$\boldsymbol{T}_2 = \begin{bmatrix} 1 & 0 \\ 0.05\,\mathrm{S} & 1 \end{bmatrix}$,求负载电压 U_2。

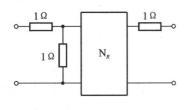

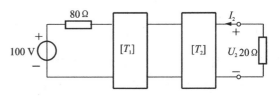

图题 2-39   图题 2-40

2-41　图题 2-41 所示有载二端口网络。已知双口网络 N_R 的传输参数矩阵 $\boldsymbol{T} = \begin{bmatrix} 5\times 10^{-4} & -10\,\Omega \\ -10^{-6}\,\mathrm{S} & -10^{-2} \end{bmatrix}$,电流源 $I_S = 70.7\,\mu\mathrm{A}$。求:(1)负载 $R_L = 10\,\mathrm{k}\Omega$ 时的功率;(2)负载 R_L 为何值时,它将获得最大功率,计算此时的最大功率值 $P_{\max}$。

2-42 图题 2-42 所示二端口网络。

(1) 二端口网络 N 的 R 参数；

(2) R_L 为何值时可获得最大功率？求此最大功率 P_{max}。

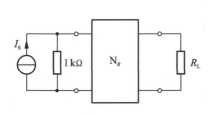

图题 2-41

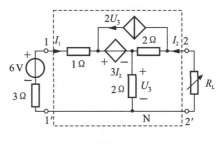

图题 2-42

2-43 线性无源电阻网络 N_R 如图题 2-43(a)所示,若 $U_S = 100$ V 时,$U_2 = 20$ V,求当电路改为图题 2-43(b)时,求电流 I。

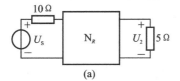

(a)

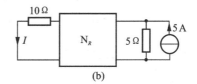

(b)

图题 2-43

2-44 图题 2-44 中 N_R 为线性无源电阻网络,当 $R_1 = R_2 = 2$ Ω,且 $U_S = 8$ V 时,$I_1 = 2$ A,$U_2 = 2$ V；当 $R_1 = 1.4$ Ω,$R_2 = 0.8$ Ω,且 $\hat{U}_S = 9$ V 时,$\hat{I}_1 = 3$ A,求 $\hat{U}_2$ 的值。

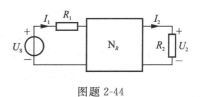

图题 2-44

2-45 试用互易定理求图题 2-45(a)电路中的 i 和图题 2-45(b)电路中的 u。

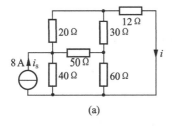

(a)

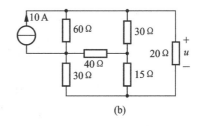

(b)

图题 2-45

2-46 图题 2-46(a)、2-46(b)、2-46(c)中,N_R 为同一线性无源电阻网络,$R = 10$ Ω。求：(1)图题 2-46(b)中的 u_1'；(2)图题 2-46(c)中的 i_1'' 和 u_2''。

2-47 图题 2-47 中 N 为互易性(满足互易定理)网络。试根据图题中的已知条件计算电阻 R。

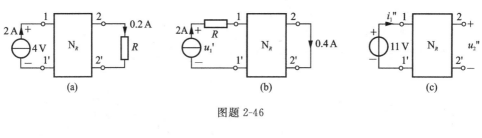

图题 2-46

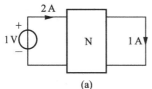 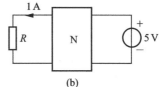

图题 2-47

2-48 N_0 为无源线性电阻网络,工作状态如图题 2-48(a)所示,现将 1-1′端口支路置换成图题 2-48(b)所示,则 2-2′端口输出的电压 U_2 为何值。

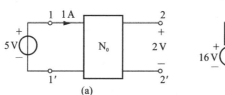 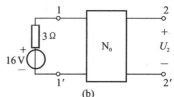

图题 2-48

*2-49 图题 2-49 所示电路,N 为仅含线性电阻的网络,ab 端的输入电阻 $R_i = 1\ \Omega$,$U_S = 10\ V$,ab 端的开路电压 $U_{oc} = 3\ V$;当 $R = 2\ \Omega$ 时,$I = 0.5\ A$。求当 $R = \infty$(即 ab 端开路)时,电流 I 的值。

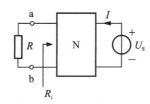

图题 2-49

第 3 章

电阻电路系统法分析

对于联接形式复杂的电路或者要求分析电路中多个变量时,采用等效变换法时就具有一定的局限性,不便于对电路作整体性分析。系统分析法具有一定的普遍性,便于编制计算机程序,适用于任何线性电路。

系统分析法基本不改变电路结构。其步骤大致为:首先选择一组完备的独立变量,变量可以是电压也可以是电流。完备性是指选定的变量能够表示电路中所有支路的电压和电流;独立性是指选定的变量间不可以相互表示。然后建立独立变量的线性方程组,解出所设定的变量,进而解出其他待求量。

系统分析法亦称为独立变量法,本教材仅介绍支路电流法、回路(网孔)电流法和节点电压法,其他方法读者自行参阅研究生教材《电网络分析》。

3.1 支路电流法

支路电流法以支路电流作为电路变量,简称支路法。

图 3-1 是一个复杂电路。其中有六条支路,分别假设了六个支路电流,其参考方向选定如图 3-1 所示。电路中取 A、B、C、D 四个节点,在这些节点上,列出基尔霍夫电流定律方程如下:

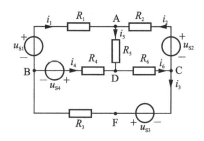

图 3-1　支路分析

节点 A	$-i_1-i_2+i_5=0$	(3-1a)
节点 B	$i_1-i_3+i_4=0$	(3-1b)
节点 C	$i_2+i_3-i_6=0$	(3-1c)

对于最后一个节点 D 列出方程 $-i_4-i_5+i_6=0$,就等于上面三式相加而改变正负号,所以它是不独立的。由于每一支路接在两个节点之间,因而每一支路电流对一个节点为流出,则对另一个节点为流入。如对所有的节点写 KCL 方程,每一支路电流将出现两次,一次为正,一次为负。因此,所有 n 个节点的 KCL 方程之和必恒为零。这表明,对电路的每一个节点写出 KCL 方程,则所得的 n 个方程是非独立的(线性相关)。但是,从这 n 个方程中,去掉任意一个,余下的 $n-1$ 个方程一定是互相独立的。因此,在含有 n 个节点的电路中能够按基尔霍夫电流定律列出 $n-1$ 个独立方程。或者说:电路的独立节点数比节点总数少一。本例中总共有四个节点,列出了三个独立节点电流方程。当然选哪三个节点来列方程是任意的。

除了独立节点电流方程外,还需运用基尔霍夫电压定律列出方程。根据基尔霍夫电压定律可知,沿着任一回路的绕向,电阻上电位降的代数和应等于电源上电位升的代数和。据此得到下面的方程

回路 BADB	$R_1i_1+R_5i_5-R_4i_4=u_{S1}-u_{S4}$	(3-2a)
回路 CADC	$R_2i_2+R_5i_5+R_6i_6=u_{S2}$	(3-2b)
回路 FBDCF	$R_3i_3+R_4i_4+R_6i_6=u_{S3}+u_{S4}$	(3-2c)

这里取了电路的三个网孔(即内部不包含任何支路的回路)作为回路。取网孔作为列方程的回路,能保证所列回路电压方程是独立的。因为其余的回路,必将是几个网孔的合

成,在这种回路上列出的基尔霍夫电压定律方程就等于各个合成回路(即网孔)上基尔霍夫电压定律方程的代数总和,因而是不独立的,但每一个网孔却不能由别的网孔来合成,因而网孔上的电压定律方程都是独立的。由此可见一个平面电路中独立回路电压方程的数目等于此电路的网孔数。当然取网孔列方程是获得独立回路电压方程的充分条件,而不是必要条件。在本例中也可取大回路 BACFB 代替网孔 FBDCF 等,只要保证这一个回路不是由其他已取回路合成而得就可以。一个电路的独立回路数恒等于 $b-n+1$,其中 n 为节点数,b 为支路数。于是任一电路按照基尔霍夫两条定律可列出的独立方程数合计为

$$(n-1)+(b-n+1)=b \tag{3-3}$$

它刚好等于未知量支路电流的数目,因此可以求得唯一的一组解答。

支路电流法解题的步骤如下:

(1) 选定各支路电流的参考方向,并标出电流变量;

(2) 对 $(n-1)$ 个独立节点列写 KCL 方程;

(3) 选取 $(b-n+1)$ 个独立回路,列写 KVL 方程;

(4) 联立求解这 b 个独立方程,得出各支路电流;

(5) 由支路电流求出待计算量,如支路电压或功率。

如果电路中存在电流源,可以有两种方法处理,第一种方法是电流源支路电流不再设为变量,对节点仍写 $(n-1)$ 个 KCL 方程,选取不包含电流源支路的回路,可看作是去掉电流源支路后独立回路(优先选择网孔)写 KVL 方程,其方程总数与变量个数相等,这种方法称为少设变量法。第二种方法是电流源支路不再作为变量,而将电流源上电压设为变量,对节点仍列 $(n-1)$ 个 KCL 方程,对回路列 $(b-n+1)$ 个 KVL 方程,列写电压方程时仍优先选择网孔为独立回路,把电流源支路用电压源支路替代纳入回路 KVL 电压平衡方程。

例 3-1 图 3-2(a)所示电路,求各支路电流。

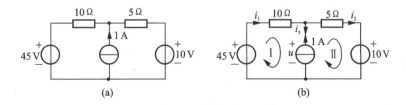

图 3-2 例 3-1 图

解法 1 标出各支路电流如图 3-2(b)所示,则有 $i_3=-1$ A,因已知,故不再设为变量。该电路有两个节点,可列写一个独立节点的 KCL 方程为

$$i_2-i_1=1 \qquad\qquad ①$$

"去掉"电流源支路后,对剩下的回路列写 KVL 方程

$$10i_1+5i_2=-10+45 \qquad\qquad ②$$

联立式①、式②求解得

$$i_1 = 2 \text{ A}, i_2 = 3 \text{ A}$$

解法 2 增设电流源上电压 u,选择两个网孔的绕行方向如图 3-2(b)所示。列写一个 KCL 方程和两个 KVL 方程为

$$i_2 - i_1 = 1$$

网孔 I $\qquad\qquad 10i_1 + u = 45$

网孔 II $\qquad\qquad 5i_2 - u = -10$

联立求解上述三个方程,可得

$$i_1 = 2 \text{ A}, \quad i_2 = 3 \text{ A}, \quad u = 25 \text{ V}$$

比较上述两种方法,第 1 种方法方程数少,相对简单,但若要求计算电流源的功率,则第 2 种方法更直接。

如果电路中存在受控源,则将受控源看作相应的独立源,列写支路法所必需的方程,然后将受控源的控制量用支路电流表示,作为辅助方程补充。

例 3-2 图 3-3 是含受控源的电路,试求电阻 R_3 上的电压 u_3。

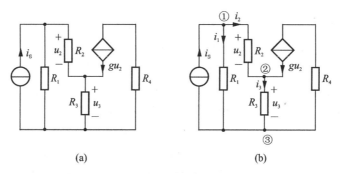

(a) (b)

图 3-3 例 3-2 图

解 标出节点序号及非电流源支路电流 i_1、i_2、i_3 变量的参考方向如图 3-3(b)所示。图中有 3 个节点,可列出两个独立的 KCL 方程[对节点①和②]为

$$i_1 + i_2 = i_S$$
$$i_3 - i_2 = gu_2$$

"去掉"电流源支路后只剩下一个网孔,对其列出 KVL 方程有

$$R_2 i_2 + R_3 i_3 - R_1 i_1 = 0$$

将受控电流源的控制量 u_2 用求解变量支路电流表示为

$$u_2 = R_2 i_2$$

联立上述四个方程,经整理有

$$\begin{cases} i_1 + i_2 = i_S \\ -(1 + gR_2)i_2 + i_3 = 0 \\ -R_1 i_1 + R_2 i_2 + R_3 i_3 = 0 \end{cases}$$

用行列式求解,得

$$i_3 = \begin{vmatrix} 1 & 1 & i_S \\ 0 & -(1+gR_2) & 0 \\ -R_1 & R_2 & 0 \end{vmatrix} \Bigg/ \begin{vmatrix} 1 & 1 & 0 \\ 0 & -(1+gR_2) & 1 \\ -R_1 & R_2 & R_3 \end{vmatrix}$$

$$= \frac{-R_1(1+gR_2)i_S}{-(1+gR_2)R_3 - R_1 - R_2} = \frac{R_1(1+gR_2)i_S}{R_1 + R_2 + (1+gR_2)R_3}$$

所以 $\qquad u_3 = i_3 R_3 = \dfrac{R_1 R_3 (1+gR_2) i_S}{R_1 + R_2 + (1+gR_2)R_3}$

由于电路中每一个支路的电压和电流两个变量的关系仅取决于该支路中元件本身的参数,故用支路电流法解出了支路电流后支路电压和功率也就可以计算出来。当然也可以设定支路电压作为变量,解出支路电压,支路电流也就随之而定。

3.2 回路(网孔)电流法

1. 回路(网孔)电流

对于一个节点数 n、支路数 b 的平面电路,可以证明其网孔数 m 和独立回路数 l 有

$$l = m = b - n + 1$$

网孔电流是假想的沿着网孔边界独自流动的电流,如图 3-4(a)中虚线 I_{l1}、I_{l2}[①] 所示,这些假想的电流通过同一条支路时就合成为该支路电流;只通过一条支路时,则为该支路电流,即 $I_1 = I_{l1}$,$I_3 = I_{l2}$,$I_2 = I_{l2} - I_{l1}$。为此,所有支路电流都可以用网孔电流表示。

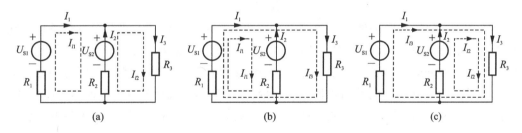

图 3-4 回路(网孔)电流

图 3-4(b)、图 3-4(c)中,假想沿着外围大的回路也有独自流动的电流 I_{l3},则支路电流可以用 I_{l1} 和 I_{l3} 表示,如图 3-4(b)所示;也可以用 I_{l2} 和 I_{l3} 表示,如图 3-4(c)所示。在图 3-4(b)中:$I_1 = I_{l1} + I_{l3}$,$I_2 = -I_{l1}$,$I_3 = I_{l3}$;在图 3-4(c)中:$I_1 = I_{l3}$,$I_2 = I_{l2}$,$I_3 = I_{l2} + I_{l3}$。由此可知,选择的回路不同,支路电流可以用不同的回路电流表示,但支路电流是确定的,独立回路的个数($b-n+1$)也是确定的。

以网孔电流为变量列写电路方程求解的方法称为网孔电流法,简称网孔法,如图 3-4(a)所示。

以回路电流为变量列写电路方程求解的方法称为回路电流法,简称回路法,如图 3-4(b)或图 3-4(c)所示。考虑方便,叙述时不再对两者加以区别,统一称为回路(网孔)法。

---

① 直流量常用变量的大写表示。

2. 回路(网孔)方程

在图 3-4(a)中,选定左右两个网孔,列写 KVL 方程

$$\left.\begin{array}{r} R_1 I_1 - R_2 I_2 = U_{S1} - U_{S2} \\ R_2 I_2 + R_3 I_3 = U_{S2} \end{array}\right\} \tag{3-4}$$

将式(3-4)方程中的支路电流用回路电流表示,则方程为

$$\left.\begin{array}{r} R_1 I_{l1} + R_2 I_{l1} - R_2 I_{l2} = U_{S1} - U_{S2} \\ -R_2 I_{l1} + R_2 I_{l2} + R_3 I_{l2} = U_{S2} \end{array}\right\} \tag{3-5}$$

比较式(3-4)和式(3-5)可知,方程组(3-4)不可解,方程组(3-5)可解。方程组(3-5)虽然是 KVL 方程,但其隐含了一个 KCL 方程: $I_2 = -I_{l1} + I_{l2} = -I_1 + I_3$。由此可知,以网孔电流(回路电流)为变量列写 KVL 方程要比以支路电流为变量列写的方程数少 $(n-1)$ 个。

将方程组(3-5)整理后可得

$$\begin{cases} (R_1 + R_2) I_{l1} - R_2 I_{l2} = U_{S1} - U_{S2} & \text{(3-6a)} \\ -R_2 I_{l1} + (R_2 + R_3) I_{l2} = U_{S2} & \text{(3-6b)} \end{cases}$$

根据观察即能列出这样的一组网孔方程,把式(3-6)概括为如下一般形式:

$$\left.\begin{array}{r} R_{11} I_{l1} + R_{12} I_{l2} = u_{S11} \\ R_{21} I_{l1} + R_{22} I_{l2} = u_{S22} \end{array}\right\} \tag{3-7}$$

式(3-7)中 R_{11}、R_{22} 分别为网孔 I 、网孔 II 的**自电阻(self resistance)**,它们分别是各自网孔内所有电阻的总和,例如 $R_{11} = R_1 + R_2$,$R_{22} = R_2 + R_3$。R_{12} 称为网孔 I 与网孔 II 的**互电阻(mutual resistance)**,它是该两网孔的公有电阻,即 $R_{12} = -R_2$,出现负号是因为网孔电流 I_{l1} 和 I_{l2} 以相反的方向流过公有电阻 R_2。两网孔电流同向流过公有电阻时互电阻为正,异向为负。另外,式(3-7)中有 $R_{12} = R_{21}$。u_{S11}、u_{S22} 分别为网孔 I 、网孔 II 中各电压源电位升的代数和,$u_{S11} = u_{S1} - u_{S2}$,$u_{S22} = u_{S2}$。

推广至具有 m 个网孔的电路,则网孔方程的形式应为

$$\left.\begin{array}{r} R_{11} i_{l1} + R_{12} i_{l2} + \cdots + R_{1m} i_{lm} = u_{S11} \\ R_{21} i_{l1} + R_{22} i_{l2} + \cdots + R_{2m} i_{lm} = u_{S22} \\ \cdots \\ R_{m1} i_{l1} + R_{m2} i_{l2} + \cdots + R_{mn} i_{lm} = u_{Smn} \end{array}\right\} \tag{3-8}$$

如果各网孔电流的参考方向一律设为顺时针方向,或一律设为逆时针方向,则各互电阻均为有关网孔公有电阻总和的负值。对于线性电路,方程组中 R 参数为常数。在电路不存在受控源的情况下列出的方程组中,必有 $R_{ki} = R_{ik}(i \neq k)$,即网孔电流方程组的系数行列式,具有以自电阻为主对角线对称的形式。

对图 3-4(b)中选定的回路电流列写电路方程,回路 $l1$ 自电阻为 $R_1 + R_2$,回路 $l3$ 自电阻为 $R_1 + R_3$,互电阻为 R_1,两回路经 R_1 时绕向相同取正,由此列写的回路方程为

$$(R_1 + R_2)I_{l1} + R_1 I_{l3} = U_{S1} - U_{S2}$$
$$R_1 I_{l1} + (R_1 + R_3)I_{l3} = U_{S1}$$

(3-9)

读者可自行列出图 3-4(c)的回路方程。

仔细观察图 3-4 中各支路电流和回路电流,可以发现当某条支路经过的回路电流只有 1 个时,则回路电流就为该支路电流,这时,直接用支路电流表示回路电流,这样可以减少变量的表示,有利于方程的列写,但支路电流和回路电流两者有本质的区别。

例 3-3 列出图 3-5 所示电路的回路(网孔)方程。

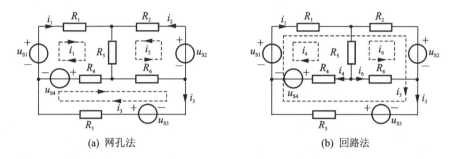

(a) 网孔法   (b) 回路法

图 3-5 例 3-3 图

解 标出网孔电流如图 3-5(a)所示,此时网孔电流为电路三个外围边界支路电流。列出网孔方程为

$$\begin{cases} (R_1 + R_4 + R_5)i_1 + R_5 i_2 - R_4 i_3 = u_{S1} - u_{S4} \\ R_5 i_1 + (R_2 + R_5 + R_6)i_2 + R_6 i_3 = u_{S2} \\ -R_4 i_1 + R_6 i_2 + (R_3 + R_4 + R_6)i_3 = u_{S3} + u_{S4} \end{cases}$$

标出回路电流如图 3-5(b)所示,此时回路电流为 R_4、R_6 及 R_3 支路上的电流,列出回路方程为

$$\begin{cases} (R_1 + R_4 + R_5)i_4 + R_5 i_6 + R_1 i_3 = u_{S1} - u_{S4} \\ R_5 i_4 + (R_2 + R_5 + R_6)i_6 - R_2 i_3 = u_{S2} \\ R_1 i_4 - R_2 i_6 + (R_1 + R_2 + R_3)i_3 = u_{S1} - u_{S2} + u_{S3} \end{cases}$$

由例 3-3 可知,当电路中没有电流源支路时,网孔法方程列写比回路法方程列写要清晰。因此,优先选择网孔法。

例 3-4 求图 3-6 电路中各支路电流。

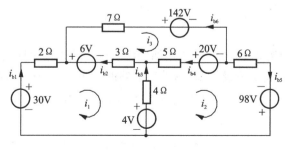

图 3-6 例 3-4 图

解 本题说明用网孔分析法的解题步骤。

该电路共有 6 条支路、3 个网孔、6 个电压源,设 3 个网孔电流 i_1、i_2、i_3,参考方向如图 3-6 所示。根据观察即能列出该电路的网孔方程为

网孔 1 　$(2+3+4)i_1-4i_2-3i_3=30-6-4$

网孔 2 　$-4i_1+(4+5+6)i_2-5i_3=-20+98+4$

网孔 3 　$-3i_1-5i_2+(7+5+3)i_3=-142+20+6$

整理得

$$9i_1-4i_2-3i_3=20$$
$$-4i_1+15i_2-5i_3=82$$
$$-3i_1-5i_2+15i_3=-116$$

解上列联立方程,得网孔电流 $i_1=2$ A,$i_2=4$ A,$i_3=-6$ A。

由网孔电流,求出支路电流(参考方向如图 3-6 所示)

$i_{b1}=i_1=2$ A,　$i_{b2}=i_3-i_1=-6-2=-8$ A,　$i_{b3}=i_2-i_1=4-2=2$ A

$i_{b4}=i_3-i_2=-6-4=-10$ A,　$i_{b5}=i_2=4$ A,　$i_{b6}=-i_3=-(-6)=6$ A

求这样六个未知支路电流只需三个联立方程,而且建立网孔方程是很容易的。比起用支路电流法简便多了。

网孔分析法的步骤可归纳如下:

(1) 设定网孔电流的参考方向,网孔绕行方向与网孔电流方向一致,通常均设为顺时针方向;

(2) 利用自电阻,互电阻及网孔电位升等概念直接列写网孔电流方程;

(3) 联立求解网孔电流方程组,进而求出支路电流或其他待求电压。

当电路中有电流源时,可以使电流源支路只存在于一个回路中,则该回路电流即为电流源电流,这样就少设一个变量,再取其他回路电流为变量列写方程。

例 3-5 用回路法求解例 3-1 中各支路电路。

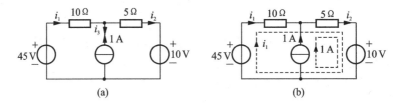

图 3-7 例 3-5 图

解 图 3-7(a)为例 3-1 的图,这里用回路法求解。首先选定回路电流如图 3-7(b)所示,则外围大回路电流设为支路电流 i_1,右边回路电流为 1 A,列出回路方程为

$$(10+5)i_1+5\times1=45-10$$

解得

$$i_1=2 \text{ A},\quad i_2=1+i_1=3 \text{ A}$$

此题若用网孔法,则需要在电流源两端增设电压为变量,独立方程数增加,计算起来

就比较麻烦了。

例 3-6 图 3-8 所示电路,(1)列出网孔方程;(2)求电流源发出的功率。

解 设三个网孔电流为 i_1、i_2、i_3,电流源两端的电压 u',其参考方向如图 3-8 所示。

(1)列出网孔方程为

$$3i_1 - i_2 - 2i_3 + u' = 7$$
$$-i_1 + 6i_2 - 3i_3 = 0$$
$$-2i_1 - 3i_2 + 6i_3 - u' = 0$$
$$i_1 - i_3 = 7$$

由于 u' 是未知量,而电流源支路的电流等于电流源电流,故需增添 $i_1 - i_3 = 7$ 这一方程,使能解出四个未知量 i_1、i_2、i_3 和 u'。

联立求解得

$$i_1 = 9 \text{ A}, \ i_2 = 2.5 \text{ A}, \ i_3 = 2 \text{ A}, \ u' = -13.5 \text{ V}$$

(2)电流源发出的功率为

$$P = -7u' = 94.5 \text{ W}$$

此例也可将电流源支路仅放在一个回路中,可少设一个变量,少列一个方程。当电路较复杂或者电流源支路较多时,如何将每个电流源支路仅放在一个回路中,需要动一番脑筋。这时,我们借助图论的一些知识,根据其规律,可以方便地解决这一问题。

例 3-7 应用网孔电流法列出图 3-9 所示电路的网孔方程。

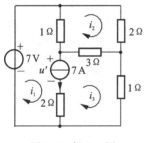

图 3-8 例 3-6 图

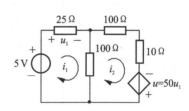

图 3-9 例 3-7 图

解 设网孔电流为 i_1、i_2,把受控源暂看作是独立源,受控源的控制量用网孔电流表示,即

$$u = 50u_1 = 50 \times 25i_1 = 1250i_1$$

电路的网孔方程为

$$125i_1 - 100i_2 = 5$$
$$-100i_1 + 210i_2 = 1250i_1$$

整理方程式,将变量归并到一起,受控电压源项被移至方程等式左边,得

$$125i_1 - 100i_2 = 5$$
$$-1350i_1 + 210i_2 = 0$$

请注意此时方程式中 $R_{12} = -100$,$R_{21} = -1350$,$R_{12} \neq R_{21}$。

3. 网络的线图和独立变量

用一线段来代替电路中的一个元件,这线段称为支路,线段的端点称为节点,这样得到的以线、点组成的几何结构图称为线图或拓扑图,简称为图。可见,一个图 G 是节点和支路的一个集合,每条支路与两个节点相联接。如图 3-10(a)所示。如果对图中的每一支路规定一个方向,就称为有向图,如图 3-10(b)所示,否则称为无向图,如图 3-10(a)所示。如果图的任意两节点之间至少存在着一条由支路构成的路径,则该图就称为连通图,如图 3-10(a)所示,否则就称为非连通图或分离图,如图 3-10(c)所示。如果图 G_1 中的节点和支路都是图 G 的节点和支路,则图 G_1 称为图 G 的子图。

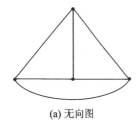 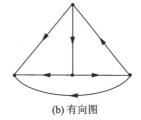 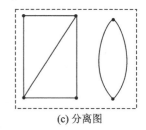

(a) 无向图   (b) 有向图   (c) 分离图

图 3-10 线图

树、树支、连支 一般连通图具有闭合回路,在网络中移去一些支路,某些回路便被破坏。如果移去足够的支路,使全部节点仍被剩下的支路连成一体,而无一回路存在,由这些支路所构成的线图,称为"树"。可见连通图 G 的一个树是 G 的一个连通子图,包含所有的节点,不包含任何回路。同一网络的线图,树的结构有很多种。例如图 3-11(a)那样一个简单的电桥电路的线图,树的结构就有 16 种,图 3-11(a)、(b)、(c)画出了其中的三种(树以实线表示)。

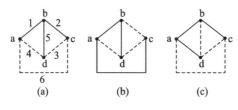

图 3-11 树

构成树的各支路叫树支。图中除树支以外的其他支路称为连支,连支的集合称为树余。根据树的定义可知,树支数等于节点数减 1,如设网络有 n 个节点,b 条支路,则树支数 t 为

$$t = n - 1 \tag{3-10}$$

这是因为:第一个树支联接两个节点;此后每增加一个节点,便增加一个树支;连接全部节点所需的树支数,必然比节点的总数少 1。例如图 3-11(a)电桥电路的线图有 a、b、c 及 d 四个节点,不管是哪一种树的结构,树支数都是 4-1=3。显然,连支数 l 为

$$l = b - t = b - (n - 1) = b - n + 1 \tag{3-11}$$

割集　割集是指连通图中符合下列条件的支路**集合（set）**，当将该集合除去时，使连通图成为两个分离的部分；但是只要少移去其中任何一条支路，图仍然是连通的。例如图 3-12 中由支路(3,4,1)构成的割集，图上用虚线并标以 Q_1 来表示这个割集，它将节点 a 与图中的其余部分分开。$(1,5,2)$，$(2,6,3)$ 以及 $(1,5,6,3)$ 分别构成割集 Q_2，Q_3 和 Q_4；但 $(1,5,6)$ 不是割集，因为去掉这些支路不能将连通图分为两个分离部分；$(2,5,1,3)$ 也不是割集，因为少移去支路 3，图仍分离为两部分。

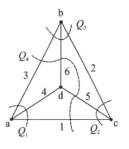

图 3-12　割集

为了确定一个割集，常采用作闭合面（高斯面）的方法。在一个连通图上画一闭合面，将图分成面内、面外两个连通部分，则闭合面切割的所有支路构成一个割集（注意每条支路只能切割一次）。由于 KCL 不仅适用于节点，也适用于网络中的任一闭合面，所以一个割集的所有支路电流的代数和为零。

独立电压变量　从图 3-11 可以看出，如选用树支电压为变量，则它们一定是一组独立的完备的电压变量。这是由于树支不构成线图中的回路，因此各个树支电压之间不存在 KVL 约束，任一树支电压都不可能由其他树支电压的组合得出。同时还可以看出，所有连支电压都可由树支电压的组合得出。由此可知，对于一个具体的网络，先选定它的树的结构，以其树支电压为变量，就可保证所选出的是完备的独立电压变量。如以一组电压为变量，其独立变量数等于网络线图的树支数。

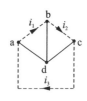

图 3-13　连支

独立电流变量　从网络线图连支的含义可知，对网络选定了树的结构，则全部连支电流为一组独立变量。由于每一节点至少有一条树支与之相联，故各个连支电流之间不存在 KCL 约束，即任一连支电流都不可能由其他连支电流的组合来表示。而所有树支电流都可由连支电流的组合得出，如图 3-13 所示（实线表示树支、虚线表示连支，其中所设 i_1，i_2，i_3 即为连支电流）。因此，如果先选定一网络的树结构，以连支电流为变量，则可保证所选的是完备的独立电流变量。如以一组电流为变量，其独立变量数等于网络线图的连支数。

4. 基本回路

对一个网络选定树后，如果每次只接上一条连支，就可以形成一个这样的闭合回路，该回路是由一条连支及其他有关的树支组成的，称为基本回路，基本回路亦称为单连支回路。设想连支电流在基本回路中连续流动，形成一个回路电流，称为基本回路电流。这样，电路有 $b - (n - 1)$ 条连支，就会有 $b - (n - 1)$ 个基本回路及基本回路电流。图 3-14 表示图 3-1 电路中三种可能的树及其对应的基本回路，箭头表示基本回路的参考方向，该方向与连支电流参考方向一致。对图 3-14(a)所选的树来说，基本回路恰好就是网孔。

对于一个具体的网络，回路可以有很多，因此，可以设想很多回路电流，但是对于一个确定树结构的网络，其基本回路随之而定。因为每一基本回路电流代表一个连支电

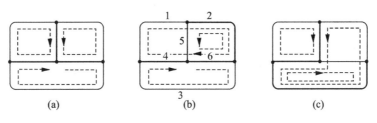

图 3-14　基本回路

流,而连支电流是一组完备的独立变量,所以由各个基本回路电流组成的一组电流变量必定是一组完备的独立变量。

对于含有电流源的电路可以这样选择基本回路。首先选择一个树,其树不含有电流源支路,只含有电压源和部分电阻支路,则电流源支路必为连支,由树支和连支构成的基本回路中,有些回路的电流为已知的电流源电流,则可不列该回路方程,只列其他的基本回路方程,此种方法称为"巧选回路法"。

例 3-8　利用巧选回路法列写例 3-6 中电路方程。

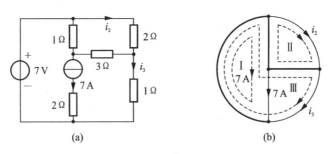

图 3-15　例 3-8 图

解　例 3-6 电路如图 3-15(a)所示,其所选的树和基本回路如图 3-15(b)所示,三个回路中,回路 Ⅰ 的基本电流为电流源的电流 7 A,回路 Ⅱ 的电流为 i_2,回路 Ⅲ 的电流为 i_3,只需对回路 Ⅱ、Ⅲ 列出回路方程,其方程

回路 Ⅱ　　　$(1+2+3)i_2-1\times7-(1+3)i_3=0$

回路 Ⅲ　　　$(1+3+1)i_3+1\times7-(1+3)i_2=7$

经整理有

$$6i_2-4i_3=7$$
$$-4i_2+5i_3=0$$

联立求解得

$$i_2=2.5\ \text{A},\ i_3=2\ \text{A}$$

结果与例 3-6 一样,而计算过程就显得简单。

此例可看出,巧选回路法虽然在选择回路上麻烦些,但所需列写方程数少了,计算量就小,在含电流源的多条公共支路的复杂电路中,巧选回路法更显得优越。当然,若电路中没有电流源或者电流分布在外围网孔中,优先选择网孔法就较为方便。

例 3-9 图 3-16(a)是用晶体管作低频小信号放大的电路模型。已知电路参数为：$R_b = 1 \text{ k}\Omega, R_c = 50 \text{ k}\Omega, R_f = 200 \text{ k}\Omega, R_L = 10 \text{ k}\Omega, \mu = 2 \times 10^{-4}, \alpha = 50$。设输入信号电压 $u_i = 10 \text{ mV}$，求输出电压 u_o。

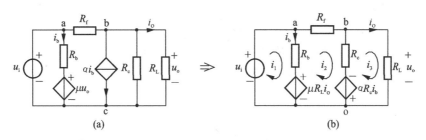

图 3-16 例 3-9 图

解 本题含受控源电路，仍暂将其看作独立源。

电路中有两个受控源，μu_o 是 VCVS，可将其等效为 CCVS，即

$$\mu u_o = \mu R_L i_o$$

αi_b 是 CCCS，可将它与伴随电阻 R_c 等效为 $\alpha R_c i_b$ 与电阻 R_c 串联，成为 CCVS，如图 3-16(b)所示，设网孔电流为 i_1、i_2、i_3，列网孔电流方程，并注意到 $i_b = i_1 - i_2$，$i_o = i_3$。该电路的网孔方程为

网孔 I $R_b i_1 - R_b i_2 = u_i - \mu R_L i_3$

网孔 II $-R_b i_1 + (R_b + R_f + R_c)i_2 - R_c i_3 = \mu R_L i_3 + \alpha R_c(i_1 - i_2)$

网孔 III $-R_c i_2 + (R_c + R_L)i_3 = -\alpha R_c(i_1 - i_2)$

将元件数值代入并整理，得

$$i_1 - i_2 + 2 \times 10^{-3} i_3 = 10 \times 10^{-3}$$
$$-2501 i_1 + 2751 i_2 - 50.002 i_3 = 0$$
$$2500 i_1 - 2550 i_2 + 60 i_3 = 0$$

解得 $i_3 = -0.4347 \text{ mA}$

所以 $u_o = R_L i_3 = -4.347 \text{ V}$

例 3-10 电路如图 3-17(a)所示，试选一树使之只需要一个回路方程即能求出 i_1 的值。

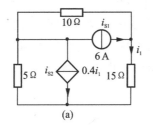 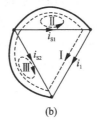

(a)   (b)

图 3-17 例 3-10 图

解 此例中有两个电流源分布在公共支路上,故采用"巧选回路法"分析。所选的树和基本回路如图 3-17(b)所示,其中回路Ⅰ的电流为 i_1,回路Ⅱ的电流为 i_{S1}(6 A),回路Ⅲ的电流为 i_{S2}(0.4i_1),因此只有 i_1 为未知量,故只需列出一个回路方程即可求得 i_1。列出第一个回路方程

$$R_{11}i_1 + R_{12}i_{S1} + R_{13}i_{S2} = 0 \qquad ①$$

其中 $R_{11} = 10 + 15 + 5 = 30\ \Omega$, $R_{12} = -10\ \Omega$, $R_{13} = 5\ \Omega$

又知 $i_{S1} = 6$ A,$i_{S2} = 0.4\ i_1$,代入式①得

$$30i_1 - 10 \times 6 + 5 \times 0.4i_1 = 0$$

所以

$$i_1 = \frac{60}{32} = 1.875\ \text{A}$$

3.3 节点电压法

选用支路电压作为求解电路的变量,虽然可以借助相应的线图结构保证所设置的变量是一组完备的独立电压变量,但对于一个结构比较复杂的电路,有时树的结构就相当复杂,建立电路方程也并非易事。一般常采用节点电压作为变量来建立方程,这一分析电路的方法称为节点电压分析法,简称节点法。

1. 节点电压

如果指定电路中的某一个节点作为参考点,令它的电位为零电位,则其余各节点与这一参考点的电位差就称为各节点的节点电位,通常也称为节点电压。知道了电路的各个节点电压,各个支路电压便可由该支路两端节点电压的差值得出

$$u_{ij} = u_i - u_j$$

其中 u_{ij} 为支路 ij 的支路电压,它联接在节点 i 与节点 j 之间,u_i 为节点 i 的节点电压,u_j 为节点 j 的节点电压,由此可见,节点电压是完备的。

一个有 n 个节点的电路,除指定的参考点外,有 $n-1$ 个节点电压,即电压变量数有 $n-1$ 个,它等于电路的树支数,也就是独立电压变量数。对于选定的树结构,各个节点经过有关树支到达参考点的路径是唯一的,节点电压就是这一路径中各个树支电压的代数和,例如,图 3-18 所示线图,其电路的节点电压与树支电压的关系为 $u_a = u_{ab} + u_{bd}$,$u_c = u_{cb} + u_{bd}$。而树支电压是一组独立变量。

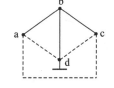

图 3-18 节点电压

因此,任一节点电压不可能由其他节点电压组合得出。可见,节点电压是一组完备的独立电压变量。

2. 节点方程

以节点电压为变量,所有支路的电流都可以表示为节点电压的函数。根据 KCL,对

每一个节点可以写出一个方程式。将这些方程式联立解出各个节点电压后，便可得出各个支路电压及支路电流。

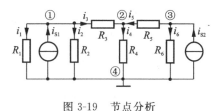

图 3-19 节点分析

如图 3-19 所示的电路，有四个节点。以节点④为参考点，即令 $u_4 = 0$，分别设其他三个节点电压为 u_1、u_2、u_3。

在节点①、②、③运用 KCL 得

$$\left.\begin{array}{c} i_1 + i_2 + i_3 = i_{S1} \\ -i_3 + i_4 - i_5 = 0 \\ i_5 + i_6 = i_{S2} \end{array}\right\} \tag{3-12}$$

由欧姆定律及支路电压与节点电压之间的关系，可得

$$\left.\begin{array}{c} G_1 u_1 = i_1 \\ G_2 u_1 = i_2 \\ G_3 (u_1 - u_2) = i_3 \\ G_4 u_2 = i_4 \\ G_5 (u_3 - u_2) = i_5 \\ G_6 u_3 = i_6 \end{array}\right\} \tag{3-13}$$

将式(3-13)代入式(3-12)得

$$G_1 u_1 + G_2 u_1 + G_3 (u_1 - u_2) = i_{S1}$$
$$-G_3 (u_1 - u_2) + G_4 u_2 - G_5 (u_3 - u_2) = 0$$
$$G_5 (u_3 - u_2) + G_6 u_3 = i_{S2}$$

对上式进行整理，可得

$$\left.\begin{array}{c} (G_1 + G_2 + G_3) u_1 - G_3 u_2 + 0 = i_{S1} \\ -G_3 u_1 + (G_3 + G_4 + G_5) u_2 - G_5 u_3 = 0 \\ 0 - G_5 u_2 + (G_5 + G_6) u_3 = i_{S2} \end{array}\right\} \tag{3-14}$$

对照图 3-19，观察式(3-14)可以得出：等号左边为各节点电压作用在和该节点所联接的所有电导支路上的电流，减去相邻由电导支路直接联接的节点电压作用在本节点上的电流；等号右边为流入该节点的电流源电流之代数和。为此把式(3-14)概括为如下的形式：

$$\left.\begin{array}{c} G_{11} u_1 + G_{12} u_2 + G_{13} u_3 = i_{S11} \\ G_{21} u_1 + G_{22} u_2 + G_{23} u_3 = i_{S22} \\ G_{31} u_1 + G_{32} u_2 + G_{33} u_3 = i_{S33} \end{array}\right\} \tag{3-15}$$

式中 G_{11}、G_{22}、G_{33} 分别称为节点①、节点②、节点③的**自电导**（**self conductance**），它们分别是各节点上所有电导的总和。如上例中，$G_{11} = G_1 + G_2 + G_3$，$G_{22} = G_3 + G_4 + G_5$，$G_{33} = G_5 + G_6$。

G_{12} 称为节点①和节点②的**互电导**（**mutual conductance**），它是该两节点间的公有电导的负值。G_{13}、G_{21}、G_{23}、G_{31}、G_{32} 分别为其下标数字所示节点间的互电导，分别为有关两

节点间公有电导的负值。如果两节点间无电导支路直接连接,则互导为零。例如:$G_{23} = -G_5$,$G_{13} = 0$。另外,$G_{12} = G_{21}$,$G_{23} = G_{32}$,$G_{13} = G_{31}$。

i_{S11}、i_{S22}、i_{S33} 分别为流入节点①、②、③的电流源电流的代数和,例如 $i_{S11} = i_{S1}$,$i_{S33} = i_{S2}$。

推广至对具有$(n-1)$个独立节点的电路,节点方程的形式为

$$\left.\begin{array}{l} G_{11}u_1 + G_{12}u_2 + \cdots + G_{1(n-1)}u_{n-1} = i_{S11} \\ G_{21}u_1 + G_{22}u_2 + \cdots + G_{2(n-1)}u_{n-1} = i_{S22} \\ \cdots \\ G_{(n-1)1}u_1 + G_{(n-1)2}u_2 + \cdots + G_{(n-1)(n-1)}u_{n-1} = i_{S(n-1)(n-1)} \end{array}\right\} \quad (3\text{-}16)$$

对于线性电路,方程组中 G 参数为常数。在电路不存在受控源的情况下,在列出的方程组中,必有 $G_{ki} = G_{ik}$,即节点电压方程组的系数行列式,具有以自电导为主对角线的对称的形式。

一般来说,如果电路的独立节点数少于网孔数,节点分析法与网孔分析法相比联立方程就少些,较易求解。

节点分析法对平面和非平面电路都适用。网孔分析法只适用于平面电路,节点分析法则无此限制,因此,节点法更具有普遍意义。目前,在计算机辅助网络分析中节点分析法被广泛应用。

例 3-11 列出图 3-20 所示电路的节点方程。

解 本题说明用节点分析法的解题步骤。

该电路共有 5 个节点,选其中的节点⑤为参考点,标以接地符号,设其余四个节点电压分别为 u_1、u_2、u_3、u_4,计算各自电导与互电导,列出节点电压方程。例如:直接汇集于节点①的电导总和为 $G_{11} = 0.1 + 1 + 0.1 = 1.2$ S,互电导 $G_{12} = G_{21} = -1$

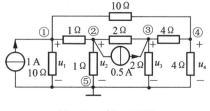

图 3-20 例 3-11 图

S,$G_{13} = G_{31} = 0$,$G_{14} = G_{41} = -0.1$ S,又电流源电流是流入节点①的,故 $i_{S11} = 1$ A,对节点①可得

$$1.2u_1 - u_2 - 0.1u_4 = 1$$

同理,对节点②、③、④可得

$$-u_1 + 2.5u_2 - 0.5u_3 = -0.5$$
$$-0.5u_2 + 1.25u_3 - 0.25u_4 = 0.5$$
$$-0.1u_1 - 0.25u_3 + 0.6u_4 = 0$$

解出节点电压数值后,再根据类似式(3-13)所表示的支路伏安关系可算出各支路电流。

节点分析法的方法步骤可归纳如下:

(1) 选定参考节点,并标出其余$(n-1)$个节点的序号;

(2) 利用自电导、互电导及流入节点电流源电流等概念直接列写$(n-1)$个节点电压方程;

（3）解得节点电压后，再求出其他待求量。

当电路只有两个节点，而支路数却很多（如图 3-21 所示）时，令一个节点 b 为参考节点，则只需列出一个节点方程

$$(G_1 + G_2 + \cdots + G_n)u_a = G_1 u_{S1} + G_2 u_{S2} + \cdots + G_n u_{Sn}$$

即可求出节点电压（即支路电压）为

$$u_a = \frac{\sum G_k u_{Sk}}{\sum G_k} \tag{3-17}$$

式(3-17)称为弥尔曼定理。

例 3-12 对图 3-22 所示的电路，写出它的节点电压方程。

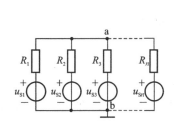

图 3-21 弥尔曼定理示意图

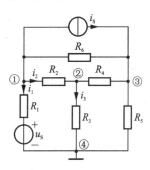

图 3-22 例 3-12 图

解 本题说明电路中含有电压源与电阻串联的支路时的处理方法。

以节点④为参考点，对节点①，有

$$\left(\frac{1}{R_1} + \frac{1}{R_2} + \frac{1}{R_6}\right)u_1 - \frac{1}{R_2}u_2 - \frac{1}{R_6}u_3 = -i_S + \frac{u_S}{R_1}$$

对节点②、③同样可列出方程（略）。

列节点方程时，如遇到电压源、电阻串联支路，如本题 u_S 与 R_1 串联，可以把电压源、电阻串联组合变换为等效的电流源、电阻并联组合。但在求解各支路电流时，应回到原电路图计算，如 $i_1 = (u_1 - u_S)/R_1$，而有电流源和电阻串联时，则该电阻不能作为自电导和互电导，请读者自行理解其原因。

例 3-13 列出图 3-23(a) 电路的节点方程。

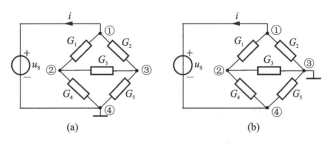

(a)   (b)

图 3-23 例 3-13 图

解 本题说明电路中含有理想电压源支路时如何运用节点分析法的问题,在这种情况下,如有可能应选电压源的一端作为参考节点,则电压源另一端的节点电压就属已知,其值即是电压源的电压值。在本例的电路中,如选电压源负端为参考节点,则 $u_1 = u_S$。该电路实际上就只有两个未知的节点电压 u_2 和 u_3。对节点②和③列出节点电压方程

$$-G_1 u_1 + (G_1 + G_3 + G_4)u_2 - G_3 u_3 = 0$$
$$-G_2 u_1 - G_3 u_2 + (G_2 + G_3 + G_5)u_3 = 0$$

把 $u_1 = u_S$ 代入上面两个方程中,解联立方程即可求出 u_2 和 u_3。

如果想列出节点①的节点电压方程,必须在电压源支路中假设一个电流 i,把电压源当作电流源处理,对节点①的方程为

$$(G_1 + G_2)u_1 - G_1 u_2 - G_2 u_3 = -i$$

如果改设节点③为参考节点[见图 3-23(b)],则电压源跨接于节点①、④之间,也必须在电压源支路中设出电流 i,对三个节点都应列方程

$$(G_1 + G_2)u_1 - G_1 u_2 = -i$$
$$-G_1 u_1 + (G_1 + G_3 + G_4)u_2 - G_4 u_4 = 0$$
$$-G_4 u_2 + (G_4 + G_5)u_4 = i$$

为解出四个未知量 u_1、u_2、u_4 和 i,必须增加一个补充方程,即 $u_1 - u_4 = u_S$。

例 3-14 列出图 3-24 电路的节点方程。

解 本题说明电路中有受控源时列写节点电压方程的方法。

对含受控源的电路列写节点电压方程时,可先把受控源当作独立源看待,把控制量用节点电压表示。

本例取节点③为参考节点,先将受控源控制量用节点电压表示,即

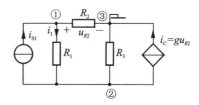

图 3-24 例 3-14 图

$$i_c = gu_{R2} = gu_1$$

对节点① $\left(\dfrac{1}{R_1} + \dfrac{1}{R_2}\right)u_1 - \dfrac{1}{R_1}u_2 = i_{S1}$

对节点② $-\dfrac{1}{R_1}u_1 + \left(\dfrac{1}{R_1} + \dfrac{1}{R_3}\right)u_2 = -i_{S1} - gu_1$

整理上述方程可得

$$(G_1 + G_2)u_1 - G_1 u_2 = i_{S1}$$
$$(-G_1 + g)u_1 + (G_1 + G_3)u_2 = -i_{S1}$$

方程中 $G_{12} = -G_1$,而 $G_{21} = -G_1 + g$,$G_{12} \neq G_{21}$。可见当电路中存在受控源时,节点电压方程的系数行列式对主对角线一般不再对称。

3.4 具有运算放大器的电阻电路

在分析具有运放的电路时,当运放处于正常放大工作区时,也可将运放看作理想运放,应用其虚断、虚短特性进行分析,两者计算结果相差甚微,所以通常采用后者进行分

析计算。下面举例阐述。

图 3-25(a)是倒向比例器电路,参照运算放大器的模型,将其看成受控源可得图 3-25(b)的等效电路。因同相输入端接地,设反相输入端的电压为 u_1,则受控电压源的电压为 $-Au_1$。

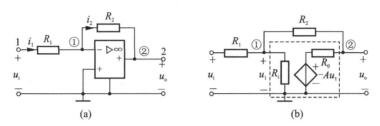

图 3-25 倒向比例器

用节点法对节点①、②列出方程

$$\left(\frac{1}{R_1} + \frac{1}{R_2} + \frac{1}{R_i}\right)u_1 - \frac{1}{R_2}u_2 = \frac{u_i}{R_1}$$

$$-\frac{1}{R_2}u_1 + \left(\frac{1}{R_2} + \frac{1}{R_0}\right)u_2 = -\frac{Au_1}{R_0}$$

又因为
$$u_2 = u_o$$

上述节点方程可改写为

$$\left(\frac{1}{R_1} + \frac{1}{R_2} + \frac{1}{R_i}\right)u_1 - \frac{1}{R_2}u_o = \frac{u_i}{R_1}$$

$$\left(-\frac{1}{R_2} + \frac{A}{R_0}\right)u_1 + \left(\frac{1}{R_2} + \frac{1}{R_0}\right)u_o = 0$$

联立求解,可得

$$u_o = \frac{-\left(\dfrac{A}{R_0} - \dfrac{1}{R_2}\right)\dfrac{u_i}{R_1}}{\left(\dfrac{1}{R_1} + \dfrac{1}{R_2} + \dfrac{1}{R_i}\right)\left(\dfrac{1}{R_2} + \dfrac{1}{R_0}\right) + \dfrac{1}{R_2}\left(\dfrac{A}{R_0} - \dfrac{1}{R_2}\right)}$$

则有

$$\frac{u_o}{u_i} = -\frac{R_2}{R_1} \frac{1}{1 + \dfrac{\left(1 + \dfrac{R_0}{R_2}\right)\left(1 + \dfrac{R_2}{R_1} + \dfrac{R_2}{R_i}\right)}{A - \dfrac{R_0}{R_2}}} \tag{3-18}$$

若 A 很大,如某型号的运放参数为 $A = 50000$,$R_i = 1 \text{ M}\Omega$,$R_0 = 100 \text{ }\Omega$,$R_2 = 100 \text{ k}\Omega$,$R_1 = 10 \text{ k}\Omega$。则

$$\frac{u_o}{u_i} = -0.9998\frac{R_2}{R_1} \approx -\frac{R_2}{R_1} \tag{3-19}$$

式(3-19)说明,图 3-25(a)所示电路的输出电压与输入电压之比按 R_2/R_1 来确定,而不受运放性能的影响。式中"$-$"号说明 u_o 与 u_i 的实际极性相反。所以该电路称为倒向比

例器。

如果把图 3-25(a)电路中运放当作理想运放,则根据"虚断"与"虚短"的特性来分析。由虚断特性(因为"虚断",无电流流入或流出运放的两个输入端)。

$$i_1 = i_2$$

即

$$\frac{u_i - u_1}{R_1} = \frac{u_1 - u_o}{R_2}$$

而由虚短特性(此电路表现为"虚地")知

$$u_1 = 0$$

所以有

$$\frac{u_o}{u_i} = -\frac{R_2}{R_1}$$

此结果与式(3-19)一致。可见应用理想运放进行分析要简捷得多。

例 3-15 图 3-26 所示电路称为非倒向放大器。试求 u_o/u_i。

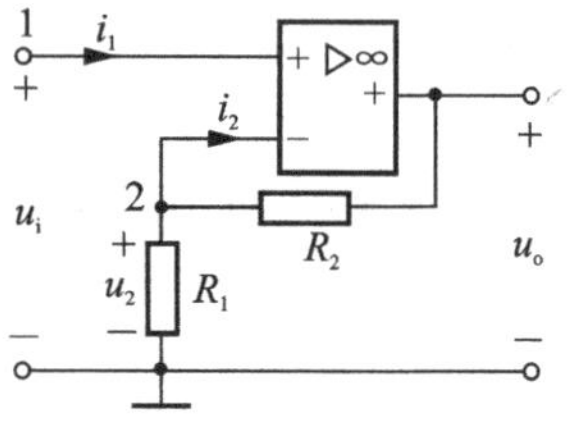

解 由"虚断"有

$$i_1 = i_2 = 0$$

所以

$$u_2 = \frac{R_1}{R_1 + R_2} u_o$$

而由"虚短"有

$$u_i = u_2$$

所以

$$u_i = \frac{R_1}{R_1 + R_2} u_o$$

则

$$\frac{u_o}{u_i} = 1 + \frac{R_2}{R_1}$$

图 3-26 例 3-15 图

选择不同的 R_1 与 R_2,可以获得不同的 u_o/u_i 值。若把图 3-26 中的电阻 R_1 改为开路,即 $R_1 = \infty$,把电阻 R_2 改为短路,即 $R_2 = 0$,则得到图 3-27 所示电路。不难看出 $u_o = u_i$,即此电路的输出电压完全重复输入电压,故称电压跟随器,同时有 $i_1 = 0$,即输入电阻 R_i 为无限大,所以它可以在电源与负载间起"隔离作用"。例如,图 3-28(a)所示电阻分压器电路,在未接负载电阻 R_L 时,$u_2 = \frac{R_2}{R_1 + R_2} u_1$,若接上负载电阻 R_L,必将影响 u_2 的大小。如通过电压跟随器把 R_L 接入,如图 3-28(b)所示,则 u_2 仍等于 $\frac{R_2}{R_1 + R_2} u_1$,所以负载的影响被"隔离"了。

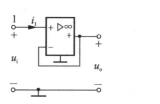

图 3-27 电压跟随器

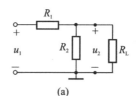

(a)

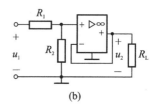

(b)

图 3-28 电压跟随器应用

例 3-16　图 3-29 所示为加法器电路,试求输出电压 u_o。

解　节点①的电压用 u_{n1} 表示,由虚断特性得

$$i_1 + i_2 + i_3 = i$$

即

$$\frac{u_1 - u_{n1}}{R_1} + \frac{u_2 - u_{n1}}{R_2} + \frac{u_3 - u_{n1}}{R_3} = \frac{u_{n1} - u_o}{R_f}$$

由虚短(虚地)特性得 $u_{n1} = 0$,故

$$\frac{u_1}{R_1} + \frac{u_2}{R_2} + \frac{u_3}{R_3} = -\frac{u_o}{R_f}$$

所以

$$u_o = -R_f\left(\frac{u_1}{R_1} + \frac{u_2}{R_2} + \frac{u_3}{R_3}\right)$$

如令 $R_1 = R_2 = R_3 = R_f$,则有

$$u_o = -(u_1 + u_2 + u_3)$$

式中负号说明输出电压与输入电压的实际方向相反,当含运放电路较复杂时,用节点法分析更方便些。此时,运放输入端考虑"虚断"列方程,而输出端不列方程,由"虚短"弥补。

例 3-17　求图 3-30 所示电路的输出电压与输入电压之比 u_o/u_i。

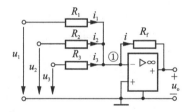

图 3-29　例 3-16 图

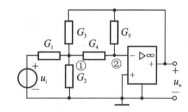

图 3-30　例 3-17 图

解　用节点法列写节点电压方程,并注意到"虚断"特性。

$$
\left.
\begin{aligned}
\text{节点 ①} \quad & (G_1 + G_2 + G_3 + G_4)u_1 \\
& - G_4 u_2 - G_3 u_o = G_1 u_i \\
\text{节点 ②} \quad & - G_4 u_1 + (G_4 + G_5)u_2 \\
& - G_5 u_o = 0
\end{aligned}
\right\}
\tag{3-20}
$$

由虚地得, $u_2 = 0$,方程(3-20)变为

$$
\left.
\begin{aligned}
& (G_1 + G_2 + G_3 + G_4)u_1 - G_3 u_o = G_1 u_i \\
& - G_4 u_1 - G_5 u_o = 0
\end{aligned}
\right\}
\tag{3-21}
$$

根据虚断、虚短特性,也可直接写出式(3-21),由式(3-21)可得

$$\frac{u_o}{u_i} = \frac{-G_1 G_4}{(G_1 + G_2 + G_3 + G_4)G_5 + G_3 G_4}$$

例 3-18　求图 3-31 所示电路的电压比 u_o/u_i。

解　先用节点法对节点①、②列节点方程

$$\left(\frac{1}{R_1}+\frac{1}{R_2}+\frac{1}{R_3}\right)u_1 - \frac{1}{R_2}u_3 - \frac{1}{R_3}u_o - \frac{1}{R_1}u_i = 0$$

$$\left(\frac{1}{R_4}+\frac{1}{R_5}\right)u_2 - \frac{1}{R_5}u_o = 0$$

由虚短特性，$u_3 = u_2$，$u_1 = 0$，则方程为

$$-\frac{1}{R_2}u_2 - \frac{1}{R_3}u_o = \frac{1}{R_1}u_i$$

$$\left(\frac{1}{R_4}+\frac{1}{R_5}\right)u_2 - \frac{1}{R_5}u_o = 0$$

消去 u_2，经整理得

$$\frac{u_o}{u_i} = -\frac{R_2 R_3 (R_4 + R_5)}{R_1 (R_3 R_4 + R_2 R_4 + R_2 R_5)}$$

目前，运算放大器电路在工程上应用极其广泛，可以构成各种各样的应用电路，下面再举两个例子。

例 3-19　电路如图 3-32 所示，虚线框内是一负阻变换器，若在 2-2′端口接入负载电阻 R_L，则 1-1′端口的等效电阻为 $R_i = -R_L$。

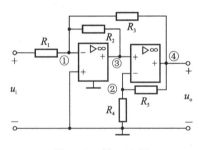

图 3-31　例 3-18 图

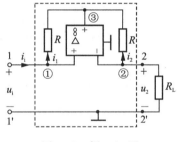

图 3-32　例 3-19 图

证明　由虚断规则，有

$$i_i = i_1, \quad i_L = i_2$$

又

$$i_1 = \frac{u_1 - u_3}{R}$$

$$i_2 = \frac{u_2 - u_3}{R}$$

由虚短规则，有

$$u_1 = u_2 \quad 即 \quad u_i = u_2$$

所以

$$i_1 R = i_2 R \quad 即 \quad i_i = i_L$$

这样

$$R_i = \frac{u_i}{i_i} = \frac{u_2}{i_L} = -R_L \qquad ①$$

R_L 前的"−"号是因 u_2 与 i_L 为非关联方向所致。

上式①说明,当电压 u_i 的实际极性上"+"下"−"时,电流 i_i 的实际方向是流向端子 1。此时电流从低电位流向高电位,即负电阻不仅不吸收功率,而且向外发出功率。这就是负阻现象。

例 3-20　在很多场合下被检测的电路不允许将元件拆下来检查。有些则因为制造时就固化了,无法拆下。如图 3-33 所示的电路,若要检查 R_k 是否损坏,又不能将其拆下,可用运放组成如图 3-33 所示下半部所示的电路。

如图 3-33 所示,R_k 接在节点 j、k 之间,将接在节点 j 的所有其他元件的另一端(本例中为节点 a、b、c)用测棒将它们接地。再用测棒将运放

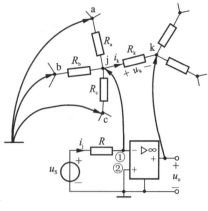

图 3-33　例 3-20 图

的反相输入端与节点 j 相接,运放输出端与节点 k 相接。因为运放的同相输入端是接地的,$u_2 = 0$,由"虚地"特性,$u_1 = u_j = 0$,而节点 a、b、c 均接地,故节点 a、b、c、j 等电位,R_a、R_b、R_c 中无电流,又根据"虚断"特性,有

$$i_j = i_k$$

而　　　　　　$$i_j = \frac{u_S}{R}, \quad i_k = \frac{u_k}{R_k} \quad 即 \quad \frac{u_S}{R} = \frac{u_k}{R_k}$$

故　　　　　　$$R_k = \frac{R}{u_S} u_k$$

式中,u_S、R 可预先选定,u_k 可用电压表直接测出,这样就可算出 R_k 的值。从图中可以看出,$u_o = -u_k$,所以测出 u_o 也可以,而且测量 u_o 可避免电压表内阻造成的测量误差。

3.5　叠加定理

通过电路系统法分析,可以得出电路的一些一般规律,这些规律反映线性电路的固有性质,可以作为电路定理来使用。叠加定理和第 2 章介绍过的戴维南定理和诺顿定理是电路分析的重要定理之一。

叠加定理指出:在线性电路中,任一支路电流(或任意两点间的电压)都是电路中各个独立电源单独作用时在该支路中产生的电流(或在该两点间产生的电压)之代数和。现就图 3-34 所示的线性电路予以说明。

在图 3-34 所示电路中,三个独立回路电流已在图中示出。因为 i_{S3} 仅属一个回路,所以 $i_{l3} = i_{S3}$,可少列一个回路方程;但 i_{S4} 属于两个回路,设其端电压为 u,因此还需要三个方程:

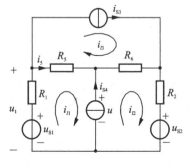

图 3-34　三独立回路电路

$$
\begin{cases}
(R_1 + R_5)i_{l1} + u - R_5 i_{l3} = u_{S1} \\
(R_2 + R_6)i_{l2} - u - R_6 i_{l3} = -u_{S2} \\
-i_{l1} + i_{l2} = i_{S4}
\end{cases}
$$

即

$$
\begin{cases}
(R_1 + R_5)i_{l1} + u = u_{S1} + R_5 i_{S3} \\
(R_2 + R_6)i_{l2} - u = -u_{S2} + R_6 i_{S3} \\
-i_{l1} + i_{l2} = i_{S4}
\end{cases}
$$

用行列式求解，得

$$
\left.
\begin{aligned}
i_{l1} &= \frac{1}{\Delta}u_{S1} - \frac{1}{\Delta}u_{S2} + \frac{R_5 + R_6}{\Delta}i_{S3} - \frac{R_2 + R_6}{\Delta}i_{S4} \\
i_{l2} &= \frac{1}{\Delta}u_{S1} - \frac{1}{\Delta}u_{S2} + \frac{R_5 + R_6}{\Delta}i_{S3} + \frac{R_1 + R_5}{\Delta}i_{S4} \\
u &= \frac{R_2 + R_6}{\Delta}u_{S1} + \frac{R_1 + R_5}{\Delta}u_{S2} + \frac{R_2 R_5 - R_1 R_6}{\Delta}i_{S3} + \frac{(R_1 + R_5)(R_2 + R_6)}{\Delta}i_{S4}
\end{aligned}
\right\}
$$

$$(3\text{-}22)$$

式中 $\Delta = R_1 + R_2 + R_5 + R_6$。

上式中 u_{S1}、u_{S2}、i_{S3}、i_{S4} 前的系数均为常数，所以回路电流 i_{l1}、i_{l2} 及电流源的端电压 u 都是这些电压源电压和电流源电流的线性函数。而支路电流是回路电流的线性组合，支路电压（或任意两点间的电压）与支路电流间又为线性关系，所以支路电流和支路电压均为各个电压源和电流源的线性函数。若以本例中的 i_5 与 u_1 为例

$$
i_5 = i_{l1} - i_{l3}
$$
$$
u_1 = u_{S1} - R_1 i_{l1}
$$

将式(3-22)的关系代入，则有

$$
\begin{aligned}
i_5 &= \frac{1}{\Delta}u_{S1} - \frac{1}{\Delta}u_{S2} - \frac{R_1 + R_2}{\Delta}i_{S3} - \frac{R_2 + R_6}{\Delta}i_{S4} \\
&= i_5^{(1)} + i_5^{(2)} + i_5^{(3)} + i_5^{(4)} \\
u_1 &= \frac{\Delta - R_1}{\Delta}u_{S1} + \frac{R_1}{\Delta}u_{S2} - \frac{R_1(R_5 + R_6)}{\Delta}i_{S3} + \frac{R_1(R_2 + R_6)}{\Delta}i_{S4} \\
&= u_1^{(1)} + u_1^{(2)} + u_1^{(3)} + u_1^{(4)}
\end{aligned}
$$

$$(3\text{-}23)$$

式(3-23)说明，i_5 由四部分组成。当 u_{S1} 单独作用时，$u_{S2} = 0$，$i_{S3} = i_{S4} = 0$，则 R_5 中的电流 $i_5^{(1)} = \frac{1}{\Delta}u_{S1}$，而 $i_5^{(2)} = -\frac{1}{\Delta}u_{S2}$，$i_5^{(3)} = -\frac{R_1 + R_2}{\Delta}i_{S3}$，$i_5^{(4)} = -\frac{R_2 + R_6}{\Delta}i_{S4}$ 分别为 u_{S2}、i_{S3}、i_{S4} 单独作用时在 R_5 中产生的电流。可见，这四个电源共同作用时 R_5 中的电流等于这些电源单独作用时在该电阻中所产生的电流的总和。对 u_1 亦是如此。上述各电源单独作用的情况如图 3-35 所示，对其中各图进行计算可得到上述相同的结果。由此说明线性电路的叠加定理成立。

当电路中有(线性)受控源时，这些受控源的作用反映在回路电流方程的自电阻或互电阻中，因此任一支路电流(或电压)仍可按独立电源单独作用时所产生的电流(或电压)叠加计算。而受控源则始终保留在电路中。

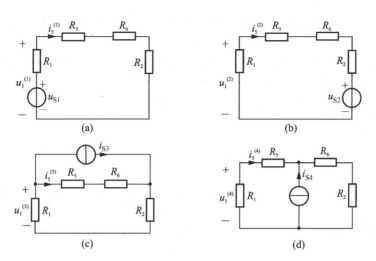

图 3-35　图 3-34 电路电源单独作用分图

例 3-21　电路如图 3-36(a)所示,试用叠加定理求电压 u_x。

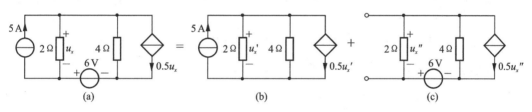

图 3-36　例 3-21 图

解　按叠加定理作出图 3-36(b)和(c),图中受控源仍保留,控制关系、控制系数均不变。

在图 3-36(b)中
$$\frac{u_x'}{2}+\frac{u_x'}{4}+\frac{1}{2}u_x'=5$$

$$u_x'=4\ \text{V}$$

在图 3-36(c)中
$$\frac{u_x''}{2}+\frac{u_x''+6}{4}+0.5u_x''=0$$

$$\frac{5u_x''}{4}=-\frac{6}{4}$$

$$u_x''=-6/5=-1.2\ \text{V}$$

所以
$$u_x=u_x'+u_x''=4-1.2=2.8\ \text{V}$$

　　叠加定理在线性电路分析中起着重要的作用,它是分析线性电路的基础。线性电路的许多定理可应用叠加定理导出。

　　使用叠加定理时,应注意下列几点:

　　(1)叠加定理不适用于非线性电路。

　　(2)应用叠加定理时,若电压源不作用,即其电压置零,因而用短路替代;电流源不作用时,则用开路替代。电路联接以及所有电阻和受控源都不应变动。

　　(3)叠加时要注意电流和电压的参考方向。

(4)由于功率不是电流或电压的一次函数,所以不能用叠加定理来计算。如上例中,欲求 4 Ω 电阻的功率,只能用叠加后的电流来求,而不能分开求出了功率再叠加。

应用叠加定理时,也可以把电路中的所有电源根据计算方便原则分成几组,求各组分别作用时的电压和电流,再进行叠加。

例 3-22 在图 3-36(a)所示电路中,4 Ω 电阻支路中接入一个 3 V 的电压源,如图 3-37(a)所示,重求 u_x。

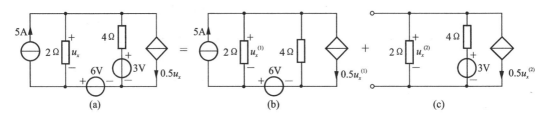

图 3-37 例 3-22 图

解 应用叠加定理,把 6 V 电压源和 5 A 电流源分为一组,3 V 电压源为另一组,如图 3-37(b)、(c)所示。

在图 3-37(b)中,利用上例结果得 $\qquad u_x^{(1)} = 2.8$ V

在图 3-37(c)中 $\qquad \dfrac{u_x^{(2)}}{2} + \dfrac{u_x^{(2)} - 3}{4} + 0.5 u_x^{(2)} = 0$

$$\frac{5 u_x^{(2)}}{4} = \frac{3}{4}$$

$$u_x^{(2)} = \frac{3}{5} = 0.6 \text{ V}$$

所以 $\qquad u_x = u_x^{(1)} + u_x^{(2)} = 2.8 + 0.6 = 3.4$ V

由于支路电流和电压均为电路中各电压源电压和电流源电流的一次函数,所以当各电压源或电流源单独作用时在某支路产生的电流(或电压)与电压源电压或电流源电流成正比。如果线性电路中的激励(全部电压源或电流源)增大(或缩小)K 倍(K 为实常数),响应(电流或电压)也将同样增大(或缩小)K 倍。这就是齐性原理。

如例 3-22 中,3 V 电压源增至 9 V,则 $u_x = ?$ 利用上例结果和齐性原理。

$$u_x^{(1)} = 2.8 \text{ V}$$

$$u_x^{(2)} = 0.6 \times \frac{9}{3} = 1.8 \text{ V}$$

所以 $\qquad u_x = u_x^{(1)} + u_x^{(2)} = 2.8 + 1.8 = 4.6$ V

用齐性原理分析单电源激励的多级电阻网络特别方便。

例 3-23 用齐性原理求图 3-38 电路中 10 Ω 电阻上的电压 u。

解 先设 $u' = 10$ V,则 10 Ω 电阻中电流为 1 A,由图很容易算出 $i'_S = 3$ A。而题中 $i_S = 1.5$ A,由

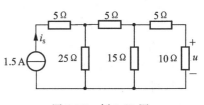

图 3-38 例 3-23 图

齐性原理可得

$$u = 10 \times \frac{1.5}{3} = 5 \text{ V}$$

这种方法是从网络距电源最远端开始,先设某一电压或电流为一便于计算的值(如本例中设 $u' = 10$ V),然后根据 KCL、KVL 倒退算到电源端,最后按齐性原理予以修正。这种方法有时称为"倒退法",它比用串并联化简计算要简捷得多。网络的级数越多就越显示出此法的优越性。

由此可知,对于一个线性电阻电路,其响应电压(电流)总是可以表示为各个激励源间的线性组合。如图 3-34 中所解的电压(电流)可以表示为

$$u = k_1 u_{S1} + k_2 u_{S2} + k_3 i_{S3} + k_4 i_{S4} \tag{3-24}$$

式(3-24)就是齐性原理的表达式,此结论对求解一些"黑匣子"(不知具体电路结构和参数,只知端口条件)电路非常有用。

例 3-24 图 3-39 所示电路中 N_S 为有源线性三端口网络。已知:当 $I_{S1} = 8$ A,$U_{S2} = 10$ V 时,$U_x = 10$ V;当 $I_{S1} = -8$ A,$U_{S2} = -6$ V 时,$U_x = -22$ V;当 $I_{S1} = U_{S2} = 0$ 时,$U_x = 2$ V。试求:当 $I_{S1} = 2$ A,$U_{S2} = 4$ V 时,此时 U_x 的值。

解 电路中除了端口外接电流源和电压源的值变化外,N_S 内部没有变化,因此其对 U_x 作用的结果可以看成常数,可将 U_x 设为

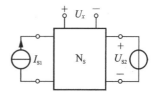

图 3-39 例 3-24 图

$$U_x = k_1 I_{S1} + k_2 U_{S2} + k_3$$

代入所给的电压、电流值有

$$\begin{cases} 10 = 8k_1 + 10k_2 + k_3 \\ -22 = -8k_1 - 6k_2 + k_3 \\ 2 = 0 + 0 + k_3 \end{cases}$$

联立求解得

$$k_1 = 6, \quad k_2 = -4, \quad k_3 = 2$$

所以

$$U_x = 6I_{S1} - 4U_{S2} + 2 = 6 \times 2 - 4 \times 4 + 2 = -2 \text{ V}$$

3.6 系统法的一端口等效

学习了电路的系统分析方法后,对于复杂的一端口等效再用第 2 章介绍的分步等效可能会速度慢些,若结合系统法分析会快速直接。

例 3-25 用系统法再求例 2-7 一端口的最简等效电路。

解 例 2-7 端口电路如图 3-40(a)所示,此电路在第 2 章已经分析过,通过电源等效变换一步步化简电路,或者应用戴维南定理(诺顿定理)直接得到戴维南等效电路(诺顿等效电路)。

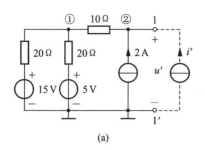 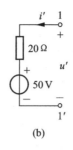 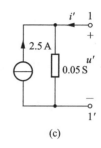

图 3-40 例 3-25 图

在此我们用系统法一步得到端口的电压电流关系,从而直接确定其最简等效电路。首先在端口作用一个电流源 i',电压为 u',其参考方向如图 3-40(a)所示,应用节点法列出其方程为

$$\left(\frac{1}{20}+\frac{1}{20}+\frac{1}{10}\right)u_1 - \frac{1}{10}u_2 = \frac{15}{20}+\frac{5}{20}$$

$$-\frac{1}{10}u_1 + \frac{1}{10}u_2 = 2 + i'$$

联立求解有

$$u_2 = 50 + 20i'$$

即

$$u' = 20i' + 50 \qquad ①$$

或

$$i' = \frac{1}{20}u' - 2.5 \qquad ②$$

由式①确定其等效电路如图 3-40(b)所示;由式②确定其等效电路如图 3-40(c)所示。式①或式②亦称为该有源一端口电路的外特性。

例 3-26 如图 3-41(a)所示电路,求其戴维南等效电路。

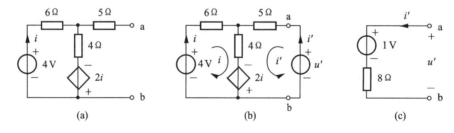

图 3-41 例 3-26 图

解 在 ab 端口作用一个电压源,其电压为 u',电流为 i',参考方向如图 3-41(b)所示,标出网孔电流,列出网孔方程有

$$(6+4)i + 4i' = 4 + 2i$$

$$4i + (5+4)i' = u' + 2i$$

联立求解,消去 i 得

$$u' = 8i' + 1$$

画出其戴维南等效电路如图 3-41(c)所示。

注释 有源一端口网络如图 3-42 所示,其等效电路可通过各种方法得到。若求得 $u=A+Bi$,则有 $u_{oc}=A$;$R_i=B$,得到戴维南等效电路;若求得 $i=C+Du$,则有 $i_{SC}=C$,$G_i=D$,得到诺顿等效电路。

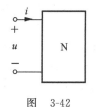

图 3-42

*3.7 对偶原理

当电压、电流的参考方向关联时,电阻的电压和电流的关系为 $u=Ri$,电导的电流和电压的关系为 $i=Gu$,电容的电流和电压关系为 $i=C\dfrac{du}{dt}$,电感的电压和电流关系为 $u=L\dfrac{di}{dt}$。在以上这些关系中,如果把电压 u 与电流 i 互换,电阻 R 与电导 G 互换,电容 C 与电感 L 互换,则对应关系式就可以彼此转换,这些互换元素称为对偶元素。

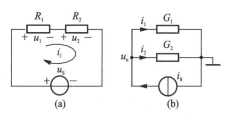

图 3-43 对偶电路

图 3-43 示出了两个电路,其中图 3-43(a) 的电路由电阻 R_1、R_2 和电压源 u_S 串联组成;图 3-43(b)的电路由电导 G_1、G_2 和电流源 i_S 并联组成。图 3-43(a)的电路,它有一个内网孔,一个外网孔,且有

$$
\left.\begin{array}{ll}
\text{KVL 方程} & u_S=u_1+u_2 \\[2mm]
\text{分压公式} & u_1=\dfrac{R_1}{R_1+R_2}u_S \\[2mm]
\text{网孔电流方程} & u_S=R_1 i_l+R_2 i_l
\end{array}\right\} \tag{3-25}
$$

图 3-43(b)电路,它有一个独立节点,一个参考节点,且有

$$
\left.\begin{array}{ll}
\text{KCL 方程} & i_S=i_1+i_2 \\[2mm]
\text{分流公式} & i_1=\dfrac{G_1}{G_1+G_2}i_S \\[2mm]
\text{节点电压方程} & i_S=G_1 u_n+G_2 u_n
\end{array}\right\} \tag{3-26}
$$

在式(3-25)和式(3-26)中,若把 u_S 与 i_S 互换,R_1、R_2 分别与 G_1、G_2 互换,i_l 与 u_n 互换,串联与并联互换,外网孔和参考节点互换,则式(3-25)和式(3-26)可以彼此转换,我们把可以彼此转换的两个关系或两个方程说成是对偶关系式。其中 u_S 和 i_S 称为对偶变量,R 和 G 称为对偶元素参数,图 3-43(a)、(b)则称为对偶电路。

表 3-1 中列出常见的对偶名词。

表 3-1 常见的对偶名词

电阻	电感	电压	理想电压源	短路	串联	节点	节点电压	节点法	磁链	KVL	CCVS	VCVS
电导	电容	电流	理想电流源	开路	并联	网孔	网孔电流	网孔法	电荷	KCL	VCCS	CCCS

综上所述,电路中某些元素之间的关系(或方程),用它们的对偶元素对应地转换后,所得的新关系(或新方程)也一定成立,这个新关系(或新方程)与原有关系(或方程)互为对偶,这就是对偶原理。

对偶原理的应用价值在于,如果已知原电路的方程及其解答,根据对偶关系即可直接写出其对偶电路的方程及其解答。另外,根据对偶关系,使电路的计算方法及对公式的记忆工作量减少了一半。

必须注意,两个电路互为对偶,绝非这两个电路等效。"对偶"和"等效"是两个不同的概念,不可混淆。

对偶电路在滤波电路、电模拟以及某些电路分析中有较大的用途。

习题

3-1 用支路电流法求图题 3-1 所示各电路的电流 i_1,并求出图题 3-1(b)电路中电流源的功率。

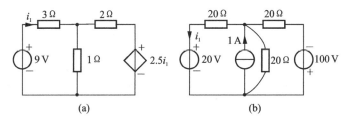

图题 3-1

3-2 对图题 3-2 所示各电路,用支路电流法写出求解所需的方程。

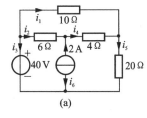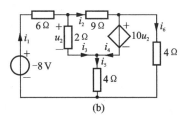

图题 3-2

3-3 用网孔分析法求图题 3-3 所示电路中的 i_x。

3-4 电路如图题 3-4 所示,用回路分析法求电流源的端电压 u。

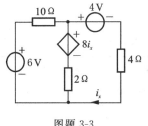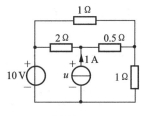

图题 3-3 　　　　　　　　　　　图题 3-4

3-5　用网孔分析法求图题 3-2(a)中电流源发出的功率。

3-6　用回路分析法求图题 3-2(b)中的电压 u_2 和独立电压源发出的功率。

3-7　电路如图题 3-7 所示,用回路分析法求 4 Ω 电阻的功率。

3-8　求图题 3-8 所示电路中各独立源发出的功率。

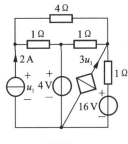

图题 3-7

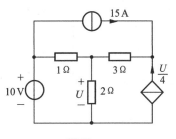

图题 3-8

3-9　已知某电路求解网孔电流的方程组为

$$\begin{cases} 3i_1 - i_2 - 2i_3 = 1 \\ -i_1 + 6i_2 - 3i_3 = 0 \\ -2i_1 - 3i_2 + 6i_3 = 6 \end{cases}$$

试画出该电路的结构图。

3-10　用节点分析法求图题 3-10 所示电路中的 u 和 i。

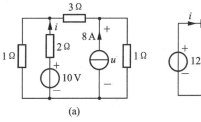

(a)　　　　　　(b)

图题 3-10

3-11　用节点分析法求图题 3-11 所示电路中的 u_a、u_b、u_c(图中 S 代表西门子)。

3-12　图题 3-12 电路中欲使开关的开启与闭合不影响电路的工作状态,试求电阻 R_L 值。

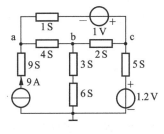

图题 3-11

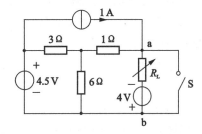

图题 3-12

3-13　求图题 3-13 所示电路中电流源两端的电压 u。

(1) 用节点分析法；

(2) 对电流源之外的电路作等效变换后再求这一电压。

3-14　求图题 3-14 所示电路中 3 kΩ 电阻上的电压 u。

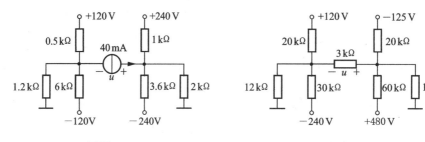

图题 3-13　　　　　　　　　　图题 3-14

3-15　试求图题 3-15 所示电路中的 u_1。

3-16　用节点分析法解图题 3-16 所示电路的 u_1、u_2。如将受控电流源改为 $4u_1$，重解 u_1、u_2。

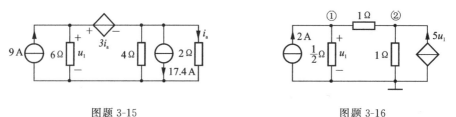

图题 3-15　　　　　　　　　　图题 3-16

3-17　图题 3-17 所示电路，分别求各独立源发出的功率。

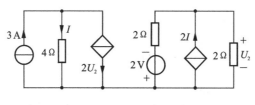

图题 3-17

3-18　用节点分析法求图题 3-18 所示电路中的电流 I。

3-19　图题 3-19 所示电路中，当电阻 R_L 调至阻值 4 Ω 时获得最大功率 6.25 W，求此时电压源 U_S 的值($U_S>0$)。

3-20　设图题 3-20 所示电路所要求的输出为

$$u_o=-(3u_1+0.2u_2)$$

已知 $R_3=10$ kΩ，求 R_1 和 R_2。

3-21　图题 3-21 所示含理想运算放大器电路。当 $R=R_f$ 时，求输出量 u_o 与输入量 u_{i1}、u_{i2}、u_{i3} 的关系，并指出实现了何种运算功能。

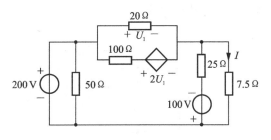

图题 3-18

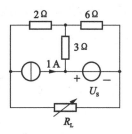

图题 3-19

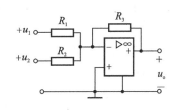

图题 3-20

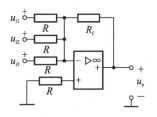

图题 3-21

3-22 电路如图题 3-22 所示,试求输出电压 u_o。

3-23 图题 3-23 所示电路为电压—电流变换器,试证明:如果 $R_1R_4 = R_2R_3$,则无论 R_L 取何值,i_L 与 u_S 均成正比。

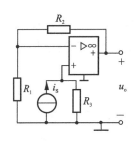

图题 3-22

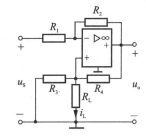

图题 3-23

3-24 求图题 3-24 所示电路的电压比值 u_o/u_i。

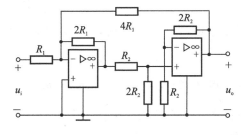

图题 3-24

3-25　用叠加定理求图题 3-25 所示各电路中的电压 u_2。

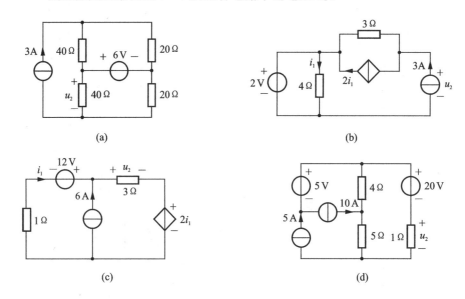

图题 3-25

3-26　图题 3-26 中 N 为含源线性电阻网络,当 $I_{S1}=0$,$I_{S2}=0$ 时,$U_x=-20$ V;当 $I_{S1}=8$ A,$I_{S2}=12$ A 时,$U_x=80$ V;当 $I_{S1}=-8$ A,$I_{S2}=4$ A 时,$U_x=0$ V。求 $I_{S1}=I_{S2}=20$ A 时,U_x 是多少?

3-27　电路如图题 3-27 所示,当 2 A 电流源未接入时,3 A 电流源向网络提供的功率为 54 W,$u_2=12$ V;当 3 A 电流源未接入时,2 A 电流源向网络提供的功率为 28 W,$u_3=8$ V。求两电源同时接入时,各电流源的功率。

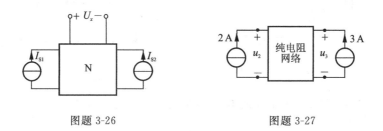

图题 3-26　　　　　　　　图题 3-27

3-28　图题 3-28 所示电路,当 $I_S=2$ A 时,$I=-1$ A;当 $I_S=4$ A 时,$I=0$。若要使 $I=1$ A,求 I_S 的值。

3-29　图题 3-29 所示电路,要求 $I_x=\dfrac{1}{8}I$,求 R_x 的值。

3-30　图题 3-30 所示直流电路,当电压源 $U_S=18$ V,电流源 $I_S=2$ A 时,测得 $U=0$;当 $U_S=18$ V,$I_S=0$ 时,测得 $U=-6$ V。

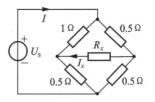

图题 3-28   图题 3-29

试求：(1) 当 $U_S=30$ V，$I_S=4$ A 时，$U=$？

(2) 当 $U_S=30$ V，$I_S=4$ A 时，测得 a、b 两端的短路电流为 1 A。问在 a、b 端接 $R=2$ Ω 的电阻时，通过电阻 R 的电流是多少？

3-31　图题 3-31 所示电路，求 6 V 电压源发出的功率。

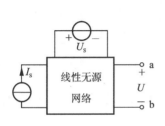

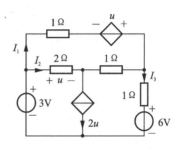

图题 3-30   图题 3-31

3-32　图题 3-32 所示电路，(1)若 R_x 获得最大功率 $P_{max}=1.5$ W，求 U_S 值(设 $U_S>0$)；(2)若电压源为 $2U_S$，其他均不变，再求 R_x 吸收的功率。

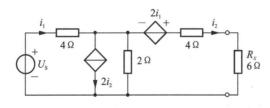

图题 3-32

3-33　N_0 为无源线性电阻网络，工作状态如图 3-33(a)所示，现将 1-1′端口支路置换成图 3-33(b)所示，求 2-2′端口输出的电压 U_2。

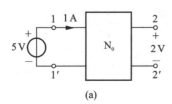

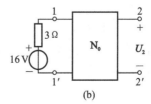

(a)   (b)

图题 3-33

3-34 图题 3-34 所示二端口网络 N 的混合参数矩阵为 $\boldsymbol{H} = \begin{bmatrix} \dfrac{10}{3}\Omega & \dfrac{2}{3} \\ -\dfrac{2}{3} & \dfrac{1}{6}S \end{bmatrix}$。求 R_L

为何值时可获得最大功率,并求出此最大功率 P_{max}。

3-35 图题 3-35 所示电路中,方框部分 N_S 为含独立源和电阻的网络。当端口 ab 短接时,电阻 R 支路中电流 $I = I_{S1}$;当端口 ab 开路时,电阻 R 支路中电流 $I = I_{S2}$。当端口 ab 间接电阻 R_f 时,R_f 获得最大功率。试证明当端口 ab 间接电阻 R_f 时,流过 R 支路的电流 $I = \dfrac{I_{S1} + I_{S2}}{2}$。

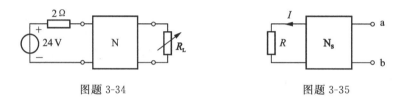

图题 3-34   图题 3-35

3-36 图题 3-36 所示有载二端口网络。已知:$u_S = 500$ V,$R_S = 500$ Ω,$R_L = 5$ kΩ,双口网络的电阻参数矩阵 $\boldsymbol{R} = \begin{bmatrix} 100 & -500 \\ 1000 & 10^4 \end{bmatrix} \Omega$。

试求:(1) 负载 R_L 的功率;

(2) 输入端口的功率;

(3) 负载 R_L 获得最大功率时的电阻值;

(4) 负载获得的最大功率。

3-37 图题 3-37 所示电路,已知双口网络 N 的电导参数 $\boldsymbol{G} = \begin{bmatrix} 0.3 & -0.2 \\ -0.2 & 0.25 \end{bmatrix}$S,

求:(1) 1-1′端口向左部分的戴维南等效电路;

(2) 负载 R_L 吸收的功率;

(3) 10 V 电压源发出的功率。

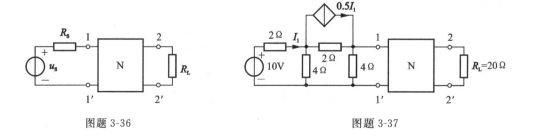

图题 3-36   图题 3-37

* 3-38　试用计算机软件求图题 3-38 各图中的节点电压。

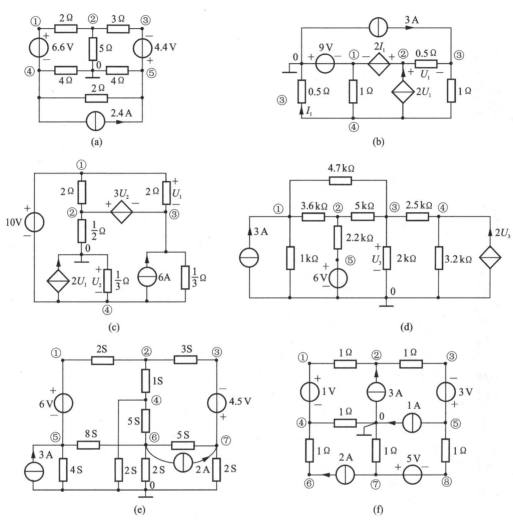

图题 3-38

第 **4** 章

正弦交流电路相量法分析

当线性电路中激励源是某一频率的正弦交流电源且已达到稳态时,则电路中相应的响应均是与激励相同频率的正弦量。此时电路中的电容、电感元件不能再看作是开路状态或短路状态,其伏安关系是微分关系或积分关系,由此列写出的电路方程也将是微分方程或积分方程。为了简化方程的求解,本章将介绍正弦交流电路的相量法分析。

4.1　正弦量及其描述

随时间按正弦规律变化的电气量,如电压和电流等,统称为正弦量。电路中的电压、电流均为同一频率正弦量的电路称为正弦交流电路。由于正弦量是随时间变化的量,所以正弦量均用小写字母表示,如 $u(t)$,$i(t)$,可简写为 u,i。

4.1.1　正弦量的时域表示

1. 正弦波形

正弦量随时间变化的图像称为正弦波形,简称正弦波,如图 4-1(b)所示。

2. 正弦量的三要素

图 4-1(a)表示一段正弦交流电路,设电流 i 在图示参考方向下的瞬时值表达式用余弦函数表示为

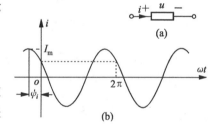

图 4-1　正弦波

$$i = I_m\cos(\omega t + \psi_i) \qquad (4\text{-}1)$$

式中,I_m 称为正弦电流 i 的最大值或振幅;ω 称为正弦电流 i 的角频率,单位是弧度/秒(rad/s),$(\omega t + \psi_i)$ 称为正弦量的相角或相位,它反映了正弦量的变化过程;ψ_i 称为正弦电流的初相角或初相,它是正弦量在 $t=0$ 时刻的相角,为了使正弦量表达式唯一,$|\psi_i| \leqslant \pi$,$(\omega t + \psi_i)$ 及 ψ_i 的单位是弧度或度,I_m、ω、ψ_i 合称为正弦量的三要素。

正弦量用余弦函数表示是为了与复数的实部相对应,后面介绍相量时会看到,当然用正弦函数表示也可以,只要表达统一即可。

3. 周期和频率

正弦量变化一个循环所经历的时间称为周期,用 T 表示,单位为秒(s)。正弦量每秒钟变化的循环个数称为频率,用 f 表示,单位为赫兹(Hz)。周期与频率的关系为

$$f = \frac{1}{T} \qquad (4\text{-}2)$$

ω 与 T、f 的关系为

$$\omega = \frac{2\pi}{T} = 2\pi f \qquad\qquad (4\text{-}3)$$

我国工业电网正弦电流的频率(简称工频)为 50 Hz。人耳能听到的声音频率范围为 20 Hz~20 kHz。无线电广播所用的频率较高,一般是数百千赫兹到数百兆赫兹。

4. 相位差

两个同频率正弦量的相位之差称为**相位差(Phase difference)**,用 φ 表示。如

$$u(t) = U_{\mathrm{m}}\cos(\omega t + \psi_u)$$

$$i(t) = I_{\mathrm{m}}\cos(\omega t + \psi_i)$$

则有
$$\varphi = (\omega t + \psi_u) - (\omega t + \psi_i) = \psi_u - \psi_i$$

可见两个同频率正弦量的相位差 φ 就等于它们的初相之差,且为一常数,而与时间无关。φ 一般采用主值范围的角度 $|\varphi| \leqslant \pi$ 来表示。

如果 $\varphi = \psi_u - \psi_i > 0$,则称电压 u 超前于电流 i 一个相角 φ,也可以说电流 i 滞后于电压 u 一个角度 φ。

如果 $\varphi = \psi_u - \psi_i < 0$,结论刚好与上述情况相反。

如果 $\varphi = \psi_u - \psi_i = 0$,即相位差为零,则称为同相。

如果 $\varphi = \psi_u - \psi_i = \pm\dfrac{\pi}{2}$,则称为相位正交。

如果 $\varphi = \psi_u - \psi_i = \pm\pi$,则称为反相。

不同频率的两个正弦量之间的相位差与时间有关不再是常数,也无任何实际意义。

5. 正弦量的有效值

任意周期性电流、电压的瞬时值是随时间变化的,其最大值只是特定瞬间的数值,它们不能确切地衡量周期性量在能量转换方面的平均效果。为此,工程上定义了一个用于衡量平均做功能力的量值,即有效值。有效值用大写字母表示。

以电流为例,若周期电流通过一个电阻 R 做功的平均效果与某一量值为 I 的直流电流通过同一电阻相同时间内所做的功相等,该直流的量值 I 就称为周期电流 i 的**有效值(effective value)**。即

$$\frac{1}{T}\int_0^T i^2 R \mathrm{d}t = I^2 R$$

或

$$I = \sqrt{\frac{1}{T}\int_0^T i^2 \mathrm{d}t} \qquad\qquad (4\text{-}4)$$

由式(4-4)可知,周期电流的有效值乃是瞬时值的平方在一个周期内取平均值后的平方根。因此,有效值从其计算表达式来看,又称为**方均根值(root-mean-square value)**。

上面的讨论是以电流为例的,所得的结论完全适用于其他周期量,如电压等,不仅仅限于正弦量。

当周期电流为正弦量时,将 $i = I_{\mathrm{m}}\cos(\omega t + \psi_i)$ 代入式(4-4)得

$$I = \sqrt{\frac{1}{T}\int_0^T I_m^2 \cos^2(\omega t + \psi_i)\mathrm{d}t}$$

$$= \sqrt{\frac{I_m^2}{T}\int_0^T \left[\frac{1 + \cos 2(\omega t + \psi_i)}{2}\right]\mathrm{d}t}$$

$$= \sqrt{\frac{I_m^2}{T}\left[\frac{t}{2} + \frac{\sin 2(\omega t + \psi_i)}{4\omega}\right]\Bigg|_0^T}$$

$$= \frac{I_m}{\sqrt{2}} = 0.707 I_m \tag{4-5}$$

上式表明,正弦量的最大值与有效值之间有固定的 $\sqrt{2}$ 倍关系。因此有效值可以代替最大值作为正弦量的一个要素,并且可以把正弦量的表达式写成如下形式:

$$u = \sqrt{2}U\cos(\omega t + \psi_u)$$

$$i = \sqrt{2}I\cos(\omega t + \psi_i)$$

在工程上,一般所说的正弦电压、电流的大小都是指有效值。如照明用电的电压为 220 V,就是指有效值,其最大值 $U_m = \sqrt{2} \times 220 = 311$ V,一般电气设备铭牌上的额定电压和额定电流值,也是指有效值。交流电压表和电流表也都按有效值刻度。但是,器件和电力设备的耐压值是指器件或设备所承受的最高安全使用电压,所以当这些器件应用于正弦电路时,就要按正弦电压的最大值来考虑。

4.1.2 正弦量的频域(相量)表示

一个正弦量可以用瞬时值表达式和正弦波形来表示,但在分析运算过程中,用这两种表示方法都将很麻烦。如两个频率相同但初相不同的正弦量相加,若用瞬时值表达式进行,算式将很冗长。若将其波形图解相加,亦很麻烦,且不准确。

引进相量法则可使计算变得较为简单。下面以电流 $i = \sqrt{2}I\cos(\omega t + \psi_i)$ 为例来讨论正弦量的相量。设一复指数函数,其模等于该正弦电流的最大值,辐角等于其相角,并根据欧拉公式将其转换成实部与虚部,即

$$\sqrt{2}Ie^{\mathrm{j}(\omega t + \psi_i)} = \sqrt{2}I\cos(\omega t + \psi_i) + \mathrm{j}\sqrt{2}I\sin(\omega t + \psi_i)$$

可见其实部正是原给定的电流 i,所以可以写成

$$i = \mathrm{Re}[\sqrt{2}Ie^{\mathrm{j}(\omega t + \psi_i)}] \tag{4-6}$$

式中 $\mathrm{Re}[\cdot]$ 是"取实部"的意思。

式(4-6)括号中的复指数函数可用复平面上的向量来表示,如图 4-2(a)所示。向量的模为 $\sqrt{2}I$,而其辐角为 $\omega t + \psi_i$。这向量在复平面上以原点为中心,按角速率 ω 逆时针方向旋转,所以亦称旋转向量。此旋转向量任何时刻在实轴上的投影正好等于该时刻电流 i 的瞬时值。

在单一频率正弦电源激励的电路中,各部分电压电流都是与电源频率相同的正弦

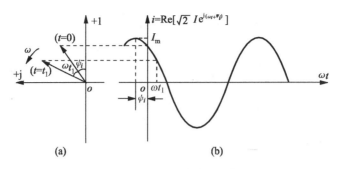

图 4-2　正弦量的旋转向量表示

量,所以在分析时,常常只需确定最大值(或有效值)和初相两个要素。为此将式(4-6)重写为

$$i = \mathrm{Re}[\sqrt{2}\,I\mathrm{e}^{\mathrm{j}(\omega t + \psi_i)}]$$
$$= \mathrm{Re}[\sqrt{2}\,I\mathrm{e}^{\mathrm{j}\psi_i}\mathrm{e}^{\mathrm{j}\omega t}] \tag{4-7}$$

式中的复常数 $I\mathrm{e}^{\mathrm{j}\psi_i}$ 正是将正弦量 i 的有效值和初相角合成为一个复数表示了出来,我们把这个复常数称为正弦量 i 的**相量**(**phasor**),记为

$$\dot{I} = I\mathrm{e}^{\mathrm{j}\psi_i} = I\,\underline{/\psi_i} \tag{4-8}$$

这里 $\dot{I}$ 就是表示正弦电流的相量。上面加的小圆点用以与有效值 I 相区别。相量 $\dot{I}$ 可用图 4-3 表示,这种图称为**相量图**(**phasor diagram**)。后面我们默认水平方向为实轴,垂直方向为虚轴,坐标系不再画出。

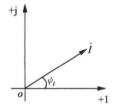

图 4-3　相量图

定义了相量之后,可将式(4-8)代入式(4-7),得

$$i = \mathrm{Re}[\sqrt{2}\,\dot{I}\mathrm{e}^{\mathrm{j}\omega t}] \tag{4-9}$$

注意式(4-8)与式(4-9)的区别:式(4-9)表示的是实数范围内的正弦时间函数 $\sqrt{2}I\cos(\omega t + \psi_i)$;式(4-8)则把正弦量的有效值和初相角这两个要素用一个复常数表示出来。所以用相量 $\dot{I}$ 来表示正弦量 i,是指 $\dot{I}$ 与 i 之间有相互对应的关系,绝不能认为二者相等。而用式(4-8)的相量形式表示正弦量,运算会有很多便利之处。

正弦量的加减和微分积分运算都可以用对应的相量来进行。例如:

1. 两同频率正弦电流加减运算

设

$$i_1 = \sqrt{2}\,I_1\cos(\omega t + \psi_1)$$
$$i_2 = \sqrt{2}\,I_2\cos(\omega t + \psi_2)$$
$$i = i_1 + i_2$$

根据式(4-9),可将 i_1 和 i_2 写成

$$i_1 = \mathrm{Re}[\sqrt{2}\,\dot{I}_1\mathrm{e}^{\mathrm{j}\omega t}]$$

$$i_2 = \text{Re}[\sqrt{2}\,\dot{I}_2\text{e}^{\text{j}\omega t}]$$

从而

$$i = i_1 + i_2 = \text{Re}[\sqrt{2}\,\dot{I}_1\text{e}^{\text{j}\omega t}] + \text{Re}[\sqrt{2}\,\dot{I}_2\text{e}^{\text{j}\omega t}]$$

$$= \text{Re}[\sqrt{2}(\dot{I}_1 + \dot{I}_2)\text{e}^{\text{j}\omega t}]$$

可见,两同频率正弦量相加仍为同频率的正弦量。

令 $i = \text{Re}[\sqrt{2}\,\dot{I}\text{e}^{\text{j}\omega t}]$,则有

$$\text{Re}[\sqrt{2}\,\dot{I}\text{e}^{\text{j}\omega t}] = \text{Re}[\sqrt{2}(\dot{I}_1 + \dot{I}_2)\text{e}^{\text{j}\omega t}]$$

上式对任何时刻 t 均成立,故有

$$\dot{I} = \dot{I}_1 + \dot{I}_2$$

同理,若 $i_3 = i_1 - i_2$,则 $\dot{I}_3 = \dot{I}_1 - \dot{I}_2$。

2. 正弦量的微分和积分运算

设 $i = \sqrt{2}\,I\cos(\omega t + \psi_i)$,则

$$\frac{\text{d}i}{\text{d}t} = \frac{\text{d}}{\text{d}t}[\sqrt{2}\,I\cos(\omega t + \psi_i)]$$

$$= \frac{\text{d}}{\text{d}t}[\text{Re}(\sqrt{2}\,\dot{I}\text{e}^{\text{j}\omega t})]$$

$$= \text{Re}\left[\frac{\text{d}}{\text{d}t}(\sqrt{2}\,\dot{I}\text{e}^{\text{j}\omega t})\right]$$

$$= \text{Re}[\sqrt{2}(\text{j}\omega\,\dot{I})\text{e}^{\text{j}\omega t}]$$

表明正弦量的一阶导数仍为一个同频率的正弦量,其相量等于原正弦量的相量乘以 $\text{j}\omega$。相量的模为原相量的 ω 倍,辐角超前于原相量辐角 $90°$。即 $\text{d}i/\text{d}t$ 的相量为

$$\text{j}\omega\,\dot{I} = \omega I\,\underline{/\psi_i + 90°}$$

类似地,$\int i\text{d}t$ 的相量为

$$\frac{1}{\text{j}\omega}\dot{I} = \frac{I}{\omega}\,\underline{\left/\psi_i - \frac{\pi}{2}\right.}$$

为此,在以后的正弦量运算中,均可以先将正弦量对应的相量写出,对其进行相量运算(复数运算)后,再将其结果表示为正弦量。换句话说,正弦量的运算,可以直接通过其对应相量的运算完成。

例 4-1 设两个同频率正弦电压分别为

$$u_1 = 100\sqrt{2}\cos(\omega t + 30°)\ \text{V}$$

$$u_2 = 50\sqrt{2}\cos(\omega t + 60°)\ \text{V}$$

求 $u = u_1 + u_2$。

解 u_1 和 u_2 的相量为

$$\dot{U}_1 = 100\angle 30^\circ \text{ V}$$

$$\dot{U}_2 = 50\angle 60^\circ \text{ V}$$

于是

$$\begin{aligned}\dot{U} = \dot{U}_1 + \dot{U}_2 &= 100\angle 30^\circ + 50\angle 60^\circ \\ &= 86.6 + \text{j}50 + 25 + \text{j}43.3 \\ &= 111.6 + \text{j}93.3 \\ &= 145.5\angle 39.9^\circ \text{ V}\end{aligned}$$

所以

$$u = u_1 + u_2 = 145.5\sqrt{2}\cos(\omega t + 39.9^\circ) \text{ V}$$

相量的计算可以通过计算器的复数运算功能快速完成。

4.2　相量形式的电阻、电感和电容元件的伏安关系

在正弦电路中，研究元件上的电压电流约束关系时，不仅要知道数量上的关系(通常是指有效值之间的关系)，还要知道它们的相位关系。如果元件上的电压电流都用相量形式表示，则其数值和相位关系可在一个表达式中反映出来。

1. 电阻元件

在正弦电路中，流经电阻元件的电流及其端电压，在关联参考方向下，如图 4-4(a)所示，由欧姆定律

$$u_R = Ri_R$$

设电流为

$$i_R = \sqrt{2}I_R\cos(\omega t + \psi_i)$$

则其电压

$$\begin{aligned}u_R = Ri_R &= \sqrt{2}RI_R\cos(\omega t + \psi_i) \\ &= \sqrt{2}U_R\cos(\omega t + \psi_u)\end{aligned}$$

图 4-4　电阻元件

它们的波形如图 4-5(a)所示，电压与电流的数量关系为

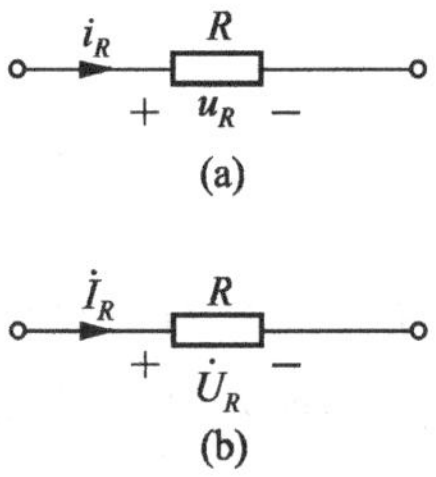

$$U_R = RI_R$$

两者的相位关系为

$$\psi_u = \psi_i$$

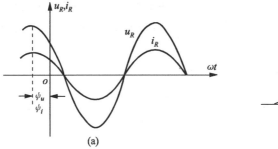

图 4-5　电阻元件电压、电流波形及相量图

若用相量表示,为

$$\dot{U}_R = R\,\dot{I}_R \tag{4-10}$$

它们的相量图如图 4-5(b)所示。式(4-10)是电压相量和电流相量的约束关系式。在以后用相量法分析或计算电路时,常直接画出标注电压相量电流相量的电路图,如图 4-4(b),称为元件的相量模型。它与式(4-10)关系相对应。

2. 电感元件

图 4-6(a)所示的电感元件的 VAR 在关联参考方向下为

$$u_L = L\,\frac{\mathrm{d}i_L}{\mathrm{d}t}$$

设电流为

$$i_L = \sqrt{2}\,I_L\cos(\omega t + \psi_i)$$

则其电压为

$$
\begin{aligned}
u &= L\,\frac{\mathrm{d}i_L}{\mathrm{d}t} \\
&= \sqrt{2}\,\omega L I_L\cos\left(\omega t + \psi_i + \frac{\pi}{2}\right) \\
&= \sqrt{2}\,U_L\cos(\omega t + \psi_u)
\end{aligned}
$$

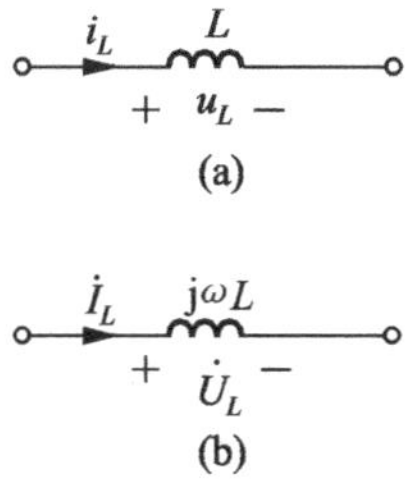

图 4-6　电感元件

由上式可知电压与电流的数量关系为

$$U_L = \omega L I_L$$

两者的相位关系为

$$\psi_u = \psi_i + \frac{\pi}{2}$$

u_L 和 i_L 的波形如图 4-7(a)所示,反映上述两种关系的相量表达式为

$$\dot{U}_L = \mathrm{j}\omega L\,\dot{I}_L \tag{4-11}$$

上式表明电感电压相量的模是电流相量模的 ωL 倍,且 $\dot{U}_L$ 越前 $\dot{I}_L$ $\pi/2$ 弧度。它们的相量图如图 4-7(b)所示。图 4-6(b)为电感元件的相量模型。

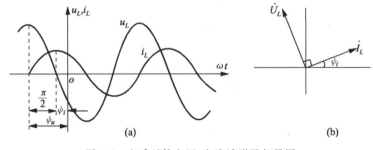

图 4-7　电感元件电压、电流波形及相量图

若令 $X_L = \omega L$,则式(4-11)可写成

$$\dot{U}_L = \mathrm{j}X_L\,\dot{I}_L \tag{4-12}$$

表明当电压(有效值)一定时,X_L 越大,电流(有效值)越小。X_L 代表电感元件阻碍电流

的能力,称为电感元件的电抗,简称感抗,单位为 Ω。感抗 $X_L = \omega L$,可见频率越高则感抗越大,这是因为电流的频率越高,即变化越快,则感应电动势就越大的缘故。直流电的频率为零,所以电感在直流电路中对电流不呈现阻力,相当于短路。

3. 电容元件

当正弦电压加于电容 C 时电容中将出现正弦电流,在关联参考方向下,如图 4-8(a) 所示,其瞬时值关系为

$$i_C = C\frac{\mathrm{d}u_C}{\mathrm{d}t}$$

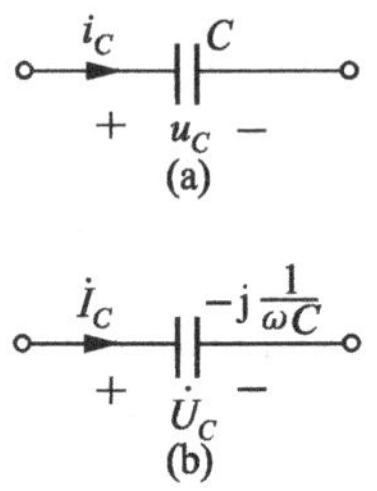

若 $u_C = \sqrt{2}U_C\cos(\omega t + \psi_u)$,则电流为

$$
\begin{aligned}
i_C &= C\frac{\mathrm{d}u_C}{\mathrm{d}t} \\
&= \sqrt{2}\,\omega C U_C\cos\left(\omega t + \psi_u + \frac{\pi}{2}\right) \\
&= \sqrt{2}\,I_C\cos(\omega t + \psi_i)
\end{aligned}
$$

图 4-8 电容元件

可见,电压与电流的有效值关系为

$$I_C = \omega C U_C$$

即

$$U_C = \frac{1}{\omega C}I_C$$

两者的相位关系为

$$\psi_i = \psi_u + \frac{\pi}{2}$$

它们的波形图如图 4-9(a)所示。

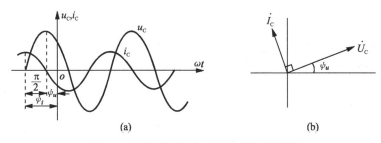

图 4-9 电容元件电压、电流波形及相量图

反映上述两种关系的相量表达式为

$$\dot{U}_C = \frac{\dot{I}_C}{\mathrm{j}\omega C} = -\mathrm{j}\frac{1}{\omega C}\dot{I}_C \tag{4-13}$$

上式表明电容电压相量的模是电流相量的模的 $1/(\omega C)$ 倍,且 $\dot{U}_C$ 滞后于 $\dot{I}_C$ $\pi/2$ 弧度。它们的相量图如图 4-9(b)所示,图 4-8(b)为电容元件的相量模型。

若令 $X_C = -1/(\omega C)$,则式(4-13)可写成

$$\dot{U}_C = \mathrm{j}X_C\dot{I}_C \tag{4-14}$$

上式说明,当电压一定时,$|X_C|$ 越大,电流越小。$|X_C|$ 代表电容元件阻碍电流的能力,X_C 称为电容元件的电抗,简称容抗,单位也是 Ω。$|X_C| = 1/(\omega C)$,可见容抗绝对值大小与频率成反比。这是因为频率越高,电容元件充电速率越大,在同样的电压下,单位时间内移动的电荷也越多,电流就越大,所以容抗绝对值与 ω 成反比。对直流来说,频率为零,致使容抗绝对值为无穷大,相当于开路。

例 4-2 设有一正弦电流源 $i = 10\sqrt{2}\cos(100t - 30°)$ A,若该电流源的电流分别通过:(1)20 Ω 的电阻;(2)0.5 H 的电感;(3)500 μF 的电容。试求各个元件端电压的相量,并画出相量图。

解 先把正弦电流用相量表示

$$\dot{I} = 10 \underline{/-30°} \text{ A}$$

(1) 通过 20 Ω 的电阻,根据式(4-10)有

$$\dot{U}_R = R\dot{I} = 20 \times 10 \underline{/-30°} = 200 \underline{/-30°} \text{ V}$$

(2) 通过 0.5 H 的电感,根据式(4-12)有

$$\dot{U}_L = j\omega L\dot{I} = j100 \times 0.5 \times 10 \underline{/-30°} = 500 \underline{/60°} \text{ V}$$

(3) 通过 500 μF 的电容,根据式(4-13)有

$$\dot{U}_C = -j\frac{1}{\omega C}\dot{I} = -j\frac{1}{100 \times 500 \times 10^{-6}} \times 10 \underline{/-30°}$$

$$= 200 \underline{/-120°} \text{ V}$$

相量图如图 4-10 所示。

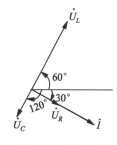

图 4-10 例 4-2 图

4.3 相量形式电路定律、欧姆定律

1. 基尔霍夫定律的相量形式

KCL 和 KVL 的瞬时值表达式为

$$\Sigma i = 0$$
$$\Sigma u = 0$$

根据 4.1.2 节中所论述的相量相加减运算,可以得到 KCL 和 KVL 的相量形式为

$$\Sigma \dot{I} = 0 \tag{4-15}$$

$$\Sigma \dot{U} = 0 \tag{4-16}$$

相量形式的电路定律仍然成立。

2. 欧姆定律的相量形式 复阻抗

上节讨论了 R、L、C 元件伏安关系的相量形式,它们表示在一定频率下各元件的电压相量与电流相量的比值是一个常数,只不过为复数而已。将此概念推广到图 4-11(a) 所示的线性无源一端口网络[①]。在正弦稳态下,端口电压相量与电流相量之比定义为该

---

① 网络与电路两个词在电路课程中不加严格区分。网络这个词常用在系统理论中。

一端口网络的**复阻抗**(**complex impedance**)(或等效复阻抗),用大写字母 Z 来表示。

$$Z = \frac{\dot{U}}{\dot{I}} \quad \text{或} \quad \dot{U} = \dot{I}Z \tag{4-17}$$

上式与直流电路欧姆定律的形式相似,故称为欧姆定律的相量形式,由此可将 R、L、C 元件的 VAR 统一起来。

电阻元件 $\quad Z_R = \dfrac{\dot{U}_R}{\dot{I}_R} = R$

电感元件 $\quad Z_L = \dfrac{\dot{U}_L}{\dot{I}_L} = \mathrm{j}X_L = \mathrm{j}\omega L$

电容元件 $\quad Z_C = \dfrac{\dot{U}_C}{\dot{I}_C} = \mathrm{j}X_C = -\mathrm{j}\dfrac{1}{\omega C}$

复阻抗 Z 的单位为 Ω,在电路中用图 4-11(b)的符号表示。应注意复数 Z 和代表与时间有关的正弦量的相量意义不同,它并不对应于任何正弦函数,为了区分起见,复数 Z 的字母上面不加小圆点。

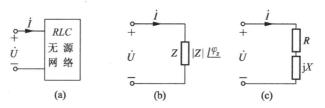

图 4-11 一端口网络的复阻抗

复阻抗写成极坐标形式为

$$Z = \frac{\dot{U}}{\dot{I}} = \frac{U \underline{/\psi_u}}{I \underline{/\psi_i}} = \frac{U}{I} \underline{/\psi_u - \psi_i} = |Z| \underline{/\varphi_z}$$

复阻抗的模 $|Z|$ 表示该一端口网络电压与电流有效值之比,辐角 φ_z 表示电压 u 与电流 i 的相位差,即该网络的阻抗角。

复阻抗写成代数形式为

$$Z = R + \mathrm{j}X$$

其实部 R 为电阻,虚部 X 称为**电抗**(**reactance**),两者在电路中是串联结构,如图 4-11(c)所示。

当 $X = 0$,$Z = R$ 时,网络为电阻性,电压与电流同相;当 $X > 0$,即 $\varphi_z > 0$ 时,电压超前于电流,网络呈电感性;当 $X < 0$,即 $\varphi_z < 0$ 时,电压滞后于电流,网络呈电容性。

复阻抗 Z 的模 $|Z|$ 与电阻 R 及电抗 X 三者大小符合直角三角形关系,如图 4-12 所示,称为该网络的**阻抗三角形**(**impedance triangle**),不难看出

图 4-12 阻抗三角形

$$R = \mid Z \mid \cos\varphi_z$$
$$X = \mid Z \mid \sin\varphi_z \qquad (4\text{-}18)$$

$$\mid Z \mid = \sqrt{R^2 + X^2}$$
$$\varphi_z = \operatorname{arctg} \frac{X}{R} \qquad (4\text{-}19)$$

3. 复导纳

线性无源一端口网络［如图 4-11(a)］的**复导纳**(**complex admittance**)(等效复导纳)定义为

$$\frac{\dot{I}}{\dot{U}} = Y \qquad (4\text{-}20)$$

复导纳的单位为西门子(用 S 表示),电路符号如图 4-13(a)所示。

复导纳的代数形式为

$$Y = G + jB$$

其实部 G 为电导,虚部 B 为**电纳**(**susceptance**),两者为并联结构,如图 4-13(b)所示。

复导纳的极坐标形式为

$$Y = \mid Y \mid \underline{/\varphi_y}$$

复导纳的模 $\mid Y \mid$ 表示该网络电流与电压有效值之比,辐角 φ_y 表示电流与电压的相位差,即该网络的导纳角。

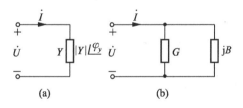

图 4-13　复导纳

图 4-14　导纳三角形

复导纳 Y 的模 $\mid Y \mid$ 与电导 G、电纳 B。三者大小符合直角三角形关系,如图 4-14 所示。称为导纳三角形。由此可知:

$$G = \mid Y \mid \cos\varphi_y$$
$$B = \mid Y \mid \sin\varphi_y \qquad (4\text{-}21)$$

$$\mid Y \mid = \sqrt{G^2 + B^2}$$
$$\varphi_y = \operatorname{arctg} \frac{B}{G} \qquad (4\text{-}22)$$

由式(4-22)可知,根据导纳 φ_y 的正、负(即 $B>0$ 或 $B<0$),可判断电路所呈现的是容性还是感性性质。

对于单个电阻元件、电感元件和电容元件分别有

$$Y_R = 1/R = G$$

$$Y_L = -j\frac{1}{\omega L} = -j\frac{1}{X_L} = jB_L$$

$$Y_C = j\omega C = -j\frac{1}{X_C} = jB_C$$

式中 G 为电导；B_L 称为电感的电纳,简称感纳；B_C 称为电容的电纳,简称容纳；三者单位均为 S。

4. 复阻抗与复导纳的等效变换

对同一线性无源一端口网络的端口特性,可用复阻抗 Z 表示,又可用复导纳 Y 表示。那么,两者之间必有等效关系。由 Z 和 Y 的定义可以得出

$$Y = \frac{1}{Z} = \frac{1}{|Z|}\underline{/-\varphi_z} \quad 或 \quad Z = \frac{1}{Y} = \frac{1}{|Y|}\underline{/-\varphi_y} \tag{4-23}$$

由于 $\dot{U} = Z\dot{I} = R\dot{I} + jX\dot{I}$,说明 R 与 jX 为串联,如图 4-15(a) 所示；$\dot{I} = Y\dot{U} = G\dot{U} + jB\dot{U}$,$G$ 与 jB 是并联,如图 4-15(b) 所示。那么,R、X 与 G、B 之间有怎样的关系呢?

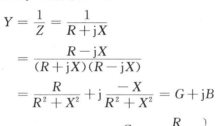

图 4-15 Z、Y 等效变换

设已知 $Z = R + jX$,由式(4-23)

$$Y = \frac{1}{Z} = \frac{1}{R + jX}$$

$$= \frac{R - jX}{(R + jX)(R - jX)}$$

$$= \frac{R}{R^2 + X^2} + j\frac{-X}{R^2 + X^2} = G + jB$$

所以

$$\left.\begin{array}{l} G = \dfrac{R}{R^2 + X^2} \\[3mm] B = \dfrac{-X}{R^2 + X^2} \end{array}\right\} \tag{4-24}$$

反之,若已知 $Y = G + jB$,则

$$Z = \frac{1}{Y} = \frac{1}{G + jB} = \frac{G - jB}{(G + jB)(G - jB)}$$

$$= \frac{G}{G^2 + B^2} + j\frac{-B}{G^2 + B^2} = R + jX$$

所以

$$\left.\begin{array}{l} R = \dfrac{G}{G^2 + B^2} \\[3mm] X = \dfrac{-B}{G^2 + B^2} \end{array}\right\} \tag{4-25}$$

式(4-24)是将 R、X 串联电路变为并联电路的等效条件。式(4-25)是将 G、B 并联电路变换为串联电路的等效条件。但要注意,一般情况下 $R \neq 1/G$,除非 $B = 0$；$X \neq -1/B$,除非 $G = 0$。

$|Z|$、R、X 构成一端口网络的阻抗三角形，$|Y|$、G、B 构成该网络的导纳三角形。同一网络的等效阻抗的阻抗三角形与其等效导纳的导纳三角形是相似三角形。读者可自行推证。

5. 复阻抗(复导纳)的串联和并联

引进了复阻抗和复导纳的概念后，由 KCL、KVL 和欧姆定律的相量形式可知，复阻抗(复导纳)的串并联等效与直流电阻的有关公式相似。

当 n 个阻抗串联时，根据 KVL，其等效阻抗为

$$Z = Z_1 + Z_2 + \cdots + Z_n$$

当 n 个导纳并联时，根据 KCL，其等效导纳为

$$Y = Y_1 + Y_2 + \cdots + Y_n$$

当两个阻抗 Z_1 和 Z_2 并联时，如图 4-16 所示，其等效阻抗也是“积被和除”的形式，即

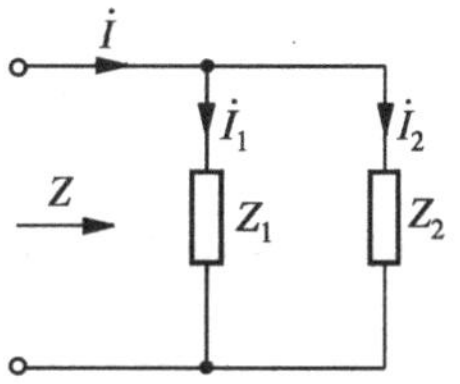

图 4-16 两个复阻抗并联

$$Z = \frac{Z_1 Z_2}{Z_1 + Z_2}$$

若总电流 $\dot{I}$ 已知，则分流公式与电阻电路相似，即

$$\dot{I}_1 = \dot{I}\frac{Z_2}{Z_1 + Z_2} \qquad \dot{I}_2 = \dot{I}\frac{Z_1}{Z_1 + Z_2}$$

再如阻抗串联分压公式也与电阻电路的有关公式相似，就不一一列举了。

以上公式读者可自行推证。

例 4-3 已知 R、L、C 串联电路，如图 4-17(a)所示，其中 $R=30\ \Omega$，$L=0.14\ \text{H}$，$C=10\ \mu\text{F}$，端电压 $u=100\sqrt{2}\cos(1000t+30°)\ \text{V}$。试求电路中的电流 i 和各元件上电压的瞬时值表达式。

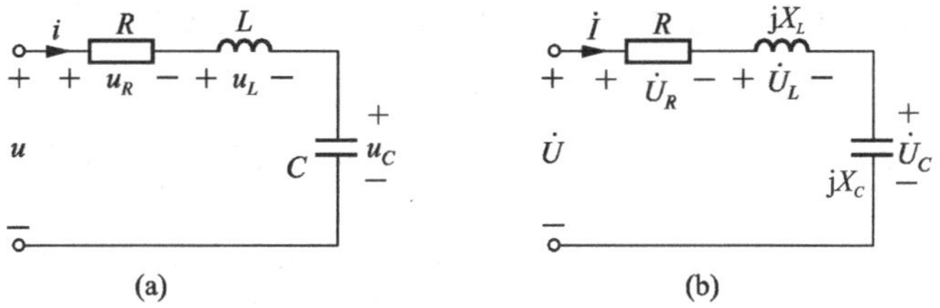

图 4-17 例 4-3 图

解 作出图 4-17(a)对应的相量模型电路，如图 4-17(b)所示。其中电压相量为

$$\dot{U} = 100\underline{/30°}\ \text{V}$$

电路的复阻抗为

$$\begin{aligned} Z &= R + jX_L + jX_C = R + j\omega L + \frac{1}{j\omega C} \\ &= 30 + j1000 \times 0.14 - j\frac{1}{1000 \times 10 \times 10^{-6}} \\ &= 30 + j40 \\ &= 50\underline{/53.13°}\ \Omega \end{aligned}$$

由欧姆定律

$$\dot{I} = \frac{\dot{U}}{Z} = \frac{100 \,\underline{/30°}}{50 \,\underline{/53.13°}} = 2 \,\underline{/-23.13°} \text{ A}$$

各元件上的电压相量分别为

$$\dot{U}_R = R\dot{I} = 30 \times 2 \,\underline{/-23.13°} = 60 \,\underline{/-23.13°} \text{ V}$$

$$\dot{U}_L = jX_L\dot{I} = j140 \times 2 \,\underline{/-23.13°} = 280 \,\underline{/66.87°} \text{ V}$$

$$\dot{U}_C = jX_C\dot{I} = -j100 \times 2 \,\underline{/-23.13°} = 200 \,\underline{/-113.13°} \text{ V}$$

它们的瞬时值表达为

$$i = 2\sqrt{2}\cos(1000\,t - 23.13°) \text{ A}$$

$$u_R = 60\sqrt{2}\cos(1000\,t - 23.13°) \text{ V}$$

$$u_L = 280\sqrt{2}\cos(1000\,t + 66.87°) \text{ V}$$

$$u_C = 200\sqrt{2}\cos(1000\,t - 113.13°) \text{ V}$$

在本例中,电感电压和电容电压都高于电源的端电压(有效值),这是由于电感电压与电容电压反相,彼此抵消的结果。

在正弦交流电路分析中,常将各相量画在同一个复平面上以反映 KCL、KVL 以及电压电流的关系,这种相量图比较直观,是分析电路的一个辅助手段。图中除了按比例画出各相量的模外,最重要的是确定各相量的相位关系。在画相量图时,可以选择某一相量作为参考相量,而其他有关相量就可根据它来逐一确定。参考相量的初相一般取为零,也可取其他值,视具体情况而定。在画串联电路的相量图时,一般取电流为参考相量,从而确定各元件的电压相量,由 KVL,电压相量$\dot{U}$可按向量求和的方法作出。在画并联电路的相量图时,则取电压为参考相量为宜。

图 4-17 是串联电路,可选电流$\dot{I}$作为参考相量,若$\omega L > \dfrac{1}{\omega C}$,可定性作出相量图如图 4-18(a)所示。图中$\dot{U}_R$、$\dot{U}_X$、$\dot{U}$三个相量构成一个直角三角形,称为该电路的电压三角形,它与上述的阻抗三角形相似(因为将阻抗三角形每边乘以I便得到电压三角形)。也可设参考相量$\dot{I}$的初相为零,在$\omega L > \dfrac{1}{\omega C}$的情况下,可定性作出相量图如图 4-18(b)所示。

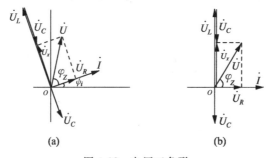

图 4-18　电压三角形

例4-4 电路如图 4-19 所示,已知 $R = 30\ \Omega$,$\dfrac{1}{\omega C} = 40\ \Omega$,$U = 180$ V。求:$\dot{I}$ 和 Y。

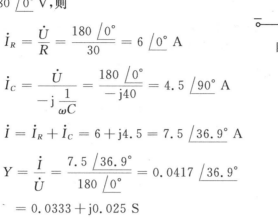

图4-19 例4-4图

解 设 $\dot{U} = 180\ \underline{/0°}$ V,则

$$\dot{I}_R = \frac{\dot{U}}{R} = \frac{180\ \underline{/0°}}{30} = 6\ \underline{/0°}\ \text{A}$$

$$\dot{I}_C = \frac{\dot{U}}{-\mathrm{j}\dfrac{1}{\omega C}} = \frac{180\ \underline{/0°}}{-\mathrm{j}40} = 4.5\ \underline{/90°}\ \text{A}$$

$$\dot{I} = \dot{I}_R + \dot{I}_C = 6 + \mathrm{j}4.5 = 7.5\ \underline{/36.9°}\ \text{A}$$

$$Y = \frac{\dot{I}}{\dot{U}} = \frac{7.5\ \underline{/36.9°}}{180\ \underline{/0°}} = 0.0417\ \underline{/36.9°}$$

$$= 0.0333 + \mathrm{j}0.025\ \text{S}$$

例4-5 图 4-20(a)所示电路中,已知 $i_\mathrm{s} = \sqrt{2}\cos(10^4 t)$ A,$R = 10\ \Omega$,$L = 5$ mH,$C = 2\ \mu$F,求支路电流 i_1、i_2 和端电压 u。

解 相量模型电路如图 4-20(b)所示,取电流 i_s 的相量为参考相量 $\dot{I}_\mathrm{s} = 1\ \underline{/0°}$A。由给定参数可求出各阻抗为

$$Z_1 = R + \mathrm{j}\omega L = 10 + \mathrm{j}50\ \Omega$$

$$Z_2 = -\mathrm{j}\frac{1}{\omega C} = -\mathrm{j}50\ \Omega$$

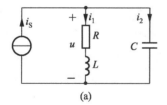 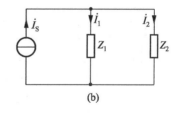

(a)　　　　　　　　　　(b)

图4-20 例4-5图

由分流公式

$$\dot{I}_1 = \dot{I}_\mathrm{s}\frac{Z_2}{Z_1 + Z_2} = 1\ \underline{/0°} \times \frac{-\mathrm{j}50}{10 + \mathrm{j}50 - \mathrm{j}50}$$

$$= -\mathrm{j}5 = 5\ \underline{/-90°}\ \text{A}$$

$$\dot{I}_2 = \dot{I}_\mathrm{s}\frac{Z_1}{Z_1 + Z_2} = 1\ \underline{/0°} \times \frac{10 + \mathrm{j}50}{10 + \mathrm{j}50 - \mathrm{j}50}$$

$$= 1 + \mathrm{j}5 = 5.10\ \underline{/78.69°}\ \text{A}$$

或由 KCL　　$\dot{I}_2 = \dot{I}_\mathrm{s} - \dot{I}_1 = 1 + \mathrm{j}5 = 5.10\ \underline{/78.69°}\ \text{A}$

则各支路电流的瞬时值表达式为

$$i_1 = 5\sqrt{2}\cos(10^4 t - 90°)\text{ A}$$

$$i_2 = 5.10\sqrt{2}\cos(10^4 t + 78.69°)\text{ A}$$

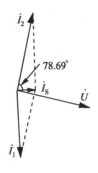

显然可以看到支路电流有效值 I_1、I_2 都大于总电流有效值 I_S,这是因为 $\dot{I}_1$、$\dot{I}_2$ 两电流近乎反相所致,从图 4-21 的相量图中可以看得比较清楚。此时,Z_1、Z_2 并联的等效阻抗为

$$Z_{eq} = \frac{Z_1 Z_2}{Z_1 + Z_2} = \frac{(10 + j50)(-j50)}{10 + j50 - j50}$$

$$= 250 - j50 = 255.0 \underline{/-11.31°}\ \Omega$$

图 4-21　例 4-5 相量图

可见 $|Z_{eq}|$ 大于 $|Z_1|$ 或 $|Z_2|$,而不像并联电阻那样,等效电阻总小于各并联电阻。

端电压 $\dot{U}$ 为

$$\dot{U} = Z_{eq}\dot{I}_S = 255 \underline{/-11.31°} \times 1 \underline{/0°}$$

$$= 255 \underline{/-11.31°}\text{ V}$$

所以　　　　　　　　　　$u = 255\sqrt{2}\cos(10^4 t - 11.31°)\text{ V}$

端电压 $\dot{U}$ 也可以由 $\dot{U} = Z_1\dot{I}_1$ 或 $\dot{U} = Z_2\dot{I}_2$ 求得

$$\dot{U} = Z_1\dot{I}_1 = 50.99 \underline{/78.69°} \times 5 \underline{/-90°}$$

$$= 255 \underline{/-11.31°}\text{ V}$$

$$\dot{U} = Z_2\dot{I}_2 = 50.99 \underline{/-90°} \times 5.1 \underline{/78.69°}$$

$$= 255 \underline{/-11.31°}\text{ V}$$

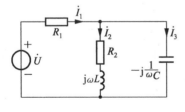

图 4-22　例 4-6 图

例 4-3 和例 4-5 说明:在串联电路或并联电路中,由于元件参数和性质的适当选配,能出现分电压大于总电压,分电流大于总电流的情况,但这不是普遍规律。在电阻电路中,是不可能出现这种情况的。

例 4-6　在图 4-22 的正弦电路中,已知 $U = 166.2$ V,$\omega = 1000$ rad/s,$R_1 = 50\ \Omega$,$R_2 = 30\ \Omega$,$L = 0.04$ H,$C = 25\ \mu$F。试求各支路电流。

解　并联部分的等效阻抗

$$Z_{并} = \frac{(R_2 + j\omega L)\left(-j\dfrac{1}{\omega C}\right)}{R_2 + j\omega L - j\dfrac{1}{\omega C}}$$

$$= \frac{(30 + j0.04 \times 1000)\left(-j\dfrac{1}{1000 \times 25 \times 10^{-6}}\right)}{30 + j0.04 \times 1000 - j\dfrac{1}{1000 \times 25 \times 10^{-6}}}$$

$$= \frac{(30+j40)(-j40)}{30} = 160/3 - j40$$

$$= 53.33 - j40 \ \Omega$$

$$Z_{总} = R_1 + Z_{并} = 50 + 53.33 - j40 = 103.33 - j40$$

$$= 110.80 \ \underline{/-21.16°} \ \Omega$$

设 $\dot{U} = 166.2 \ \underline{/0°}$ V,则各支路电流为

$$\dot{I}_1 = \frac{\dot{U}}{Z_{总}} = \frac{166.2 \ \underline{/0°}}{110.8 \ \underline{/-21.16°}} = 1.50 \ \underline{/21.16°} \ \text{A}$$

$$\dot{I}_2 = \dot{I}_1 \frac{-j\dfrac{1}{\omega C}}{R_2 + j\omega L - j\dfrac{1}{\omega C}} = 1.50 \ \underline{/21.16°} \times \frac{-j40}{30}$$

$$= 2.00 \ \underline{/-68.84°} \ \text{A}$$

$$\dot{I}_3 = \dot{I}_1 \frac{30+j40}{30} = 1.50 \ \underline{/21.16°} \times \frac{50 \ \underline{/53.13°}}{30}$$

$$= 2.50 \ \underline{/74.29°} \ \text{A}$$

例 4-7 如图 4-23 所示的电路中,电压表 Ⓥ、Ⓥ_1 和 Ⓥ_2 的读数分别为 100 V、171 V 和 240 V,若 $Z_2 = j60 \ \Omega$,试求阻抗 Z_1。

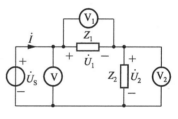

图 4-23 例 4-7 图

解 方法一

这是串联电路,Z_1 与 Z_2 的电流一致。根据电压表 Ⓥ_2 的读数及 Z_2 可以求得 I。

如以电流 $\dot{I}$ 为参考相量,则

$$\dot{I} = \frac{240}{60} \ \underline{/0°} = 4 \ \underline{/0°} \ \text{A}$$

于是

设

$$\dot{U}_2 = Z_2 \dot{I} = 240 \ \underline{/90°} \ \text{V}$$

$$\dot{U}_1 = 171 \ \underline{/\varphi_1}$$

$$\dot{U}_s = 100 \ \underline{/\varphi}$$

由 KVL,有

$$\dot{U}_s = \dot{U}_1 + \dot{U}_2$$

即有 $\qquad 100 \ \underline{/\varphi} = 171 \ \underline{/\varphi_1} + 240 \ \underline{/90°}$

即 $\qquad 100\cos\varphi + j100\sin\varphi = 171\cos\varphi_1 + j171\sin\varphi_1 + j240$

两边实部相等 $\qquad 100\cos\varphi = 171\cos\varphi_1$

两边虚部相等 $\qquad 100\sin\varphi = 171\sin\varphi_1 + 240$

解得 $\qquad \varphi_1 = -69.42° \text{ 或} -110.58°$

故有

$$Z_1 = \frac{\dot{U}_1}{\dot{I}} = \frac{171\ \underline{/-69.42°}}{4\ \underline{/0°}} = 42.75\ \underline{/-69.42°}$$

$$= 15.03 - j40.02\ \Omega$$

阻抗 Z_1 为容性（另一解答 $Z_1 = -15.03 - j40.02\ \Omega$，$Z_1$ 的实部为负值，即相当于负电阻，通常不予考虑）。

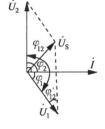

图 4-24　例 4-7 相量图

方法二

由 KVL，$\dot{U}_S = \dot{U}_1 + \dot{U}_2$，根据各电压表读数（相量的模），作出相量图如图 4-24 所示。

由余弦定理（由于 $\cos\varphi_{12}' = -\cos\varphi_{12}$）

$$U_S^2 = U_1^2 + U_2^2 + 2U_1U_2\cos\varphi_{12}$$

$$\cos\varphi_{12} = \frac{U_S^2 - U_1^2 - U_2^2}{2U_1U_2}$$

$$= \frac{100^2 - 171^2 - 240^2}{2 \times 171 \times 240}$$

$$= -0.9362$$

所以 $\qquad \varphi_{12} = 159.42°$

而 $\qquad \varphi_{12} = \varphi_1 + \varphi = \varphi_1 + 90°$

所以 $\qquad \varphi_1 = 159.42 - 90° = 69.42°$（$\dot{U}_1$ 滞后于 $\dot{I}$，故 Z_1 为容性）

$$Z_1 = \frac{U_1}{I}\ \underline{/-69.42°} = \frac{171}{4}\ \underline{/-69.42°}$$

$$= 42.75\ \underline{/-69.42°}$$

$$= 15.03 - j40.02\ \Omega$$

例 4-8　图 4-25 的电路中，R 的中点 o 为参考零电位点。设电源电压 U 已知，且 $\omega Cr = 1$，试求点 a、b、c、d 的电位相量。

解　方法一

设 $\dot{U} = \dot{U}_{ac} = U\ \underline{/0°}$，由于点 o 是 R 的中点，有

$$\dot{U}_{ao} = \frac{1}{2}\dot{U}, \quad \dot{U}_{co} = -\frac{1}{2}\dot{U} = \frac{1}{2}\dot{U}\ \underline{/180°}$$

两条 r、C 支路的电流

$$\dot{I} = \frac{\dot{U}}{r + \frac{1}{j\omega C}} = \frac{j\omega C}{1 + j\omega Cr}\dot{U}$$

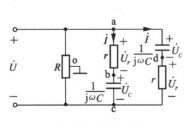

图 4-25　例 4-8 图

故 $\qquad \dot{U}_{bo} = \dot{U}_{bc} + \dot{U}_{co} = \frac{1}{j\omega C}\frac{j\omega C\dot{U}}{1 + j\omega Cr} - \frac{1}{2}\dot{U}$

$$\dot{U}_{do} = \dot{U}_{dc} + \dot{U}_{co} = r\frac{j\omega C\dot{U}}{1 + j\omega Cr} - \frac{1}{2}\dot{U}$$

代入 $\omega Cr = 1$,得

$$\dot{U}_{bo} = -j\frac{1}{2}\dot{U} = \frac{\dot{U}}{2}\underline{/-90°}, \quad \dot{U}_{do} = \frac{\dot{U}}{2}\underline{/90°}$$

解 方法二

作出相量图,利用特殊的几何关系进行分析。

设 $\dot{U}_{ac} = \dot{U} = U\underline{/0°}$,既然 o 点为 R 的中点,它也就是 U_{ac}

的中点。r、C 支路中,电流 $\dot{I}$ 超前于电压 $\dot{U}$;而 $\dot{U}_r$ 与 $\dot{I}$ 相同,

$\dot{U}_C$ 滞后 $\dot{I}$ 90°,且 $\dot{U}_r + \dot{U}_c = \dot{U}$,据此可作出图 4-26 所示的相量

图。又 $\omega Cr = 1$ 或 $r = 1/\omega C$,可知 $U_r = U_c$,即 △abc 为等腰直

角三角形,△adc 也是等腰直角三角形。于是,四边形 abcd 为

正方形,从而 $\dot{U}_{ao}$,$\dot{U}_{bo}$,$\dot{U}_{co}$,$\dot{U}_{do}$ 大小相等,相位依次滞后 90°,即

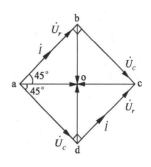

图 4-26 例 4-8 相量图

$$\dot{U}_{ao} = \frac{1}{2}\dot{U}, \quad \dot{U}_{bo} = \frac{\dot{U}}{2}\underline{/-90°}$$

$$\dot{U}_{co} = \frac{\dot{U}}{2}\underline{/180°}, \quad \dot{U}_{do} = \frac{\dot{U}}{2}\underline{/90°}$$

4.4 正弦稳态功率

任一端口网络 N,如图 4-27 所示,在图示关联参考方向下,输入网络的瞬时功率 p

等于电压与电流瞬时值的乘积,即

$$p = ui$$

设正弦电压和电流分别为

$$u = \sqrt{2}U\cos\omega t$$

图 4-27 功率

$$i = \sqrt{2}I\cos(\omega t - \varphi)$$

则有

$$\begin{aligned}
p &= ui \\
&= \sqrt{2}U\cos\omega t \times \sqrt{2}I\cos(\omega t - \varphi) \\
&= UI[\cos\varphi + \cos(2\omega t - \varphi)]
\end{aligned} \tag{4-26}$$

式中,φ 是端口电压与电流的相位差,可见瞬时功率由恒定分量 $UI\cos\varphi$ 和正弦分量两部

分组成,正弦分量的频率是电压频率的两倍。

瞬时功率的实用意义不大,通常用平均功率 P(又称有功功率)来反映网络实际吸收

的功率。根据定义,**平均功率(average power)**为

$$\begin{aligned}
P &= \frac{1}{T}\int_0^T p\,\mathrm{d}t = \frac{1}{T}\int_0^T UI[\cos\varphi + \cos(2\omega t - \varphi)]\mathrm{d}t \\
&= UI\cos\varphi = UI\lambda
\end{aligned} \tag{4-27}$$

上式表明,**有功功率**(active power)就是式(4-26)瞬时功率的恒定分量。它不仅与电压、电流的有效值有关,而且还与电压、电流的相位差有关,$\lambda(=\cos\varphi)$称为电路的**功率因数**(power factor),φ又称为功率因数角,对于无源一端口网络而言,也就是阻抗角。当电流与电压的参考方向相同时,$UI\cos\varphi$表示吸收功率。

有功功率与负载的阻抗角有关,故不能用有功功率表示发配电设备的供电能力,或者叫做容量。发电机正常情况下的端电压是由发配电设备的绝缘性能限定的,称为额定电压,用U_N表示。可能提供电流的最大值由导线的线径,材料和散热条件确定,称为额定电流,用I_N表示。额定电压U_N与额定电流I_N的乘积,表示发配电设备的容量,即表示它可能提供的最大功率,但是实际提供的平均功率与负载的功率因数λ有关。例如$U_N=1000$ V,$I_N=100$ A 的发电机,当负载$\lambda(=\cos\varphi)=0.5$ 时,只能发出 $1000\times100\times0.5=50$ kW。只有当负载的$\lambda=\cos\varphi=1$时,才能发出 100 kW 的功率,通常把电压和电流有效值的乘积定义为**视在功率**(apparent power),用 S 表示,即

$$S = UI \tag{4-28}$$

视在功率与有功功率具有相同的量纲,但它并非是负载所吸收的有功功率,为区分起见,视在功率的单位用伏安(V·A)或千伏安(kV·A)。

比较式(4-27)与式(4-28)可得

$$P = S\cos\varphi = S\lambda$$

或

$$\lambda = \cos\varphi = \frac{P}{S}$$

即功率因数等于有功功率与视在功率之比。

工程上还引用**无功功率**(ractive power)的概念,无功功率用 Q 表示,其定义为

$$Q = UI\sin\varphi \tag{4-29}$$

它与有功功率不同,不表示单位时间做的功,只表示能量交换的情况,因此无功功率虽具有功率的量纲,但工程上却采用乏(Var)或无功伏安作其单位。

由式(4-29)可知,当电路为感性时,$\varphi>0$,Q 为正值;当电路为容性时,$\varphi<0$,Q 为负值。即无功功率有正负之分,习惯上把电感当作"吸收"无功功率的元件,把电容当作"发出"无功功率的元件。这只是一种相对的说法,假如由 R、L、C 串联组成的正弦电路,电感吸收能量时,正是电容释放能量;反之,电感释放能量时,正是电容吸收能量。

由式(4-27)~式(4-29)可知,S、P、Q 三者也组成直角三角形,称为功率三角形,如图 4-28 所示。

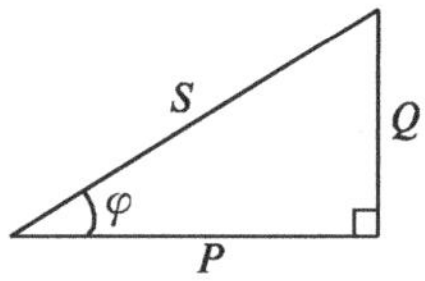

图 4-28 功率三角形

若无源一端口网络用等效阻抗替代,如图 4-29(a)所示,设阻抗为 $Z=R+jX$(为感性),其阻抗三角形如图 4-29(b)所示。各电压相量构成电压三角形如图 4-29(c)所示,图 4-29(d)是其功率三角形,三者均为直角三角形,且有一锐角 φ 相等,故三者是相似三角形。由于有功功率 $P=UI\cos\varphi=U_R I$,无功功率 $Q=UI\sin\varphi=U_X I$,所以在电压三角形中,$\dot{U}_R$ 又称为电压$\dot{U}$的有功分量,$\dot{U}_X$ 又称为电压$\dot{U}$的无功分量。

对偶地,无源线性一端口网络的导纳三角形、电流三角形和功率三角形也是相似的

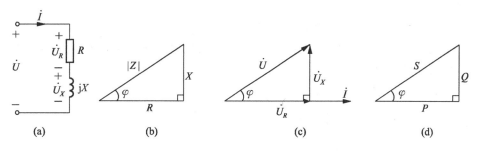

图 4-29　一端口网络及其阻抗、电压、功率三角形

直角三角形，总电流也可分为有功分量和无功分量。

下面来讨论功率因数的提高问题。

前面已经提到，电路的功率因数直接影响发配电设备的利用率；另外，当输送相同的功率时，功率因数低，则电流越大，输电线路的损耗也越大。为了提高发配电设备的利用率和降低输电线上的损耗，需要提高发配电设备所接负载的功率因数。

电力系统的负载多数是感性负载，因此为了提高功率因数，一般在感性负载两端并联电容器。因为这样做就可以用电容器的无功功率来补偿感性负载的无功功率，减少甚至消除感性负载与电源之间原有的能量交换，又不会影响原感性负载的工作状态。

例 4-9　在图 4-30(a)所示的 50 Hz，220 V 的电路中，一感性负载吸收有功功率 $P=10$ kW，功率因数 $\cos\varphi_1=0.6$。若要使功率因数提高到 0.9，求并接电容器的电容值。

图 4-30　例 4-9 电路及相量图

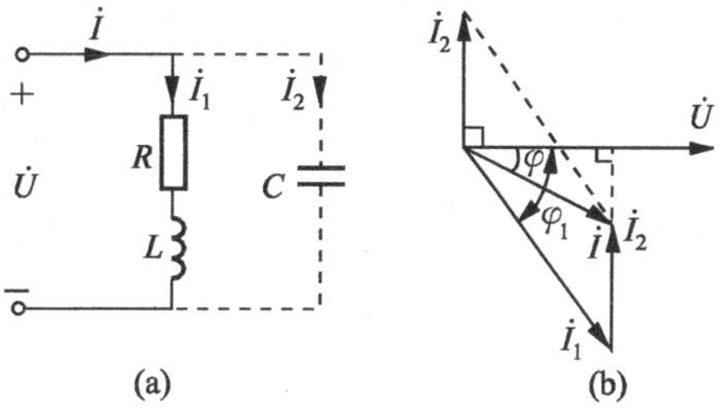

解　为了清楚地看出在感性负载两端并联电容的作用，先定性地画出电路的电压、电流相量图，如图 4-30(b)所示。由图可以看出，并联电容以后，并不改变原负载的工作情况，但使来自电源的电流显著地减小。

原来的功率因数 $\cos\varphi_1=0.6$，$\varphi_1=53.1°$

功率因数提高到 $\cos\varphi=0.9$ 时，$\varphi=25.8°$

有功功率不因并联电容而改变，故有

$$I_1=\frac{P}{U\cos\varphi_1}=\frac{10000}{220\times0.6}=75.8\ \text{A}$$

$$I=\frac{P}{U\cos\varphi}=\frac{10000}{220\times0.9}=50.5\ \text{A}$$

由相量图可知

$$\begin{aligned}I_2&=I_1\sin\varphi_1-I\sin\varphi\\&=75.8\sin53.1°-50.5\sin25.8°\\&=38.6\ \text{A}\end{aligned}$$

所以
$$C = \frac{I_2}{U\omega} = \frac{38.6}{220 \times 2\pi \times 50} = 559 \ \mu\mathrm{F}$$

并联电容提高功率因数的作用是使整个电路从电源"吸收"的无功功率减小,但原感性负载所需的无功功率并未改变。

若将 $\cos\varphi$ 提高到 1,则有
$$I = \frac{P}{U} = \frac{10000}{220} = 45.5 \ \mathrm{A}$$
$$I_2 = I_1 \sin\varphi_1 = 75.8 \sin 53.1° = 60.6 \ \mathrm{A}$$
$$C = \frac{I_2}{U\omega} = \frac{60.6}{220 \times 2\pi \times 50} = 877 \ \mu\mathrm{F}$$

由以上计算可看出,功率因数从 0.6 提高到 0.9,线路电流从 75.8 A 降到 50.5 A,减小 25.3 A,需要 559 μF 电容。而将功率因数从 0.9 提高到 1,线路电流从 50.5 A 降到 45.5 A,减小了 5 A,却需要 877−559=318 μF 电容。可见后者虽将功率因数提高到 1,但增加的电容所带来的效果并不显著。所以一般并不要求功率因数提高到 1,达到 0.9 左右即可。此外,根据功率三角形和无功功率的变化情况,可以推导出所需电容 C 的另一种计算公式(请读者自行推证)。

$$C = \frac{P(\mathrm{tg}\varphi_1 - \mathrm{tg}\varphi)}{\omega U^2}$$

因为正弦交流电路中的有功功率 P、无功功率 Q 和视在功率 S 三者间可构成功率三角形,为了计算上的方便,可把有功功率作为实部、无功功率作为虚部组成复数
$$\widetilde{S} = P + \mathrm{j}Q \tag{4-30}$$
则此复数的模等于视在功率,而其辐角则等于功率因数角(无源时为阻抗角),即
$$S = |\widetilde{S}| = \sqrt{P^2 + Q^2}$$
$$\cos\varphi = \frac{P}{\sqrt{P^2 + Q^2}} = \frac{P}{S}$$

此复数 $\widetilde{S}$ 称为复功率,它与复阻抗一样,只是一个计算用的复数,而不代表正弦量,因此不能作为相量看待,其记号"~"用以区别于视在功率 S。

下面讨论复功率与电压相量和电流相量的关系。

因为
$$P = UI\cos\varphi, \quad Q = UI\sin\varphi$$
所以
$$\widetilde{S} = UI\cos\varphi + \mathrm{j}UI\sin\varphi$$
$$= UI\mathrm{e}^{\mathrm{j}\varphi}$$
而
$$\varphi = \psi_u - \psi_i$$
所以
$$\widetilde{S} = UI\mathrm{e}^{\mathrm{j}(\psi_u - \psi_i)} = U\mathrm{e}^{\mathrm{j}\psi_u} I\mathrm{e}^{-\mathrm{j}\psi_i}$$
$$= \dot{U}\dot{I}^* \tag{4-31}$$

即复功率等于电压相量与电流相量的**共轭复数(conjugate complex number)**的乘积。当一端口网络内部不含独立电源时,有

$$\dot{U} = Z\dot{I} = (R + \mathrm{j}X)\,\dot{I}$$

或
$$\dot{I} = Y\dot{U} = (G + \mathrm{j}B)\,\dot{U}$$

则复功率
$$\widetilde{S} = Z\dot{I}\,\dot{I}^* = ZI^2 = (R + \mathrm{j}X)I^2$$
$$= RI^2 + \mathrm{j}XI^2 \tag{4-32}$$

或
$$\widetilde{S} = \dot{U}(Y\dot{U})^* = Y^* U^2 = (G + \mathrm{j}B)^* U^2$$
$$= GU^2 - \mathrm{j}BU^2 \tag{4-33}$$

其 Z 和 Y 分别为一端口网络的等效复阻抗和等效复导纳。

利用特勒根定理可以证明,电路中的复功率具有守恒性。即某些元件(或支路)发出的复功率,恒等于另一些元件(或支路)吸收的复功率。

设某网络有 b 条支路,各支路的电流相量、电压相量分别为 $\dot{I}_1$、$\dot{I}_2$、$\cdots$、$\dot{I}_b$、$\dot{U}_1$、$\dot{U}_2$、$\cdots$、$\dot{U}_b$,且各支路电压、电流取关联方向。由 KCL 及 KVL,有

$$\Sigma\,\dot{I}_k = 0, \quad \Sigma\,\dot{U}_k = 0$$

电流相量的共轭复数同样亦满足 KCL,即

$$\Sigma\,\dot{I}_k^* = 0$$

根据特勒根定理,应有

$$\sum_{k=1}^{b} \dot{U}_k\,\dot{I}_k^* = 0, \qquad \text{即} \sum_{k=1}^{b} \widetilde{S}_k = 0$$

由上式可得:$\Sigma P_k = 0$,$\Sigma Q_k = 0$,即对于任何正弦电流电路,电路中总的有功功率是电路各部分有功功率之和,总的无功功率是各部分无功功率之和,但在一般情况下,总的视在功率并不是各部分视在功率之和。对于无源元件组成的二端网络来说,所有有功功率为电阻元件上有功功率之和,所有无功功率为电容、电感元件上无功功率之和。

例 4-10 求出图 4-31 所示电路中各支路的复功率,并核验复功率守恒。已知:$I_S = 10$ A,$R_1 = 20$ Ω,$\mathrm{j}\omega L = \mathrm{j}25$ Ω,$R_2 = 10$ Ω,$-\mathrm{j}\dfrac{1}{\omega C} = -\mathrm{j}15$ Ω。

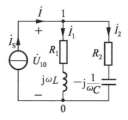

图 4-31　例 4-10 图

解　设 $\dot{I}_S = 10\ \underline{/0°}$ A,$\dot{I} = \dot{I}_S$,由已知得

$$Z_1 = R_1 + \mathrm{j}\omega L = 20 + \mathrm{j}25 = 32.02\ \underline{/51.34°}\ \Omega$$

$$Z_2 = R_2 - \mathrm{j}\frac{1}{\omega C} = 10 - \mathrm{j}15 = 18.03\ \underline{/-56.31}\ \Omega$$

$$Z = \frac{Z_1 Z_2}{Z_1 + Z_2} = \frac{(20 + \mathrm{j}25)(10 - \mathrm{j}15)}{30 + \mathrm{j}10}$$

$$= 18.25\ \underline{/-23.40°}\ \Omega$$

$$\dot{U}_{10} = \dot{I}Z = 182.5\ \underline{/-23.40°}\ \text{V}$$

由式(4-33),第一支路"吸收"的复功率

$$\widetilde{S}_{1吸} = U_{10}^2 Y_1^* = U_{10}^2 \left(\frac{1}{Z_1}\right)^*$$

$$= \frac{182.5^2}{32.02 \; \underline{/-51.34°}} = 1040.17 \; \underline{/51.34°}$$

$$= 649.79 + j812.23 \text{ V} \cdot \text{A}$$

第二支路"吸收"的复功率

$$\widetilde{S}_{2吸} = U_{10}^2 Y_2^* = U_{10}^2 \left(\frac{1}{Z_2}\right)^*$$

$$= \frac{182.5^2}{18.03 \; \underline{/+56.31°}} = 1847.27 \; \underline{/-56.31°}$$

$$= 1024.68 - j1537.02 \text{ V} \cdot \text{A}$$

电流源"发出"的复功率

$$\widetilde{S}_{发} = \dot{U}_{10} \dot{I}_S^* = 182.5 \; \underline{/-23.40°} \times 10$$

$$= 1825 \; \underline{/-23.40°}$$

$$= 1674.90 - j724.79 \text{ V} \cdot \text{A}$$

$$\widetilde{S}_{1吸} + \widetilde{S}_{2吸} = 1674.47 - j724.79 \text{ V} \cdot \text{A}$$

考虑到计算误差,可见复功率守恒,即

$$\widetilde{S}_{发} = \widetilde{S}_{1吸} + \widetilde{S}_{2吸}$$

但

$$S_{发} \neq S_{1吸} + S_{2吸}$$

$$(1825 \neq 1040.17 + 1847.27)$$

本例也可先求出 $\dot{I}_1$、$\dot{I}_2$,再用 $\widetilde{S} = \dot{U} \dot{I}^*$ 求解。

4.5 正弦稳态电路分析

从前面几节的讨论中可以看出,正弦交流电路引进相量法后,电路基本定律的相量形式在形式上与电阻电路相同。对于电阻电路,有

$$\Sigma i = 0, \quad \Sigma u = 0, \quad u = Ri$$

对于正弦交流电路,则有

$$\Sigma \dot{I} = 0, \quad \Sigma \dot{U} = 0, \quad \dot{U} = Z\dot{I}$$

所以分析计算线性电阻电路的各种方法和电路定理,均适用于正弦交流电路的分析,其差别仅在于所得到的电路方程为相量形式的线性复数方程。复数方程可对应为两个实数方程,即实部与实部相等、虚部与虚部相等两个方程,或者模与模相等、辐角与辐角相等两个方程,两个方程可以分开使用。

此外,正弦交流电路各正弦量之间有相位关系,由此引进了阻抗(或导纳)三角形、电压(或电流)三角形、功率三角形的概念,且同一电路,这三个三角形是相似三角形,为此可利用这些三角形和相量图,借助其几何关系,使分析计算得到简化。对于一般阻抗的

串联也有阻抗三角形与电压三角形相似的关系,只不过不再是直角三角形,如图 4-32 所示,仍以电流 $\dot{I}$ 为参考相量。

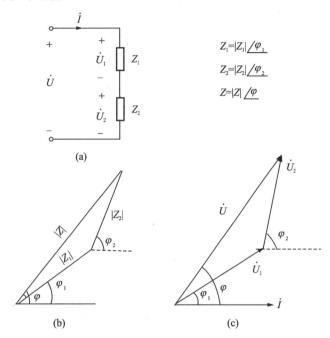

图 4-32 阻抗三角形与电压三角形

对于阻抗并联,也有相应的导纳三角形与电流三角形相似的关系,请读者自行体会。这些是正弦交流电路所独有的特点。

下面通过一些实例加以说明。

例 4-11 试用回路法求图 4-33 所示电路中各支路电流和各电压源发出的复功率。已知 $\dot{U}_{S1} = 55 - \mathrm{j}30$ V,$\dot{U}_{S2} = 10 \underline{/0°}$ V,$R = 10\ \Omega, X_L = 10\ \Omega, X_C = -15\ \Omega$。

解 设回路电流为 $\dot{I}_{l1}$、$\dot{I}_{l2}$,方向如图 4-33 所示,列出回路电流方程

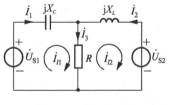

图 4-33 例 4-11 图

$$\begin{cases} (10 - \mathrm{j}15)\dot{I}_{l1} - 10\dot{I}_{l2} = 55 - \mathrm{j}30 \\ -10\dot{I}_{l1} + (10 + \mathrm{j}10)\dot{I}_{l2} = -10 \end{cases}$$

解得

$$\dot{I}_{l1} = \frac{\begin{vmatrix} 55 - \mathrm{j}30 & -10 \\ -10 & 10 + \mathrm{j}10 \end{vmatrix}}{\begin{vmatrix} 10 - \mathrm{j}15 & -10 \\ -10 & 10 + \mathrm{j}10 \end{vmatrix}} = \frac{750 + \mathrm{j}250}{150 - \mathrm{j}50}$$

$$= 5 \underline{/36.87°}\ \mathrm{A} = 4 + \mathrm{j}3\ \mathrm{A}$$

$$\dot{I}_{l2}=\frac{\begin{vmatrix} 10-\mathrm{j}15 & 55-\mathrm{j}30 \\ -10 & -10 \end{vmatrix}}{150-\mathrm{j}50}=\frac{450-\mathrm{j}150}{150-\mathrm{j}50}$$

$$=3\ \underline{/0^\circ}\ \mathrm{A}$$

所以各支路电流为

$$\dot{I}_1=\dot{I}_{l1}=5\ \underline{/36.87^\circ}\ \mathrm{A}$$

$$\dot{I}_2=-\dot{I}_{l2}=-3\ \mathrm{A}=3\ \underline{/180^\circ}\ \mathrm{A}$$

$$\dot{I}_3=\dot{I}_1+\dot{I}_2=4+\mathrm{j}3-3=3.16\ \underline{/71.57^\circ}\ \mathrm{A}$$

各电压源发出的复功率为

$$\widetilde{S}_{\mathrm{S}1}=\dot{U}_{\mathrm{S}1}\ \dot{I}_1^*=(55-\mathrm{j}30)(4-\mathrm{j}3)$$

$$=130-\mathrm{j}285\ \mathrm{V}\cdot\mathrm{A}$$

$$\widetilde{S}_{\mathrm{S}2}=\dot{U}_{\mathrm{S}2}\ \dot{I}_2^*=10\ \underline{/0^\circ}\times(-3\ \underline{/0^\circ})=-30\ \mathrm{V}\cdot\mathrm{A}$$

各元件吸收的复功率

$$\widetilde{S}_R=RI_3^2=10I_3^2=10\times|\ 1+\mathrm{j}3\ |^2=100\ \mathrm{V}\cdot\mathrm{A}$$

$$\widetilde{S}_C=\mathrm{j}X_CI_1^2=-\mathrm{j}15\times|\ 4+\mathrm{j}3\ |^2=-\mathrm{j}375\ \mathrm{V}\cdot\mathrm{A}$$

$$\widetilde{S}_L=\mathrm{j}X_LI_2^2=\mathrm{j}10\times3^2=\mathrm{j}90\ \mathrm{V}\cdot\mathrm{A}$$

总发出功率为　$\widetilde{S}_{\mathrm{S}1}+\widetilde{S}_{\mathrm{S}2}=130-\mathrm{j}285-30=100-\mathrm{j}285\ \mathrm{V}\cdot\mathrm{A}$

总吸收功率为　$\widetilde{S}_R+\widetilde{S}_C+\widetilde{S}_L=100-\mathrm{j}375+\mathrm{j}90=100-\mathrm{j}285\ \mathrm{V}\cdot\mathrm{A}$

可见复功率守恒,说明计算正确。

例 4-12 电路如图 4-34(a)所示。求 a、b 端口的等效电路。

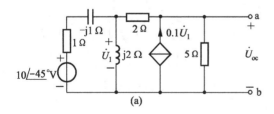 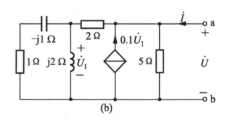

图 4-34　例 4-12 图

解　先求开路电压 $\dot{U}_{\mathrm{oc}}$,以 b 点为参考点,列出节点方程为

$$\begin{cases} \left(\dfrac{1}{1-\mathrm{j}1}+\dfrac{1}{\mathrm{j}2}+\dfrac{1}{2}\right)\dot{U}_1-\dfrac{1}{2}\dot{U}_{\mathrm{oc}}=\dfrac{10\ \underline{/-45^\circ}}{1-\mathrm{j}1} \\[3mm] -\dfrac{1}{2}\dot{U}_1+\left(\dfrac{1}{2}+\dfrac{1}{5}\right)\dot{U}_{\mathrm{oc}}=0.1\ \dot{U}_1 \end{cases}$$

整理化简得

$$\begin{cases} \dot{U}_1 - 0.5\,\dot{U}_{oc} = 5\sqrt{2} \\ -0.6\,\dot{U}_1 + 0.7\,\dot{U}_{oc} = 0 \end{cases}$$

解得
$$\dot{U}_{oc} = 7.5\sqrt{2} = 10.61 \text{ V}$$

再求入端阻抗 Z_i。用外加电源法,如图 4-34(b)所示。列出节点 a 的电流方程

$$\dot{I} = \frac{\dot{U}}{5} - 0.1\dot{U}_1 + \frac{\dot{U} - \dot{U}_1}{2} \qquad (4\text{-}34)$$

又因
$$\dot{U}_1 = \frac{\dot{U} - \dot{U}_1}{2} \times \frac{(1 - j1) \times j2}{1 - j1 + j2}$$

化简得 $\dot{U}_1 = \frac{1}{2}\dot{U}$,将其代入式(4-34)得到

$$\dot{U} = 2.5\,\dot{I}$$

所以
$$Z_i = \frac{\dot{U}}{\dot{I}} = 2.5 \ \Omega$$

等效电路如图 4-35 所示。

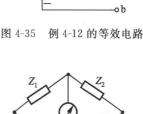

图 4-35 例 4-12 的等效电路

例 4-13 求图 4-36 所示交流电桥的平衡条件。

解 与直流电桥分析一样,交流电桥的平衡条件为

$$Z_1 Z_4 = Z_2 Z_3 \qquad (4\text{-}35)$$

即
$$|Z_1| \cdot |Z_4| \ \underline{/\varphi_1 + \varphi_4}$$
$$= |Z_2| \cdot |Z_3| \ \underline{/\varphi_2 + \varphi_3}$$

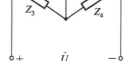

图 4-36 例 4-13 图

可见,欲使交流电桥平衡,必须同时满足两个条件,即

$$|Z_1| \cdot |Z_4| = |Z_2| \cdot |Z_3|$$

$$\varphi_1 + \varphi_4 = \varphi_2 + \varphi_3$$

所以,在调节交流电桥使其平衡时,必须调节两个参数(根据交流电桥平衡收敛原理,两个参数一般需交替反复调节,最后趋于平衡)。在测量技术中,往往针对待测阻抗的性质,根据上述平衡条件,设计出多种类型的交流电桥,以满足测量中的不同要求。

如果阻抗以代数形式表示,还可以得出另一种形式的平衡条件。

设 $Z_1 = R_1 + jX_1$,$Z_2 = R_2 + jX_2$,$Z_3 = R_3 + jX_3$,$Z_4 = R_4 + jX_4$,代入式(4-35)得

$$(R_1 + jX_1)(R_4 + jX_4) = (R_2 + jX_2)(R_3 + jX_3)$$

$$(R_1 R_4 - X_1 X_4) + j(R_1 X_4 + R_4 X_1)$$

$$= (R_2 R_3 - X_2 X_3) + j(R_2 X_3 + R_3 X_2)$$

两个平衡条件为

$$R_1 R_4 - X_1 X_4 = R_2 R_3 - X_2 X_3$$
$$R_1 X_4 + R_4 X_1 = R_2 X_3 + R_3 X_2$$

例 4-14 含有理想运算放大器的电路如图 4-37 所示。已知 $R_1 = R_2 = R_3 = R_4 = R_5 = 1\ \Omega$，$C_1 = 1$ F，$C_2 = 2$ F。试求输出电压与输入电压之比 $\dot{U}_o / \dot{U}_S$。

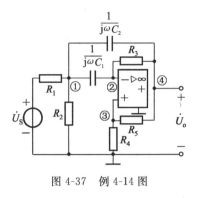

图 4-37 例 4-14 图

解 含运算放大器电路一般采用节点分析法。求解时需要注意两点：一是在列节点②、③的方程时，要注意理想运算放大器的虚断特性（输入端电流为零）；二是运放输出端的电流为未知量，故不宜对节点④列方程，方程数不足将由虚短特性所对应的方程 $\dot{U}_2 = \dot{U}_3$ 所补充，即

$$\begin{cases} \left(\dfrac{1}{R_1} + \dfrac{1}{R_2} + j\omega C_1 + j\omega C_2\right)\dot{U}_1 - j\omega C_1 \dot{U}_2 - j\omega C_2 \dot{U}_o = \dfrac{\dot{U}_S}{R_1} \\[2mm] -j\omega C_1 \dot{U}_1 + \left(\dfrac{1}{R_3} + j\omega C_1\right)\dot{U}_2 - \dfrac{1}{R_3}\dot{U}_o = 0 \\[2mm] \left(\dfrac{1}{R_4} + \dfrac{1}{R_5}\right)\dot{U}_3 - \dfrac{1}{R_5}\dot{U}_o = 0 \\[2mm] \dot{U}_2 = \dot{U}_3 \end{cases}$$

代入数据后得

$$\begin{cases} (2 + j3\omega)\dot{U}_1 - j\omega \dot{U}_2 - j2\omega \dot{U}_o = \dot{U}_S \\[2mm] -j\omega \dot{U}_1 + (1 + j\omega)\dot{U}_2 = \dot{U}_o \\[2mm] \dot{U}_2 = \dot{U}_3 = 0.5 \dot{U}_o \end{cases}$$

消去 $\dot{U}_1$、$\dot{U}_2$ 和 $\dot{U}_3$ 可得

$$\frac{\dot{U}_o}{\dot{U}_S} = \frac{-j\omega}{1 - \omega^2 + j0.5\omega}$$

例 4-15 移相电路如图 4-38(a)所示，若可变电阻 R 从 0 变化到 ∞。求 $\dot{U}_{mn}$ 与 $\dot{U}_{ab}$ 的相位差变化情况。

解 设 $\dot{U}_{ab} = U_{ab}\ \underline{/0°}$，先作出有向线段 ab 表示 $\dot{U}_{ab}$，m 点在 ab 的中点。设 R、C 支路的阻抗角为 φ 时，则电流 $\dot{I}$ 超前于 $\dot{U}_{ab}$ 的角度为 φ。$\dot{U}_{an}$（电阻器上电压）与电流 $\dot{I}$ 同相，$\dot{U}_{nb}$（电容上电压）落后 $\dot{I}\ 90°$，所以 an⊥nb（△anb 就是右边支路的电压三角形）。当电阻增加至 R' 时，阻抗角减小至 φ'，同上方法，可作出这时的电压三角形 an'b。因为电阻上电压与电容电压始终要保持正交，即 ∠anb = 90°，∠an'b = 90°，而 ab 维持不变，可见当 R 改变时，n 点变动的轨迹将是以 ab 为直径的半圆周（如图中虚线），当 $R = 0$ 时，n 点与 a 点重合,当 $R \to \infty$ 时,n 点与 b 点重合。m 点到 n 点间的连线即表示 $\dot{U}_{mn}$,可见当 R 从 0 变到 ∞ 时,$\dot{U}_{mn}$ 超前于 $\dot{U}_{ab}$ 的角度 ψ 从 π 变到 0。

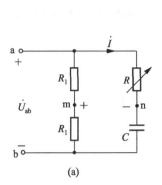 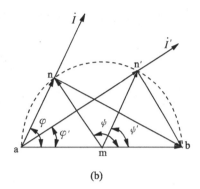

图 4-38 例 4-15 图

若右边支路中,电阻 R 与电容 C 的位置互换,则 R 从 0 变到 ∞ 时,$\dot{U}_{mn}$ 落后于 $\dot{U}_{ab}$ 的角度 ψ 从 0 变到 π。读者可自行分析。

4.6 最大功率传输

在实际问题中,有时需要研究负载在什么条件下获得最大功率。这类问题可由戴维南定理归结为一个内阻抗为 Z_i 的正弦电源向负载 Z_L 供电的问题。如图 4-39 所示,在 U_S 和 Z_i 已给定的情况下,负载 Z_L 应满足什么条件才能吸收最大的有功功率?

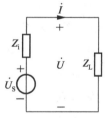

图 4-39 最大功率传输

在图 4-39 所示电路中,设 $Z_i = R_i + jX_i$,$Z_L = R_L + jX_L$,则

$$I = \frac{U_S}{\sqrt{(R_i + R_L)^2 + (X_i + X_L)^2}}$$

$$P_L = R_L I^2 = \frac{R_L U_S^2}{(R_i + R_L)^2 + (X_i + X_L)^2}$$

首先来看 P_L 与 X_L 的关系,由于 X_L 在上式的分母中,故知在 R_L 为任意值下 $X_L = -X_i$ 时,P_L 达极大值,即

$$P_L' = \frac{R_L U_S^2}{(R_i + R_L)^2}$$

令 P_L' 对 R_L 的导数为零,即得 P_L' 为最大值的条件

$$\frac{dP_L'}{dR_L} = \frac{d}{dR_L}\left[\frac{R_L U_S^2}{(R_i + R_L)^2}\right] = 0$$

所以

$$R_L = R_i$$

综上所述,在 U_S 和 Z_i 给定的情况下,负载吸收最大功率的条件是

$$R_L = R_i, \quad X_L = -X_i$$

即

$$Z_L = Z_i^*$$

此时,负载阻抗与电源内阻抗称为**共轭匹配**(conjugate matching)或称最佳匹配。此最大功率为

$$P_{Lmax} = \frac{R_L U_S^2}{(2R_i)^2} = \frac{U_S^2}{4R_i} \tag{4-36}$$

如果负载的阻抗角不变,而模可变,什么条件下可获得最大功率呢? 设负载阻抗为

$$Z_L = |Z_L| \underline{/\varphi} = |Z_L|\cos\varphi + j|Z_L|\sin\varphi$$

则

$$I = \frac{U_S}{\sqrt{(R_i + |Z_L|\cos\varphi)^2 + (X_i + |Z_L|\sin\varphi)^2}}$$

负载电阻的功率为

$$P_L = I^2 |Z_L|\cos\varphi = \frac{U_S^2 |Z_L|\cos\varphi}{(R_i + |Z_L|\cos\varphi)^2 + (X_i + |Z_L|\sin\varphi)^2}$$

要使 P_L 达最大值,同样令 $\dfrac{dP_L}{d|Z_L|}=0$,可求得

$$|Z_L| = \sqrt{R_i^2 + X_i^2} \tag{4-37}$$

因此在只可改变负载阻抗模的情况下,负载获得最大功率的条件是负载阻抗的模应与电源内阻抗的模相等,这种匹配称为**模匹配**(mode matching)。在这一条件下,当负载是纯电阻时,即 $|Z_L| = R_L$ 时,获得最大功率的条件是 $R_L = \sqrt{R_i^2 + X_i^2}$,而不是 $R_L = R_i$。显然,在这种情况下负载所获得的功率不及共轭匹配时所获得的功率大,即如果阻抗角 φ 也可调节,还能使负载得到更大一些的功率。

例 4-16 电路如图 4-40 所示,试求下列情况下负载的功率。若(1)负载为 5 Ω 电阻;(2)负载为电阻且为模匹配;(3)负载为共轭匹配。

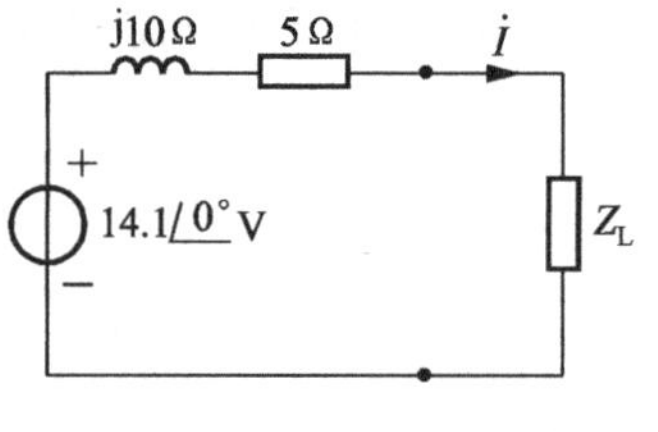

解 电源内阻抗为 $Z_i = 5 + j10 = 11.2\underline{/63.4°}\ \Omega$

(1) 当 $Z_L = R_L = 5\ \Omega$ 时,则

$$\dot{I} = \frac{14.1\underline{/0°}}{5 + j10 + 5} = \frac{14.1\underline{/0°}}{10\sqrt{2}\underline{/45°}} = 1.0\underline{/-45}\ A$$

$$P_L = I^2 R_L = 1.0^2 \times 5 = 5\ W$$

(2) 当 $Z_L = R_L = |Z_i| = 11.2\ \Omega$ 时,则

$$\dot{I} = \frac{14.1\underline{/0°}}{5 + j10 + 11.2} = \frac{14.1\underline{/0°}}{16.2 + j10} = \frac{14.1\underline{/0°}}{19.0\underline{/31.7°}} = 0.742\underline{/-31.7°}\ A$$

$$P_L = 0.742^2 \times 11.2 = 6.2\ W$$

图 4-40 例 4-16 图

(3) 当 $Z_L = Z_i^* = 5 - j10 \ \Omega$ 时,则

$$\dot{I} = \frac{14.1 \ \underline{/0^\circ}}{5 + j10 + 5 - j10} = 1.41\underline{/0^\circ} \ A$$

$$P_L = 1.41^2 \times 5 = 9.9 \ W$$

可见共轭匹配时,负载所获得的功率最大。

例 4-17 图 4-41(a)所示电路,为使 Z_L 获得最大功率,Z_L 应为何值? 此时获得的最大功率为多少?

解 求负载获得最大功率这类问题,一般均采用戴维南定理,将电路化为单回路电路。

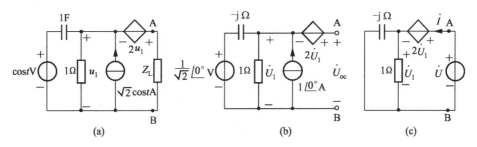

图 4-41 例 4-17 图

(1) 先将负载两端 A、B 断开,在图 4-41(b)所示的相量模型中求开路电压 $\dot{U}_{oc}$。由弥尔曼定理得

$$\dot{U}_1 = \frac{1 + \dfrac{1}{\sqrt{2}} \ \underline{/0^\circ}/(-j)}{1 + 1/(-j)} = \frac{1 + j\dfrac{1}{\sqrt{2}}}{1 + j}$$

故

$$\dot{U}_{oc} = 2\dot{U}_1 + \dot{U}_1 = \frac{3(1 + j/\sqrt{2})}{1 + j} = 2.60 \ \underline{/-9.74^\circ} \ V$$

(2) 用控制量为“1”的方法(如图 4-41(c)所示)求 AB 处的入端阻抗 Z_i。

令 $\dot{U}_1 = 1 \ \underline{/0^\circ} \ V$,则

$$\dot{U} = 2\dot{U}_1 + \dot{U}_1 = 3\dot{U}_1 = 3 \ \underline{/0^\circ} \ V$$

$$\dot{I} = \dot{U}_1\left(\frac{1}{1} + \frac{1}{-j}\right) = (1 + j)\dot{U}_1 = 1 + j \ A$$

所以

$$Z_i = \frac{\dot{U}}{\dot{I}} = \frac{3\dot{U}_1}{(1 + j)\dot{U}_1} = \frac{3}{1 + j}$$

$$= 1.5\sqrt{2} \ \underline{/-45^\circ} = 1.5 - j1.5 \ \Omega$$

(3) 由此得到图 4-42 所示的戴维南等效电路。当 $Z_L = Z_i^* = 1.5 + j1.5\,\Omega$ 时,可获得最大功率,此时最大功率为

$$P_{max} = \frac{U_{oc}^2}{4R_i} = \frac{2.60^2}{4 \times 1.5} = 1.13 \ W$$

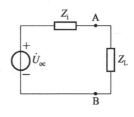

图 4-42 例 4-17 的戴维南等效电路

4.7　相量形式的二端口网络方程和参数

当二端口网络内部有电容、电感(无初始储能)、无独立源时,若此时施加正弦交流激励,端口变量用相量分别表示为$\dot{U}_1$、$\dot{U}_2$、$\dot{I}_1$、$\dot{I}_2$,电压、电流的参考方向如图 4-43 所示,取其中两个作为自变量,另两个作为因变量建立端口变量关系,也和电阻二端口网络一样有六种表示,即有六种特性方程,其对应的网络参数也有六种,常用有四种,分别为 Z 参数、Y 参数、T 参数和 H 参数。

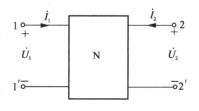

图 4-43　端口变量的参考方向

4.7.1　Z 参数方程

在图 4-43 中选端口的电流$\dot{I}_1$、$\dot{I}_2$ 为自变量、端口电压$\dot{U}_1$、$\dot{U}_2$ 则表示为

$$\left.\begin{aligned}\dot{U}_1 = Z_{11}\dot{I}_1 + Z_{12}\dot{I}_2\\ \dot{U}_2 = Z_{21}\dot{I}_1 + Z_{22}\dot{I}_2\end{aligned}\right\} \tag{4-38}$$

将式(4-38)写成矩阵形式为

$$\begin{bmatrix}\dot{U}_1\\ \dot{U}_2\end{bmatrix} = \begin{bmatrix}Z_{11} & Z_{12}\\ Z_{21} & Z_{22}\end{bmatrix}\begin{bmatrix}\dot{I}_1\\ \dot{I}_2\end{bmatrix} = \boldsymbol{Z}\begin{bmatrix}\dot{I}_1\\ \dot{I}_2\end{bmatrix} \tag{4-39}$$

其中

$$\boldsymbol{Z} = \begin{bmatrix}Z_{11} & Z_{12}\\ Z_{21} & Z_{22}\end{bmatrix}$$

称为二端口网络的 Z 参数矩阵,其意义同电阻二端口网络及参数,亦称为开路阻抗参数,对于互易网络有 $Z_{12} = Z_{21}$。

4.7.2　Y 参数方程

在图 4-43 中选端口的电压$\dot{U}_1$、$\dot{U}_2$ 为自变量,则端口的电流$\dot{I}_1$、$\dot{I}_2$ 表示为

$$\left.\begin{aligned}\dot{I}_1 = Y_{11}\dot{U}_1 + Y_{12}\dot{U}_2\\ \dot{I}_2 = Y_{21}\dot{U}_1 + Y_{22}\dot{U}_2\end{aligned}\right\} \tag{4-40}$$

将式(4-40)写成矩阵形式为

$$\begin{bmatrix}\dot{I}_1\\ \dot{I}_2\end{bmatrix} = \begin{bmatrix}Y_{11} & Y_{12}\\ Y_{21} & Y_{22}\end{bmatrix}\begin{bmatrix}\dot{U}_1\\ \dot{U}_2\end{bmatrix} = \boldsymbol{Y}\begin{bmatrix}\dot{U}_1\\ \dot{U}_2\end{bmatrix} \tag{4-41}$$

式中

$$\boldsymbol{Y} = \begin{bmatrix}Y_{11} & Y_{12}\\ Y_{21} & Y_{22}\end{bmatrix}$$

称为 Y 参数矩阵，Y 参数亦称短路导纳参数，对于互易网络，$Y_{12} = Y_{21}$。

由式(4-39)可得

$$\begin{bmatrix} \dot{I}_1 \\ \dot{I}_2 \end{bmatrix} = \mathbf{Z}^{-1} \begin{bmatrix} \dot{U}_1 \\ \dot{U}_2 \end{bmatrix}$$

所以
$$\mathbf{Y} = \mathbf{Z}^{-1} \ \text{或} \ \mathbf{Z} = \mathbf{Y}^{-1} \tag{4-42}$$

4.7.3 T 参数方程

在图 4-43 中选择输出端口电压 $\dot{U}_2$ 和电流 $(-\dot{I}_2)$ 为自变量，则输入端口的电压 $\dot{U}_1$ 和电流 $\dot{I}_1$ 表示为

$$\left. \begin{array}{l} \dot{U}_1 = A\dot{U}_2 + B(-\dot{I}_2) \\ \dot{I}_1 = C\dot{U}_2 + D(-\dot{I}_2) \end{array} \right\} \tag{4-43}$$

将式(4-43)写成矩阵形式为

$$\begin{bmatrix} \dot{U}_1 \\ \dot{I}_1 \end{bmatrix} = \begin{bmatrix} A & B \\ C & D \end{bmatrix} \begin{bmatrix} \dot{U}_2 \\ -\dot{I}_2 \end{bmatrix} = \mathbf{T} \begin{bmatrix} \dot{U}_2 \\ -\dot{I}_2 \end{bmatrix} \tag{4-44}$$

其中

$$\mathbf{T} = \begin{bmatrix} A & B \\ C & D \end{bmatrix}$$

称为 $\mathbf{T}$ 传输参数矩阵，其意义与电阻二端口网络相同。

4.7.4 H 参数方程

若在图 4-43 中选择输入端口电流 $\dot{I}_1$ 和输出端口的电压 $\dot{U}_2$ 为自变量，则输入端口的电压 $\dot{U}_1$ 和输出端口的电流 $\dot{I}_2$ 表示为

$$\left. \begin{array}{l} \dot{U}_1 = H_{11}\dot{I}_1 + H_{12}\dot{U}_2 \\ \dot{I}_2 = H_{21}\dot{I}_1 + H_{22}\dot{U}_2 \end{array} \right\} \tag{4-45}$$

其矩阵形式为

$$\begin{bmatrix} \dot{U}_1 \\ \dot{I}_2 \end{bmatrix} = \mathbf{H} \begin{bmatrix} \dot{I}_1 \\ \dot{U}_2 \end{bmatrix}$$

其中
$$\mathbf{H} = \begin{bmatrix} H_{11} & H_{12} \\ H_{21} & H_{22} \end{bmatrix}$$

称为 $\mathbf{H}$ 混合参数矩阵，其意义同电阻二端口网络的 H 参数。

有了上述定义,相量形式的二端口网络之间参数的转换、二端口网络的等效与联接、输入阻抗 Z_i 和输出阻抗 Z_o 的确定,则均与电阻二端口网络相类似。

4.7.5 回转器和负阻抗变换器

电路中常常通过运算放大器和若干电阻元件来实现**回转器**(gyrator)和**负阻抗变换器**(negative impedance converter,NIC),它们对外可看作为一个整体,称为二端口元件,类似前面已介绍的受控源。

1. 回转器

理想回转器在电路中用图 4-44 所示的图形符号表示,其端口电压、电流方程(即定义式)为

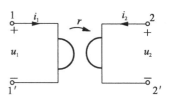

图 4-44 回转器的电路符号

$$\begin{cases} u_1 = -ri_2 \\ u_2 = ri_1 \end{cases} \qquad (4\text{-}46)$$

或

$$\begin{cases} i_1 = gu_2 \\ i_2 = -gu_1 \end{cases} \qquad (4\text{-}47)$$

写成矩阵形式为

$$\begin{bmatrix} u_1 \\ u_2 \end{bmatrix} = \begin{bmatrix} 0 & -r \\ r & 0 \end{bmatrix} \begin{bmatrix} i_1 \\ i_2 \end{bmatrix}, \quad \begin{bmatrix} i_1 \\ i_2 \end{bmatrix} = \begin{bmatrix} 0 & g \\ -g & 0 \end{bmatrix} \begin{bmatrix} u_1 \\ u_2 \end{bmatrix}$$

用传输参数方程表示为

$$\begin{bmatrix} u_1 \\ i_1 \end{bmatrix} = \begin{bmatrix} 0 & r \\ \dfrac{1}{r} & 0 \end{bmatrix} \begin{bmatrix} u_2 \\ -i_2 \end{bmatrix}$$

式中,r 具有电阻的量纲,称为回转电阻;$g = \dfrac{1}{r}$ 具有电导的量纲,称为回转电导;r 与 g 统称为回转常数。根据端口电压、电流关系,可知回转器的 Z、Y、T 参数矩阵为

$$\boldsymbol{Z} = \begin{bmatrix} 0 & -r \\ r & 0 \end{bmatrix}, \quad \boldsymbol{Y} = \begin{bmatrix} 0 & g \\ -g & 0 \end{bmatrix}, \quad \boldsymbol{T} = \begin{bmatrix} 0 & r \\ \dfrac{1}{r} & 0 \end{bmatrix}$$

在任一瞬时,输入回转器的功率由式(4-46)可知

$$u_1 i_1 + u_2 i_2 = -r i_1 i_2 + r i_1 i_2 = 0$$

所以理想回转器与理想变压器一样,是既不消耗能量亦不储存能量的元件。另外从它的参数矩阵可以看出回转器不具有互易性。综上所述,理想回转器是一个线性、无源、无损、非互易的电阻性元件。

式(4-46)及式(4-47)说明,回转器具有将一个端口的电流(或电压)"回转"为另一端口的电压(或电流)的性质,所以它具有既能变换阻抗数值又能变换阻抗性质的功能。如图 4-45(a)所示回转器 2-2′ 端接一阻抗 Z,因为

$$\dot{U}_1 = -r \dot{I}_2, \dot{U}_2 = r \dot{I}_1, \dot{I}_2 = -\frac{\dot{U}_2}{Z}$$

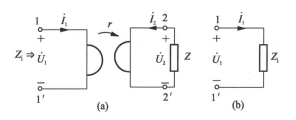

图 4-45　回转器的阻抗逆变换作用

可得

$$Z_i = \frac{\dot{U}_1}{\dot{I}_1} = \frac{-r\dot{I}_2}{\dot{U}_2/r} = \frac{r^2}{Z} \tag{4-48}$$

可见输入阻抗 Z_i 与 Z 成反比,此即为阻抗逆变换作用。图 4-45(b)为其等效电路。

从式(4-48)看出:Z_i 与 Z 的性质相反,即能将 R、L、C 相应回转为电导 g^2R、电容 g^2L、电感 r^2C,特别是将电容回转成电感这一性质尤为重要。因为到目前为止,在集成电路中要实现一个电感还有困难,但实现一个电容却很容易。利用回转器将电容 C 回转成电感 $L = r^2C$ 的电路如图 4-46 所示,只要将 $Z = \dfrac{1}{\mathrm{j}\omega C}$ 代入式(4-48)即可证明。

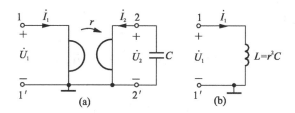

图 4-46　回转器将电容 C 回转为电感 L

当 $Z = 0$ 时,$Z_i = \infty$,即当一个端口短路时,相当于另一个端口开路。当 $Z = \infty$ 时,$Z_i = 0$,即当一个端口开路时,相当于另一个端口短路。

一个端口的串联(并联)联接回转成另一个端口为并联(串联)联接,其中的一种如图 4-47 所示。其他三种读者自行推证。

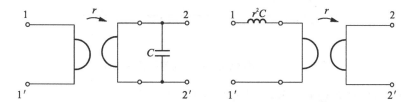

图 4-47　一个端口并联联接回转成另一个端口串联联接

由于图 4-48 中回转器的两个端口有公共的接"地"端,故得到的等效电感 L 也是接"地"的,称为接地电感。现为获得不接地的电感(称为浮地电感),可采用图 4-48(a)所示的电路,图 4-48(b)则为其等效电路。可见等效电感 L 已经"浮地"了。现推证如下:

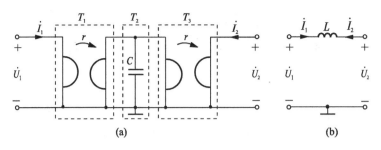

图 4-48　获得浮地电感的回转器电路

图 4-48(b)传输参数矩阵为

$$T = \begin{bmatrix} 1 & j\omega L \\ 0 & 1 \end{bmatrix}$$

而图 4-48(a)的传输矩阵可用级联的方法求得,即

$$T = T_1 T_2 T_3 = \begin{bmatrix} 0 & r \\ \dfrac{1}{r} & 0 \end{bmatrix} \begin{bmatrix} 1 & 0 \\ j\omega C & 1 \end{bmatrix} \begin{bmatrix} 0 & r \\ \dfrac{1}{r} & 0 \end{bmatrix} = \begin{bmatrix} 1 & j\omega r^2 C \\ 0 & 1 \end{bmatrix}$$

对比两个传输矩阵可知

$$L = r^2 C$$

图 4-49(a)所示两个回转器级联可模拟一个理想变压器。因为对于图 4-49(a),传输参数矩阵为

$$T = T_1 T_2 = \begin{bmatrix} 0 & r_1 \\ \dfrac{1}{r_1} & 0 \end{bmatrix} \begin{bmatrix} 0 & r_2 \\ \dfrac{1}{r_2} & 0 \end{bmatrix} = \begin{bmatrix} \dfrac{r_1}{r_2} & 0 \\ 0 & \dfrac{r_2}{r_1} \end{bmatrix}$$

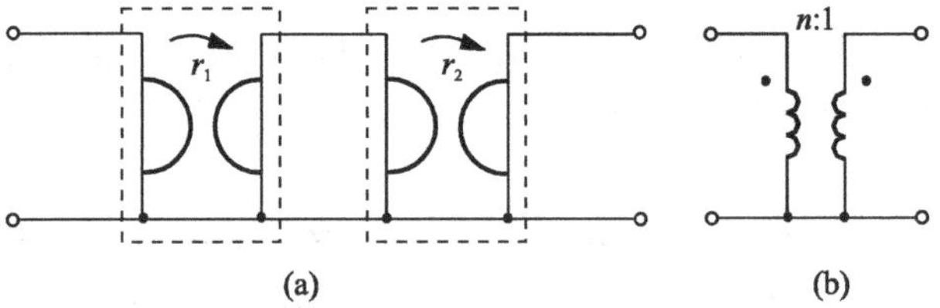

图 4-49　与理想变压器等效的回转器电路

而对于图 4-49(b)的理想变压器,其传输参数矩阵为

$$T = \begin{bmatrix} n & 0 \\ 0 & \dfrac{1}{n} \end{bmatrix}$$

可见回转电阻分别为 r_1、r_2 的两个回转器级联后等效为一个变比为 $n = r_1/r_2$ 的理想变压器。

2. 负阻抗变换器

负阻抗变换器是一种二端口元件,其电路符号如图 4-50(a)所示,分为电流倒置型(CNIC)与电压倒置型(VNIC)两种。在理想情况下,前者的伏安关系为

$$\left.\begin{array}{l} \dot{U}_1 = \dot{U}_2 \\ \dot{I}_1 = K_1 \dot{I}_2 \end{array}\right\} \qquad (4\text{-}49)$$

后者的伏安关系为

$$\left.\begin{array}{l} \dot{U}_1 = -K_2 \dot{U}_2 \\ \dot{I}_1 = -\dot{I}_2 \end{array}\right\} \qquad (4\text{-}50)$$

式中 K_1、K_2 均为大于 0 的实常数。

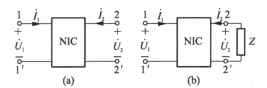

图 4-50 负阻抗变换器

由式(4-49)可见,输入电压 $\dot{U}_1$ 经传输后等于输出电压 $\dot{U}_2$,大小和极性均未改变,但电流 $\dot{I}_1$ 经传输后变为 $K_1 \dot{I}_2$,即大小和方向都变了,故名电流倒置型;由式(4-50)可见,经传输后,电流的大小和方向未变,但电压的大小和正负极性都变了,故名电压倒置型。

今在 NIC 的输出端接以阻抗 Z,如图 4-50(b)所示,则其输入阻抗可由式(4-49)求得为

$$Z_{\mathrm{i}} = \frac{\dot{U}_1}{\dot{I}_1} = \frac{\dot{U}_2}{K_1 \dot{I}_2} = \frac{\dot{U}_2}{-K_1(-\dot{I}_2)} = -\frac{1}{K_1}Z$$

或由式(4-50)得

$$Z_{\mathrm{i}} = \frac{\dot{U}_1}{\dot{I}_1} = \frac{-K_2 \dot{U}_2}{-\dot{I}_2} = -K_2 Z$$

可见 Z_{i} 为 Z 的 $\left(-\dfrac{1}{K_1}\right)$ 倍或 $(-K_2)$ 倍,即把正阻抗 Z 变换成了负阻抗,亦即能把 R、L、C 元件分别变换为 $-\dfrac{1}{K_1}R$、$-\dfrac{1}{K_1}L$、$-\dfrac{1}{K_1}C$(或 $-K_2 R$、$-K_2 L$、$-K_2 C$),故名负阻抗变换器。

3. 用运算放大器实现回转器和负阻抗变换器

实现回转器的电路有多种。图 4-51 所示,由两个运算放大器和若干电阻构成的电路就实现了一个回转电阻为 R 的回转器。读者可自行推证。

实际中可用运算放大器来实现 NIC,其电路如图 4-52 所示。由图有

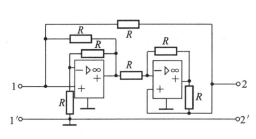

图 4-51 用运算放大器实现回转器

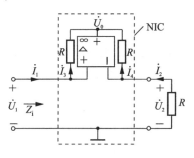

图 4-52 用运算放大器实现 NIC

$$\dot{U}_1 = \dot{U}_2$$

$$\dot{I}_1 = \dot{I}_3 = \frac{\dot{U}_1 - \dot{U}_0}{R}$$

$$\dot{I}_2 = \dot{I}_4 = \frac{\dot{U}_2 - \dot{U}_0}{R}$$

$$= \frac{\dot{U}_1 - \dot{U}_0}{R} = \dot{I}_1$$

归并写在一起为

$$\left.\begin{array}{l} \dot{U}_1 = \dot{U}_2 \\ \dot{I}_1 = \dot{I}_2 \end{array}\right\}$$

与式(4-49)全同,只是此处的 $K_1 = 1$,故该电路为 CNIC 电路。电路的输入阻抗为

$$Z_i = \frac{\dot{U}_1}{\dot{I}_1} = \frac{\dot{U}_2}{\dot{I}_2} = -\frac{\dot{U}_2}{-\dot{I}_2} = -R$$

可见它把一个正电阻变换成了一个负电阻。

*4.8 RC 有源滤波器

对不同频率的信号具有选择性的电路称为滤波网络或滤波器,它只允许一些频率的信号通过,同时又衰减或抑制另一些频率的信号。过去的滤波器大都是由 R、L、C 等无源元件组成,称为无源滤波器,现已少用。目前的低频滤波器大都是由 R、C 元件与有源器件(如运算放大器)组成,称为 RC 有源滤波器。

常见滤波器的类型有低通滤波器、高通滤波器、带通滤波器、带阻滤波器、全通滤波器等。

4.8.1 RC 有源低通滤波器

低通滤波器允许低频信号通过,而衰减或抑制高频信号。理想低通滤波器的幅频(或称模频)特性如图 4-53 中虚线所示,ω_c 为截止频率。

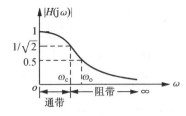

图 4-53 低通滤波器的幅频特性

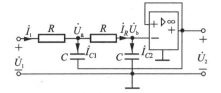

图 4-54 RC 有源低通滤波器电路

图 4-54 所示为一 RC 有源低通滤波器电路。由图可列出方程

$$\left.\begin{array}{l} \dot{I}_1 = \dot{I}_{C1} + \dot{I}_R \\ \dot{I}_R = \dot{I}_{C2} \end{array}\right\}$$

即

$$\left.\begin{array}{l} \dfrac{\dot{U}_1 - \dot{U}_a}{R} = \dfrac{\dot{U}_a - \dot{U}_2}{\frac{1}{j\omega C}} + \dfrac{\dot{U}_a - \dot{U}_b}{R} \\[4mm] \dfrac{\dot{U}_a - \dot{U}_b}{R} = \dfrac{\dot{U}_b}{\frac{1}{j\omega C}} \end{array}\right\}$$

又有

$$\dot{U}_b = \dot{U}_2$$

以上三式联解即得电压传输函数*为

$$H(j\omega) = |H(j\omega)|\, e^{j\varphi(\omega)} = \frac{\dot{U}_2}{\dot{U}_1} = \frac{1}{(1 - R^2 C^2 \omega^2) + j2RC\omega}$$

其模为

$$|H(j\omega)| = \frac{1}{\sqrt{(1 - R^2 C^2 \omega^2)^2 + 4R^2 C^2 \omega^2}}$$

当 $\omega = 0$ 时，$|H(j\omega)| = 1$；当 $\omega = \omega_o = \dfrac{1}{RC}$ 时，$|H(j\omega)| = \dfrac{1}{2}$；当 $\omega = \infty$ 时，$|H(j\omega)| = 0$。其幅频特性如图 4-53 中实线所示，可见为一低通滤波器，ω_c 为截止频率。

4.8.2 RC 有源高通滤波器

高通滤波器允许高频信号通过，而衰减或抑制低频信号。理想高通滤波器的幅频特性如图 4-55 中虚线所示，ω_c 为截止频率。

图 4-56 所示为一 RC 有源高通滤波器电路。由图可求得电压传输函数为

$$H(j\omega) = |H(j\omega)|\, e^{j\varphi(\omega)} = \frac{\dot{U}_2}{\dot{U}_1} = \frac{1}{1 - \dfrac{1}{R^2 C^2 \omega^2} - j\dfrac{2}{RC\omega}}$$

---

* 网络函数定义为响应相量与激励相量之比，即网络函数 $H(j\omega) = \dfrac{响应相量}{激励相量}$，响应与激励在同一端口，称为策动点函数；而响应与激励在不同端口，称为转移函数（或传输函数），有关内容在"信号与系统"课程中介绍。

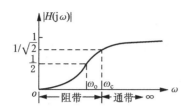

图 4-55　高通滤波器的幅频特性

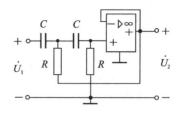

图 4-56　RC 有源高通滤波器电路

其模为

$$| H(\mathrm{j}\omega) | = \cfrac{1}{\sqrt{\left(1 - \cfrac{1}{R^2 C^2 \omega^2}\right)^2 + \left(\cfrac{2}{RC\omega}\right)^2}}$$

当 $\omega = 0$ 时，$| H(\mathrm{j}\omega) | = 0$；当 $\omega = \omega_0 = \cfrac{1}{RC}$ 时，$| H(\mathrm{j}\omega) | = \cfrac{1}{2}$；当 $\omega = \infty$ 时，$| H(\mathrm{j}\omega) | = 1$。其幅频特性如图 4-55 中实线所示，可见其为高通滤波器。

4.8.3　RC 有源带阻滤波器

带阻滤波器衰减或抑制某一频率范围内的信号，而允许此频率范围以外的频率的信号通过。理想带阻滤波器的幅频特性如图 4-57 中虚线所示，ω_{c2} 与 ω_{c1} 分别为上、下截止频率。

图 4-58 所示为一 RC 有源带阻滤波器电路。由图可求得电压传输函数为

$$H(\mathrm{j}\omega) = | H(\mathrm{j}\omega) | \,\mathrm{e}^{\mathrm{j}\varphi(\omega)} = \cfrac{\dot{U}_2}{\dot{U}_1} = \cfrac{1}{1 + \mathrm{j}\cfrac{2RC\omega}{1 - R^2 C^2 \omega^2}}$$

其模为
$$| H(\mathrm{j}\omega) | = \cfrac{1}{\sqrt{1 + \left(\cfrac{2RC\omega}{1 - R^2 C^2 \omega^2}\right)^2}}$$

当 $\omega = 0$ 时，$| H(\mathrm{j}\omega) | = 1$；当 $\omega = \omega_0 = \cfrac{1}{RC}$ 时，$| H(\mathrm{j}\omega) | = 0$，$\omega_0$ 称为无输出频率；当 $\omega = \infty$ 时，$| H(\mathrm{j}\omega) | = 1$。其幅频特性如图 4-57 中实线所示，可见其为带阻滤波器。

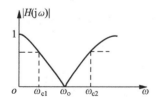

图 4-57　带阻滤波器的幅频特性

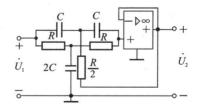

图 4-58　RC 有源带阻滤波器电路

4.8.4 *RC* 有源带通滤波器

带通滤波器允许某一频率范围内的信号通过,而衰减或抑制此频率范围以外的频率的信号。理想带通滤波器的幅频特性如图 4-59 中虚线所示,ω_{c2} 和 ω_{c1} 分别为上、下截止频率。

图 4-60 所示为 *RC* 有源带通滤波器电路。由图可求得电压传输函数为

$$H(j\omega) = |H(j\omega)|\, e^{j\varphi(\omega)} = \frac{\dot{U}_2}{\dot{U}_1} = -\frac{2}{1 + j\left(RC\omega - \dfrac{1}{RC\omega}\right)}$$

其模为

$$|H(j\omega)| = \frac{2}{\sqrt{1 + \left(RC\omega - \dfrac{1}{RC\omega}\right)^2}}$$

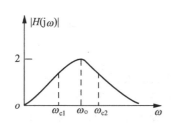

图 4-59 带通滤波器的幅频特性

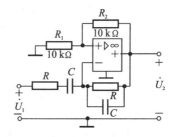

图 4-60 *RC* 有源带通滤波器电路

当 $\omega = 0$ 时,$|H(j\omega)| = 0$;当 $\omega = \omega_o = \dfrac{1}{RC}$ 时,$|H(j\omega)| = 2$;当 $\omega = \infty$ 时,$|H(j\omega)| = 0$。其幅频特性如图 4-59 中实线所示,可见为带通滤波器。当 $|H(j\omega)|$ 为常数时,则为全通滤波器。

习题

4-1 已知 $u_A = 200\cos 314t$ V,$u_B = 100\sqrt{2}\cos(314t - 120°)$ V。

求:(1)以上正弦交流电压的有效值、初相、频率及周期;

(2)u_A 与 u_B 的相位差;

(3)在同一坐标平面上画出 u_A 及 u_B 的波形图。

4-2 求下列电流的有效值,并写出其对应的相量。

(1)$i = 10\cos\omega t$ A (2)$i = \cos 2t + \sin 2t$ A (3)$i = 10\cos\omega t + 20\sin(\omega t + 30°)$ A

4-3 试计算图题 4-3 所示周期电压及电流的有效值。

4-4 已知电流相量 $\dot{I}_1 = 6 + j8$ A,$\dot{I}_2 = -6 + j8$ A,$\dot{I}_3 = -6 - j8$ A,$\dot{I}_4 = 6 - j8$ A。试写出其极坐标形式和对应的瞬时值表达式。设角频率为 ω。

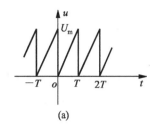
(a)

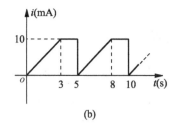
(b)

图题 4-3

4-5 已知图题 4-5(a)、(b)中电压表 $\widehat{V}_1$ 的读数为 30 V，$\widehat{V}_2$ 的读数为 60 V；图题 4-5(c) 中电压表 $\widehat{V}_1$、$\widehat{V}_2$ 和 $\widehat{V}_3$ 的读数分别为 15 V、80 V 和 100 V。

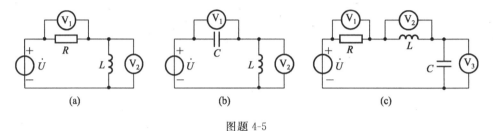

图题 4-5

(1) 求三个电路端电压的有效值 U 各为多少(各表读数表示有效值)；

(2) 若外施电压为直流电压(相当于 $\omega=0$)，且等于 12 V，再求各表读数。

4-6 图题 4-6 所示电路中，已知电流表 $\widehat{A}_1$、$\widehat{A}_2$ 和 $\widehat{A}_3$ 的读数(正弦有效值)分别为 5 A、20 A 和 25 A。

(1) 求电流表 $\widehat{A}$ 的读数；

(2) 如果维持电流表 $\widehat{A}$ 的读数不变，而把电源的频率提高一倍，再求其他各表的读数。

4-7 图题 4-7 所示电路中，已知激励电压 u_1 为正弦电压，频率为 1000 Hz，电容 $C=0.1~\mu\text{F}$。要求输出电压 u_2 的相位滞后 u_1 60°，问电阻 R 的值应为多少？

4-8 图题 4-8 所示电路中已知 $i_S=10\sqrt{2}\cos(2t-36.9°)$ A，$u=50\sqrt{2}\cos 2t$ V。试确定 R 和 L 之值。

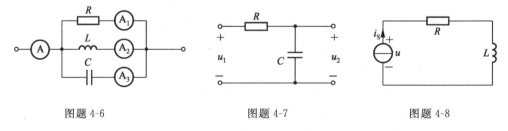

图题 4-6   图题 4-7   图题 4-8

4-9 图题 4-9 所示正弦交流电路中，已知电压有效值 U、U_R、U_C 分别为 10 V、6 V、3 V。

求：(1) 电压有效值 U_L；(2) 以电流为参考相量，画出其相量图。

4-10 图题 4-10 所示电路中,若 $i_S=2\sqrt{2}\cos(2t+45°)$ A, $u=10\cos2t$ V,试确定 R 和 C 之值。

图题 4-9   图题 4-10

4-11 电路如图题 4-11 所示,已知电流表 Ⓐ₁ 的读数为 3 A、Ⓐ₂ 为 4 A,求 Ⓐ 表的读数。若此时电压表读数为 100 V,求电路的复阻抗及复导纳。

4-12 图题 4-12 相量模型电路中,已知电路支路电流 $\dot{I}_R=2$ A。求:(1)端口电压电流的相位差 φ;(2)电源电压 $\dot{U}$。

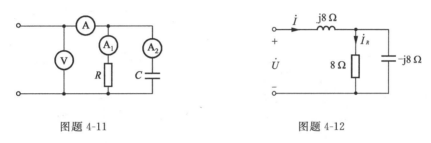

图题 4-11   图题 4-12

4-13 图题 4-13 所示电路,试确定方框内最简单的等效串联组合的元件值。

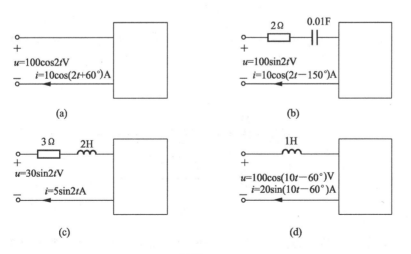

图题 4-13

4-14 图题 4-14 所示两个电路中,已知 $Z=R+j\omega L$,求输入阻抗,并说明输入阻抗具有什么特点?

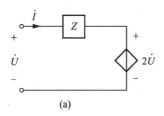 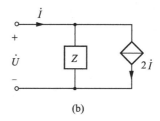

图题 4-14

4-15 试求图题 4-15 所示四个电路的输入阻抗。它们是否在所有频率时都是等效的。

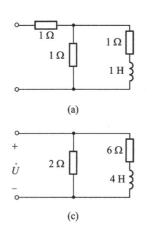 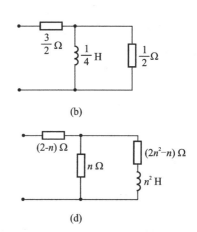

图题 4-15

4-16 图题 4-16 所示电路,已知 $X_C = -10\ \Omega$,$R = 5\ \Omega$,$X_L = 5\ \Omega$,电磁式电表指示为有效值。试求 Ⓐ_0 及 Ⓥ_0 的读数。

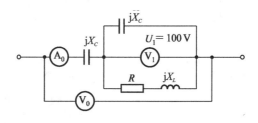

图题 4-16

4-17 图题 4-17 所示为测量 r 和 C 电路,已测得电压表 Ⓥ_3 的读数为 193 V,电压表 Ⓥ_1 的读数为 60 V,电压表 Ⓥ_2 的读数为 180 V。已知 $R = 20\ \Omega$,电源频率 $f = 50\ \text{Hz}$。求 r 和 C。

4-18 图题 4-18 所示电路。已知 $u_S(t) = 50\sqrt{2}\cos 1000t\ \text{V}$。求电流 $i_{ab}(t)$。

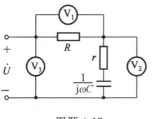

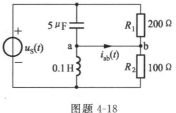

图题 4-17 图题 4-18

4-19 图题 4-19 所示正弦交流电路中,已知 $U_S=100$ V,$I_R=3$ A,$I_L=1$ A,$\omega=1000$ rad/s,且有 u_L 超前 $u_S 60°$。试求参数 R、L、C 的值。

4-20 二相电动机一个绕组的电阻 $R=750$ Ω,电感 $L=215$ mH。这个绕组需要一个和电源电压相位差 $\pi/2$ 的电压,因此采用图题 4-20 所示移相电路。为了使绕组上的电压对电源电压相移 $\pi/2$,求电容 C 的值,同时,若绕组上的电压为 85 V,电源电压应为多少(用相量图帮助分析)?

4-21 图题 4-21 所示单相感应电动机中(例如单相电风扇),要求有两套完全相同的线圈,设每套线圈的电阻为 2120 Ω,感抗也是 2120 Ω。如在一组线圈中串联一只电容器使两线圈电流相等,但相位相差 90°,求接入工频电源时应串联多大的电容?

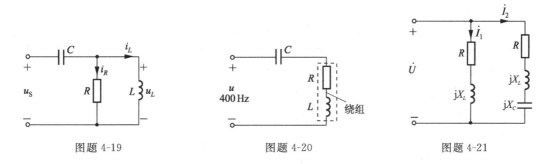

图题 4-19 图题 4-20 图题 4-21

4-22 图题 4-22 所示 RC 选频电路,被广泛用于正弦波发生器中,通过电路参数的恰当选择,在某一频率下可使输出电压 $\dot{U}_2$ 与输入电压 $\dot{U}_1$ 同相。若 $R_1=R_2=250$ kΩ,$C_1=0.01$ μF,$f=1000$ Hz,试问 $\dot{U}_2$ 与 $\dot{U}_1$ 同相时的 C_2 应是多少?

4-23 图题 4-23 所示电路中,方框部分的阻抗 $Z=(2+j2)$ Ω;电流的有效值 $I_R=5$ A,$I_C=8$ A,$I_L=3$ A,电路消耗的总功率为 200 W,求总电压的有效值 U。

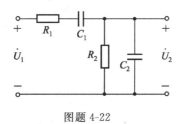

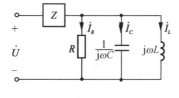

图题 4-22 图题 4-23

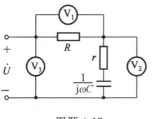

4-24　图题 4-24 所示电路中。已知 $R_1 = 1\ \Omega$, $R_2 = 1\ \Omega$, $X_L = -X_C = \sqrt{3}\ \Omega$,电源电压 $\dot{U} = 20\ \underline{/0°}\ \text{V}$。

(1) 求 $\dot{I}$、$\dot{U}_{AB}$ 及电路的有功功率和功率因数?

(2) 当电源改为 20 V 直流电源时,I 和 U_{AB} 为何值?

(3) 当有一内阻为 0.5 Ω 的电流表跨接在 A、B 两端时,求通过电流表的电流(电源电压仍为 $20\ \underline{/0°}\ \text{V}$)。

4-25　图题 4-25 所示电路中,并联负载 Z_1、Z_2 的电流分别为 $I_1 = 10\ \text{A}$, $I_2 = 20\ \text{A}$,其功率因数分别为 $\lambda_1 = \cos\varphi_1 = 0.8(\varphi_1 < 0)$, $\lambda_2 = \cos\varphi_2 = 0.5(\varphi_2 > 0)$,端电压 $U = 100\ \text{V}$, $\omega = 1000\ \text{rad/s}$。

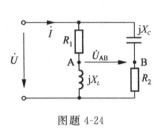

图题 4-24

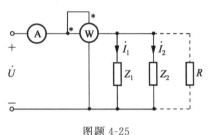

图题 4-25

(1) 求电流表、功率表的读数和电路的功率因数 λ;

(2) 若电源的额定电流为 30 A,那么还能并联多大的电阻? 并联该电阻后功率表的读数和电路的功率因数变为多少?

(3) 如果使原电路的功率因数提高到 $\lambda = 0.9$,需并联多大的电容?

4-26　图题 4-26 电路表示用三只电流表测定一容性负载 Z 的电路,其中 Ⓐ₁ 的读数为 7 A,Ⓐ₂ 的读数为 2 A,Ⓐ₃ 的读数为 6 A,电源电压为 220 V。试画出电流、电压的相量图,并计算负载 Z 所吸收的功率 P 及其功率因数。

4-27　图题 4-27 所示**交流电桥**(**Maxwell 电桥**)已达平衡。求出被测元件 R_4 和 L 值与电桥其他各臂中元件值的关系式(电源的角频率为 ω)。

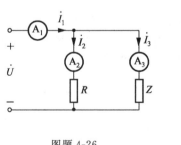

图题 4-26

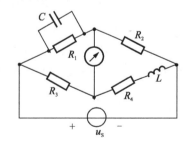

图题 4-27

4-28　图题 4-28 所示网络中,已知 $u_1(t) = 10\cos(1000t + 30°)\ \text{V}$, $u_2(t) = 5\cos(1000t - 60°)\ \text{V}$,电容器的阻抗 $Z_C = -\text{j}10\ \Omega$。试求网络 N 的入端阻抗和所吸收的平均功率及功率因数。

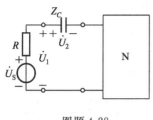
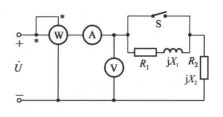

图题 4-28   图题 4-29

4-29 电路如图题 4-29 所示。(1)当 S 闭合时,各表读数为: $\text{V}=220$ V, $\text{A}=10$ A, $\text{W}=1100$ W;(2)当 S 打开时,各表读数为: $\text{V}=220$ V, $\text{A}=12$ A, $\text{W}=1870$ W。求电路中各参数 R_1、X_1、R_2 和 X_2,并判断 X_2 是容性还是感性。

4-30 图题 4-30 所示正弦交流电路,已知各电压有效值分别为 $U_1=U_2=10$ V, $U=17.32$ V,电源频率 50 Hz。

(1)画出电压相量图;(2)求 R_1 和 L 的值。

4-31 图题 4-31 所示正弦交流电路中,已知 $U=60$ V, $I=3$ A,且 $\dot{I}$ 与 $\dot{U}$ 同相。

(1)画出电压、电流相量图(以 $\dot{U}$ 为参考相量);

(2)求参数 R 及 X_L 的值;

(3)求电压源发出的有功功率 P 和无功功率 Q。

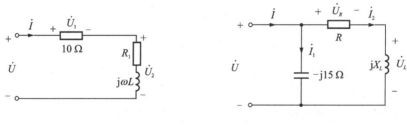

图题 4-30   图题 4-31

4-32 电路如图题 4-32 所示。试求节点 A 的电位和电流源供给电路的有功功率、无功功率。

4-33 图题 4-33 所示电路中,已知 $u_C=2\cos(t+30°)$ V。求电流 i_S 和各元件吸收的复功率,并验证复功率守恒。

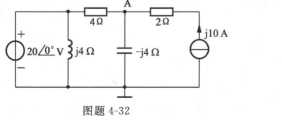
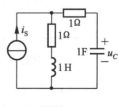

图题 4-32   图题 4-33

4-34 图题 4-34 所示电路中,已知 $\dot{U}=10\underline{/0°}$ V,求电流 $\dot{I}$。

4-35 图题 4-35 所示电路,已知电流表读数为 1.5A。

求:(1) $\dot{I}$、$\dot{U}_1$;

　　(2) 电源供给电路的视在功率、有功功率和无功功率。

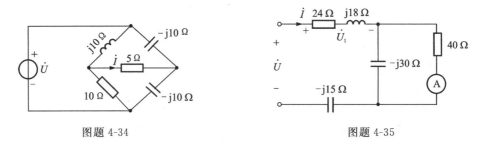

图题 4-34　　　　　　　　图题 4-35

4-36 求图题 4-36 所示一端口网络的戴维南等效电路或诺顿等效电路。

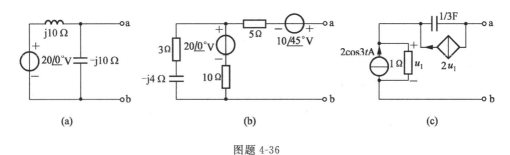

(a)　　　　　　　　(b)　　　　　　　　(c)

图题 4-36

4-37 图题 4-37 所示为正弦稳态电路,已知 $i_S(t)=10\cos120\pi t$ mA。

(1) 试求自 ab 端向左看的戴维南等效时域模型电路;

(2) 如果电流源的频率加倍,对上述等效电路有何影响?

(3) 试求自 ab 端向左看的诺顿等效相量模型电路;

(4) 如果负载 Z 是一个 $1~\mu$F 的电容,试求它两端的电压 $u(t)$。

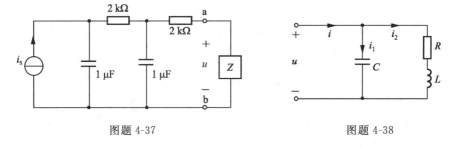

图题 4-37　　　　　　　　图题 4-38

4-38 图题 4-38 所示电路,当外施正弦电压为 100 V,$f=50$ Hz 时,各支路电流有效值相等,即 $I_1=I_2=I$,且电路消耗的功率为 866 W。若电源电压大小不变,而频率为 25 Hz 时,试求在这种情况下各支路电流的大小及电路所消耗的功率。

4-39 图题 4-39 所示电路,已知 $R_1=R_2=R_3$,$I_1=I_2=I_3$,$P=1500$ W,$U=150$ V,$f=50$ Hz,求元件 R_1、R_2、R_3、L 及 C 之值。

4-40 图题 4-40 所示电路,设负载是两个元件的串联组合,求负载获得最大平均功率时其元件的参数值,并求此最大功率。

4-41 为使图题 4-41 所示电路中的 Z_L 获得最大功率,问 $Z_L=$?此时 $P_{max}=$?

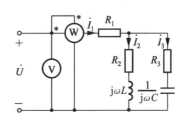

图题 4-39

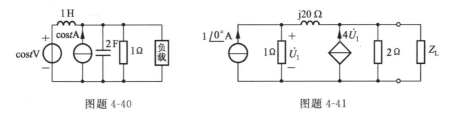

图题 4-40   图题 4-41

4-42 图题 4-42 所示电路中,$u_s=2\cos\omega t$ V,$\omega=10^6$ rad/s,$r=1$ Ω。问负载阻抗 Z_L 为多少时可获得最大功率?求出此最大功率。

*4-43 某有源网络如图题 4-43 所示,接有阻抗 Z 支路,当 $Z=0$ 时,测得支路 B 中电流为 $\dot I_S$;当 $Z=\infty$ 时,测得 B 支路中 $\dot I=\dot I_0$,设对于支路 Z 端口的入端阻抗为 Z_A。试证:当 Z 为任意值时,有 $\dot I=\dot I_S+\dfrac{\dot I_0-\dot I_S}{Z+Z_A}Z$。

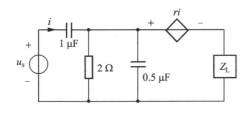

图题 4-42

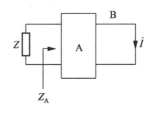

图题 4-43

4-44 求图 4-44 所示二端口网络的 Z、Y 参数。

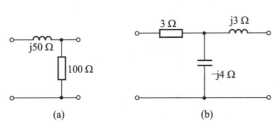

(a)   (b)

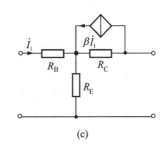

(c)

图题 4-44

4-45 求图题 4-45 所示二端口网络的传输参数矩阵。

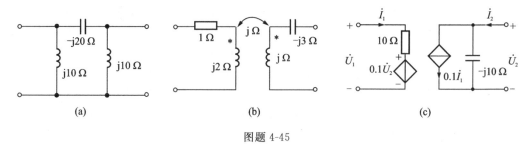

图题 4-45

4-46 写出图题 4-46 所示二端口网络的 H 参数矩阵。

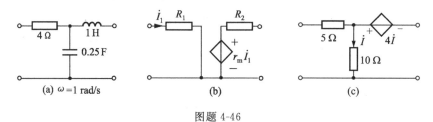

图题 4-46

4-47 图题 4-47 所示各电路,选择四种参数(Z、Y、H、T)中最易确定的一种,写出其参数矩阵,并说明各电路有哪些参数是不存在的。

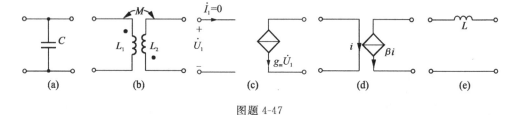

图题 4-47

4-48 利用 Z 或 Y 参数方程求图题 4-48 所示各网络的戴维南等效电路。

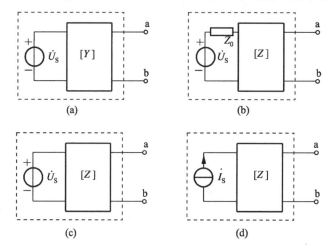

图题 4-48

4-49　图题 4-49 所示电路中，正弦电流有效值 $I_s = 1$ A，二端口网络 N 的传输参数矩阵

$$T = \begin{bmatrix} 0.5 & j25\ \Omega \\ j0.02S & 1 \end{bmatrix}$$

求负载 Z_L 为何值时，它将获得最大功率，并求此最大功率。

4-50　图题 4-50 所示二端口网络，已知阻抗 $Z_1 = Z_2 = 10 + j20\ \Omega$。

求：(1) 传输参数矩阵；

(2) 当输出端 2-2′ 接入 10 Ω 电阻，且在该电阻上得到有效值 20 V 电压时，要求输入端 1-1′ 电源电压有效值为何值。

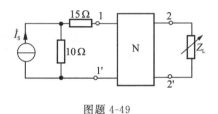

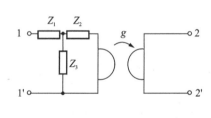

图题 4-49

图题 4-50

4-51　求出图题 4-51 所示二端口网络的传输参数矩阵。

4-52　求图题 4-52 所示电路的入端阻抗。

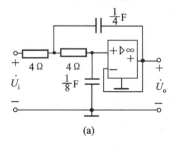

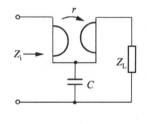

图题 4-51

图题 4-52

*4-53　图示题 4-53 所示电路。

(1) 求电压传输函数 $H(j\omega) = \dfrac{\dot{U}_o}{\dot{U}_i}$；

(2) 绘出幅频特性草图，说明电路实现了怎样的滤波特性。

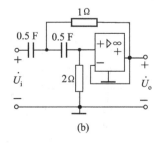

(a)

(b)

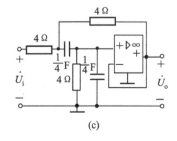

(c)

图题 4-53

4-54 图题 4-54 所示为一含理想运算放大器的二阶低通电路。已知：$R_1=R_3=R_4=1\ \Omega,C_2=0.5\ \mathrm{F},C_5=2\ \mathrm{F}$。试求 $\dot{U}_\mathrm{o}/\dot{U}_\mathrm{S}$（设角频率为 ω）。

4-55 图题 4-55 所示电路中，若 $u(t)=100\sqrt{2}\cos(1000t+30°)$ V。求电流相量 $\dot{I}$。

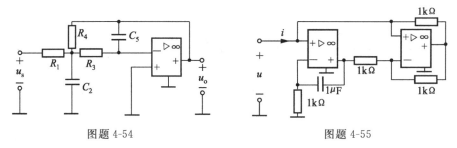

图题 4-54　　　　　　　　　　图题 4-55

4-56 图题 4-56 所示为模拟电感电路，即该电路可等效为一个模拟电感，若图中所有电阻都相等，且 $R=10\ \mathrm{k}\Omega,C=0.1\ \mu\mathrm{F}$。求其模拟电感 L 的值。

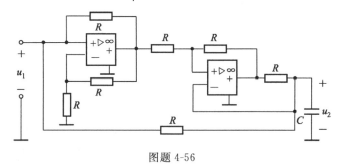

图题 4-56

*4-57 试用计算机软件求图题 4-57 各题的节点电压。

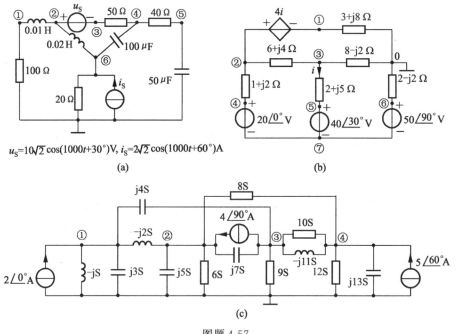

$u_\mathrm{S}=10\sqrt{2}\cos(1000t+30°)$V, $i_\mathrm{S}=2\sqrt{2}\cos(1000t+60°)$A

(a)　　　　　　　　　(b)

(c)

图题 4-57

*4-58 图题 4-58 是高阶带通电路,其频率特性要在很宽的频率范围内才能看出来,为了展宽频率视野,用对数方式取频率坐标。试用计算机软件求输出电压 U_o 的频率特性($f = 0 \sim 10^9$ Hz)。

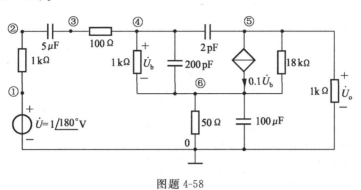

图题 4-58

第**5**章

复杂正弦交流电路稳态分析

对于一般正弦电路分析,只要引入相量概念,将所有的电压、电流表示为相量,元件的参数表示为阻抗(导纳),建立相量形成的电路模型、应用直流电路的所有分析方法,就能顺利分析一般正弦交流电路。但对于复杂正弦交流电路或出现特殊情况时,比如:三相输电电路,不但要考虑一相的电压、电流和功率,还要考虑三相的工作情况;耦合电感电路,既要考虑线圈的自感,还要考虑线圈之间的互感。这些都使正弦交流电路的分析、计算变得复杂,但是基于相量法的基础,只要掌握这些特殊电路的内在规律,对这类电路的分析、计算就不再那么困难。

5.1 含有耦合电感电路的分析

在分析计算含有耦合电感的电路时,电路基本定律 KCL、KVL 仍然适用,只是在列写 KVL 的表达式时,应考虑由于耦合作用而引起的互感电压。例如图 5-1 所示的两个互感线圈,设在电路中它们的电流分别为 i_1 和 i_2。由于两者之间有互感,每个线圈除电阻电压和自感电压外尚有互感电压,计线圈电阻为 R_1 和 R_2,根据参考方向与同名端关系有

$$u_1 = R_1 i_1 + L_1 \frac{\mathrm{d}i_1}{\mathrm{d}t} \pm M \frac{\mathrm{d}i_2}{\mathrm{d}t} \tag{5-1a}$$

$$u_2 = R_2 i_2 + L_2 \frac{\mathrm{d}i_2}{\mathrm{d}t} \pm M \frac{\mathrm{d}i_1}{\mathrm{d}t} \tag{5-1b}$$

式中,互感电压前的"+"号对应于图 5-1(a)的情况,"−"号则对应于图 5-1(b)的情况。

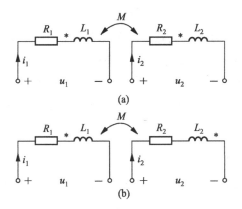

图 5-1 互感电压

当电流为正弦量时,式(5-1)可以写成相量形式,即

$$\dot{U}_1 = R_1 \dot{I}_1 + \mathrm{j}\omega L_1 \dot{I}_1 \pm \mathrm{j}\omega M \dot{I}_2$$
$$\dot{U}_2 = R_2 \dot{I}_2 + \mathrm{j}\omega L_2 \dot{I}_2 \pm \mathrm{j}\omega M \dot{I}_1 \tag{5-2}$$

其对应的相量模型电路如图 5-2 所示,图 5-2(a)对应式(5-2)中互感电压的"+"号,图 5-2(b)对应式(5-2)中互感电压的"−"号。也可用图 5-3 所示的电路表示,图 5-3(a)对应式(5-2)互感电压的"+"号,图 5-3(b)对应式(5-2)互感电压的"−"号,其中将互感

电压当作电流控制电压源(CCVS)看待。

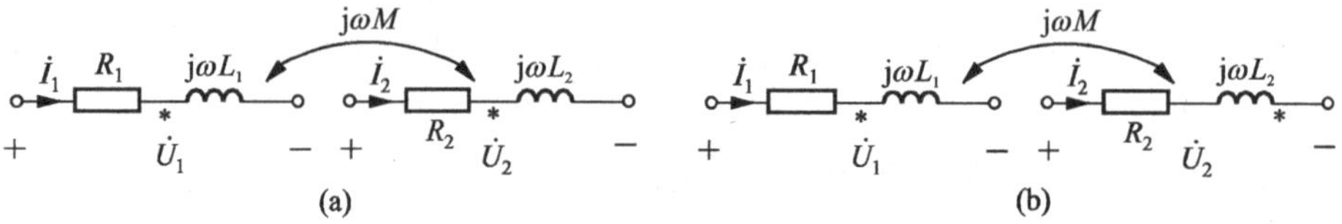

图 5-2 耦合线圈的相量模型

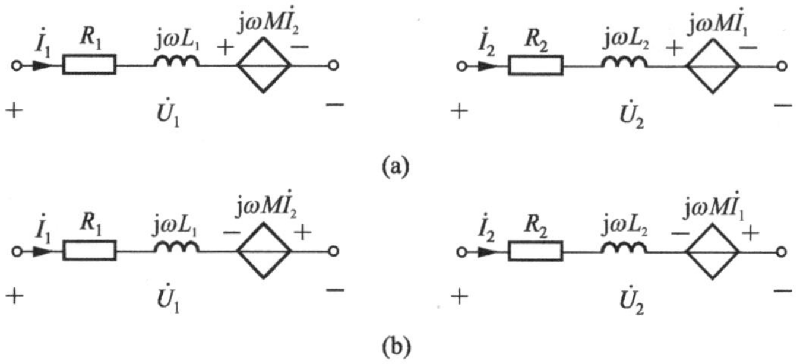

图 5-3 耦合线圈的等效电路

耦合电感线圈如前所述是二端口元件,由式(5-2)写出其 Z 参数矩阵方程

$$\begin{bmatrix} \dot{U}_1 \\ \dot{U}_2 \end{bmatrix} = \begin{bmatrix} R_1 + j\omega L_1 & \pm j\omega M \\ \pm j\omega M & R_2 + j\omega L_2 \end{bmatrix} \begin{bmatrix} \dot{I}_1 \\ \dot{I}_2 \end{bmatrix} \tag{5-3}$$

式中,$R_1 + j\omega L_1$、$R_2 + j\omega L_2$ 为耦合电感线圈的自阻抗,$\pm j\omega M$ 为两线圈的互阻抗,"+"、"−"号与两线圈的同名端及端口电压、电流的参考方向有关。

处理含耦合电感电路的一般方法是将其等效为无互感的等效电路,根据耦合电感的不同联接方式,将其等效为无耦合的等效电感,这种方法称为去耦等效法或互感消去法。

5.1.1 具有耦合的两线圈串联

具有耦合的两线圈串联,因同名端的位置不同可分为两种情况:第一、两者顺向串联,如图 5-4(a)所示;第二,两者反向串联,如图 5-4(b)所示。在顺接情况下,电流是从两个线圈的同名端流进(或流出),而在反接情况下,电流是对一个线圈从同名端流进(流出),而对另一个线圈则是从同名端流出(流进)。图中还画出了电流、各电压的参考方向,互感电压的参考方向是按与施感电流对同名端一致的原则画出来的。根据 KVL,线圈的端电压 u_1 和 u_2 分别为

$$u_1 = R_1 i + L_1 \frac{\mathrm{d}i}{\mathrm{d}t} \pm M \frac{\mathrm{d}i}{\mathrm{d}t}$$

$$u_2 = R_2 i + L_2 \frac{\mathrm{d}i}{\mathrm{d}t} \pm M \frac{\mathrm{d}i}{\mathrm{d}t}$$

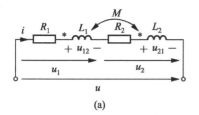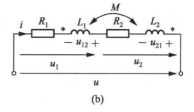

图 5-4　耦合电感的串联

　　串联两线圈中流过的是同一电流。式中互感电压前的"＋"号对应于图 5-4(a)的顺接情况,"－"号对应于图(b)的反接情况。于是电压 u 为

$$u = u_1 + u_2 = (R_1 + R_2)i + (L_1 + L_2 \pm 2M)\frac{\mathrm{d}i}{\mathrm{d}t}$$

在正弦电流的情况下,应用相量法可得

$$\dot{U}_1 = R_1 \dot{I} + \mathrm{j}\omega L_1 \dot{I} \pm \mathrm{j}\omega M \dot{I}$$

$$\dot{U}_2 = R_2 \dot{I} + \mathrm{j}\omega L_2 \dot{I} \pm \mathrm{j}\omega M \dot{I}$$

$$\dot{U} = \dot{U}_1 + \dot{U}_2 = (R_1 + R_2)\dot{I} + \mathrm{j}\omega(L_1 + L_2 \pm 2M)\dot{I}$$

$$= R\dot{I} + \mathrm{j}\omega L\dot{I} \tag{5-4}$$

　　可见,图 5-5(a)、(b)所示的电路与一个电阻 $R = R_1 + R_2$ 和电感 $L = L_1 + L_2 \pm 2M$ 串联组合的电路等效。等效电感 $L = L_1 + L_2 \pm 2M$,即顺接时等效电感增加,反接时等效电感减小。这说明反接时,互感有削弱电感的作用。互感的这种作用称为互感的"容性"效应。在一定的条件下,当有一个线圈的电感小于互感 M 时,则该线圈将呈现容性。图 5-5(a)、(b)分别为顺接和反接时的相量图。图 5-5(a)顺接是按 $M < L_1$ 绘制的,图 5-5(b)反接是按 $M > L_1$ 绘制的,这时线圈 1 呈现"容性"($\dot{U}_1$ 落后于 $\dot{I}$)。

　　上述等效结果是通过瞬时值表达式和相量法推得的,其结果两者完全相同。为了推导方便,在正弦交流激励下,后续的去耦等效均采用相量法推导。

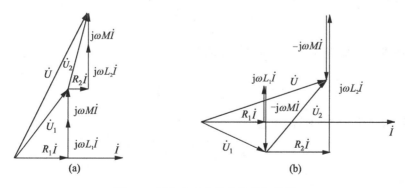

图 5-5　耦合电感串联电路的相量图

5.1.2 具有耦合的两线圈并联

具有互感的两线圈的并联也有两种接法,如图 5-6 所示。图 5-6(a)所示为同名端在同一侧,称为同侧并联,图 5-6(b)称为异侧并联。

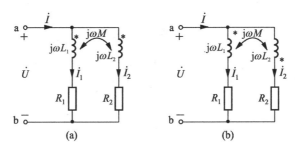

图 5-6 耦合电感的并联

在正弦电流情况下,按照图示的参考方向,有

$$\dot{U} = (R_1 + j\omega L_1)\,\dot{I}_1 \pm j\omega M\,\dot{I}_2$$
$$= Z_1\,\dot{I}_1 \pm Z_M\,\dot{I}_2 \tag{5-5a}$$

$$\dot{U} = (R_2 + j\omega L_2)\,\dot{I}_2 \pm j\omega M\,\dot{I}_1$$
$$= Z_2\,\dot{I}_2 \pm Z_M\,\dot{I}_1 \tag{5-5b}$$

式中互感电压项(即含有 M 或 Z_M 的项)前面的符号,上面的对应同侧并联,下面的对应异侧并联(以下同)。求解上列两个方程,可得

$$\dot{I}_1 = \frac{Z_2 \mp Z_M}{Z_1 Z_2 - Z_M^2}\dot{U}$$

$$\dot{I}_2 = \frac{Z_1 \mp Z_M}{Z_1 Z_2 - Z_M^2}\dot{U}$$

由 KCL 可知 $\dot{I} = \dot{I}_1 + \dot{I}_2$,所以有

$$\dot{I} = \frac{Z_1 + Z_2 \mp 2Z_M}{Z_1 Z_2 - Z_M^2}\dot{U}$$

于是可求得两个有互感的线圈并联后的等效阻抗为

$$Z_{eq} = \frac{\dot{U}}{\dot{I}} = \frac{Z_1 Z_2 - Z_M^2}{Z_1 + Z_2 \mp 2Z_M} \tag{5-6}$$

不考虑电阻 $R_1 = R_2 = 0$ 的情况下有

$$Z_{eq} = j\omega\,\frac{L_1 L_2 - M^2}{L_1 + L_2 \mp 2M}$$

即等效电感为

$$L_{eq} = \frac{L_1 L_2 - M^2}{L_1 + L_2 \mp 2M} \tag{5-7}$$

例 5-1 两个有互感的线圈同侧并联，接于正弦电压源，如图 5-7 所示。已知：$R_1 + \mathrm{j}\omega L_1 = 40 + \mathrm{j}60\ \Omega$，$R_2 + \mathrm{j}\omega L_2 = 30 + \mathrm{j}40\ \Omega$，$\mathrm{j}\omega M = \mathrm{j}40\ \Omega$，若 $\dot{U} = 120\ \underline{/0^\circ}$ V。求各线圈的复功率，并说明线圈之间的能量传递过程。

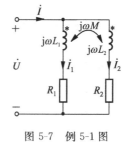

图 5-7 例 5-1 图

解 根据电路图列方程有

$$(R_1 + \mathrm{j}\omega L_1)\dot{I}_1 + \mathrm{j}\omega M\dot{I}_2 = \dot{U}$$

$$\mathrm{j}\omega M\dot{I}_1 + (R_2 + \mathrm{j}\omega L_2)\dot{I}_2 = \dot{U}$$

代入数据

$$(40 + \mathrm{j}60)\dot{I}_1 + \mathrm{j}40\dot{I}_2 = 120$$

$$\mathrm{j}40\dot{I}_1 + (30 + \mathrm{j}40)\dot{I}_2 = 120$$

解方程得

$$\dot{I}_1 = \frac{\begin{vmatrix} 120 & \mathrm{j}40 \\ 120 & 30+\mathrm{j}40 \end{vmatrix}}{\begin{vmatrix} 40+\mathrm{j}60 & \mathrm{j}40 \\ \mathrm{j}40 & 30+\mathrm{j}40 \end{vmatrix}} = \frac{3600}{400+\mathrm{j}3400}$$

$$= 0.1229 - \mathrm{j}1.0444$$

$$= 1.0516\ \underline{/-83.29^\circ}\ \mathrm{A}$$

$$\dot{I}_2 = \frac{\begin{vmatrix} 40+\mathrm{j}60 & 120 \\ \mathrm{j}40 & 120 \end{vmatrix}}{\begin{vmatrix} 40+\mathrm{j}60 & \mathrm{j}40 \\ \mathrm{j}40 & 30+\mathrm{j}40 \end{vmatrix}} = \frac{4800+\mathrm{j}2400}{400+\mathrm{j}3400}$$

$$= 0.8601 - \mathrm{j}1.3106$$

$$= 1.5676\ \underline{/-56.73^\circ}\ \mathrm{A}$$

$$\widetilde{S}_1 = \dot{U}\dot{I}_1^* = 120(0.1229 + \mathrm{j}1.0444)$$

$$= 14.75 + \mathrm{j}125.33\ \mathrm{V \cdot A} \quad (= P_1 + \mathrm{j}Q_1)$$

$$\widetilde{S}_2 = \dot{U}\dot{I}_2^* = 120(0.8601 + \mathrm{j}1.3106)$$

$$= 103.21 + \mathrm{j}157.27\ \mathrm{V \cdot A} \quad (= P_2 + \mathrm{j}Q_2)$$

第一线圈吸收的有功功率为 $P_1 = 14.75$ W，但第一线圈电阻 R_1 消耗有功功率为 $P_{R_1} = I_1^2 R_1 = 1.0516^2 \times 40 = 44.24$ W，尚缺 $44.24 - 14.75 = 29.49$ W，而第二线圈电阻 R_2 消耗有功功率为 $P_{R_2} = I_2^2 R_2 = 1.5676^2 \times 30 = 73.72$ W，多出 $103.21 - 73.72 = 29.49$ W，这多吸收的功率就是通过互感耦合由第二线圈传输给第一线圈的，正好弥补其不足的部分。

5.1.3 耦合电感的三端接法

互感元件是一个四端元件,将两线圈串联或并联后,对外只有两个引出端,称为两端接法。如果将不同线圈的两个端钮先联在一起作为一端,就有三个引出端,可以分别接于电路的三个节点,如图 5-8 所示,称为三端接法。图中公共端为两线圈的同名端,此时称为同名端同侧相联。若设流经各引出端的电流分别为 $\dot{I}_1$、$\dot{I}_2$ 和 $\dot{I}_3$,方向如图所示,则有

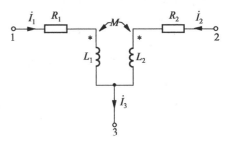

图 5-8 耦合电感的三端接法

$$\dot{U}_{13} = (R_1 + j\omega L_1)\dot{I}_1 + j\omega M \dot{I}_2 \quad (5\text{-}8a)$$

$$\dot{U}_{23} = (R_2 + j\omega L_2)\dot{I}_2 + j\omega M \dot{I}_1 \quad (5\text{-}8b)$$

$$\dot{I}_1 + \dot{I}_2 = \dot{I}_3 \quad (5\text{-}9)$$

将式(5-9)写成

$$\dot{I}_2 = \dot{I}_3 - \dot{I}_1$$

及

$$\dot{I}_1 = \dot{I}_3 - \dot{I}_2$$

分别代入式(5-8a)和式(5-8b)得

$$\dot{U}_{13} = [R_1 + j\omega(L_1 - M)]\dot{I}_1 + j\omega M \dot{I}_3 \quad (5\text{-}10a)$$

$$\dot{U}_{23} = [R_2 + j\omega(L_2 - M)]\dot{I}_2 + j\omega M \dot{I}_3 \quad (5\text{-}10b)$$

由方程(5-10a)和方程(5-10b)可得图 5-8 电路的等效电路如图 5-9(a)所示。

如果公共端为两线圈的异名端,则称为同名端异侧相联,相应的等效电路如图 5-9(b)所示。此电路中等效电感 M 前的符号与同侧相联时相反。

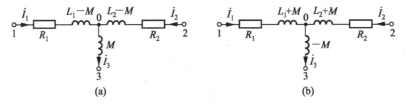

(a) (b)

图 5-9 去耦等效电路

图 5-9 电路中各等效电感元件相互之间已无耦合存在,故称为去耦等效电路或无互感等效电路。把具有互感的电路化为无互感等效电路,这种处理问题的方法称为互感消去法。应该注意,图 5-9 电路中的节点 0 是新增加的,并非原电路图 5-8 中之节点 3。另外,等效电感可能为负值(如图 5-9(b)中的 $-M$),这只是计算上的需要,并无实际意义。

事实上,前面所述串、并联接法可看成三端接法的特殊情况,串联时 1、2 两端接于电路,3 悬空;并联时 1、2 两端合为一端,3 为另一端接于电路。由互感消去法也可求得串、并联时的等效电感,结果与前面所得一致。

例 5-2 电路如图 5-10(a)所示，已知 $R_1 = 3\ \Omega, R_2 = 5\ \Omega, \omega L_1 = 7.5\ \Omega, \omega L_2 = 12.5\ \Omega,$ $\omega M = 6\ \Omega$，电压 $U = 50$ V，求当开关 S 断开时和闭合时各支路电流。

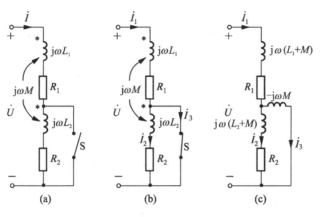

图 5-10 例 5-2 图

解 S 断开时，如图 5-10(a) 是顺向串联，设 $\dot{U} = 50\ \underline{/0°}$ V，则

$$\dot{I} = \frac{\dot{U}}{R_1 + R_2 + j\omega(L_1 + L_2 + 2M)}$$

$$= \frac{50}{3 + 5 + j(7.5 + 12.5 + 2 \times 6)} = 1.52\ \underline{/-75.96°}\ \text{A}$$

S 闭合时，电路如图 5-10(b)所示，对应的无互感等效电路如图 5-10(c)所示。电路总阻抗为

$$Z_{总} = R_1 + j(\omega L_1 + \omega M) + \frac{[R_2 + j(\omega L_2 + \omega M)](-j\omega M)}{R_2 + j(\omega L_2 + \omega M) - j\omega M} = 3 + j(7.5 + 6)$$

$$+ [5 + j(12.5 + 6)](-j6)/[5 + j(12.5 + 6) - j6] = 6.41\ \underline{/51.48°}\ \Omega$$

$$\dot{I}_1 = \frac{\dot{U}}{Z_{总}} = \frac{50}{6.41\ \underline{/51.48°}} = 7.80\ \underline{/-51.48°}\ \text{A}$$

利用分流公式求 $\dot{I}_2$、$\dot{I}_3$ 得

$$\dot{I}_2 = \frac{-j\omega M}{R_2 + j(\omega L_2 + \omega M) - j\omega M}\dot{I}_1 = \frac{-j6}{5 + j(12.5 + 6) - j6} \times 7.80\ \underline{/-51.48°}$$

$$= 3.48\ \underline{/150.32°}\ \text{A}$$

$$\dot{I}_3 = \frac{R_2 + j(\omega L_2 + \omega M)}{R_2 + j(\omega L_2 + \omega M) - j\omega M}\dot{I}_1 = \frac{5 + j(12.5 + 6)}{5 + j(12.5 + 6) - j6} \times 7.80\ \underline{/-51.48°}$$

$$= 11.10\ \underline{/-44.8°}\ \text{A}$$

5.1.4 具有耦合电感电路分析

对于含有互感的正弦交流电路，可用相量法进行分析，以前讲过的各种分析方法及

网络定理,除节点法外均可运用。在用各种方法进行分析计算时,应该注意互感元件的特点,就是在考虑电压时,不仅要计算自感电压,还要计算互感电压,而互感电压前的"+""一"号,要看施感电流与互感电压的参考方向对同名端是否一致来定。下面通过几个例题来具体说明各种方法的运用及需要注意的问题。

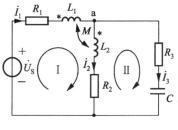

图 5-11 例 5-3 图

例 5-3 如图 5-11 所示电路,试列写其支路电流方程。

解 设各支路电流的参考方向如图示。对节点 a,由 KCL

$$\dot{I}_1 = \dot{I}_2 + \dot{I}_3 \qquad ①$$

由 KVL (对回路 I 及回路 II)

$$R_1 \dot{I}_1 + \dot{U}_{L1} + \dot{U}_{L2} + R_2 \dot{I}_2 = \dot{U}_S \qquad ②$$

$$R_3 \dot{I}_3 - j\frac{1}{\omega C}\dot{I}_3 - R_2\dot{I}_2 - \dot{U}_{L2} = 0 \qquad ③$$

式中 $\dot{U}_{L1}$ 及 $\dot{U}_{L2}$ 均要计算自感电压及互感电压,分别为

$$\dot{U}_{L1} = j\omega L_1 \dot{I}_1 + j\omega M \dot{I}_2$$

$$\dot{U}_{L2} = j\omega L_2 \dot{I}_2 + j\omega M \dot{I}_1$$

代入式②及式③并整理得

$$[R_1 + j\omega(L_1 + M)]\dot{I}_1 + [R_2 + j\omega(L_2 + M)]\dot{I}_2 = \dot{U}_S \qquad ④$$

$$-j\omega M \dot{I}_1 - (R_2 + j\omega L_2)\dot{I}_2 + (R_3 - j\frac{1}{\omega C})\dot{I}_3 = 0 \qquad ⑤$$

式①、④、⑤即为所需的支路电流方程。联立解之,便可求得各支路电流。

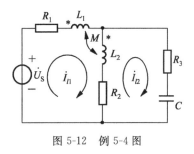

图 5-12 例 5-4 图

例 5-4 试列写例 5-3 电路的回路电流方程。

解 图 5-12 是重画的上例电路,回路电流选取如图所示。

在列回路方程时,要特别注意互感电压,这时施感电流就是回路电流。

例如在列回路电流 $\dot{I}_{l1}$ 的方程时,因耦合电感 L_1 与 L_2 在同一回路,当 $\dot{I}_{l1}$ 流过 L_1 时,在 L_2 中有互感电压 $\dot{U}_{M21}^{(1)} = j\omega M \dot{I}_{l1}$,而 $\dot{I}_{l1}$ 流过 L_2 时,在 L_1 中有互感电压 $\dot{U}_{M12}^{(1)} = j\omega M \dot{I}_{l1}$,因互感电压与回路电流(即施感电流)方向与同名端一致。故互感电压 $\dot{U}_{M12}^{(1)}$、$\dot{U}_{M21}^{(1)}$ 前冠以"+"号,这时 $2j\omega M$ 应归入自阻抗。

L_2 上还有一个回路电流 $\dot{I}_{l2}$,在 L_1 中的互感电压 $\dot{U}_{M12}^{(2)} = -j\omega M \dot{I}_{l2}$,这里取"一"号是

因为$\dot{U}_{M12}^{(2)}$与$\dot{I}_{l2}$对同名端不一致,这时$-\mathrm{j}\omega M$应归入互阻抗。同样可列回路电流$\dot{I}_{l2}$的方程。

最后经整理的方程为

$$[(R_1+R_2)+\mathrm{j}\omega(L_1+L_2+2M)]\dot{I}_{l1}-[R_2+\mathrm{j}\omega(L_2+M)]\dot{I}_{l2}=\dot{U}_S$$

$$-[R_2+\mathrm{j}\omega(L_2+M)]\dot{I}_{l1}+[(R_2+R_3)+\mathrm{j}(\omega L_2-\frac{1}{\omega C})]\dot{I}_{l2}=0$$

此题亦可先按"互感消去法"消去互感,再对无互感电路列回路方程。

例 5-5　电路如图 5-13 所示。已知$\dot{U}_{S1}=12\ \underline{/0°}$ V,
$\dot{U}_{S2}=10\ \underline{/53.1°}$ V,$R_1=4\ \Omega,R_2=5\ \Omega,X_C=-3\ \Omega,X_{L1}=$
$6\ \Omega,X_{L2}=6\ \Omega,X_M=2\ \Omega$。试求流经电阻$R_2$中的电流$\dot{I}$。

解　利用戴维南定理,先求 a、b 处的开路电压,如
图 5-14(a)所示。

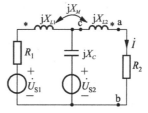

图 5-13　例 5-5 图

$$\dot{I}_1=\frac{\dot{U}_{S1}-\dot{U}_{S2}}{R_1+\mathrm{j}X_{L1}+\mathrm{j}X_C}$$

$$=\frac{12\ \underline{/0°}-10\ \underline{/53.1°}}{4+\mathrm{j}6-\mathrm{j}3}$$

$$=\frac{12-(6+\mathrm{j}8)}{4+\mathrm{j}3}$$

$$=-\mathrm{j}2=2\ \underline{/-90°}\ \mathrm{A}$$

$$\dot{U}_{oc}=\mathrm{j}X_M\dot{I}_1+\mathrm{j}X_C\dot{I}_1+\dot{U}_{S2}=\mathrm{j}2\times2\ \underline{/-90°}-\mathrm{j}3\times2\ \underline{/-90°}+10\ \underline{/53.1°}$$

$$=4+\mathrm{j}8=8.94\ \underline{/63.43°}\ \mathrm{V}$$

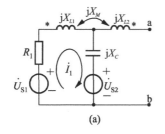
(a)

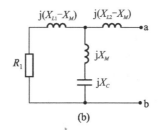
(b)

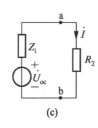
(c)

图 5-14　求解例 5-5 图

再求 ab 端口的入端阻抗,如果两互感线圈无公共节点,则必须用加电压求电流的方法,
本例中两互感线圈有公共节点,采用互感消去法要简捷得多,如图 5-14(b)所示,有

$$Z_i=\mathrm{j}(X_{L2}-X_M)+\frac{[R_1+\mathrm{j}(X_{L1}-X_M)][\mathrm{j}X_M+\mathrm{j}X_C]}{R_1+\mathrm{j}(X_{L1}-X_M)+\mathrm{j}X_M+\mathrm{j}X_C}$$

$$=\mathrm{j}4+\frac{(4+\mathrm{j}4)(-\mathrm{j})}{4+\mathrm{j}3}$$

$$=0.16+\mathrm{j}2.88\ \Omega$$

组成戴维南等效电路如图 5-14(c)所示,则

$$\dot{I} = \frac{\dot{U}_{oc}}{Z_i + R_2} = \frac{8.94\ \underline{/63.43^\circ}}{0.16 + \text{j}2.88 + 5}$$

$$= 1.51\ \underline{/34.26^\circ}\ \text{A}$$

应当指出:在应用戴维南定理求解含互感的电路时,不可将有互感的两线圈分开,如本例中不能在图 5-13 中的 cb 处将网络分割开来。

5.2 空心变压器电路

当具有互感的两个线圈分别接上电源和负载时,就构成了变压器电路,如图 5-15 所示。

变压器是电工、电子技术中常用的电气设备,它是利用互感来实现从一个电路向另一个电路传输能量或信号的一种器件,尽管这两个电路没有直接电的联系。空心变压器是由两个绕在非铁磁性材料制成的芯子上且具有互感的线圈组成的。它没有铁心变压器在铁心内产生的各种损失,常用于高频电路中。本节主要讨论空心变压器的各种等效电路以及功率传输的情况。

图 5-15 虚线框内所示为空心变压器的电路模型。与电源相联的一边称为原边(初级),其线圈(有时又称为绕组)称为原线圈,R_1、L_1 分别表示原线圈的电阻和电感;与负载相联的一边称为副边(次级),其线圈称为副线圈,R_2、L_2 分别表示副线圈的电阻和电感;M 为两线圈的互感。这些均为空心变压器的参数。R_L、X_L 为负载的电阻和电抗。

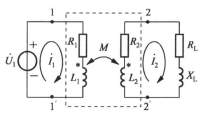

图 5-15 含空心变压器电路

设原副边的电流参考方向如图 5-15 所示,则由 KVL 可得原副边回路的电压方程

$$(R_1 + \text{j}X_{L1})\dot{I}_1 - \text{j}X_M\dot{I}_2 = \dot{U}_1$$

$$-\text{j}X_M\dot{I}_1 + (R_2 + \text{j}X_{L2} + R_L + \text{j}X_L)\dot{I}_2 = 0$$

若设 $Z_{11} = R_1 + \text{j}X_{L1}$(原边回路阻抗)

$Z_{22} = (R_2 + R_L) + \text{j}(X_{L2} + X_L) = R_{22} + \text{j}X_{22}$(副边回路阻抗)

$Z_M = \text{j}X_M$(互阻抗)

则上面方程可简写成

$$Z_{11}\dot{I}_1 - Z_M\dot{I}_2 = \dot{U}_1$$

$$-Z_M\dot{I}_1 + Z_{22}\dot{I}_2 = 0 \tag{5-11}$$

解得

$$\dot{I}_1 = \frac{\begin{vmatrix} \dot{U}_1 & -Z_M \\ 0 & Z_{22} \end{vmatrix}}{\begin{vmatrix} Z_{11} & -Z_M \\ -Z_M & Z_{22} \end{vmatrix}} = \frac{\dot{U}_1 Z_{22}}{Z_{11}Z_{22} - Z_M^2} = \frac{\dot{U}_1}{Z_{11} + \frac{(\omega M)^2}{Z_{22}}} \tag{5-12}$$

$$\dot{I}_2 = \frac{Z_M \dot{U}_1}{Z_{11}Z_{22} - Z_M^2} = \frac{\mathrm{j}\dfrac{\omega M}{Z_{11}}\dot{U}_1}{Z_{22} + \dfrac{(\omega M)^2}{Z_{11}}} \tag{5-13}$$

式(5-12)的分母 $Z_{11} + \dfrac{(\omega M)^2}{Z_{22}}$ 是当副边接有负载时从原边看进去的输入阻抗,其中,

$\dfrac{(\omega M)^2}{Z_{22}}$ 称为引入阻抗或**反映阻抗(reflected impedance)**,它是副边的回路阻抗 Z_{22} 通过互感反映到原边的等效阻抗。若用符号 Z_1' 表示上述引入阻抗,有

$$Z_1' = \frac{(\omega M)^2}{Z_{22}} = \frac{(\omega M)^2(R_{22} - \mathrm{j}X_{22})}{(R_{22} + \mathrm{j}X_{22})(R_{22} - \mathrm{j}X_{22})}$$

$$= \frac{(\omega M)^2 R_{22}}{R_{22}^2 + X_{22}^2} - \mathrm{j}\frac{(\omega M)^2 X_{22}}{R_{22}^2 + X_{22}^2} = R_1' + \mathrm{j}X_1'$$

式中

$$R_1' = \frac{(\omega M)^2 R_{22}}{R_{22}^2 + X_{22}^2}$$

称为引入电阻

$$X_1' = -\frac{(\omega M)^2 X_{22}}{R_{22}^2 + X_{22}^2}$$

称为引入电抗。显然引入阻抗的性质与 Z_{22} 的性质相反,即感性(容性)变为容性(感性)。引入电阻吸收的功率就是副边回路吸收的功率。式(5-12)可用图 5-16(a)所示的等效电路来表示,称为原边等效电路。

运用同样的方法,式(5-13)也可用图 5-16(b)所示的等效电路来表示。它是从副边看进去的含源一端口的等效电路,其中等效电源的电压 $\dfrac{\mathrm{j}\omega M}{Z_{11}}\dot{U}_1$ 就是副边的开路电压,$\dfrac{(\omega M)^2}{Z_{11}}$ 是原边回路阻抗通过互感反映到副边的等效阻抗。

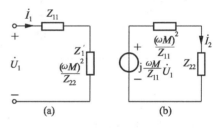

图 5-16 空心变压器原边和副边等效电路

例 5-6 图 5-17 所示电路中,$R_1 = 3\ \Omega$,$\omega L_1 = 4\ \Omega$,$R_2 = 10\ \Omega$,$\omega L_2 = 17.3\ \Omega$,$\omega M = 2\ \Omega$,$\dot{U}_S = 20\ \underline{/30°}$ V。试求 $\dot{I}_1$、$\dot{I}_2$ 及 $\dot{I}$。

解 对于原边回路,电路可等效为图 5-17(b),其原边回路阻抗

$$Z_{11} = R_1 + \mathrm{j}\omega L_1 = 3 + \mathrm{j}4\ \Omega$$

副边回路阻抗

$$Z_{22} = R_2 + \mathrm{j}\omega L_2 = 10 + \mathrm{j}17.3\ \Omega$$

副边开路,设原边回路电流用 $\dot{I}_0$ 表示,则

$$\dot{I}_0 = \frac{\dot{U}_S}{Z_{11}} = \frac{20\ \underline{/30°}}{3 + \mathrm{j}4} = 4\ \underline{/-23.13°}\ \text{A}$$

副边等效电路如图 5-17(c)所示,得

$$\dot{I}_2 = \frac{\mathrm{j}\omega M \dot{I}_0}{\dfrac{(\omega M)^2}{Z_{11}} + Z_{22}} = \frac{\mathrm{j}2 \times 4 \underline{/-23.13^\circ}}{\dfrac{2^2}{3+\mathrm{j}4} + 10 + \mathrm{j}17.3} = 0.41 \underline{/9.04^\circ} \ \mathrm{A}$$

$$\dot{U}_2 = R_2 \dot{I}_2 = 10 \times 0.41 \underline{/9.04^\circ} = 4.1 \underline{/9.04^\circ} \ \mathrm{V}$$

原边等效电路如图 5-17(d)所示,有

$$\dot{I}_1 = \frac{\dot{U}_S}{Z_{11} + \dfrac{(\omega M)^2}{Z_{22}}} = \frac{20 \underline{/30^\circ}}{3+\mathrm{j}4 + \dfrac{2^2}{10+\mathrm{j}17.3}} = 4.06 \underline{/-21.01^\circ} \ \mathrm{A}$$

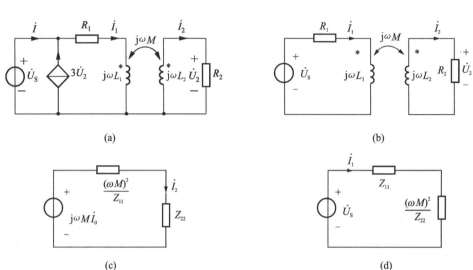

(a)   (b)

(c)   (d)

图 5-17 例 5-6 图

回到电路图 5-17(a),有

$$\dot{I} = \dot{I}_1 - 3\dot{U}_2 = 4.06 \underline{/-21.01^\circ} - 3 \times 4.1 \underline{/9.04^\circ}$$

$$= -8.36 - \mathrm{j}3.39 = 9.02 \underline{/-157.93^\circ} \ \mathrm{A}$$

5.3 全耦合变压器和理想变压器

5.3.1 全耦合变压器

如果变压器的两个线圈的耦合系数为 $k=1$,不计损耗,这样的变压器称为**全耦合变压器**(**perfect coupled transformer**)。它的电路可用图 5-18 来表示。在图示参考方向下,电压、电流的相量关系为

$$\left.\begin{array}{l}\dot{U}_1 = \mathrm{j}\omega L_1 \dot{I}_1 + \mathrm{j}\omega M \dot{I}_2 \\ \dot{U}_2 = \mathrm{j}\omega M \dot{I}_1 + \mathrm{j}\omega L_2 \dot{I}_2\end{array}\right\} \qquad (5\text{-}14)$$

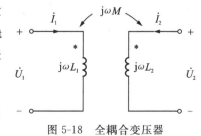

图 5-18 全耦合变压器

由式(5-14)可得

$$\dot{I}_1 = \frac{\dot{U}_2 - j\omega L_2 \dot{I}_2}{j\omega M} \tag{5-15}$$

将全耦合关系式 $M = \sqrt{L_1 L_2}$ 和式(5-15)代入式(5-14)的第一个方程,可得

$$\dot{U}_1 = \frac{L_1}{M}\dot{U}_2 = \sqrt{\frac{L_1}{L_2}}\dot{U}_2 \tag{5-16}$$

式(5-16)表明全耦合变压器原、副边电压的比值等于原、副边线圈电感比值的平方根 $\sqrt{L_1/L_2}$,这一比值称为全耦合变压器的变比,用 n 来表示,n 的数值也等于原边与副边线圈的匝数比。

由于全耦合时磁通间的关系有

$$\Phi_{12} = \Phi_{22}, \Phi_{21} = \Phi_{11}$$

而

$$\psi_1 = \psi_{11} + \psi_{12} = N_1(\Phi_{11} + \Phi_{12}) = N_1(\Phi_{11} + \Phi_{22}) = N_1\Phi$$

$$\psi_2 = \psi_{22} + \psi_{21} = N_2(\Phi_{22} + \Phi_{21}) = N_2(\Phi_{22} + \Phi_{11}) = N_2\Phi$$

式中 $\Phi(=\Phi_{11} + \Phi_{22})$ 是线圈的总磁通,或称主磁通。于是可得

$$u_1 = \frac{d\psi_1}{dt} = N_1\frac{d\Phi}{dt}$$

$$u_2 = \frac{d\psi_2}{dt} = N_2\frac{d\Phi}{dt}$$

所以有

$$\frac{u_1}{u_2} = \frac{N_1}{N_2} = n$$

即

$$u_1 = nu_2$$

这样,由式(5-16)可得出全耦合时

$$\sqrt{\frac{L_1}{L_2}} = \frac{N_1}{N_2} = n$$

式中 N_1 和 N_2 分别为原边线圈和副边线圈的匝数。

在全耦合变压器中,输入电压和输出电压的关系由原、副边线圈的匝数决定,在正弦交流稳态下,有

$$\dot{U}_1 = n\dot{U}_2 \tag{5-17}$$

将式(5-17)和全耦合关系式 $M = \sqrt{L_1 L_2}$ 及 $n = \sqrt{L_1/L_2}$ 代入式(5-15)可得全耦合变压器原、副边线圈间电流关系为

$$\dot{I}_1 = \frac{\dot{U}_1}{j\omega L_1} - \frac{1}{n}\dot{I}_2 \tag{5-18}$$

式(5-17)和式(5-18)就是全耦合变压器原、副边间电压和电流的关系式。

5.3.2 理想变压器

如果两个全耦合线圈的自感 L_1 和 L_2 趋向无穷大,但保持 L_1 和 L_2 的比值仍为 n 的

平方,则式(5-18)即简化为

$$\dot I_1 = -\frac{1}{n}\dot I_2 \qquad (5\text{-}19)$$

在这种情形下的全耦合变压器就成为**理想变压器**(**ideal transformer**),其电压和电流的关系为

$$\left.\begin{array}{l} u_1 = nu_2 \qquad \text{或} \quad \dot U_1 = n\dot U_2 \\[2mm] i_1 = -\dfrac{1}{n}i_2 \quad \text{或} \quad \dot I_1 = -\dfrac{1}{n}\dot I_2 \end{array}\right\} \qquad (5\text{-}20)$$

理想变压器的电路符号如图 5-19 所示,它的唯一参数是被称为**变比**(**transformation ratio**)的常数 n,即两线圈的**匝比**(**tran ratio**)。$n = N_1/N_2$,N_1 与 N_2 分别为原线圈和副线圈的匝数。

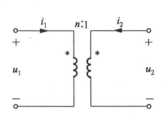

图 5-19　理想变压器电路符号

理想变压器也可用受控源组成的电路模型来表示,根据式(5-20),其电路模型如图 5-20(a)或(b)所示。

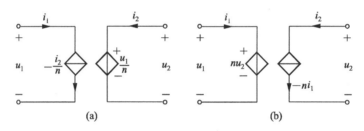

(a)　　　　　　　　(b)

图 5-20　理想变压器模型

理想变压器是一种理想化的电路元件模型,其理想化条件是①变压器本身无损耗;②耦合系数 $k = \dfrac{M}{\sqrt{L_1 L_2}} = 1$(全耦合);③$L_1$、$L_2$ 和 M 均为无限大。但实际的变压器线圈的电感 L_1 和 L_2 不可能趋于无穷大。含铁心的变压器当工作在铁心不饱和时,它的磁导率很大,因而电感较大,将铁心损耗忽略,就可以近似地视为理想变压器。

理想变压器可用来变换电压或电流,还可用来变换阻抗。如图 5-21(a)所示,当副边接负载 Z_L 时,从原边看进去的输入阻抗将是

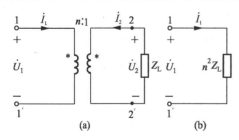

(a)　　　　　　(b)

图 5-21　接负载的理想变压器及其等效电路

$$Z_i = \frac{\dot U_1}{\dot I_1} = \frac{n\dot U_2}{-\dfrac{1}{n}\dot I_2}$$

$$= n^2\left[\frac{\dot U_2}{-\dot I_2}\right] = n^2 Z_L \qquad (5\text{-}21)$$

即副边负载经过理想变压器折合到原边为 $n^2 Z_L$,它亦称为副边阻抗对原边的**折合阻抗**

（referred impedance），等效电路如图 5-21(b)所示，可见，通过改变匝比 n，可以在原边得到不同的入端阻抗。在工程中，常用理想变压器变换阻抗的性质来实现匹配，使负载获得最大功率。

理想变压器是一个既不耗能，也不储能的多端元件。因为它吸收的瞬时功率恒等于零，即

$$u_1 i_1 + u_2 i_2 = 0$$

可见，在任一瞬间，副边输出功率恒等于原边输入的功率。就是说它具有改变电压、电流和阻抗的作用，但并不改变功率。

理想变压器的电路符号与互感元件颇为相似，但实际上两者是截然不同的。差别之处在于理想变压器的自感和互感系数均为无限大，故不能引用这些参数来分析，只能直接应用式（5-20）的约束关系；互感元件是储能元件，而理想变压器则不是。

电力变换技术中用到的**斩波器**（**chopper**）也称为**直流-直流变换器**（**DC/DC converter**），它是将输入的直流电转变为交流电，通过变压器改变电压之后再转换为直流电输出，从端口特性来说，可看成理想直流变压器。

例 5-7 在图 5-22 所示的电路中，已知 $U_S = 220$ V，$R_1 = 100$ Ω，$Z_L = 3 + \text{j}3$ Ω，$n = 10$，求流经 Z_L 的电流。

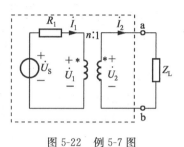

图 5-22 例 5-7 图

解 设 $\dot{U}_S = 220 \,\underline{/0°}\,$ V

方法一：

先将 Z_L 折合到原边，即

$$Z'_L = n^2 Z_L = 300 + \text{j}300 \ \Omega$$

则有

$$\dot{I}_1 = \frac{\dot{U}_S}{R_1 + Z'_L} = \frac{220 \,\underline{/0°}}{100 + 300 + \text{j}300}$$
$$= 0.44 \,\underline{/-36.9°}\, \text{A}$$

在图示参考方向下

$$\dot{I}_1 = \frac{1}{n} \dot{I}_2$$

所以

$$\dot{I}_2 = n\dot{I}_1 = 4.4 \,\underline{/-36.9°}\, \text{A}$$

方法二：

用戴维南定理。将 Z_L 移去，副边开路，此时由于 $\dot{I}_2 = 0$，故 $\dot{I}_1 = \frac{1}{n}\dot{I}_2 = 0$，从而 $\dot{U}_1 = \dot{U}_S$，而

$$\dot{U}_{oc} = \dot{U}_2 = \frac{1}{n}\dot{U}_1 = \frac{1}{10} \times 220 \,\underline{/0°}\, = 22 \,\underline{/0°}\, \text{V}$$

将 $\dot{U}_S$ 用短路代替后，由副边往里看的等效阻抗可参照式（5-21），为

$$Z_i = \left(\frac{1}{n}\right)^2 R_1 = \frac{1}{100} \times 100 = 1 \ \Omega$$

组成戴维南等效电路并接上负载 Z_L，如图 5-23 所示，于是可得 Z_L 中的电流为

$$\dot{I}_2 = \frac{\dot{U}_{oc}}{Z_i + Z_L} = \frac{22 \ \underline{/0^\circ}}{1 + 3 + j3}$$

$$= 4.4 \ \underline{/-36.9^\circ} \ \text{A}$$

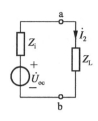

图 5-23　例 5-7 的戴维南
等效电路

5.3.3　全耦合变压器的等效电路

全耦合变压器其实就是两个全耦合的互感线圈，可以用一个理想变压器并联电感组

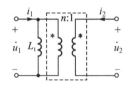

图 5-24　全耦合变压器的
等效电路

成的电路构成它的电路模型。根据式(5-17)和式(5-18)可以得到全耦合变压器的电路模型如图 5-24 所示。全耦合变压器和理想变压器是有差别的，前者一般是储能元件，而后者不是储能元件。当全耦合变压器的等效电路中的 $L_1 \to \infty$ 时，它就成为理想变压器了。

例 5-8　全耦合变压器如图 5-25(a) 所示，试求其初、次级的电流和电压。各阻抗值的单位为 Ω，$\dot{U}_S = 1 \ \underline{/0^\circ} \ \text{V}$。

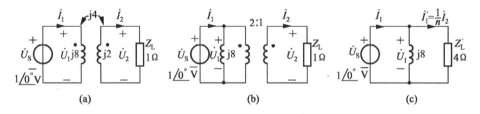

图 5-25　例 5-8 图

解　全耦合变压器的模型如图 5-25(b)所示，其匝比

$$n = \sqrt{\frac{L_1}{L_2}} = \sqrt{\frac{8}{2}} = 2$$

通过理想变压器折合到初级的阻抗为

$$Z_L' = n^2 Z_L = 2^2 \times 1 = 4 \ \Omega$$

电路如 5-25(c)所示，电源提供的电流即初级电流为

$$\dot{I}_1 = \frac{1}{4} + \frac{1}{j8} = 0.25 - j0.125 \ \text{A}$$

次级电流为

$$\dot{I}_2 = n\dot{I}_1' = n \frac{\dot{U}_S}{Z_L'} = 2 \times \frac{1}{4} = 0.5 \ \text{A}$$

$\dot{I}_2$ 也可用 $\dot{U}_2/Z_L$ 求得。

次级电压为

$$\dot{U}_2=\frac{1}{n}\dot{U}_1=\frac{1}{2}\times 1\angle 0^\circ=0.5\angle 0^\circ\ \mathrm{V},\quad \dot{I}_2=\frac{\dot{U}_2}{Z_L}=\frac{0.5\angle 0^\circ}{1}=0.5\ \mathrm{A}$$

也可用回路法对原电路进行计算，结果是相同的，但用例示方法则比较简便。

全耦合的**自耦变压器**(**auto-transformer**)起同样的阻抗变换作用，等效电路如图 5-26(a)和(b)所示。图中 L_1 为接电源部分的线圈电感量，$n=\dfrac{N_1}{N_2}$ 为匝比，它们的初级等效电路如图 5-26(c)所示。

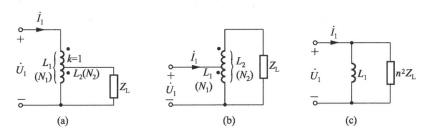

图 5-26 全耦合自耦变压器及其初级等效电路

在图 5-26(a)中，$n>1$ 使阻抗变大；图 5-26(b)中，$n<1$ 使阻抗变小。

5.4 变压器的电路模型

实际变压器并不能满足耦合系数为 1 以及电感为无限大的条件，而且损耗是不可避免的，对于不是全耦合，但耦合得较紧的变压器，初级线圈产生的磁通大部分或绝大部分经铁心与次级线圈相交链的，这称为主磁通(或互磁通)。还有一小部分磁通只穿过初级线圈本身而没有与次级线圈相交链，称为漏磁通。设初级线圈通过电流 i_1 时，产生的总磁通为 Φ_{11}，其中与次级线圈相交链的主磁通为 Φ_{21}，未与之相交链的漏磁通为 Φ_{S1}，如图 5-27 所示。按电感的定义，令

$$L_{S1}=\frac{N_1\Phi_{S1}}{i_1}\tag{5-22}$$

L_{S1} 称为初级线圈的漏电感。

图 5-27 实际变压器

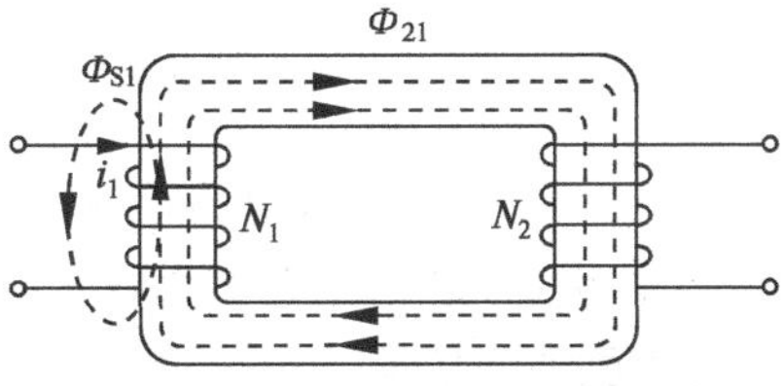

将线圈的磁通分为主磁通与漏磁通，意味着可以将线圈的总电感分为两个电感的串联

$$\begin{aligned}L_1&=\frac{N_1\Phi_{11}}{i_1}\\&=\frac{N_1(\Phi_{21}+\Phi_{S1})}{i_1}\\&=\frac{N_1}{N_2}\frac{N_2\Phi_{21}}{i_1}+\frac{N_1\Phi_{S1}}{i_1}\\&=nM+L_{S1}\end{aligned}$$

或
$$L_{S1} = L_1 - nM \tag{5-23a}$$

同理,对次级线圈可得

$$L_{S2} = L_2 - \frac{1}{n}M \tag{5-23b}$$

L_{S1} 及 L_{S2} 各自反映本线圈漏磁通的作用,彼此间没有互感。而初级线圈的另一部分电感 nM 及次级绕组的另一部分电感 $\frac{1}{n}M$,则反映主磁通的作用,因而它们是理想的全耦合。这样,对于耦合系数小于 1 的变压器的耦合电路如图 5-28(a)所示,可以等效地画成在全耦合变压器初、次级回路中各自串联漏电感的等效电路,如图 5-28(b)所示。利用理想变压器表示全耦合变压器的等效电路可把图 5-28(b)进一步画成图 5-28(c)。考虑到变压器初、次级线圈本身的损耗,在电路图中应添加等效串联电阻 R_1 和 R_2,于是比较完善的变压器等效电路应如图 5-28(d)所示。漏感 L_{S1}、L_{S2} 与 L_1、L_2、M、n 之间的关系由式(5-23)确定。

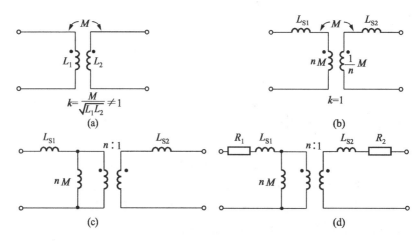

图 5-28　实际变压器及其等效电路

图 5-28(d)所示等效电路对耦合系数 $k \neq 1$ 的互感电路都适用,尤其对耦合较紧,接近全耦合,特别是相互耦合的线圈电感量都较大的变压器电路,应用这一等效电路更合适。

对于铁心变压器,一般其初、次级线圈的耦合接近全耦合,线圈的阻抗一般比负载阻抗大得多,只要变压器本身功耗远小于它所传输的功率,在对电路作比较粗略的估算分析时,把它看成理想变压器,与实际计算出入并不很大。

5.5　谐振电路

由 R、L、C 元件构成的一端口电路,正弦激励时在某个特定条件下,端口的电压和电流出现同相的情况,说明电路发生了**谐振**(resonance)。谐振现象是正弦交流电路的一种特定的工作状态,它在无线电和电工技术中得到广泛的应用,如选频、滤波等。但另一方面,发生谐振时又有可能破坏某些系统的正常工作,甚至造成危害。所以对谐振现象的研究,具有十分重要的意义。

5.5.1 *RLC* 串联谐振

对于图 5-29 所示的 RLC 串联电路,在正弦电压 $\dot{U}$ 激励下,其复阻抗为

$$Z = R + \mathrm{j}\left(\omega L - \frac{1}{\omega C}\right) = R + \mathrm{j}(X_C + X_L) = R + \mathrm{j}X$$

$$\omega_0 L - \frac{1}{\omega_0 C} = 0 \tag{5-24}$$

$Z = R$ 为纯电阻,端电流 $\dot{I}$ 与电压 $\dot{U}$ 同相,这时电路的工作状态称为谐振状态。由于谐振发生在 RLC 串联电路中,所以称为**串联谐振**(**series resonance**)。由式(5-24)可得出串联谐振的角频率为

$$\omega_0 = \frac{1}{\sqrt{LC}} \tag{5-25a}$$

谐振频率为

$$f_0 = \frac{1}{2\pi\sqrt{LC}} \tag{5-25b}$$

由上式可知,串联电路的谐振频率只与 L、C 有关。它反映了串联电路的一种固有的性质,当外加激励信号的频率与电路的谐振频率一致时,电路才发生谐振,因而改变 ω、L 或 C 可使电路发生谐振或消除谐振。

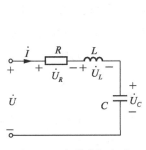

图 5-29 串联谐振电路

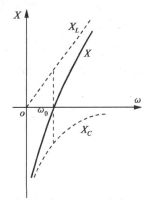

图 5-30 电抗曲线

在图 5-30 中可以看出串联电路谐振时,虽然 $X = X_C + X_L = 0$,但感抗和容抗均不为零,其值为

$$\omega_0 L = \frac{1}{\omega_0 C} = \frac{1}{\sqrt{LC}}L = \sqrt{\frac{L}{C}} = \rho \tag{5-26}$$

ρ 称为串联谐振电路的特性阻抗。在无线电技术中,通常用特性阻抗 ρ 与回路电阻 R 的比值表征电路的谐振性能,用 $Q^{①}$ 来表示,即

―――――――――――――

① Q 还用来表示无功功率,注意不要混淆。

$$Q = \frac{\rho}{R} = \frac{\omega_0 L}{R} = \frac{1}{\omega_0 RC} = \frac{1}{R}\sqrt{\frac{L}{C}} \tag{5-27}$$

Q 称为谐振回路的品质因数或谐振系数,工程上简称为 Q 值,是一个无量纲的量。

谐振时,由于 $X=0$,故电路中的电流为

$$\dot{I}_0 = \dot{U}/Z = \dot{U}/R$$

此时电流与电压同相,电路阻抗最小,所以在电压一定时,电流有效值最大。

谐振时各元件的电压分别为

$$\dot{U}_{R0} = R\dot{I}_0 = R\frac{\dot{U}}{R} = \dot{U}$$

$$\dot{U}_{L0} = \mathrm{j}\omega_0 L\dot{I}_0 = \mathrm{j}\omega_0 L\frac{\dot{U}}{R} = \mathrm{j}Q\dot{U}$$

$$\dot{U}_{C0} = -\mathrm{j}\frac{1}{\omega_0 C}\dot{I}_0 = -\mathrm{j}\frac{1}{\omega_0 C}\frac{\dot{U}}{R} = -\mathrm{j}Q\dot{U}$$

这说明,谐振时电阻元件上的电压与外加电压相等;电感和电容元件上的电压均为外加电压的 Q 倍,两者大小相等,相位相反,故总的电抗电压为零,即

$$\dot{U}_{X0} = \dot{U}_{L0} + \dot{U}_{C0} = \mathrm{j}Q\dot{U} - \mathrm{j}Q\dot{U} = 0$$

图 5-31 是 RLC 串联电路谐振时的电流、电压相量图。

上述结果表明,当 Q 值较高时,电感电容元件上的电压将远大于外加电压,且两者相互抵消。根据这一特点,串联

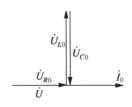

图 5-31 串联谐振时电流、
电压相量图

谐振又称**电压谐振**(voltage resonance)。收音机的输入电路就是利用这一特点,把微弱的输入电压信号通过谐振变成电抗元件上较大的电压信号送入下一级进行放大。而在电力系统中,由于外加电压已较大,若发生谐振,电抗元件将会因电压过大而损坏,所以应避免发生谐振。

例 5-9 一电感量 $L=200\ \mu\mathrm{H}$ 的线圈与可变电容器组成一串联谐振电路,接于 $\omega = 5\times10^6\ \mathrm{rad/s}$ 的信号源。调节电容 C 使电路发生串联谐振。设信号源电压 $U_\mathrm{s} = 10\ \mathrm{mV}$,$Q=100$。求谐振时的电容量,电路中的电流及电容上的电压。

解

$$\omega_0 = \frac{1}{\sqrt{LC}} = \omega = 5\times10^6\ \mathrm{rad/s}$$

$$C = \frac{1}{\omega_0^2 L} = \frac{1}{(5\times10^6)^2 \times 200\times10^{-6}} = 200\ \mathrm{pF}$$

$$Q = \frac{1}{R}\sqrt{\frac{L}{C}}$$

$$R = \frac{1}{Q}\sqrt{\frac{L}{C}} = \frac{1}{100}\sqrt{\frac{200\times10^{-6}}{200\times10^{-12}}} = 10\ \Omega$$

$$I_0 = \frac{U_\mathrm{s}}{R} = \frac{10\ \mathrm{mV}}{10} = 1\ \mathrm{mA}$$

$$U_{C0} = QU_S = 100 \times 10 \text{ mV} = 1 \text{ V}$$

例 5-10 图 5-32 为用 Q 表测量线圈的电感量和 Q 值的原理电路。U_S 为仪器内部的信号源,其频率可调。C_S 为仪器内部的标准可变电容器,信号源的频率及 C_S 的电容量都可在仪器面板上直接读出。L_X 为被测电感线圈。Q 表内有电压表 V(内阻极高,可视为开路)可以直接读出 C_S 上的电压。测量的具体步骤是选定某一频率 f_0,在信号源电压调节为固定值 20 mV 时调节 C_S 达到谐振(谐振的标志是电压表的读数达到最大值)。

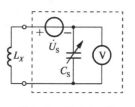

图 5-32 例 5-10 图

设 $f_0 = 1$ MHz,C_S 调到 165 pF 时,测得其最大电压值为 1.6 V,求被测电感线圈的电感量及其 Q 值。

解
$$L_X = \frac{1}{\omega_0^2 C} = \frac{1}{(2\pi \times 10^6)^2 \times 165 \times 10^{-12}}$$
$$= 1.54 \times 10^{-4} \text{ H} = 154 \ \mu\text{H}$$
$$Q = \frac{U_{C0}}{U_S} = \frac{1.6}{20 \times 10^{-3}} = 80$$

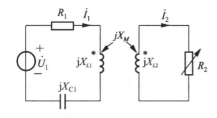

图 5-33 例 5-11 图

由于 C_S 可视为无损耗电容,故此 Q 值即为被测线圈的 Q 值。

例 5-11 电路如图 5-33 所示。已知 $U_1 = 10$ V,$R_1 = 2$ Ω,$X_{L1} = 10$ Ω,$X_{C1} = -8$ Ω,$X_{L2} = 9$ Ω,$X_M = 6$ Ω。求:

(1) R_2 为何值电路会发生谐振;

(2) 谐振时 I_1、I_2 和 R_2 消耗的功率各为多少?

解 (1) 引入电抗 $X_1' = \dfrac{-(\omega M)^2 X_{22}}{R_{22}^2 + X_{22}^2} = \dfrac{-6^2 \times 9}{R_2^2 + 9^2}$

当 $\text{j}X_{L1} + \text{j}X_1' + \text{j}X_{C1} = \text{j}10 - \text{j}8 - \text{j}\dfrac{6^2 \times 9}{R_2^2 + 9^2} = \text{j}0$ 时,电路发生谐振,即

$$\frac{6^2 \times 9}{R_2^2 + 9^2} = 10 - 8 = 2$$

所以
$$R_2^2 = \frac{6^2 \times 9}{2} - 9^2 = 9^2$$

$$R_2 = 9 \text{ Ω}$$

(2) 引入电阻 $R_1' = \dfrac{6^2 \times 9}{9^2 + 9^2} = 2 \text{ Ω}$

所以
$$I_1 = \frac{U_1}{R_1 + R_1'} = \frac{10}{2+2} = 2.5 \text{ A}$$
$$P_{R_2} = I_1^2 R_1' = 2.5^2 \times 2 = 12.5 \text{ W}$$

因为
$$P_{R_2} = I_2^2 R_2$$

所以
$$I_2 = \sqrt{\frac{P_{R_2}}{R_2}} = \sqrt{\frac{12.5}{9}} = 1.1785 \text{ A}$$

下面讨论串联电路的谐振曲线。

在 RLC 串联电路中,当外加电压有效值不变时,电流、各电压、阻抗(或导纳)的模及阻抗角(或导纳角)是随频率的变化而变化的,这些量与频率的关系通称为频率特性,而表明电流与频率的关系曲线又称为**谐振曲线**(resonant curve)。

由于串联电路的阻抗为

$$Z = R + \mathrm{j}\left(\omega L - \frac{1}{\omega C}\right) = R + \mathrm{j}(X_L + X_C) = R + \mathrm{j}X \tag{5-28}$$

其中,R 为常数,X 与频率的关系已在前面讨论过,现在图 5-34(a)中用虚线画出,因为 $|Z| = \sqrt{R^2 + X^2}$,所以串联电路阻抗的频率特性如图 5-34(a)中的实线所示。

电路电流为

$$\dot{I} = \frac{\dot{U}}{Z} = \frac{\dot{U}}{R + \mathrm{j}\left(\omega L - \dfrac{1}{\omega C}\right)} = I\underline{/-\varphi}$$

其中

$$I = \frac{U}{|Z|} = \frac{U}{\sqrt{R^2 + \left(\omega L - \dfrac{1}{\omega C}\right)^2}} \tag{5-29}$$

$$\varphi = \arctan \frac{\omega L - \dfrac{1}{\omega C}}{R} \tag{5-30}$$

式(5-29)表明电流有效值与频率的关系,当外加电压的有效值保持不变时,由此式可得电流的谐振曲线(也叫幅频特性),如图 5-34(b)所示。式(5-30)表明了电流、电压间的相位差与频率的关系,称为电流的相频特性,相频特性曲线如图 5-34(c)所示。当 $\omega < \omega_0$ 时,$|X_C| > X_L$,电路呈容性;当 $\omega > \omega_0$ 时,$|X_C| < X_L$,电路呈感性;当 $\omega = \omega_0$ 时,$|X_C| = X_L$,$Z = R$,电路呈纯电阻性。

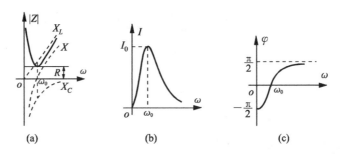

图 5-34 阻抗曲线、谐振曲线和相频特性曲线

从图 5-34(b)电流的谐振曲线可以看出,只有在谐振频率附近一段范围内,电路电流才有较大的幅值(或有效值),而在 $\omega = \omega_0$,即谐振频率处出现峰值。当 ω 偏离谐振频率 ω_0 时,由于电抗 $|X|$ 的增加,电流将从谐振时的最大值(U/R)下降,表明电路逐渐增加了对电流的扼制能力。所以串联谐振电路具有选择最接近于谐振频率附近信号的性能,这种性能在无线电技术中称为选择性。不难看出,电路选择性的好坏与电流的谐振曲线在

谐振频率附近的尖锐程度有关,即与电流的变化陡度有关,而电流的变化陡度又与电路的 Q 值有很大关系。下面就来讨论这个问题。

为了使谐振曲线对不同的 I_0,ω_0 通用,我们对谐振处的 I_0,ω_0 归一化处理,即把频率特性的横坐标改为 $\omega/\omega_0=\eta$(称为相对失谐),把纵坐标改为 I/I_0,其中 $I_0=U/R$,考虑到 $Q=\omega_0 L/R=1/(\omega_0 CR)$,则可将式(5-29)改写为

$$\frac{I}{I_0}=\frac{1}{\sqrt{1+Q^2\left(\eta-\frac{1}{\eta}\right)^2}} \tag{5-31}$$

此式左边的比值称为相对抑制比,表明电路在 ω 偏离谐振频率时,对非谐振电流的抑制能力。式(5-31)说明,相对抑制比与 Q 有关,图 5-35 画出了 $Q=1,2,10$ 三条曲线,因为对于 Q 值相同的任何 RLC 串联谐振电路,只有一条曲线与之对应,所以这种曲线称为串联电路的通用谐振曲线。由图可见,Q 值越大,曲线形状就越尖锐,当 η 稍微偏离 1 时(即 ω 稍偏离 ω_0),I/I_0 就急剧下降,表明电路对非谐振频率的电流具有较强的抑制能力,即谐振电路的选择性好;反之 Q 值小,选择性差。

为在数量上表示电路对频率的选择能力,工程上规定,将谐振曲线上 $\dfrac{I}{I_0}\geqslant\dfrac{1}{\sqrt{2}}$ 对应的频率范围定义为通频带,它规定了信号能顺利通过的一个频率范围。通频带又称为带宽,用 BW 表示,即

$$BW=\omega_2-\omega_1 \tag{5-32}$$

式中 ω_2、ω_1 是通频带的两个边界角频率(有时也将对应的 (f_2-f_1) 称为通频带)。在谐振曲线上,它们对应 $\dfrac{I}{I_0}=\dfrac{1}{\sqrt{2}}$ 的两个点,如图 5-36 所示。当 $Q\gg1$ 时,由式(5-31)可进一步导出 ω_1 和 ω_2 近似为

$$\omega_1=\omega_0\left(1-\frac{1}{2Q}\right),\quad \omega_2=\omega_0\left(1+\frac{1}{2Q}\right)$$

可得

$$BW=\omega_0(\eta_2-\eta_1)=\frac{\omega_0}{Q} \tag{5-33}$$

说明 ω_0 一定时,Q 越大,通频带越窄。

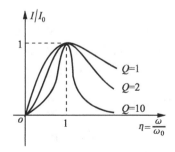

图 5-35　串联电路的通用谐振
曲线与 Q 值的关系

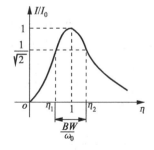

图 5-36　通频带

最后我们来讨论 U_L 和 U_C 的频率特性。

电感电压为

$$U_L = \omega L I = \frac{\omega L U}{\sqrt{R^2 + \left(\omega L - \dfrac{1}{\omega C}\right)^2}} \tag{5-34}$$

电容电压为

$$U_C = \frac{1}{\omega C} I = \frac{U}{\omega C \sqrt{R^2 + \left(\omega L - \dfrac{1}{\omega C}\right)^2}} \tag{5-35}$$

它们的曲线如图 5-37 所示（$Q=1.2$）。曲线变化趋势可定性说明如下：

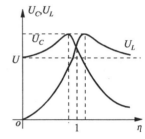

图 5-37　串联谐振电路的 U_L、U_C 的频率特性

（1）对 $U_L \sim \omega$ 曲线来说，$\omega=0$ 时，$U_L=0$，当 ω 由 0 增大到 ω_0 时，X_L 和 I 都在增大，所以 U_L 也在增大，刚过 ω_0 点时，因 X_L 在直线上升，电流虽在下降，但下降不多，结果 U_L 仍继续上升。在这以后，如果 Q 值很小（$Q<1/\sqrt{2}$），随着 ω 的增加，因为 I 下降的速度比 X_L 上升的速度小，U_L 将一直上升，到 $\omega \to \infty$ 时，趋近于电源电压值 U；如果 Q 值较大（$Q>1/\sqrt{2}$），则随着 ω 的增加，因电流下降的速度会渐渐超过 X_L 上升的速度，U_L 将在达到最大值 $U_{L\max}$ 后，再下降而趋于电源电压值 U。

（2）对 $U_C \sim \omega$ 曲线来说，$\omega=0$ 时，$U_C=U$，此时如果 Q 很小 $\left(Q<\dfrac{1}{\sqrt{2}}\right)$，则因 $|X_C|=\dfrac{1}{\omega C}$。随着 ω 的上升，$|X_C|$ 变小，且其下降速度大于电流上升速度，U_C 将一直下降，到 $\omega \to \infty$ 时趋于零，如果 Q 较大（$Q>1/\sqrt{2}$），在 ω 到达 ω_0 之前，U_C 将上升而达到最大值 $U_{C\max}$，然后下降，直至 $\omega \to \infty$ 时而趋于零。

以上分析可知，当 $Q>0.707$ 时 U_L、U_C 的幅频特性出现峰值，它们分别处于谐振频率的两侧，形状与 Q 值有很大关系，Q 值越大，峰值越高，且越接近于谐振频率。当 $Q \gg 1$ 时，两峰值非常接近于谐振频率，在工程分析中，可近似认为谐振时的 U_{C0} 及 U_{L0} 为最大。

5.5.2　GCL 并联谐振电路

图 5-38 为 G、C、L 并联接于电流源，它与电压源作用下的 RLC 串联电路互为对偶，所以 GCL 并联电路的谐振条件及特点，可以在 5.5.1 节分析的基础上，根据对偶关系，得出与串联谐振对偶的关系。GLC 并联电路的复导纳 $Y=G+\mathrm{j}\left(\omega C-\dfrac{1}{\omega L}\right)$，谐振时 $B=\omega_0 C-\dfrac{1}{\omega_0 L}=0$，由此得到谐振角频率 $\omega_0=\dfrac{1}{\sqrt{LC}}$；并联谐振（**parallel resonance**）时，$Y=G$，导纳最小，在 I_S 一定时，电压 U 最大；并联谐

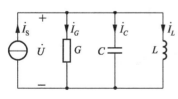

图 5-38　并联谐振电路

振电路的品质因数 $Q = \dfrac{\omega_0 C}{G} = \dfrac{1}{G\omega_0 L}$；电感支路电流 $\dot{I}_{L0} = -\dot{I}_{C0} = -jQ\dot{I}_S$ 等。

实际工程中常遇到电感线圈与电容并联的谐振电路，如图 5-39 所示，其中电感线圈用 R 和 L 的串联组合来表示，与电容并联后的复导纳为

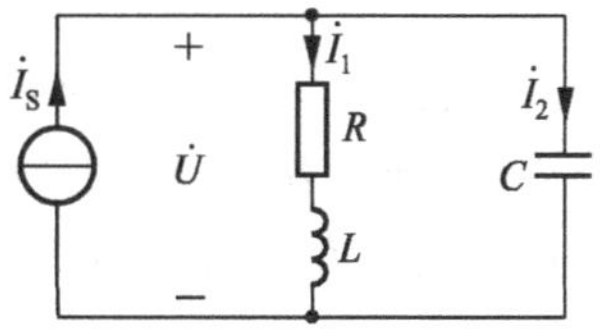

$$Y = \frac{1}{R + j\omega L} + j\omega C$$

$$= \frac{R}{R^2 + \omega^2 L^2} + j\left(\frac{-\omega L}{R^2 + \omega^2 L^2} + \omega C\right)$$

$$= G_{eq} + jB_{eq}$$

图 5-39 常用并联谐振电路

当端口电压与电流同相时，发生并联谐振。此时

$$B_0 = \frac{-\omega_0 L}{R^2 + \omega_0^2 L^2} + \omega_0 C = 0$$

由上式可得电路的谐振角频率为

$$\omega_0 = \sqrt{\frac{L - CR^2}{L^2 C}} = \frac{1}{\sqrt{LC}}\sqrt{1 - \frac{CR^2}{L}} \tag{5-36}$$

谐振频率为

$$f_0 = \frac{1}{2\pi\sqrt{LC}}\sqrt{1 - \frac{CR^2}{L}} \tag{5-37}$$

可见，电路的谐振频率决定于电路的参数，而且只有当 $1 - \dfrac{CR^2}{L} > 0$，即 $R < \sqrt{\dfrac{L}{C}}$ 时，ω_0 才是实数。如果 $R > \sqrt{\dfrac{L}{C}}$，ω_0 成为虚数，电路不发生谐振。

并联谐振时，由于电纳等于零，故复导纳将为

$$Y_0 = G_0 = \frac{R}{R^2 + \omega_0^2 L^2} = \frac{CR}{L}$$

这时，整个电路相当于一个电阻，如以 R_0 表示，则

$$R_0 = \frac{1}{Y_0} = \frac{1}{G_0} = \frac{L}{CR}$$

端电压为

$$\dot{U}_0 = \frac{\dot{I}_S}{Y_0} = \frac{L}{CR}\dot{I}_S$$

所以谐振时各支路电流为 $\quad \dot{I}_{10} = \dot{U}_0 Y_1 = \dfrac{L}{CR}\,|\,Y_1\,|\,\dot{I}_S\,\underline{/-\varphi_1}$

$$\dot{I}_{20} = \dot{U}_0 j\omega_0 C = \frac{L}{CR}\omega_0 C\dot{I}_S\,\underline{/\frac{\pi}{2}}$$

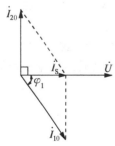

图 5-40 并联谐振电路的相量图

设 $\dot{I}_S = I_S\,\underline{/0°}$，则各电流相量如图 5-40 所示，可见 $\dot{I}_{10}$ 的虚部与 $\dot{I}_{20}$ 相互抵消，因此，并联谐振也称**电流谐振**（**current resonant**）。电感中的磁场能量与电容中的电场能量进行交换，而不与电源交换，故电路的无功功率为零。

当 R 很小时，即 $R \ll \sqrt{\dfrac{L}{C}}$ 时，由式(5-36)和式(5-37)将有

$$\omega_0 \approx \frac{1}{\sqrt{LC}}$$

或

$$f_0 \approx \frac{1}{2\pi}\sqrt{\frac{1}{LC}}$$

即并联谐振频率与串联谐振频率近似相等。于是我们可以仿照串联谐振电路 Q 值,定义电感线圈与电容并联谐振电路的 Q 值,串联电路的 Q 值等于谐振时电容或电感电压与电源电压之比,在电感线圈与电容并联电路中则可以定义 Q 值为谐振时电容电流或电感线圈中的无功电流与电流源电流之比,即 $Q = \dfrac{\omega_0 L}{R} \approx \dfrac{1}{\omega_0 CR}$,与串联电路有相同形式,因为 R 与 L 均为线圈的参数,故有时也将此时的 Q 值叫做线圈的 Q 值。不过要注意,若电流源具有内阻 R_S,则整个电路的 Q 值就会小于线圈的 Q 值。

图 5-39 的电路可等效为图 5-41 所示的 G_{eq}、L_{eq}、C 并联电路,一般情况下

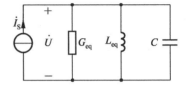

图 5-41　图 5-39 的等效电路

$$G_{eq} = \frac{R}{R^2 + \omega^2 L^2}$$

$$L_{eq} = \frac{R^2 + \omega^2 L^2}{\omega^2 L}$$

当 R 很小时($R \ll \sqrt{\dfrac{L}{C}}$),即线圈 Q 值较高时,在谐振频率附近(通常称小失谐情况),即 $\omega \approx \omega_0$ 时

$$G_{eq} = \frac{R}{R^2 + \omega^2 L^2} \approx \frac{R}{\omega^2 L^2} \approx \frac{R}{\omega_0^2 L^2} \approx \frac{R}{\dfrac{1}{LC}L^2} = \frac{CR}{L}$$

$$L_{eq} = \frac{R^2 + \omega^2 L^2}{\omega^2 L} \approx \frac{\omega^2 L^2}{\omega^2 L} = L$$

这样处理可使分析获得简化。

　　和串联谐振电路一样,以上讨论的都是调节电源的频率,如果所调节的是 L 或 C,则电路中的各量随调节参数的变化的规律需另作讨论。

　　如何判断电路发生谐振呢?按前面定义,当电路的电压和电流同相时,电路发生谐振,亦即以电压电流之间的相位差为零的频率定义为谐振频率。其实还可以根据别的条件来定义谐振频率。例如,电容上电压为极大值时的频率,称为谐振频率。对于 RLC 串联电路,这两个频率不一样,不过在 Q 值较高的情况下,两个频率之间的差别极小。

　　例 5-12　图 5-42(a)所示电路中,信号源电压 $U_S = 3$ V,内阻 $R_S = 30$ kΩ,线圈电感 $L = 54$ μH,电阻 $R = 9$ Ω,电容 $C = 100$ pF,试求:电路的谐振频率 f_0、品质因数 Q 及谐振时的电压 U_0。

　　解　首先对电路作等效变换如图 5-42(b)所示,各参数分别为

$$I_S = \frac{U_S}{R_S} = 100 \ \mu A$$

$$G_S = \frac{1}{R_S} = \frac{10^{-4}}{3} \ S$$

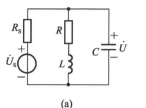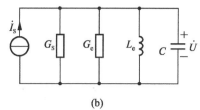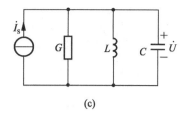

图 5-42 例 5-12 图

$$L_e = L = 54 \ \mu H$$

$$G_e = \frac{RC}{L} = \frac{10^{-4}}{6} \ S$$

将 G_e 与 G_S 并联,等效电路如图 5-42(c)所示,则有

$$G = G_S + G_e = \frac{10^{-4}}{2} \ S$$

于是得

$$\omega_0 = \frac{1}{\sqrt{LC}} = 1.36 \times 10^7 \ \text{rad/s}$$

$$f_0 = \frac{\omega_0}{2\pi} = 2.17 \ \text{MHz}$$

$$Q = \frac{\omega_0 C}{G} = 27.2$$

谐振时,整个电路等效为一电阻

$$R_0 = \frac{1}{G} = 20 \ \text{k}\Omega, \quad U_0 = R_0 I_S = 2 \ \text{V}$$

串联和并联谐振电路普遍地应用于收音机的调谐和电视机的选台技术上,也用于将音频信号从射频载波中分离出来,作为一个例子,参见图 5-43 所示的调幅(AM)收音机的电路框图。入射的调幅无线电波(有成千个频率不同的广播电台)由天线接收,一个谐振电路(或带通滤波器)用于从许多电台中只选出一个入射的无线电波,所选出的信号一般都是非常微弱的,所以需要多级放大,以便产生能听见的音频信号,所以在图中射频放大器(RF)放大选出来的广播信号,中频放大器(IF)放大由 RF 信号所决定的内部产生的信号,而音频放大器则放大到达扬声器(喇叭)前的音频信号。这样对信号的三级处理和放大要比用一个放大器在全部信号带范围内提供同样的放大量容易得多。

图 5-43 所示的 AM 收音机称为超外差式接收机,在早期研制的收音机中,每个放大级必须调谐到输入信号的频率。因此,每一段必须有多个调谐电路才能覆盖全部 AM 波段(540～1600 kHz)。为了避免这个问题,现代收音机都要采用混频器或外差电路,不管收到的 RF 信号频率的大小,混频器总是产生同样的中频信号(IF＝455 kHz)并保持着加载在输入信号上的音频信号。为了产生固定的中频(IF)信号,两个在机械上同轴的可变电容器能在外部控制下同时转动,这个过程称为同轴调谐,本地振荡器与 RF 放大器联动

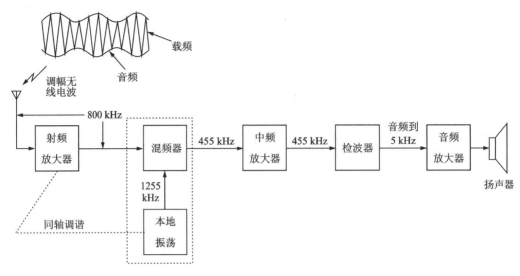

图 5-43　超外差式 AM 收音机的简单方框图

产生相应的 RF 信号,该 RF 信号又与入射的无线电波在一起通过混频器产生输出信号,输出信号中包括这两个信号的频率差和频率和。比如,若谐振电路调谐到接收 800 kHz 的信号,则本地振荡器必然产生一个 1255 kHz 的 RF 信号,而混频器的输出为两者之和 (1255+800=2055 kHz)以及两者之差(1255-800=455 kHz)。但是实际上用的是其差值(455 kHz),不管调到哪个电台,455 kHz 的频率是中频放大器各级的唯一谐振频率,在检波器那一级,选出原始的音频信号(也包括语音信息)。检波器的功能基本上是去除 IF 信号而保留音频信号。音频信号被放大后去驱动扬声器,扬声器相当于一个能量转换器,将电信号转换为声音信号。

这里对 AM 收音机的讨论主要关心的是它的调谐电路。调频(FM)接收的工作原理与调幅(AM)不一样,工作在更宽的频段范围内,但是其调谐部分基本相同。

例 5-13　图 5-44 画出了一台 AM 收音机的调谐电路,已知 $L=1\,\mu\mathrm{H}$,要使谐振频率可由 AM 频段的一端调整到另一端,问 C 的值应该是什么范围?

解　AM 广播段的频率范围是 540～1600 kHz 需要计算该频段的低端和高端,图 5-44 的调谐电路是并联型的,可以应用 5.5.2 节的公式得

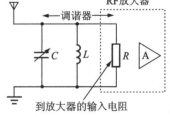

图 5-44　例题 5-13 的调谐电路

$$\omega_0 = 2\pi f_0 = \frac{1}{\sqrt{LC}}$$

或

$$C = \frac{1}{4\pi^2 f_0^2 L}$$

对于 AM 频段的高端,$f_0=1600$ kHz,与其相应的 C 值

$$C_1 = \frac{1}{4\pi^2 \times 1600^2 \times 10^6 \times 10^{-6}} = 9.9 \text{ nF}$$

对于 AM 频段的低端，$f_0 = 540 \text{ kHz}$，与其相应的 C 值

$$C_2 = \frac{1}{4\pi^2 \times 540^2 \times 10^6 \times 10^{-6}} = 86.9 \text{ nF}$$

所以，C 值必须是由 $9.9 \sim 86.9 \text{ nF}$ 的可调（同轴）电容器。

此外，应用 LC 串并联谐振可构成各种**无源滤波电路**（**passive filter**）。例如，图 5-45 所示电路，在

电路出现并联谐振 $\omega_2 = \dfrac{1}{\sqrt{L_1 C_2}}$ 时，电路处于开路；

在电路出现串联谐振 $\omega_1 = \dfrac{1}{\sqrt{L_1(C_2 + C_3)}}$ 时，电路

LC 部分处于短路。当电路中电源角频率 $\omega_2 > \omega_1$，即高频时，输出电压 $u_2(t)$ 得不到输入 $u_1(t)$ 的信号；

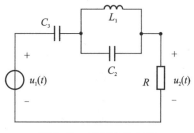

图 5-45　无源滤波电路

而在低频出现串联谐振时，则有 $u_2(t) = u_1(t)$。该电路具有低通滤波特征，对应的 LC 部分称为低通滤波器。

其他形式的滤波电路如图 5-46 所示的带通滤波和图 5-47 所示的带阻滤波器。

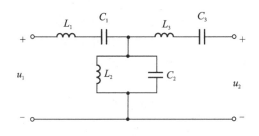

图 5-46　带通滤波器

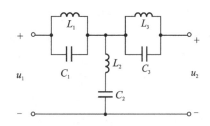

图 5-47　带阻滤波器

5.6　三相电路

目前世界上各个国家的电力系统，绝大多数采用的是三相交流输电系统。这是因为三相交流电在电能的产生、输送和应用上有显著优点，例如，与单相比较，相同尺寸的发电机，采用三相方式可提高输出功率；输送相同的功率，采用三相制可节省导电材料。三相电机具有结构简单，价格低廉，维护方便，运行平稳可靠等优点。日常生活中使用的单相电源是取自三相中的一相。

5.6.1　电源配送

一个电力系统基本上由发电、传输与配电三部分组成。当地电力公司由发电厂发出（典型值）18 kV 的电压，其电功率达到几百个兆伏安（MV·A）。如图 5-48 所示，用三相

升压变压器将电功率输送到传输线上去。为什么要用变压器将电压升高？假设要传送 100 000 V·A 功率到 50 km 的远方去。根据 $S=UI$，若线电压是 1 000 V，则传输线上必须承受 100 A 的负荷，就要求传输线的直径很大。而如果线电压是 10 000 V，则传输线负荷只有 10 A，所以小电流传输降低了对导线尺寸的要求，从而大大节省材料，也减小了传输线上的损耗 I^2R。可见，为了使损耗最小，要求用一个升压变压器。否则，大部分的发电功率都会在传输线上损耗掉。

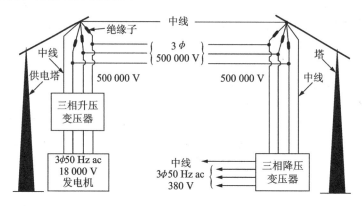

图 5-48　一个典型的电力输送配电系统

变压器能方便和经济地升压、降压以及配送电力。这些变压器的功能也是广泛采用交流发电（而不是直流发电）的主要原因之一，所以在一定发电功率条件下，电压越高越好。现今，在用的最高电压是 1 MV，1 000 kV 特高压输电比 500 kV 输电损耗下降约 30%。随着科学技术的发展，电压还可能提高。

除发电厂之外，电能是通过称作电力网的电源网络发送到几百千米甚至几千千米以外的地方。电网中的三相功率传送是通过传输线，而传输线是高高地架在金属铁塔上的。电力铁塔的形状和尺寸各有不同。铝制传输线或钢加强型传输线直径可达 40 mm，并能承受高达 1380 A 的电流负荷。目前，我国已建成多条 800 kV 特高压直流输电线路，直流输电比三相交流输电更具优点。

在电力分站，用配送变压器降压，降压的过程一般是分级进行的。电力分配到各地的方法可以用高空电缆，也可以是地下电缆，将电力分配到各个居民、商业或工业用户中去。在电源接收终端，当地的工业或居民用户得到的是 220/380 V 电源，居民用电的配送变压器通常装在电力设备公司的电线柱上。如果需要直流电流，则要用转换的方法，将交流电转换为直流电。我国采用 50 Hz 交流电，美国、日本等国家采用 60 Hz，采用这个频率是考虑综合成本，频率太高，变压设备的损耗会增加，给发电机的制造也带来很多问题。

5.6.2　三相电源及其联接

对称三相电源是由三个频率相同，幅值相等，而初相依次相差 120° 的三个正弦电压源，按一定方式联接而成，这三个电压源依次称为 A 相、B 相和 C 相，分别记为 u_A、u_B、

u_C,它们的瞬时值表达式为(以 u_A 为参考正弦量)

$$\left.\begin{aligned} u_A &= \sqrt{2}U\cos\omega t \\ u_B &= \sqrt{2}U\cos(\omega t - 120°) \\ u_C &= \sqrt{2}U\cos(\omega t - 240°) \\ &= \sqrt{2}U\cos(\omega t + 120°) \end{aligned}\right\} \tag{5-38}$$

它们的相量形式分别为

$$\dot{U}_A = U\underline{/0°} \tag{5-39a}$$

$$\dot{U}_B = U\underline{/-120°} \tag{5-39b}$$

$$\dot{U}_C = U\underline{/-240°} = U\underline{/120°} \tag{5-39c}$$

它们的波形和相量分别如图 5-49(a)和(b)所示。

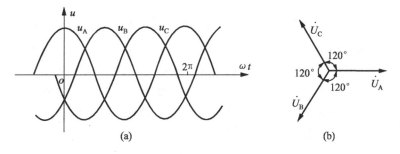

图 5-49 对称三相电源的波形及相量图

由图 5-49(a)所示的波形可见,在任何瞬时、对称三相电压源的电压和恒为零,即

$$u_A + u_B + u_C = 0$$

这一性质,同样可由图 5-49(b)所示的相量图得出,即

$$\dot{U}_A + \dot{U}_B + \dot{U}_C = 0$$

上述三相电源到达最大值的先后次序称为**相序**(**phase sequence**)。其相序(指达到最大值或零值的次序)为 A→B→C→A,称为正序或顺序,图 5-49(a)所示的波形以及相应的式(5-49)、图 4-59(b)的相量图均代表正序。与此相反,如 C 相超前 B 相 120°,B 相越前 A 相 120°,即相序为 C→B→A→C,称为负序或逆序。今后无特殊说明,三相电源的相序均认为是正序。

三相电源的联接有两种方式,即星形(Y)联接和三角形(△)联接。

1. **星形联接**

三相电压源的负极性端联在一起,称为三相电源的**中性点**(**neutral point**)(或零点),用 N 表示。各相电压源的正极性端 A、B、C 引出三条线与负载相联,称为端线(俗称火线),有时从中性点 N 还引出一条线 NN′,称为中线,也称零线,接地后也称地线。如图 5-50(a)所示。具有三根端线及一根中线的三相电路称为三相四线制。如果只接三根端线而不接中线,则称为三相三线制。

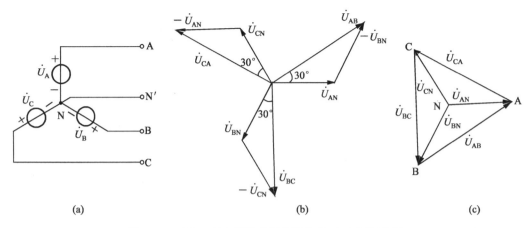

图 5-50　对称三相电源的星形联接及线、相电压相量图

电源各相的电压$\dot{U}_{AN}$、$\dot{U}_{BN}$、$\dot{U}_{CN}$称为电源的**相电压**(**phase voltage**),端线之间的电压称为**线电压**(**line voltage**),如$\dot{U}_{AB}$、$\dot{U}_{BC}$、$\dot{U}_{CA}$。流过电源各相的电流称为**电源相电流**(**phase current**),流过各端线的电流称为**线电流**(**line current**),流过中线的电流称为中线电流。很显然,对于星形联接的三相电源,相电流和线电流为同一电流。对称三相电源星形联接时,线电压与相电压的关系可直接从相量图上得到,如图 5-50(b)所示。相量图有时也画成图 5-50(c)形式。图中各相量关系为

$$\dot{U}_{AB} = \dot{U}_{AN} - \dot{U}_{BN} = \sqrt{3}\,\dot{U}_{AN}\ \underline{/30^\circ} \tag{5-40a}$$

$$\dot{U}_{BC} = \dot{U}_{BN} - \dot{U}_{CN} = \sqrt{3}\,\dot{U}_{BN}\ \underline{/30^\circ} = \sqrt{3}\,\dot{U}_{AN}\ \underline{/-90^\circ} \tag{5-40b}$$

$$\dot{U}_{CA} = \dot{U}_{CN} - \dot{U}_{AN} = \sqrt{3}\,\dot{U}_{CN}\ \underline{/30^\circ} = \sqrt{3}\,\dot{U}_{AN}\ \underline{/150^\circ} \tag{5-40c}$$

可见三个线电压$\dot{U}_{AB}$、$\dot{U}_{BC}$、$\dot{U}_{CA}$也是对称的,且有效值为相电压有效值的$\sqrt{3}$倍,即

$$U_l = \sqrt{3}\,U_p \tag{5-41}$$

式中U_l和U_p分别为线电压和相电压的有效值。在相位关系上,$\dot{U}_{AB}$、$\dot{U}_{BC}$、$\dot{U}_{CA}$的相位分别超前于$\dot{U}_{AN}$、$\dot{U}_{BN}$、$\dot{U}_{CN}$的相位30°。

星形联接的三相电源,其优点是中点可以接地,可以同时给出两种电压——线电压和相电压。

2. 三角形联接

三相电源按 A—B—C 相的次序,将首尾依次联接,形成一个闭合三角形,再从 A、B、C 引出三条端线,如图 5-51 所示。显然,三角形联接时,线电压与相电压为同一电压,即$\dot{U}_{AB} = \dot{U}_A$,$\dot{U}_{BC} = \dot{U}_B$,$\dot{U}_{CA} = \dot{U}_C$,亦即 $U_l = U_p$,但电源线电流不等于电源相电流。在三角形联接

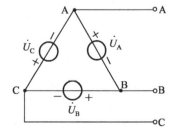

图 5-51　对称三相电源三角形联接

中不会出现中性点与中线,所以这种联接只有三相三线制。

应该注意,当电源作三角形联接时,必须按图 5-51 所示的正确方法联接,这样,用三相电压源组成的回路中,电压之和 $\dot{U}_\mathrm{A} + \dot{U}_\mathrm{B} + \dot{U}_\mathrm{C} = 0$,在不接负载时,回路中的电流为零,即电源内部不会有环流。如果联接方法不正确,例如误将 $\dot{U}_\mathrm{A}$ 接反,如图 5-52(a) 所示,则回路电压之和不再为零,而是

$$-\dot{U}_\mathrm{A} + \dot{U}_\mathrm{B} + \dot{U}_\mathrm{C} = -2\dot{U}_\mathrm{A}$$

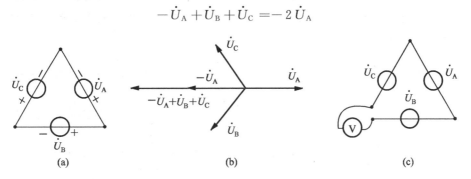

(a)　　　　　　　　　　　(b)　　　　　　　　　　　(c)

图 5-52　不正确的三角形联接及判断方法

相应的相量图如图 5-52(b) 所示,由于电源内部阻抗(图中未画出)很小,所以在上述电压作用下,电源内部会产生很大的环流,使电源损坏。为了避免接错,可用如图 5-52(c) 的简易方法来判断,当图中电压表指示为零时,则表示联接顺序正确,可以将回路闭合;若电压表指示为一相电压的 2 倍,则表示有一相(或两相)接反。

5.6.3　三相负载及其联接

由三相电源供电的负载 Z_A、Z_B、Z_C 或 Z_AB、Z_BC、Z_CA 称为三相负载。三相负载有两类:一类是由三个单相负载(如电灯、电炉等)各自作为一相所组成的;另一类是负载本身就是三相的,如三相电动机等。若每相负载的阻抗相等,即 $Z_\mathrm{A} = Z_\mathrm{B} = Z_\mathrm{C} = Z$,称为对称三相负载。

三相负载也有两种联接方式:星形联接和三角形联接,如图 5-53(a)、(b) 所示。图 5-53(a) 中的 N′ 和引线 N′N 也分别称为中性点和中线。

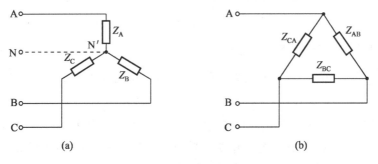

(a)　　　　　　　　　　　(b)

图 5-53　三相负载及其联接

三相负载的线电压、相电压、线电流、相电流的定义与三相电源中有关定义相同。

5.6.4 对称三相电路的计算

三相电路是一种复杂交流电路,正弦交流电路的分析方法,对三相电路完全适用。而由对称三相电源和对称三相负载组成的对称**三相电路**(**symmetrical three-phase circuit**)在工程上应用较多,其由于电路的对称性而具有的一些特殊规律性,可以使对称三相电路的分析得以简化。

1. 对称的三相四线制Y—Y系统

如图 5-54 所示,Z 为负载阻抗,Z_l 为端线阻抗,Z_N 为中线阻抗。由弥尔曼定理可得

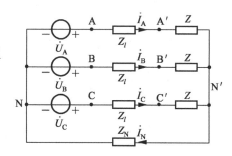

$$\dot{U}_{N'N} = \frac{\dfrac{1}{Z_l+Z}(\dot{U}_A+\dot{U}_B+\dot{U}_C)}{\dfrac{3}{Z_l+Z}+\dfrac{1}{Z_N}}$$

图 5-54 对称三相四线制电路

因为电源是三相对称的,即 $\dot{U}_A + \dot{U}_B + \dot{U}_C = 0$,所以有 $\dot{U}_{N'N} = 0$,即 N' 与 N 点等电位,于是可求得三相负载上的电流和电压分别为

$$\dot{I}_A = \frac{\dot{U}_A - \dot{U}_{N'N}}{Z_l+Z} = \frac{\dot{U}_A}{Z_l+Z} \tag{5-42a}$$

$$\dot{I}_B = \frac{\dot{U}_B}{Z_l+Z} = \frac{\dot{U}_A\,\underline{/-120°}}{Z_l+Z} = \dot{I}_A\,\underline{/-120°} \tag{5-42b}$$

$$\dot{I}_C = \frac{\dot{U}_C}{Z_l+Z} = \frac{\dot{U}_A\,\underline{/120°}}{Z_l+Z} = \dot{I}_A\,\underline{/120°} \tag{5-42c}$$

$$\dot{I}_N = \frac{\dot{U}_{N'N}}{Z_N} = 0$$

$$\dot{U}_{A'N'} = \dot{I}_A Z \tag{5-43a}$$

$$\dot{U}_{B'N'} = \dot{I}_B Z = \dot{I}_A Z\,\underline{/-120°} = \dot{U}_{A'N'}\,\underline{/-120°} \tag{5-43b}$$

$$\dot{U}_{C'N'} = \dot{I}_C Z = \dot{I}_A Z\,\underline{/120°} = \dot{U}_{A'N'}\,\underline{/120°} \tag{5-43c}$$

根据以上分析,可得出下面几点结论:

(1) 由于 $\dot{U}_{N'N} = 0$,$\dot{I}_N = 0$,因此中线存在与否,中线阻抗的大小对于电路的计算是没有影响的。

(2) 因为 $\dot{U}_{N'N} = 0$,所以各相的计算具有独立性。我们可画出一相(一般选 A 相)的计算电路。如图 5-55 所示,在此电路中必须将 N' 点与 N 点短接,中线阻抗 Z_N 也不能列入。根据此电路可求出一相(A 相)中的电流及电压。

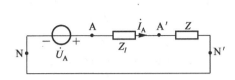

图 5-55 一相计算电路（A 相）

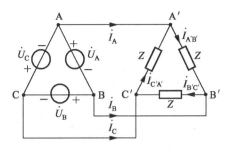

图 5-56 对称的△—△三相电路

（3）由式(5-42)及式(5-43)可见,在对称三相电路中,负载的三个相电流$\dot{I}_\text{A}$、$\dot{I}_\text{B}$、$\dot{I}_\text{C}$及负载的三个相电压$\dot{U}_\text{A'N'}$,$\dot{U}_\text{B'N'}$,$\dot{U}_\text{C'N'}$等都是对称的。因此求得一相（A 相）的电流及一相（A 相）电压后,另外两个（B、C 相）的电流及电压可直接写出。

上述结论就是对称三相电路化为一相的计算方法,原则上可推广到其他形式的对称系统中去,因为可以根据星形和三角形的等效互换,最后化成对称的丫—丫三相电路来处理。

2. 对称△—△系统

$$\dot{I}_\text{A'B'} = \frac{\dot{U}_\text{A'B'}}{Z} = \frac{\dot{U}_\text{AB}}{Z}$$

$$\dot{I}_\text{B'C'} = \frac{\dot{U}_\text{B'C'}}{Z} = \frac{U_\text{BC}}{Z}$$

$$= \frac{\dot{U}_\text{A'B'}\underline{/-120°}}{Z} = \dot{I}_\text{A'B'}\underline{/-120°}$$

$$\dot{I}_\text{C'A'} = \frac{\dot{U}_\text{C'A'}}{Z} = \frac{U_\text{CA}}{Z}\frac{\dot{U}_\text{AB}\underline{/120°}}{Z} = \dot{I}_\text{A'B'}\underline{/120°}$$

负载的线电流

$$\left.\begin{aligned}
\dot{I}_\text{A} &= \dot{I}_\text{A'B'} - \dot{I}_\text{C'A'} = \dot{I}_\text{A'B'} - \dot{I}_\text{A'B'}\underline{/120°} = \sqrt{3}\,\dot{I}_\text{A'B'}\underline{/-30°} \\
\dot{I}_\text{B} &= \dot{I}_\text{B'C'} - \dot{I}_\text{A'B'} = \dot{I}_\text{B'C'} - \dot{I}_\text{B'C'}\underline{/120°} = \sqrt{3}\,\dot{I}_\text{B'C'}\underline{/-30°} = \sqrt{3}\,\dot{I}_\text{A'B'}\underline{/-150°} \\
\dot{I}_\text{C} &= \dot{I}_\text{C'A'} - \dot{I}_\text{B'C'} = \dot{I}_\text{C'A'} - \dot{I}_\text{C'A'}\underline{/120°} = \sqrt{3}\,\dot{I}_\text{C'A'}\underline{/-30°} = \sqrt{3}\,\dot{I}_\text{A'B'}\underline{/90°}
\end{aligned}\right\}$$

$$(5\text{-}44)$$

线电流与相电流的相量图如图 5-57 所示。

上述讨论表明,在三角形联接中,当相电流是对称时,线电流也是对称的,且其有效值为相电流有效值的$\sqrt{3}$倍,即

$$I_l = \sqrt{3}\,I_\text{p} \qquad (5\text{-}45)$$

在相位关系上$\dot{I}_\text{A}$、$\dot{I}_\text{B}$、$\dot{I}_\text{C}$的相位分别落后于相电流$\dot{I}_\text{A'B'}$、$\dot{I}_\text{B'C'}$、$\dot{I}_\text{C'A'}$的相位 30°。对于三角形联接的电源,线电流与相电流也有类似关系,不再另行讨论。

对于三角形联接的电源或负载,线电压等于相应

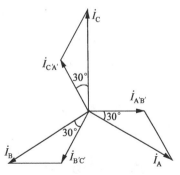

图 5-57 对称三角形负载的线电流、相电流相量图

的相电压,即

$$U_l = U_p$$

在对称△—△系统分析中,若计及端线阻抗,即图 5-56 中 AA′、BB′、CC′之间接有阻抗 Z_l,则电源线电压和负载线电压不相等。此时将电源和负载分别进行△—Y等效变换,整个系统化为图 5-54 形式的Y—Y系统,利用"化为一相"的计算方法,算出线电流、Y负载相电压,再回到原电路图 5-56 中,利用△形联接负载的线电流与相电流关系,得出各相负载的相电流及相电压。下面以具体例题实现。

例 5-14 在图 5-58(a)所示的对称三相电路中,已知端线阻抗 $Z_l = 1 + j2\ \Omega$,$Z_1 = 12 + j16\ \Omega$,$Z_2 = 48 + j36\ \Omega$,对称三相电源的线电压 U_2 为 380 V,试求各线电流及各负载的相电流。

解 对于同时存在两种不同联接的复杂电路,可先将三角形联接的负载变换为等效星形联接负载。本例中可先将接成△形的 Z_2 等效变换为Y形的 Z_2',如图 5-58(b)所示,该图是对称电路(节点法仍可证明),N 点与 N′及 N″点为等电位点,可画出单相(A 相)电路如图 5-58(c)所示。

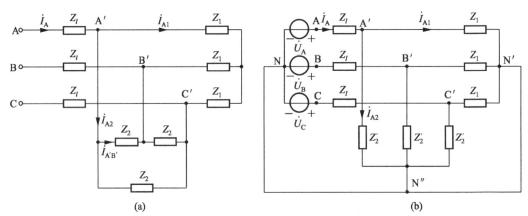

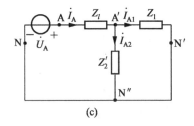

图 5-58 例 5-14 图

以 $\dot{U}_A$ 为参考相量,即

$$\dot{U}_A = \frac{U_l}{\sqrt{3}}\ \underline{/0°} = \frac{380}{\sqrt{3}}\ \underline{/0°} = 220\ \underline{/0°}\ \text{V}$$

根据△—Y等效变换条件,得

$$Z_2' = \frac{Z_2}{3} = \frac{48 + j36}{3} = 16 + j12 = 20\ \underline{/36.9°}\ \Omega$$

在图 5-58(c)中

$$\dot{I}_A = \frac{\dot{U}_A}{Z_l + \dfrac{Z_1 Z_2'}{Z_1 + Z_2'}} = 17.97 \ \underline{/-48.3°} \ \text{A}$$

$$\dot{I}_{A1} = \dot{I}_A \frac{Z_2'}{Z_1 + Z_2'} = 9.08 \ \underline{/-56.4°} \ \text{A}$$

$$\dot{I}_{A2} = \dot{I}_A \frac{Z_1}{Z_1 + Z_2'} = 9.08 \ \underline{/-40.2°} \ \text{A}$$

由图 5-58(a)可见,$\dot{I}_{A2}$ 是△形负载的线电流。根据式(5-44)可求出其相电流。

$$\dot{I}_{A'B'} = \frac{\dot{I}_{A2}}{\sqrt{3} \ \underline{/-30°}} = \frac{9.08 \ \underline{/-40.2°}}{\sqrt{3} \ \underline{/-30°}}$$

$$= 5.24 \ \underline{/-10.2°} \ \text{A}$$

其他所求之量,读者可根据对称关系自行推出。三相电路分析时,电源侧一般都是对称的,其具体联接形式不具体画出,只给出对外联接的端纽,电路分析时,可以接成丫形也可接成△形。

5.6.5 不对称三相电路的概念

在三相电路中,不论是电源、负载还是联接线,只要有一部分不对称,就称为不对称三相电路。不对称三相电路的电压、电流不再有对称关系,不可再用"一相"法计算。可以应用各种分析复杂电路的方法求解。

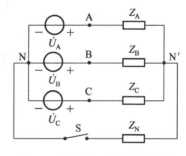

图 5-59 不对称三相丫—丫电路

本节仅以负载不对称的丫—丫系统为例进行分析计算,从中找出由于负载不对称而引起的电压、电流的一些特点。

图 5-59 为负载不对称的丫—丫系统。先讨论不接中线(即图中 S 断开)时的情况,对此电路应用节点法可得

$$\dot{U}_{N'N} = \frac{\dfrac{\dot{U}_A}{Z_A} + \dfrac{\dot{U}_B}{Z_B} + \dfrac{\dot{U}_C}{Z_C}}{\dfrac{1}{Z_A} + \dfrac{1}{Z_B} + \dfrac{1}{Z_C}}$$

由于负载不对称,显然 $\dot{U}_{N'N} \neq 0$,由 KVL

$$\dot{U}_{AN'} = \dot{U}_A - \dot{U}_{N'N}$$

$$\dot{U}_{BN'} = \dot{U}_B - \dot{U}_{N'N}$$

$$\dot{U}_{CN'} = \dot{U}_C - \dot{U}_{N'N}$$

式中 $\dot{U}_A$、$\dot{U}_B$、$\dot{U}_C$ 是互为 120° 相位差的对称电压，分别减去同一电压相量($\dot{U}_{N'N}$)，则 $\dot{U}_{AN'}$、$\dot{U}_{BN'}$、$\dot{U}_{CN'}$ 必然不对称。从图 5-60 所示相量图可以看出：①N′与 N 点在相量图上不重合了，这一现象称为中性点位移；②各相电压大小不一样了，有的相电压高(如 $U_{BN'}$)，以致有可能超过额定值，从而使该相负载损坏；有的相电压低(如 $U_{AN'}$)，以致低于正常工作电压，从而使该相负载不能正常工作。另一方面，当任一相负载变动时都会影响 $\dot{U}_{N'N}$ 的大小，将导致各负载相电压的变化，各相完全失去了独立性，整个系统将不能正常工作。

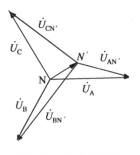

图 5-60 中性点位移

解决这一问题的有效方法是接上阻抗很小的中线，即接中线(图中 S 闭合)的情况。如果 $Z_N = 0$，则 $\dot{U}_{N'N} = 0$，负载各相电压变为对称，从而保证了各相负载都能正常工作。这说明在不对称的三相丫—丫系统中是必须接中线的，且在电气安装工程中规定，中线上不允许接入开关和保险丝，以保证中线不致断开。

接入中线后，可保持负载相电压的对称，但因负载阻抗不相等，故相电流不对称，中线电流一般不为零。

例 5-15 图 5-61(a)为判定相序的一种电路，称为相序器。其中两个灯泡相同，电阻均为 R，且取 $\dfrac{1}{\omega C} = R$，将它接于对称的三相电源上。试求灯泡上的电压。

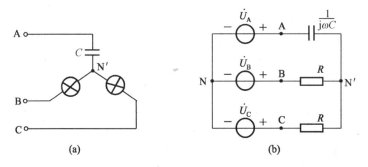

图 5-61 相序的判定(例 5-15 电路)

解 该电路是一不对称三相电路，设 $\dot{U}_A = 220 \underline{/0°}$ V，$\dot{U}_B = 220 \underline{/-120°}$ V，$\dot{U}_C = 220 \underline{/120°}$ V，$\dfrac{1}{R} = G$，则有

$$\dot{U}_{N'N} = \frac{\dot{U}_A j\omega C + \dot{U}_B G + \dot{U}_C G}{j\omega C + 2G}$$

$$= \frac{j220 + 220 \underline{/-120°} + 220 \underline{/120°}}{2 + j}$$

$$= \frac{-220 + j220}{2 + j}$$

$$= 139.1 \underline{/108.4°} \text{ V}$$

B 相灯泡所承受的电压为

$$\dot{U}_{BN'} = \dot{U}_B - \dot{U}_{N'N}$$
$$= 220 \underline{/-120°} - 139.1 \underline{/108.4°}$$
$$= 329.2 \underline{/-101.6°} \text{ V}$$

C 相灯泡所承受的电压为

$$\dot{U}_{CN'} = \dot{U}_C - \dot{U}_{N'N}$$
$$= 220 \underline{/120°} - 139.1 \underline{/108.4°}$$
$$= 88.2 \underline{/138.4°} \text{ V}$$

由以上计算结果可看出,B 相灯泡电压高(灯亮),C 相灯泡电压低(灯暗)。根据此例接法和灯泡的亮暗可以判定相序为:电容—亮灯—暗灯—电容。这种相序器只能判定相的顺序,不能确定哪一相是 A 相、B 相还是 C 相。实用相序器为避免灯泡损坏,每相可采用两只 220 V 灯泡串联。

相序不同,将导致三相电动机的转动方向不同,这一特点工程上有广泛的应用。

出现负载不对称的一种情况就是故障,极限情况就是断路或短路故障,此时,只要电源侧保持不变,故障后的负载电压、电流就很容易计算了。如图 5-62 中,若 A 相负载断开,而其他两相负载不变,同为阻抗 Z,如图 5-62(a)所示;若 A 相短路,则如图 5-62(b)所示。

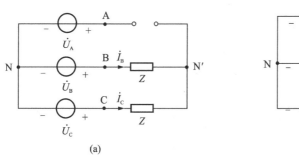

(a)

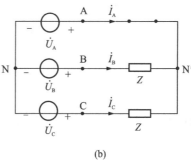

(b)

图 5-62　开路或短路故障电路

由图 5-62(a)可知

$$\dot{I}_B = \dot{I}_C = \frac{\dot{U}_{BC}}{2Z}$$

$$\dot{U}_{BN} = -\dot{U}_{CN} = \frac{1}{2}\dot{U}_{BC}$$

而图 5-62(b)中,则有

$$\dot{I}_B = \frac{\dot{U}_{BA}}{Z} = -\frac{\dot{U}_{AB}}{Z}$$

$$\dot{I}_{\mathrm{C}} = \frac{\dot{U}_{\mathrm{CA}}}{Z}$$

$$\dot{I}_{\mathrm{A}} = -(\dot{I}_{\mathrm{B}} + \dot{I}_{\mathrm{C}}) = -\left(\frac{\dot{U}_{\mathrm{BA}}}{Z} + \frac{\dot{U}_{\mathrm{CA}}}{Z}\right) = \frac{1}{Z}(\dot{U}_{\mathrm{AB}} - \dot{U}_{\mathrm{CA}})$$

$$= \sqrt{3}\,\frac{\dot{U}_{\mathrm{AB}}}{Z}\,\underline{/-30°}$$

由以上计算可看出,若对称负载某相断开,其他相负载电压和电流都将减小为原来的$\sqrt{3}/2$倍;而若某相负载短路,其他相负载电压、电流都将增加为原来的$\sqrt{3}$倍,短路相负载电流为原来的3倍。

5.6.6 三相电路的功率

在三相电路中,三相负载的平均功率等于各相负载平均功率之和,即

$$P = P_{\mathrm{A}} + P_{\mathrm{B}} + P_{\mathrm{C}}$$

$$= U_{\mathrm{pA}} I_{\mathrm{pA}} \cos\varphi_{\mathrm{A}} + U_{\mathrm{pB}} I_{\mathrm{pB}} \cos\varphi_{\mathrm{B}} + U_{\mathrm{pC}} I_{\mathrm{pC}} \cos\varphi_{\mathrm{C}} \tag{5-46}$$

式中,U_{pA}、U_{pB}、U_{pC}为各相电压的有效值,I_{pA}、I_{pB}、I_{pC}为各相电流的有效值;φ_{A}、φ_{B}、φ_{C}分别为 A 相、B 相、C 相电压与其对应的相电流之间的相位差,即各相负载的阻抗角。当采用关联参考方向时,计算结果 P 为正值表示吸收功率,P 为负值表示发出功率。

在对称三相电路中,有

$$U_{\mathrm{pA}} = U_{\mathrm{pB}} = U_{\mathrm{pC}} = U_{\mathrm{p}}$$

$$I_{\mathrm{pA}} = I_{\mathrm{pB}} = I_{\mathrm{pC}} = I_{\mathrm{p}}$$

$$\varphi_{\mathrm{A}} = \varphi_{\mathrm{B}} = \varphi_{\mathrm{C}} = \varphi$$

代入式(5-46)得到在对称三相电路中三相负载的平均功率为

$$P = 3U_{\mathrm{p}} I_{\mathrm{p}} \cos\varphi \tag{5-47}$$

当负载为星形联接时,相电压与线电压之间的关系为 $U_{\mathrm{p}} = U_l/\sqrt{3}$;相电流与线电流相等,即 $I_{\mathrm{p}} = I_l$,代入式(5-47)得

$$P = \sqrt{3} U_l I_l \cos\varphi \tag{5-48}$$

当负载为三角形联接时,相电压与线电压相等,即 $U_{\mathrm{p}} = U_l$,相电流与线电流之间的关系为 $I_{\mathrm{p}} = I_l/\sqrt{3}$,代入式(5-47),同样可得式(5-48)的结果。因此在对称三相电路中,不论负载的联接方式如何,它的三相功率都可按式(5-48)来计算。必须注意,式中 φ 仍然是相电压与相电流之间的相位差,即 φ 是负载的阻抗角。

三相负载的无功功率为各相负载无功功率之和,即

$$Q = Q_{\mathrm{A}} + Q_{\mathrm{B}} + Q_{\mathrm{C}}$$

$$= U_{\mathrm{pA}} I_{\mathrm{pA}} \sin\varphi_{\mathrm{A}} + U_{\mathrm{pB}} I_{\mathrm{pB}} \sin\varphi_{\mathrm{B}} + U_{\mathrm{pC}} I_{\mathrm{pC}} \sin\varphi_{\mathrm{C}} \tag{5-49}$$

在对称三相电路中,不论负载作星形联接还是作三角形联接,负载的总无功功率为

$$Q = 3U_{\mathrm{p}} I_{\mathrm{p}} \sin\varphi = \sqrt{3} U_l I_l \sin\varphi \tag{5-50}$$

三相负载的视在功率为

$$S = \sqrt{P^2 + Q^2}$$

在对称三相负载中,不论负载作星形还是三角形联接,其视在功率为

$$S = 3U_p I_p = \sqrt{3} U_l I_l \qquad (5\text{-}51)$$

三相负载的功率因数为

$$\cos\varphi' = \frac{P}{S}$$

在不对称三相电路中,φ'不是电压与电流之间的相位差,仅是一个计算量,而在对称三相电路中,φ'才与φ意义相同,即

$$\cos\varphi' = \frac{P}{S} = \frac{\sqrt{3} U_l I_l \cos\varphi}{\sqrt{3} U_l I_l} = \cos\varphi$$

对称三相电路中的瞬时功率有一个很可贵的特点,详见下面的讨论。

设对称三相丫形联接负载的阻抗角为 φ(感性),以 A 相电压为参考相量,则各自瞬时功率为

$$\begin{aligned}
p_A &= u_{pA} i_{pA} = \sqrt{2} U_p \cos\omega t \times \sqrt{2} I_p \cos(\omega t - \varphi) \\
&= U_p I_p [\cos\varphi + \cos(2\omega t - \varphi)] \\
p_B &= u_{pB} i_{pB} = \sqrt{2} U_p \cos(\omega t - 120°) \times \sqrt{2} I_p \cos(\omega t - \varphi - 120°) \\
&= U_p I_p [\cos\varphi + \cos(2\omega t - \varphi - 240°)] \\
p_C &= u_{pC} i_{pC} = \sqrt{2} U_p \cos(\omega t + 120°) \times \sqrt{2} I_p \cos(\omega t - \varphi + 120°) \\
&= U_p I_p [\cos\varphi + \cos(2\omega t - \varphi + 240°)]
\end{aligned}$$

因为 $\quad \cos(2\omega t - \varphi) + \cos(2\omega t - \varphi - 240°) + \cos(2\omega t - \varphi + 240°) = 0$

所以

$$p = p_A + p_B + p_C = 3U_p I_p \cos\varphi = P$$

可见,在对称三相电路中,三相负载的瞬时功率并不随时间变化,即任何一瞬间都等于平均功率。这种性质称为瞬时功率平衡或平衡制。对三相电机来说,三相瞬时总功率等于常数意味着机械转矩不随时间变化,这样就避免了电机在运转时因转矩变化而产生的振动,这是对称三相电路的一个优点。

下面讨论三相功率的测量问题。

对于对称三相四线制电路,由于各相功率相同,所以只要用一只功率表测出任一相功率,将读数乘以三即为负载的总功率,这种测量方法常称为一表法。图 5-63 为用一只功率表测量 A 相功率的接线图。

对于三相四线制不对称电路,则必须用三只功率表分别测出三相功率,然后相加。这种方法称为三表法,接线如图 5-64 所示。

若为三相三线制电路,不论负载对称与否,可使

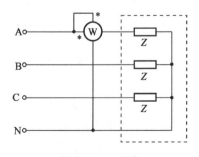

图 5-63 一表法

用两个功率表来测量三相功率,称为二表法,其联接方式如图 5-65 所示。两个功率表的电流线圈分别串入任意两端线中(图示为 A、B 线),它们的电压线圈的无"＊"(星号)端,共同接到第三条端线上(图示为 C 线)。可见,这种测量方法中功率表的接线只触及端线而不触及负载或电源,因而与负载及电源的联接方式无关。在这种联接方式下,两个功率表读数的代数和等于要测量的三相功率。功率表的读数是其电压线圈承受的电压、电流线圈中的电流以及电压和电流之间相位差的余弦的乘积。

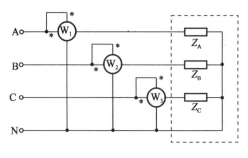 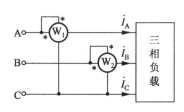

图 5-64　三表法　　　　　　　　　　　　　图 5-65　二表法

现在来说明两表法的原理,设负载为星形联接,则三相瞬时功率为

$$p = p_A + p_B + p_C$$
$$= u_{AN'} i_A + u_{BN'} i_B + u_{CN'} i_C$$

在三相三线制中,$i_A + i_B + i_C = 0$,即 $i_C = -i_A - i_B$,代入上式,并经整理得

$$p = (u_{AN'} - u_{CN'}) i_A + (u_{BN'} - u_{CN'}) i_B$$
$$= u_{AC} i_A + u_{BC} i_B \tag{5-52}$$

根据正弦电路中平均功率的定义可求得式(5-52)的三相平均功率为

$$P = \frac{1}{T} \int_0^T p \, dt = U_{AC} I_A \cos\varphi_1 + U_{BC} I_B \cos\varphi_2$$
$$= P_1 + P_2 \tag{5-53}$$

式中,φ_1 及 φ_2 分别为 u_{AC} 与 i_A 及 u_{BC} 与 i_B 之间的相位差。可见式(5-53)正好等于图 5-65 所示电路中两功率表读数的代数和,即 Ⓦ 的读数为 P_1,Ⓦ 的读数为 P_2。在实际测量中,当某个功率表所接线电压与线电流的相位差大于 90°时,该表的指针将会反向偏转,为了取得读数,需将表的电流线圈两端对调(即将功率表面板右下侧的旋钮转至"－"端),使指针正偏转,并将读数记为负值。必须指出,一个功率表的读数是没有意义的。

在负载对称时,两个功率表的读数为

$$P_1 = U_{AC} I_A \cos(30° - \varphi) = U_l I_l \cos(30° - \varphi)$$
$$P_2 = U_{BC} I_B \cos(30° + \varphi) = U_l I_l \cos(30° + \varphi) \tag{5-54}$$

式中,φ 为负载的阻抗角。

以负载为丫形联接为例,证明式(5-54)对于两个功率表的读数仍然成立。

假设负载为感性,其阻抗角为 φ,设 $\dot{U}_{AC}$ 与 $\dot{I}_A$ 的夹角为 φ_1,$\dot{U}_{BC}$ 与 $\dot{I}_B$ 的夹角为 φ_2,以

$\dot{U}_{AN}$为参考相量,画出负载电压和电流相量如图 5-66 所示。

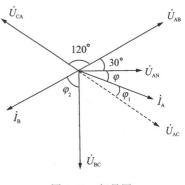

图 5-66　相量图

据图 5-66 所示相量图可知,$\dot{U}_{CA}$与$\dot{U}_{AN}$相位差为 150°,$\dot{U}_{AC}$与$\dot{U}_{CA}$反相,所以$\dot{U}_{AN}$与$\dot{U}_{AC}$间差 30°,而$\dot{U}_{AN}$与$\dot{I}_A$之间差阻抗角φ,所以$\dot{U}_{AC}$与$\dot{I}_A$的相位差$\varphi_1 = 30° - \varphi$,即$\dot{U}_{AC}$滞后$\dot{I}_A$相角为$\varphi_1$,而$\dot{U}_{AB}$与$\dot{I}_A$之间相位差为 30° + φ,$\dot{U}_{BC}$与$\dot{I}_B$的相位差$\varphi_2 = 30° + \varphi$,由此得证式(5-54)正确。若负载为△形联接,证法类似,由读者自行完成。

两个功率表读数为

$$P_1 + P_2 = U_{AC}I_A\cos(30° - \varphi) + U_{BC}I_B\cos(30° + \varphi)$$
$$= U_lI_l[\cos(30° - \varphi) + \cos(30° + \varphi)]$$
$$= \sqrt{3}U_lI_l\cos\varphi = P$$

当负载为纯电阻,即$\varphi = 0$时,$P_1 = P_2$,即两功率表的读数相等。

当负载阻抗角$\varphi = 60°$(感性)时,$P_2 = 0$,即 Ⓦ₂ 读数为零。

当负载阻抗角$\varphi = -60°$(容性)时,$P_1 = 0$,即 Ⓦ₁ 的读数为零。

当负载阻抗角$|\varphi| > 60°$时,若负载为感性,则 Ⓦ₂ 读数P_2为负值;若负载为容性,则 Ⓦ₁ 读数P_1为负值。当负载对称时,由两个功率表的读数也可算得负载的总无功功率为$Q = \sqrt{3}(P_2 - P_1)$。

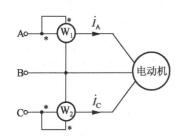

图 5-67　例 5-16 图

例 5-16 某三相电动机,接于线电压为 380 V 的三相对称电源,若电动机吸收的总功率为 2.5 kW,$\cos\varphi = 0.866$,如图 5-67 所示。试计算两个功率表的读数。

解 要求功率表的读数,只要求出它们相关联的电压、电流相量即可。

由于三相电动机为一对称负载,所以

$$I_l = \frac{P}{\sqrt{3}U_l\cos\varphi} = \frac{2.5 \times 10^3}{\sqrt{3} \times 380 \times 0.866}$$
$$= 4.386 \text{ A}$$

$$\varphi = \cos^{-1}0.866 = 30°(电动机为感性)$$

设电源与负载均为星形联接,并设 A 相电压为参考相量,即$\dot{U}_{AN} = 220 \underline{/0°}$ V,则有

$$\dot{I}_A = 4.386 \underline{/-30°} \text{ A}$$

$$\dot{U}_{AB} = 380 \underline{/30°} \text{ V}$$

$$\dot{I}_C = \dot{I}_A \underline{/120°} = 4.386 \underline{/90°} \text{ A}$$

$$\dot{U}_{CB} = -\dot{U}_{BC} = -\dot{U}_{AB} \underline{/-120°} = 380 \underline{/90°} \text{ V}$$

各功率表的读数为

$$P_1 = U_{AB}I_A\cos(\widehat{\dot{U}_{AB}, \dot{I}_A})$$
$$= 380 \times 4.386 \times \cos(30° + 30°)$$
$$= 833.3 \text{ W}$$
$$P_2 = U_{CB}I_C\cos(\widehat{\dot{U}_{CB}, \dot{I}_C})$$
$$= 380 \times 4.386 \times \cos(90° - 90°)$$
$$= 1666.7 \text{ W}$$
$$P_1 + P_2 = 833.3 + 1666.7 = 2500 \text{ W}$$

与题给定的 2.5 kW 相符。式中，$\widehat{\dot{U}_{AB}, \dot{I}_A}$ 表示两个相量的夹角。

*5.7 人体电阻电路模型及触电事故

触电（electric shock）是人体意外接触电气设备或线路的带电部分而造成的人身伤害事故。人体触电时，通过人体的电流导致合理机能失常或破坏，如烧伤、肌肉抽搐、呼吸困难、心脏麻痹甚至危及生命。

触电的危害程度与流经人体电流的大小、频率及持续时间长短等因素有关。

（1）人体对 0.5 mA 以下的工频（50 Hz）电流一般是没有感觉的。

（2）当人体流过工频 1 mA 或直流 5 mA 电流时，人体就会有麻、刺、痛的感觉。试验资料表明：对不同的人引起感觉的最小电流是不一样的，工频下成年男性平均约为 1.01 mA，成年女性约为 0.7 mA，这一数值称为感知电流。

（3）人体触电后能自主摆脱电源的电流称为摆脱电流。对于不同的人，摆脱电流不相同。工频下成年男性最大摆脱电流平均为 16 mA，成年女性为 10.5 mA。成年男性最小摆脱电流为 9 mA，成年女性约为 6 mA，试验证明：直流电流、高频电流、冲击电流对人体都有伤害作用，其伤害程度较工频电流要轻。一般而言，频率为 25～300 Hz 的交流电流对人体伤害最严重，频率为 1 000 Hz 以上时，对人体伤害程度明显减轻。人体平均直流摆脱电流男性为 76 mA，女性约为 51 mA。

（4）当人体流过工频 20～50 mA 或直流 80 mA 电流时，人就会出现麻痹、痉挛、刺痛，血压升高，呼吸困难等状况，如果自己不能摆脱电源，就有生命危险，这个电流称为致命电流。

（5）当人体流过 100 mA 以上电流时，人就会呼吸困难，心脏停跳。

一般情况下，8～10 mA 以下的工频电流，50 mA 以下的直流电流可以当作人体允许的**安全电流**（safe current），但这些电流长时间通过人体也是有危险的（人体通电时间越小，电阻会越小）。人体通过 100 mA 电流即可致命。

可以通过建立简单的人体电路模型，研究电流流经人体的情况。人体阻抗不是纯电阻，主要由人体电阻决定。人体电阻主要是皮肤电阻，表皮 0.05～0.2 mm 厚的角质层的电阻较大,皮肤干燥时,电阻为 $6\sim10\ \text{k}\Omega$,甚至高达 $100\ \text{k}\Omega$,而一旦潮湿(如出汗等)可降到 $1\ \text{k}\Omega$ 左右,皮肤有伤口角质层被破坏时,皮肤电阻也只有 $800\sim1\ 200\ \Omega$。人体内部组织电阻相对恒定,约为 $500\sim800\ \Omega$。当人体接触带电体时,人体就相当于电路元件接入电路,此时,人体阻抗通常包括外部阻抗(与触电时所穿衣服、鞋袜以及身体的潮湿情况有关,从几千欧姆到几十兆欧姆不等)和内部阻抗(与触电者的皮肤阻抗和体内组织阻抗有关)。一般认为,接触到真皮里,一只手臂或一条腿的电阻大约为 $500\ \Omega$,人体总的电阻可按 $1\sim2\ \text{k}\Omega$ 考虑。

常见的人体触电形式是单相触电,如图 5-68(a)所示示意图,人站在地面上,身体触及到电源的一根火线。在三相四线中性点接地系统中,发生单相触电时人体将承受 220 V 电压,如果不迅速脱离,就可危及生命。

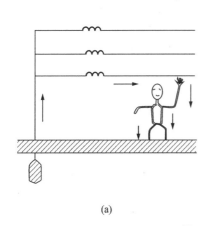

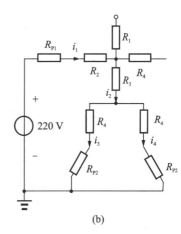

(a)   (b)

图 5-68　人体触电示意图

图 5-68(b)所示为一简化了的人体触电的电路模型,其中 $R_1\sim R_4$ 分别表示头颈部、臂部、胸腹部和腿部的电阻,它们各有典型的电阻值,R_{P1}、R_{P2} 分别为手部和脚部的皮肤电阻,给出各电阻值就可计算出人体各部分流过的电流值,看出流经人体电流是否危险。

图 5-68(b)中,若 $R_2=R_3=R_4=50\ \Omega$,$R_{P1}=R_{P2}=450\ \Omega$,运用电阻电路分析法可算出:$i_1=i_2=275\ \text{mA}$,$i_3=i_4=137.5\ \text{mA}$。

可见,流经人体臂、胸腹的电流为 275 mA,流经双脚的电流为 137.5 mA,都远远超过了安全电流值,如果触电将导致伤害事故。

习题

5-1　图题 5-1 所示电路中,已知 $i_S=5\sqrt{2}\cos 2t\ \text{A}$,试求稳态开路电压 u_{oc}。

5-2　图题 5-2 两电路中,若电压表 ⓥ 的读数相等,则电压表 ⓥ 的读数哪个大?能否据此来确定具有耦合的两个线圈的同名端?

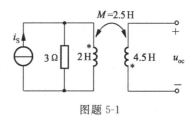

图题 5-1

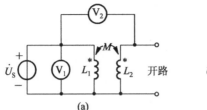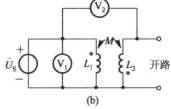

图题 5-2

5-3 图题 5-3 所示电路,a、b 端开路,求 $u_1(t)$ 和 $u_2(t)$。

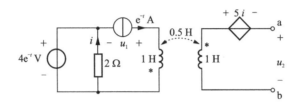

图题 5-3

5-4 图题 5-4 所示电路中,已知 $u_S = 20\sqrt{2}\cos 1000t$ V,$M = 1$ mH。求电压 u_{ab}。

5-5 图题 5-5 所示电路中,已知 $u_S = 20\sqrt{2}\cos 1000t$ V,$C = 100$ μF,$M = 1$ mH。求电压 u_C。

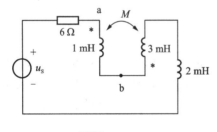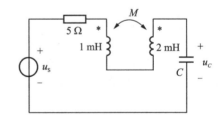

图题 5-4   图题 5-5

5-6 把耦合的两个线圈串联起来接到 50 Hz、220 V 的正弦电源上,顺接时测得电流 $I = 2.7$ A,吸收的功率为 218.7 W,反接时电流为 7 A。求互感 M。

5-7 已知图题 5-7 所示电路中,$L_1 = 0.01$ H,$L_2 = 0.02$ H,$M = 0.01$ H,$R_1 = 5$ Ω,$R_2 = 10$ Ω,$C = 20$ μF。试求当两线圈顺接和反接时的谐振角频率。若在这两种情况下加电压均为 6 V,试求两线圈上的电压 U_1 和 U_2。

5-8 图题 5-8 所示电路,$\dot{U}_S = 100\underline{/0°}$ V,$\dot{I}_S = 2\underline{/0°}$ A,$\omega L_1 = 20$ Ω,$\omega L_2 = 30$ Ω,$\omega M = 15$ Ω,$1/\omega C = 40$ Ω,$R = 60$ Ω,用戴维南定理求 $\dot{I}_R$。

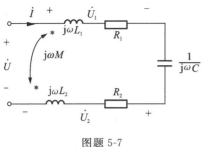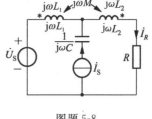

图题 5-7   图题 5-8

5-9 图题 5-9 是一个空心自耦变压器电路。已知：$R_1=R_2=3\ \Omega$，$\omega L_1=\omega L_2=4\ \Omega$，$\omega M=2\ \Omega$，输入端电压 $\dot{U}_1=10\ \text{V}$。试求：(1)输出端的开路电压 $\dot{U}_0$；(2)若在输出端 a、b 间接入一个阻抗 $Z=0.52-\text{j}0.36\ \Omega$，再求输出电压 $\dot{U}_{ab}$。

5-10 图题 5-11 所示电路，R、L_1、L_2、M 均为已知，C 可调，为使负载电流 $i=0$，正弦电压源的频率应取何值？

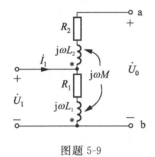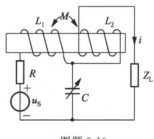

图题 5-9   图题 5-10

5-11 试计算图题 5-11 所示的电路的入端阻抗 Z_i。

5-12 图题 5-12 所示电路中，已知 $i_S=2\cos4t\ \text{A}$。求：(1)互感系数 M；(2)电流 $i_0(t)$；(3)测定 $t=2\ \text{s}$ 时，电容所储存的能量。

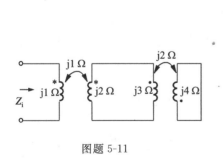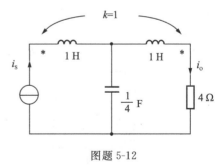

图题 5-11   图题 5-12

5-13 图题 5-13 所示电路中，已知 $u_S=200\sqrt{2}\cos200t\ \text{V}$，$L_1=1\ \text{H}$，$L_2=0.5\ \text{H}$，$M=0.25\ \text{H}$，求 i_C。

5-14 图题 5-14 所示电路中，功率表的读数为 24 W，$u_S=2\sqrt{2}\sin10t\ \text{V}$，试确定互感 M 的值。

229

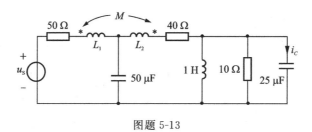

图题 5-13

5-15 空心变压器电路如图题 5-15 所示。已知：$U_1 = 10$ V，$\omega = 10^6$ rad/s，$L_1 = L_2 = 1$ mH，$\frac{1}{\omega C_1} = \frac{1}{\omega C_2} = 1$ kΩ，$R_1 = 10$ Ω，$R_2 = 40$ Ω，为使 R_2 上获得最大功率，试求所需的 M 值，负载 R_2 上的功率和 C_2 的电压。

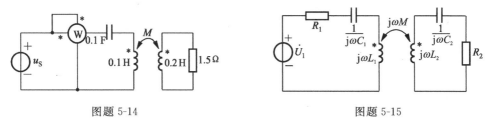

图题 5-14   图题 5-15

5-16 图题 5-16 所示电路，求 5 Ω 电阻的功率及电源发出的功率。

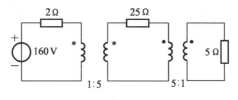

图题 5-16

5-17 一个等效电源电压 $u_S = 12\cos 2t$ V、内阻 $R_S = 72$ Ω 的放大器，如图题 5-17 所示，要接一个 $R_L = 8$ Ω 的扬声器负载。

(1) 求未匹配时[图题 5-17(a)]负载吸收的平均功率 P_L；

(2) 若用变比为 n 的理想变压器使之匹配[图题 5-17(b)]，试求 n 和此时的 P_L。

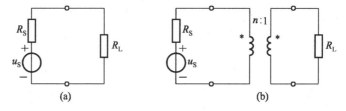

(a)   (b)

图题 5-17

5-18 图题 5-18 所示电路中，理想变压器的匝比为 $1:2$，$R_1 = R_2 = 10$ Ω，$\frac{1}{\omega C} = 50$ Ω，$\dot{U} = 50\ \underline{/0°}$ V。求流过 R_2 的电流 $\dot{I}_2$。

5-19 图题 5-19 所示电路中回路 Ⅰ 是一个信号传输电路,为了抑制频率为 27.75 MHz 的一个强干扰信号,附加一个吸收回路,即图中的回路 Ⅱ。该回路与回路 Ⅰ 通过互感耦合,如图所示,回路 Ⅱ 本身的谐振频率为 27.75 MHz。若设耦合系数为 0.25,试比较吸收回路存在和不存时传输回路输出端干扰信号的大小。u_1、u_2 分别为输入、输出信号。

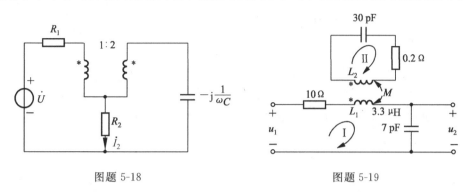

图题 5-18   图题 5-19

5-20 图题 5-20 所示正弦电路。已知:$i_S(t)=1.414\cos100t$ A,T 为理想变压器。试求负载阻抗 Z_L 为何值时,其获得的功率最大,并求此最大功率 $P_{\max}$。

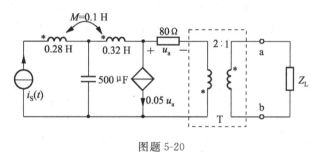

图题 5-20

5-21 一个正弦稳态网络如图题 5-21 所示,已知 $R_1=20\ \Omega$,$\omega L_1=80\ \Omega$,$R_2=30\ \Omega$,$\omega L_2=50\ \Omega$,$\omega M=40\ \Omega$,$\dot{U}=120+\text{j}20$ V。试求三个功率表测得的功率值。并根据所得结果说明网络中的能量传递过程。

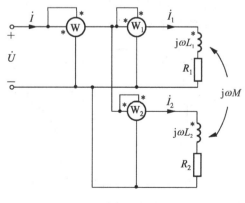

图题 5-21

5-22 理想的自耦变压器电路如图题 5-22 所示,若 $U_{ac}=220$ V,$U_{bc}=200$ V,试求电流 I_1、I_2。

5-23 图题 5-23 电路,求 $u_1(t)$ 及 $u_2(t)$。

*5-24 全耦合变压器如图题 5-24 所示,各阻抗值的单位为 Ω。(1)求 ab 端的戴维南等效电路;(2)若 ab 端短路,求短路电流。

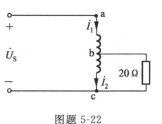

图题 5-22

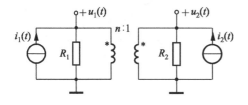

图题 5-23

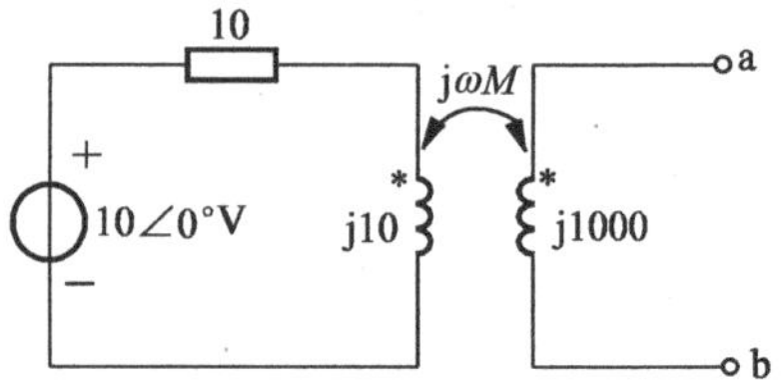

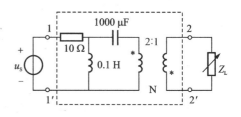

图题 5-24

5-25 图题 5-25 所示电路,已知 $M=2$ H,$u_S=120\cos100t$ V,求电流 i_1。

5-26 图题 5-26 所示电路,已知 $u_S=10\sqrt{2}\cos100t$ V,求:(1)由虚线框所示二端口网络 N 的 Z 参数矩阵;(2)Z_L 为何值时可获得最大功率,求出此时的最大功率 $P_{\max}$。

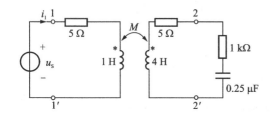

图题 5-25

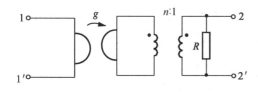

图题 5-26

5-27 写出图题 5-27 所示各二端口网络的传输参数矩阵。

5-28 求图题 5-28 所示电路的输入阻抗。

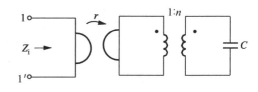

图题 5-27

图题 5-28

5-29 试证明图题 5-29(a)所示二端口网络与图题 5-29(b)理想变压器等效。并求出变比 n 与两个回转器的回转电阻 r_1 和 r_2 的关系。

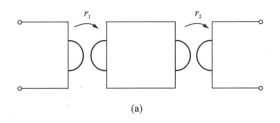 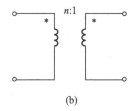

$$(a) \qquad\qquad (b)$$

图题 5-29

5-30 在图题 5-30 所示电路中,电源电压 $U=10$ V,角频率 $\omega=3000$ rad/s,调节电容使电路达到谐振。谐振时,电流 $\dot{I}_0=100$ mA,电容电压 $U_{C0}=200$ V,试求 R、L、C 之值及回路的品质因数。

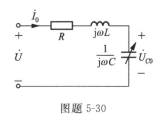

图题 5-30

5-31 串联谐振电路实验中,电源电压 $U_S=1$ V 保持不变。当调节电源频率达到谐振时,$f_0=100$ kHz,回路电流 $I_0=100$ mA;当电源频率变到 $f_1=99$ kHz 时,回路电流 $I_1=70.7$ mA。试求:(1)R、L 和 C 之值;(2)回路的品质因数 Q。

5-32 当电源电压 $u=\sqrt{2}\cos 5000t$ V 时,R、L、C 串联电路发生谐振,已知 $R=5$ Ω,$L=400$ mH。求电容 C 的值,并求电路中电流和各元件电压的瞬时表达式。

5-33 R、L、C 串联电路的端电压 $u=10\sqrt{2}\cos(2500t+15°)$ V,当电容 $C=8$ μF 时,电路中吸收的功率为最大,且为 100 W。

(1) 求电感 L 和电路的 Q 值;

(2) 作电路的相量图。

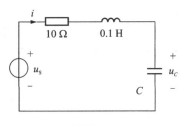

图题 5-34

5-34 图题 5-34 所示正弦稳态电路,已知 $u_S=30\sqrt{2}\cos 100t$ V。

(1) 当 $C=500$ μF 时,求电路消耗的有功功率 P 和无功功率 Q;

(2) 若要使电路消耗的平均功率最大,则电容 C 应选何值;

(3) 电路谐振时,计算电容电压 u_C。

5-35 图题 5-35 所示电路中,如果改变电容 C,毫伏表的指示如何变化?$C=?$ 时指示最小?该最小指示值为多少?

5-36 图题 5-36 所示电路中,已知 $I_S=1$ A,$R_1=R_2=100$ Ω,$L=0.2$ H。如当 $\omega=1000$ rad/s 时电路发生谐振,求电路谐振时电容 C 的值和电流源的端电压 U。

5-37 图题 5-37 所示电路中,已知正弦电压 u_S 的有效值为 2.2 V,$\omega=10^4$ rad/s,试问互感 M 为何值时可使电路发生电压谐振?谐振时各元件上的电压和电流为多少?

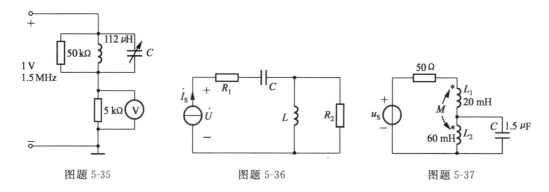

图题 5-35　　　　　　　　　　图题 5-36　　　　　　　　　　图题 5-37

5-38　在图题 5-38 所示电路中,试问 C_1 和 C_2 为何值才能使电源频率为 100 kHz 时电流不能流过负载 R_L,而在频率为 50 kHz 时,流过 R_L 的电流最大。

5-39　图题 5-39 所示电路中,正弦电压 u 的有效值 $U=200$ V,电流表 Ⓐ₃ 的读数为零。求电流表 Ⓐ₁ 的读数。

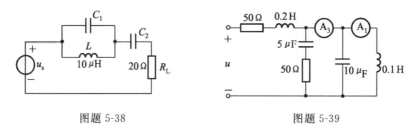

图题 5-38　　　　　　　　　　　　　　图题 5-39

5-40　图题 5-40 所示对称三相电路,已知星形负载 $Z=165+j84\ \Omega$,端线阻抗 $Z_l=2+j1\ \Omega$,中线阻抗 $Z_N=1+j1\ \Omega$,电源端线电压 $U_l=380$ V。求负载的电流 i_A、i_B 和线电压 $\dot{U}_{B'C'}$、$\dot{U}_{C'A'}$,并以 $\dot{U}_{A'N'}$ 为参考相量,作出负载端电压与电流的相量图。

5-41　图题 5-41 所示对称三相电路,已知线电压 $U_l=380$ V(电源端),三角形负载 $Z=4.5+j14\ \Omega$,端线阻抗 $Z_l=1.5+j2\ \Omega$。求线电流和负载的相电流,并以电源端相电压 $\dot{U}_{AN}$ 为参考相量,作出负载线电流与相电流的相量图。

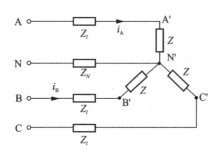
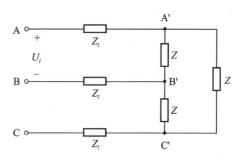

图题 5-40　　　　　　　　　　　　　　图题 5-41

5-42 图题 5-42 所示对称三相电路中,已知 $\dot{U}_{AB}=380\underline{/10°}$ V, $\dot{I}_A=5\underline{/10°}$ A。

(1) 求三相负载总功率 P;

(2) 若 A 相负载断开,求此时负载的总功率。

5-43 图题 5-43 所示对称三相电路,已知工频电源线电压 380 V,线电流 11 A,三相功率 4356 W。求参数 R、L 的值。

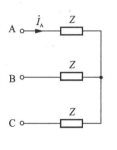

图题 5-42

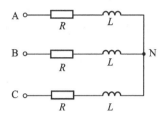

图题 5-43

5-44 对称三相电路如图题 5-44 所示,已知负载阻抗 $Z_\Delta=21+j22.5$ Ω。求:(1)三相电源发出的总功率;(2)三角形负载吸收的总功率。

5-45 对称三相电源向两组丫形负载供电,如图题 5-45 所示,当中线开关 S 闭合时电流表读数为 1 A。(注:在照明系统中,中线上不允许装开关。)

(1) 若开关 S 打开,电流表读数是否改变,为什么?

(2) 若 S 仍闭合,C 相负载 Z_1 断开,电流表读数是否改变,为什么?

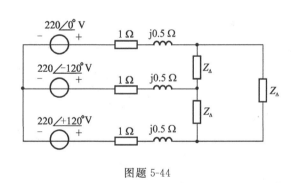

图题 5-44

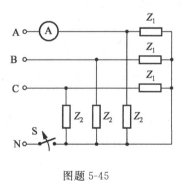

图题 5-45

5-46 图题 5-46 所示对称三相电路。已知 $\dot{U}_{AB}=380\underline{/0°}$ V, $\dot{I}_A=1\underline{/-60°}$ A,则功率表读数各为多少?

5-47 图题 5-47 示电路,已知功率表读数为 500 W,求三相负载的总功率。

5-48 三相对称感性负载接到三相对称电源上,在两线间接一功率表如图题 5-48 所示。若线电压 $U_{AB}=380$ V,负载功率因数 $\cos\varphi=0.6$,功率表读数 $P=275.3$ W。求线电流 I_A。

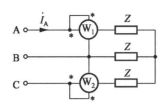

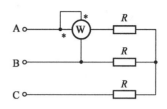

图题 5-46　　　　　　　　　　　　　　图题 5-47

5-49　图题 5-49 所示对称三相电路,已知电源线电压 380 V,星形负载阻抗 $Z_1 = 3 + j4\ \Omega$,三角形负载阻抗 $Z_2 = 9 + j12\ \Omega$,端线阻抗 $Z_L = 0.5\ \Omega$。设相电压 $\dot{U}_{AN}$ 为参考相量。

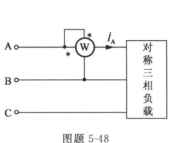

图题 5-48

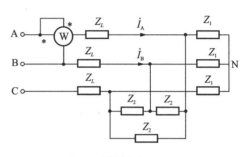

图题 5-49

(1)求线电流 $\dot{I}_A$、$\dot{I}_B$;(2)计算图中功率表的读数;(3)画出两表法测电源侧三相电路总有功功率的接线图。

5-50　图题 5-50 所示为星形连接的三相对称负载,电源线电压为 380 V,电路中接有两只功率表 ⓦ₁ 和 ⓦ₂,R_g 等于 ⓦ₂ 的电压线圈及其附加电阻的总电阻。已知 $R = 60\ \Omega$,$\omega L = 80\ \Omega$。

　　求:(1)负载所吸收的有功功率及无功功率;

　　　　(2) ⓦ₁ 和 ⓦ₂ 的读数。

5-51　图题 5-51 所示电路中,用一只功率表来测量对称三相负载的功率,图(a)可测量总的有功功率,图题 5-51(b)可测量总的无功功率,试说明各种测量方法的正确性。

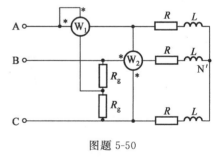

图题 5-50

5-52　图题 5-52 所示电路中,$\dot{E}_A$、$\dot{E}_B$、$\dot{E}_C$ 是一组星形连接的对称三相电源。试求 $\dot{I}_1$ 及 $\dot{U}_{N'N}$,可否应用戴维南定理使求解过程变得简单一些?

5-53　供给功率较小的三相电路可利用所谓相数变换器,从单相电源获得对称的三相电压。图题 5-53 是一种最简单的变换电路,如已知负载 $R = 20\ \Omega$,电源频率为 50 Hz。为使负载得到对称的三相电压,试求 L 与 C 之值。

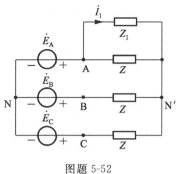

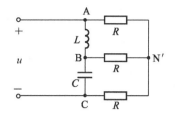

图题 5-52

图题 5-53

5-54 图题 5-54 所示三相四线制电路,已知 $Z_1 = -\mathrm{j}10\ \Omega$, $Z_2 = 5 + \mathrm{j}12\ \Omega$,对称三相电源的线电压 380 V,当 S 闭合时,电阻 R 吸收的功率为 24.2 kW。

试求:(1) 开关 S 闭合时图中各表的读数。根据功率表的读数能否求得整个负载吸收的总功率;

(2) 开关 S 打开时图中各表的读数有无变化,功率表的读数有无意义?

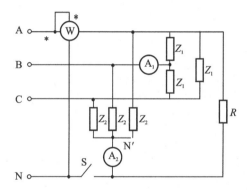

图题 5-54

第 **6** 章

非正弦周期电流电路的稳态分析

在电气工程、无线电及电子工程中,除了前述正弦交流电路外,非正弦电流电路也是经常遇到的。例如,实际交流发电机产生的电压波形受到干扰、发生畸变,与正弦波形或多或少有些差别,严格来讲是非正弦的;通信电路传输的各种信号大多是非正弦的;目前广泛应用的数字电路中,电压、电流也都是非正弦的。另外,当电路中有非线性元件时,即使电源电压是理想的正弦波,也会产生非正弦的响应。

本章主要讨论非正弦周期信号作用下线性电路的稳态分析。

非正弦周期函数可利用傅里叶级数分解为一系列不同频率的正弦量之和。根据线性电路的叠加定理,电路在非正弦周期函数激励下的响应,等于各个频率的正弦分量单独作用下在电路中所产生的响应的叠加,而响应的每一个频率分量可利用正弦稳态分析的相量法求得。

6.1　非正弦周期函数的傅里叶级数展开式

一个周期为 T 的周期函数

$$f(t) = f(t + T)$$

只要满足狄里赫利条件[①]就可以展开为傅里叶级数,电工技术中所遇到的非正弦周期函数,通常均能展开为傅里叶级数。即

$$f(t) = a_0 + \sum_{k=1}^{\infty} (a_k \cos k\omega_1 t + b_k \sin k\omega_1 t) \tag{6-1}$$

式中,$\omega_1 = \dfrac{2\pi}{T}$,$a_0$、$a_k$、$b_k$ 称为傅里叶系数。利用三角函数的正交性,可导出这些系数的计算公式为

$$\left. \begin{aligned}
a_0 &= \frac{1}{T} \int_0^T f(t) \,\mathrm{d}t \\
a_k &= \frac{2}{T} \int_0^T f(t) \cos k\omega_1 t \,\mathrm{d}t \\
&= \frac{1}{\pi} \int_0^{2\pi} f(t) \cos k\omega_1 t \,\mathrm{d}(\omega_1 t) \\
b_k &= \frac{2}{T} \int_0^T f(t) \sin k\omega_1 t \,\mathrm{d}t \\
&= \frac{1}{\pi} \int_0^{2\pi} f(t) \sin k\omega_1 t \,\mathrm{d}(\omega_1 t)
\end{aligned} \right\} \tag{6-2}$$

上式中的积分区间亦可取 $\left(-\dfrac{T}{2}, \dfrac{T}{2}\right)$ 和 $(-\pi, \pi)$。

将式(6-1)中频率相同(即 k 值相同)的正弦项和余弦项合并为一项,则式(6-1)可写为

$$f(t) = A_0 + \sum_{k=1}^{\infty} A_{km} \cos(k\omega_1 t + \psi_k) \tag{6-3}$$

---

① $f(t)$ 在任一周期内:①连续或具有有限个第一类间断点;②具有有限个极大值和极小值;③可积。

式(6-1)及式(6-3)中各系数间的关系：

$$
\left.
\begin{aligned}
A_{km} &= \sqrt{a_k^2 + b_k^2} \\
\tan\psi_k &= -b_k / a_k \\
a_0 &= A_0 \\
a_k &= A_{km}\cos\psi_k \\
b_k &= -A_{km}\sin\psi_k
\end{aligned}
\right\}
\tag{6-4}
$$

式(6-3)中,常数项 A_0 称为周期函数 $f(t)$ 的直流分量或恒定分量,各正弦函数项称为**谐波(harmonic wave)**分量。频率与原周期函数相同的谐波分量 $A_{1m}\cos(\omega_1 t + \psi_1)$ 称为基波分量,简称**基波(fundamental harmonic)**。其他各项统称为高次谐波,高次谐波的频率为基波的整数倍。$k=2$ 的项称为二次谐波；$k=3$ 的项称为三次谐波；以此类推。直流分量也可视为零频率的谐波分量。

将一个非正弦周期函数展开为傅里叶级数,其主要的工作是求傅里叶系数。工程上常见的周期函数的波形往往具有某些对称的特性,研究这些特性与傅里叶系数的关系,可使计算得以简化,下面分别讨论三种对称情况。

(1) $f(t)$ 为奇函数,即

$$f(t) = -f(-t)$$

其波形对称于坐标原点。图 6-1 所示为两个奇函数的波形。

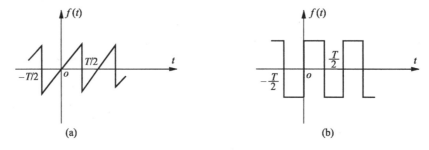

图 6-1 周期性奇函数

奇函数的傅里叶展开式中只含奇函数的分量,故其傅里叶系数为

$$a_0 = 0, \quad a_k = 0$$

$$b_k = \frac{2}{T}\int_{-\frac{T}{2}}^{\frac{T}{2}} f(t)\sin k\omega_1 t\,\mathrm{d}t = \frac{4}{T}\int_{0}^{\frac{T}{2}} f(t)\sin k\omega_1 t\,\mathrm{d}t$$

(2) $f(t)$ 为偶函数,即

$$f(t) = f(-t)$$

其波形对称于纵轴。图 6-2 所示为两个偶函数的波形。

偶函数的傅里叶展开式中只包含偶函数的分量,故其傅里叶系数为

$$a_0 = \frac{2}{T}\int_{0}^{\frac{T}{2}} f(t)\,\mathrm{d}t$$

$$a_k = \frac{4}{T}\int_{0}^{\frac{T}{2}} f(t)\cos k\omega_1 t\,\mathrm{d}t$$

$$b_k = 0$$

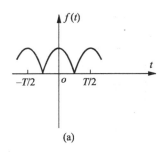
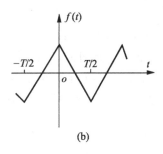

$$(a) \qquad\qquad\qquad (b)$$

图 6-2　周期性偶函数

（3）$f(t)$ 为奇谐波函数（半波对称函数），即

$$f(t) = -f\left(t + \frac{T}{2}\right)$$

其相隔半周期的两个函数值大小相等，符号相反。图 6-3 所示为两个奇谐波函数的波形，其波形移动半周期后与原波形对称于横轴。就一个周期内的波形来看，后半周对横轴的镜像是前半周的重复，如图 6-3 中虚线所示，因此称为半波对称，亦称镜像对称。具有此种对称性的函数只含有奇次谐波分量，故称为奇谐波函数。

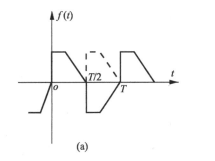
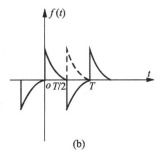

$$(a) \qquad\qquad\qquad (b)$$

图 6-3　镜像对称函数

半波对称函数的傅里叶展开式中，每一项也必然是半波对称的。所以直流分量必然为零，而谐波分量应满足

$$A_{km}\cos(k\omega_1 t + \psi_k) = -A_{km}\cos\left[k\omega_1\left(t + \frac{T}{2}\right) + \psi_k\right]$$

$$= -A_{km}\cos(k\omega_1 t + k\pi + \psi_k)$$

由上式可知，当 $k=$ 偶数时，A_{km} 必须为零。这就证明了半波对称函数只含奇次谐波分量，其傅里叶系数为

$$a_0 = 0$$

$$a_k = \begin{cases} 0, & k\ \text{为偶数} \\ \dfrac{4}{T}\displaystyle\int_0^{\frac{T}{2}} f(t)\cos k\omega_1 t \mathrm{d}t, & k\ \text{为奇数} \end{cases}$$

$$b_k = \begin{cases} 0, & k\ \text{为偶数} \\ \dfrac{4}{T}\displaystyle\int_0^{\frac{T}{2}} f(t)\sin k\omega_1 t \mathrm{d}t, & k\ \text{为奇数} \end{cases}$$

例 6-1 求图 6-4 所示非正弦周期信号(方波信号)的傅里叶级数展开式。

解 根据图示波形可知,该信号函数既对称于纵轴,为偶函数;又具有半波对称性质,为奇谐波函数。故其傅里叶级数只含奇次谐波的余弦项,只需计算

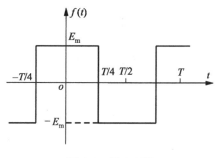

图 6-4 例 6-1 图

$$a_k = \frac{4}{T}\int_0^{T/2} f(t)\cos k\omega_1 t \, \mathrm{d}t, \quad k \text{ 为奇数}$$

从波形图可写出

$$f(t) = \begin{cases} E_\mathrm{m}, & 0 < t < \dfrac{T}{4} \\[2mm] -E_\mathrm{m}, & \dfrac{T}{4} < t < \dfrac{T}{2} \end{cases}$$

所以

$$a_k = \frac{4}{T}\left(\int_0^{T/4} E_\mathrm{m}\cos k\omega_1 t \, \mathrm{d}t - \int_{T/4}^{T/2} E_\mathrm{m}\cos k\omega_1 t \, \mathrm{d}t\right)$$

$$= \frac{4E_\mathrm{m}}{Tk\omega_1}\left(\sin k\omega_1 t \,\Big|_0^{T/4} - \sin k\omega_1 t \,\Big|_{T/4}^{T/2}\right)$$

$$= \begin{cases} \dfrac{4E_\mathrm{m}}{k\pi}, & k = 1,5,9,\cdots \\[3mm] -\dfrac{4E_\mathrm{m}}{k\pi}, & k = 3,7,11,\cdots \end{cases}$$

于是,图示信号的傅里叶级数为

$$f(t) = \frac{4E_\mathrm{m}}{\pi}\left(\cos\omega_1 t - \frac{1}{3}\cos 3\omega_1 t + \frac{1}{5}\cos 5\omega_1 t - \frac{1}{7}\cos 7\omega_1 t + \cdots\right)$$

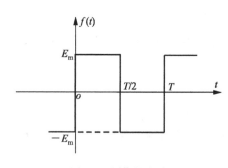

图 6-5 周期性方波

应该指出,式(6-3)中的系数 A_{km} 与计时起点的选择无关,这是因为构成非正弦周期函数的各次谐波的幅值及各次谐波对该函数波形的相对位置总是一定的,而各次谐波的初相位 ψ_k 将随计时起点的改变而改变。由于系数 a_k 与 b_k 与初相 ψ_k 有关,因而随计时起点选的不同而异。如将图 6-4 波形的计时起点提前 $T/4$,如图 6-5 所示。此时信号的波形对称于原点,为奇函数,傅里叶展开式中仅有奇谐波的正弦项,即

$$f(t) = \frac{4E_\mathrm{m}}{\pi}\left(\sin\omega_1 t + \frac{1}{3}\sin 3\omega_1 t + \frac{1}{5}\sin 5\omega_1 t + \cdots\right)$$

可见,函数是否为奇函数或偶函数可能与计算起点的选择有关,但是否为奇谐波函数与计时起点无关。适当选择计时起点,可使计算简化。

如果取上列展开式的前三项,即取到五次谐波,分别画出各次谐波的曲线后再相加,

就得出图 6-6(a)中虚线所示的合成曲线。图 6-6(b)是取到十一次谐波时的合成曲线，比较两个图形可见，谐波项数取得越多，合成曲线越接近原来的波形。

由于级数的收敛性，在具体分析时，一般只需取级数的前面若干项，就能在一定的精度上近似地表达原周期函数。应予考虑的谐波数目视傅里叶级数的收敛速度、电路的频率特性和计算精度的要求而定。

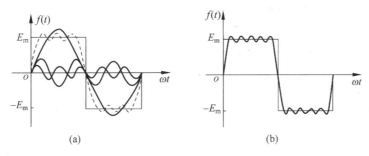

图 6-6 谐波合成示意图

6.2 非正弦周期量的有效值和平均值及平均功率

6.2.1 非正弦周期电流或电压的有效值和平均值

前已指出，周期电流 i 的有效值就是它的方均根值，即

$$I = \sqrt{\frac{1}{T}\int_0^T i^2 \, dt} \tag{6-5}$$

非正弦周期电流的有效值虽可按上式进行计算，但讨论有效值 I 与各次谐波有效值的关系在电路分析中是很有用的。

设非正弦周期电流 i 的傅里叶级数为

$$i(t) = I_0 + \sum_{k=1}^{\infty} I_{km}\cos(k\omega_1 t + \psi_k)$$

将其代入式(6-5)，得

$$I = \sqrt{\frac{1}{T}\int_0^T \left[I_0 + \sum_{k=1}^{\infty} I_{km}\cos(k\omega_1 t + \psi_k)\right]^2 dt}$$

将上式积分号内直流分量与各次谐波之和的平方展开，然后分别求每一项在一周期内的平均值。对所有的项可分为四类

$$\frac{1}{T}\int_0^T I_0^2 \, dt = I_0^2$$

$$\frac{1}{T}\int_0^T I_{km}^2\cos^2(k\omega_1 t + \psi_k) \, dt = \frac{I_{km}^2}{2} = I_k^2$$

$$\frac{1}{T}\int_0^T 2I_0 I_{km}\cos(k\omega_1 t + \psi_k) \, dt = 0$$

$$\frac{1}{T}\int_0^T 2I_{km}I_{qm}\cos(k\omega_1 t + \psi_k)\cos(q\omega_1 t + \psi_q)\mathrm{d}t = 0, q \neq k$$

于是可以得出 i 的有效值为

$$I = \sqrt{I_0^2 + I_1^2 + I_2^2 + I_3^2 + \cdots} \tag{6-6}$$

即非正弦周期电流的有效值等于恒定分量的平方与各次谐波有效值的平方之和的平方根。同理,非正弦周期电压的有效值为

$$U = \sqrt{U_0^2 + U_1^2 + U_2^2 + U_3^2 + \cdots}$$

在实践中还用到(绝对)平均值这一概念。以电流为例,其定义为

$$I_{\mathrm{av}} = \frac{1}{T}\int_0^T |i|\,\mathrm{d}t \tag{6-7}$$

在实用中多把"绝对"略去,而称为平均值(注意不要与恒定分量混淆)。按式(6-7)可得正弦电流的平均值为

$$I_{\mathrm{av}} = \frac{1}{T}\int_0^T |I_{\mathrm{m}}\cos\omega t|\,\mathrm{d}t = \frac{4I_{\mathrm{m}}}{T}\int_0^{T/4}\cos\omega t\,\mathrm{d}t$$

$$= \frac{4I_{\mathrm{m}}}{T\omega}\sin\omega t\,\bigg|_0^{T/4} = \frac{2I_{\mathrm{m}}}{\pi} = \frac{2\sqrt{2}}{\pi}I \approx 0.9I$$

电流绝对值即将负半周的值变为对应的正值,I_{av} 相当于经全波整流后取平均值(见图 6-7)。

对于同一非正弦周期电流,用不同类型的仪表进行测量时,可测得不同的值。用磁电式仪表测量所得结果是电流的恒定分量,用电磁式或电动式仪表测量所得结果是电流的有效值,用全波整流式仪表,测的是电流的平均值。对于全波整流式仪表如果其刻度是按 $I = 1.1I_{\mathrm{av}}$ 的关系表

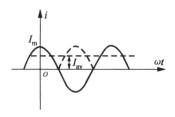

图 6-7　正弦电流的平均值

示成有效值,若测量的是正弦电流,读数为有效值;若测量的是非正弦电流,读数为平均值的 1.1 倍,而并非有效值。可见,在测量非正弦周期电流和电压时,要注意选择合适的仪表,在本章习题中没有特殊说明,认为是电磁式仪表,测的是有效值。

6.2.2　非正弦周期电流电路的平均功率

电路的某一部分或某一支路,一般可视为一个二端网络。二端网络的电压 u 和电流 i 采用关联参考方向时,它所吸收的瞬时功率和平均功率分别为

$$p(t) = ui$$

$$P = \frac{1}{T}\int_0^T p\,\mathrm{d}t = \frac{1}{T}\int_0^T ui\,\mathrm{d}t$$

如非正弦周期电压、电流用傅里叶级数表示,则平均功率

$$P = \frac{1}{T}\int_0^T \left[U_0 + \sum_{k=1}^{\infty}U_{km}\cos(k\omega_1 t + \psi_{ku})\right] \times \left[I_0 + \sum_{k=1}^{\infty}I_{km}\cos(k\omega_1 t + \psi_{ki})\right]\mathrm{d}t$$

将上式积分内两个级数的乘积展开,分别计算各项的平均值。与计算有效值类似,式中

有以下类型的项

$$\frac{1}{T}\int_0^T U_0 I_0 \, \mathrm{d}t = U_0 I_0$$

$$\frac{1}{T}\int_0^T U_{km} I_{km} \cos(k\omega_1 t + \psi_{ku}) \cos(k\omega_1 t + \psi_{ki}) \, \mathrm{d}t$$

$$= \frac{1}{2} U_{km} I_{km} \cos(\psi_{ku} - \psi_{ki}) = U_k I_k \cos\psi_k$$

$$\frac{1}{T}\int_0^T U_0 I_{km} \cos(k\omega_1 t + \psi_{ki}) \, \mathrm{d}t = 0$$

$$\frac{1}{T}\int_0^T I_0 U_{km} \cos(k\omega_1 t + \psi_{ku}) \, \mathrm{d}t = 0$$

$$\frac{1}{T}\int_0^T U_{km} I_{qm} \cos(k\omega_1 t + \psi_{ku}) \cos(q\omega_1 t + \psi_{qi}) \, \mathrm{d}t = 0, q \neq k$$

因此二端网络吸收的平均功率

$$P = U_0 I_0 + U_1 I_1 \cos\varphi_1 + U_2 I_2 \cos\varphi_2 + \cdots$$

$$= U_0 I_0 + \sum_{k=1}^{\infty} U_k I_k \cos\varphi_k \tag{6-8}$$

上式说明,非正弦周期电流电路中的平均功率等于直流分量构成的功率与各次谐波的平均功率之和。由于三角函数的正交性,频率不同的电压和电流只能构成瞬时功率,只有同频率的电压和电流谐波构成平均功率。

例 6-2 图 6-8 所示二端网络的电压、电流为

$$u = 100 + 100\sin\omega_1 t + 50\sin2\omega_1 t + 30\sin3\omega_1 t \, \mathrm{V}$$

$$i = 10\sin(\omega_1 t - 60°) + 2\sin(3\omega_1 t + 45°) \, \mathrm{A}$$

求电压、电流的有效值及二端网络吸收的平均功率。

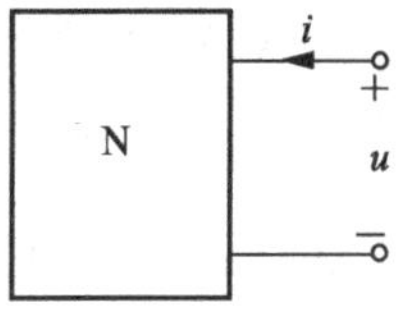

解 由给定的 u, i 可知各次谐波的有效值及平均功率

$U_0 = 100 \, \mathrm{V}, \quad I_0 = 0, \quad P_0 = 0$

$U_1 = \dfrac{100}{\sqrt{2}} \, \mathrm{V}, \quad I_1 = \dfrac{10}{\sqrt{2}} \, \mathrm{A}, \quad P_1 = U_1 I_1 \cos\varphi_1 = 250 \, \mathrm{W}, (\varphi_1 = 60°)$

$U_2 = \dfrac{50}{\sqrt{2}} \, \mathrm{V}, \quad I_2 = 0, \quad P_2 = 0$

$U_3 = \dfrac{30}{\sqrt{2}} \, \mathrm{V}, \quad I_3 = \sqrt{2} \, \mathrm{A}, \quad P_3 = U_3 I_3 \cos\varphi_3 = 21.2 \, \mathrm{W}, (\varphi_3 = -45°)$

图 6-8 例 6-2 图

因此,电压与电流的有效值为

$$U = \sqrt{100^2 + \frac{100^2}{2} + \frac{50^2}{2} + \frac{30^2}{2}} = 129.2 \, \mathrm{V}$$

$$I = \sqrt{\frac{10^2}{2} + 2} = 7.21 \, \mathrm{A}$$

二端网络吸收的功率为

$$P = P_0 + P_1 + P_2 + P_3 = 0 + 250 + 0 + 21.2 = 271.2 \, \mathrm{W}$$

若已知非正弦电流一个周期内的函数式,亦可用式(6-5)直接求得有效值。

6.3　非正弦周期电流电路的稳态分析

工程中常见的非正弦周期函数均可分解为一系列不同频率的谐波分量(包括直流分量)之和。如非正弦激励为电压源,可将其等效为一系列谐波电压源的串联;如激励是电流源,则可等效为一系列谐波电流源的并联。根据线性电路的叠加定理,非正弦周期函数激励下的稳态响应,等于各谐波分量单独作用时电路的稳态响应的瞬时值之和。

因此,非正弦周期电流电路的稳态分析就变为对各次谐波单独作用下的电路进行稳态分析,然后将响应的各次谐波分量叠加。这种方法称为**谐波分析方法**(harmonic analysis method)。在对各次谐波进行分析时,利用相量法最为有效。具体计算步骤简述如下:

(1) 把给定的激励函数展开成傅里叶级数,按级数的收敛速度和计算精度要求取前面若干项。

(2) 分别求出激励源的恒定分量及各次谐波单独作用时的响应。对恒定分量用电阻电路的分析方法求解,此时电容看作开路,电感视为短路。对各次谐波分量先用相量法求解,再写出对应的瞬时值表达式。

(3) 将所得直流分量和各谐波分量的瞬时值相加,就是所求的稳态响应。若求有效值和平均功率,则按式(6-6)、式(6-8)分别求之。

例 6-3　已知图 6-9(a)所示电路中的电压

$$u(t) = 10 + 20\sqrt{2}\cos\omega t + 10\sqrt{2}\cos3\omega t \text{ V}$$

且已知 $R_1 = R_2 = 10 \ \Omega, \omega L_1 = 30 \ \Omega, \dfrac{1}{\omega C_1} = 30 \ \Omega, \omega L_2 = 3.75 \ \Omega, \dfrac{1}{\omega C_2} = 20 \ \Omega$。

求电流 $i_1(t)$ 和 $i_2(t)$。

解　非正弦周期电压的展开式已给出。因而可对各谐波分量进行计算。

电压 $u(t)$ 的直流分量单独作用时,电感相当于短路,电容相当于开路,电路如图 6-9(b)所示,电流 I_{10} 和 I_{20} 分别为

$$I_{10} = \frac{U_0}{R_1} = \frac{10}{10} = 1 \text{ A}$$

$$I_{20} = 0$$

基波分量单独作用时的电路用相量模型表示,如图 6-9(c)所示因为 $\omega L_1 = 30 \ \Omega = \dfrac{1}{\omega C_1}$,所以 L_1、C_1 并联谐振,对外电路相当于断开。因为 $\dot{U}_1 = 20 \text{ V}$,所以

$$\dot{I}_{11} = \dot{I}_{21} = \frac{\dot{U}_1}{R_1 + R_2 - j\dfrac{1}{\omega C_2}} = \frac{20\underline{/0°}}{20 - j20} = \frac{1}{\sqrt{2}}\underline{/45°} \text{ A}$$

瞬时值表达式为

$$i_{11}(t) = i_{21}(t) = 1\cos(\omega t + 45°)\text{A}$$

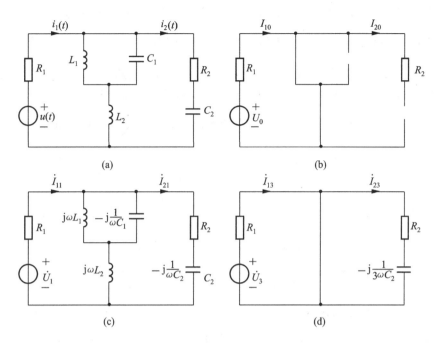

图 6-9　例 6-3 图

三次谐波单独作用,因为 L_1、C_1 并联部分的复阻抗 Z_{11} 为

$$Z_{11} = \frac{\mathrm{j}3\omega L_1 \cdot \dfrac{1}{\mathrm{j}3\omega C_1}}{\mathrm{j}3\omega L_1 + \dfrac{1}{\mathrm{j}3\omega C_1}} = \frac{\mathrm{j}90(-\mathrm{j}10)}{\mathrm{j}90 - \mathrm{j}10} = \frac{900}{\mathrm{j}80} = -\mathrm{j}11.25 \ \Omega$$

而 $\mathrm{j}3\omega L_2 = \mathrm{j}3 \times 3.75 = \mathrm{j}11.25$,所以中间支路串联谐振,相当于短路,如图 6-9(d)所示。

又因为

$$\dot{U}_3 = 10 \ \underline{/0^\circ} \ \mathrm{V}$$

所以

$$\dot{I}_{13} = \frac{\dot{U}_3}{R_1} = \frac{10 \ \underline{/0^\circ}}{10} = 1 \ \mathrm{A}$$

$$\dot{I}_{23} = 0$$

瞬时值表达式为

$$i_{13} = \sqrt{2} \cos 3\omega t \ \mathrm{A}$$
$$i_{23} = 0$$

将属于同一支路的电流的各分量相加,得

$$i_1(t) = 1 + \cos(\omega t + 45^\circ) + \sqrt{2} \cos 3\omega t \ \mathrm{A}$$
$$i_2(t) = \cos(\omega t + 45^\circ) \ \mathrm{A}$$

此例看出,非正弦周期电源激励下的电路,在不同的谐波下有不同的谐振特性,据此可选择合适的 LC 串联支路或 LC 并联支路构成的电路,实现将电压或电流的谐波分量分离出来的谐波分析仪。图 6-10 所示为简单谐波分析仪电路原理图,此电路中,电感 L_0 通过直流,L_1 中通过 $\omega_1 = \dfrac{1}{\sqrt{L_1 C_1}}$ 频率谐波分量,L_2 中通过 $\omega_2 = \dfrac{1}{\sqrt{L_2 C_2}}$ 频率谐波分量,不同次的谐波电流只能通过不同的支路,这些支路称为调谐支路;也可以利用调谐到一定频率上的 LC 串联支路或并联支路实现谐波滤波器,滤除电源中某个或某些谐波分量,使其不能进入负载,图 6-11 所示为简单的谐振滤波器原理图,其可消除 $\omega_1 = \dfrac{1}{\sqrt{L_1 C_1}}$ 和 $\omega_2 = \dfrac{1}{\sqrt{L_2 C_2}}$ 频率的谐波分量不进入负载 R_L。

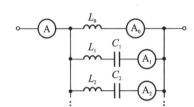
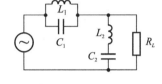

图 6-10　谐波分析仪电路原理图　　　　图 6-11　谐波滤波器原理图

　　例 6-4　图 6 12(a)所示为一正弦电压全波整流的滤波电路,由电感 $L=5\ \mathrm{H}$ 和电容 $C=10\ \mu\mathrm{F}$ 组成。负载电阻 $R=2\ \mathrm{k\Omega}$。设施加在滤波电路上的电压波形如图 6-12(b)所示,其中 $U_{\mathrm{m}}=157\ \mathrm{V}$。求负载两端电压的各谐波分量的幅值。设 $\omega=314\ \mathrm{rad/s}$。

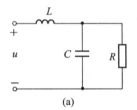
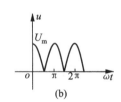
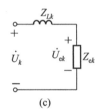

(a)　　　　　　　　　(b)　　　　　　　　(c)

图 6-12　例 6-4 图

　　解　将给定的电压 u 展开为傅里叶级数,并取到四次谐波,得

$$u = \frac{4}{\pi} U_{\mathrm{m}} \left(\frac{1}{2} + \frac{1}{3}\cos 2\omega t - \frac{1}{15}\cos 4\omega t \right)$$

将 $U_{\mathrm{m}}=157\ \mathrm{V}$ 代入得

$$u = 100 + 66.7\cos 2\omega t - 13.33\cos 4\omega t\ \mathrm{V}$$

　　对直流分量来说,电感相当于短路,电容相当于开路,故负载电压的直流分量

$$U_0 = 100\ \mathrm{V}$$

　　对二次、四次谐波来说,可用图 6-12(c)的电路来计算,其中

$$Z_{Lk} = \mathrm{j}k\omega L, \quad k = 2,4$$

$$Z_{ck} = R \frac{1}{\mathrm{j}k\omega C} / \left(R + \frac{1}{\mathrm{j}k\omega C} \right)$$

负载两端的 k 次谐波电压为

$$\dot{U}_{ek} = \dot{U}_k \frac{Z_{ek}}{Z_{Lk} + Z_{ek}}$$

$\dot{U}_k$ 为电压 u 的 k 次谐波相量,代入数据进行计算,有

$$Z_{e2} = 158 \underline{/-85.4°}\ \Omega$$

$$Z_{L2} + Z_{e2} = 2983 \underline{/-89.8°}\ \Omega$$

$$Z_{e4} = 79.5 \underline{/-87.7°}\ \Omega$$

$$Z_{L4} + Z_{e4} = 6200 \underline{/89.9°}\ \Omega$$

故各次谐波的振幅为

$$U_{e2m} = U_{2m} \frac{|Z_{e2}|}{|Z_{L2} + Z_{e2}|} = 66.7 \times \frac{158}{2983} = 3.53\ \text{V}$$

$$U_{e4m} = U_{4m} \frac{|Z_{e4}|}{|Z_{L4} + Z_{e4}|} = 13.33 \times \frac{79.5}{6200} = 0.171\ \text{V}$$

由于感抗与频率成正比,容抗与频率成反比。图 6-12(a)的滤波电路就是利用电感对高频分量的抑制作用及电容对高频电流的分流(旁路)作用使负载 R 中的谐波成分大大削弱。原电压 $u(t)$ 的二次谐波幅值为直流分量的 66.7%,经滤波后下降至 3.5%,四次谐波削弱更多。

滤波的一个典型应用是按键式电话的按键,如图 6-13 所示。按键面上有 12 个钮以四行三列安排。这种安排按两组 7 种频率提供了 12 个不同的信号。这两组是:低频组(从 697 Hz 到 941 Hz 共四个)和高频组(从 1209 Hz 到 1477 Hz 共三个)。按下某个钮时即产生与该钮对应的唯一一对频率的两个正弦量之和。例如按"6"就产生频率为 770 Hz 和 1477 Hz 的两个正弦量。

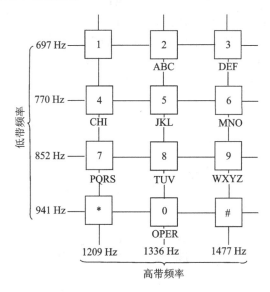

图 6-13　按键式电话机拨号的频率设置

按键钮打电话时,一组信号就传送到电话局,在那里,检测这一组信号的频率对按键号解码。图 6-14 所示为检测系统的方框图。进来的信号首先进行放大,并通过低通滤波器(LP)和高通滤波器(HP)将信号分开到各自的对应组中去,限幅器(L)用于将分开的信号转换为方波。之后,每个各自的信号频率由 7 个带通滤波器(BP)来识别出来,每个带通滤波器只通过一个频率而阻止其他的频率,每个滤波后面还跟着一个检测器,当它的输入电压超过某个电平时,就触发工作。检测器的输出给出一个直流信号,从而推动开关系统而连接到对方的电话上去。

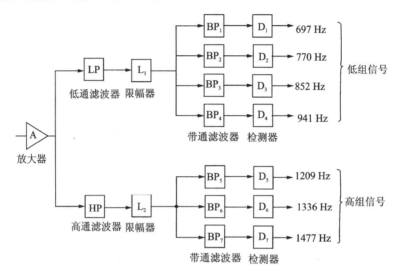

图 6-14 拨号检测方案的方框图

例 6-5 在电话电路中,用标准的 600 Ω 电阻和串联 RLC 电路,设计图 6-14 中的带通滤波器 BP_2。

解 带通滤波器的电路是如图 6-15 所示的串联 RLC 电路,因为 BP_2 通过的频率是 697 Hz 到 852 Hz,其中心在 $f_0 = 770$ Hz,所以滤波器的带宽是

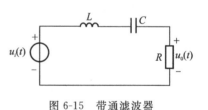

图 6-15 带通滤波器

$$BW = 2\pi(f_2 - f_1) = 2\pi(852 - 697) = 973.89 \text{ rad/s}$$

由式(5-33)得

$$BW = \frac{\omega_0}{Q} = \frac{\omega_0}{\dfrac{\omega_0 L}{R}} = \frac{R}{L}$$

所以

$$L = \frac{R}{BW} = \frac{600}{973.89} = 0.616 \text{H}$$

而由式(5-25a)有

$$C = \frac{1}{\omega_0^2 L} = \frac{1}{4\pi^2 f_0^2 L} = \frac{1}{4\pi^2 \times 770^2 \times 0.616} = 69.36 \text{ nF}$$

*6.4 对称三相电路中的高次谐波

实际的三相电源电压的波形或多或少有些畸形,与正弦有些差别。也就是说,在对称三相电路中电压与电流都含有一定的高次谐波分量,如高次谐波相对基波而言极其微小,则可忽略不计而作为正弦电路来进行分析。本节讨论对称三相电路中电源电压为非正弦周期函数时,各电压、电流中所含高次谐波的情况。

对称三相电路中,电源各相电压的波形相同而在时间上依次相差 1/3 周期,通常非正弦周期电压的波形都是具有半波对称性质的奇谐波函数。如将 A 相的电压表示为

$$u_A = u(t)$$

则 B 相电压

$$u_B = u\left(t - \frac{T}{3}\right)$$

C 相电压

$$u_C = u\left(t - \frac{2T}{3}\right) = u\left(t + \frac{T}{3}\right)$$

将各相电压展开为傅里叶级数,其中不含直流分量和偶次谐波,即

$$u_A = \sum_{k=1}^{\infty} U_{km}\cos(k\omega_1 t + \psi_k), \quad k = 1,3,5,7,\cdots$$

$$u_B = \sum_{k=1}^{\infty} U_{km}\cos\left[k\omega_1\left(t - \frac{T}{3}\right) + \psi_k\right]$$

因为式中 ω_1 为基波角频率,有 $k\omega_1 T = 2k\pi$,所以

$$u_B = \sum_{k=1}^{\infty} U_{km}\cos\left(k\omega_1 t + \psi_k - \frac{2k\pi}{3}\right)$$

$$u_C = \sum_{k=1}^{\infty} U_{km}\cos\left[k\omega_1\left(t + \frac{T}{3}\right) + \psi_k\right]$$

$$= \sum_{k=1}^{\infty} U_{km}\cos\left(k\omega_1 t + \psi_k + \frac{2k\pi}{3}\right)$$

可以看出,以上三个展开式中,同一次谐波分量构成一组对称三相电压。

对于 $k = 3n+1$ 次的谐波分量($n = 0,2,4,6,\cdots$。下同),即 1、7、13、19 次谐波分量,则有

$$u_{Ak} = U_{km}\cos(k\omega_1 t + \psi_k)$$

$$u_{Bk} = U_{km}\cos\left(k\omega_1 t + \psi_k - \frac{2\pi}{3}\right)$$

$$u_{Ck} = U_{km}\cos\left(k\omega_1 t + \psi_k + \frac{2\pi}{3}\right)$$

是一组幅值大小相等、相位互差 120°的对称三相电压,且相序与基波相同,故构成正序对称组。

对于 $k = 3n-1$ 次谐波(如 5、11、17 次),则有

$$u_{Ak} = U_{km}\cos(k\omega_1 t + \psi_k)$$

$$u_{Bk} = U_{km}\cos\left(k\omega_1 t + \psi_k + \frac{2\pi}{3}\right)$$

$$u_{Ck} = U_{km}\cos\left(k\omega_1 t + \psi_k - \frac{2\pi}{3}\right)$$

也是一组大小相等、相位互差120°的对称三相电压,但其相序与基波相反,故构成负序对称组。

当$k = 3(n+1)$时,各相的k次谐波大小相等、相位相同,不存在相序问题,故它们构成的是零序对称组。即3、6、9次谐波均为零序。

对正序及负序的谐波进行分析时,方法与对称三相电路相同,在图6-16所示的星形联接电路中,线电压与相电压有效值的关系为

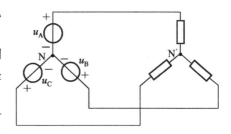

图6-16 丫—丫联接时的高次谐波

$$U_{l1} = \sqrt{3}U_{p1}, \qquad U_{l5} = \sqrt{3}U_{p5}, \qquad U_{l7} = \sqrt{3}U_{p7} \cdots$$

而零序对称组在三相对称电路中的情况就不同,在电源作星形联接时,线电压为两相电压之差。因零序谐波各相大小相等且同相,故线电压中不含零序分量。线电压的有效值为

$$U_l = \sqrt{U_{l1}^2 + U_{l5}^2 + U_{l7}^2 + \cdots} = \sqrt{3}\sqrt{U_{p1}^2 + U_{p5}^2 + U_{p7}^2 + \cdots}$$

而电源相电压的有效值为

$$U_p = \sqrt{U_{p1}^2 + U_{p3}^2 + U_{p5}^2 + U_{p7}^2 + \cdots}$$

可见,由于线电压中不含零序分量即3、6、9、12等次谐波,线电压的有效值小于电源相电压的$\sqrt{3}$倍。

即
$$U_l < \sqrt{3}U_p$$

对于零序谐波的电流而言,图6-16电路中因没有中线构成返回路径而零序电流不能流通,这样负载的相电流、相电压及线电流中均不含零序[$3(n+1)$次谐波]分量,所以负载的线电压仍为相电压的$\sqrt{3}$倍。而电源中性点和负载中点之间将出现零序谐波电压,其有效值为电源的零序分量有效值

$$U_{N'N} = \sqrt{U_{p3}^2 + U_{p6}^2 + \cdots}$$

当在图6-16中NN′间接有中线即三相四线制时,中线构成了零序谐波的通路,负载相电流及相电压中将含有零序谐波分量。中线电流为每相零序分量的3倍,即

$$I_N = 3\sqrt{I_{p3}^2 + I_{p6}^2 + \cdots}$$

当对称三相电源作三角联接时,如图6-17(a)所示,若电源中存在零序谐波分量,则三角形回路中电源电压之和不等于零,而是每相零序谐波分量的3倍。假设零序组中只有三次谐波比较显著需要考虑,则回路中电压之和为$3U_{p3}$(U_{p3}是电源相电压中三次谐波的有效值),此值可由接在三角形开口处的伏特计读出[见图6-17(b)]。

三次谐波电压使图6-17(a)的三角形回路中出现三次谐波的环行电流,其有效值为

$$I_3 = \frac{3U_{p3}}{3|Z_3|} = \frac{U_{p3}}{|Z_3|}$$

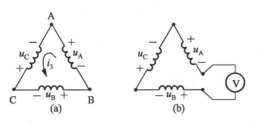

图 6-17 三角形联接时电源中的高次谐波

Z_3 为电源每相绕组对三次谐波的阻抗。因为电源电动势的三次谐波和其阻抗压降正好互相抵消,故线电压(各相输出电压)中不含三次谐波,同样负载电压、电流也不含任何零序谐波分量。

例 6-6 图 6-18(a)的电路中,已知三相对称电源的 A 相电压为 $u_A = 308\cos\omega t + 100\cos3\omega t$ V,感性负载对基波的阻抗 $Z_1 = 10 + j4$ Ω,中线阻抗 $Z_{N1} = j2$ Ω。求图中各仪表(电磁式)的读数。

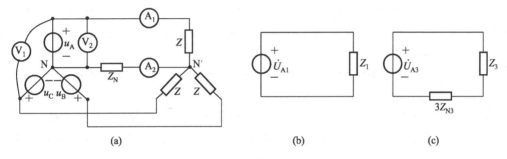

图 6-18 例 6-6 图

解 对基波分量,中线电流为零。可用图 6-18(b)的单相电路来计算。

$$U_{A1} = \frac{308}{\sqrt{2}} = 218 \text{ V} = U_{p1}$$

$$I_1 = \frac{U_{A1}}{|Z_1|} = \frac{218}{\sqrt{10^2 + 4^2}} = 20.2 \text{ A}$$

对三次谐波 $$U_{A3} = \frac{100}{\sqrt{2}} = 70.7 \text{ V} = U_{p3}$$

因为中线上的三次谐波电流是每一相的 3 倍,求 A 相的电流时,由 KVL 得

$$\dot{U}_{A3} = Z_3 \dot{I}_{A3} + 3Z_{N3} \dot{I}_{A3}$$

故 3 次谐波的单相计算电路如图 6-18(c)所示。三次谐波电流的有效值为

$$I_3 = \frac{U_{A3}}{|Z_3 + 3Z_{N3}|} = \frac{70.7}{|10 + j12 + j18|} = 2.23 \text{ A}$$

由以上分析可知各表的读数为

$$\text{①}_1 \text{ 的读数} = U_l = \sqrt{3}U_{p1} = \sqrt{3} \times 218 = 378 \text{ V}$$

$$\text{②}_2 \text{ 的读数} = U_p = \sqrt{U_{p1}^2 + U_{p3}^2} = \sqrt{218^2 + 70.7^2} = 229 \text{ V}$$

$$Ⓐ \text{ 的读数} = I_l = \sqrt{I_1^2 + I_3^2} = \sqrt{20.2^2 + 2.23^2} = 20.3 \text{ A}$$

$$Ⓐ \text{ 的读数} = I_N = 3I_3 = 3 \times 2.23 = 6.69 \text{ A}$$

*6.5　谐波污染与谐波治理

6.5.1　谐波污染及危害

　　理想的供电网络应提供的电压应该是单一固定频率及确定的电压幅值。而谐波电压和谐波电流的存在是对公用供电网的一种污染,它使用电设备所处的环境恶化,谐波引起的各种故障和事故不断发生。谐波污染对公用电网和其他用电系统的危害大致有以下几个方面。

　　(1) 谐波使公用电网中的元件产生了附加的谐波损耗,降低了发电、输电及用电设备的效果,大量的三次谐波流过中线时会使线路过热甚至发生火灾。

　　(2) 谐波影响各种电气设备的正常工作。谐波对电机的影响除引起附加损耗外,还会产生机械振动、噪声和过电压,使变压器局部严重过热。谐波使电容器、电缆等设备过热、绝缘老化、寿命缩短以至损坏。

　　(3) 谐波引起的供电网中局部的并联谐振和串联谐振,使谐波含量增大,使谐波危害加大,甚至引起严重事故。

　　(4) 谐波会导致继电保护和自动装置误动作,并使电气测量仪表计量不准确。

　　(5) 谐波会对邻近的通信系统产生干扰,轻者产生噪声,降低通信质量;重者导致数据丢失,使通信系统无法正常工作。

　　当电网的谐波污染程度小于国家标准的规定,通常不会对系统造成影响。随着污染程度的增加,谐波的影响就逐渐显现出来,在严重超标的情况下,不进行治理往往会造成很严重的后果。

6.5.2　谐波治理

　　常用的谐波治理方法有两种,无源滤波和有源滤波。

1. 无源谐波滤除装置

　　无源谐波的主要结构是用电抗器与电容器组成 LC 串联单元并联于系统中,图 6-19 所示为无源滤波示意图。将 LC 单元的谐振频率设定在需要滤波的谐波频率中,例如 5 次、7 次、11 次谐振点上,达到滤除这些谐波的目的。无源滤波装置简单,成本低,在滤除谐波的同时,在基波时对系统进行无功补偿,但是其滤波效果不太好,滤不干净;如果谐振频率设定的不好,会与系统产生谐振。虽然滤波效果较差,但只要满足国家对谐波的限制标准和电力部门对无功的要求,也是被认可的。一般而言,低压 0.4 kV 系统大多采用无源滤波方式,高压 10 kV 也基本采用这种方式进行谐波治理。

2. 有源谐波滤除装置

有源谐波滤除装置主要是由电力电子元件组成电路,产生一个和系统的谐波同频率、同幅度,但相位相反的谐波电流与系统中的谐波电流相抵消。图 6-20 所示为有源滤波装置示意图,这种装置的主要元件是大功率电力电子器件,由于受到电力电子元件耐压、额定电流的限制,它的成本较高,其主要的应用范围是计算机控制系统的供电系统。

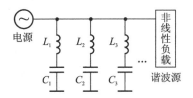
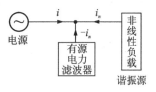

图 6-19　无源滤波示意图　　　　图 6-20　有源滤波示意图

习题

6-1　试求图题 6-1 所示正弦半波整流电压的傅里叶级数展开式。

6-2　试求图题 6-2 所示锯齿波电压的傅里叶级数。

6-3　图题 6-3 所示矩形脉冲电压,其振幅为 U_m,脉宽时间为 Δt,求其有效值 U 和平均值 U_{av}。

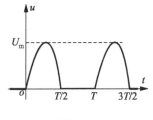
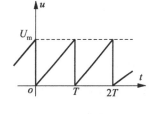
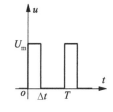

图题 6-1　　　　　　图题 6-2　　　　　　图题 6-3

6-4　已知一无源二端网络端口电压和电流分别为

$$u = 141\sin(\omega t - 90°) + 84.6\sin 2\omega t + 56.4\sin(3\omega t + 90°) \text{ V}$$
$$i = 10 + 5.64\sin(\omega t - 30°) + 3\sin(3\omega t + 60°) \text{ A}$$

试求:(1)电压、电流的有效值;(2)网络消耗的平均功率。

6-5　图题 6-5 所示电路,已知 $u(t) = 15 + 100\sin 314t - 40\cos 628t$V,$i(t) = 0.8 + 1.414\sin(314t + 19.3°) + 0.94\sin(628t - 35.4°)$A。求功率表的读数。

6-6　流过一个 10 Ω 电阻的电流 $i(t) = 10 + 2\cos 314t + 1.4\cos(942t + 45°)$ A

试求:(1)该电阻两端的电压 $u(t)$;(2)电压、电流的有效值;(3)电阻消耗的平均功率。

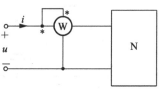

图题 6-5

6-7 在图题 6-7 所示电路中,已知电源电压 $u(t) = 50 + 100\cos 1000t + 15\cos 2000t\text{V}$, $L = 40\text{ mH}, C = 25\ \mu\text{F}, R = 30\ \Omega$。试求电压表 $\widehat{V}$ 及电流表 $\widehat{A_1}$ 和 $\widehat{A_2}$ 的读数(电表指示为有效值)。

6-8 图题 6-8 所示电路中,已知 $i_S(t) = 1 + 2\sqrt{2}\cos 2t\text{ A}$。求稳态电流 $i(t)$ 及电路消耗的功率。

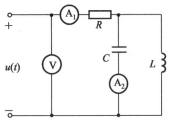

图题 6-7

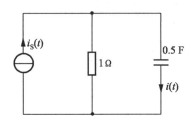

图题 6-8

6-9 图题 6-9 所示电路,求电流 $i(t)$ 及电阻消耗的功率。

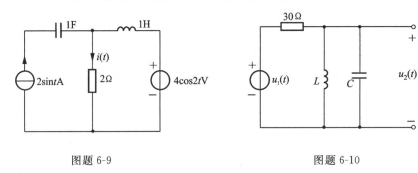

图题 6-9

图题 6-10

6-10 图题 6-10 所示电路中,已知

$$u_1(t) = 100\sqrt{2}\cos 1000t + 30\sqrt{2}\cos 2000t\text{ V}$$

$$u_2(t) = 80\sqrt{2}\cos(1000t - \varphi_1) + 30\sqrt{2}\cos 2000t\text{ V}$$

试求 L、C 及 φ_1 之值。

6-11 图题 6-11 所示电路,已知 $u_1(t) = 10 + 10\sqrt{2}\cos\omega t + 10\sqrt{2}\cos 3\omega t\text{ V}, \omega L = 1\ \Omega$, $1/(\omega C) = 9\ \Omega$。求 $u_2(t)$。

6-12 图题 6-12 所示为一滤波器电路,它阻止基波电流通过负载 R_L,而使九次谐波全部加在负载上。已知 $C = 0.04\ \mu\text{F}$,基波频率 $f = 50\text{ kHz}$。求电感 L_1 及 L_2。

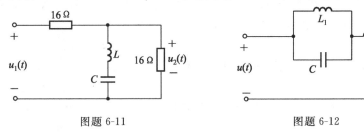

图题 6-11

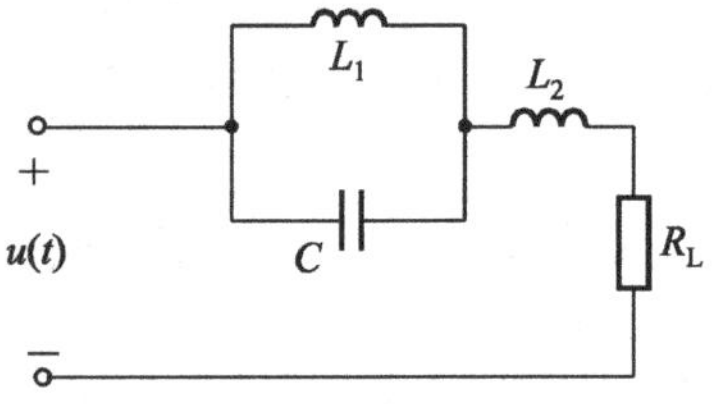

图题 6-12

6-13 图题 6-13 所示电路中，$u_S = 141\cos\omega t + 14.1\cos(3\omega t + 30°)$ V，基波频率 $f = 500$ Hz，$C_1 = C_2 = 3.18$ μF，$R = 10$ Ω，电压表内阻视为无限大，电流表内阻视为零。已知基波电压单独作用时，电流表读数为零；三次谐波电压单独作用时，电压表读数为零。求电感 L_1、L_2 和电容 C_2 两端的电压 u_0。

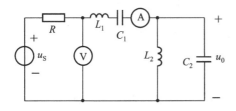

图题 6-13　　　　　　　　　　图题 6-14

6-14 图题 6-14 所示电路中，$u_S(t) = [100 + 180\cos\omega_1 t + 50\cos2\omega_1 t]$V，$\omega_1 L_1 = 90$ Ω，$\omega_1 L_2 = 30$ Ω，$\dfrac{1}{\omega_1 C} = 120$ Ω。

求：(1) 稳态时的 $u_R(t)$ 和 $i_1(t)$；(2) 电源 u_S 发出的平均功率。

6-15 图题 6-15 所示电路，已知 $u(t) = 100 + u_1(t)$V，其中 $u_1(t)$ 为正弦电压，其相量 $\dot{U}_1 = 60 + j120$ V，角频率 $\omega = 1000$ rad/s。求功率表的读数。

6-16 图题 6-16 所示电路，已知直流源 $I_S = 4$ A，正弦电压源 $u_S = 10\sqrt{2}\cos(t + 30°)$V。求：(1) 电流 i 及其有效值 I；(2) 电路消耗的有功功率。

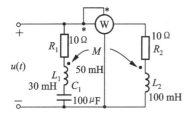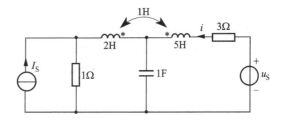

图题 6-15　　　　　　　　　　图题 6-16

6-17 图题 6-17 所示电路中，$u(t) = U_0 + U_{1m}\cos\omega t + U_{3m}\cos3\omega t$ V，已知 $\omega L_1 = \omega L_2 = 1/(\omega C_2) = 20$ Ω，$1/(\omega C_1) = 180$ Ω，$R_1 = 30$ Ω，$R_2 = 10$ Ω，电流表Ⓐ₁、Ⓐ₂的读数均为 4 A，电压表Ⓥ读数为 225 V，求 U_0、U_{1m}、U_{3m}（电表指示为有效值）。

6-18 图题 6-18 所示电路，已知 $u = 6 + 100\sqrt{2}\cos1000t + 30\sqrt{2}\cos2000t$ V，求 7.5 Ω 的电阻 R 吸收的功率？

6-19 图题 6-19 所示网络中，已知 $\omega L_1 = 0.75$ Ω，$\omega L_2 = 6$ Ω，$\dfrac{1}{\omega C} = 6$ Ω，$u_S(t) = (10 + 100\sqrt{2}\cos\omega t + 10\sqrt{2}\cos3\omega t)$ V，$\boldsymbol{T} = \begin{bmatrix} 2.5 & 55 \ \Omega \\ 0.05 \ \text{S} & 1.5 \end{bmatrix}$，求 $i(t)$ 及其有效值 I。

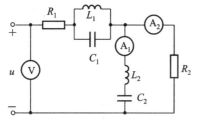

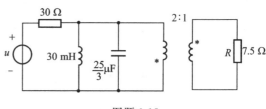

图题 6-17   图题 6-18

6-20 图题 6-20 所示电路,已知 $u_S(t)=6+10\sqrt{2}\cos(100t+45°)$ V。

(1) 写出二端网络 N 的 T 参数($\omega=100$ rad/s);

(2) 求 $u_C(t)$ 及其有效值 U_C。

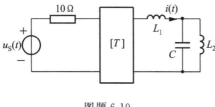

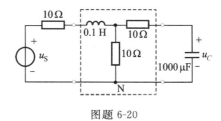

图题 6-19   图题 6-20

6-21 图题 6-21 所示网络 N 的阻抗参数矩阵 $\boldsymbol{Z}=\begin{bmatrix} 4 & 3 \\ 3 & 3 \end{bmatrix}\Omega$,电源 $u_S=(2+22\cos\omega t)$ V。

求:(1) 电流 $i(t)$;(2) 4 Ω 电阻消耗的平均功率;(3) 电源发出的平均功率。

6-22 对称三相发电机的 A 相电势为

$$e_A = 141\cos\omega t + 42.5\cos3\omega t + 5\cos5\omega t \text{ V}$$

供给三相四线制的负载如图题 6-22 所示。基波阻抗为 $Z=4+j4.8\Omega$,$Z_N=j1$ Ω,$Z_l=0.5+j0.5$ Ω。求负载的相电流及中线电流的瞬时表达式。

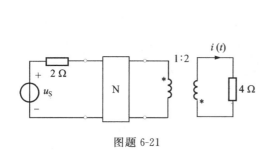

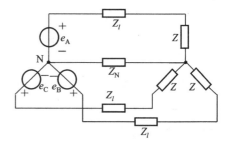

图题 6-21   图题 6-22

6-23 图题 6-23 所示为三相变压器的副线圈,设 A 相电势为

$$e_A = 310\cos\omega t + 48\cos3\omega t + 36\cos5\omega t \text{ V}$$

(1) 如图题 6-23(a)所示,副线圈接成三角形,求电压表的读数;

（2）如图题 6-23(b)所示，副线圈接成开口三角形，并接入开关 S，求开关 S 断开与接通时电压表的读数；

（3）如图题 6-23(c)副线圈接成丫形，求电压表 V_1 和 V_2 的读数。

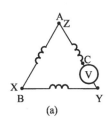 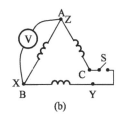 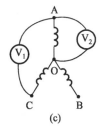

图题 6-23

第 7 章

非线性电路

前面各章讨论的是线性元件及独立源构成的线性电路,线性元件的电气特性曲线是一条通过原点的直线。本章研究含有非线性元件的电路——**非线性电路**(**nonlinear circuit**)。

严格地说,实际电路元件都是非线性的,但对于很多非线性较微弱的元件,在一定的工作范围内将其作为线性元件处理不会产生明显的误差。然而对具有显著非线性特性的元件,如作为线性元件来处理就无法解释所发生的现象,且由于误差太大致使分析结果无效,故必须另作考虑。目前电工技术中出现的众多新器件大多是属于非线性的,因而非线性电路的研究也越来越显得重要。

本章将对非线性元件及非线性电路常用分析方法作一基本介绍。

7.1 非线性元件

本节主要介绍非线性电阻元件、非线性电容元件和非线性电感元件。此外,某些非线性元件在特定工作区间内起到开关的作用,称为开关元件,本节介绍电路中常用的几种开关元件。

7.1.1 非线性电阻元件

非线性电阻元件的伏安关系不满足欧姆定律,而遵循某种特定的非线性函数关系,一般来说,可用下列函数式来表示

$$u = f(i) \tag{7-1}$$

或

$$i = g(u) \tag{7-2}$$

其电路符号如图 7-1(a)所示。

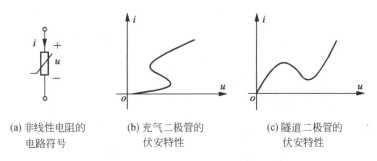

(a) 非线性电阻的 　　(b) 充气二极管的 　　(c) 隧道二极管的
　　电路符号 　　　　　　伏安特性 　　　　　　伏安特性

图 7-1 　非线性元件符号和伏安特性

对于式(7-1)来说,电阻元件的端电压是其电流的单值函数,对于同一电压,电流可能是多值的。例如图 7-1(b)所示某充气二极管的伏安特性,此种元件称为**电流控制型非线性电阻**(**current-controlled nonlinear resistance**)。

对于式(7-2)来说,元件中的电流是其端电压的单值函数,对于同一电流,电压可能是多值的,这种元件称为**电压控制型非线性电阻**(**voltage-controlled nonlinear resistance**)。

例如隧道二极管就是压控电阻元件,其伏安特性如图 7-1(c)所示。

另一种非线性电阻属于单调型,其伏安特性是单调增长或单调下降的,它既是电流控又是电压控。典型的实例是 P-N 结二极管,二极管的电路符号如图 7-2(a)所示,其伏安特性如图 7-2(b)所示。二极管伏安特性将在 7.1.4 节中详细介绍。

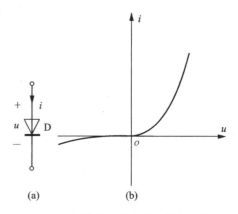

从图 7-2(b)所示的伏安特性曲线看出,当二极管的端电压方向如图 7-2(a)所示时,伏安特性为第一象限的曲线,而当外加电压反向时,电流很小,如第三象限的曲线所示。说明施加于二极管的电压方向不同时,流过它的电流完全不同。故称这种非线性元件具有**单向性**

图 7-2 二极管的电路符号及其伏安特性

(**unilateral**)。如果电流、电压关系与方向无关,即伏安特性曲线对称于原点,则称为**双向性**(**bilateral**)元件。双向性元件接入电路时,两个端子互换不会影响电路工作,而互换单向性元件的两个端子就会产生完全不同的结果,所以两个端子必须明确区分,不能接错。

非线性电阻的伏安特性不是一条通过原点的直线,特性曲线上每一点的电压与电流的比值不同,且由于电压变化引起的电流变化也不同。为说明元件某一点的工作特性,有时引用**静态电阻**(**static resistance**)R 和**动态电阻**(**dynamic resistance**)R_d 的概念,它们的定义分别为

$$R \triangleq \frac{u}{i}$$
$$R_d \triangleq \frac{\mathrm{d}u}{\mathrm{d}i}$$

(7-3)

显然静态电阻 R 与动态电阻 R_d 一般都是电压 u 或电流 i 的函数。对于图 7-1(b)、(c)的特性均有一个下倾段。在这段范围内,电流随电压的增加而下降,其动态电阻为负值。因而工作在这段范围内的元件具有"负电阻"的性质。

例 7-1 设有一个非线性电阻,其伏安特性为 $u = f(i) = 100i + i^3$。

(1) 试分别求出 $i_1 = 2\mathrm{A}$、$i_2 = 2\sin 314\,t\mathrm{A}$ 和 $i_3 = 10\ \mathrm{A}$ 时的对应电压 u_1、u_2 和 u_3 的值;

(2) 若 $i = i_1 + i_2$,试问 u 是否等于 $(u_1 + u_2)$;

(3) 如果忽略式中 i^3,即把此电阻作为 $100\ \Omega$ 的线性电阻,当 $i = 10\ \mathrm{mA}$ 时,由此产生的误差为多大?

解 (1) 当 $i_1 = 2\ \mathrm{A}$ 时

$$u_1 = 100 \times 2 + 2^3 = 208\ \mathrm{V}$$

当 $i_2 = 2\sin 314t\ \mathrm{A}$ 时

$$u_2 = 100 \times 2\sin 314t + 8\sin^3 314t$$

利用三角恒等式 $\sin 3\theta = 3\sin\theta - 4\sin^3\theta$ 得

$$u_2 = 200\sin 314t + 6\sin 314t - 2\sin 942t$$
$$= 206\sin 314t - 2\sin 942t \text{ V}$$

当 $i_S = 10$ A 时

$$u_3 = 100 \times 10 + 10^3 = 2000 \text{ V}$$

(2) 若 $i = i_1 + i_2$

$$u = 100(i_1 + i_2) + (i_1 + i_2)^3$$
$$= 100(i_1 + i_2) + (i_1^3 + i_2^3) + 3i_1 i_2(i_1 + i_2)$$
$$= u_1 + u_2 + 3i_1 i_2(i_1 + i_2)$$

所以 $\qquad\qquad u \neq u_1 + u_2$

(3) 当 $i = 10$ mA 时

$$u = 100 \times 10^{-2} + (10^{-2})^3 = 1 + 10^{-6} \text{ V}$$

如忽略 i^3 项，$u = 100 \times 10^{-2} = 1$ V。因此，所产生的误差为 10^{-6} V，即 0.0001%。

由以上分析可以看到非线性电阻的一些特点，例如叠加定理不再适用，利用非线性电阻可以产生不同于激励的新的频率分量，当输入信号很小时，把非线性电阻作为线性电阻处理所产生的误差不大。

7.1.2　非线性电容元件

电容元件的电气特性是用其库伏特性曲线来表示的。线性电容的库伏特性 $q = Cu$，在 $q \sim u$ 平面上是一条通过原点的直线。而非线性电容元件的库伏特性一般可用以下函数式表示

$$q = f(u)$$
$$u = h(q)$$

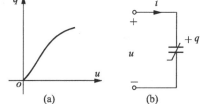

或用 $q \sim u$ 平面上的一条曲线来表示，例如图 7-3(a)，其电路符号如图 7-3(b)所示。

图 7-3　非线性电容的库伏特性及电路符号

根据库伏特性，非线性电容可分为荷控型、压控型及单调型。

为了计算需要，有时引用 **静态电容**（**static capacitor**）C 和**动态电容**（**dynamic capacitor**）C_d 的概念。它们的定义为

$$C \triangleq \frac{q}{u}, \quad C_d \triangleq \frac{\mathrm{d}q}{\mathrm{d}u} \qquad\qquad (7\text{-}4)$$

7.1.3　非线性电感元件

电感元件的电气特性是用磁通链与电流的关系，即韦安特性来表征的，线性电感元件的韦安特性 $\psi = Li$，是 $\psi \sim i$ 平面上的一条通过原点的直线。如果电感元件的韦安特性

不是一条通过原点的直线[例如图 7-4(a)],则称为非线性电感元件,其电感符号如图 7-4(b)所示。

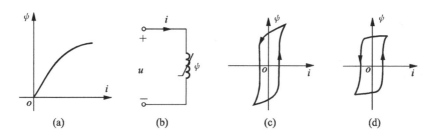

图 7-4 非线性电感的电路符号及其韦安特性

非线性电感的韦安特性一般亦用下列函数关系表示

$$i = h(\psi)$$
$$\psi = f(i)$$

为计算方便,有时也引用**静态电感**(static inductance)L 与**动态电感**(dynamic inductance)L_d 的概念,它们的定义为

$$L \triangleq \frac{\psi}{i}, \quad L_d \triangleq \frac{\mathrm{d}\psi}{\mathrm{d}i} \tag{7-5}$$

根据其磁链与电流的关系(韦安特性)的不同,电感元件可分为磁控型、流控型及单调型。不过实际上大多数非线性电感器是具有铁心的线圈,由于铁磁材料的磁滞现象,其 $\psi \sim i$ 特性曲线具有回线的形状,这种电感既非流控又非磁控。图 7-4(c)表示一般铁心线圈的 $\psi \sim i$ 特性曲线,图 7-4(d)表示具有矩形磁滞回线的材料制成的铁心线圈的韦安特性曲线。

7.1.4　开关器件

若非线性伏安特性曲线中某一段与电压轴或电流轴非常接近,则与电流轴接近的一段,元件上电压近似为零,相当于短路,与电压轴接近的一段,元件上电流近似为零,相当于开路。在这个过程中,元件在电路中起的作用与开关相似,称之为**开关元件**(switching element)。电路中常用的开关元件有二极管、晶体管等电子元件。

1. 二极管

二极管(diode)是一种具有两个电极的装置,只允许电流由单一方向流过,在 $u \sim i$ 平面上绘制的典型二极管特性曲线如图 7-5(a)所示。

当二极管电压超过开启电压 U_{on} 时,电流开始按指数规律增大,二极管呈现正向导通特性。当端电压小于零时,二极管呈现反向截止特性,I_S 称为反向饱和电流,数值非常小。当反向电压超过 U_{BR}(U_{BR} 为反向击穿电压)时,出现击穿现象,同时电流倍增。根据特性曲线,可定义二极管的四个工作区,分别为:导通区($u > U_{on}$)、死区($0 < u < U_{on}$)、截

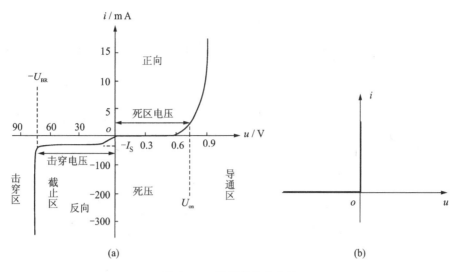

图 7-5 二极管的特性曲线

止区（$-U_{BR} < u < 0$）和击穿区。二极管用于开关作用时，主要使用前三个工作区。而在电路分析时，为简便起见往往用**理想二极管**（ideal diode）代替。理想二极管仅考虑其正向导通和反向截止特性，忽略其他参数，其特性曲线如图 7-5(b)所示，伏安关系可以表示为

$$\begin{cases} u = 0, & \text{当 } i > 0 \text{ 时} \\ i = 0, & \text{当 } u < 0 \text{ 时} \end{cases} \tag{7-6}$$

式(7-6)表示当二极管加正向电压时，二极管瞬间导通，电压箝位到零，相当于短路，工作特性可以看作是开关闭合状态；当二极管加反向电压时，二极管瞬间截止，电流为零，相当于开路，工作特性可以看作开关打开状态。当二极管电压、电流参考方向与图 7-2(a)所示的情况不同时，二极管伏安特性曲线出现在 $u \sim i$ 平面上的其他象限。

2. 晶体管

在 1.3.6 节流控受控源元件模型中已介绍过晶体三极管。图 7-6(a)是一种共射极连接电路，图 7-6(b)给出了晶体管在不同的基极电流 i_b 下的集电极和发射极之间电压 u_{ce} 与集电极电流 i_c 间的关系曲线，称为三极管的输出特性曲线。

从图 7-6(b)可知，当晶体管饱和时，$u_{ce} \approx 0$，发射极与集电极之间如同一个开关的接通，其间电阻很小；当晶体管截止时，$i_c \approx 0$，发射极与集电极之间如同一个开关的断开，其间电阻很大，此时晶体管也看作开关元件。

3. 场效应管

场效应管（MOSFET）也在 1.3.6 节中介绍过其压控源模型，图 7-7(a)是其共源极连接电路，图 7-7(b)为相应的输出特性曲线。MOS 管是一种电压控制电流型器件，即随着栅源电压 u_{gs} 取值的不同，其 d、s 极间呈现不同的特性，当 MOS 管输入电压 u_i 小

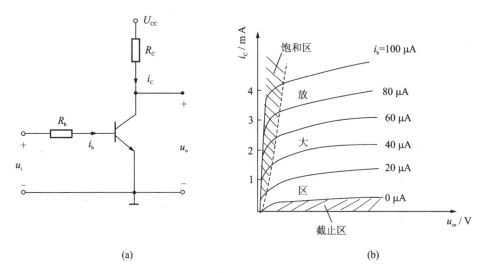

(a)   (b)

图 7-6 晶体管的三种工作状态

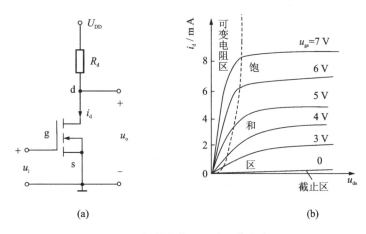

(a)   (b)

图 7-7 场效应管的三种工作状态

于其开启电压时,其处于截止状态,$i_d \approx 0$,栅极与源极之间如同一个开关的断开;当输入电压大于开启电压时,i_d 很快达到稳定值,MOS 管工作在饱和区,当输入电压继续增加,i_d 增加,但 u_{ds} 随之下降,MOS 管工作在可变电阻区,从特性曲线中看到,在可变电阻区,当 u_{gs} 一定时,特性曲线近似是一条过零的直线,d、s 间可近似等效为线性电阻,而且 u_{gs} 越大,特性曲线斜率越大,相应等效电阻越小,当 u_{gs} 取值足够大时,等效电阻远远小于 R_d,近似看作为零,栅极与源极间相当于短路,如同一个开关的接通。与晶体管类似,分别工作于截止区或可变电阻区的场效应管可看作一种可控的开关元件。

此外,MOS 管工作于饱和区时,则实现类似于晶体管工作于放大区的信号放大功能,组成各种放大电路,将在后续有关课程作详细介绍,这里不再赘述。

7.2　非线性电阻的串联和并联

非线性电阻的串、并联分析在原则上与线性电阻相仿。图 7-8 所示为两个非线性电阻的串联电路,按 KCL 和 KVL,有

$$i = i_1 = i_2$$
$$u = u_1 + u_2$$

设两个非线性电阻均为流控型,其伏安特性可分别表示为

$$u_1 = f_1(i_1)$$
$$u_2 = f_2(i_2)$$

如果将串联电路当作一端口网络,则端口的伏安特性(VAR)称为此端口的驱动点特性,可表示为

$$u = f(i) = f_1(i) + f_2(i) \tag{7-7}$$

或者说,该一端口网络等效于一个流控的非线性电阻,其伏安特性为式(7-7)。

两个非线性电阻的并联如图 7-9 所示。设两电阻均为压控型,其伏安特性为

$$i_1 = g_1(u_1), \quad i_2 = g_2(u_2)$$

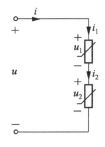

图 7-8　非线性电阻串联

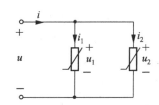

图 7-9　非线性电阻并联

按 KVL 和 KCL,有

$$u = u_1 = u_2$$
$$i = i_1 + i_2$$

所以两个压控的非线性电阻并联组成的一端口网络等效于一个压控的非线性电阻,该电阻的伏安特性为

$$i = g(u) = g_1(u) + g_2(u) \tag{7-8}$$

非线性电阻的伏安特性常用 $u \sim i$ 平面上的曲线表示,因而串、并联后等效元件的伏安特性常常在 $u \sim i$ 平面上用图解法来求得。如果两个电阻中一个是流控型一个是压控型,则无法写出如式(7-7)或式(7-8)的解析形式,然而用图解法就不难获得等效非线性电阻的伏安特性。

图 7-10(a)为线性电阻 R_1 与非线性电阻 R_2 串联,两元件的 VAR 如图 7-10(b)中曲

线 1 与曲线 2。在同一电流下,将两元件的电压相加,便可得到串联后等效电阻的伏安特性,即 ab 端的驱动点特性,如图 7-10(b)中曲线 3。

图 7-11(a)为线性电阻 R_1 与压控非线性电阻 R_2 并联,两元件 VAR 为图 7-11(b)中的曲线 1 和曲线 2,将两曲线的电流坐标相加,即可得出 ab 端的驱动点特性,如图 7-11(b)中曲线 3。

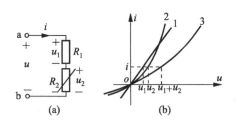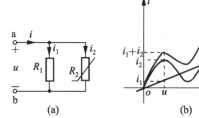

图 7-10　线性电阻与非线性电阻串联　　图 7-11　线性电阻与非线性电阻并联

以上图解方法可用于 m 个非线性电阻的串联或并联,其中也可以含线性电阻或独立电源。对混联电路,则与线性电阻电路类似,逐步按串、并联进行,只是图解法工作量更大而已。

例 7-2　如图 7-12(a)所示为线性电阻 R、理想二极管 D 和电压源 E 三者串联。试绘出该电路的伏安特性曲线。

解　先分别画出三个元件的伏安特性曲线,如图 7-12(b)所示。曲线 1、曲线 3 为线性电阻和电压源的伏安特性,曲线 2 是理想二极管的伏安特性,理想二极管在正向导通时相当于短路,即 $i>0$ 时 $u=0$,对应于曲线 2 的垂直部分,在加反向电压时理想二极管相当于开路,即 $u<0$ 时 $i=0$,对应曲线的水平部分。由于串联后的总电流就是二极管 D 中的电流,故总电流 i 必须大于或等于零。在 $i\geqslant0$ 的范围内将三条曲线的横坐标相加,就得出该串联电路的伏安特性,如图 7-12(c)所示。当 $u<E$ 时,$i=0$(因为此时二极管两端电压小于零)。

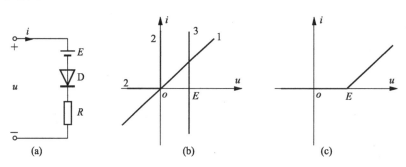

图 7-12　例 7-2 图

此例题还可以通过分析电路得到结果,影响整个电路伏安关系是二极管的开关特性,所以先将二极管断开,令其端口电压 u_D,方向上正下负,则为 $u_D=u-E$,当 $u_D>0$,即 $u>E$ 时,二极管导通,二极管相当于短路,此时,$u=E+Ri$,所以在 $u\sim i$ 平面上 $u>E$ 的区域画出伏安特性曲线如图 7-12(c)所示的斜线部分;当 $u_D<0$,即 $u<E$ 时,二极管处于

截止状态,整个电路电流 i 都为零,所以在 $u\sim i$ 平面上 $u<E$ 的区域,画出 $i=0$ 的直线,即 u 轴的一部分,如图 7-12(c)所示。

例 7-3 图 7-13 所示电路中,R 为线性电阻,D 为理想二极管,试分析电路输入 u_i 为正弦波形如图 7-14(a)所示时,输出电压 u_o 的波形。

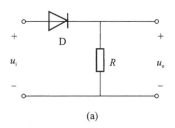 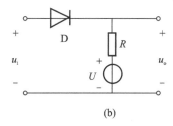

(a)   (b)

图 7-13   例 7-3 图

解   此题分析方法同例 7-2,应用二极管的开关特性,分别画出图 7-13 输出电压 u_o 的波形如图 7-14(b)、(c)所示。

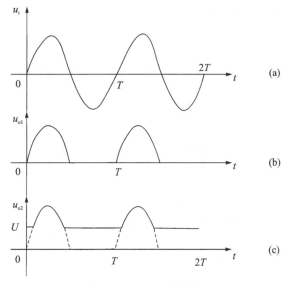

图 7-14 u_i、u_o 的波形

图 7-13(b)电路称为限幅电路或箝位电路,本例也可据 7.3 节的 DP 图法完成,请读者自行完成。

7.3   非线性电阻电路的解析法和图解法

7.3.1   解析法

如果非线性电阻元件的电压电流函数关系能用解析式精确表达,则能根据 KCL、KVL 和元件的 VAR 对电路列出简单的方程,从而解出结果。

例 7-4　在图 7-15 所示电路中,若非线性电阻的伏安关系为

$$i = u + 0.13u^2$$

试求电流 i。

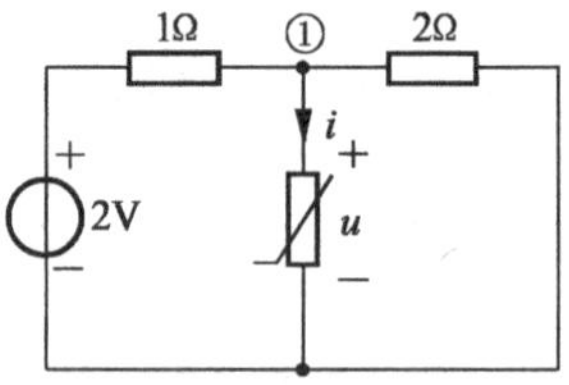

解　在节点①处运用 KCL,得

$$\frac{u-2}{1} + \frac{u}{2} + i = 0$$

图 7-15　例 7-4 图

将 $i = u + 0.13u^2$ 代入上式得

$$0.13u^2 + 2.5u - 2 = 0$$

所以

$$u = \frac{-2.5 \pm \sqrt{6.25 + 1.04}}{0.26} = \begin{cases} 0.769 \text{ V} \\ -20 \text{ V} \end{cases}$$

$$i = \begin{cases} 0.846 \text{ A} \\ 32 \text{ A} \end{cases}$$

本题也可用戴维南定理、回路法等方法求解。

7.3.2　图解法

1. 曲线相交法

对一个非线性电阻电路,如图 7-16(a)所示,通常可将含非线性电阻元件的二端网络用串并联方法等效为一个非线性电阻元件,而将其余不含非线性元件的部分用一个戴维南等效电路来代替,如图 7-16(b)所示。

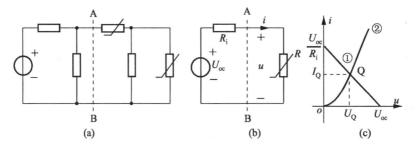

图 7-16　含非线性电阻电路图解法

设图 7-16(b)中等效非线性电阻 R 的伏安特性可表示为

$$i = g(u) \tag{7-9}$$

此电路的 KVL 方程为

$$U_{oc} = R_i i + u$$

或

$$u = U_{oc} - R_i i \tag{7-10}$$

式(7-10)就是图 7-16 中虚线 AB 左端的含源一端口的伏安特性,在 u-i 平面上表示为一

条直线,因为

$$i = 0, \quad u = U_{oc}$$
$$u = 0, \quad i = U_{oc}/R_i$$

这样就确定了该直线与 u、i 轴的两个交点。如图 7-16(c)中的直线①,该直线的斜率为 $-\dfrac{1}{R_i}$,在电子电路中,直流电压源通常表示偏置电压,而 R_i 表示负载,所以由式(7-10)确定的直线称为直流负载线,或称**静态负载线**(**static load line**)。曲线②为等效非线性电阻的伏安特性,与式(7-9)对应。

图 7-16(c)中两曲线的交点 $Q(U_Q, I_Q)$ 同时满足式(7-9)和式(7-10),它就是电路的直流工作点,或称**静态工作点**(**quiescent point**)。电路工作点亦可由求解联立方程式(7-9)和式(7-10)而得出。

求出电流 I_Q 和电压 U_Q 后,若要求图 7-16(a)虚线左端含源一端口网络内各支路电流或电压,可应用第 2、3 章中所述的方法;至于非线性一端口网络内各支路电流、电压,可根据各元件的伏安特性及 KCL、KVL 逐个求得。

2. DP 图法和 TC 图法

如给定输入信号的波形(或时间函数),欲求输出(响应)的波形,通常需要先求出输出量与输入量的关系曲线。当输出、输入为同一端口的电压和电流时,此曲线即为该一端口网络等效电阻的伏安特性曲线,称为该端口的驱点特性曲线(简称 DP 图)。如输入与输出是不同端口的电压或电流,其关系曲线称为转移特性曲线(简称 TC 图)。根据输入量与输出量是电压或是电流的不同,转移特性有四种,即 $u_o \sim u_i$ 曲线,$u_o \sim i_i$ 曲线,$i_o \sim u_i$ 曲线及 $i_o \sim i_i$ 曲线。

一端口网络的驱点特性曲线一般可用非线性电阻串、并联的图解法求得。当已知一端口的驱点特性(DP 图)和激励波形时,则响应波形可用图解法求出。如图 7-17(a)的一端口网络具有图 7-17(b)的 DP 图,当正弦电压作用时,先按图 7-17(c)画出激励 u 的波形,图中将激励电压的 u 轴与 DP 图的 u 轴平行,原点及坐标均对齐,画出 $t \sim t$ 角分线如图 7-17(d)所示,图中一个 t 轴与图(c)中 t 轴平行,则起点相同,另一个 t 轴与之垂直。就可方便地由电压波形上的一点通过 DP 图找出该时刻相应的电流值,如图中虚线所示,

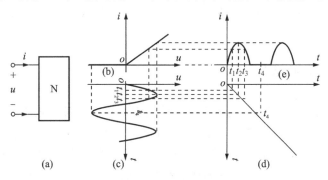

图 7-17 非线性电路的 DP 图解法

从而在图 7-17(e)中画出响应电流的波形。

求网络转移特性(TC 图)的图解法以图 7-18 的电路为例来说明,图中输入电压为 u_i,输出电压为 u_o。若非线性电阻 R_1、R_2 的伏安特性如图 7-19(a)和(b)所示。先用图解法求得两非线性电阻串联后的特性曲线,如图 7-19(c)。由于 $u_2=u_o$,$i_1=i_2=i$,所以只要利用图 7-19(b)与(c),消去变量 i,即可得出 $u_o \sim u_i$ 曲线。

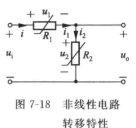

图 7-18　非线性电路转移特性

为了消去变量 i,在图 7-19(b)下方图(d)的 $u_o \sim u_o$ 坐标平面上作一根通过原点的 45°反照线;在图 7-19(c)下方图(e)中作转移特性($u_o \sim u_i$)曲线。注意图与图之间坐标轴刻度必须对准。在图 7-19(b)、(c)中对同一个 i 值,可找出对应的 u_i 与 u_o 值,经 45°反照线可得出 $u_o \sim u_i$ 曲线上的一个点。

具体做法是:对应图 7-19(e)的横坐标轴上某一电压 u_{i1},作垂线向上交于图(c)$u_i \sim i$ 曲线的 a 点,从 a 点向左作一水平线交图(b)$u_o \sim i$ 曲线于 b 点,再从 b 点作垂线向下交图(d)45°线于 c 点,然后由 c 点向右作水平线交图(e)纵坐标轴得 u_{o1},则由坐标(u_{i1},u_{o1})确定的 d 点就是待求 $u_o \sim u_i$ 曲线上的一个点。取若干不同的 u_i 值重复以上步骤,可以得出 $u_o \sim u_i$ 曲线上的若干点,连接所有的点就得出了要求的转移特性曲线。

当已知一个非线性二端口的转移特性后,则对给定的激励,可用图解法求出其响应。例如:已知某二端口网络的转移特性($u_o \sim u_i$)曲线如图 7-20(a)所示,当激励 u_i 为三角波时,响应 u_o 的波形用图解法可得出,如图 7-20(d)所示。

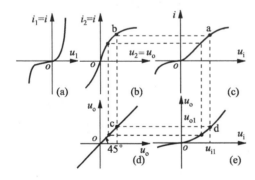

图 7-19　非线性电路的 TC 图

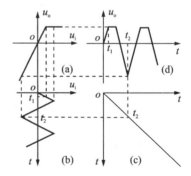

图 7-20　非线性电路的 TC 图解法

7.4　分段线性化法

分段线性化法又称折线法,是研究非线性电阻电路的一种有效方法。其特点在于能把非线性电路的求解过程分成几个线性区段来进行,因而可应用线性电路的分析方法。

非线性电阻的伏安特性曲线可粗略地用一些直线段来逼近。例如图 7-21(a)所示的二极管伏安特性,可用图 7-21(b)所示的折线来近似。当二极管加正向电压($u>0$)时,它相当于一个线性电阻;当电压反向($u<0$)时,它相当于开路。

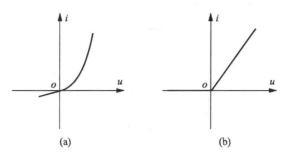

图 7-21 非线性电阻伏安特性的折线表示

　　为说明用分段线性化法求解非线性电阻电路的过程,先研究只含一个非线性电阻的简单电路,如图 7-22(a)所示。图中非线性电阻的伏安特性可用图 7-22(b)的折线表示。折线由三段直线构成,对于每一段直线,非线性电阻可用一个戴维南等效电路(或诺顿电路)来替换。根据该段直线的斜率及延长后在 u 轴上的截距可确定等效电路的参数 R_K 及 U_K。为计算方便,对应每段直线的参数及定义区域 $D_K(u)$、$D_K(i)$ 列表如表 7-1 所示。

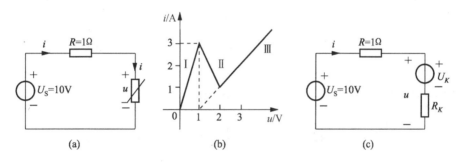

图 7-22 含一个非线性电阻电路的分段线性化解法

表 7-1 各线段参数

K	R_K	U_K	$D_K(u)$	$D_K(i)$
1	1/3	0	$(0,1]$	$(0,3]$
2	-0.5	2.5	$[1,2]$	$[1,3]$
3	1	1	$[2,\infty)$	$[1,\infty)$

　　非线性电阻用戴维南等效支路替换后,原电路变为图 7-22(c)的线性电阻电路。其 KVL 方程为

$$Ri + R_K i + U_K = U_\mathrm{S}$$

可得电流
$$i = \frac{U_\mathrm{S} - U_K}{R + R_K} \tag{7-11}$$

及电压
$$u = U_K + iR_K$$

　　如果事先不知道非线性电阻工作在哪一直线段上,就必须对每一段进行分析,求解三个结构相同而参数不同的线性电路。现将相应各直线段的等效电路参数分别代入式(7-11),得

线段 Ⅰ

$$i_1 = \frac{10}{1 + 1/3} = 7.5 \text{ A}$$

$$u_1 = 7.5 \times \frac{1}{3} = 2.5 \text{ V}$$

线段 Ⅱ

$$i_2 = \frac{10 - 2.5}{1 - 0.5} = 15 \text{ A}$$

$$u_2 = 2.5 - 0.5 \times 15 = -5 \text{ V}$$

线段 Ⅲ

$$i_3 = \frac{10 - 1}{1 + 1} = 4.5 \text{ A}$$

$$u_3 = 1 + 1 \times 4.5 = 5.5 \text{ V}$$

分析以上计算结果可知,u_1 及 u_2 的值并不在线段 Ⅰ 及 Ⅱ 对应的定义区域内,故结果无效,只有 u_3、i_3 在线段 Ⅲ 的定义区域内,所以 u_3、i_3 就是要求的解答。

下面举例说明应用分段线性化方法分析具有多个非线性电阻的电路的计算过程。如图 7-23 所示的非线性电阻电路,其中非线性电阻 R_1、R_2 的伏安特性可用折线近似,如图 7-24(a)、(b)所示。

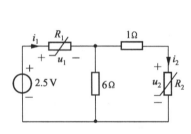

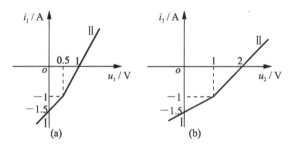

图 7-23　含两个非线性电阻电路　　　　图 7-24　非线性电阻 R_1、R_2 的伏安特性

在求电流 i_1 及 i_2 时,同样先求出两非线性电阻特性曲线各直线段对应的等效电路参数和定义区域,并列出表 7-2 和表 7-3。

表 7-2　非线性电阻 R_1 的参数

K	R_{1K}	U_{1K}	$D_{1K}(u)$	$D_{1K}(i)$
1	1	1.5	$(-\infty, 0.5]$	$(-\infty, -1]$
2	0.5	1	$[0.5, \infty)$	$[-1, \infty)$

表 7-3　非线性电阻 R_2 的参数

K	R_{2K}	U_{2K}	$D_{2K}(u)$	$D_{2K}(i)$
1	2	3	$(-\infty, 1]$	$(-\infty, -1]$
2	1	2	$[1, \infty)$	$[-1, \infty)$

原电路中的非线性电阻用戴维南等效电路
替换后,变为图 7-25 所示的线性电阻电路。可
用网孔法进行分析。其网孔方程为

$$(6+R_{1K})i_1 - 6i_2 = 2.5 - U_{1K}$$
$$-6i_1 + (7+R_{2K})i_2 = -U_{2K}$$

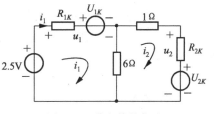

图 7-25　分段线性化法

由以上方程可解得

$$\left.\begin{aligned} i_1 &= \frac{2.5(7+R_{2K}) - (7+R_{2K})U_{1K} - 6U_{2K}}{(6+R_{1K})(7+R_{2K}) - 36} \\ i_2 &= \frac{15 - 6U_{1K} - (6+R_{1K})U_{2K}}{(6+R_{1K})(7+R_{2K}) - 36} \end{aligned}\right\} \tag{7-12}$$

由于 i_1、i_2 的解可能在 R_1、R_2 特性的不同线段上,每个元件都有两个直线段,对应的
有两个戴维南等效电路,因此戴维南等效电路(结构相同而参数不同)共有 $2\times2=4$ 种组
合。一般来说,必须对这四种组合逐一进行计算。为简单起见,将 R_1 的线段 K_1 和 R_2 的
线段 K_2 的组合表示为组合 (K_1,K_2)。

现设 R_1 及 R_2 均工作在直线段 Ⅰ 上,对应两元件的等效电路参数为:$R_{11}=1\ \Omega$,
$U_{11}=1.5\ \mathrm{V}$; $R_{21}=2\ \Omega$,$U_{21}=3\mathrm{V}$。代入式(7-12)得组合(1,1)的计算结果为

$$i_1 = -\frac{1}{3}\ \mathrm{A}$$

$$i_2 = -\frac{5}{9}\ \mathrm{A}$$

不难看出,以上 i_1 及 i_2 之值都超出了 R_1 及 R_2 特性曲线段 Ⅰ 的定义区域,故此结果
无效。

对组合(1,2),将相应参数代入式(7-12),算得

$$i_1 = -\frac{1}{5}\ \mathrm{A}$$

此时 i_1 的值已在定义区域 $D_{11}(i)$ 之外而无效,故不必再计算其他值。

对组合(2,1),可算得 $\qquad i_1 = -\frac{1}{5}\ \mathrm{A}$

$$i_2 = -\frac{7}{15}\ \mathrm{A}$$

此时,因 i_2 的值在定义区域 $D_{21}(i)$ 之外,故计算结果亦无效。

对组合(2,2),可得 $\qquad i_1 = 0$

$$i_2 = -\frac{1}{4}\ \mathrm{A}$$

此时 i_1、i_2 均在相应的定义区域内,故计算结果有效,该结果就是图 7-23 电路中的电流 i_1
及 i_2。

由已知电流值,根据图 7-24(a)、(b)的伏安特性即可求得两个非线性电阻的电压为

$$u_1 = 1\ \mathrm{V}, \quad u_2 = 1.75\ \mathrm{V}$$

若电路中有 n 个非线性电阻,每个非线性电阻的伏安特性用 $m_i(i=1,2,\cdots,k)$ 段直

线来近似,则与该电路相对应的线性电路有 $N=m_1 m_2 \cdots m_k$ 个,一般来说,要对这 N 个电路进行计算,在求出的解答中挑选合理的作为原电路的解。顺便指出,目前已有减小组合数 N 的算法。

7.5 小信号分析法

小信号分析法是电子工程中很有用的一种分析方法。在有些电子电路中,交变信号的幅度相当小,此时非线性电阻工作点邻域的特性曲线可用该工作点的切线来近似。这样,非线性电阻可用一线性电阻来代替,因而可用线性电路的分析方法求解。现以图 7-26(a)所示电路为例来阐明小信号分析法的基本概念。

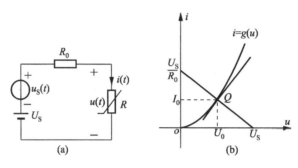

图 7-26　小信号分析法

在图 7-26(a)中,非线性电阻 R 的伏安特性如图 7-26(b)所示,或用函数式表示为

$$i = g(u) \tag{7-13}$$

R_0 是线性电阻;U_S 是直流电压源,实际电路中称为偏置电源;$u_S(t)$ 是交变电源,相当于实际电路中的输入信号。信号 $u_S(t)$ 的幅值比直流电源 U_S 要小得多,任何时刻均有 $|u_S(t)| \ll U_S$。

电路的 KVL 方程为

$$U_S + u_S(t) = R_0 i(t) + u(t) \tag{7-14}$$

先假设 $u_S(t)=0$,电路中只有直流电源作用时,按式(7-13)及式(7-14),非线性电阻的电压 U_0 及电流 I_0 应满足

$$U_S = R_0 I_0 + U_0 \tag{7-15}$$

$$I_0 = g(U_0) \tag{7-16}$$

应用图解法求得非线性电阻的特性曲线和负载线的交点,即非线性电阻的直流工作点 (U_0, I_0),亦称为静态工作点,如图 7-26(b)所示。

如果 $u_S(t) \neq 0$,则 $u(t)$、$i(t)$ 必定在工作点 (U_0, I_0) 附近变动,因而可表示为

$$u(t) = U_0 + u_1(t)$$

$$i(t) = I_0 + i_1(t)$$

将以上两式代入式(7-14),得 KVL 方程为

$$U_S + u_S(t) = R_0 [I_0 + i_1(t)] + [U_0 + u_1(t)] \tag{7-17}$$

$u_1(t)$ 及 $i_1(t)$ 可看成是在工作点 (U_0,I_0) 附近的扰动,这个扰动是由小信号电源引起的小信号响应。在 (U_0,I_0) 点附近,非线性元件的特性曲线可用该点的切线来近似。所以对于 $u_1(t)$、$i_1(t)$ 来说,可以把非线性元件看作线性元件,这可用泰勒级数来加以说明。

将非线性电阻的伏安特性式(7-13)在 $u=U_0$ 附近展开为泰勒级数

$$i = g(u) = g(U_0) + \frac{\mathrm{d}g(u)}{\mathrm{d}u}\bigg|_{U_0}(u-U_0) + \cdots$$

因为 $(u-U_0)=u_1(t)$ 很小,可略去级数的高次项,只取前两项,得

$$i(t) = I_0 + i_1(t) \approx g(U_0) + \frac{\mathrm{d}g(u)}{\mathrm{d}u}\bigg|_{U_0}u_1(t)$$

由于 $I_0=g(U_0)$,由上式可得

$$i_1(t) = \frac{\mathrm{d}g(u)}{\mathrm{d}u}\bigg|_{U_0}u_1(t)$$

又因为

$$\frac{\mathrm{d}g(u)}{\mathrm{d}u}\bigg|_{U_0} = \frac{\mathrm{d}i}{\mathrm{d}u}\bigg|_{U_0} = G_d = \frac{1}{R_d}$$

G_d 为非线性电阻在工作点 (U_0,I_0) 处的动态电导,所以

$$\left.\begin{array}{r} i_1(t) = G_d u_1(t) \\ u_1(t) = R_d i_1(t) \end{array}\right\} \tag{7-18}$$

将式(7-15)及式(7-18)代入式(7-17),可得

$$u_S(t) = R_0 i_1(t) + u_1(t) = R_0 i_1(t) + R_d i_1(t)$$

由此可得出非线性电阻在工作点 (U_0,I_0) 处的小信号等效电路,如图 7-27 所示。于是

$$i_1(t) = \frac{u_S(t)}{R_0+R_d}$$

$$i(t) = I_0 + i_1(t) = I_0 + \frac{u_S(t)}{R_0+R_d}$$

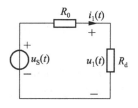

图 7-27 小信号等效电路

如上所述,对一般电路,首先求出各非线性元件的直流工作点,以及相应的动态参数。然后将原电路中直流电源移去,各非线性元件用其相应的动态电阻(动态电容或动态电感)代替,得到小信号等效电路。应用线性电路的计算方法即可求得小信号响应。

例 7-5 图 7-28(a)所示电路中的非线性电阻为压控型,其伏安特性如图 7-28(b)所示,或用函数表示为

$$i = \begin{cases} u^2, & u > 0 \\ 0, & u < 0 \end{cases}$$

直流电流源 $I_S=10\ \mathrm{A}$,$R_0=\dfrac{1}{3}\ \Omega$,小信号电流源 $i_S(t)=0.5\cos t\ \mathrm{A}$。试求工作点和工作点处由小信号电源所产生的电压和电流。

解 先求直流工作点,令 $i_S(t)=0$,并可设 $u>0$,$i=u^2$,于是,由 KCL 得

$$3u + u^2 = 10$$

解方程得工作点电压 $U_0=2\ \mathrm{V}$,电流 $I_0=U_0^2=4\ \mathrm{A}$。

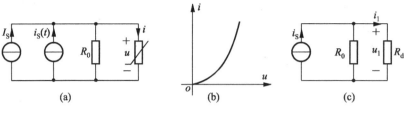

图 7-28 例 7-5 图

非线性电阻在工作点处的动态电导为

$$G_{\mathrm{d}} = \frac{\mathrm{d}i}{\mathrm{d}u}\bigg|_{u=U_0} = 2U_0 \mid_{U_0=2} = 4 \text{ S}$$

动态电阻

$$R_{\mathrm{d}} = \frac{1}{G_{\mathrm{d}}} = \frac{1}{4} \ \Omega$$

作出小信号等效电路如图 7-28(c)所示,从而求出小信号产生的电压和电流为

$$u_1(t) = \frac{R_0 R_{\mathrm{d}}}{R_0 + R_{\mathrm{d}}} i_{\mathrm{S}}(t) = \frac{0.5}{7}\cos t = 0.0714\cos t \text{ V}$$

$$i_1(t) = \frac{u_1(t)}{R_{\mathrm{d}}} = 0.286\cos t \text{ A}$$

*7.6 非线性电路方程的列写

在非线性电路中,各部分电流、电压同样是由两种约束关系来确定的。反映电路联接方式的拓扑约束是基尔霍夫定律,而元件约束是表示元件特性的非线性函数关系。对于非线性电阻电路,按这些关系列出的电路方程是一组非线性代数方程,非线性动态电路的方程是一组非线性微分方程,通常写成状态方程(第 8 章介绍)的形式。非线性方程的求解较线性方程要困难得多,一般都借助于计算机来进行。本节举例说明非线性电路方程的列写方法。

7.6.1 非线性电阻电路的节点方程

应用元件的伏安特性,将各支路电流用节点电压表示,列写以节点电压为独立变量的 KCL 方程。

例 7-6 图 7-29 所示的电路中,G_1、G_2 为线性电阻的电导,其余三个非线性电阻都是压控的,它们的伏安特性分别为

$$i_3 = 5u_3^{0.5}$$
$$i_4 = 10u_4^{0.3}$$
$$i_5 = 15u_5^{0.4}$$

试列出电路的节点电压方程。

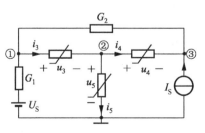

图 7-29 例 7-6 图

解 根据 KCL 及元件伏安关系，可直接写出节点电压方程为

节点 ① $G_1(u_{n1} - U_S) + G_2(u_{n1} - u_{n3}) + 5(u_{n1} - u_{n2})^{0.5} = 0$

节点 ② $-5(u_{n1} - u_{n2})^{0.5} + 15u_{n2}^{0.4} + 10(u_{n2} - u_{n3})^{0.3} = 0$

节点 ③ $G_2(u_{n3} - u_{n1}) - 10(u_{n2} - u_{n3})^{0.3} = I_S$

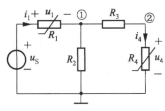

图 7-30 例 7-7 图

例 7-7 图 7-30 所示电路中，R_2、R_3 为线性电阻，其电导分别为 $G_2 = \dfrac{1}{R_2}$，$G_3 = \dfrac{1}{R_3}$，非线性电阻 R_1、R_4 的伏安特性分别为

$$i_1 = 3u_1^2, \quad u_4 = 2i_4 + 5i_4^2$$

试列写该电路的节点方程。

解 对于流控非线性电阻 R_4 支路，以 i_4 为变量列写节点方程，即

节点 ① $\qquad -3(U_S - u_{n1})^2 + G_2 u_{n1} + G_3(u_{n1} - u_{n2}) = 0$

节点 ② $\qquad G_3(u_{n2} - u_{n1}) + i_4 = 0$

于是，方程中多了一个变量 i_4，因而须增加 R_4 支路的方程，即

$$u_{n2} = 2i_4 + 5i_4^2$$

7.6.2 非线性动态电路的状态方程[①]

描述非线性动态电路的状态方程是一组一阶非线性常微分方程。列写的基本步骤与线性电路相同。但不具有线性状态方程的标准矩阵形式。

例 7-8 图 7-31 所示电路中，非线性电阻是压控的，其伏安特性可表示为

$$i_R = g(u_R)$$

试列写此电路的状态方程。

解 选 i_L 及 u_C 为状态变量，对节点①列 KCL 方程，有

$$C\frac{\mathrm{d}u_C}{\mathrm{d}t} = i_L - i_R$$

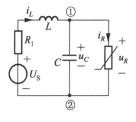

图 7-31 例 7-8 图

对 U_S、R_1、L、C 回路列 KVL 方程，有

$$L\frac{\mathrm{d}i_L}{\mathrm{d}t} = U_S - i_L R_1 - u_C$$

消去上面两式中的非状态变量，因为 $u_R = u_C$，所以 $i_R = g(u_C)$，代入即得电路的状态方程

$$\frac{\mathrm{d}u_C}{\mathrm{d}t} = \frac{i_L}{C} - \frac{1}{C}g(u_C)$$

$$\frac{\mathrm{d}i_L}{\mathrm{d}t} = -\frac{u_C}{L} - \frac{R_1}{L}i_L + \frac{U_S}{L}$$

---

① 这部分内容将在 8.14 节之后讲述。

例7-9 在图7-32(a)的电路中,电阻是线性的,两个非线性电容是荷控的,非线性电感是磁控的。它们的特性可分别表示为

$$u_1 = f_1(q_1), \quad u_2 = f_2(q_2), \quad i_3 = f_3(\psi_3), \quad R_4 = R_5 = 1 \; \Omega$$

试写出电路的状态方程。

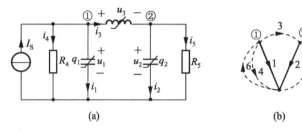

图 7-32 例 7-9 图

解 选荷控电容元件的电荷 q_1、q_2 及磁控电感元件的磁链 ψ_3 为状态变量。

将一个元件作为一条支路画拓扑图,选一个树,将两电容支路作为树支,如图7-32(b)所示,其中粗实线表示树。对电容树支所确定的基本割集列写 KCL 方程

$$\frac{\mathrm{d}q_1}{\mathrm{d}t} = I_S - i_4 - i_3$$

$$\frac{\mathrm{d}q_2}{\mathrm{d}t} = i_3 - i_5$$

对电感连支确定的基本回路列写 KVL 方程

$$\frac{\mathrm{d}\psi_3}{\mathrm{d}t} = u_1 - u_2$$

根据元件特性方程,有

$$u_1 = f_1(q_1), \quad u_2 = f_2(q_2), \quad i_3 = f_3(\psi_3),$$

$$i_5 = \frac{u_2}{R_5} = \frac{1}{R_5} f_2(q_2), \quad i_4 = \frac{u_1}{R_4} = \frac{1}{R_4} f_1(q_1)$$

将以上关系代入前面的三个一阶微分方程,消去非状态变量得状态方程为

$$\frac{\mathrm{d}q_1}{\mathrm{d}t} = -\frac{1}{R_4} f_1(q_1) - f_3(\psi_3) + I_S$$

$$\frac{\mathrm{d}q_2}{\mathrm{d}t} = f_3(\psi_3) - \frac{1}{R_5} f_2(q_2)$$

$$\frac{\mathrm{d}\psi_3}{\mathrm{d}t} = f_1(q_1) - f_2(q_2)$$

非线性动态电路的状态方程是一组一阶非线性微分方程,一般可写成如下形式

$$\frac{\mathrm{d}x_1}{\mathrm{d}t} = f_1(x_1, x_2, \cdots, x_m, t)$$

$$\frac{\mathrm{d}x_2}{\mathrm{d}t} = f_2(x_1, x_2, \cdots, x_m, t)$$

$$\cdots$$

$$\frac{\mathrm{d}x_m}{\mathrm{d}t} = f_m(x_1, x_2, \cdots, x_m, t)$$

或
$$\dot{\boldsymbol{x}} = f(\boldsymbol{x}, t)$$

对于只含定常元件和直流电源的电路称为自治电路。其状态方程中自变量 t 除在 $\frac{\mathrm{d}x}{\mathrm{d}t}$ 中隐含出现外,不以任何显含形式出现,状态方程的形式为

$$\dot{\boldsymbol{x}} = f(\boldsymbol{x})$$

例 7-9 所研究的电路就是一个自治电路,状态向量 $\boldsymbol{x} = [q_1 \ q_2 \ \psi_3]^{\mathrm{T}}$。如非线性电容是压控的,应选择电容电压为状态变量,对流控电感元件应选电流为状态变量。

非线性状态方程的求解主要应用数值计算方法,对此读者可参阅有关书籍。

*7.7 牛顿-拉夫逊法

分析非线性电阻电路的数值计算法可借助计算机来完成。它可以给出较准确的数字解答,但只能给出一个答案,对具有多个解答的电路应首先判断解答的个数及其大致的范围。因而,若将分段线性化法及数值分析法结合起来,将能有效地处理一般的非线性电阻电路的问题。

在可供使用的多种数值计算法中,最常用的是牛顿-拉夫逊法。本节将通过对具有一个未知量的非线性代数方程的求解来阐明牛顿-拉夫逊法的基本思想及计算过程。该方程一般可表示为

$$f(x) = 0 \tag{7-19}$$

设方程有解 x^*,则有 $f(x^*) = 0$。

首先选取一个适当的值 x^0 作为解 x^* 的初估值,若恰巧 $f(x^0) = 0$,则方程的解 $x^* = x^0$。一般说来,$f(x^0) \neq 0$,于是在 x^0 附近将非线性函数 $f(x)$ 展开为泰勒级数,即

$$f(x) = f(x^0) + f'(x^0)(x - x^0) + \frac{1}{2}f''(x^0)(x - x^0)^2 + \cdots$$

略去上式中二次以上的高阶导数项,得

$$f(x) = f(x^0) + f'(x^0)(x - x^0)$$

这样,可在 x^0 邻域用线性方程

$$f(x^0) + f'(x^0)(x - x^0) = 0$$

代替式(7-19)的非线性方程。于是,只要 $f'(x^0) \neq 0$,便可得出第一次修正值 x^1

$$x^1 = x^0 - \frac{f(x^0)}{f'(x^0)}$$

将 x^1 代入方程式(7-19),若 $f(x^1) = 0$,x^1 就是要求的解,若 $f(x^1) \neq 0$,则再用上述方法求出由 x^1 确定的第二次修正值 x^2。如此继续迭代,在求得第 K 次修正值 x^K 后,x^{K+1} 应为

$$x^{K+1} = x^K - \frac{f(x^K)}{f'(x^K)} \tag{7-20}$$

上式称为牛顿迭代公式。

如果 $f(x^{K+1})=0$，则解 $x^*=x^{K+1}$，通常要使 x^{K+1} 满足 $f(x^{K+1})=0$ 是很困难的。一般是事先规定一个足够小的数 ε，当满足 $|f(x^{K+1})|\leqslant\varepsilon$ 时，迭代即停止，并认为 x^{K+1} 就是所求的解。

图 7-33 是对牛顿-拉夫逊法迭代过程的几何解释。方程 $f(x)=0$ 的解 x^* 为曲线 $f(x)$ 与横坐标 x 轴的交点，对应于某个 $x=x^K$ 的值，在 $f(x)$ 曲线上的点为 $[x^K,f(x^K)]$，该点的切线与 x 轴的交点就是 x^{K+1}，即下一次的迭代值，重复上述过程可得到一系列的交点。从图中可以看到序列 $\{x^K\}$ 将收敛于解 x^*。牛顿-拉夫逊算法也可能不收敛，如图 7-33(b)的曲线 $f(x)$，如选择初始迭代值为 x_1^0 时，此算法将收敛于 x^* 点。然而若选择 x_2^0 为初始值，迭代过程将来回振荡而不再收敛。说明选择合适的初始值是重要的，只要初始值 x^0 距解 x^* 足够近，这个算法总是收敛的。为了检验迭代过程是否收敛太慢或者发散，往往预先规定迭代次数，如计算达到规定次数结果仍不合要求，就停止计算另取初始值。

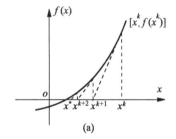
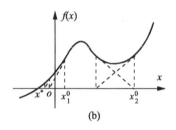

图 7-33　牛顿-拉夫逊法的几何解释

例 7-10　图 7-34 所示电路中，$i_S=0.66$ A，$R=0.4$ Ω，非线性电阻的特性方程为 $i=0.1(e^{40u}-1)$ A。求电阻两端电压 u，计算精度取 $\varepsilon=10^{-3}$。

解　列写图中节点①的 KCL 方程，并用待求 u 来表示为

$$0.1(e^{40u}-1)+2.5u=0.66$$

将方程右端项移至方程的左端，得

图 7-34　例 7-10 图

$$f(u)=0.1(e^{40u}-1)+2.5u-0.66=0$$

求解以上非线性代数方程。取初始迭代值 $u^0=0$，用式(7-20)求出此方程的各次迭代值，并将其列于表 7-4 中。

表 7-4　迭代值

K	0	1	2	3	4	5	6
u^K	0	0.1015	0.0790	0.0604	0.0496	0.0467	0.0465
$f(u^K)$	-0.66	5.3002	1.7908	0.5125	0.0914	0.0047	0.00001

迭代 6 次后 $f(u^6) < \varepsilon$,迭代停止,$u = 0.0465$ V。

现在来讨论非线性代数方程组的求解。设非线性方程组为

$$\begin{cases} f_1(x_1, x_2, \cdots, x_n) = 0 \\ f_2(x_1, x_2, \cdots, x_n) = 0 \\ \qquad \cdots \\ f_n(x_1, x_2, \cdots, x_n) = 0 \end{cases}$$

令 $x^K = [x_1^K, x_2^K, \cdots, x_n^K]^T$ 是方程组的近似解,在 x^K 附近将 $f_i(x)$ 展开成泰勒级数,略去高阶导数项,得

$$f_i(x) = f_i(x_1, x_2, \cdots, x_n)$$

$$= f_i(x_1^K, x_2^K, \cdots, x_n^K) + \sum_{j=1}^{n} \frac{\partial f_i}{\partial x_j}\bigg|_{x = x^K} (x_j - x_j^K)$$

于是便得出线性代数方程组

$$f_i(x^K) + \sum_{j=1}^{n} \frac{\partial f_i}{\partial x_j}\bigg|_{x = x^K} (x_j - x_j) = 0, \quad i = 1, 2, \cdots, n$$

令

$$\boldsymbol{J}(\boldsymbol{x}^K) = \begin{bmatrix} \dfrac{\partial f_1}{\partial x_1} & \dfrac{\partial f_1}{\partial x_2} & \cdots & \dfrac{\partial f_1}{\partial x_n} \\ \dfrac{\partial f_2}{\partial x_1} & \dfrac{\partial f_2}{\partial x_2} & \cdots & \dfrac{\partial f_2}{\partial x_n} \\ \cdots & \cdots & & \cdots \\ \dfrac{\partial f_n}{\partial x_1} & \dfrac{\partial f_n}{\partial x_2} & \cdots & \dfrac{\partial f_n}{\partial x_n} \end{bmatrix}_{x = x^K}$$

可得求解非线性方程组的迭代公式的矩阵形式为

$$\boldsymbol{f}(\boldsymbol{x}^K) + \boldsymbol{J}(\boldsymbol{x}^K)(\boldsymbol{x} - \boldsymbol{x}^K) = 0 \tag{7-21}$$

式中 $\boldsymbol{J}(\boldsymbol{x}^K)$ 称为雅可比矩阵。已知第 K 次迭代值 $\boldsymbol{x}^K$,求解方程(7-21)得 $\boldsymbol{x} = \boldsymbol{x}^{K+1}$。同样规定一个足够小的正数 ε,若 $\boldsymbol{x}^{K+1}$ 满足条件

$$\max | f_i(\boldsymbol{x}^{K+1}) | \leqslant \varepsilon$$

则迭代结束,$\boldsymbol{x}^{K+1}$ 便是所要求的解,否则再重复上述迭代过程。要使计算较快地收敛于 $\boldsymbol{x}^*$,应合理地选择初始值 $\boldsymbol{x}^0$。

习题

7-1 已知下列电阻的伏安特性为

(a) $u = i^2$ (b) $u + 10i = 0$ (c) $i + 3u = 10$ (d) $u = (\cos 2t)i + 3$

(e) $i = e^{-u}$ (f) $i = \ln(u + 2)$ (g) $i = u + (\cos 2t)u$

试指出它们是线性还是非线性的,时变还是定常的,双向还是单向的,压控还是流控的。

7-2 已知非线性电阻的伏安特性为 $u = 50i^3$。试求 $i = 0.01\cos\omega t$ A 时的电压 $u(t)$,并说明电压中出现哪些频率成分。

7-3 已知两个非线性电阻的 VAR 为：(a)$u=2i+\frac{1}{3}i^3$,(b)$i=u^2$,试求：(1)非线性电阻(a)在 $i=1$ A 和 $i=3$ A 时的动态电阻；(2)非线性电阻(b)在 $u=1$ V 和 $u=2$ V 时的动态电阻。

7-4 非线性电感器的韦安特性为 $\psi=10^{-2}(i-i^3)$ Wb,试求当 $i=0.5$ A 时的静态电感和动态电感。

7-5 图题 7-5 所示电路中,D 为理想二极管,试绘出各电路的 U-I 关系曲线。

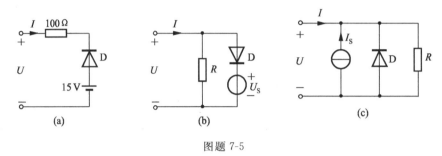

图题 7-5

7-6 两个非线性电阻的伏安特性曲线如图题 7-6(a)、(b)所示,求两个电阻按图题 7-6(c)顺向串联和图题 7 6(d)逆向串联后的伏安特性。

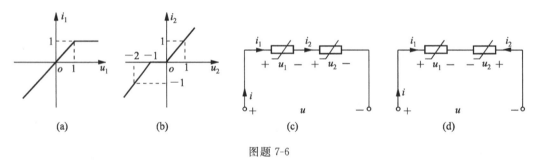

图题 7-6

7-7 图题 7-7(a)电路中的两个非线性电阻元件的特性曲线如图题 7-7(b)、(c)所示。试就下列情况求出电压 u:

(a) $i_S=1$ A； (b) $i_S=5$ A； (c) $i_S=\cos t$ A。

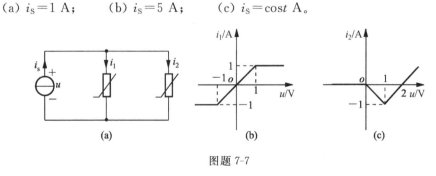

图题 7-7

7-8 图题 7-8(a)电路中,非线性电阻的伏安特性如图题 7-8(b)所示,求工作点及流过两线性电阻的电流。

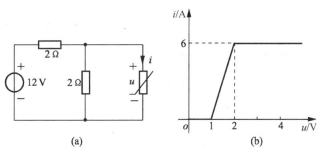

图题 7-8

7-9 图示电路,已知:$R_1 = 2$ Ω,$R_2 = 6$ Ω,非线性电阻的伏安关系为 $u_3 = 2i_3^2 + 1$,$I_S = 2$ A,$U_S = 7$ V。试求 $U_{R1} = ?$

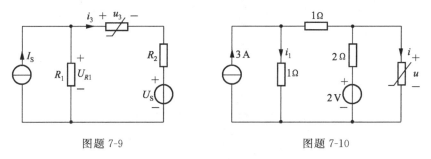

图题 7-9   图题 7-10

7-10 图题 7-10 所示电路中,非线性电阻的伏安特性为 $u = i^2 (i > 0)$。试求 u、i 和 i_1。

7-11 图题 7-11 电路中,二极管的伏安特性可用下式表示:

$$i_d = 10^{-6}(e^{40u_d} - 1) \text{A}$$

式中,u_d 为二极管的电压,其单位为 V。试用图解法求其静态工作点。

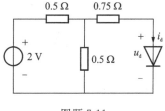

图题 7-11

7-12 在图题 7-12 所示电路中,非线性电阻为电压控制的,其伏安特性为

$$i = g(u) = \begin{cases} u^2, & u > 0 \\ 0, & u < 0 \end{cases}$$

试求:(1) 此电路的静态工作点 $Q(U_Q、I_Q)$;

(2) 此时 6 Ω 电阻消耗的功率 P。

7-13 含理想二极管电路如图题 7-13 所示,开关 S 分别处于断开和闭合状态时,试确定二极管是处于导通还是截止状态;并求导通状态下的电流 i。

7-14 绘出电路的 u_o-u_i 转移特性曲线。若输入电压 u_i 为图题 7-14(b)所示的三角波。试绘出输出电压 u_o 的波形。

7-15 图题 7-15 所示电路中,非线性电阻的特性为 $i = 2u^2 (u > 0)$,已知 $I_S = 10$ A,$i_{S1}(t) = \cos t$ A,$R_1 = 1$ Ω。试用小信号分析法求非线性电阻的端电压 u。

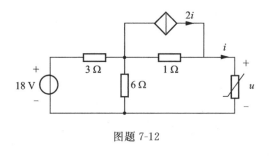

图题 7-12

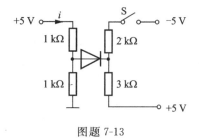

图题 7-13

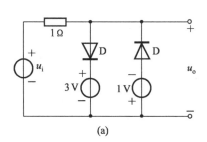

(a)

(b)

图题 7-14

7-16　图题 7-16 所示电路中,非线性电阻的伏安特性为

$$i = \begin{cases} u^2, & u > 0 \\ 0, & u < 0 \end{cases}$$

已知 $i_S(t) = 0.5\cos 20t$ A,试用小信号分析法求电压 $u(t)$。

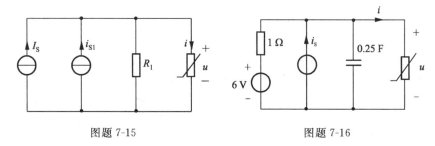

图题 7-15　　　　　　　　　图题 7-16

7-17　图题 7-17(a)中非线性电阻的伏安特性如图(b)所示,已知 $i_S = 0.06\cos 2t$ A,试用小信号分析法求 $u(t)$。

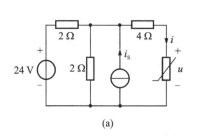

(a)

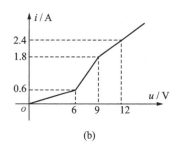

(b)

图题 7-17

7-18　图题 7-18 所示电路,已知:$\psi_1 = i_1^3$ Wb,$\psi_2 = i_2^3$ Wb,$u_C = e^q$ 伏,$R = 4\ \Omega$。

(1) 当 $U_S = 2$ V 和 4 V 时,求动态电感和动态电容的值,并作出小信号等效电路图;

(2) 若 $u_1(t) = 10^{-3}\cos\omega t$ V 时,求在直流电压源 $U_S = 2$ V 和 4 V 情况下 $u_C(t)$ 的表达式(设 $\omega = 1$ rad/s)。

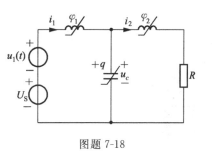

图题 7-18

7-19　图题 7-19 所示电路中,已知:$R_1 = R_2 = 2\ \Omega$,非线性电阻的伏安特性为 $i_3 = u_3^2\ (u_3 > 0)$,$U_{S1} = 1$ V,$U_{S2} = 3$ V,$u_1(t) = 2 \times 10^{-3}\cos 628t$ V。求 $i_3(t)$。

＊7-20　写出图题 7-20 所示非线性电阻电路的节点方程,并写出迭代算法所用的雅可比矩阵。已知非线性元件的特性方程为 $i_1 = 2u_1^2$,$i_2 = u_2^3$。

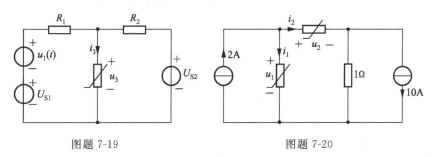

图题 7-19　　　　　　　　　图题 7-20

7-21　图题 7-21 所示电路,已知 $U_S = 2$ V,$R_1 = R_2 = 2\ \Omega$,非线性电阻的伏安特性为 $i = f(u) = 2u^2$。试分别用解析法和牛顿-拉夫逊法求 u、i。

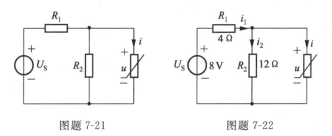

图题 7-21　　　　　　　　　图题 7-22

7-22　电路如图题 7-22 所示,已知非线性电阻的伏安特性为 $i = f(u) = \dfrac{5}{3}u^3$ A。

(1)求 u、i、i_1、i_2;(2)当 U_S 在 8 V$\pm$40 mV 内变化时,求 u、i、i_1、i_2 的变化范围。

提示:解(1)时,设初始估值为 0.5 V;解(2)时,用小信号分析法。

第 8 章

线性电路过渡过程的时域分析

前几章所研究的是正弦激励作用已久元件参数不变的电路（稳态情况）；直流激励的稳态电路中，电容相当于开路，电感相当于短路，所以直流稳态电路分析，即为直流电阻电路分析。本章研究的是电路另一种状态，即过渡状态。动态电路中由于开关动作（接通或关断）或电路参数变动，原来的稳定状态（简称**稳态**（steady state））被破坏，储能元件的存在使电路不能立即进入新的稳态，因而产生了一个**过渡**（transition）过程，电路从一个稳态向另一个稳态过渡中存在随时间衰减消失的量，称之为**暂态**（transient state）分量。电路的过渡过程通常都是很短暂的，但其过渡特性常被工程上的各个领域所应用。例如示波器、电视机等显示设备中的扫描电压（或电流），就是利用重复性过渡过程而获得的。另一方面，电路在过渡过程中可能会出现过电压和过电流现象，这在设计电气设备时必须加以考虑，以确保其安全可靠地运行。可见，研究过渡过程具有十分重要的意义。

过渡过程的存在是由于储能元件储存能量或释放能量需要时间，所以储能元件又称为动态元件，含有动态元件的电路也称为**动态电路**（dynamic circuit）。本章讨论含有电容和（或）电感等储能元件的动态电路。在时域描述这类电路的方程是微分方程。对于只含有一个储能元件或经简化后只含一个独立储能元件的电路，它的微分方程是一阶的，故称为一阶电路。本章首先分析动态电路的初始值、一阶电路的零输入响应、零状态响应、全响应及阶跃响应、冲激响应等重要内容。然后介绍二阶电路的零输入响应、零状态响应和全响应，主要研究这种电路在过阻尼、欠阻尼和临界状态下的电压电流关系和能量转换情况。

8.1 动态电路方程

图 8-1 是一阶 RC 动态电路的示例，为叙述上的方便，把电路结构的改变（如开关的接通或关断）或参数的变化，统称为**换路**（switching），并认为换路是在 $t=0$ 瞬间完成（当然也可以设在 $t=t_0$ 瞬间完成）。另外把换路前趋近于换路时的一瞬间，记为 $t=0_-$（或 $t=t_{0-}$），把换路后的初始瞬间记为 $t=0_+$（或 $t=t_{0+}$）。换路后，我们认为 $t=\infty$ 时，电路达到新的稳态。电路过渡过程的分析就是确定时间

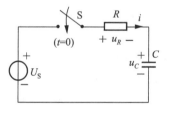

图 8-1 动态电路示例

从 $t=0_-$（$t=t_{0-}$）到 $t=0_+$（$t=t_{0+}$）再到 $t=\infty$ 整个时间区域电路的变化规律。此过程中，$t=0_+$（$t=t_{0+}$）时各电压、电流值称为**初始值**（initial value）；$t=\infty$ 时各电压、电流值称为换路后的**稳态值**（steady value）。电路过渡过程中仍遵循基尔霍夫定律及元件的伏安关系约束规律。图 8-1 中开关 S 在 $t=0$ 时闭合后，据 KVL 有

$$u_R + u_C = U_S$$

将 $u_R = Ri, i = C\dfrac{\mathrm{d}u_C}{\mathrm{d}t}$ 代入上式得

$$RC\frac{\mathrm{d}u_C}{\mathrm{d}t} + u_C = U_S \tag{8-1}$$

这就是换路后 $u_C(t)$ 所遵循的方程，显然它是一阶常系数、线性微分方程。

8.2 初始条件和初始状态

在直接求解常微分方程时,必须根据电路的初始条件来确定其通解中的积分常数。所谓初始条件,对于一阶电路而言,就是电路中所求电流或电压的初始值。对于 n 阶电路,待求变量与激励的关系是一个 n 阶常微分方程,通解中有 n 个待定积分常数,初始条件为待求变量的初始值和 1 到 $(n-1)$ 阶导数的初始值。

电容电压和电感电流的初始状态表示了该元件的初始储能状况,因而与换路前(即 $t \leqslant 0$)时的电路状态有关,称其为状态量。其他电路变量的初始值与换路前的状态无直接关系,由 $t=0_+$ 时的 u_C、i_L 及独立源的初始值求得,称其为非状态量。

对于线性电容,在任意时刻 t,其电压(电荷)与电流的关系为

$$u_C(t) = u_C(t_0) + \frac{1}{C}\int_{t_0}^t i_C(\xi)\,\mathrm{d}\xi$$

$$q(t) = q(t_0) + \int_{t_0}^t i_C(\xi)\,\mathrm{d}\xi$$

若令 $t_0 = 0_-$,$t=0_+$,则有

$$q(0_+) = q(0_-) + \int_{0_-}^{0_+} i_C(\xi)\,\mathrm{d}\xi \tag{8-2a}$$

$$u_C(0_+) = u_C(0_-) + \frac{1}{C}\int_{0_-}^{0_+} i_C(\xi)\,\mathrm{d}\xi \tag{8-2b}$$

从式(8-2a)、式(8-2b)可以看出,若在换路前后,即 $t=0_-$ 到 $t=0_+$ 的瞬间,电流 $i_C(t)$ 为有限值,式中右边的积分项将为零,则有

$$q(0_+) = q(0_-) \tag{8-3a}$$

$$u_C(0_+) = u_C(0_-) \tag{8-3b}$$

此式表明电容上的电荷和电压,换路前后不发生跃变(这是以换路瞬间 $i_C(t)$ 是有限值为前提的。如果不满足这一条件,则可以发生跃变,将在 8.12 节讨论)。

对于换路前不带电荷的电容来说,在换路瞬间其电流为有限值时,电容电压初始值 $u_C(0_+) = u_C(0_-) = 0$,即在换路一瞬间,此电容相当于短路。

同理,对于线性电感,其磁链、电流的关系式为

$$\psi(0_+) = \psi(0_-) + \int_{0_-}^{0_+} u_L(\xi)\,\mathrm{d}\xi \tag{8-4a}$$

$$i_L(0_+) = i_L(0_-) + \frac{1}{L}\int_{0_-}^{0_+} u_L(\xi)\,\mathrm{d}\xi \tag{8-4b}$$

从式(8-4a)、式(8-4b)可以看出,若在换路前后,即 0_- 到 0_+ 的瞬间,电压 $u_L(t)$ 为有限值,式中右边的积分项将为零,即

$$\psi(0_+) = \psi(0_-) \tag{8-5a}$$

$$i_L(0_+) = i_L(0_-) \tag{8-5b}$$

此式表明,电感中的磁链和电流在换路前后不发生跃变。

对于一个 $t=0_-$ 时电流为零的电感来说,在换路瞬间不发生跃变的情况下,有 $i_L(0_+)=i_L(0_-)=0$,即在换路的一瞬间,此电感相当于开路。

式(8-3)、式(8-5)也称为**换路定律**(**law of switching**)。$u_C(0_-)$、$i_L(0_-)$ 称为电路的初始状态,$u_C(0_+)$,$i_L(0_+)$ 称为电路的初始值,其可据换路前的稳态值确定。对于电路中其他电压、电流在 $t=0_+$ 时的值,可通过已知的电容电压、电感电流及独立电源的初始值求得。具体方法为:把 $t=0_+$ 时的电容电压和电感电流两个初始值分别用电压源和电流源来替代,对于电路中的独立电源,则可取其 $t=0_+$ 时的值,这样就获得了一个 $t=0_+$ 时刻的计算电路,称为 0_+ 等效电路。用此电路便可计算出电路中其他电压、电流的初始值。

例 8-1 电路如图 8-2(a)所示,已知 $U_S=15\ \mathrm{V}$,$R_1=100\ \Omega$,$R_2=200\ \Omega$,$L=0.15\ \mathrm{H}$,$C=20\ \mu\mathrm{F}$。在开关 S 断开前电路已达稳态,在 $t=0$ 时断开 S。试求 $u_C(0_+)$,$i_L(0_+)$,$i_C(0_+)$,$u_L(0_+)$ 和 $u_{R_2}(0_+)$。

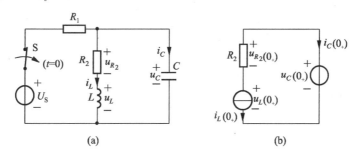

图 8-2 例 8-1 图

解 先根据 $t=0_-$ 时刻的电路计算 $u_C(0_-)$ 和 $i_L(0_-)$,由题意,$t=0_-$ 时,开关处于闭合状态,电路中的电压和电流已恒定不变,即有

$$\left.\frac{\mathrm{d}u_C}{\mathrm{d}t}\right|_{0_-}=0,\quad \left.\frac{\mathrm{d}i_L}{\mathrm{d}t}\right|_{0_-}=0$$

而电容电流 $i_C=C\dfrac{\mathrm{d}u_C}{\mathrm{d}t}$,电感电压 $u_L=L\dfrac{\mathrm{d}i_L}{\mathrm{d}t}$,所以 $i_C(0_-)=0$ 和 $u_L(0_-)=0$,亦即电容相当于开路,电感相当于短路。于是有

$$i_L(0_-)=\frac{U_S}{R_1+R_2}=\frac{15}{100+200}=0.05\ \mathrm{A}$$

$$u_C(0_-)=\frac{R_2}{R_1+R_2}U_S=\frac{200}{100+200}\times 15=10\ \mathrm{V}$$

根据换路定律得

$$i_L(0_+)=i_L(0_-)=0.05\ \mathrm{A}$$

$$u_C(0_+)=u_C(0_-)=10\ \mathrm{V}$$

将 $i_L(0_+)$ 用电流源替代,$u_C(0_+)$ 用电压源替代,得到 0_+ 等效电路,如图 8-2(b)所示。由此电路可以求得

$$i_C(0_+)=-i_L(0_+)=-0.05\ \mathrm{A}$$

$$u_{R_2}(0_+)=R_2i_L(0_+)=200\times 0.05=10\ \mathrm{V}$$

$$u_L(0_+) = u_C(0_+) - R_2 i_L(0_+) = 0$$

在求解二阶常微分方程时,要确定两个积分常数,因此需要两个初始条件。其一是变量在 $t=0_+$ 时的值,另一个则是变量的一阶导数在 $t=0_+$ 时的值。现举例说明变量一阶导数初始值的求法。

例 8-2 求例 8-1 电路换路后的 $\dfrac{\mathrm{d}u_C}{\mathrm{d}t}\bigg|_{0_+}$,$\dfrac{\mathrm{d}i_L}{\mathrm{d}t}\bigg|_{0_+}$,$\dfrac{\mathrm{d}i_C}{\mathrm{d}t}\bigg|_{0_+}$,$\dfrac{\mathrm{d}u_L}{\mathrm{d}t}\bigg|_{0_+}$ 及 $\dfrac{\mathrm{d}u_{R_2}}{\mathrm{d}t}\bigg|_{0_+}$。

解 换路后的电路如图 8-3 所示。由例 8-1 知,$u_C(0_+)=$

图 8-3 例 8-2 图

10 V,$i_L(0_+)=0.05$ A。

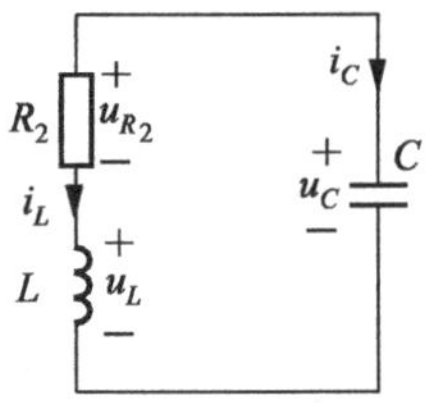

因为 $i_C = C\dfrac{\mathrm{d}u_C}{\mathrm{d}t}$,所以 $\dfrac{\mathrm{d}u_C}{\mathrm{d}t}=\dfrac{1}{C}i_C$,于是有

$$\frac{\mathrm{d}u_C}{\mathrm{d}t}\bigg|_{0_+} = \frac{1}{C}i_C(0_+) = -2500 \text{ V/s}$$

因为 $u_L = L\dfrac{\mathrm{d}i_L}{\mathrm{d}t}$,所以 $\dfrac{\mathrm{d}i_L}{\mathrm{d}t}=\dfrac{1}{L}u_L$,于是有

$$\frac{\mathrm{d}i_L}{\mathrm{d}t}\bigg|_{0_+} = \frac{1}{L}u_L(0_+) = 0$$

由图 8-3 中的参考方向可知

$$i_C = -i_L$$

两边对 t 求导得

$$\frac{\mathrm{d}i_C}{\mathrm{d}t} = -\frac{\mathrm{d}i_L}{\mathrm{d}t}$$

所以

$$\frac{\mathrm{d}i_C}{\mathrm{d}t}\bigg|_{0_+} = -\frac{\mathrm{d}i_L}{\mathrm{d}t}\bigg|_{0_+} = -\frac{1}{L}u_L(0_+) = 0$$

由 KVL 有

$$u_L = u_C - R_2 i_L$$

两边对 t 求导得

$$\frac{\mathrm{d}u_L}{\mathrm{d}t} = \frac{\mathrm{d}u_C}{\mathrm{d}t} - R_2\frac{\mathrm{d}i_L}{\mathrm{d}t}$$

所以

$$\frac{\mathrm{d}u_L}{\mathrm{d}t}\bigg|_{0_+} = \frac{\mathrm{d}u_C}{\mathrm{d}t}\bigg|_{0_+} - R_2\frac{\mathrm{d}i_L}{\mathrm{d}t}\bigg|_{0_+} = -2500 \text{ V/s}$$

因为

$$u_{R_2} = R_2 i_L$$

两边对 t 求导得

$$\frac{\mathrm{d}u_{R_2}}{\mathrm{d}t} = R_2\frac{\mathrm{d}i_L}{\mathrm{d}t}$$

所以

$$\frac{\mathrm{d}u_{R_2}}{\mathrm{d}t}\bigg|_{0_+} = R_2\frac{\mathrm{d}i_L}{\mathrm{d}t}\bigg|_{0_+} = 0$$

以上说明,根据 $t=0_+$ 时的电容电压和电感电流,连同该时刻的外施激励,就可完全确定电路的其他初始条件,进而可以确定电路的响应。初始时刻的电容电压 $u_C(0_+)$ 及电感电流 $i_L(0_+)$ 亦是确定电路响应所必须知道的最少的信息(数据)。因为电路储能是

由 u_C 及 i_L 来表明的,也就是说,初始状态反映了电路初始储能状况,电路中除了状态量不跃变外,非状态量的值不一定不跃变,此例中 i_C 发生了跃变,u_L 没有。因此 $t=0_-$ 只确定状态变量 u_C 和 i_L 的值就可以了,其他值的确定没有意义。

8.3 一阶电路的零输入响应

在分析电路的过渡过程时,主要是分析特定的电路变量的变化规律,这些特定的电路变量通常是某支路电流或电压,称为电路的**响应**(response),而独立电源称为电路的**激励**(excitation)。电路的响应可以是由独立电源引起或由电路的初始状态引起,也可以是由两者共同引起。仅由初始状态引起的响应称为**零输入响应**(zero input response),因为在这种情况下电路的输入(激励)为零;仅由独立电源所引起的响应,称为**零状态响应**(zero state response),因为在这种情况下,电路的初始状态为零;由独立电源和初始状态共同引起的响应,则称为**全响应**(complete response)。本节讨论一阶电路的零输入响应。

8.3.1 RC电路的零输入响应

在图 8-4 所示电路中,电容原已充电,其电压为 U_0,$t=0$ 时,开关 S 闭合,电容将经电阻放电。由图示参考方向,根据 KVL 及元件的 VAR($u_C=u_R$,$u_R=Ri$,$i=-C\dfrac{du_C}{dt}$),可得以 u_C 为变量的微分方程

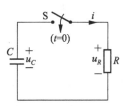

$$RC\frac{du_C}{dt}+u_C=0, \quad t\geqslant 0 \tag{8-6}$$

图 8-4 RC 零输入电路

式(8-6)是线性常系数一阶齐次微分方程,其通解的形式为

$$u_C=Ae^{pt} \tag{8-7}$$

其中 A 为待定的积分常数,p 为与式(8-6)对应的特征方程的特征根。式(8-6)的特征方程为

$$RCp+1=0$$

所以特征根为

$$p=-\frac{1}{RC} \tag{8-8}$$

根据初始条件 $u_C(0_+)=u_C(0_-)=U_0$,代入式(8-7)可得积分常数 $A=u_C(0_+)=U_0$。因此,电容电压的零输入响应为

$$u_C=u_C(0_+)e^{-\frac{t}{RC}}=U_0e^{-\frac{t}{RC}}, \quad t\geqslant 0 \tag{8-9a}$$

电路中的电流为

$$i=-C\frac{du_C}{dt}=-C\frac{d}{dt}(U_0e^{-\frac{t}{RC}})=\frac{U_0}{R}e^{-\frac{t}{RC}}, \quad t>0 \tag{8-9b}$$

电阻上的电压为

$$u_R=u_C=U_0e^{-\frac{t}{RC}}, \quad t>0 \tag{8-9c}$$

从上面这些式子可以看出,换路后电压 u_C、u_R 及电流 i 都是按照同样的指数规律变化,这是因为电路的特征方程和特征根仅取决于电路的结构和元件的参数,而与变量的选择无关。由于是负指数,所以随着时间的推移,按指数规律衰减,最后趋于零。图 8-5 画出了 u_C、u_R 和 i 随时间变化的曲线。由于电容电压不跃变,换路后从 U_0 开始按指数规律衰减到零;而电阻上电压在换路瞬间由零跃变到 U_0,然后同电容上电压以相同规律衰减。而电流在换路瞬间,从零跃变到 U_0/R,然后按同样的指数规律衰减到零。注意:式(8-9b)和式(8-9c)中 $t>0$ 的时间区间。这就是电容器通过电阻的放电过程。

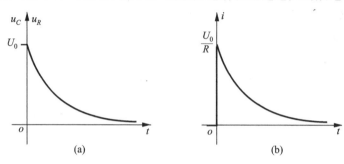

图 8-5　u_C 和 i 的变化曲线

放电过程实质上是电场能量逐渐减少的过程,电容不断放出能量,电阻则不断消耗能量,在整个放电过程中,电阻消耗的电能为

$$W_R = \int_0^\infty i^2 R \mathrm{d}t = \int_0^\infty \frac{U_0^2}{R} \mathrm{e}^{-\frac{2t}{RC}} \mathrm{d}t = \frac{1}{2} C U_0^2$$

即放电结束时,电容中原先储存的电场能量全部被电阻转换成热能而散失掉。

由式(8-9)可见电路变量衰减的快慢取决于衰减系数 $1/(RC)$,若令 $\tau = RC$,则

$$u_C = U_0 \mathrm{e}^{-\frac{t}{\tau}} \tag{8-10a}$$

$$i = \frac{U_0}{R} \mathrm{e}^{-\frac{t}{\tau}} \tag{8-10b}$$

$$u_R = U_0 \mathrm{e}^{-\frac{t}{\tau}} \tag{8-10c}$$

当 R 的单位为 Ω,C 的单位为 F 时,τ 的单位为 s(秒),具有时间的量纲,故称为 R、C 电路的**时间常数(time constant)**。显然,τ 越大(即 C 越大或 R 越大),则电压 u_C(或 i)衰减得越慢,即电容放电过程越慢。这是因为 C 越大,电容原始储能 $\frac{1}{2} C U_0^2$ 越大;R 越大,其瞬时功率,即能量消耗的速率 u_C^2/R 就越小。所以 τ 的大小表征放电过程进行的快慢。

下面用数学分析进一步阐明 τ 的含义,以 u_C 为例,由式(8-10a)

$$u_C(t_1 + \tau) = U_0 \mathrm{e}^{-\frac{t_1 + \tau}{\tau}}$$

$$= \mathrm{e}^{-1} U_0 \mathrm{e}^{-\frac{t_1}{\tau}} = 0.368 u_C(t_1)$$

上式表明,零输入响应在任一时刻 t_1 的值,经过一个时间常数 τ 后,衰减到原值的 36.8%,表 8-1 列出了 $t=\tau$、2τ、3τ…瞬间的电压 u_C 值。由表 8-1 可以看出,R、C 放电电路中,从 $t=0$ 开始,经过 5τ 时间后,u_C 已衰减到初始值的 1.0% 以下,可以认为放电过程已基本结束。

表 8-1　放电过程中 u_C 的变化

t	$e^{-\frac{t}{\tau}}$	u_C
0	$e^{-0}=1$	U_0
τ	$e^{-1}=0.368$	$0.368U_0$
2τ	$e^{-2}=0.135$	$0.135U_0$
3τ	$e^{-3}=0.050$	$0.050U_0$
4τ	$e^{-4}=0.018$	$0.018U_0$
5τ	$e^{-5}=0.007$	$0.007U_0$
...	...	...
∞	0	0

工程上可以用示波器来观察上述放电指数曲线,有了这种曲线就可以根据时间常数的含义来估计其值。可以证明,在指数曲线上(如图 8-6 所示)任一点 P 作切线,其次切距的长度 ab 就等于时间常数 τ。

时间常数(或过渡过程的快慢)可以用改变电路参数的办法来调节或控制。图 8-7 绘出了 R、C 放电电路在三种不同 τ 值下电压 u_C 随时间变化的曲线,其中 $\tau_3 > \tau_2 > \tau_1$,图中可看出,τ 越大,曲线越接近直线。

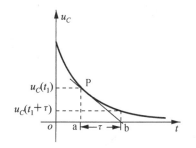

图 8-6　时间常数的图示

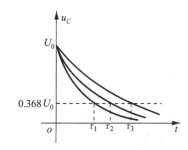

图 8-7　不同 τ 值下的 u_C 变化曲线

在式(8-8)中,特征根 $p = -\dfrac{1}{RC} = -\dfrac{1}{\tau}$,具有频率的量纲,它仅取决于电路的结构和参数,反映了电路的固有特性,所以称为电路的**固有频率**(**natural frequency**)。它是线性电路中的一个重要概念,读者应在以后的学习中逐步加深理解。

8.3.2　*RL* 电路的零输入响应

在图 8-8 所示电路中,电路已达稳态。在 $t=0$ 时开关 S 断开,根据 KVL 有

$$L\frac{\mathrm{d}i_L}{\mathrm{d}t} + Ri_L = 0, \quad t \geqslant 0 \qquad (8\text{-}11)$$

初始条件　$i_L(0_+) = i_L(0_-) = \dfrac{U_0}{R_0} = I_0$

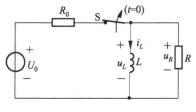

图 8-8　*RL* 零输入电路

式(8-11)为一阶齐次微分方程,其通解为

$$i_L = A\mathrm{e}^{pt}$$

与原方程对应的特征方程为

$$Lp + R = 0$$

其特征根为

$$p = -\frac{R}{L}$$

故电流为 $\qquad\qquad i_L = A\mathrm{e}^{-\frac{R}{L}t}$, $t \geqslant 0$

将初始条件 $i_L(0_+) = I_0$ 代入上式,可求得 $A = i_L(0_+) = I_0$

从而有

$$i_L = i_L(0_+)\mathrm{e}^{-\frac{R}{L}t} = I_0\mathrm{e}^{-\frac{R}{L}t}, \quad t \geqslant 0$$

电感电压为

$$u_L = L\frac{\mathrm{d}i_L}{\mathrm{d}t} = -RI_0\mathrm{e}^{-\frac{R}{L}t}, \quad t > 0$$

令 $\tau = \dfrac{L}{R}$,则

$$i_L = I_0\mathrm{e}^{-\frac{t}{\tau}}, \qquad t \geqslant 0 \tag{8-12a}$$

$$u_L = -RI_0\mathrm{e}^{-\frac{t}{\tau}}, \quad t > 0 \tag{8-12b}$$

图 8-9 画出了 i_L 和 u_L 随时间变化的曲线,其中 u_L 在 $t=0$ 时发生跃变。当 R 的单位为 Ω,L 的单位为 H 时,τ 的单位为 s。这里,τ 称为 RL 电路的时间常数。显然,τ 越大(即 L 越大或 R 越小),则电流 i_L 衰减得越慢;反之,i_L 衰减得越快。这是因为当初始电流 $i_L(0) = I_0$ 一定时,L 越大电感原始储能 $\frac{1}{2}LI_0^2$ 越大,R 越大,能量消耗的速率 $i_L^2 R$ 越大,说明 τ 与 L 成正比,与 R 成反比。

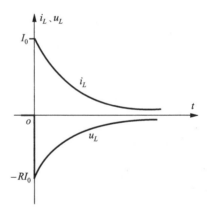

图 8-9 i_L、u_L 变化曲线

　　RL 电路的零输入响应,实质上就是磁场能量逐渐衰减的过程,即电感中原先储存的磁场能量逐渐为电阻所消耗而转化为热量的过程。电流 i_L 流经电阻 R 时,消耗的功率为

$$p = i_L^2 R$$

在整个过渡过程中,消耗于电阻 R 的能量为

$$W_R = \int_0^\infty i_L^2 R\,\mathrm{d}t = \int_0^\infty I_0^2 R\mathrm{e}^{-\frac{2R}{L}t}\,\mathrm{d}t = \frac{1}{2}LI_0^2$$

这正是原来储存在电感中的磁场能量。

　　综上所述,可将一阶电路的零输入响应的要点归纳如下:

(1) 线性一阶电路的零输入响应具有下列模式

$$r_{zi}(t) = r_{zi}(0_+)\mathrm{e}^{-\frac{t}{\tau}}, \quad t > 0$$

式中，$r_{zi}(t)$ 为零输入电路中任何支路的电压或电流，$r_{zi}(0_+)$ 是该电压或电流在换路后的初始值，可从上节介绍的换路定律和 0_+ 等效电路求得。

（2）时间常数 τ 决定于电路结构及元件参数。在 RC 电路中为 $\tau = RC$，在 RL 电路中为 $\tau = L/R$，式中 R 是电容 C（或电感 L）移去后其两端钮间的入端电阻。

（3）线性一阶电路的零输入响应与初始状态成线性关系。

例 8-3 如图 8-10 所示的电路原已稳定，$t=0$ 时开关 S 断开。若 $I_S = 0.2$ A，$L = 1$ H，$R_S = R_1 = 10$ Ω，$R_2 = 5$ Ω。求换路后的 i_L 和 u_2。

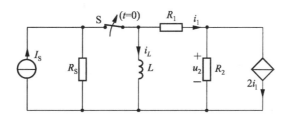

图 8-10 例 8-3 图

解 换路前电路已达稳态，故 $t = 0_-$ 时，电感相当于短路，则

$$i_L(0_-) = I_S = 0.2 \text{ A}$$

由换路定律，$i_L(0_+) = i_L(0_-) = 0.2$ A，0_+ 等效电路如图 8-11(a)所示，这时

$$i_1(0_+) = -i_L(0_+) = -0.2 \text{ A}$$
$$i_2(0_+) = i_1(0_+) - 2i_1(0_+) = 0.2 \text{ A}$$
$$u_2(0_+) = R_2 i_2(0_+) = 1 \text{ V}$$

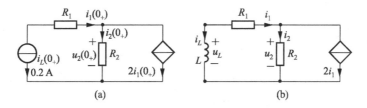

图 8-11 换路后电路

再由换路后的电路，如图 8-11(b)所示，由电感 L 两端看进去的入端电阻为

$$R = \frac{R_1 i_1 + R_2 i_2}{i_1} = \frac{R_1 i_1 + R_2(i_1 - 2i_1)}{i_1} = 5 \text{ Ω}$$

所以

$$\tau = \frac{L}{R} = \frac{1}{5} \text{s}$$

根据零输入响应的模式，有

$$i_L = i_L(0_+) \mathrm{e}^{-\frac{t}{\tau}} = 0.2 \mathrm{e}^{-5t} \text{A}, \quad t \geqslant 0$$
$$u_2 = u_2(0_+) \mathrm{e}^{-\frac{t}{\tau}} = \mathrm{e}^{-5t} \text{V}, \qquad t > 0$$

此例可以不用求图 8-11(a)的 0_+ 等效电路中初始值，而在状态量 i_L 求解出来后，在

图 8-11(b)中用 KVL 等关系求出 u_2,如

$$u_2 = u_L - R_1 i_1 = L \frac{\mathrm{d}i_L}{\mathrm{d}t} + R_1 i_L$$

$$= -\mathrm{e}^{-5t} + 2\mathrm{e}^{-5t} = \mathrm{e}^{-5t} \text{ V}, \quad t \geqslant 0$$

比较两种方法可以发现,求初值法比较简捷。

例 8-4 图 8-12 所示某发电机励磁电路。已知励磁线圈的电阻 $R=0.189$ Ω,电感 $L=0.398$ H,直流电压 $U=35$ V,电压表的量程为 50 V,内阻为 $R_V=5$ kΩ,开关 S 未断开时,电路中电流已经稳定不变。在 $t=0$ 时,将开关 S 断开。求:(1)R、L 回路的时间常数;(2)电流 i 的初始值和开关 S 断开后的最终值;(3)电流 i 和电压表的端电压 u_V;(4)开关 S 刚断开瞬间电压表的两端电压。

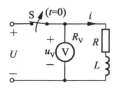

图 8-12　例 8-4 图

解　(1)时间常数

$$\tau = \frac{L}{R+R_V} = \frac{0.398}{0.189+5\times10^3} \approx \frac{1}{12560} \text{ s} = 79.6 \ \mu\text{s}$$

(2)开关 S 断开前电路已达稳态,电感 L 两端电压为零,故

$$i(0_-) = \frac{U}{R} = \frac{35}{0.189} = 185.2 \text{ A}$$

根据换路定律,$i(0_+)=i(0_-)=185.2$ A。

开关 S 断开后,电流 i 的最终值等于零。

(3)按零输入响应模式,有

$$i = i(0_+)\mathrm{e}^{-\frac{t}{\tau}} = 185.2\mathrm{e}^{-12560t} \text{ A}$$

电压表两端的电压为

$$u_V = -R_V i = -5\times10^3\times185.2\mathrm{e}^{-12560t}$$

$$= -926\mathrm{e}^{-12560t} \text{ kV}$$

(4)开关 S 刚断开瞬间,电压表的端电压为

$$u_V(0_+) = -926 \text{ kV}$$

可见,开关 S 断开瞬间电压表将承受很高的电压,有可能导致损坏。出现这么高的电压,是由于换路时电感中的电流不能跃变,仍为 U/R,而电压表的内阻 R_V 远大于励磁线圈的电阻 R,所以此时电压表的端电压 $u_V = -R_V i = -\frac{R_V}{R}U$,其绝对值将远大于直流电源的电压 U。这个电压通过电源加在开关两端,可能在开关两端引起电弧。由此可见,切断电感电流时必须考虑磁场能量的释放。如果磁场能量较大,而又必须在短时间内完成电流的切断,一般均采用带熄弧装置的开关。在功率电子电路中,有些电子器件处在"开关"状态下,若电路中有大电感时,常采用如图 8-13 所示的措施,即在电感线圈两端并联一个二极管。当"S"闭合(on)时,如图 8-13(a),由于二极管负极电位高于正极,这时不导通,对电路无影响;当"S"断开(off)时,如图 8-13(b),原来线圈中的电流通过二极管

形成回路续流,以防止电感产生高压加于"开关"两端而损坏器件。该二极管一般称为续流二极管。

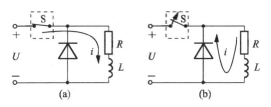

图 8-13 带熄弧(续流二极管)装置电路示例

8.4 一阶电路的零状态响应

电路初始状态为零,仅由输入(独立电源)引起的响应称为零状态响应。

8.4.1 RC 电路在恒定输入时的零状态响应

在图 8-14 所示的电路中,恒定电压源的电压为 U_s,在开关 S 闭合之前,电容器未充电,即电路处于零状态,$u_C(0_-)=0$,$t=0$ 时,开关 S 闭合,电容将被充电。$t \geqslant 0$ 时,由 KVL 得

$$u_R + u_C = U_s$$

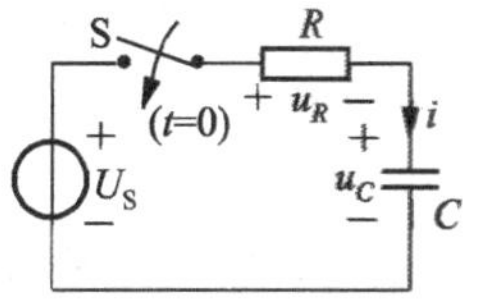

把 $u_R = Ri$,$i = C\dfrac{\mathrm{d}u_C}{\mathrm{d}t}$ 代入,得到以 u_C 为变量的微分方程

图 8-14 RC 零状态电路

$$RC\frac{\mathrm{d}u_C}{\mathrm{d}t} + u_C = U_s, \quad t \geqslant 0 \tag{8-13}$$

这是一阶线性常系数非齐次微分方程,此类方程的解由两个分量组成,即

$$u_C = u_C' + u_C'' \tag{8-14}$$

式中,u_C' 是非齐次微分方程式(8-13)的一个特解。在图 8-14 所示电路中,开关 S 闭合很长时间以后,电容充电完毕,这时电容电压已趋稳定,即 $\dfrac{\mathrm{d}u_C}{\mathrm{d}t}\bigg|_{t \to \infty} = 0$,于是电容电压等于外加电源电压,即

$$u_C' = u_C(\infty) = U_s \tag{8-15}$$

亦即,可将最后的稳态解 $u_C(\infty)$ 作为其特解。

而 u_C'' 则是对应的齐次微分方程

$$RC\frac{\mathrm{d}u_C}{\mathrm{d}t} + u_C = 0 \tag{8-16}$$

的通解,表达式为

$$u_C'' = Ae^{pt} = Ae^{-\frac{t}{RC}} = Ae^{-\frac{t}{\tau}} \tag{8-17}$$

其中 A 为待定的积分常数,$p = -\dfrac{1}{RC}$ 为特征根,$\tau = RC$ 是时间常数。

将式(8-15)、式(8-17)代入式(8-14)得

$$u_C = U_S + A e^{-\frac{t}{\tau}}$$

根据初始条件 $u_C(0_+) = u_C(0_-) = 0$，可得 $A = -U_S$，于是 u_C 的解为

$$u_C = U_S - U_S e^{-\frac{t}{\tau}} = U_S(1 - e^{-\frac{t}{\tau}}), \quad t \geqslant 0 \tag{8-18}$$

从以上过程可以看出，非齐次微分方程的特解与输入激励有关，其形式一般与激励形式相同，称为**强制响应**（forced response）分量。在直流或周期函数激励下，一般取电路达到稳定状态的解作为特解，故也将特解称为稳态解或**稳态响应**（steady state response）分量。而齐次方程通解的形式与输入无关，故称为**固有响应**（natural response）分量，它与零输入响应具有相同的模式，通常它随着时间的推移而趋于零，也就是说它是电路处于过渡过程期间才存在的一个分量，所以也叫做暂态解或**暂态响应**（transient response）分量。

在图 8-14 的参考方向下，$i = C \dfrac{\mathrm{d}u_C}{\mathrm{d}t}$，将式(8-18)代入得

$$i = \frac{U_S}{R} e^{-\frac{t}{\tau}}, \quad t > 0 \tag{8-19}$$

图 8-15 中画出了 u_C 和 i 的波形。$u_R = Ri$，其波形与 i 相似。电压 u_C 的两个分量 u_C' 和 u_C'' 在图中用虚线画出。

从图 8-15 可以看出，u_C 从初始值 $u_C(0_+) = 0$ 开始逐渐增加，最后达到稳态值 $u_C(\infty) = u_C' = U_S$；而电流 i 在开关 S 闭合瞬间最大，等于 U_S/R，然后逐渐衰减到零。这是因为开关 S 在 $t = 0$ 刚接通瞬间 $u_C(0_+) = 0$，电源电压 U_S 全部加在电阻 R 上，产生电流 i，所以 i 最大。电流大意味着向电容器极板上迁移电荷的速率就快，所以开始时 u_C 增加较快；当 u_C 逐渐增大时，$i = (U_S - u_C)/R$ 随之减小，导致 u_C

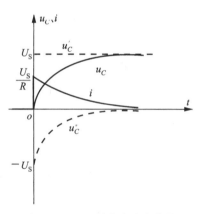

图 8-15 u_C、i 零状态响应曲线

上升速率降低，i 下降的速率也减小，曲线变得越来越平坦，最后 $i \to 0$，$u_C \to U_S$。

由于电路中有电阻，充电过程中电源提供的能量，一部分转换成电场能量储存在电容中，一部分被电阻消耗掉。在充电结束时 $u_C = U_S$，电容获得的能量为

$$W_C = \frac{1}{2} C U_S^2$$

在整个充电过程中，电阻所消耗的电能为

$$W_R = \int_0^\infty i^2 R \mathrm{d}t = \int_0^\infty \left(\frac{U_S}{R} e^{-\frac{t}{RC}}\right)^2 R \mathrm{d}t = \frac{1}{2} C U_S^2$$

可见 $W_R = W_C$，这说明在零状态下开始充电，电源提供的能量只有一半转换成电场能量储存于电容中，充电效率为 50%，而且与电阻、电容的数值无关。

8.4.2 *RL* 电路在恒定输入时的零状态响应

在图 8-16 所示的电路中,在开关 S 闭合之前,电感中无电流,电路处于零状态,$i_L(0_-) = 0$,$t = 0$ 时开关 S 闭合,根据 KVL 写出 $t \geqslant 0$ 时的电路方程

$$u_L + u_R = U_S$$

而 $u_L = L \dfrac{\mathrm{d}i_L}{\mathrm{d}t}$,$u_R = Ri_L$,代入上式得

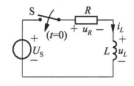

图 8-16 *RL* 零状态电路

$$L \frac{\mathrm{d}i_L}{\mathrm{d}t} + Ri_L = U_s, \quad t \geqslant 0 \tag{8-20}$$

这也是非齐次微分方程,其解由两部分组成,即

$$i_L = i_L' + i_L''$$

其中稳态分量为

$$i_L' = i_L(\infty) = \frac{U_S}{R}$$

暂态分量为

$$i_L'' = A\mathrm{e}^{pt} = A\mathrm{e}^{-\frac{R}{L}t} = A\mathrm{e}^{-\frac{t}{\tau}}$$

其中 $p = -R/L$ 为特征根,$\tau = L/R$ 为电路的时间常数,A 为待定积分常数。

$$i_L = \frac{U_S}{R} + A\mathrm{e}^{-\frac{t}{\tau}}, \quad t \geqslant 0$$

根据初始条件 $i_L(0_+) = i_L(0_-) = 0$,得

$$A = -\frac{U_S}{R}$$

所以

$$i_L = \frac{U_S}{R} - \frac{U_S}{R}\mathrm{e}^{-\frac{t}{\tau}} = \frac{U_S}{R}(1 - \mathrm{e}^{-\frac{t}{\tau}}), \quad t \geqslant 0$$

$$u_L = L \frac{\mathrm{d}i_L}{\mathrm{d}t} = U_s\mathrm{e}^{-\frac{t}{\tau}}, \quad t > 0$$

图 8-17 中画出了 i_L 与 u_L 的波形,i_L 的两个分量 i_L' 和 i_L'' 如图中虚线所示。

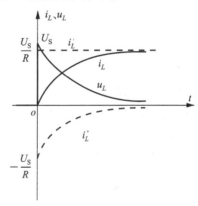

图 8-17 i_L、u_L 零状态响应曲线

8.4.3 *RL* 电路接入正弦电压的零状态响应

图 8-18 所示的电路中,$i_L(0_-) = 0$,$t = 0$ 时接通正弦电压源 $u_S = U_m\cos(\omega t + \psi)$,其中 ψ 为接通电路时电源电压的初相角,它取决于电路接通的时刻,所以又称接入相位角,或简称合闸角。电路接通后的微分方程为

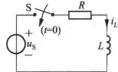

图 8-18 *RL* 电路接入
正弦电压源

$$L \frac{\mathrm{d}i_L}{\mathrm{d}t} + Ri_L = U_m\cos(\omega t + \psi), \quad t \geqslant 0$$

该非齐次微分方程的解同样由两部分构成,即

$$i_L = i_L' + i_L''$$

特解(稳态分量)i'_L可用第 4 章介绍的相量法来计算,即

$$\dot{I}'_L = \frac{\dot{U}}{R + j\omega L} = \frac{U}{\sqrt{R^2 + (\omega L)^2}} \underline{/\psi - \theta} = I_L \underline{/\psi - \theta}$$

式中　$\theta = \arctan\dfrac{\omega L}{R}, I_L = \dfrac{U}{\sqrt{R^2 + (\omega L)^2}}$

所以　　　　　　　　　　　$i'_L = I_L \sqrt{2}\cos(\omega t + \psi - \theta)$

对应齐次方程的通解(暂态分量)为

$$i''_L = A e^{pt} = A e^{-\frac{R}{L}t} = A e^{-\frac{t}{\tau}}$$

式中,A、p、τ 的含义同前。

所以

$$i_L = I_L \sqrt{2}\cos(\omega t + \psi - \theta) + A e^{-\frac{t}{\tau}}$$

根据初始条件　$i_L(0_+) = i_L(0_-) = 0$,可得

$$A = -I_L \sqrt{2}\cos(\psi - \theta)$$

所以电流的零状态响应为

$$i_L = I_L \sqrt{2}\cos(\omega t + \psi - \theta) - I_L \sqrt{2}\cos(\psi - \theta)e^{-\frac{t}{\tau}}, \quad t \geqslant 0$$

电感电压为

$$u_L = L\frac{\mathrm{d}i_L}{\mathrm{d}t} = \omega L I_L \sqrt{2}\cos(\omega t + \psi - \theta + \frac{\pi}{2})$$
$$+ R I_L \sqrt{2}\cos(\psi - \theta)e^{-\frac{t}{\tau}}, \quad t > 0$$

图 8-19 中画出了电流 i_L 及其两个分量 i'_L 和 i''_L 的波形。

从图中可以看出,电流 i_L 由稳态分量 i'_L 和暂态分量 i''_L 组成。i''_L 经过$(4\sim5)\tau$ 即认为衰减至零,电路进入稳定状态。

还应提的是积分常数 A,因为 $A = -I_L \sqrt{2}\cos(\psi - \theta)$,式中 I_L、θ 在电路参数和电源频率已确定时是一定值,可见 A 与合闸角 ψ 有关,也就是说暂态分量的大小与开关闭合的时刻有关。若$(\psi - \theta) = \pm\dfrac{\pi}{2}$,则 $A = 0$,电路将不发生过渡过程,合闸后立即进入稳定状态;若$(\psi - \theta) = 0$,则 $A = -I_L \sqrt{2}$,此时如果电路的时间常数又较大,暂态分量衰减较慢,电流的最大值将接近稳态最大值的两倍。图 8-20 画出了$(\psi - \theta) = 0$ 时的 i_L 波形,在合闸后的半个周期附近,电流出现最大值 $i_{L\max}$,它接近稳态最大值的两倍,工程上称为过电流现象,这在防止设备因瞬时电流过大而损坏时要考虑。

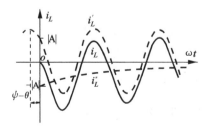

图 8-19　图 8-18 电路的响应

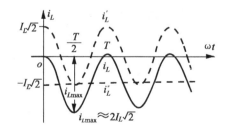

图 8-20　$\psi = \theta$ 时的 i_L 波形

从以上讨论,一阶电路的零状态响应可归纳如下:

直流激励下的一阶电路零状态响应,u_C(或 i_L)从零开始增加,经过 $4\tau \sim 5\tau$ 的时间(理论上为∞)达到稳态值。在一般情况下,可将换路后的电路中储能元件(C 或 L)以外的电路部分(含独立源的电阻电路)用戴维南等效电路替换,如图 8-21(a)或(b)所示,则 u_C 和 i_L 零状态响应具有下列模式

$$u_C = U_{\text{oc}}(1 - \mathrm{e}^{-\frac{t}{\tau}}), \quad t \geqslant 0$$

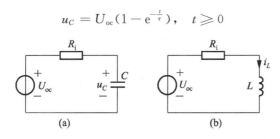

图 8-21 等效一阶电路

式中,时间常数 $\tau = R_{\text{i}}C$。

$$i_L = \frac{U_{\text{oc}}}{R_{\text{i}}}(1 - \mathrm{e}^{-\frac{t}{\tau}}), \quad t \geqslant 0$$

式中,时间常数 $\tau = L/R_{\text{i}}$。

RL 电路在正弦激励下的零状态响应为

$$i_L = i'_L(t) - i'_L(0_+)\mathrm{e}^{-\frac{t}{\tau}}$$

RC 电路在正弦激励下的零状态响应为

$$u_C = u'_C(t) - u'_C(0_+)\mathrm{e}^{-\frac{t}{\tau}}$$

式中,$i'_L(t)$、$u'_C(t)$ 为稳态分量,可借助第 4 章的相量法求出。

至于其他电压、电流则可由 u_C(或 i_L)按电路换路后的基本约束关系逐步求出,见例 8-5。当然也可直接列出求那个变量的微分方程来求解,但有时较烦琐。

例 8-5 图 8-22(a)所示电路中 $R_1 = 40\ \text{k}\Omega$,$R_2 = 60\ \text{k}\Omega$,$C = 20\ \mu\text{F}$,$u_C(0_-) = 0$,$U_{\text{S}} = 10\ \text{V}$,开关 S 在 $t = 0$ 时闭合。求各支路电流。

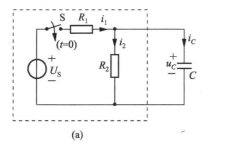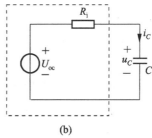

图 8-22 例 8-5 图

解 因为 $u_C(0_-) = 0$,属零状态响应。S 闭合后,图 8-22(a)虚线框内的电路可用戴维南等效电路代之,如图 8-22(b),其中

$$U_{OC} = U_S \frac{R_2}{R_1 + R_2} = 10 \times \frac{60}{40 + 60} = 6 \text{ V}$$

$$R_i = \frac{R_1 R_2}{R_1 + R_2} = \frac{40 \times 60}{40 + 60} = 24 \text{ k}\Omega$$

根据 u_C 的零状态响应模式

$$\tau = R_i C = 24 \times 10^3 \times 20 \times 10^{-6} = 0.48 \text{ s}$$

$$u_C = U_{OC}(1 - e^{\frac{t}{\tau}}) = 6(1 - e^{-\frac{t}{0.48}}) \text{ V}, \quad t \geqslant 0$$

$$i_C = C \frac{du_C}{dt} = 0.25 e^{-\frac{t}{0.48}} \text{ mA}, \quad t > 0$$

回到图 8-22(a)

$$i_2 = \frac{u_C}{R_2} = 0.1(1 - e^{-\frac{t}{0.48}}) \text{ mA}, \quad t > 0$$

$$i_1 = i_2 + i_C = 0.1 + 0.15 e^{-\frac{t}{0.48}} \text{ mA}, \quad t > 0$$

各变量的波形如图 8-23 所示。

例 8-6 在图 8-24 所示电路中,$u_C(0_-) = 0$,在 $t = 0$ 时,开关 S 扳向"1",经过 t_1 秒再扳向"2"。求 u_C、i_C 并画出波形图。

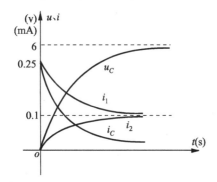

图 8-23 各变量响应曲线

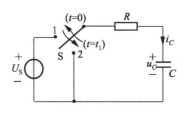

图 8-24 例 8-6 图

解 在 $0 \leqslant t \leqslant t_1$ 时,电路属零状态响应。

$$u_C = U_S(1 - e^{-\frac{t}{RC}}), \quad 0 \leqslant t \leqslant t_1$$

$$i_C = C \frac{du_C}{dt} = \frac{U_S}{R} e^{-\frac{t}{RC}}, \quad 0 < t < t_1$$

在 $t = t_1$ 瞬间,开关由"1"扳向"2",即进行第二次换路。这时

$$u_C(t_{1-}) = U_S(1 - e^{-\frac{t_1}{RC}})$$

根据换路定律 $u_C(t_{1+}) = u(t_{1-})$。

$t \geqslant t_1$ 时,电路为零输入响应

$$u_C = u_C(t_{1+}) e^{-\frac{t-t_1}{RC}} = U_S(1 - e^{-\frac{t_1}{RC}}) e^{-\frac{t-t_1}{RC}}, \quad t \geqslant t_1$$

$$i_C = C \frac{du_C}{dt} = -\frac{U_S}{R}(1 - e^{-\frac{t_1}{RC}}) e^{-\frac{t-t_1}{RC}}, \quad t > t_1$$

它们随时间变化的曲线如图 8-25 所示。图 8-25(a)为 τ 较大时的情况，u_C 的波形近似为三角形；图 8-25(b)为 τ 较小时的情况，u_C 的波形近似为方波。

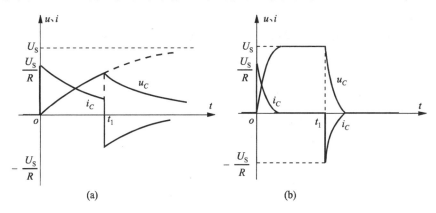

图 8-25　不同 τ 值时的响应波形

8.5　一阶电路的全响应——三要素法

前面讨论了线性一阶电路的零输入响应和零状态响应。若电路既有输入又具有非零初始状态时，即两者同时存在所引起的响应，称为全响应。因为初始状态与电路原始储能相关，在它们单独作用下电路将产生零输入响应，故电容的非零初始电压和电感的非零初始电流也被看作是一种"激励"。对线性电路，由叠加定理可知，全响应为零输入响应和零状态响应之和。下面以 RC 电路为例进行讨论。

在图 8-26(a)所示的电路中，电容的初始电压为 U_0，在 $t=0$ 时接通直流电压源 U_s。全响应可分解为图 8-26(b)电路的零状态响应 $u_C^{(1)}$ 和图 8-26(c)电路的零输入响应 $u_C^{(2)}$ 之和，即

$$u_C^{(1)} = U_s(1 - e^{-\frac{t}{RC}}) \tag{8-21}$$

$$u_C^{(2)} = U_0 e^{-\frac{t}{RC}} \tag{8-22}$$

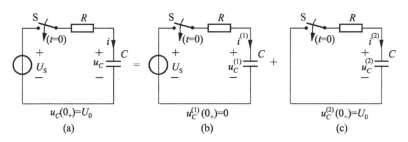

图 8-26　一阶电路全响应示例

则全响应为

$$u_C = u_C^{(1)} + u_C^{(2)} = U_s(1 - e^{-\frac{t}{RC}}) + U_0 e^{-\frac{t}{RC}} \tag{8-23}$$

即
$$全响应＝零状态响应＋零输入响应$$

式(8-21)的零状态响应是输入的线性函数,式(8-22)的零输入响应是初始状态的线性函数。这一结论对任一线性动态电路通常均适用。

电路中电流 i 的全响应(是零状态响应与零输入响应之和)为

$$i = \frac{U_s}{R}e^{-\frac{t}{RC}} - \frac{U_0}{R}e^{-\frac{t}{RC}} \tag{8-24}$$

图8-27(a)和(b)画出了 $U_s > U_0$、$U_s < U_0$、$U_s = U_0$ 三种情况下 u_C 和 i 的波形,在图中分别以曲线①、②、③示出。可以看出,曲线①是充电情况,曲线②是放电情况。而曲线③是无过渡过程的情况,可见含有储能元件的电路在换路后并不一定都出现过渡过程。

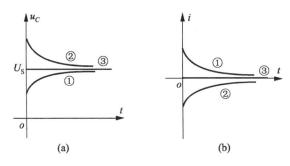

图 8-27 三种情况下 u_C、i 的波形

以上是把全响应看作零状态响应与零输入响应之和,显然零状态响应或零输入响应都是全响应的一种特殊情况。此外,全响应还可分解为稳态分量与暂态分量之和,或强制分量与自由分量之和。即

$$全响应 = 稳态分量＋暂态分量$$

或
$$全响应 = 强制分量＋自由分量$$

仍以图8-26(a)所示的电路为例,换路后电路的微分方程为

$$RC\frac{du_C}{dt} + u_C = U_s$$

其特解(即稳态分量)为 $u_C' = U_s$

其对应齐次微分方程的通解(即暂态分量)为

$$u_C'' = Ae^{-\frac{t}{RC}} = Ae^{-\frac{t}{\tau}}$$

则有 $$u_C = u_C' + u_C'' = U_s + Ae^{-\frac{t}{\tau}}$$

当 $t=0_+$ 时 $$u_C(0_+) = u_C(0_-) = U_0$$

得 $$A = U_0 - U_s$$

所以全响应为

$$u_C = U_s + (U_0 - U_s)e^{-\frac{t}{\tau}} \tag{8-25}$$

$$i = C\frac{du_C}{dt} = -\frac{U_0 - U_s}{R}e^{-\frac{t}{\tau}} \tag{8-26}$$

可将式(8-25)、式(8-26)改写为

$$u_C = U_s(1 - e^{-\frac{t}{\tau}}) + U_0 e^{-\frac{t}{\tau}}$$

$$i = \frac{U_s}{R} e^{-\frac{t}{\tau}} - \frac{U_0}{R} e^{-\frac{t}{\tau}}$$

分别与式(8-23)、式(8-24)完全一致。

综上所述,电路的全响应既可分解为零状态响应与零输入响应之和,也可以分解为稳态分量与暂态分量之和。前一种方法是两个分量分别与输入激励和初始状态有明显的因果关系和线性关系,便于分析计算。后一种方法则能明显地反映电路的工作状态,便于描述电路过渡过程的特点。应当注意,稳态分量、暂态分量与零状态响应、零输入响应的概念是不相同的,必须加以区分。例如上述的 u_C,其各分量之间的关系如下式所示:

$$u_C = \underbrace{U_s}_{\text{稳态分量}} \underbrace{- U_s e^{-\frac{t}{\tau}}}_{\text{暂态分量}} + U_0 e^{-\frac{t}{\tau}} \tag{8-27}$$

（零状态响应 零输入响应）

还应指出,当激励为常量(直流)或正弦函数(周期交流)时,强制分量也就是稳态分量,自由分量与暂态分量也通用。如果激励是衰减的指数函数(非周期函数),则强制分量也将是以相同规律衰减的指数函数,这时只能称强制分量,不能再称稳态分量。

从求解微分方程可知,电路的全响应可分为稳态分量(特解)和暂态分量(齐次方程通解)两部分。暂态分量的形式为 $Ae^{-\frac{t}{\tau}}$,所以全响应为

$$r(t) = r'(t) + r''(t) = r'(t) + Ae^{-\frac{t}{\tau}}$$

式中,积分常数 A 可根据初始条件来确定,即 $t=0_+$ 时,

$$r(0_+) = r'(0_+) + A$$

所以
$$A = r(0_+) - r'(0_+)$$

因此全响应为

$$r(t) = r'(t) + [r(0_+) - r'(0_+)]e^{-\frac{t}{\tau}} \tag{8-28}$$

由式(8-28)可知,有了稳态分量 $r'(t)$、初始值 $r(0_+)$ 和时间常数 τ,电路的全响应就可随之确定。稳态分量、初始值和时间常数称为一阶电路的三个要素,按式(8-28)来求全响应的方法称为"三要素法"。

式(8-28)即为三要素法公式,它对任一线性一阶电路中的任一电路变量都适用,只要算出它的三个要素,代入公式便能很快地写出全响应,这是一种快捷算法。由于零状态响应和零输入响应都是全响应的特殊情况,所以三要素法也适用于计算一阶电路的零状态响应和零输入响应。

在直流激励下的一阶电路,因稳态分量也是恒定的,常用 $r(\infty)$ 表示,且有

$$r'(t) = r'(0_+) = r(\infty)$$

所以式(8-28)可写成

$$r(t) = r(\infty) + [r(0_+) - r(\infty)]e^{-\frac{t}{\tau}} \tag{8-29}$$

例 8-7 在图 8-28(a)所示电路中,$U_S=10$ V,$I_S=2$ A,$R=2$ Ω,$L=4$ H。试求 S 闭合后电路中的电流 i_L 和 i。

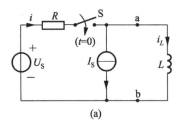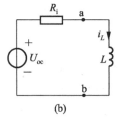

图 8-28 例 8-7 图

解 根据换路定律有

$$i_L(0_+)=i_L(0_-)=-I_S=-2 \text{ A}$$

换路后,将电感 L 以外的电路变换成戴维南等效电路,如图 8-28(b)所示,其中

$$U_{oc} = U_S - RI_S = 10 - 2×2 = 6 \text{ V}$$

$$R_i = R = 2 \text{ Ω}$$

所以达到稳态时,电感 L 的电流为

$$i_L(\infty) = \frac{U_{oc}}{R_i} = \frac{6}{2} = 3 \text{ A}$$

时间常数为

$$\tau = \frac{L}{R_i} = \frac{4}{2} = 2 \text{ s}$$

代入三要素法公式(8-29)得

$$i_L = 3 + (-2-3)e^{-\frac{t}{2}} = 3 - 5e^{-0.5t} \text{ A}$$

i_L 随时间变化的曲线如图 8-29 所示。

电流 i 可回到图 8-28(a),根据 KCL 求得为

$$i = I_S + i_L = 5 - 5e^{-0.5t} \text{ A}$$

电流 i 也可由三要素法直接求出,由图 8-30 所示的 0_+ 等效电路,由 KCL

$$i(0_+) = I_S - i_L(0_+) = 0$$

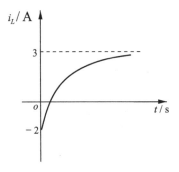

图 8-29 响应 i_L 的波形

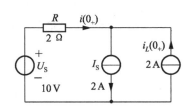

图 8-30 0_+ 等效电路

电路达到稳态时,电感 L 相当于短路,所以有

$$i(\infty) = \frac{U_s}{R} = \frac{10}{2} = 5 \text{ A}$$

时间常数与前一致 $\quad \tau = \frac{L}{R_i} = 2 \text{ s}$

代入三要素法公式(8-29)得

$$i = 5 + (0-5)e^{-\frac{t}{2}} = 5 - 5e^{-0.5t} \text{ A}$$

结果与前一致。

例 8-8 在图 8-31 所示电路中,已知 $U_s = 12 \text{ V}$, $R_1 = R_2 = R_3 = 3 \text{ k}\Omega, C = 1000 \text{ pF}, u_C(0_-) = 0$, 开关 S 在 $t=0$ 时断开,经 $t_1 = 2 \text{ μs}$ 后又合上,求 u_C 和 u_3。

解 (1)当 $0 \leqslant t \leqslant t_1$ 时,为开关 S 断开情况。

① 初始值

由于 $u_C(0_+) = u_C(0_-) = 0$,在 0_+ 时刻电容相当于短路,所以 $u_3(0_+)$ 应由 R_1 与 R_3 分压确定,即

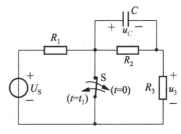

图 8-31 例 8-8 图

$$u_3(0_+) = \frac{R_3}{R_1 + R_3} U_s = 6 \text{ V}$$

② 稳态分量

电路达到稳态时,电容相当于开路,这时 $u_C(\infty)$、$u_3(\infty)$ 可由 R_1、R_2、R_3 串联分压确定,即

$$u_C(\infty) = \frac{R_2}{R_1 + R_2 + R_3} U_s = 4 \text{ V}$$

$$u_3(\infty) = \frac{R_3}{R_1 + R_2 + R_3} U_s = 4 \text{ V}$$

③ 时间常数

等效电阻为

$$R_i = \frac{(R_1 + R_3)R_2}{R_1 + R_3 + R_2} = 2 \text{ k}\Omega$$

所以 $\quad \tau_1 = R_i C = 2 \times 10^3 \times 1000 \times 10^{-12} \text{ s} = 2 \text{ μs}$

代入三要素法公式(8-29)即得

$$u_C = 4 + (0-4)e^{-\frac{t}{\tau_1}} = 4(1 - e^{-5 \times 10^5 t}) \text{ V}, \quad 0 \leqslant t \leqslant t_1$$

$$u_3 = 4 + (6-4)e^{-\frac{t}{\tau_1}} = 4 + 2e^{-5 \times 10^5 t} \text{ V}, \quad 0 < t < t_1$$

(2)在 $t \geqslant t_1$ 时,即开关 S 又合上的情况。

① 初始值

由换路定律 $u_C(t_{1+}) = u_C(t_{1-})$,图 8-31 中,$t = t_1$ 时 S 已闭合,故 $u_3(t_{1+}) = -u_C(t_{1+})$ 而

$$u_C(t_{1+}) = 4(1 - e^{-5 \times 10^5 t_1})$$

$$= 4(1 - e^{-5 \times 10^5 \times 2 \times 10^{-6}}) = 2.528 \text{ V}$$

所以 $\quad\quad\quad\quad\quad u_3(t_{1+}) = -u_C(t_{1+}) = -2.528 \text{ V}$

② 稳态分量

当 $t \geqslant t_1$ 时，U_S、R_1 支路被短路，所以有 $u_C(\infty)=0$，$u_3(\infty)=0$。

③ 时间常数

这时的等效电阻为

$$R_i = \frac{R_2 R_3}{R_2 + R_3} = 1.5 \text{ k}\Omega$$

所以 $\quad \tau_2 = R_i C = 1.5 \ \mu s$

再令 $t' = t - t_1$，当 $t = t_1$ 时 $t' = 0$

将以上各要素代入三要素法公式(8-29)得

$$u_C = 2.528 e^{-\frac{t'}{\tau_2}}$$

$$= 2.528 e^{-6.67 \times 10^5 (t-t_1)} \text{ V}, \quad t \geqslant t_1$$

$$u_3 = -2.528 e^{-6.67 \times 10^5 (t-t_1)} \text{ V}, \quad t > t_1$$

它们随时间变化的波形如图 8-32 所示。

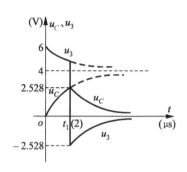

图 8-32 响应 u_C、u_3 的波形

例 8-9 电路如图 8-33(a)所示，设开关 S 闭合前电路已达稳态，$t=0$ 时开关 S 闭合。求 $t \geqslant 0$ 时的电压 u_0。

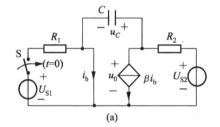 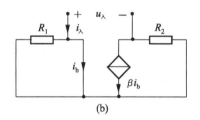

图 8-33 例 8-9 图

解 (1) 初始值

因换路前电路已达稳态，则有 $u_C(0_-) = U_{S2}$

由换路定律

$$u_C(0_+) = u_C(0_-) = U_{S2}$$

则

$$u_0(0_+) = u_C(0_+) = U_{S2}$$

(2) 稳态分量

S 闭合后达到稳态时，电容相当于开路，故有

$$u_0(\infty) = U_{S2} - \beta i_b R_2$$

而

$$i_b = \frac{U_{S1}}{R_1}$$

所以

$$u_0(\infty) = U_{S2} - \beta \frac{R_2}{R_1} U_{S1}$$

(3)时间常数

等效电阻 R_i 可由图 8-33(b)所示的电路求得，即

$$R_i = \frac{u_\lambda}{i_\lambda} = \frac{(i_b + \beta i_b)R_2}{i_b} = (1+\beta)R_2$$

所以

$$\tau = R_iC = (1+\beta)R_2C$$

代入三要素法公式(8-29)得

$$u_0 = \left(U_{S2} - \beta\frac{R_2}{R_1}U_{S1}\right) + \left[U_{S2} - \left(U_{S2} - \beta\frac{R_2}{R_1}U_{S1}\right)\right]\mathrm{e}^{-\frac{t}{\tau}}$$

$$= U_{S2} - \beta\frac{R_2}{R_1}U_{S1}\left(1 - \mathrm{e}^{-\frac{t}{(1+\beta)R_2C}}\right), \quad t \geqslant 0$$

例 8-10　电路如图 8-34 所示,已知纯电阻二端口网络 N 的传输参数 $\boldsymbol{T} = \begin{bmatrix} 3 & 4\Omega \\ 2S & 3 \end{bmatrix}$,电

压源 $U_S = 5$ V,电流源 $I_S = 2$ A,$L = 0.25$ H,在 $t = 0$ 时将开关 S 由"1"扳向"2"。求电感电流 i_L。

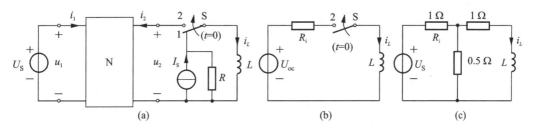

图 8-34　例 8-10 图

解法 1　标出二端口网络 N 的端口电压、电流参考方向如图 8-34(a)所示,写出其传输参数方程

$$u_1 = 3u_2 - 4i_2$$
$$i_1 = 2u_2 - 3i_2$$

当 $i_2 = 0$ 时,得输出端口开路电压

$$U_{oc} = \frac{U_S}{3} = 1.67 \text{ V}$$

当 $u_2 = 0$ 时,得输出端口短路电流

$$I_{SC} = -\frac{U_S}{4} = -1.25 \text{ A}$$

由此得双口网络输出电阻

$$R_i = -\frac{U_{oc}}{I_{SC}} = \frac{4}{3} \text{ }\Omega \approx 1.33 \text{ }\Omega$$

画出其等效电路如图 8-34(b)所示。换路后电流稳态值为

$$i_L(\infty) = \frac{U_{oc}}{R_i} = 1.25 \text{ A}$$

时间常数为

$$\tau = \frac{L}{R_i} = \frac{0.25}{4/3} = \frac{3}{16} = 0.1875 \text{ s}$$

据图 8-34(a)所示换路前电路得

$$i_L(0_+) = i_L(0_-) = I_S = 2 \text{ A}$$

由一阶电路三要素法得

$$i_L(t) = i_L(\infty) + [i_L(0_+) - i_L(\infty)]\mathrm{e}^{-\frac{t}{\tau}}$$
$$= 1.25 + 0.75\mathrm{e}^{-\frac{16}{3}t}\text{A}, \quad t \geqslant 0$$

解法2 由于纯电阻二端口网络为对称双口网络,它可用 T 形或 π 形网络等效,其换路后等效 T 形电路如图 8-34(c)所示。由此电路直接求得

$$i_L(\infty) = 1.25 \text{ A}$$
$$\tau = 0.1875 \text{ s}$$

具体计算请读者自行完成。

8.6 脉冲序列作用下的 *RC* 电路

在电子电路中,常会遇到**脉冲序列**(sequence of pulse)作用的电路。图 8-35 所示为脉冲序列作用于 *RC* 电路。当脉冲序列作用时,电路处于不断的充电和放电过程之中。现分析电路中电容电压 u_C 随时间的变化过程。

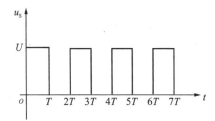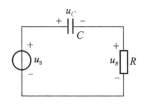

图 8-35 脉冲序列作用于 *RC* 电路

现在先分析一种特殊情况,$T \gg \tau(\tau = RC)$。当时间在$(0 \sim T)$间隔内,电源电压 $u_S = U$,电容处于充电过程,因设 T 远大于电路的时间常数 τ,可以认为 $t = T$ 时电容电压 u_C 早已达到稳态值 U。这段时间$(0 \sim T)$其响应为零状态响应。

当时间在$(T \sim 2T)$间隔内,电源电压 $u_S = 0$,电容处于放电过程,当 $t = 2T$ 时电容电压早已衰减到接近于零。故该段时间的响应为零输入响应。在以后的$(2T \sim 3T)$,$(3T \sim 4T)$,$\cdots$间隔内不断地重复上述充、放电过程,u_C,u_R 波形如图 8-36 中所示。

下面着重讨论 $T < \tau(\tau = RC)$的一般情况。图 8-37中画出了在这一情况下 u_C 曲线图。在$(0 \sim T)$时间内,电容充电,u_C 从零开始上升,但因时间常数 $\tau > T$,在 $t = T$ 时 u_C 还未达到稳态值 U 时,输入方波就变为零,电容转而放电,u_C 开始下降,到 $t = 2T$ 时,u_C还未降到零,输入方波又变到 U,电容又开始充电,但这次充电时,u_C 的起始值已不再是零,比上一次要高。在最初若干个周期,每个周期开始充电时,u_C 的

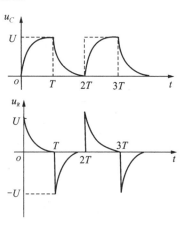

图 8-36 u_C,u_R 随时间变化的曲线($T \gg \tau$ 的情况)

起始电压都在不断升高,直到经过足够多的充、放电周期后,这个起始电压就稳定在一定的数值上(图中所示的 U_{10} 值),这时 u_C 在一个周期开始电容充电时的起始值就等于该周期结束时电容放电所下降到的值,u_C 也就进入了周期变化的稳态过程。在分析这一电路时,应该注意到:①在充电或放电的动态过程中,u_C 都是由该过程的起始值向其稳态值

U 变化，但由于时间常数 τ 较大，在 u_C 尚未达到稳态时值，电路又发生了换路，于是又开始了下一个过程；②u_C 的每一个局部过程（如 $0\sim T,T\sim 2T,\cdots$），都是 RC 电路的充电或放电的过渡过程，可以用分析过渡过程的方法进行分析，但就 u_C 变化的全部过程而言，也可把它分成过渡过程和稳态过程（在经过 $3\tau\sim5\tau$ 时间之后）两个不同阶段。

在实际问题中，有时感兴趣的是稳态响应，达到稳态时 u_C 的 U_{10} 和 U_{20} 值（见图 8-37）可按下述方法求出。

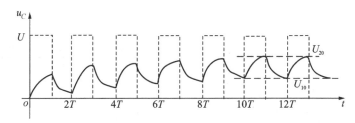

图 8-37　u_C 随时间变化的曲线（$T<\tau$ 情况）

设 U_{10} 为稳态情况下充电过程的起始值，则经过时间 T 后，u_C 将增加到 U_{20}，有

$$U_{20} = U_{10} + (U - U_{10})(1 - e^{-T/\tau}) \tag{8-30}$$

因 U_{20} 又为放电过程的起始值，经过时间 T 后，u_C 将下降到 U_{10}，有

$$U_{10} = U_{20} e^{-T/\tau} \tag{8-31}$$

由式(8-30)、式(8-31)两式解得

$$U_{20} = U\frac{1 - e^{-T/\tau}}{1 - e^{-2T/\tau}} = \frac{U}{1 + e^{-T/\tau}}$$

$$U_{10} = U\frac{(1 - e^{-T/\tau})e^{-T/\tau}}{1 - e^{-2T/\tau}} = \frac{Ue^{-T/\tau}}{1 + e^{-T/\tau}}$$

求出了 U_{10}、U_{20}，也就不难得出 u_C 的稳态分量 u_{Cq}，如图 8-37 中所示。

要求出在脉冲序列作用下 u_C 的全响应，只需再加上暂态分量，即

$$u_C = u_{Cq} + u_{Cz}$$

暂态分量 $u_{Cz} = Ae^{-t/\tau}$，由起始条件 $u_C(0)=0$ 可知

$$u_{Cz} = -U_{10} e^{-t/\tau}$$

显然，图 8-38 中，u_{Cq}，u_{Cz} 两条曲线相加就等于图 8-37 中 u_C 的曲线。

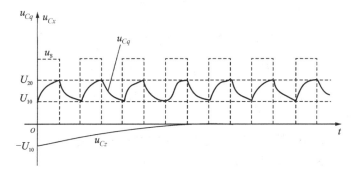

图 8-38　u_C 的稳态分量 u_{Cq} 和暂态分量 u_{Cz}

8.7　直流斩波电路

电力电子变换器中将固定的或变化的直流电压变换成可调或恒定的直流电压的 DC/DC 变换器称为**斩波器**（**chopper**），它是通过对一直流电源供电的电路进行快速通断控制来完成的。图 8-39(a) 是由一个功率晶体管开关 Q 与负载串联构成的斩波电路。

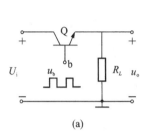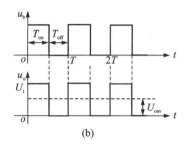

(a)　　　　　　　　　　　　　　　　　(b)

图 8-39　斩波器原理图

驱动信号 u_b 周期地控制功率晶体管 Q 导通与截止，当晶体管导通时，若忽略其饱和压降，则输出电压 u_o 等于输入电压；当晶体管截止时，若忽略其电流，则输出电压为零，各电压波形如图 8-39(b) 所示。

输出电压的平均值为

$$U_{oav} = \frac{1}{T}\int_0^{T_{on}} u_o \mathrm{d}t = \frac{T_{on}}{T}U_i = DU_i \tag{8-32}$$

输出电压的有效值

$$U_o = \sqrt{\frac{1}{T}\int_0^{T_{on}} u_o^2 \mathrm{d}t} = \sqrt{D}U_i$$

式中，$T = \dfrac{1}{f}$ 是开关周期，f 为斩波频率，T_{on} 是晶体管 Q 导通时间，T_{off} 是晶体管 Q 截止时间，定义 $D = \dfrac{T_{on}}{T}$ 为斩波**占空度**（**Duty cycle**），也称为**占空比**（**Duty Ratio**）。

负载电流的平均值

$$I_{oav} = \frac{U_o}{R_L} = \frac{DU_i}{R_L}$$

假设斩波器没有损耗，其输入功率等于输出功率

$$P_i = P_o = \frac{1}{T}\int_0^{T_{on}} U_i i \mathrm{d}t = D\frac{U_i^2}{R_L}$$

可见，改变占空比 D 就可改变输出电压 U_o，并控制了输出功率，由于 $D < 1$，所以斩波器是降压斩波器。

图 8-39(b) 所示斩波器输出电压波形可以看出，输出电压的脉动（一般称为**纹波 ripple wave**）很大，这在负载上会产生很大的谐波。为了降低纹波，对电路作改进如图 8-40(a) 所示，输出端接入电感 L，D 为续流二极管。

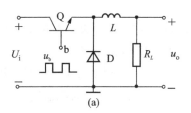 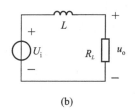 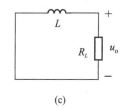

| (a) | (b) | (c) |

图 8-40　改进斩波器原理图

图 8-40(a)中,当晶体管 Q 导通时,二极管 D 处于截止状态,电路如图 8-40(b)所示,电路是一阶 RL 电路的零状态响应,电感中电流从零开始逐渐增大,电感储存能量;当晶体管 Q 关断时,由于电感中的电流不能突变,感应电势反向,迫使二极管 D 导通,续流电路如图 8-40(c)所示,电路是一阶 RL 电路的零输入响应,电感中电流减小,释放能量。现分析电路中电压 u_o 随时间变化的过程。

(1) $T_{on} \gg \tau, T_{off} \gg \tau$

$\tau = \dfrac{L}{R}$ 是时间常数,当晶体管 Q 导通和关断的持续时间远远大于电路的时间常数 τ 时,电路很快达到新的稳态,输出电压表达式为

$$u_o = U_i(1 - e^{-\frac{t}{\tau}}), \quad 0 < t < T_{on}$$

$$u_o = U_i e^{\frac{t - T_{on}}{\tau}}, \quad T_{on} < t \leqslant T$$

波形如图 8-41(b)所示,显然,这种参数选择没有达到平滑纹波的目的。

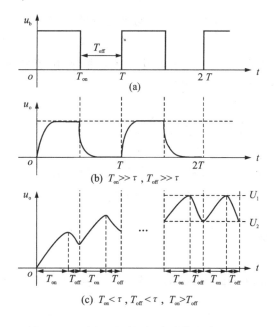

图 8-41　不同开关时间斩波器输出波形图

(2) $T_{on} < \tau, T_{off} < \tau$，且 $T_{on} > T_{off}$

此时，由于晶体管 Q 导通和关断的持续时间小于电路的时间常数，因此，电路的输出电压在晶体管 Q 导通和关断的持续时间内都不能达到新的稳态值，由于 $T_{on} > T_{off}$，电感电流上升后再下降，再上升，但每次上升的初始值都比上一次要大，经过足够多的周期后，电路会达到一个周期性变化的稳定状态。如图 8-41(c)所示，若设 U_1 为稳态时每个周期输出电压的最大值，U_2 为其最小值，根据一阶电路的三要素法可以写出整个稳态时斩波电路输出电压的表达式，为了计算方便，将稳态的计时起点设为零。

$$u_o = U_i + (U_2 - U_i)e^{-\frac{t}{\tau}}, \quad 0 < t \leqslant T_{on} \tag{8-33a}$$

$$u_o = U_1 e^{-\frac{t-T_{on}}{\tau}}, \quad T_{on} < t < T \tag{8-33b}$$

将电感电流上升结束的时刻 $t = T_{on}$ 代入式(8-33a)得

$$U_i + (U_2 - U_i)e^{-\frac{T_{on}}{\tau}} = U_1 \tag{8-34a}$$

将电感电流下降结束的时刻 $t = T_{on} + T_{off}$ 代入式(8-33b)得

$$U_1 e^{-\frac{T_{off}}{\tau}} = U_2 \tag{8-34b}$$

联立式(8-34a)、式(8-34b)解得

$$U_1 = \frac{U_i(1 - e^{-\frac{T_{on}}{\tau}})}{1 - e^{-T/\tau}} \tag{8-35a}$$

$$U_2 = \frac{U_i(1 - e^{-\frac{T_{on}}{\tau}})}{e^{T_{off}/\tau} - e^{-T_{on}/\tau}} \tag{8-35b}$$

无论从输出电压还是其波形都可以看出，输出电压的纹波减小，且开关频率越高，纹波越小。

在实际的降压斩波器中，为了使输出电压的纹波减小，常在负载两端并联一个大电容，也就是所谓的降压式(Buck)变换器。

8.8 单位阶跃函数和单位冲激函数

电路中的开关切换及短时间有很大能量注入电路，如闪电等可以用单位阶跃函数和单位冲激函数来模拟，这两个函数均为奇异函数。

8.8.1 单位阶跃函数

单位阶跃函数（unite step function）用符号 $\varepsilon(t)$ 表示，其定义为

$$\varepsilon(t) = \begin{cases} 0, & t < 0 \\ 1, & t > 0 \end{cases} \tag{8-36}$$

其波形如图 8-42(a)所示。

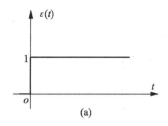 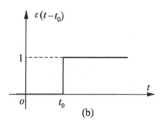

图 8-42　单位阶跃函数的波形

如果单位阶跃函数延迟了 t_0 才出现,如图 8-42(b)所示,称为延迟单位阶跃函数,参照式(8-36),记作 $\varepsilon(t-t_0)$,即

$$\varepsilon(t-t_0) = \begin{cases} 0, & t < t_0 \\ 1, & t > t_0 \end{cases} \tag{8-37}$$

如果阶跃的幅度为 K,则应分别写成 $K\varepsilon(t)$ 或 $K\varepsilon(t-t_0)$。

任何一个函数 $f(t)$,设其波形如图 8-43(a)所示,借助单位阶跃函数可描述其定义域,如:

$$f(t)\varepsilon(t) = \begin{cases} 0, & t < 0 \\ f(t), & t > 0 \end{cases} \tag{8-38a}$$

$$f(t)\varepsilon(t-t_0) = \begin{cases} 0, & t < t_0 \\ f(t), & t > t_0 \end{cases} \tag{8-38b}$$

$$f(t-t_0)\varepsilon(t-t_0) = \begin{cases} 0, & t < t_0 \\ f(t-t_0), & t > t_0 \end{cases} \tag{8-38c}$$

各波形如图 8-43(b)、(c)、(d)所示。应注意图 8-43(c)与图 8-43(d)的区别。

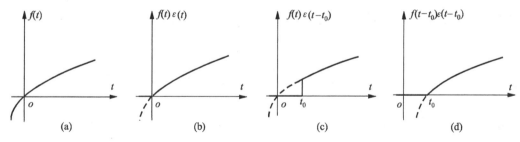

图 8-43　单位阶跃函数的起始作用

可见单位阶跃函数具有切换的作用,可以用来规定任意波形的起始点。例如图 8-44(a)及图 8-44(c)中,开关 S 在 $t=0$ 时刻由"1"扳向"2",可用阶跃激励电路来代替,如图 8-44(b)及图 8-44(d)所示。

此外,单位阶跃函数还可将分段函数写成封闭形式。如图 8-45(a)所示的幅值为 1 的矩形脉冲函数 $f(t)$,一般写成

$$f(t) = \begin{cases} 0, & t < 0 \\ 1, & 0 < t < t_1 \\ 0, & t > t_1 \end{cases}$$

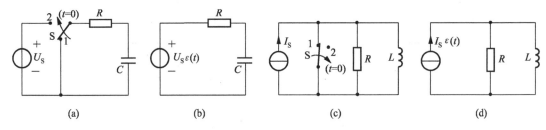

图 8-44　用阶跃函数表示恒定电源接入电路

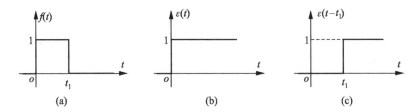

图 8-45　用阶跃函数合成脉冲函数

若将其看作如图 8-45(b)、(c)两个单位阶跃函数之差,则可写成下列封闭形式

$$f(t) = \varepsilon(t) - \varepsilon(t - t_1) \tag{8-39}$$

此式又称为闸门函数。

再如图 8-46 所示的函数 $f(t)$,分段表示为

$$f(t) = \begin{cases} 0, & t < 1 \\ t-1, & 1 < t < 2 \\ 0, & t > 2 \end{cases}$$

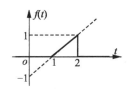

图 8-46　阶跃函数合成
斜坡函数

借助闸门函数可写成下列封闭形式

$$f(t) = (t-1)\big[\varepsilon(t-1) - \varepsilon(t-2)\big]$$
$$= (t-1)\varepsilon(t-1) - (t-1)\varepsilon(t-2)$$

或

$$f(t) = (t-1)\varepsilon(t-1) - (t-2)\varepsilon(t-2) - \varepsilon(t-2)$$

8.8.2　单位冲激函数

单位冲激函数(**unit impulse function**)又称 $\delta(t)$ 函数,其定义为

$$\left.\begin{array}{l} \delta(t) = 0, \quad t \neq 0 \\ \delta(t) \to \infty, \quad t = 0 \\ \displaystyle\int_{-\infty}^{\infty} \delta(t)\mathrm{d}t = 1 \end{array}\right\} \tag{8-40}$$

由上述定义可知,$\delta(t)$ 函数可看作是单位面积脉冲函数的一种极限。如图 8-47(a)所示为一单位面积矩形脉冲函数 $P_\Delta(t)$,其宽度为 Δ,幅度为 $1/\Delta$,所以其波形与横轴所包围的面积等于 1,当脉冲宽度 Δ 变得越来越窄时,其幅度 $1/\Delta$ 将越来越大,但其所包围的面积仍为 1,当脉宽 $\Delta \to 0$ 时,则幅度 $1/\Delta \to \infty$,但其面积仍为 1,这时函数 $P_\Delta(t)$ 就成为

式(8-40)所定义的单位冲激函数 $\delta(t)$。

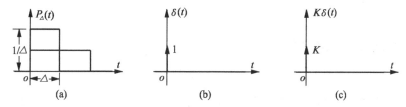

图 8-47　冲激函数的实际意义

单位冲激函数的波形如图 8-47(b)所示,用粗线箭头表示 $\delta(t)$。在箭头旁标明 1,表示该冲激函数的"波形面积"或"强度"为 1。同理,可以用 $K\delta(t)$ 表示一个"波形面积"或"强度"为 K 的冲激函数,如图 8-47(c)所示,可在箭头旁标明 K。

若单位冲激函数在 $t=t_1$ 时出现,用 $\delta(t-t_1)$ 表示,如图 8-48(a)所示,也称延时的单位冲激函数。若"波形面积"或"强度"为 K 的冲激函数在 $t=t_1$ 时出现,则用 $K\delta(t-t_1)$ 表示,如图 8-48(b)所示。

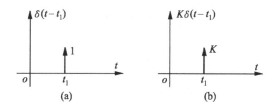

图 8-48　冲激函数的波形

由于当 $t\neq0$ 时,$\delta(t)=0$,所以对任意在 $t=0$ 时为连续的函数 $f(t)$,将有

$$f(t)\delta(t) = f(0)\delta(t)$$

因此

$$\int_{-\infty}^{\infty} f(t)\delta(t)\mathrm{d}t = f(0)\int_{-\infty}^{\infty} \delta(t)\mathrm{d}t = f(0)$$

同理,对于任意在 $t=\tau$ 时连续的函数 $f(t)$,将有

$$f(t)\delta(t-\tau) = f(\tau)\delta(t-\tau)$$

因此

$$\int_{-\infty}^{\infty} f(t)\delta(t-\tau)\mathrm{d}t = f(\tau)$$

这些都说明,δ 函数有把一个函数在某一瞬间的值"筛"出来的作用,这一性质称为 δ 函数的"筛分"性质。

8.8.3　单位冲激函数与单位阶跃函数之间的关系

单位阶跃函数是 δ 函数的积分

$$\int_{-\infty}^{t} \delta(\xi)\mathrm{d}(\xi) = \begin{cases} 0, & t < 0 \\ 1, & t > 0 \end{cases}$$

根据单位阶跃函数的定义式(8-36),与上式比较可得

$$\int_{-\infty}^{t} \delta(\xi)\mathrm{d}\xi = \varepsilon(t) \tag{8-41}$$

反之,δ 函数是单位阶跃函数的导数,即

$$\delta(t) = \frac{\mathrm{d}}{\mathrm{d}t}\varepsilon(t) \tag{8-42}$$

从传统的数学观点看,这样求导是不成立的。如果从图 8-49 所示的取极限过程来看,式(8-42)也是一种极限状况。如图 8-49(a),对 $P_1(t)$ 求导,在 $0<t<1$ 时,导数为 1,$t>1$ 时导数为 0,其波形如图 8-49(a)中的 $P_\Delta(t)$,亦即 $P_\Delta(t) = \frac{\mathrm{d}}{\mathrm{d}t}P_1(t)$。图 8-49(b)也有类似的关系。如果 $P_1(t)$ 的前沿上升速率无限增加至图 8-49(c)中的 $\varepsilon(t)$,则 $P_\Delta(t) = \frac{\mathrm{d}}{\mathrm{d}t}P_1(t)$ 的宽度 $\Delta \rightarrow 0$,幅度 $\rightarrow \infty$,而面积仍为 1,即成为 $\delta(t)$。

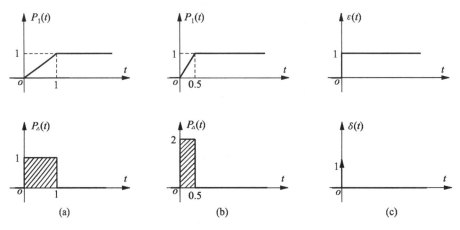

图 8-49　单位冲激函数与单位阶跃函数关系的说明

8.9　一阶电路的阶跃响应和冲激响应

8.9.1　阶跃响应

零初始状态电路,在单位阶跃电压或电流的激励下所引起的响应称为**单位阶跃响应**(**unit step response**),简称阶跃响应,记为 $g(t)$。响应可以是电压,也可以是电流。它的求解方法与 8.4 节相同,只要在直流输入情况下的零状态响应的公式中,令输入为 $\varepsilon(t)$ 就获得了该电路的单位阶跃响应。

例如对于图 8-14 所示电路的单位阶跃响应,只要令 $U_S = \varepsilon(t)$,电路如图 8-50 所示。这时 u_C 及 i 的阶跃响应为

$$u_C = (1 - \mathrm{e}^{-\frac{t}{\tau}})\varepsilon(t)$$

$$i = \frac{1}{R} e^{-\frac{t}{\tau}} \varepsilon(t)$$

同理,可将图 8-14 改画成图 8-51 所示的情况,其零状态响应为

$$u_C = U_S(1 - e^{-\frac{t}{\tau}}) \varepsilon(t)$$

$$i = \frac{U_S}{R} e^{-\frac{t}{\tau}} \varepsilon(t)$$

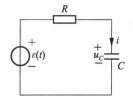

图 8-50 *RC* 电路的单位阶跃响应

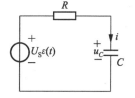

图 8-51 直流激励下的零状态响应

从以上讨论可知,知道单位阶跃响应,就能求得任意直流激励下的零状态响应,只要把阶跃响应乘以该直流激励的量值即可。

若将一阶电路中某变量的阶跃响应表示为

$$g(t)\varepsilon(t)$$

则激励延迟 t_1 时,该变量的阶跃响应为

$$g(t-t_1)\varepsilon(t-t_1)$$

例 8-11 图 8-52(a)所示的 *RC* 电路,接入图 8-52(b)所示的矩形脉冲电压,已知 $u_C(0)=0$,试求电容电压 u_C 及电流 i。

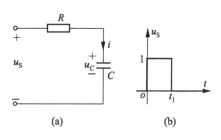

图 8-52 例 8-11 图

解 因为 $u_S = \varepsilon(t) - \varepsilon(t-t_1)$ 是由两个阶跃函数构成,因此 u_C 及 i 都可看作是两个阶跃响应组成。当 $\varepsilon(t)$ 作用时,响应为

$$u_C^{(1)} = (1 - e^{-\frac{t}{\tau}})\varepsilon(t), \quad \tau = RC$$

$$i^{(1)} = \frac{1}{R} e^{-\frac{t}{\tau}} \varepsilon(t)$$

当 $-\varepsilon(t-t_1)$ 作用时,其响应为

$$u_C^{(2)} = -(1 - e^{-\frac{t-t_1}{\tau}})\varepsilon(t-t_1)$$

$$i^{(2)} = -\frac{1}{R} e^{-\frac{t-t_1}{\tau}} \varepsilon(t-t_1)$$

所以在 $u_S = \varepsilon(t) - \varepsilon(t-t_1)$ 作用下,其响应为

$$u_C = u_C^{(1)} + u_C^{(2)}$$

$$= (1 - e^{-\frac{t}{\tau}})\varepsilon(t) - (1 - e^{-\frac{t-t_1}{\tau}})\varepsilon(t-t_1)$$

$$i = i^{(1)} + i^{(2)}$$

$$= \frac{1}{R} e^{-\frac{t}{\tau}} \varepsilon(t) - \frac{1}{R} e^{-\frac{t-t_1}{\tau}} \varepsilon(t-t_1)$$

u_C 及 i 的波形如图 8-53 所示。图(a)是对应于 $\tau \ll t_1$ 情况下的波形；图(b)是对应于 $\tau > t_1$ 情况下的波形。

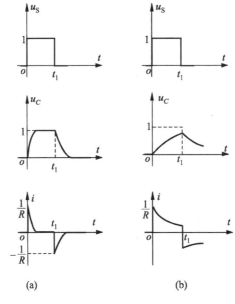

图 8-53　不同 τ 值时的波形

8.9.2　冲激响应

零初始状态电路在单位冲激函数激励下所引起的响应称为**单位冲激响应**(**unit impulse response**)，简称冲激响应，记为 $h(t)$。响应可以是电压，也可以是电流。求解单位冲激响应时，可分为两步进行。第一步：在 $t = 0_-$ 到 0_+ 的"区间"内，这时电路在冲激函数 $\delta(t)$ 的作用下，使电容电压 u_C 或电感电流 i_L 发生跃变，亦即使储能元件获得能量（非零"初始状态"）；第二步：$t = 0_+$ 以后，$\delta(t) = 0$，电路中的响应相当于由初始状态引起的零输入响应。可见求解冲激响应的关键是在 $t = 0_-$ 到 0_+ 的"区间"内，如何求得 $\delta(t)$ 引起的初始状态，即 $u_C(0_+)$ 或 $i_L(0_+)$。

图 8-54(a)为一 RC 并联电路，下面讨论此电路在单位冲激电流源激励下的冲激响应 u_C 和 i_C。

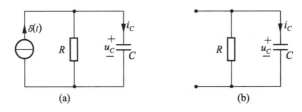

图 8-54　RC 电路的单位冲激响应

$t=0$ 时，根据 KCL 有

$$C\frac{\mathrm{d}u_C}{\mathrm{d}t} + \frac{1}{R}u_C = \delta(t) \tag{8-43}$$

而 $u_C(0_-)=0$，为了求得 $u_C(0_+)$ 的值，可将上式在 0_- 到 0_+ "区间"内积分

$$\int_{0_-}^{0_+} C\frac{\mathrm{d}u_C}{\mathrm{d}t}\mathrm{d}t + \int_{0_-}^{0_+} \frac{1}{R}u_C\mathrm{d}t = \int_{0_-}^{0_+} \delta(t)\mathrm{d}t$$

上式左侧第二项积分只有在 u_C 为冲激函数时才不为零。但若 u_C 是冲激函数，则 $C\frac{\mathrm{d}u_C}{\mathrm{d}t}$ 将是冲激函数的一阶导数 $\delta'(t)$（称为冲激偶），这样式(8-43)将不能成立，因此 u_C 不可能是冲激函数，所以上式左侧第二项积分应为零，而 $\int_{0_-}^{0_+} C\frac{\mathrm{d}u_C}{\mathrm{d}t}\mathrm{d}t = C\int_{u_C(0_-)}^{u_C(0_+)}\mathrm{d}u_C$，于是得

$$C[u_C(0_+) - u_C(0_-)] = 1$$

所以

$$u_C(0_+) = \frac{1}{C} + u_C(0_-) = \frac{1}{C}$$

可见，在冲激激励下，$u_C(0_+) \neq u_C(0_-)$，电容电压发生跃变，即在 $t=0$ 瞬间，电容电压立即由零跃变到 $1/C$。$t>0$ 时，由于 $\delta(t)=0$，即此时电路的输入为零，电路如图 8-54(b)所示，所以电路的冲激响应相当于由 $u_C(0_+)=1/C$ 所引起的零输入响应。因此 u_C 的冲激响应为

$$u_C = u_C(0_+)\mathrm{e}^{-\frac{t}{\tau}}\varepsilon(t) = \frac{1}{C}\mathrm{e}^{-\frac{t}{RC}}\varepsilon(t)$$

i_C 的冲激响应为

$$i_C = C\frac{\mathrm{d}u_C}{\mathrm{d}t} = -\frac{1}{RC}\mathrm{e}^{-\frac{t}{RC}}\varepsilon(t) + \mathrm{e}^{-\frac{t}{RC}}\delta(t)$$

$$= \delta(t) - \frac{1}{RC}\mathrm{e}^{-\frac{t}{RC}}\varepsilon(t)$$

它们随时间变化的曲线如图 8-55 所示。可见，在 $t=0$ 瞬间，有一冲激电流 $\delta(t)$ 通过电容，使电容充得电压为 $\frac{1}{C}$。$t>0$ 时，电容放电，电流的实际方向与参考方向相反。

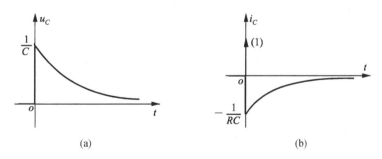

(a) (b)

图 8-55 冲激响应随时间 t 变化的曲线

电路的冲激响应还有另一种分析方法，由上节分析可知，单位冲激函数是单位阶跃函数的一阶导数，即 $\delta(t) = \frac{\mathrm{d}}{\mathrm{d}t}\varepsilon(t)$。所以，在线性电路中，单位冲激响应是单位阶跃响应的一阶导数。则有

$$h(t) = \frac{\mathrm{d}}{\mathrm{d}t}g(t) \tag{8-44}$$

图 8-54(a)电路中 u_C 的阶跃响应为

$$g(t) = R(1 - \mathrm{e}^{-\frac{t}{RC}})\varepsilon(t)$$

则其冲激响应为

$$h(t) = \frac{\mathrm{d}}{\mathrm{d}t}g(t) = \frac{\mathrm{d}}{\mathrm{d}t}\left[R(1 - \mathrm{e}^{-\frac{t}{RC}})\varepsilon(t)\right]$$

$$= R(1 - \mathrm{e}^{-\frac{t}{RC}})\delta(t) + \frac{1}{C}\mathrm{e}^{-\frac{t}{RC}}\varepsilon(t)$$

$$= \frac{1}{C}\mathrm{e}^{-\frac{t}{RC}}\varepsilon(t)$$

与前述方法所得结果完全一致。

例 8-12 电路如图 8-56(a)所示,已知 $i_L(0_-)=0$,输入为冲激电压源。试求 i_L 和 u_L 的冲激响应。

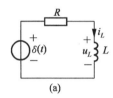 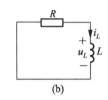

图 8-56 例 8-12 图

解 方法一

$t=0$ 时,根据 KVL 有

$$L\frac{\mathrm{d}i_L}{\mathrm{d}t} + Ri_L = \delta(t)$$

两边从 $t=0_-$ 到 0_+ 积分得

$$\int_{0_-}^{0_+} L\frac{\mathrm{d}i_L}{\mathrm{d}t}\mathrm{d}t + \int_{0_-}^{0_+} Ri_L\mathrm{d}t = \int_{0_-}^{0_+}\delta(t)\mathrm{d}t$$

由于 i_L 不可能是冲激函数,所以第二项积分为零,于是得

$$L[i_L(0_+) - i_L(0_-)] = 1$$

所以

$$i_L(0_+) = \frac{1}{L}$$

$t>0$ 时,$\delta(t)=0$,电路如图 8-56(b),因此,i_L 的冲激响应为

$$i_L = i_L(0_+)\mathrm{e}^{-\frac{t}{\tau}}\varepsilon(t) = \frac{1}{L}\mathrm{e}^{-\frac{R}{L}t}\varepsilon(t)$$

而

$$u_L = L\frac{\mathrm{d}i_L}{\mathrm{d}t} = \mathrm{e}^{-\frac{R}{L}t}\delta(t) - \frac{R}{L}\mathrm{e}^{-\frac{R}{L}t}\varepsilon(t)$$

$$= \delta(t) - \frac{R}{L}\mathrm{e}^{-\frac{R}{L}t}\varepsilon(t)$$

方法二

i_L 的阶跃响应为

$$\frac{1}{R}(1 - \mathrm{e}^{-\frac{R}{L}t})\varepsilon(t)$$

则其冲激响应为

$$i_L = \frac{\mathrm{d}}{\mathrm{d}t}\left[\frac{1}{R}(1 - \mathrm{e}^{-\frac{R}{L}t})\varepsilon(t)\right]$$

$$= \frac{1}{R}(1 - \mathrm{e}^{-\frac{R}{L}t})\delta(t) + \frac{1}{L}\mathrm{e}^{-\frac{R}{L}t}\varepsilon(t)$$

$$= \frac{1}{L}\mathrm{e}^{-\frac{R}{L}t}\varepsilon(t)$$

两种方法结果一致。

例 8-13 电路如图 8-57(a)所示,已知 $u_C(0_-)=0$,运放为理想的。设(1)$u_i=U\varepsilon(t)$;(2)$u_i=\delta(t)$。试求输出电压 u_o。

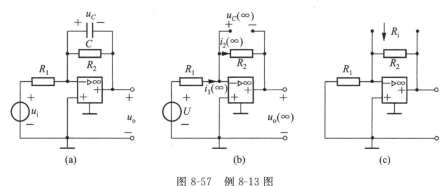

图 8-57 例 8-13 图

解 （1）可用三要素法求阶跃响应。

$$u_o = -u_C$$

$$u_C(0_+) = u_C(0_-) = 0$$

所以
$$u_o(0_+) = 0$$

$t \to \infty$ 时,电路达稳态,电容相当于开路,如图 8-57(b)所示,于是

$$u_o(\infty) = -u_C(\infty)$$

$$i_1(\infty) = i_2(\infty)$$

即
$$\frac{U\varepsilon(t)}{R_1} = \frac{u_C(\infty)}{R_2}$$

$$u_C(\infty) = \frac{R_2}{R_1}U\varepsilon(t)$$

所以
$$u_o(\infty) = -\frac{R_2}{R_1}U\varepsilon(t)$$

由图 8-57(c)可求出 $R_i = R_2$

所以
$$\tau = R_2 C$$

代入三要素法公式得

$$u_o = -\frac{R_2}{R_1}U\varepsilon(t) + \frac{R_2}{R_1}U e^{-\frac{t}{R_2 C}}\varepsilon(t)$$

$$= -\frac{R_2}{R_1}U(1 - e^{-\frac{t}{R_2 C}})\varepsilon(t)$$

即单位阶跃响应为

$$u_{o\varepsilon} = -\frac{R_2}{R_1}(1 - e^{-\frac{t}{R_2 C}})\varepsilon(t)$$

（2）当 $u_i = \delta(t)$ 时,可对(1)中的单位阶跃响应求导即得

$$u_{o\delta} = -\frac{R_2}{R_1}(1 - e^{-\frac{t}{R_2 C}})\delta(t) - \frac{1}{R_1 C}e^{-\frac{t}{R_2 C}}\varepsilon(t)$$

$$= -\frac{1}{R_1 C}e^{-\frac{t}{R_2 C}}\varepsilon(t)$$

8.10 二阶电路的零输入响应

二阶电路是含有两个独立储能元件的线性电路,其电路方程是二阶微分方程。RLC 串联电路或三者并联电路,是最简单的典型二阶电路。本节通过 RLC 串联电路的放电过程来研究二阶电路的零输入响应。

电路如图 8-58 所示,设开关 S 闭合前电容已充电,其电压为 U_0,电感中无电流。

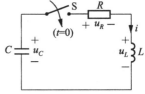

图 8-58 RLC 电路的零
输入响应

换路后,在图示参考方向下,根据 KVL 有

$$-u_C + u_R + u_L = 0$$

而 $i = -C\dfrac{\mathrm{d}u_C}{\mathrm{d}t}$,$u_R = Ri = -RC\dfrac{\mathrm{d}u_C}{\mathrm{d}t}$,$u_L = L\dfrac{\mathrm{d}i}{\mathrm{d}t} = -LC\dfrac{\mathrm{d}^2 u_C}{\mathrm{d}t^2}$

代入 KVL 方程得

$$LC\frac{\mathrm{d}^2 u_C}{\mathrm{d}t^2} + RC\frac{\mathrm{d}u_C}{\mathrm{d}t} + u_C = 0 \tag{8-45}$$

这是二阶常系数线性齐次微分方程,其特征方程为

$$LCp^2 + RCp + 1 = 0$$

其根为

$$\left.\begin{aligned}
p_1 &= -\frac{R}{2L} + \sqrt{\left(\frac{R}{2L}\right)^2 - \frac{1}{LC}} = -\delta + \sqrt{\delta^2 - \omega_0^2} \\
p_2 &= -\frac{R}{2L} - \sqrt{\left(\frac{R}{2L}\right)^2 - \frac{1}{LC}} = -\delta - \sqrt{\delta^2 - \omega_0^2}
\end{aligned}\right\} \tag{8-46}$$

式中 $\delta = \dfrac{R}{2L}$,称为电路的衰减常数,单位为 $\dfrac{1}{\mathrm{s}}$;$\omega_0 = \dfrac{1}{\sqrt{LC}}$,称为电路的固有振荡角频率,也称为谐振角频率,单位为 rad/s。特征根 p_1、p_2 也称为电路的固有频率或自然频率。

微分方程式(8-45)的通解为

$$u_C = A_1 \mathrm{e}^{p_1 t} + A_2 \mathrm{e}^{p_2 t} \tag{8-47}$$

其中,积分常数 A_1 和 A_2 可由初始条件 $u_C(0_+)$ 和 $\dfrac{\mathrm{d}u_C}{\mathrm{d}t}\bigg|_{0_+}$ 确定。对式(8-47)求一阶导数得

$$\frac{\mathrm{d}u_C}{\mathrm{d}t} = p_1 A_1 \mathrm{e}^{p_1 t} + p_2 A_2 \mathrm{e}^{p_2 t}$$

初始条件为

$$u_C(0_+) = u_C(0_-) = U_0$$

$$\frac{\mathrm{d}u_C}{\mathrm{d}t}\bigg|_{0_+} = \frac{i(0_+)}{-C} = 0$$

所以

$$\left.\begin{aligned}
A_1 + A_2 &= U_0 \\
p_1 A_1 + p_2 A_2 &= 0
\end{aligned}\right\} \tag{8-48}$$

联立求解式(8-48)便可得常数 A_1 和 A_2 为

$$A_1 = \frac{p_2}{p_2 - p_1} U_0 \ \Bigg\}$$
$$A_2 = \frac{-p_1}{p_2 - p_1} U_0 \ \Bigg\}$$

(8-49)

式(8-49)是根据既定的初始条件求出的,若初始条件不同,则所得结果也不同。

将式(8-49)代入式(8-47)即为所需求的解。下面将根据 p_1 和 p_2 表达式(8-46)中根号内 $\left(\dfrac{R}{2L}\right)^2$ 与 $\dfrac{1}{LC}$ 两项的相对大小,分三种情况加以讨论。

8.10.1 $\left(\dfrac{\boldsymbol{R}}{\boldsymbol{2L}}\right)^2 > \dfrac{1}{\boldsymbol{LC}}$ 即 $\boldsymbol{R} > 2\sqrt{\dfrac{\boldsymbol{L}}{\boldsymbol{C}}}$(非振荡放电过程)

在这种情况下,两个特征根 p_1 和 p_2 是不等的负实根。电容电压为

$$u_C = A_1 e^{p_1 t} + A_2 e^{p_2 t}$$
$$= \frac{U_0}{p_2 - p_1}(p_2 e^{p_1 t} - p_1 e^{p_2 t})$$

(8-50)

电流(考虑到 $p_1 p_2 = \dfrac{1}{LC}$)为

$$i = -C \frac{\mathrm{d} u_C}{\mathrm{d} t} = -\frac{C U_0 p_1 p_2}{p_2 - p_1}(e^{p_1 t} - e^{p_2 t})$$
$$= -\frac{U_0}{L(p_2 - p_1)}(e^{p_1 t} - e^{p_2 t})$$

(8-51)

电感电压为

$$u_L = L \frac{\mathrm{d} i}{\mathrm{d} t} = -\frac{U_0}{p_2 - p_1}(p_1 e^{p_1 t} - p_2 e^{p_2 t})$$

(8-52)

图 8-59(a)画出了 u_C、i、u_L 随时间变化的曲线。其中,电容电压 u_C 从 U_0 逐渐衰减至零,表明电容在整个过程中一直释放原储存的电场能量,呈非振荡放电情况。电流 i 从零开始逐渐增大,增大到一定数值后(在 $t = t_m$ 时最大)转而衰减,直至为零,表明在 $0 \sim t_m$ 时间范围内,电感吸收能量储存在磁场中,t_m 以后则又放出。在整个过程中电阻始终消耗能量,直至电路中原储存的能量消耗尽。能量传递方向见图 8-59(b)、(c)的箭头方向,图中电压、电流方向均为实际方向。

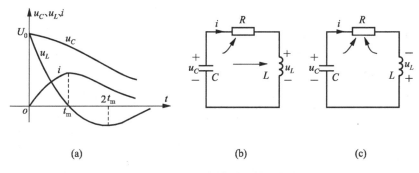

图 8-59 非振荡放电情况

t_m 的大小决定于电路的参数,在 $t=t_m$ 时 i 最大,u_L 为零。可令式(8-50)等于零,即 $u_L(t_m)=0$,便可求出 t_m 为

$$t_m = \frac{\ln \dfrac{p_2}{p_1}}{p_1 - p_2}$$

8.10.2 $\left(\dfrac{R}{2L}\right)^2 < \dfrac{1}{LC}$ 即 $R < 2\sqrt{\dfrac{L}{C}}$ (振荡放电过程)

在这种情况下,两个特征根 p_1 和 p_2 是一对共轭复根。可改写成

$$p_{1,2} = -\delta \pm \sqrt{\delta^2 - \omega_0^2} = -\delta \pm j\sqrt{\omega_0^2 - \delta^2}$$
$$= -\delta \pm j\omega \tag{8-53}$$

式中 $\qquad \omega = \sqrt{\omega_0^2 - \delta^2}$

它称为电路的自由振荡角频率。δ、ω_0 与 ω 之间满足直角三角形的关系,如图 8-60 所示。因此有

$$\theta = \operatorname{arctg} \frac{\omega}{\delta}, \quad \delta = \omega_0 \cos\theta, \quad \omega = \omega_0 \sin\theta$$

再由欧拉公式 $\quad e^{j\theta} = \cos\theta + j\sin\theta, e^{-j\theta} = \cos\theta - j\sin\theta$

于是 p_1、p_2 也可写成指数形式

$$p_1 = -\omega_0 e^{-j\theta}, p_2 = -\omega_0 e^{j\theta}$$

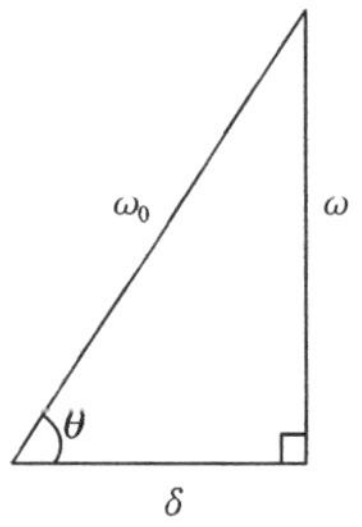

图 8-60　ω、ω_0 与 δ 三者
之间的关系

这样,电容电压为

$$\begin{aligned}
u_C &= \frac{U_0}{p_2 - p_1}(p_2 e^{p_1 t} - p_1 e^{p_2 t}) \\
&= \frac{U_0}{-j2\omega}[-\omega_0 e^{j\theta} e^{(-\delta+j\omega)t} + \omega_0 e^{-j\theta} e^{(-\delta-j\omega)t}] \\
&= \frac{U_0 \omega_0}{\omega} e^{-\delta t}\left[\frac{e^{j(\omega t+\theta)} - e^{-j(\omega t+\theta)}}{j2}\right] \\
&= \frac{U_0 \omega_0}{\omega} e^{-\delta t} \sin(\omega t + \theta)
\end{aligned} \tag{8-54}$$

由式(8-51)电流为

$$\begin{aligned}
i &= -C\frac{du_C}{dt} = -\frac{U_0}{L(p_2 - p_1)}(e^{p_1 t} - e^{p_2 t}) \\
&= \frac{U_0}{\omega L} e^{-\delta t} \sin\omega t
\end{aligned} \tag{8-55}$$

由式(8-52)电感电压为

$$\begin{aligned}
u_L &= L\frac{di}{dt} = -\frac{U_0}{p_2 - p_1}(p_1 e^{p_1 t} - p_2 e^{p_2 t}) \\
&= -\frac{U_0 \omega_0}{\omega} e^{-\delta t} \sin(\omega t - \theta)
\end{aligned} \tag{8-56}$$

图 8-61 画出了 u_C、i、u_L 随时间变化的曲线。它们都呈现衰减振荡的特性,在整个过

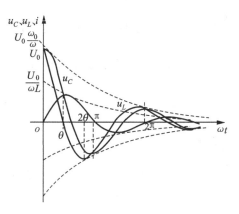

图 8-61 u_C、u_L、i 随时间变化的曲线

程中,它们周期性地改变方向,储能元件 L 和 C 也周期性地交换能量。可见整个过程为衰减的周期性振荡放电。振荡周期为

$$T = \frac{2\pi}{\omega}$$

称为自由振荡周期(注意,它与电路的固有振荡周期 $T_0 = \dfrac{2\pi}{\omega_0}$ 不同)。

8.10.3 $\left(\dfrac{R}{2L}\right)^2 = \dfrac{1}{LC}$ 即 $R = 2\sqrt{\dfrac{L}{C}}$(临界情况)

在 $R = 2\sqrt{\dfrac{L}{C}}$ 的条件下,两特征根为重根,即 $p_1 = p_2 = -\dfrac{R}{2L} = -\delta$。为了求得这种情况下的解,仍可利用非振荡放电过程的解。以 u_C 为例,由式(8-50)

$$u_C = \frac{U_0}{p_2 - p_1}(p_2 e^{p_1 t} - p_1 e^{p_2 t})$$

然后令 $p_2 \to p_1 = -\delta$ 取极限。根据洛必达法则可得

$$u_C = U_0 \lim_{p_2 \to p_1} \frac{\dfrac{\mathrm{d}}{\mathrm{d}p_2}(p_2 e^{p_1 t} - p_1 e^{p_2 t})}{\dfrac{\mathrm{d}}{\mathrm{d}p_2}(p_2 - p_1)}$$

$$= U_0 (e^{p_1 t} - p_1 t e^{p_1 t})$$

$$= U_0 e^{-\delta t}(1 + \delta t) \tag{8-57}$$

于是有

$$i = -C \frac{\mathrm{d}u_C}{\mathrm{d}t} = \frac{U_0}{L} t e^{-\delta t} \tag{8-58}$$

$$u_L = L \frac{\mathrm{d}i}{\mathrm{d}t} = U_0 e^{-\delta t}(1 - \delta t) \tag{8-59}$$

若按以上各式画出它们的波形,仍为非振荡放电过程,其变化规律与图 8-59(a)所示的波形相似,这里就不再重画了。不过,此时 $t_m = 1/\delta$。

从以上讨论可以看出,在 RLC 串联电路中,当电阻值大于或等于 $2\sqrt{\dfrac{L}{C}}$ 时,电路中的响应是非振荡性质的;当电阻小于此值时,便是振荡性质的。因此,也称 $R = 2\sqrt{\dfrac{L}{C}}$ 为临界电阻(**critical resistance**)。通常又把 $R < 2\sqrt{\dfrac{L}{C}}$ 的情况称为欠阻尼(**under-damped**)情况;$R > 2\sqrt{\dfrac{L}{C}}$ 的情况称为过阻尼(**over-damped**)情况;$R = 2\sqrt{\dfrac{L}{C}}$ 的情况称为临界阻尼(**critical-damped**)情况;而 $R = 0$ 的情况称为无阻尼(**undamped**)情况,响应波形为等幅振荡,此时自由振荡周期 $T = \dfrac{2\pi}{\omega}$ 与固有振荡周期 $T_0 = \dfrac{2\pi}{\omega}$ 相等,即 $T = T_0$。

应当注意,以上所导出的公式,仅适用于 R、L、C 串联电路,在 $u_C(0_+) \neq 0, i(0_+) = 0$ 情况下的放电过程。但根据特征根的性质所表现出的过渡过程三种状态,则可推广用于一般的二阶电路,其公式的普遍形式为

(1) $p_1 \neq p_2$(不相等负实根)

$$r_{zi} = A_1 e^{p_1 t} + A_2 e^{p_2 t} \tag{8-60}$$

(2) $p_1 = p_2^*$(共轭复根)$p_{1,2} = -\delta \pm j\omega$

$$r_{zi} = A e^{-\delta t} \sin(\omega t + \theta) \tag{8-61}$$

(3) $p_1 = p_2 = p$(重根)

$$r_{zi} = (A_1 + A_2 t) e^{pt} \tag{8-62}$$

式中,A_1 和 A_2(或 A 和 θ)等常数,要根据电路的初始条件而定。

例 8-14 电路如图 8-62 所示,$U_S = 20$ V,$R = R_S = 10$ Ω,$L = 1$ mH,$C = 10$ μF,电路原已达稳态,$t = 0$ 时,开关 S 断开。求电容电压的零输入响应。

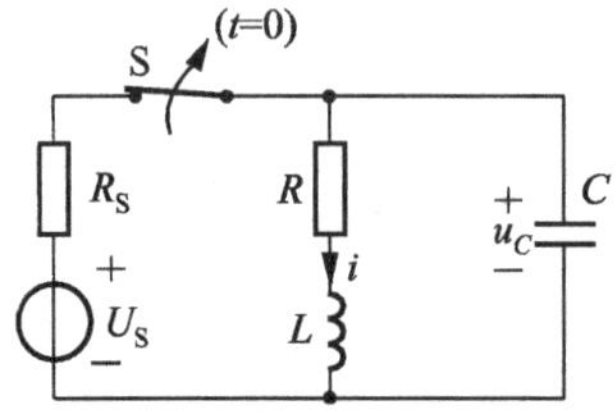

解 开关 S 断开前

$$i(0_-) = \frac{U_S}{R_S + R} = \frac{20}{10 + 10} = 1 \text{ A}$$

$$u_C(0_-) = R i(0_-) = 10 \text{ V}$$

图 8-62 例 8-14 图

$t > 0$,开关 S 断开,RLC 组成串联放电回路,此时

$$2\sqrt{\frac{L}{C}} = 2\sqrt{\frac{10^{-3}}{10 \times 10^{-6}}} = 20 \text{ Ω}$$

因为 $R < 2\sqrt{\dfrac{L}{C}}$,所以属振荡放电过程,故 u_C 的零输入响应可取式(8-61)形式,即

$$u_C = A e^{-\delta t} \sin(\omega t + \theta) \tag{①}$$

式中

$$\delta = \frac{R}{2L} = 5 \times 10^3, \quad \omega = \sqrt{\omega_0^2 - \delta^2} = 8.66 \times 10^3$$

由电路参考方向和式①可得

$$i = -C \frac{\mathrm{d}u_C}{\mathrm{d}t}$$

$$= -CA\left[\omega e^{-\delta t} \cos(\omega t + \theta) - \delta e^{-\delta t} \sin(\omega t + \theta)\right] \tag{②}$$

因为

$$u_C(0_+) = u_C(0_-) = 10 \text{ V}$$
$$i(0_+) = i(0_-) = 1 \text{ A}$$

将初始值代入式①、②得

$$\begin{cases} A\sin\theta = 10 \\ -CA(\omega\cos\theta - \delta\sin\theta) = 1 \end{cases}$$

解得

$$\begin{cases} A = 11.5 \\ \theta = 120° \end{cases}$$

于是得电容电压的零输入响应为

$$u_C = 11.5e^{-5000t}\sin(8660t + 120°) \text{ V}$$

RLC 电路可以应用于控制和通信电路的许多方面,如:振铃电路、峰值电路、振荡电路和滤波器等。这里讨论汽车点火系统(或称电压发生系统)。它的电路模型如图 8-63 所示,图中 12 V 电源来自于汽车电池和交流发电机,4 Ω 电阻是系统导线的电阻值,点火线圈用一个 8 mH 的电感表示,与开关(称作电子点器)并联的为 1 μF 的电容器。下例则说明图 8-63 这样一个 RLC 电路是如何产生高压的。

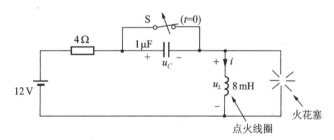

图 8-63 点火线圈

例 8-15 图 8-63 所示电路,开关 S 闭合时电路处于稳定状态,$t=0$ 时开关 S 断开,求电感电压 u_L,$t>0$。

解 $t=0_-$ 时开关闭合,且电路处于稳态,则

$$i(0_-) = \frac{12}{4} = 3 \text{ A}, u_C(0_-) = 0$$

由换路定律知

$$i(0_+) = 3 \text{ A}, u_C(0_+) = 0$$

由 $t=0_+$ 等效电路得

$$u_L(0_+) = 0, \frac{\mathrm{d}i}{\mathrm{d}t}\bigg|_{0_+} = \frac{u_L(0_+)}{L} = 0$$

列出电路的 KVL 方程

$$L\frac{\mathrm{d}i}{\mathrm{d}t} + Ri + u_C = 12$$

两边求导数

$$L\frac{\mathrm{d}^2 i}{\mathrm{d}t^2} + R\frac{\mathrm{d}i}{\mathrm{d}t} + \frac{i}{C} = 0$$

代入 RLC 各元件的数值并整理得

$$\frac{\mathrm{d}^2 i}{\mathrm{d}t^2} + 500\frac{\mathrm{d}i}{\mathrm{d}t} + 1.25\times 10^8 i = 0$$

对应特征方程

$$p^2 + 500p + 1.25\times 10^8 = 0$$

特征根为

$$p_{1,2} = -250 \pm \mathrm{j}11180$$

电流 $i(t)$ 的表达式

$$i(t) = A\mathrm{e}^{-250t}\sin(11180t + \theta)$$

代入初始条件 $i(0_+) = 3$ A，$\left.\dfrac{\mathrm{d}i}{\mathrm{d}t}\right|_{0_+} = 0$ 得

$$\begin{cases} A\sin\theta = 3 \\ -250A\sin\theta + 11180A\cos\theta = 0 \end{cases}$$

解得

$$\begin{cases} A = 3 \\ \theta = 88.72° \end{cases}$$

故

$$i(t) = 3\mathrm{e}^{-250t}\sin(11180t + 88.72°)\,\mathrm{A}$$
$$\approx 3\mathrm{e}^{-250t}\cos(11180t)\,\mathrm{A}$$
$$u_L = L\frac{\mathrm{d}i}{\mathrm{d}t} = -6\mathrm{e}^{-250t}\cos(11180t) - 268\mathrm{e}^{-250t}\sin(11180t)$$

当 $\sin(11180t) = 1$ 时，即 $11180t_0 = \dfrac{\pi}{2}$ 或 $t_0 = 140.5$ μs 时，电压 u_L 达最大值，所以时间达到 t_0 时，电感电压达到峰值

$$u_L(t_0) = -268\mathrm{e}^{-250t_0} = -259 \text{ V}$$

虽然该电压值远小于一般汽车点火要求的电压范围 $6000\sim 10000$ V，但是可以用变压器将它提升到所要求的电压水平。

例 8-16 电路如图 8-64 所示，已知 $i_L(0_+) = -3$ A，$u_C(0_+) = 4$ V，$L = 1$ H，$C = 0.5$ F，$R_1 = 4$ Ω，$R_2 = 2$ Ω，求电压 u_C 的零输入响应。

解 电路结构与图 8-58 所示的电路不同，不能简单地套用上述讨论结果。必须重新列写电路方程。由 KCL 及 KVL 可写出

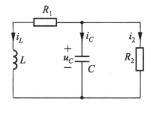

图 8-64 例 8-16 图

$$i_L + i_C + i_2 = 0 \tag{①}$$

$$u_C - R_1 i_L - L \frac{\mathrm{d}i_L}{\mathrm{d}t} = 0 \qquad \text{②}$$

$$u_C - R_2 i_2 = 0 \qquad \text{③}$$

由式 ③ 得
$$i_2 = \frac{1}{R_2} u_C$$

由式 ① 得
$$i_L = -i_C - i_2 = -C \frac{\mathrm{d}u_C}{\mathrm{d}t} - \frac{1}{R_2} u_C \qquad \text{④}$$

对上式两边求导得
$$\frac{\mathrm{d}i_L}{\mathrm{d}t} = -C \frac{\mathrm{d}^2 u_C}{\mathrm{d}t^2} - \frac{1}{R_2} \frac{\mathrm{d}u_C}{\mathrm{d}t} \qquad \text{⑤}$$

将式④、式⑤代入式②,并整理后,得

$$LC \frac{\mathrm{d}^2 u_C}{\mathrm{d}t^2} + \left(R_1 C + \frac{L}{R_2} \right) \frac{\mathrm{d}u_C}{\mathrm{d}t} + \left(1 + \frac{R_1}{R_2} \right) u_C = 0$$

代入数据得
$$0.5 \frac{\mathrm{d}^2 u_C}{\mathrm{d}t^2} + 2.5 \frac{\mathrm{d}u_C}{\mathrm{d}t} + 3 u_C = 0$$

即
$$\frac{\mathrm{d}^2 u_C}{\mathrm{d}t^2} + 5 \frac{\mathrm{d}u_C}{\mathrm{d}t} + 6 u_C = 0$$

这是齐次微分方程,其特征方程为

$$p^2 + 5p + 6 = 0$$

即
$$(p+2)(p+3) = 0$$

所以,特征根为两不相等实根,即

$$p_1 = -2, \quad p_2 = -3$$

故其零输入响应取式(8-60)的形式,即

$$u_C = A_1 \mathrm{e}^{p_1 t} + A_2 \mathrm{e}^{p_2 t} = A_1 \mathrm{e}^{-2t} + A_2 \mathrm{e}^{-3t}$$

$$\frac{\mathrm{d}u_C}{\mathrm{d}t} = -2 A_1 \mathrm{e}^{-2t} - 3 A_2 \mathrm{e}^{-3t}$$

$t = 0_+$ 时有
$$u_C(0_+) = 4 \text{ V}$$

$$\frac{\mathrm{d}u_C}{\mathrm{d}t} \bigg|_{0_+} = \frac{1}{C} i_C(0_+) = = \frac{1}{C} \left[-i_L(0_+) - i_2(0_+) \right]$$

$$= \frac{1}{C} \left[-i_L(0_+) - \frac{u_C(0_+)}{R_2} \right] = \frac{1}{0.5} \left(3 - \frac{4}{2} \right) = 2$$

所以有

$$\begin{cases} A_1 + A_2 = 4 \\ -2A_1 - 3A_2 = 2 \end{cases}$$

解得

$$\begin{cases} A_1 = 14 \\ A_2 = -10 \end{cases}$$

因此
$$u_C = 14 \mathrm{e}^{-2t} - 10 \mathrm{e}^{-3t} \text{V}$$

8.11 二阶电路的零状态响应和全响应

本节讨论二阶电路的零状态响应,主要讨论激励为恒定输入时的零状态响应。

电路如图 8-65 所示,$u_C(0_-)=0$,$i(0_-)=0$,开关 S 在 $t=0$ 时闭合。$t \geqslant 0$ 时电路的微分方程为

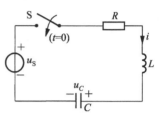

$$LC \frac{\mathrm{d}^2 u_C}{\mathrm{d}t^2} + RC \frac{\mathrm{d}u_C}{\mathrm{d}t} + u_C = u_s \qquad (8\text{-}63)$$

这是非齐次微分方程,其解由非齐次方程的特解和对应的齐次方程的通解组成,下面分析 u_s 为阶跃函数、冲激函数时,电路零状态响应的求法。

图 8-65 二阶电路示例

8.11.1 激励为阶跃函数的零状态响应

设 $u_s = U_s$ 为常数,若 $U_s = \varepsilon(t)$ 时,则响应为单位阶跃响应。由于 $u_C(0_-)=0$,$i(0_-)=0$,故初始条件为

$$u_C(0_+) - u_C(0_-) = 0, i(0_+) - i(0_-) = 0$$

$$\left. \frac{\mathrm{d}u_C}{\mathrm{d}t} \right|_{0_+} = \left. \frac{i}{C} \right|_{0_+} = 0$$

电路定解问题为

$$\left. \begin{array}{l} LC \dfrac{\mathrm{d}^2 u_C}{\mathrm{d}t^2} + RC \dfrac{\mathrm{d}u_C}{\mathrm{d}t} + u_C = U_s \\[2mm] u_C(0_+) = 0 \\[2mm] \left. \dfrac{\mathrm{d}u_C}{\mathrm{d}t} \right|_{0_+} = 0 \end{array} \right\} \qquad (8\text{-}64)$$

其中 u_C 的特解为 U_s,因电容最后被充电至 U_s,故用电路的稳态解当其特解,而非齐次方程的通解形式将由电路的参数确定,它可以是非振荡的,也可以是振荡的,甚至正好处于临界状态,即通解形式可分为三种,与上节零输入响应相同。

若 p_1 和 p_2 为两个不相等的负根,电路处于非振荡状态,式(8-64)的全解为

$$u_C = A_1 \mathrm{e}^{p_1 t} + A_2 \mathrm{e}^{p_2 t} + U_s$$

式中,p_1 和 p_2 由式(8-64)确定,代入初始条件,可求得

$$A_1 = \frac{p_2}{p_1 - p_2} U_s, A_2 = \frac{-p_1}{p_1 - p_2} U_s$$

故

$$u_C = U_s + \frac{U_s}{p_1 - p_2}(p_2 \mathrm{e}^{p_1 t} - p_1 \mathrm{e}^{p_2 t}) \qquad (8\text{-}65)$$

$$i = C \frac{\mathrm{d}u_C}{\mathrm{d}t} = \frac{U_s}{L(p_1 - p_2)}(\mathrm{e}^{p_1 t} - \mathrm{e}^{p_2 t})$$

若 p_1 和 p_2 为一对共轭复根(实部为负值),电路呈现振荡性,则全解形式为

$$u_C = U_s + A \mathrm{e}^{-\delta t} \sin(\omega t + \theta)$$

由初始条件,可求得

$$A = -\frac{U_s}{\sin\beta} = -\frac{\omega_0}{\omega}U_s$$

$$\theta = \text{arctg}\,\frac{\omega}{\delta}$$

故

$$u_C(t) = U_s - \frac{\omega_0}{\omega}U_s e^{-\delta t}\sin(\omega t + \text{arctg}\,\frac{\omega}{\delta})$$

$$i(t) = C\frac{\mathrm{d}u_C}{\mathrm{d}t} = \frac{U_s}{\omega L}e^{-\delta t}\sin\omega t$$

$$u_L(t) = L\frac{\mathrm{d}i}{\mathrm{d}t} = -\frac{\omega_0}{\omega}U_s e^{-\delta t}\sin(\omega t - \text{arctg}\,\frac{\omega}{\delta})$$

若 p_1、p_2 为相等的负实根,电路处临界情况时,其解由读者自行讨论。

8.11.2 激励为冲激函数的零状态响应

在图 8-65 中,当 $u_s = \delta(t)$ 时,其零状态响应与一阶电路的冲激响应相似,可按电路的物理过程分两步求解。第一步:在 0_- 到 0_+ 时间内,电容短路,电感开路,故电感电压等于 $\delta(t)$,电容电压和电流的初始值分别为

$$u_C(0_+) = u_C(0_-) = 0$$

$$i(0_+) = i(0_-) + \frac{1}{L}\int_{0_-}^{0_+}\delta(t)\mathrm{d}t = 0 + \frac{1}{L} = \frac{1}{L}$$

第二步:$t > 0_+$ 时,$\delta(t) = 0$,即输入为零,根据第一步求得的初始值按零输入响应模式求解即可。

由于 $i(0_+) = C\dfrac{\mathrm{d}u_C}{\mathrm{d}t}\Big|_{0_+} = \dfrac{1}{L}$,故 $\dfrac{\mathrm{d}u_C}{\mathrm{d}t}\Big|_{0_+} = \dfrac{1}{LC}$,这时电路的微分方程为

$$LC\frac{\mathrm{d}^2 u_C}{\mathrm{d}t^2} + RC\frac{\mathrm{d}u_C}{\mathrm{d}t} + u_C = 0$$

初始条件为

$$u_C(0_+) = 0, \frac{\mathrm{d}u_C}{\mathrm{d}t}\Big|_{0_+} = \frac{1}{LC}$$

此微分方程是齐次方程,其求解的方法与 8.8 节中零输入响应相同,这里不再重复。

总之,电路在冲激函数激励下的过渡过程,实际上分成两个阶段。第一是跃变阶段,求变量在 $t = 0_+$ 时的值,第二是零输入响应阶段。

例 8-17 电路如图 8-66(a)所示,已知 $R = 1\ \Omega$,$L = 1\ \text{H}$,$C = 1\ \text{F}$,$u_C(0_-) = 0$,$i_L(0_-) = 0$,试求冲激响应 $i_L(t)$ 及 $u_C(t)$。

解 第一步,求 $i_L(0_+)$ 和 $u_C(0_+)$。作出冲激电压源作用瞬间($t = 0$ 时)的等效电路如图 8-66(b)所示,这时 $u_L = 0$,$i_C = \dfrac{1}{R}\delta(t)$。所以

$$i_L(0_+) = i_L(0_-) + \frac{1}{L}\int_{0_-}^{0_+}u_L\mathrm{d}t = 0$$

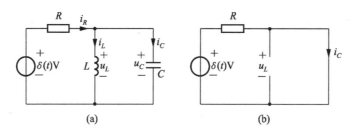

图 8-66　例 8-17 图

$$u_C(0_+) = u_C(0_-) + \frac{1}{C}\int_{0_-}^{0_+} i_C \mathrm{d}t = \frac{1}{RC} = 1 \text{ V}$$

$$\left.\frac{\mathrm{d}i_L}{\mathrm{d}t}\right|_{0_+} = \frac{1}{L}u_L(0_+) = \frac{1}{L}u_C(0_+) = \frac{1}{L} = 1 \text{ A/s}$$

第二步,列出以 i_L 为变量的齐次微分方程,求零输入响应(因为 $t > 0_+$ 时,$\delta(t) = 0$)。

由 KCL、KVL 及 VCR 得

$$i_R - i_C - i_L = 0 \qquad\qquad ①$$

$$u_C = u_L = L\frac{\mathrm{d}i_L}{\mathrm{d}t} \qquad\qquad ②$$

$$i_C = C\frac{\mathrm{d}u_C}{\mathrm{d}t} = LC\frac{\mathrm{d}^2 i_L}{\mathrm{d}t^2} \qquad\qquad ③$$

$$i_R = \frac{-u_C}{R} = -\frac{L}{R}\frac{\mathrm{d}i_L}{\mathrm{d}t} \qquad\qquad ④$$

将式③、式④代入式①并经整理得

$$LC\frac{\mathrm{d}^2 i_L}{\mathrm{d}t^2} + \frac{L}{R}\frac{\mathrm{d}i_L}{\mathrm{d}t} + i_L = 0$$

代入数据得

$$\frac{\mathrm{d}^2 i_L}{\mathrm{d}t^2} + \frac{\mathrm{d}i_L}{\mathrm{d}t} + i_L = 0$$

特征方程为

$$p^2 + p + 1 = 0$$

特征根为

$$p_{1,2} = \frac{-1 \pm \sqrt{1-4}}{2} = -\frac{1}{2} \pm \mathrm{j}\frac{\sqrt{3}}{2} = -0.5 \pm \mathrm{j}0.866$$

属振荡情况,所以有

$$i_L = A\mathrm{e}^{-0.5t}\sin(0.866t + \theta)$$

而

$$\frac{\mathrm{d}i_L}{\mathrm{d}t} = A[-0.5\mathrm{e}^{-0.5t}\sin(0.866t + \theta)$$
$$+ 0.866\mathrm{e}^{-0.5t}\cos(0.866t + \theta)]$$

将第一步求得的初始条件 $i_L(0_+) = 0$,$\left.\dfrac{\mathrm{d}i_L}{\mathrm{d}t}\right|_{0_+} = 1$ 代入得

$$\begin{cases} A\sin\theta = 0 \\ -0.5A\sin\theta + 0.866A\cos\theta = 1 \end{cases}$$

比较两式,$A \neq 0$,只有可能 $\sin\theta = 0$,所以　$\theta = 0$,$A = \dfrac{1}{0.866} = 1.155$。于是

$$i_L = 1.155e^{-0.5t}\sin(0.866t)\,\text{A}$$

$$u_C = u_L = L\frac{di_L}{dt} = 1.155e^{-0.5t}(-0.5\sin0.866t + 0.866\cos0.866t)$$

$$= 1.155e^{-0.5t}\sin(0.866t + 120°)\,\text{V}$$

8.11.3　二阶电路的全响应

与一阶电路相同,在线性电路中,全响应可分解为零输入响应和零状态响应的叠加,也可分解为强制分量和自由分量的叠加,这是叠加性质在暂态电路中的体现。作为例子,在图 8-61 的电路中,设原始状态 $u_C(0_-) = U_0$,$i(0_-) = 0$,接通阶跃电压 U_S,即可按这两种方法计算。

设电路为非振荡性的(不包括临界状态),由式(8-47)的零输入响应和式(8-60)的零状态响应,电路的全响应为

$$u_C = \frac{U_0}{p_1 - p_2}(p_1 e^{p_2 t} - p_2 e^{p_1 t}) + U_S + \frac{U_S}{p_1 - p_2}(p_2 e^{p_1 t} - p_1 e^{p_2 t})$$

$$= U_S + \frac{U_S - U_0}{p_1 - p_2}(p_2 e^{p_1 t} - p_1 e^{p_2 t}) \tag{8-66}$$

如果通过强制分量和自由分量求全响应,电路的初始条件 $u_C(0_+) = U_0$,$\left.\frac{du_C}{dt}\right|_{0_+} = \left.\frac{1}{C}i\right|_{0_+} = 0$,$u_C$ 的强制分量 $u_C' = U_S$,自由分量 $u_C'' = A_1 e^{p_1 t} + A_2 e^{p_2 t}$,故全响应为

$$u_C = U_S + A_1 e^{p_1 t} + A_2 e^{p_2 t} \tag{8-67}$$

代入初始条件,可求得

$$\begin{cases} A_1 = \dfrac{(U_S - U_0)p_2}{p_1 - p_2} \\ A_2 = \dfrac{-(U_S - U_0)p_1}{p_1 - p_2} \end{cases}$$

代入式(8-63),结果与式(8-62)求出的相同。

*8.12　电容电压和电感电流的跃变

在讨论换路定律时,曾经指出,只要在换路瞬间电容电流为有限值或电感电压为有限值,则换路定律成立,即有

$$u_C(0_+) = u_C(0_-)$$
$$i_L(0_+) = i_L(0_-)$$

即电容电压或电感电流不发生跃变。

正如 8.9 节所讨论的那样,如果在换路瞬间,流过电容的电流或加于电感的电压是冲激函数,则 u_C 或 i_L 将发生跃变。

另外,在某些理想情况下,也可能导致 u_C 或 i_L 发生跃变。

在图 8-67(a)中,若 $u_C(0_-)=0$,在 $t=0_+$ 时, 根据 KVL,电容电压将跃变为 $u_C(0_+)=U_S$ 可见,充电立即完成,即

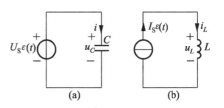

$$u_C = U_S \varepsilon(t)$$

则充电电流 i 必然是冲激函数,即

$$i = C \frac{\mathrm{d}u_C}{\mathrm{d}t} = CU_S\delta(t)$$

图 8-67 电容电压、电感电流的跃变

又如,在图 8-67(b)中,$i_L(0_-)=0$,在 $t=0_+$ 时,有

$$i_L(0_+) = I_S$$

电感电流为

$$i_L = I_S\varepsilon(t)$$

而电感端电压为

$$u_L = L \frac{\mathrm{d}i_L}{\mathrm{d}t} = LI_S\delta(t)$$

可见,在 $t=0$ 时,电感两端出现冲激电压,所以导致 i_L 的跃变。

再看图 8-68(a)和(b)所示的电路。

在图 8-68(a)所示的电路中,若开关 S 闭合之前 C_1 已充电、C_2 未充电。设 $u_{C1}(0_-)=U_0$,$u_{C2}(0_-)=0$。$t=0$ 时,开关 S 闭合,根据 KVL 应有

$$u_{C1}(0_+) = u_{C2}(0_+)$$

它们的数值既不是 U_0 也不是 0,而应根据电荷守恒原理(换路前后,两电容在电路中某个节点上的总电荷量应不变)来求得,即

$$C_1 u_{C1}(0_+) + C_2 u_{C2}(0_+)$$
$$= C_1 u_{C1}(0_-) + C_2 u_{C2}(0_-) = C_1 U_0$$

考虑到

$$u_{C1}(0_+) = u_{C2}(0_+)$$

联立求解上列两式,可得

$$u_{C1}(0_+) = u_{C2}(0_+) = \frac{C_1 U_0}{C_1 + C_2}$$

可见,u_{C1} 和 u_{C2} 在换路瞬间均发生了跃变。

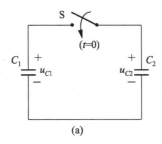
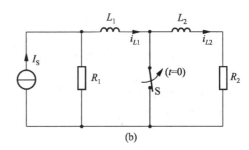

图 8-68 电路结构改变引起的跃变

在图 8-68(b)所示电路中,设开关 S 未断开时,电路已达稳态,$t=0_-$ 时,$i_{L1}(0_-)=I_S$,$i_{L2}(0_-)=0$。在 $t=0$ 时,开关 S 断开,根据 KCL,有

$$i_{L1}(0_+) = i_{L2}(0_+)$$

再根据一个回路中磁链在换路前后守恒原理,有

$$L_1 i_{L1}(0_+) + L_2 i_{L2}(0_+)$$
$$= L_1 i_{L1}(0_-) + L_2 i_{L2}(0_-) = L_1 I_S$$

于是可得

$$i_{L1}(0_+) = i_{L2}(0_+) = \frac{L_1 I_S}{L_1 + L_2}$$

由以上讨论结果,可将 u_C 或 i_L 发生跃变的情况归纳如下。

1. 电容电压 u_C 在下列情况下可能发生跃变

(1) 换路瞬间电容中有冲激电流通过;
(2) 换路后,电路中存在仅由电容(或电容与电压源)构成的回路。

2. 电感电流 i_L 在下列情况下可能发生跃变

(1) 换路瞬间电感两端出现冲激电压;
(2) 换路后,电路中存在仅由电感(或电感与电流源)构成的割集。

例 8-18 电路如图 8-69 所示,在 $t=0$ 时,开关 S 闭合。设 $u_{C1}(0_-) = 1$ V, $u_{C2}(0_-) = 0$, $C_1 = 0.1$ F, $C_2 = 0.2$ F, $R = 100$ Ω, $U_S = 10$ V。试求换路后的 u_{C1} 和 u_{C2} 以及 i_{C1} 和 i_{C2}。

解 因换路后电路中存在由电容和电压源构成的回路,所以电容电压有可能跃变,应根据节点电荷守恒原理来求电容电压在 $t=0_+$ 时的值。

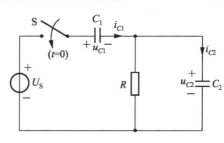

图 8-69 例 8-18 电路

$$-C_1 u_{C1}(0_+) + C_2 u_{C2}(0_+) = -C_1 u_{C1}(0_-) + C_2 u_{C2}(0_-)$$

式中的"一"号是由于 C_1 的"一"极板与 C_2 "十"极板联接在同一节点上,即 C_1 "一"极板上的负电荷和 C_2 "十"极板上的正电荷的总和,在换路前后守恒。

再由 KVL

$$u_{C1}(0_+) + u_{C2}(0_+) = U_S$$

代入已知数据

$$\begin{cases} -0.1 u_{C1}(0_+) + 0.2 u_{C2}(0_+) = -0.1 \\ u_{C1}(0_+) + u_{C2}(0_+) = 10 \end{cases}$$

联立求解得

$$\begin{cases} u_{C1}(0_+) = 7 \text{ V} \\ u_{C2}(0_+) = 3 \text{ V} \end{cases}$$

此电路虽含两个储能元件,但不难证明其微分方程仍为一阶的(即 C_1 与 C_2 相当于并联),所以可用三要素法求解。因为

$$\tau = R(C_1 + C_2) = 100(0.1 + 0.2) = 30 \text{ s}$$
$$u_{C1}(\infty) = U_S = 10 \text{ V}$$

$$u_{C2}(\infty) = 0$$

所以

$$u_{C1} = u_{C1}(\infty) + \left[u_{C1}(0_+) - u_{C1}(\infty)\right]e^{-\frac{t}{\tau}}$$

$$= 10 - 3e^{-\frac{t}{30}} \text{ V} \qquad (t > 0)$$

$$u_{C2} = 3e^{-\frac{t}{30}} \text{ V} \qquad (t > 0)$$

由于 u_{C1}、u_{C2} 在换路前后发生跃变,为了便于由求导得出电容电流,先根据跃变情况并利用阶跃函数将 u_{C1}、u_{C2} 中的初始值和由阶跃激励引起的响应分开表示为

$$u_{C1} = 1 + (9 - 3e^{-t/30})\varepsilon(t) \text{ V}$$

$$u_{C2} = 3e^{-t/30}\varepsilon(t) \text{ V}$$

故

$$i_{C1} = C_1 \frac{\mathrm{d}u_{C1}}{\mathrm{d}t} = 0.6\delta(t) + 0.01e^{-\frac{t}{30}}\varepsilon(t) \text{ A}$$

$$i_{C2} = C_2 \frac{\mathrm{d}u_{C2}}{\mathrm{d}t} = 0.6\delta(t) - 0.02e^{-\frac{t}{30}}\varepsilon(t) \text{ A}$$

各电压、电流的波形如图 8-70 所示。

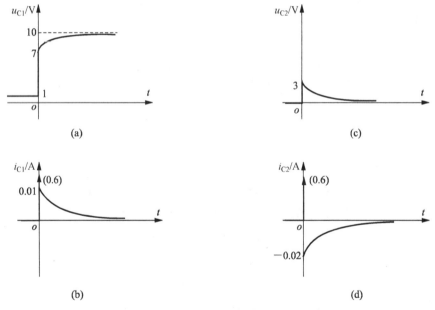

图 8-70 例 8-18 的响应波形

电容电压和电感电流的跃变问题应用复频域分析方法更为简便,此内容将在第 9 章中介绍。

*8.13 任意激励下的零状态响应——卷积积分

动态电路的输入为任意波形时,欲求其全响应,可把全响应分解成零输入响应和零状态响应,先求出这两种响应,再叠加成全响应。零输入响应与输入无关,前面已讨论

过,不再重复;而零状态响应与电路的初始状态无关,求解时,其特解形式由输入决定。前面已讨论过直流激励(或阶跃激励)和冲激激励下的零状态响应以及一阶电路在正弦激励下的零状态响应,当输入形式比较复杂时,则特解较难确定。本节将讨论电路在任意输入激励下,如何借助冲激响应来求其零状态响应。

8.13.1 卷积积分

图 8-71 所示为从 $t=0$ 开始作用于电路的激励函数 $f(t)$ 的波形,为求得某时刻 t 的零状态响应,在 $0\sim t$ 区间内用 n 个宽度为 $\Delta\tau$ 的矩形脉冲来近似 $f(t)$。如图 8-71 所示。

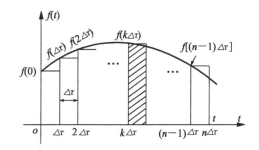

图 8-71 任意输入激励 $f(t)$ 的波形

第一个脉冲,幅度为 $f(0)$,可表示为 $f(0)[\varepsilon(t)-\varepsilon(t-\Delta\tau)]$

第二个脉冲,幅度为 $f(\Delta\tau)$,可表示为 $f(\Delta\tau)[\varepsilon(t-\Delta\tau)-\varepsilon(t-2\Delta\tau)]$

　…

第 $k+1$ 个脉冲,幅度为 $f(k\Delta\tau)$,可表示为

$$f(k\Delta\tau)\{\varepsilon(t-k\Delta\tau)-\varepsilon[t-(k+1)\Delta\tau]\}$$

　…

第 n 个脉冲,幅度为 $f[(n-1)\Delta\tau]$,可表示为 $f[(n-1)\Delta\tau]\{\varepsilon[t-(n-1)\Delta\tau]-\varepsilon(t-n\Delta\tau)\}$

这样 $f(t)$ 便可近似表示为

$$f(t)\approx\sum_{k=0}^{n-1}f(k\Delta\tau)\{\varepsilon(t-k\Delta\tau)-\varepsilon[t-(k+1)\Delta\tau]\} \tag{8-68}$$

显然,n 越大,$\Delta\tau$ 越小,该脉冲序列就越逼近于 $f(t)$。当 $\Delta\tau$ 足够小时,矩形脉冲可近似为一个强度为 $f(k\Delta\tau)\Delta\tau$ 的冲激函数。于是 $f(t)$ 可近似表示为冲激函数序列之和

$$f(t)\approx\sum_{k=0}^{n-1}f(k\Delta\tau)\Delta\tau\delta(t-k\Delta\tau) \tag{8-69}$$

电路的冲激响应用 $h(t)$ 表示,它是在单位冲激函数 $\delta(t)$ 作用下的零状态响应,若为线性非时变电路,在 $f(k\Delta\tau)\Delta\tau\delta(t-k\Delta\tau)$ 作用下的零状态响应为 $f(k\Delta\tau)\Delta\tau h(t-k\Delta\tau)$。

由叠加原理,可得在 t 时刻电路对激励函数 $f(t)$ 的零状态响应近似为

$$r(t)\approx\sum_{k=0}^{n-1}f(k\Delta\tau)\Delta\tau h(t-k\Delta\tau) \tag{8-70}$$

当 n 趋于无限大,$\Delta\tau$ 趋于无限小时,式中 $\Delta\tau$ 变为 $\mathrm{d}\tau$,不连续变量 $k\Delta\tau$ 变为连续变量 τ,求和变为积分,$r(t)$ 的近似解变为准确解,式(8-70)变为以下的积分式

$$r(t) = \int_0^t f(\tau)h(t-\tau)\mathrm{d}\tau \qquad (8\text{-}71)$$

此式称为函数 $f(t)$ 与 $h(t)$ 的卷积积分。简称卷积,在数学中简记成

$$r(t) = f(t) * h(t) \qquad (8\text{-}72)$$

由以上的讨论可知,卷积的物理意义为:线性非时变电路在任一时刻 t 时任意激励的零状态响应,等于从激励开始作用时到该时刻 t 的区间内大小不同、作用时刻不同的无穷个冲激响应之和。t 为观测电路响应的时刻,τ 为某冲激作用的时刻。因为是对所有冲激响应求和,所以积分限应从 $f(t)$ 作用时刻到 t。严格地说,式(8-71)中积分下限应从 0_- 开始。然而,在被积函数中不包含冲激函数的情况下,积分下限取 0 还是 0_- 是无关紧要的,为简单起见,积分下限均用 0 表示。

卷积运算满足交换律,即

$$f(t) * h(t) = h(t) * f(t)$$
或
$$\left.\int_0^t f(\tau)h(t-\tau)\mathrm{d}\tau = \int_0^t h(\tau)f(t-\tau)\mathrm{d}\tau \right\} \qquad (8\text{-}73)$$

只要作简单的变量代换,即令 $\tau' = t-\tau$ 代入,即可证明上式两边是全等的,因而式(8-71)亦可写为

$$r(t) = \int_0^t h(\tau)f(t-\tau)\mathrm{d}\tau \qquad (8\text{-}74)$$

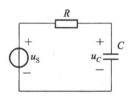

图 8-72　例 8-19 图

例 8-19　在图 8-72 所示的电路中,设 $RC=1$,电容电压的冲激响应为 $h(t) = \mathrm{e}^{-t}\varepsilon(t)$。试求 $u_\mathrm{S} = \varepsilon(t)$ 时的零状态响应 $u_C(t)$。

解　根据卷积公式(8-71)可得

$$u_C(t) = \int_0^t u_\mathrm{S}(\tau)h(t-\tau)\mathrm{d}\tau$$

$$= \int_0^t \mathrm{e}^{-(t-\tau)}\varepsilon(\tau)\varepsilon(t-\tau)\mathrm{d}\tau$$

$$= \mathrm{e}^{-t}\int_0^t \mathrm{e}^{\tau}\varepsilon(\tau)\varepsilon(t-\tau)\mathrm{d}\tau$$

式中,τ 是自变量,t 是参变量,仅当 $0<\tau<t$ 时,才有 $\varepsilon(t)$ 与 $\varepsilon(t-\tau)$ 同时为非零且都为 1。所以在 $t<0$ 时,原积分为零,而在 $0<\tau<t$ 区间内,$\varepsilon(\tau)\varepsilon(t-\tau)=1$,故

$$u_C(t) = \mathrm{e}^{-t}\Big[\int_0^t \mathrm{e}^{\tau}\mathrm{d}\tau\Big]\varepsilon(t) = \mathrm{e}^{-t}\big[\mathrm{e}^{\tau}\,\big|_0^t\big]\varepsilon(t)$$

$$= (1-\mathrm{e}^{-t})\varepsilon(t)$$

也可用式(8-74)的积分形式来计算,即

$$u_C(t) = \int_0^t h(\tau)u_\mathrm{S}(t-\tau)\mathrm{d}\tau = \int_0^t \mathrm{e}^{-\tau}\varepsilon(\tau)\varepsilon(t-\tau)\mathrm{d}\tau$$

$$= \big[-\mathrm{e}^{-\tau}\,\big|_0^t\big]\varepsilon(t) = (1-\mathrm{e}^{-t})\varepsilon(t)$$

显然,用两种方式进行计算,所得结果相同。

例 8-20　设图 8-73(a)为某电路的单位冲激响应 $h(t)$ 的波形,图 8-73(b)为激励函

数 $u_S(t)$ 的波形。试求此激励函数作用下电路的零状态响应。

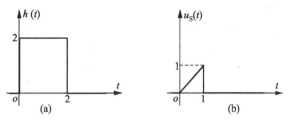

图 8-73 例 8-20 图

解 $u_S(t) = t[\varepsilon(t) - \varepsilon(t-1)] = t\varepsilon(t) - t\varepsilon(t-1)$

$h(t) = 2[\varepsilon(t) - \varepsilon(t-2)] = 2\varepsilon(t) - 2\varepsilon(t-2)$

$r(t) = u_S(t) * h(t) = \int_0^t u_S(\tau) h(t-\tau) d\tau$

$$= \int_0^t [\tau\varepsilon(\tau) - \tau\varepsilon(\tau-1)][2\varepsilon(t-\tau) - 2\varepsilon(t-\tau-2)] d\tau$$

$$= \int_0^t 2\tau\varepsilon(\tau)\varepsilon(t-\tau) d\tau - \int_0^t 2\tau\varepsilon(\tau-1)\varepsilon(t-\tau) d\tau$$

$$- \int_0^t 2\tau\varepsilon(\tau)\varepsilon(t-\tau-2) d\tau + \int_0^t 2\tau\varepsilon(\tau-1)\varepsilon(t-\tau-2) d\tau$$

第一项被积函数为 $2\tau\varepsilon(\tau)\varepsilon(t-\tau)$，在 $0<\tau<t$ 时，$\varepsilon(t)\varepsilon(t-\tau)=1$，而当 $\tau<0$ 或 $\tau>t$ 时，$\varepsilon(\tau)\varepsilon(t-\tau)=0$，所以实际积分限就是 $0\sim t$，于是有

$$\int_0^t 2\tau\varepsilon(\tau)\varepsilon(t-\tau) d\tau = [\tau^2 \,|\,_0^t]\varepsilon(t) = t^2\varepsilon(t)$$

因为 $t>0$ 时函数才不为零，故后面要乘以 $\varepsilon(t)$。

第二项被积函数为 $2\tau\varepsilon(\tau-1)\varepsilon(t-\tau)$，两个阶跃函数相乘等于 1 的范围是 $1<\tau<t$，所以实际积分限为 $1\sim t$，于是有

$$\int_0^t 2\tau\varepsilon(\tau-1)\varepsilon(t-\tau) d\tau = [\tau^2 \,|\,_1^t]\varepsilon(t-1) = (t^2-1)\varepsilon(t-1)$$

因为 $t>1$ 时，此函数才不为零，故后面要乘以 $\varepsilon(t-1)$。

同理，第三项的实际积分限为 $0\sim(t-2)$，即

$$\int_0^t 2\tau\varepsilon(\tau)\varepsilon(t-\tau-2) d\tau$$

$$= [\tau^2 \,|\,_0^{(t-2)}]\varepsilon(t-2) = (t-2)^2\varepsilon(t-2)$$

因为 $(t-2)>0$（即 $t>2$）时，此函数才不为零，故后面要乘以 $\varepsilon(t-2)$。

第四项的实际积分限为 $1\sim(t-2)$，即

$$\int_0^t 2\tau\varepsilon(\tau-1)\varepsilon(t-\tau-2) d\tau$$

$$= [\tau^2 \,|\,_1^{(t-2)}]\varepsilon[(t-2)-1]$$

$$= (t^2-4t+3)\varepsilon(t-3)$$

因为在 $(t-2)>1$（即 $t>3$）时，此函数才不为零，故后面要乘以 $\varepsilon(t-3)$。

综合以上结果可得

$$r(t) = t^2\varepsilon(t) - (t^2-1)\varepsilon(t-1)$$
$$- (t-2)^2\varepsilon(t-2) + (t^2-4t+3)\varepsilon(t-3)$$

求 $f(t)$ 与 $h(t)$ 的卷积,即求自变量为 τ 的函数 $f(\tau)h(t-\tau)$ 在 $0\sim t$ 区间的积分。下文利用图解说明求解过程,可以帮助我们理解卷积的概念。

8.13.2 卷积积分的图解

如已知某电路的冲激响应 $h(t) = 2e^{-t}\varepsilon(t)$,激励函数为 $f(t) = \varepsilon(t)$。若以式(8-71)求卷积,下面以图解法来阐述该式的几何意义。

首先改换自变量,把 $f(t)$ 和 $h(t)$ 分别写作 $f(\tau)$ 和 $h(\tau)$,此时函数图形未变,只是横坐标换作 τ,如图 8-74(a)、(b)所示。$h(-\tau)$ 与 $h(\tau)$ 以纵轴互相对称,因此将 $h(\tau)$ 曲线绕纵坐标轴翻转 $180°$ 即得到 $h(-\tau)$,如图 8-74(c)所示。再将此曲线向右移动 t 秒即得到 $h(t-\tau)$ 的图形,如图 8-74(d)所示。然后将 $f(\tau)$ 与 $h(t-\tau)$ 相乘,所得曲线如图 8-74(e)所示。这个曲线与横轴所限定的面积就是 t 秒时电路的零状态响应值。取 t 的不同值,可求得相应的积分值,从而可画出零状态响应随 t 变化的波形。

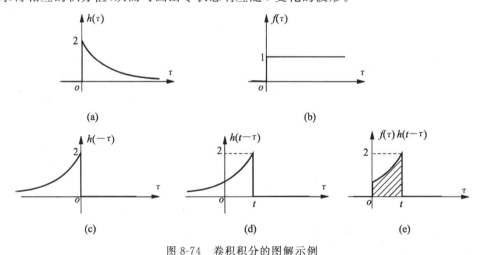

图 8-74 卷积积分的图解示例

从以上图解分析可以看出,卷积运算过程是由翻转、平移、相乘、积分等几部分组成。在平移过程中,如两函数图形不交叠,则其乘积为零。根据这一点可以正确地确定积分限。当 $f(t)$ 或 $h(t)$ 是分段连续函数时,应用图解分析可以方便地确定分段积分的上下限,详见下例。

例 8-21 借助图解法重解例 8-20。

解 当 $0 < t < 1$ 时,如图 8-75(a)。所以
$$r(t) = \int_0^t 2\tau d\tau = \tau^2 \Big|_0^t = t^2$$

当 $1 < t < 2$ 时,如图 8-75(b)。所以
$$r(t) = \int_0^1 2\tau d\tau = \tau^2 \Big|_0^1 = 1$$

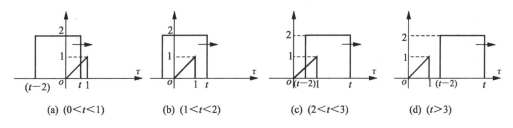

(a) (0<*t*<1) (b) (1<*t*<2) (c) (2<*t*<3) (d) (*t*>3)

图 8-75 例 8-21 图

当 $2<t<3$ 时,如图 8-75(c)。所以

$$r(t) = \int_{t-2}^{1} 2\tau d\tau = \tau^2 \Big|_{t-2}^{1}$$
$$= 1-(t-2)^2 = -t^2+4t-3$$

当 $t>3$ 时,如图 8-75(d)。所以

$$r(t) = 0$$

综合可得
$$r(t) = \begin{cases} t^2 & (0<t<1) \\ 1 & (1<t<2) \\ -t^2+4t-3 & (2<t<3) \\ 0 & (t>3) \end{cases}$$

写成封闭形式,并经整理得

$$r(t) = t^2[\varepsilon(t)-\varepsilon(t-1)] + [\varepsilon(t-1)-\varepsilon(t-2)]$$
$$+ (-t^2+4t-3)[\varepsilon(t-2)-\varepsilon(t-3)]$$
$$= t^2\varepsilon(t) - (t^2-1)\varepsilon(t-1) - (t-2)^2\varepsilon(t-2)$$
$$+ (t^2-4t+3)\varepsilon(t-3)$$

与例 8-20 的结果一致。

8.14　状态方程

本章前面几节介绍了分析动态电路的经典法,用它分析复杂的高阶电路及非线性、时变电路时就显得很困难。状态变量法是分析高阶动态电路的一种有效方法,随着计算机的普遍应用更显出其优点,它不仅适用于线性网络,同样适用于非线性及时变网络。

8.14.1　状态和状态变量

"状态"是电路和系统理论中的一个重要概念。

电路在任一时刻的状态是指该时刻电路所必须具备的最少信息的集合。已知该时刻的状态及此时开始的输入,就能完全地确定电路在该时刻及此后任一时刻的所有响应。如某二阶电路,根据已知元件参数和输入函数列出待求变量的微分方程后,知道电路的初始状态就能对电路进行完整的分析。电路的初始状态是由 $i_L(0)$ 及 $u_C(0)$ 来表示的。也就是说,对一给定电路,已知初始状态及 $t \geqslant 0$ 时的输入,就可以求得 $t \geqslant 0$ 时电路中任一部分的电压或电流。

描述网络状态的一组数量最少的变量称为状态变量。例如,含电容和电感的二阶电路,电容电压 u_C 和电感电流 i_L 就可以是一组状态变量,亦可取电容电荷 q 及电感磁链 ψ 作为状态变量。对 n 阶网络则有 n 个状态变量。由状态变量构成的列向量称为状态向量,用 $\boldsymbol{x}$ 表示

$$\boldsymbol{x} = (x_1 \quad x_2 \quad \cdots \quad x_n)^{\mathrm{T}}$$

式中,$x_1, x_2, \cdots, x_n$ 是网络的 n 个独立的状态变量。

网络中独立状态变量的数目就等于网络微分方程的阶数(网络的阶数),一般地说,也就是电路中储能元件的个数。但是,当网络中存在仅有电容元件和电压源构成的回路(称为纯电容回路)时,由于受 KVL 的约束,其中必有一个电容电压是不独立的。与此类似,当网络中存在仅由电感元件和电流源构成的割集(称为纯电感割集)时,由于 KCL 的约束,必然会有一个电感电流是不独立的,不独立的电容电压和电感电流不能作为网络的状态变量。对于不含受控源的网络,若网络中储能元件的总数为 n_{CL},纯电容回路数为 n_C,纯电感割集数为 n_L,则独立的状态变量数为

$$n = n_{\mathrm{CL}} - n_C - n_L$$

网络的独立状态变量数(即独立电感电流数和独立电容电压数之和)通常称为网络复杂性的阶,或网络的阶。例如,图 8-76 所示的网络中,有一个由 u_{S}、C_1、C_2 构成的纯电容回路和一个由 L_1、L_2 构成的纯电感割集,该网络的复杂性的阶为 $5-1-1=3$,故只有三个独立的状态变量。

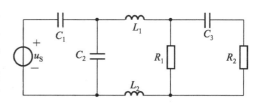

图 8-76　网络的阶的示例

既无纯电容回路又无纯电感割集的网络称为常态网络。在线性非时变的常态网络中,所有电容电压和电感电流都是独立的,一般选取所有电容电压和电感电流作为状态变量。下面讨论的主要是常态网络。

8.14.2　状态方程和输出方程

状态方程是表示状态变量与激励函数之间关系的一阶微分方程组。现通过一个最简单的 RLC 串联电路(见图 8-77)的分析来说明,取 u_C 和 i_L 为状态变量,则可列出下列方程

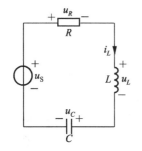

图 8-77　列写状态方程示例

$$C \frac{\mathrm{d}u_C}{\mathrm{d}t} = i_L$$

$$L \frac{\mathrm{d}i_L}{\mathrm{d}t} + u_C + Ri_L = u_{\mathrm{S}}$$

对以上两个方程适当进行整理,使方程左边为状态变量的一阶导数,方程右边为含有状态变量与激励函数的代数式,即

$$\left.\begin{array}{l} \dfrac{\mathrm{d}u_C}{\mathrm{d}t} = \dfrac{i_L}{C} \\[3mm] \dfrac{\mathrm{d}i_L}{\mathrm{d}t} = -\dfrac{u_C}{L} - \dfrac{R}{L}i_L + \dfrac{u_{\mathrm{s}}}{L} \end{array}\right\} \tag{8-75}$$

式(8-75)就是图 8-77 电路的状态方程,写成矩阵形式为

$$\begin{bmatrix} \dfrac{\mathrm{d}u_C}{\mathrm{d}t} \\[3mm] \dfrac{\mathrm{d}i_L}{\mathrm{d}t} \end{bmatrix} = \begin{bmatrix} \dot{u}_C \\[2mm] \dot{i}_L \end{bmatrix} = \begin{bmatrix} 0 & \dfrac{1}{C} \\[3mm] -\dfrac{1}{L} & -\dfrac{R}{L} \end{bmatrix} \begin{bmatrix} u_C \\[2mm] i_L \end{bmatrix} + \begin{bmatrix} 0 \\[2mm] \dfrac{1}{L} \end{bmatrix} [u_{\mathrm{s}}] \tag{8-76}$$

对于一个具有 n 个状态变量($x_1, x_2, \cdots, x_n$)、m 个激励($u_1, u_2, \cdots, u_m$)的线性网络,状态方程的一般形式可写为

$$\dot{\boldsymbol{x}} = \boldsymbol{A}\boldsymbol{x} + \boldsymbol{B}\boldsymbol{u} \tag{8-77}$$

式中,$\boldsymbol{x} = \begin{bmatrix} x_1 & x_2 & \cdots & x_n \end{bmatrix}^{\mathrm{T}}$ 称为状态向量,$\dot{\boldsymbol{x}}$ 是状态向量的一阶导数;$\boldsymbol{u} = \begin{bmatrix} u_1 & u_2 & \cdots \\ u_m \end{bmatrix}^{\mathrm{T}}$ 称为输入(激励)向量;$\boldsymbol{A}$ 和 $\boldsymbol{B}$ 是与网络结构及元件参数有关的系数矩阵,$\boldsymbol{A}$ 是 $n \times n$ 阶方阵,$\boldsymbol{B}$ 是 $n \times m$ 阶矩阵,有时 $\boldsymbol{B}$ 又称控制矩阵或驱动矩阵。对于图 8-77 的电路,

$$\boldsymbol{x} = \begin{bmatrix} u_C \\ i_L \end{bmatrix}, \quad \boldsymbol{u} = \begin{bmatrix} u_{\mathrm{s}} \end{bmatrix}, \quad \boldsymbol{A} = \begin{bmatrix} 0 & \dfrac{1}{C} \\[3mm] -\dfrac{1}{L} & -\dfrac{R}{L} \end{bmatrix}, \quad \boldsymbol{B} = \begin{bmatrix} 0 \\[2mm] \dfrac{1}{L} \end{bmatrix}$$

式(8-76)和式(8-77)称为标准形式的状态方程。

输出方程是一组表示输出变量与状态变量和输入量之间的关系方程。它是一组线性代数方程,每一个方程表示一个输出量为状态变量和输入量的线性组合。在线性网络中,输出方程的矩阵形式一般为

$$\boldsymbol{y} = \boldsymbol{C}\boldsymbol{x} + \boldsymbol{D}\boldsymbol{u} \tag{8-78}$$

式中,$\boldsymbol{y}$ 为输出向量,$\boldsymbol{x}$ 为状态向量,$\boldsymbol{u}$ 为输入向量,$\boldsymbol{C}$ 与 $\boldsymbol{D}$ 是与电路结构和元件值有关的系数矩阵,例如,图 8-77 所示电路的输出是电感电压 u_L 和电阻电压 u_R,则

$$u_L = u_{\mathrm{s}} - i_L R - u_C$$
$$u_R = i_L R$$

写成矩阵形式的输出方程为

$$\begin{bmatrix} u_L \\ u_R \end{bmatrix} = \begin{bmatrix} -1 & -R \\ 0 & R \end{bmatrix} \begin{bmatrix} u_C \\ i_L \end{bmatrix} + \begin{bmatrix} 1 \\ 0 \end{bmatrix} [u_{\mathrm{s}}]$$

状态变量分析法须首先建立状态方程和输出方程,然后解状态方程得出状态变量的时间函数式,再将求得的状态变量代入输出方程,从而求得网络的输出。

8.14.3　状态方程的列写

1. 直观法列写

一个状态方程中只含有某一个状态变量的一阶导数。对于线性常态网络通常选取

电容电压和电感电流为状态变量。由于电容电流为 $C\dfrac{du_C}{dt}$，电感电压为 $L\dfrac{di_L}{dt}$，如果对只含一个电容的节点(或割集)列 KCL 方程，对只含一个电感的回路列 KVL 方程，则状态方程的建立过程就可得以简化。对于较简单的电路，根据这个思路用直观法可迅速列出。

例 8-22 列写图 8-78 电路的状态方程。

解 选 u_C、i_{L1} 和 i_{L2} 作为状态变量。对与电容支路关联的节点②列 KCL 方程

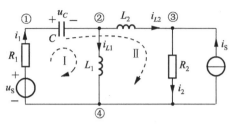

图 8-78 例 8-22 图

$$C\frac{du_C}{dt} = i_{L1} + i_{L2}$$

对只含一个电感的回路 Ⅰ 和 Ⅱ 列 KVL 方程

$$L_1\frac{di_{L1}}{dt} = u_S - i_1 R_1 - u_C$$

$$L_2\frac{di_{L2}}{dt} = u_S - i_1 R_1 - u_C - i_2 R_2$$

设法消去非状态变量 i_1 和 i_2。从图中不难看出

$$i_1 = i_{L1} + i_{L2}$$

$$i_2 = i_S + i_{L2}$$

将以上 i_1、i_2 代入前面三个方程，适当整理即可得出标准形式的状态方程为

$$
\begin{bmatrix} \dfrac{du_C}{dt} \\[2mm] \dfrac{di_{L1}}{dt} \\[2mm] \dfrac{di_{L2}}{dt} \end{bmatrix} =
\begin{bmatrix} 0 & \dfrac{1}{C} & \dfrac{1}{C} \\[2mm] -\dfrac{1}{L_1} & -\dfrac{R_1}{L_1} & -\dfrac{R_1}{L_1} \\[2mm] -\dfrac{1}{L_2} & -\dfrac{R_1}{L_2} & -\dfrac{(R_1+R_2)}{L_2} \end{bmatrix}
\begin{bmatrix} u_C \\[2mm] i_{L1} \\[2mm] i_{L2} \end{bmatrix} +
\begin{bmatrix} 0 & 0 \\[2mm] \dfrac{1}{L_1} & 0 \\[2mm] \dfrac{1}{L_2} & -\dfrac{R_2}{L_2} \end{bmatrix}
\begin{bmatrix} u_S \\[2mm] i_S \end{bmatrix}
$$

2. 系统法列写

对于比较复杂的电路，利用**特有树(proper tree)**的概念来列写状态方程(亦称为系统法)是方便的。将电路中每一元件作为一条支路画有向图，特有树是这样一种树，它包含电路中所有的电压源和电容支路，而不含任何电流源和电感支路。对于不含纯电容回路和纯电感割集的常态网络，至少可以选出一个特有树，在选定特有树后，对每一个单电容树支割集列写 KCL 方程，对每一个单电感连支回路列写 KVL 方程，然后消去方程中的非状态变量。最后整理并写成标准形式的状态方程。

例 8-23 图 8-79(a)所示的电路，输出为 u_o。试列写状态方程和输出方程。

解 选取电容电压 u_{C1}、u_{C2} 及电感电流 i_L 为状态变量，画有向图，如图 8-79(b)所示，选定特有树(树支用粗黑线表示)。

对电容树支确定的基本割集列写 KCL 方程

$$C_1\frac{du_{C1}}{dt} = i_1 - i_L$$

$$C_2\frac{du_{C2}}{dt} = i_L + i_S - i_3$$

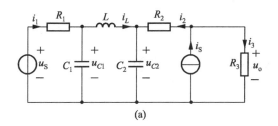 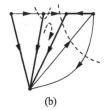

图 8-79   例 8-23 图

对电感连支所确定的基本回路列 KVL 方程

$$L \frac{\mathrm{d}i_L}{\mathrm{d}t} = u_{C1} - u_{C2}$$

消去非状态变量 i_1、i_3，即先写出 i_1、i_3 与状态变量、输入的如下关系式

$$i_1 = \frac{u_S - u_{C1}}{R_1}$$

$$i_3 = \frac{R_2}{R_2 + R_3} i_S + \frac{u_{C2}}{R_2 + R_3} \left(\text{因为 } i_3 = i_S - i_2, i_2 = \frac{i_3 R_3 - u_{C2}}{R_2} \right)$$

再将 i_1、i_3 的表达式代入前面的三个一阶微分方程，经适当整理即可得状态方程的矩阵形式为

$$
\begin{bmatrix} \dot{u}_{C1} \\ \dot{u}_{C2} \\ \dot{i}_L \end{bmatrix} =
\begin{bmatrix} -\dfrac{1}{R_1 C_1} & 0 & -\dfrac{1}{C_1} \\ 0 & \dfrac{-1}{(R_2 + R_3)C_2} & \dfrac{1}{C_2} \\ \dfrac{1}{L} & -\dfrac{1}{L} & 0 \end{bmatrix}
\begin{bmatrix} u_{C1} \\ u_{C2} \\ i_L \end{bmatrix} +
\begin{bmatrix} \dfrac{1}{R_1 C_1} & 0 \\ 0 & \dfrac{R_3}{(R_2 + R_3)C_2} \\ 0 & 0 \end{bmatrix}
\begin{bmatrix} u_S \\ i_S \end{bmatrix}
$$

输出电压 u_o 为

$$u_o = i_3 R_3 = \frac{R_2 R_3}{R_2 + R_3} i_S + \frac{R_3}{R_2 + R_3} u_{C2}$$

写成式(8-78)的矩阵形式为

$$
u_o = \begin{bmatrix} 0 & \dfrac{R_3}{R_2 + R_3} & 0 \end{bmatrix}
\begin{bmatrix} u_{C1} \\ u_{C2} \\ i_L \end{bmatrix} +
\begin{bmatrix} 0 & \dfrac{R_2 R_3}{R_2 + R_3} \end{bmatrix}
\begin{bmatrix} u_S \\ i_S \end{bmatrix}
$$

习题

8-1   (1) 电路如图题 8-1(a)所示，试列出求 $u_C(t)$ 的微分方程；

   (2) 电路如图题 8-1(b)所示，试列出求 $u_L(t)$ 的微分方程。

8-2   图题 8-2 中各电路在换路前已处稳定状态，试求换路后各电路中的初始值 $u(0_+)$ 和 $i(0_+)$。

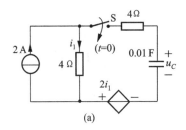 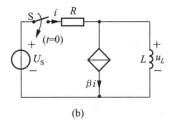

图题 8-1

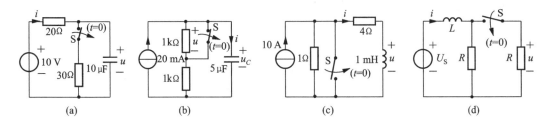

图题 8-2

8-3 电路如图题 8-3 所示,换路前电路已达稳态。试求 $i_L(0_+)$,$u_C(0_+)$,$\dfrac{\mathrm{d}i_L}{\mathrm{d}t}\Big|_{0_+}$,$\dfrac{\mathrm{d}u_C}{\mathrm{d}t}\Big|_{0_+}$。

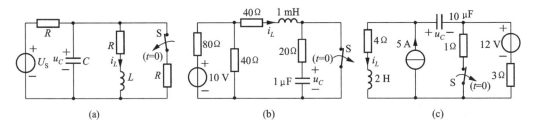

图题 8-3

8-4 图题 8-4 所示电路原先未储能,$t=0$ 时开关 S 合上。试求 $i_1(0_+)$,$i_2(0_+)$,$\dfrac{\mathrm{d}i_1}{\mathrm{d}t}\Big|_{0_+}$,$\dfrac{\mathrm{d}i_2}{\mathrm{d}t}\Big|_{0_+}$。

8-5 图题 8-5 所示电路。

(1) 求图(a)电路中的 $i(0_+)$;

(2) 求图(b)电路中的 $u(0_+)$;

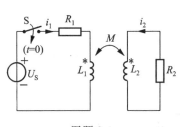

图题 8-4

(3) 求图(c)电路中的 $u_C(0_+)$、$\dfrac{\mathrm{d}u_C}{\mathrm{d}t}\Big|_{0_+}$ 及换路后的

稳态值 $u_C(\infty)$。

8-6 如题 8-6 电路,原已达稳态,$t=0$ 时,将开关 S 换路,试求 $t\geqslant0$ 时的 $u(t)$ 及 $i(t)$。

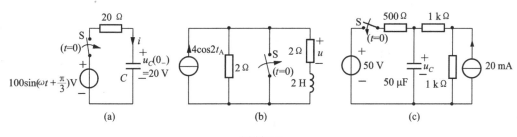

图题 8-5

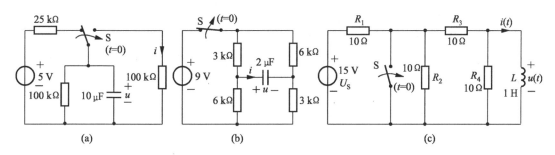

图题 8-6

8-7 先求出图题 8-7 所示电路从电容端口向左看的等效电阻,进而求出电路的零输入响应 $u_C(t)$,并绘出其变化曲线。已知 $u_C(0_-)=10$ V。

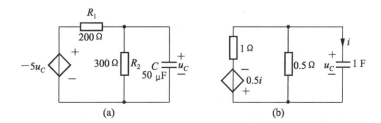

图题 8-7

8-8 电路如图题 8-8 所示,$i_L(0)=2$ A,求 $i_L(t)$ 及 $u(t)$,$t \geqslant 0$。

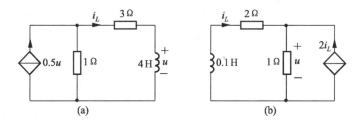

图题 8-8

8-9 换路前图题 8-9 所示电路已达稳态。试求 $i(t)$,$t \geqslant 0$。

8-10 一个高压电容器原先已充电,其电压为 10 kV,从电路中断开后,经过 15 min 它的电压降低为 3.2 kV(电容器与其绝缘电阻构成回路)。

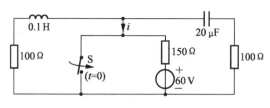

图题 8-9

（1）再过 15 min 电压将降为多少？

（2）如果电容 $C=15~\mu F$，那么它的绝缘电阻是多少？

（3）需经多少时间，可使电压降至 30 V 以下？

（4）如果以一根电阻为 0.2 Ω 的导线将电容短接放电，最大放电电流是多少？若认为在 5τ 时间内放电完毕，那么放电的平均功率是多少？

8-11　试求图题 8-11 所示各电路的零状态响应 $u_C(t)$，$t\geqslant 0$。

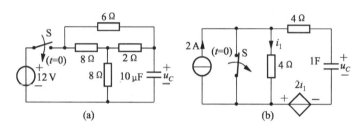

图题 8-11

8-12　图题 8-12 所示电路中，各电源均在 $t=0$ 时开始作用于电路，求 $i(t)$ 并绘出其变化曲线。已知电容电压初始值为零。

8-13　电路如图题 8-13 所示，开关 S 在 $t=0$ 时闭合，求 $t=15~\mu s$ 时 u_a 及各电阻中的电流。设 S 闭合前电容上无电荷。

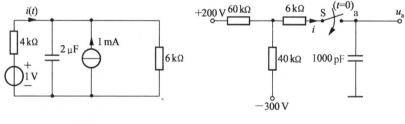

图题 8-12　　　　　　　　　　　图题 8-13

8-14　图题 8-14 所示含理想运算放大器电路，已知电路初始储能为零，求换路后的输出电压 $u_o(t)$。

8-15　电路如图题 8-15 所示，已知 $u_S(t)=10\cos\pi t~\text{V}$。设 $i_2(0)=0$，试求换路后的 $i_1(t)$、$i_2(t)$ 和 $i(t)$。

8-16　图题 8-16 所示电路中，N 内部只含电源及电阻，若 1 V 的直流电压源于 $t=0$

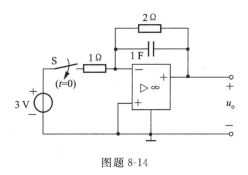

图题 8-14

时作用于电路。输出端所得零状态响应为 $u_o(t) = \frac{1}{2} + \frac{1}{8}e^{-0.25t}$ V，$t \geqslant 0$；问若把电路中的电容换为 2 H 的电感，输出端的零状态响应 $u_o(t)$ 将如何？

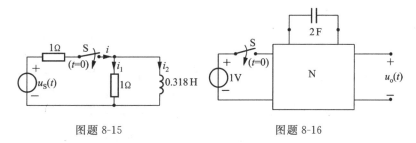

图题 8-15   图题 8-16

8-17　图题 8-17(a)所示电路中，N_1 内(为 RC 结构或 RL 结构)原无储能，在 $t=0$ 时电流 $i(t)=15$ mA 开始作用于电路。

(1) 若电压 $u(t)$ 的波形如图(b)所示，试确定 N_1 可能的结构。

(2) 若电压 $u(t)$ 的波形如图(c)所示，试确定 N_1 可能的结构。

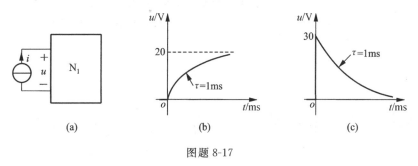

(a)   (b)   (c)

图题 8-17

8-18　图题 8-18 所示电路，开关 S 闭合前已处于稳态。在 $t=0$ 时，S 闭合，试求 $t \geqslant 0$ 时的 $u_L(t)$。

8-19　图题 8-19 所示电路，$t<0$ 时处于稳态，$t=0$ 时开关断开。求 $t>0$ 时的电压 u。

8-20　在图题 8-20 所示电路中，已知当 $u_S(t)=1$ V，$i_S(t)=0$ 时，$u_C(t)=2e^{-2t}+\frac{1}{2}$ V，$t \geqslant 0$；若 $i_S(t)=1$ A 时，$u_S(t)=0$ 时，$u_C(t)=\frac{1}{2}e^{-2t}+2$ V，$t \geqslant 0$。电源在 $t=0$ 时作用于电路。

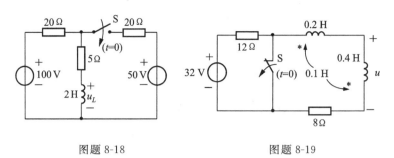

图题 8-18   图题 8-19

(1) 求 R_1、R_2 和 C；

(2) 当 $u_S(t)=1$ V，$i_S(t)=1$ A 时，求电路的响应 $u_C(t)$，其暂态分量等于多少？为什么？

8-21 图题 8-21 所示电路中，已知 $t<0$ 时 S 在"1"位置，电路已达稳定状态，现于 $t=0$ 时刻将 S 扳到"2"位置。

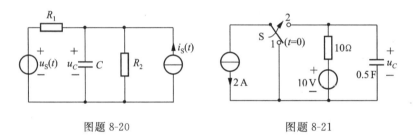

图题 8-20   图题 8-21

(1) 试用三要素法求 $t\geqslant 0$ 时的响应 $u_C(t)$；(2) 求 $u_C(t)$ 经过零值的时刻 t_0。

8-22 图题 8-22 所示电路，开关 S 闭合前，电路已达稳态，$t=0$ 时将开关 S 闭合。

(1) 试用三要素法求换路后的 $u_C(t)$，并画出波形图；

(2) 从已求得的响应 $u_C(t)$ 中，分解出零输入响应和零状态响应。

8-23 图题 8-23 所示电路，开关 S 打开前电路处于稳态。$t=0$ 时开关 S 打开，求换路后的 $u(t)$，并画出其波形图。

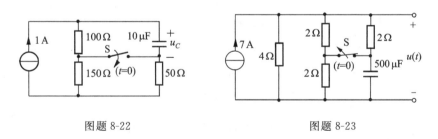

图题 8-22   图题 8-23

8-24 试用三要素法求图题 8-24 所示各电路中的响应 $u(t)$，并作出其变化曲线。

8-25 图题 8-25 所示电路中，$t<0$ 时 S 在 a 点，电路已达稳态。今于 $t=0$ 将开关 S 扳到 b 点。求 $t>0$ 时的全响应 $u(t)$，并定性画出其波形。

8-26 电路如图题 8-26 所示，当电容 C_1 原已充电至 5 V，$t=0$ 时，开关 S 闭合，C_1 对 C_2 充电（C_2 原未充电）。

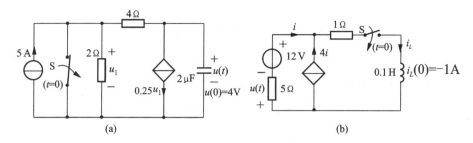

图题 8-24

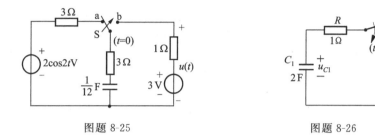

图题 8-25　　　　　　　　　　　　图题 8-26

（1）求 $t \geqslant 0$ 时的 i、u_{C1}、u_{C2}；

（2）$t = 0$ 时储藏在电容中的能量为多少；

（3）$t \to \infty$ 储藏在电容中的能量和电阻中消耗的总能量为多少？

（4）在这些能量之间有没有关系？如有试叙述之。

8-27　图题 8-27 所示电路中，已知 $C = 0.2$ F 时零状态响应 $u_C = 20(1 - e^{-\frac{t}{2}})$ V。现若 $C = 0.05$ F，且 $u_C(0_-) = 5$ V，其他条件不变，求 $t \geqslant 0$ 时的 $u_C(t)$。

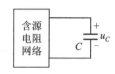

图题 8-27

8-28　电路如图题 8-28 所示，已知 $i_S(t) = \sin 7t$ A，且 $i(0) = 1$ A，求开关 S 闭合后 $i(t)$ 的全响应。

8-29　图 8-29 所示电路中，已知 $u_S(t) = 2\cos 2t$ V，$t = 0$ 时开关 S 闭合，且开关 S 闭合前电路已达稳态。试求：

（1）换路后电感电流 $i_L(t)$；

（2）分别得到 $i_L(t)$ 的零输入响应和零状态响应。

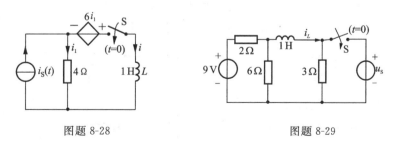

图题 8-28　　　　　　　　　　　　图题 8-29

8-30　写出图题 8-30 中各波形的函数表达式（要求借助阶跃函数写成封闭形式）。

8-31　画出与下列函数表达式相对应的波形。

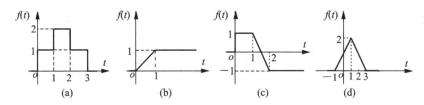

图题 8-30

(1) $\varepsilon(2t)$	(2) $\varepsilon(-t)$	(3) $\varepsilon(3-2t)$
(4) $t\varepsilon(t-1)$	(5) $t\varepsilon(t+1)$	(6) $\varepsilon(t-1)\varepsilon(t-2)$
(7) $e^{-5t}[\varepsilon(t)-\varepsilon(t-1)]$	(8) $(t-1)\varepsilon(t-1)-(t-2)\varepsilon(t-2)$	
(9) $5e^{-2t}\delta(t-1)$	(10) $\delta(t)-\delta(t-1)+2\delta(t-2)$	

8-32 试用单位冲激函数的采样性质,计算下列各式的积分值。

(1) $\displaystyle\int_{-\infty}^{\infty}\delta(t)f(t-t_1)\mathrm{d}t$;

(2) $\displaystyle\int_{-\infty}^{\infty}(t+\cos t)\delta(t-\frac{\pi}{3})\mathrm{d}t$;

(3) $\displaystyle\int_{-\infty}^{\infty}f(t_1-t)\delta(t)\mathrm{d}t$。

8-33 试求图题 8-33 所示电路的阶跃响应 $u_C(t)$。

8-34 图题 8-34 所示电路中,开关在 $t=0$ 时闭合,且设 $t=0$ 时电路已处于稳态,在 $t=100$ ms 时又打开,求 $u_{ab}(t)$,并绘出波形图。

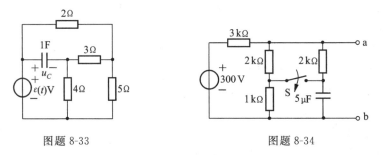

图题 8-33　　　　　　　　图题 8-34

*8-35 图题 8-35(b)电路中,作用于电路的电压 $u(t)$ 如图(a)所示,设在 $t<0$ 时,电路已达直流稳态。求解 $u_1(t)$ 和 $u_2(t)$,并绘出它们的波形图。

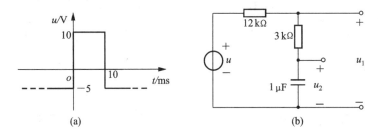

图题 8-35

8-36 图题 8-36(a)所示电路,电流 $i_S(t)$ 的波形如图 8-36(b)所示。求:(1)零状态响应 $i_L(t)$,$t \geqslant 0$,并定性画出其波形;(2)电压 $u(t)$。

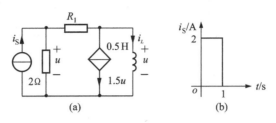

图题 8-36

8-37 初始状态不为零的一阶网络 N,如图题 8-37(a)所示。当 1-1′端激励电压为 $4\varepsilon(t)$ 时,2-2′端响应电压 $r_1(t) = 2 + e^{-t}$;当 1-1′端激励电压为 $-4\varepsilon(t)$ 时,2-2′端响应电压 $r_2(t) = -2 - 3e^{-t}$;如 1-1′端激励电压为图(b)所示波形时,求 2-2′端响应电压 $r(t)$。

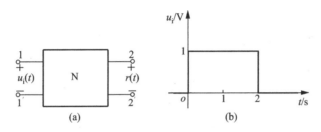

图题 8-37

8-38 电路如图 8-38 所示,电容的初始储能不为零。若 $u_S(t) = (1 + 2\cos)\varepsilon(t)$ V 时,$u_C(t) = [1 - e^{-t} + \sqrt{2}\cos(t - \frac{\pi}{4})]\varepsilon(t)$ V;若 $u_S(t) = \cos t\,\varepsilon(t)$ V,且电容初始储能不变,则 $t \geqslant 0$ 时,u_C 应为 _____。

图题 8-38

A. $\left[\frac{1}{2}e^{-t} + \frac{\sqrt{2}}{2}\cos\left(t - \frac{\pi}{4}\right)\right]$ V   B. $\sqrt{2}\cos\left(t - \frac{\pi}{4}\right)$ V

C. $\left[e^{-t} + \frac{\sqrt{2}}{2}\cos\left(t - \frac{\pi}{4}\right)\right]$ V   D. $\left[-2e^{-t} + \frac{\sqrt{2}}{2}\cos\left(t - \frac{\pi}{4}\right)\right]$ V

8-39 图题 8-39 所示电路中,直流电源 $U_S = 10$ V,电阻网络 N 的传输参数矩阵为 $[T] = \begin{bmatrix} 2 & 10\Omega \\ 0.1\,\mathrm{S} & 1 \end{bmatrix}$,$t < 0$ 时电路处于稳态,$t = 0$ 时开关 S 由 a 打向 b。求 $t > 0$ 时的响应 $u(t)$。

8-40 图题 8-40 所示电路中,已知线性电阻网络 N 的 R 参数为 $[R] = \begin{bmatrix} 4 & 3 \\ 3 & 5 \end{bmatrix}\Omega$,$i_L(0_-) = 2$ A,求响应 $i_L(t)$,$t \geqslant 0$。

8-41 图题 8-41 所示电路。(1)写出二端口网络 N 的传输参数 $[T]$ 矩阵;(2)若 $u_1 = 10$ V,$t = 0$ 时开关 S 闭合,求换路后的 $i_L(t)$。

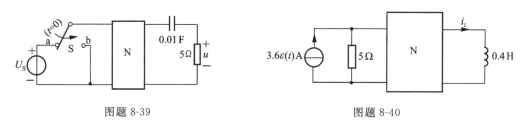

图题 8-39　　　　　　　　　　　　　　　　　图题 8-40

8-42　图题 8-42 所示电路初始状态不详。已知 $u_S(t)=2\cos t\varepsilon(t)$ V，$i_L(t)=1-3e^{-t}+\sqrt{2}\cos(t-\dfrac{\pi}{4})$ A，$t\geqslant0$。试求：

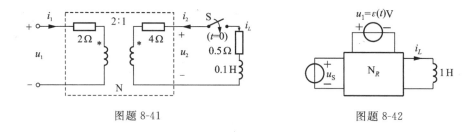

图题 8-41　　　　　　　　　　　　　　　　　图题 8-42

(1) 在同样初始状态下，$u_S(t)=0$ 时，$i_L(t)=?$

(2) 在同样初始状态下，两个电源均为 0，$i_L(t)=?$

(3) 在同样初始状态下，$u_1=3\varepsilon(t)$ V，$u_S=10\sin t\varepsilon(t)$ V，$i_L(t)=?$

*8-43　555 型定时器是一个具有多种用途的集成电路，对外有 8 个端钮。在图 8-43 中是将 555(方框部分)与 R_A、R_B、C 连接成一个自由间歇振荡器(不必追究其含义)，在此情况下，555 的性能如同一个电压控制开关。当电压 U_S 加上后，电流由电源 U_S 经 R_A 和 R_B 使电容 C 充电，此时输出端与电源 U_S 相连，使输出电压等于 U_S。当电容电压 $u_C(t)$ 达到 $\dfrac{2}{3}U_S$ 时，端钮 7 接地，电容经 R_B 放电，此时输出端也接地，其电压等于零。

当电容电压下降到 $\dfrac{1}{3}U_S$ 时，端钮 7 断开，使电容再度经 R_A 和 R_B 由电源 U_S 充电，且使输出端又与电源 U_S 相连，输出电压为 U_S。当 $u_C(t)$ 达到 $\dfrac{2}{3}U_S$ 时，电容再次放电，依次重复。

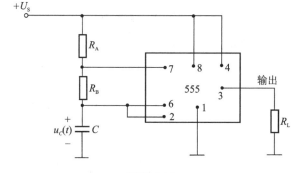

图题 8-43

（1）假定加上电源 U_S 时，u_C 初始值为零，试画出电容电压 $u_C(t)$ 及输出电压波形图；

（2）试证明振荡器的周期为

$$T = 0.693(R_A + 2R_B)C$$

8-44 图题 8-44 所示电路中，$u_C(0_-)=0$，试求：

（1）$u_S(t)=\varepsilon(t)$ 时，电流 i_2 的阶跃响应。

（2）$u_S(t)=\delta(t)$ 时，电流 i_2 的冲激响应。

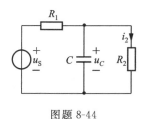

图题 8-44

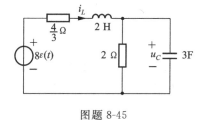

图题 8-45

8-45 电路如图题 8-45 所示。

（1）列出求 $u_C(t)$ 的微分方程；

（2）列出求 $i_L(t)$ 的微分方程；

（3）比较两方程的系数，可得出什么结论？

8-46 求上图题 8-45 电路特征根的值，并判断该电路的过渡过程是欠阻尼还是过阻尼的。

8-47 试判断图题 8-47 所示两电路的过渡过程是欠阻尼还是过阻尼的。

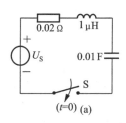

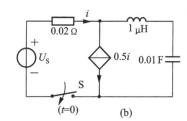

图题 8-47

8-48 电路如图题 8-48 所示，试确定零输入响应的阻尼状态。

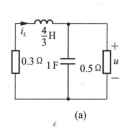

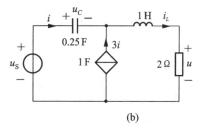

图题 8-48

8-49 电路如图题 8-49 所示,已知 $R=9\ \Omega,C=0.05\ \text{F},L=1\ \text{H},i_L(0_+)=2\ \text{A}$, $u_C(0_+)=20\ \text{V}$,试求零输入响应 $u_C(t)$、$i_L(t)$。

8-50 电路如图题 8-50 所示,已知 $u(0_-)=1\ \text{V},i_L(0_-)=2\ \text{A}$,试求 $t\geqslant0$ 时的 $u(t)$。

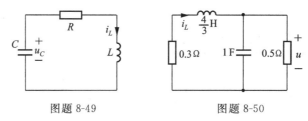

图题 8-49　　　　　　　　　　图题 8-50

8-51 如图题 8-51 电路,无初始储能,试求 $t>0$ 时的 $i_L(t)$。

8-52 如图题 8-52 所示电路无初始储能,试求在下列情况下 $t>0$ 时的 $i_L(t)$:

(1) $L=\dfrac{8}{3}\ \text{H}$　　　(2) $L=2\ \text{H}$

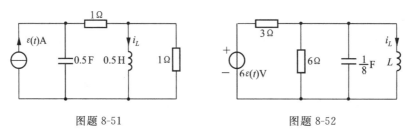

图题 8-51　　　　　　　　　　图题 8-52

8-53 如图题 8-53 所示电路无初始储能,已知 $u_S(t)=2\cos t\ \text{V}$,试求 $t>0$ 时的 $u_o(t)$。

8-54 图题 8-54 所示电路在开关 S 闭合前已达稳态,已知 $u_C(0_-)=-100\ \text{V}$,求电流 $i_L(t)$,$t\geqslant0$。

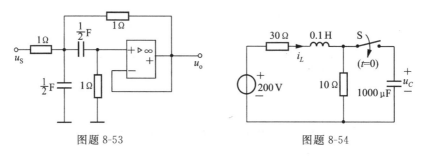

图题 8-53　　　　　　　　　　图题 8-54

8-55 试求图题 8-55 所示电路的零状态响应 $u_C(t)$。

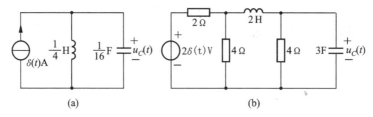

(a)　　　　　　　　　　(b)

图题 8-55

8-56 图题 8-56 所示电路中,开关在 $t=0$ 时打开,打开前电路已达稳态,求 $i_1(t)$ 及 $u_2(t)$,$t\geqslant0$。

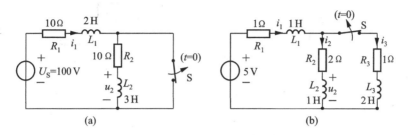

图题 8-56

8-57 图题 8-57 所示电路中,开关在 $t=0$ 时换接,换路前电路已达稳态,试求 $t>0$ 时的 $u(t)$ 及 $i(t)$。

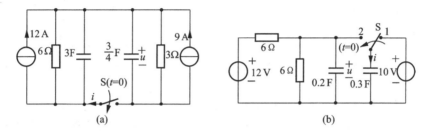

图题 8-57

8-58 求 $f_1(t) * f_2(t)$,若

(1) $f_1(t)=\mathrm{e}^{-t}\varepsilon(t-1)$,$f_2(t)=\mathrm{e}^{-t}\varepsilon(t-2)$;

(2) $f_1(t)=t\varepsilon(t)-t\varepsilon(t-1)$,$f_2(t)=\delta(t-1)$。

8-59 已知某电路在单位冲激电压激励下的零状态响应电流为 $h(t)=2\mathrm{e}^{-2t}\varepsilon(t)\,\mathrm{A}$,试求此电路由图题 8-59 所示电压激励时的零状态响应 $i(t)$。

8-60 图题 8-60(a)电路中,电流源 $i_S(t)$ 的波形如图题 8-60(b)所示。试求零状态响应 $u(t)$。

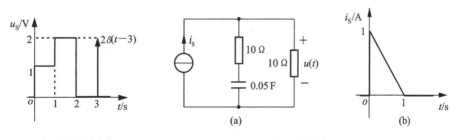

图题 8-59   图题 8-60

*8-61 电路如图题 8-61(a)所示,试求:

(1) 冲激响应 $h_{uo}(t)$;

(2) 若 $i_S(t)$ 如图(b)所示,用卷积法求零状态响应 $u_o(t)$。

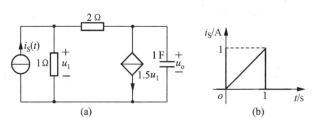

(a) （b)

图题 8-61

8-62　写出图题 8-62 所示网络的标准形式状态方程。

8-63　写出图题 8-63 所示电路标准形式的状态方程。

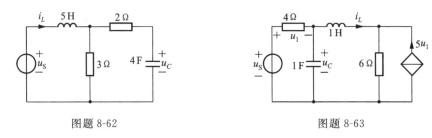

图题 8-62　　　　　　　　　　　图题 8-63

8-64　列出图题 8-64 所示电路的标准形式的状态方程。

8-65　写出图题 8-65 所示电路的标准形式状态方程和以 u_o 为输出量的输出方程。

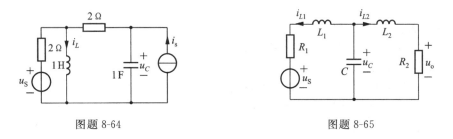

图题 8-64　　　　　　　　　　　图题 8-65

8-66　图题 8-66 所示电路。

（1）试确定电路的复杂性的阶；

（2）选 u_{C1}、u_{C2}、i_L 为状态变量列出状态方程（图（a）用直观法；图（b）用系统法），并列出以 u_o 为输出量的输出方程。

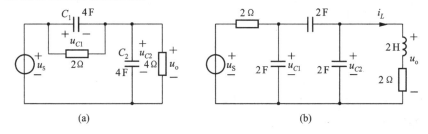

(a)　　　　　　　　　　　（b)

图题 8-66

8-67　写出图题 8-67 所示网络标准形式的状态方程。

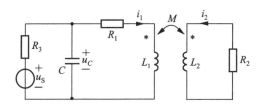

图题 8-67

8-68　图题 8-68 所示电路,利用计算机软件分析计算 $t=0\sim0.1$ s 的零状态响应 $i(t)$。分析计算完成后观察 $i(R)$ 波形。

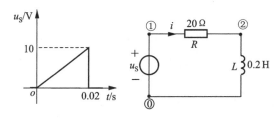

图题 8-68

8-69　图题 8-69 所示电路,利用计算机软件分析计算 $t=0\sim1$ ms 的 $i_C(t)$ 和 $i_L(t)$,分析计算完成后观察 $u_①(1)$ 对阶跃信号的响应波形。

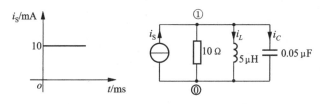

图题 8-69

8-70　图题 8-70 所示电路中,已知 $C=0.001~\mu$F,$C_1=0.04~\mu$F。利用计算机软件分析计算 $t=0\sim3~\mu$s 时下列两种情况的零状态响应 $u_o(t)$:

(1) $L=10$ mH,$R=1$ kΩ,$R_i=10$ Ω;

(2) $L=1$ mH,$R=0.1$ kΩ,$R_i=1$ Ω。

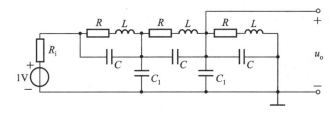

图题 8-70

第9章

线性电路过渡过程的复频域分析

　　线性电路过渡过程的时域分析,主要用经典法求解动态电路,其优点是物理概念清楚,因而常用来求解简单动态电路的过渡过程。当分析复杂动态电路时,由于方程组的个数较多、方程的阶数较高,直接求解微分方程具有一定的困难。

　　拉普拉斯变换(laplace transform)是研究线性动态电路的一个十分有用的工具,在电路理论中占有重要的地位,且在自动控制、电子技术等众多领域内得到广泛的应用。

　　拉普拉斯变换是一种积分变换,它把时间函数变换为复频率的函数,从而把时域中求解电路微分方程的问题变为复频域中求解代数方程的问题,在求得响应的拉普拉斯变换后,再进行反变换得出响应的时间函数。

　　本章首先介绍拉普拉斯变换的基本知识——定义、基本性质及反变换的常用方法。然后研究应用拉普拉斯变换法,即复频域分析法来分析电路,在此基础上介绍网络函数在电路时域分析和复频域分析中的意义和应用。

9.1　拉普拉斯变换的定义

　　一个在 $0 \leqslant t < \infty$ 区间内定义的时间函数 $f(t)$,且积分 $\int_{0_-}^{\infty} f(t) e^{-st} dt$ 在复频率 s 的某一域内收敛,则此积分所确定的函数

$$F(s) = \int_{0_-}^{\infty} f(t) e^{-st} dt$$

就是函数 $f(t)$ 的拉普拉斯变换式,以下简称拉氏变换。$F(s)$ 称为 $f(t)$ 的象函数,而 $f(t)$ 则称为 $F(s)$ 的原函数。$s = \sigma + j\omega$ 是一个复变量,其量纲与频率的量纲相同,故 s 亦称为复频率。拉氏变换[①]一般记为

$$F(s) = \mathscr{L}[f(t)] = \int_{0_-}^{\infty} f(t) e^{-st} dt \tag{9-1}$$

符号 $\mathscr{L}[\cdot]$ 为一算子,表示对括号内的时间函数 $f(t)$ 进行拉氏变换。

　　可以证明[②],若 $f(t)$ 在任一有限区间内分段连续,且在 t 充分大后满足不等式

$$| f(t) | \leqslant M e^{ct}$$

式中,M 和 c 均为正实常数,则拉氏变换一定存在,且是唯一的。电路中的物理量一般均满足这个条件。定义中拉氏变换的积分从 $t = 0_-$ 开始,是考虑到 $t = 0$(换路时刻)时 $f(t)$ 中可能包含冲激函数,故从 $t = 0_-$ 开始积分就可以把 $t = 0$ 时可能出现的冲激函数包括进去。

　　由象函数 $F(s)$ 求原函数 $f(t)$ 的拉普拉斯反变换式定义为

$$f(t) = \frac{1}{2\pi j} \int_{c-j\infty}^{c+j\infty} F(s) e^{st} ds \tag{9-2}$$

上式可简单记为

---

　　① 这里的积分限因取为 $0_- \sim \infty$,故称为单边拉普拉斯变换,简称单边拉氏变换。本书提到的拉氏变换,均指单边拉氏变换。$f(t)$ 可看作是默认的 $f(t)\varepsilon(t)$。

　　② 本书着重拉氏变换在电路分析中的应用,关于式(9-1)存在的条件及 s 的取值问题等有关拉氏变换的数学理论问题,可参阅有关书籍。

$$f(t) = \mathscr{L}^{-1}[F(s)]$$

符号 $\mathscr{L}^{-1}[\,\cdot\,]$ 也为一算子,表示对括号内的象函数 $F(s)$ 进行拉氏反变换。拉氏变换是一种积分变换,它将时间函数 $f(t)$ 变换为复频率 s 的函数。第 8 章中所述的动态电路分析是直接对时间函数 $u(t)$、$i(t)$ 来进行的,称为电路的时域分析;而应用拉氏变换法进行电路分析称为电路的复频域分析方法,又称为运算法或变换域法。式(9-1)及式(9-2)也可简称为拉普拉斯正变换及反变换。为方便起见,书刊中常将两式用双箭头表示 $f(t)$ 和 $F(s)$ 的变换对应关系,记成 $f(t) \leftrightarrow F(s)$。

下面以几个简单函数为例,应用式(9-1)求它们的象函数。

例 9-1 求以下函数的象函数:

(1) 单位阶跃函数;

(2) 单位冲激函数;

(3) 指数函数。

解 (1) 单位阶跃函数的象函数

$$f(t) = \varepsilon(t)$$

$$F(s) = \mathscr{L}[f(t)] = \int_{0_-}^{\infty} \varepsilon(t) e^{-st} dt = \int_{0_-}^{\infty} e^{-st} dt$$

$$= -\frac{1}{s} e^{-st} \Big|_{0_-}^{\infty} = \frac{1}{s}$$

(2) 单位冲激函数的象函数

$$f(t) = \delta(t)$$

$$F(s) = \mathscr{L}[f(t)] = \int_{0_-}^{\infty} \delta(t) e^{-st} dt$$

$$= \int_{0_-}^{0_+} \delta(t) e^{-st} dt = e^{-s(0)} = 1$$

上式说明,式(9-1)的积分下限取 $t=0_-$,就可计及 $t=0$ 时的冲激函数,这给分析存在冲激函数的电路带来方便。

(3) 指数函数的象函数

$$f(t) = e^{\alpha t} \quad (\alpha \text{ 为实数})$$

$$F(s) = \mathscr{L}[f(t)] = \int_{0_-}^{\infty} e^{\alpha t} e^{-st} dt$$

$$= \frac{1}{-(s-\alpha)} e^{-(s-\alpha)t} \Big|_{0_-}^{\infty}$$

$$= \frac{1}{s-\alpha}$$

9.2 拉普拉斯变换的基本性质

拉普拉斯变换有许多性质,本节仅介绍与分析线性电路有关的一些基本性质。利用这些性质可以方便地求得一些较复杂时间函数的拉氏变换式,并可将时域内的线性常微分方程变换为复频域的线性代数方程。

9.2.1　线性性质

若时间函数 $f_1(t)$ 和 $f_2(t)$ 的拉氏变换式分别为 $F_1(s)$ 和 $F_2(s)$，A_1 和 A_2 是两个任意实常数，则

$$\mathcal{L}[A_1 f_1(t) + A_2 f_2(t)] = A_1 \mathcal{L}[f_1(t)] + A_2 \mathcal{L}[f_2(t)]$$
$$= A_1 F_1(s) + A_2 F_2(s)$$

证
$$\mathcal{L}[A_1 f_1(t) + A_2 f_2(t)] = \int_{0_-}^{\infty} [A_1 f_1(t) + A_2 f_2(t)] e^{-st} dt$$

$$= A_1 \int_{0_-}^{\infty} f_1(t) e^{-st} dt + A_2 \int_{0_-}^{\infty} f_2(t) e^{-st} dt$$

$$= A_1 F_1(s) + A_2 F_2(s)$$

利用线性性质可由已知函数的象函数求出另一些函数的象函数。

例 9-2　若：(1) $f(t) = \sin\omega t$，(2) $f(t) = (1 - e^{-\alpha t})$，上述函数的定义域为 $[0, \infty]$，求其象函数 $F(s)$。

解　(1) $\mathcal{L}[\sin\omega t] = \mathcal{L}\left[\dfrac{1}{2j}(e^{j\omega t} - e^{-j\omega t})\right]$

$$= \frac{1}{2j}\left(\frac{1}{s - j\omega} - \frac{1}{s + j\omega}\right)$$

$$= \frac{\omega}{s^2 + \omega^2}$$

(2) $\mathcal{L}[(1 - e^{-\alpha t})] = \mathcal{L}[1] - \mathcal{L}[e^{-\alpha t}]$

$$= \frac{1}{s} - \frac{1}{s + \alpha}$$

$$= \frac{\alpha}{s(s + \alpha)}$$

因为 $t > 0$ 时，$\varepsilon(t) = 1$，所以常数 1 的象函数就是 $\dfrac{1}{s}$。

9.2.2　时域微分

若　$\mathcal{L}[f(t)] = F(s)$，则 $f'(t) = \dfrac{df(t)}{dt}$ 的象函数为

$$\mathcal{L}\left[\frac{df(t)}{dt}\right] = sF(s) - f(0_-)$$

证　$\mathcal{L}\left[\dfrac{df(t)}{dt}\right] = \int_{0_-}^{\infty} \dfrac{df(t)}{dt} e^{-st} dt = \int_{0_-}^{\infty} e^{-st} df(t)$

应用分部积分法，设 $u = e^{-st}$，$dv = \dfrac{df(t)}{dt}dt = df(t)$，则 $du = -se^{-st}dt$，$v = f(t)$。由于

$$\int u \mathrm{d}v = uv - \int v \mathrm{d}u, \text{ 所以}$$

$$\mathscr{L}\left[\frac{\mathrm{d}f(t)}{\mathrm{d}t}\right] = \int_{0_-}^{\infty} e^{-st} \mathrm{d}f(t) = e^{-st} f(t) \Big|_{0_-}^{\infty} - \int_{0_-}^{\infty} f(t)(-se^{-st}) \mathrm{d}t$$

$$= -f(0_-) + s \int_{0_-}^{\infty} f(t) e^{-st} \mathrm{d}t$$

$$= sF(s) - f(0_-)$$

例 9-3 利用时域微分性质求下列函数的象函数：

(1) $f(t) = \cos\omega t$

(2) $f(t) = \delta(t)$

解 (1) 由于 $\dfrac{\mathrm{d}\sin\omega t}{\mathrm{d}t} = \omega\cos\omega t$

$$\cos\omega t = \frac{1}{\omega} \frac{\mathrm{d}\sin\omega t}{\mathrm{d}t}$$

而 $\mathscr{L}[\sin\omega t] = \dfrac{\omega}{s^2 + \omega^2}$ （例 9-2 中已求得）

所以

$$\mathscr{L}[\cos\omega t] = \mathscr{L}\left[\frac{1}{\omega} \frac{\mathrm{d}\sin\omega t}{\mathrm{d}t}\right] = \frac{1}{\omega}\left(s \frac{\omega}{s^2 + \omega^2} - 0\right)$$

$$= \frac{s}{s^2 + \omega^2}$$

(2) 由于 $\delta(t) = \dfrac{\mathrm{d}}{\mathrm{d}t}\varepsilon(t)$，而 $\mathscr{L}[\varepsilon(t)] = \dfrac{1}{s}$，所以

$$\mathscr{L}[\delta(t)] = \mathscr{L}\left[\frac{\mathrm{d}}{\mathrm{d}t}\varepsilon(t)\right] = s \cdot \frac{1}{s} - 0 = 1$$

此结果与例 9-1(2)所得结果完全相同。

重复应用时域微分性质，可以导出 $f(t)$ 的二阶导数及高阶导数的象函数与 $F(s)$ 的关系式。

$$\mathscr{L}[f''(t)] = \mathscr{L}\left[\frac{\mathrm{d}f'(t)}{\mathrm{d}t}\right] = s\mathscr{L}[f'(t)] - f'(0_-)$$

$$= s^2 F(s) - sf(0_-) - f'(0_-)$$

$$\mathscr{L}[f^{(n)}(t)] = s^n F(s) - s^{n-1} f(0_-) - s^{n-2} f'(0_-) \cdots - f^{(n-1)}(0_-)$$

例 9-4 应用 $f(t)$ 的二阶导数性质求 $\sin\omega t$ 的象函数。

解 由于

$$\frac{\mathrm{d}}{\mathrm{d}t}\sin\omega t = \omega\cos\omega t$$

$$\frac{\mathrm{d}^2}{\mathrm{d}t^2}\sin\omega t = -\omega^2 \sin\omega t$$

对上式两边取拉氏变换，应用时域导数性质及线性性质，故有

$$s^2 \mathscr{L}[\sin\omega t] - \omega = -\omega^2 \mathscr{L}[\sin\omega t]$$

即
$$(s^2 + \omega^2)\mathscr{L}[\sin\omega t] = \omega$$

所以
$$\mathscr{L}[\sin\omega t] = \frac{\omega}{s^2 + \omega^2}$$

由此也方便地导出了与例 9-2 相同的结果。

利用时域微分性质可将电路的微分方程变换为相应的代数方程,如 RC 串联电路与电压源 $u_\mathrm{S}(t)$ 接通后的电路方程为

$$RC\frac{\mathrm{d}u_C}{\mathrm{d}t} + u_C = u_\mathrm{S}(t)$$

对上式两边取拉氏变换,$u_C(t)$ 与 $u_\mathrm{S}(t)$ 的象函数为 $U_C(s)$ 和 $U_\mathrm{S}(s)$,得

$$RC[sU_C(s) - u_C(0_-)] + U_C(s) = U_\mathrm{S}(s)$$

所以

$$U_C(s) = \frac{U_\mathrm{S}(s) + RCu_C(0_-)}{RCs + 1}$$

对上式进行反变换,即可求得时间函数 $u_C(t)$。

9.2.3 时域积分

若 $\mathscr{L}[f(t)] = F(s)$,则积分 $\int_{0_-}^{t} f(\xi)\mathrm{d}\xi$ 的象函数为

$$\mathscr{L}\left[\int_{0_-}^{t} f(\xi)\mathrm{d}\xi\right] = \frac{1}{s}F(s)$$

证
$$令 \ g(t) = \int_{0_-}^{t} f(\xi)\mathrm{d}\xi$$

则
$$\frac{\mathrm{d}g(t)}{\mathrm{d}t} = f(t)$$

根据时域微分性质,有

$$\mathscr{L}[f(t)] = F(s) = s\mathscr{L}[g(t)] - g(0_-)$$

显然,$g(0_-) = 0$,因而

$$\mathscr{L}[g(t)] = \mathscr{L}\left[\int_{0_-}^{t} f(\xi)\mathrm{d}\xi\right] = \frac{1}{s}F(s)$$

9.2.4 时域平移(时域延时)

若
$$\mathscr{L}[f(t)\varepsilon(t)] = F(s)$$

则
$$\mathscr{L}[f(t - t_0)\varepsilon(t - t_0)] = \mathrm{e}^{-st_0}F(s), \ t_0 > 0$$

证

$$\mathscr{L}[f(t - t_0)\varepsilon(t - t_0)] = \int_{0_-}^{\infty} f(t - t_0)\varepsilon(t - t_0)\mathrm{e}^{-st}\mathrm{d}t$$

$$= \int_{t_{0-}}^{\infty} f(t - t_0)\mathrm{e}^{-st}\mathrm{d}t$$

令 $x = t - t_0$，则 $t = x + t_0$，$\mathrm{d}t = \mathrm{d}x$，于是上式可写为

$$\mathscr{L}[f(t-t_0)\varepsilon(t-t_0)] = \int_{0_-}^{\infty} f(x)\mathrm{e}^{-sx}\mathrm{e}^{-st_0}\mathrm{d}x$$

$$= \mathrm{e}^{-st_0}\int_{0_-}^{\infty} f(x)\mathrm{e}^{-sx}\mathrm{d}x$$

$$= \mathrm{e}^{-st_0}F(s)$$

例 9-5 求图 9-1(a)所示矩形脉冲的拉氏变换。

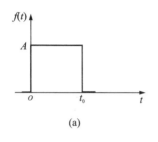 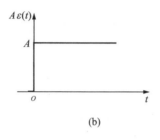 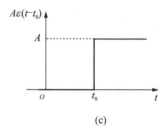

图 9-1 例 9-5 图

解 矩形脉冲 $f(t)$ 可以分解为阶跃信号 $A\varepsilon(t)$ 与延迟阶跃信号 $A\varepsilon(t-t_0)$ 之差，如图 9-1(b)与(c)所示。由于

$$f(t) = A\varepsilon(t) - A\varepsilon(t-t_0)$$

由线性性质

$$\mathscr{L}[A\varepsilon(t)] = \frac{A}{s}$$

由延时性质

$$\mathscr{L}[A\varepsilon(t-t_0)] = \frac{A}{s}\mathrm{e}^{-st_0}$$

所以

$$F(s) = \mathscr{L}[f(t)] = \mathscr{L}[A\varepsilon(t) - A\varepsilon(t-t_0)]$$

$$= \frac{A}{s}(1 - \mathrm{e}^{-st_0})$$

例 9-6 求图 9-2 所示单边周期性脉冲信号的象函数。

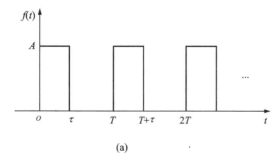 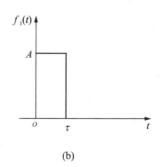

图 9-2 例 9-6 图

解　$f_1(t)$ 表示单个矩形脉冲,如图 9-2(b)所示,其象函数由例 9-5 可知为

$$F_1(s) = \mathscr{L}[f_1(t)] = \frac{A}{s}(1 - e^{-s\tau})$$

周期性矩形脉冲函数为

$$f(t) = f_1(t)\varepsilon(t) + f_1(t-T)\varepsilon(t-T) + f_1(t-2T)\varepsilon(t-2T) + \cdots$$

根据拉氏变换的线性和时移特性可得

$$F(s) = \mathscr{L}[f(t)] = F_1(s) + F_1(s)e^{-sT} + F_1(s)e^{-2sT} + \cdots$$

$$= F_1(s)(1 + e^{-sT} + e^{-2sT} + \cdots)$$

据几何级数的性质: 当 $|x| < 1$ 时,有

$$1 + x + x^2 + \cdots = \frac{1}{1+x}$$

所以

$$F(s) = \frac{F_1(s)}{1 - e^{-sT}} = \frac{A}{s} \cdot \frac{1 - e^{-s\tau}}{1 - e^{-sT}}$$

这就是说,周期信号的拉氏变换等于其第一个周期波形的拉氏变换乘以 $\dfrac{1}{1 - e^{-sT}}$。

9.2.5　复频域平移

若

$$\mathscr{L}[f(t)] = F(s)$$

则

$$\mathscr{L}[e^{-\alpha t}f(t)] = F(s+\alpha)$$

证

$$\mathscr{L}[e^{-\alpha t}f(t)] = \int_{0_-}^{\infty} f(t)e^{-(s+\alpha)t}dt = F(s+\alpha)$$

例 9-7　求 $e^{-\alpha t}\sin\omega t$ 的象函数。

解　例 9-2(1)中已求得 $\mathscr{L}[\sin\omega t] = \dfrac{\omega}{s^2 + \omega^2}$ 根据复频域平移性质,得

$$\mathscr{L}[e^{-\alpha t}\sin\omega t] = \frac{\omega}{(s+\alpha)^2 + \omega^2}$$

9.2.6　卷积定理

若 $f_1(t)$ 和 $f_2(t)$ 的象函数分别为 $F_1(s)$ 和 $F_2(s)$,则卷积 $f_1(t) * f_2(t)$ 的象函数为 $F_1(s)$ 和 $F_2(s)$ 的乘积。即

$$\mathscr{L}[f_1(t) * f_2(t)] = \mathscr{L}\left[\int_{0_-}^{t} f_1(\tau)f_2(t-\tau)d\tau\right]$$

$$= F_1(s)F_2(s)$$

证　对于单边拉氏变换,考虑到 $f_1(t) = f_1(t)\varepsilon(t)$,$f_2(t) = f_2(t)\varepsilon(t)$,由卷积定义写出

$$\mathscr{L}[f_1(t) * f_2(t)] = \int_{0}^{\infty}\int_{0}^{\infty} f_1(\tau)\varepsilon(\tau)f_2(t-\tau)\varepsilon(t-\tau)d\tau e^{-st}dt$$

交换积分次序并引入符号 $x = t - \tau$，得到

$$\mathscr{L}[f_1(t) * f_2(t)] = \int_0^\infty f_1(\tau)\left[\int_0^\infty f_2(t-\tau)\varepsilon(t-\tau)e^{-st}dt\right]d\tau$$

$$= \int_0^\infty f_1(\tau)\left[e^{-s\tau}\int_0^\infty f_2(x)e^{-sx}dx\right]d\tau$$

$$= F_1(s)F_2(s)$$

在应用变换法求解电路响应中，时域卷积定理是一个简便而又重要的定理。

例 9-8 已知某线性网络的冲激响应 $h(t) = e^{-t}\varepsilon(t)$，激励电源 $f(t) = \varepsilon(t)$，求其零状态响应 $y_f(t)$。

解 由第 8 章可知，线性电路的零状态响应

$$y_f(t) = f(t) * h(t) = \int_0^\infty f(t)h(t-\tau)d\tau$$

根据时域卷积定理有

$$Y_f(s) = F(s)H(s)$$

式中 $H(s) = \mathscr{L}[h(t)]$，称为网络函数。由于

$$\mathscr{L}[f(t)] = F(s) = \frac{1}{s}$$

$$\mathscr{L}[h(t)] = H(s) - \frac{1}{s+1}$$

故

$$Y_f(s) = F(s)H(s) = \frac{1}{s}\frac{1}{s+1} = \frac{1}{s} - \frac{1}{s+1}$$

对上式取拉普拉斯反变换，得

$$y_f(t) = \varepsilon(t) - e^{-t}\varepsilon(t) = (1 - e^{-t})\varepsilon(t)$$

关于网络函数及求解电路响应的问题将在后续节中详细介绍。

拉普拉斯变换还有时频展缩、复频域微分和复频域积分等性质，读者可参阅有关参考书。表 9-1 列出了常用的时间函数及其对应的象函数。

表 9-1 常用函数的拉普拉斯变换

原函数 $f(t)$	象函数 $F(s)$	原函数 $f(t)$	象函数 $F(s)$
$\delta(t)$	1	$e^{-at}\sin\omega t$	$\dfrac{\omega}{(s+\alpha)^2+\omega^2}$
$A\varepsilon(t)$	$\dfrac{A}{s}$	$e^{-at}\cos\omega t$	$\dfrac{s+\alpha}{(s+\alpha)^2+\omega^2}$
Ae^{-at}	$\dfrac{A}{s+\alpha}$	te^{-at}	$\dfrac{1}{(s+\alpha)^2}$
$\sin\omega t$	$\dfrac{\omega}{s^2+\omega^2}$	t	$\dfrac{1}{s^2}$
$\cos\omega t$	$\dfrac{s}{s^2+\omega^2}$	$\dfrac{1}{2}t^2$	$\dfrac{1}{s^3}$
$\sin(\omega t+\psi)$	$\dfrac{s\sin\psi+\omega\cos\psi}{s^2+\omega^2}$	$\dfrac{t^n}{n!}$	$\dfrac{1}{s^{n+1}}$
$\cos(\omega t+\psi)$	$\dfrac{s\cos\psi-\omega\sin\psi}{s^2+\omega^2}$	$\dfrac{1}{n!}t^n e^{-at}$	$\dfrac{1}{(s+\alpha)^{n+1}}$

9.3 拉普拉斯反变换

在应用拉氏变换分析电路时,首先将已知的时间函数变换为象函数(拉氏正变换),然后从已知的象函数求与之对应的原函数(拉氏反变换)。本节主要介绍求拉氏反变换的常用方法——部分分式展开法,并对应用留数定理求拉氏反变换作一般介绍。

9.3.1 部分分式展开法

由于线性时不变电路分析中所求得的象函数通常都是复变量 s 的实有理函数,可表示为两个有理多项式之比,即

$$F(s) = \frac{N(s)}{D(s)} = \frac{b_m s^m + b_{m-1} s^{m-1} + \cdots + b_1 s + b_0}{s^n + a_{n-1} s^{n-1} + \cdots + a_1 s + a_0} \tag{9-3}$$

式中,$a_0, a_1, \cdots, a_{n-1}$ 和 $b_0, b_1, \cdots, b_m$ 等均为实系数;m 和 n 均为正整数。部分分式展开法是将式(9-3)分解为一些最简分式之和,而每一简单分式的拉氏变换可在表 9-1 中直接查出。

欲将 $F(s)$ 展开成部分分式,首先应将式(9-3)化成真分式($m < n$)。当 $m \geqslant n$ 时,应先用除法将 $F(s)$ 表示成一个 s 的多项式与一个余式 $\dfrac{N_0(s)}{D(s)}$ 之和,即

$$F(s) = A_{m-n} s^{m-n} + \cdots + A_1 s + A_0 + \frac{N_0(s)}{D(s)}$$

这样余式 $\dfrac{N_0(s)}{D(s)}$ 已为一真分式,对应于多项式 $Q(s) = A_{m-n} s^{m-n} + \cdots + A_1 s + A_0$ 各项的时间函数是冲激函数的各阶导数与冲激函数本身。所以,在下面的分析中,均按 $F(s) = \dfrac{N(s)}{D(s)}$ 已是真分式的情况讨论。

1. 分母多项式 $D(s) = 0$ 的根为 n 个单根 $p_1, p_2, \cdots, p_n$

由于 $D(s) = 0$ 时,$F(s) = \infty$,故称 $D(s) = 0$ 的根 $p_i (i = 1, 2, \cdots, n)$ 为 $F(s)$ 的**极点**(**pole**)。此时可将分母多项式 $D(s)$ 进行因式分解,则式(9-3)写成如下的形式,并展开成部分分式,即

$$\begin{aligned} F(s) = \frac{N(s)}{D(s)} &= \frac{b_m s^m + b_{m-1} s^{m-1} + \cdots + b_1 s + b_0}{(s - p_1)(s - p_2) \cdots (s - p_i) \cdots (s - p_n)} \\ &= \frac{K_1}{s - p_1} + \frac{K_2}{s - p_2} + \cdots + \frac{K_i}{s - p_i} + \cdots + \frac{K_n}{s - p_n} \end{aligned} \tag{9-4}$$

式中,$K_i (i = 1, 2, \cdots, n)$ 为待定常数,可按下式求得,即

$$K_i = \frac{N(s)}{D(s)} (s - p_i) \bigg|_{s = p_i} \tag{9-5}$$

现对上式推导如下:

给式(9-4)等号两端同乘以$(s-p_i)$,得

$$F(s)(s-p_i) = \frac{K_1}{s-p_1}(s-p_i) + \frac{K_2}{s-p_2}(s-p_i) + \cdots + K_i + \cdots + \frac{K_n}{s-p_n}(s-p_i)$$

当取$s=p_i$代入时,并考虑到$p_1 \neq p_i, p_2 \neq p_i, \cdots, p_n \neq p_i$,故得

$$F(s)(s-p_i)\big|_{s=p_i} = 0 + 0 + \cdots + K_i + \cdots + 0$$

于是式(9-5)得证。

可见,所有的待定常数均求出后,则$F(s)$的原函数$f(t)$即可通过查表9-1而求得为

$$f(t) = \mathscr{L}^{-1}[F(s)] = K_1 e^{p_1 t} + K_2 e^{p_2 t} + \cdots + K_i e^{p_i t} + \cdots + K_n e^{p_n t}$$

$$= \sum_{i=1}^{n} K_i e^{p_i t}, \quad t \geqslant 0$$

例9-9 求象函数$F(s) = \dfrac{s^2+s+2}{s^3+3s^2+2s}$的原函数$f(t)$。

解 $D(s) = s^2+3s^2+2s = s(s+1)(s+2) = 0$的根(即极点)为$p_1 = 0, p_2 = -1, p_3 = -2$。这是单实根的情况,故$F(s)$的部分分式为

$$F(s) = \frac{s^2+s+2}{s(s+1)(s+2)} = \frac{K_1}{s+0} + \frac{K_2}{s+1} + \frac{K_3}{s+2} \tag{9-6}$$

其中

$$K_1 = \frac{s^2+s+2}{s(s+1)(s+2)}(s+0)\bigg|_{s=0} = 1$$

$$K_2 = \frac{s^2+s+2}{s(s+1)(s+2)}(s+1)\bigg|_{s=-1} = -2$$

$$K_3 = \frac{s^3+s+2}{s(s+1)(s+2)}(s+2)\bigg|_{s=-2} = 2$$

代入式(9-6)有$F(s) = \dfrac{1}{s} - \dfrac{2}{s+1} + \dfrac{2}{s+2}$

故得

$$f(t) = \varepsilon(t) - 2e^{-t}\varepsilon(t) + 2e^{-2t}\varepsilon(t) = (1 - 2e^{-t} + 2e^{-2t})\varepsilon(t)$$

2. 单根中含有一对共轭复根

对于实系数有理分式$F(s) = \dfrac{N(s)}{D(s)}$,如果$D(s) = 0$有复根,则必然共轭成对出现,而且在展开式中相应分式项系数亦互为共轭[①]。注意到上述特点,会给简化系数计算带来方便。

如果$D(s) = 0$的复根$p_{1,2} = -\alpha \pm j\omega$,则$F(s)$可展开为

$$F(s) = \frac{N(s)}{(s+\alpha-j\omega)(s+\alpha+j\omega)} = \frac{K_1}{s+\alpha-j\omega} + \frac{K_2}{s+\alpha+j\omega}$$

$$= \frac{K_1}{s+\alpha-j\omega} + \frac{K_1^*}{s+\alpha+j\omega}$$

式中,$K_2 = K_1^*$。令$K_1 = |K_1|e^{j\theta_1}$,则有

---

① 由于$D(s)$是s的实系数多项式,故复数根必然以共轭的形式成对出现,有关证明可参阅有关教材。

$$F(s) = \frac{\mid K_1 \mid e^{j\theta_1}}{s + \alpha - j\omega} + \frac{\mid K_1 \mid e^{-j\theta_1}}{s + \alpha + j\omega} \qquad (9\text{-}7)$$

由复频域平移和线性性质,得 $F(s)$ 的原函数为

$$\begin{aligned}
f(t) = \mathcal{L}^{-1}[F(s)] &= [\mid K_1 \mid e^{j\theta_1} e^{(-\alpha+j\omega)t} + \mid K_1 \mid e^{-j\theta_1} e^{(-\alpha-j\omega)t}]\varepsilon(t) \\
&= \mid K_1 \mid e^{-\alpha t}[e^{j(\omega t+\theta_1)} + e^{-j(\omega t+\theta_1)}]\varepsilon(t) \\
&= 2\mid K_1 \mid e^{-\alpha t}\cos(\omega t + \theta_1)\varepsilon(t) \qquad (9\text{-}8)
\end{aligned}$$

式(9-7)和式(9-8)组成的变换对可作为一般公式使用。对于 $F(s)$ 的一对共轭复根 $p_1 = -\alpha+j\omega$ 和 $p_2 = -\alpha-j\omega$,只需要计算出系数 $K_1 = \mid K_1 \mid e^{j\theta_1}$(与 p_1 对应),然后把 $\mid K_1 \mid$、θ_1、α、ω 代入式(9-8),就可得到这一对共轭复数根对应的部分分式的原函数。

例 9-10 已知 $F(s) = \dfrac{2s+8}{s^2+4s+8}$,求 $F(s)$ 的拉氏反变换 $f(t)$。

解 $D(s) = s^2+4s+8 = 0$,其根 $p_{1,2} = -2\pm j2$ 为一对共轭复数根。

$F(s)$ 可以表示为

$$F(s) = \frac{2s+8}{(s+2-j2)(s+2+j2)} = \frac{K_1}{s+2-j2} + \frac{K_2}{s+2+j2}$$

根据式(9-5)求出 K_1、K_2,得

$$K_1 = (s+2-j2)F(s)\mid_{s=-2+j2} = 1-j = \sqrt{2}\ \underline{/-45°}$$

$$K_2 = (s+2+j2)F(s)\mid_{s=-2-j2} = 1+j = \sqrt{2}\ \underline{/45°}$$

于是得

$$F(s) = \frac{\sqrt{2}\ \underline{/-45°}}{s+2-j2} + \frac{\sqrt{2}\ \underline{/45°}}{s+2+j2}$$

根据式(9-7)和式(9-8)知:$\mid K_1 \mid = \sqrt{2}$,$\theta_1 = -45°$,$\alpha = 2$,$\omega = 2$,于是得

$$f(t) = \mathcal{L}^{-1}[F(s)] = 2\sqrt{2}\,e^{-2t}\cos(2t-45°)\varepsilon(t)$$

本例可据观察将 $D(s) = (s+2)^2+2^2$ 代入分解得正弦函数形式的原函数。

3. $D(s) = 0$ 的根含有重根

现设 $D(s)$ 中含有 $(s-p_1)^3$ 的因式,p_1 为 $D(s)=0$ 的三重根,p_2 为一个单根,$F(s)$ 可分解为

$$\begin{aligned}
F(s) = \frac{N(s)}{D(s)} &= \frac{N(s)}{(s-p_1)^3(s-p_2)} \\
&= \frac{K_{11}}{s-p_1} + \frac{K_{12}}{(s-p_1)^2} + \frac{K_{13}}{(s-p_1)^3} + \frac{K_2}{s-p_2}
\end{aligned}$$

为了求出 K_{13},可将上式等号两端同乘以 $(s-p_1)^3$,得

$$(s-p_1)^3 F(s) = K_{13} + K_{12}(s-p_1) + K_{11}(s-p_1)^2 + (s-p_1)^3\frac{K_2}{s-p_2} \qquad (9\text{-}9)$$

则

$$K_{13} = (s-p_1)^3 F(s)\mid_{s=p_1}$$

将式(9-9)两边对 s 求导一次,K_{12} 被分离出来,即

$$\frac{d}{ds}[(s-p_1)^3 F(s)] = 0 + K_{12} + 2K_{11}(s-p_1) + \frac{d}{ds}\left[(s-p_1)^3 \frac{K_2}{s-p_2}\right] \quad (9\text{-}10)$$

所以

$$K_{12} = \frac{d}{ds}[(s-p_1)^3 F(s)]_{s=p_1}$$

再将式(9-10)两边对 s 求导一次(亦即对式(9-9)求二阶导数),得

$$\frac{d^2}{ds^2}[(s-p_1)^3 F(s)] = 0 + 0 + 2K_{11} + \frac{d^2}{ds^2}\left[(s-p_1)^3 \frac{K_2}{s-p_2}\right]$$

所以

$$K_{11} = \frac{1}{2} \frac{d^2}{ds^2}[(s-p_1)^3 F(s)]_{s=p_1}$$

从以上分析过程可以推论得出,当 $D(s)=0$ 的根含有 m 阶重根 p_1 时,则待定系数 K_{1r} 为

$$K_{1r} = \frac{1}{(m-r)!} \frac{d^{(m-r)}}{ds^{(m-r)}}[(s-p_1)^m F(s)]_{s=p_1} \quad (r=1,2,\cdots,m) \quad (9\text{-}11)$$

如果 $D(s)=0$ 具有多个重根时,对每个重根分别利用上述方法即可得到各系数。

例 9-11 求 $F(s) = \dfrac{s+2}{(s+1)^2(s+3)s}$ 的原函数 $f(t)$。

解 $D(s)=(s+1)^2(s+3)s=0$ 的根为 $p_1=-1$(二重根),$p_2=-3$,$p_3=0$,故 $F(s)$ 的部分分式展开为

$$F(s) = \frac{K_{12}}{(s+1)^2} + \frac{K_{11}}{s+1} + \frac{K_2}{s+3} + \frac{K_3}{s} \quad (9\text{-}12)$$

式中

$$K_{12} = \frac{s+2}{(s+1)^2(s+3)s}(s+1)^2 \bigg|_{s=-1} = -\frac{1}{2}$$

$$K_{11} = \frac{d}{ds}\left[\frac{s+2}{(s+1)^2(s+3)s}(s+1)^2\right] = \frac{-s^2-4s-6}{s^2(s+3)^2}\bigg|_{s=-1} = -\frac{3}{4}$$

$$K_2 = \frac{s+2}{(s+1)^2(s+3)s}(s+3)\bigg|_{s=-3} = \frac{1}{12}$$

$$K_3 = \frac{s+2}{(s+1)^2(s+3)s}(s+0)\bigg|_{s=0} = \frac{2}{3}$$

代入式(9-12)有

$$F(s) = -\frac{1}{2} \times \frac{1}{(s+1)^2} - \frac{3}{4} \times \frac{1}{s+1} + \frac{1}{12} \times \frac{1}{s+3} + \frac{2}{3} \times \frac{1}{s}$$

故得

$$f(t) = -\frac{1}{2}te^{-t} - \frac{3}{4}e^{-t} + \frac{1}{12}e^{-3t} + \frac{2}{3} \quad (t \geqslant 0)$$

例 9-12 求 $F(s) = \dfrac{s^3+5s^2+9s+7}{s^2+3s+2}$ 的原函数 $f(t)$。

解 因 $F(s)$ 是有理假分式(即 $m=3>n=2$),故应先化为有理真分式,然后再展开成部分分式。$D(s)=s^2+3s+2=(s+1)(s+2)=0$ 的根为 $p_1=-1$,$p_2=-2$,故有

$$F(s) = s+2 + \frac{s+3}{s^2+3s+2} = s+2 + \frac{2}{s+1} - \frac{1}{s+2}$$

所以有

$$f(t) = \mathcal{L}^{-1}[F(s)] = \delta'(t) + 2\delta(t) + (2e^{-t} - e^{-2t})\varepsilon(t)$$

除部分分式展开法之处,应用拉普拉斯变换的性质结合常用变换对也是求拉普拉斯

反变换的方法之一。下面举例说明这种方法。

例 9-13 已知 $F(s) = \dfrac{(s+4)\mathrm{e}^{-2s}}{s(s+2)}$，求 $F(s)$ 的拉氏反变换。

解 $F(s)$ 不是有理分式，但 $F(s)$ 可以表示为

$$F(s) = F_1(s)\mathrm{e}^{-2s}$$

式中

$$F_1(s) = \frac{s+4}{s(s+2)} = \frac{2}{s} - \frac{1}{s+2}$$

由线性和常用变换对得到

$$f_1(t) = \mathscr{L}^{-1}\big[F_1(s)\big] = (2 - \mathrm{e}^{-2t})\varepsilon(t)$$

由时域平移性质得

$$f(t) = \mathscr{L}^{-1}\big[F(s)\big] = \big[2 - \mathrm{e}^{-2(t-2)}\big]\varepsilon(t-2)$$

9.3.2 留数法（围线积分法）

拉氏反变换式为

$$f(t) = \frac{1}{2\pi\mathrm{j}}\int_{\sigma-\mathrm{j}\infty}^{\sigma+\mathrm{j}\infty} F(s)\mathrm{e}^{st}\,\mathrm{d}s \qquad (t > 0)$$

这是一个复变函数的线积分，其积分路径是 s 平面内平行于 $\mathrm{j}\omega$ 轴的 $\sigma = C_1 > \sigma_0$ 的直线 AB（亦即直线 AB 必须在收敛轴以右），如图 9-3 所示。直接求这个积分是困难的，但从复变函数论知，可将求此线积分的问题，转化为求 $F(s)$ 的全部极点在一个闭合回线内部的全部留数的代数和。这种方法称为留数法，也称**围线积分法**（**contour integral method**）。闭合线确定的原则是：必须把 $F(s)$ 的全部极点都包围在此闭合回线的内部。因此，从普遍性考虑，此闭合回线应是由直线 AB 与直线 AB 左侧半径 $R = \infty$ 的圆 C_R 所组成，如图 9-3 所示。这样，求拉氏反变换的运算，就转化为求被积函数 $F(s)\mathrm{e}^{st}$ 在 $F(s)$ 的全部极点上留数的代数和，即

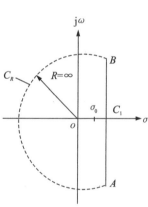

图 9-3 $F(s)$ 的围线积分途径

$$
\begin{aligned}
f(t) &= \frac{1}{2\pi\mathrm{j}}\int_{\sigma-\mathrm{j}\infty}^{\sigma+\mathrm{j}\infty} F(s)\mathrm{e}^{st}\,\mathrm{d}s \\
&= \frac{1}{2\pi\mathrm{j}}\int_{AB} F(s)\mathrm{e}^{st}\,\mathrm{d}s + \frac{1}{2\pi\mathrm{j}}\int_{C_R} F(s)\mathrm{e}^{st}\,\mathrm{d}s \\
&= \frac{1}{2\pi\mathrm{j}}\oint_{AB+C_R} F(s)\mathrm{e}^{st}\,\mathrm{d}s = \sum_{i=1}^{n}\mathrm{Res}\big[p_i\big]
\end{aligned}
$$

式中

$$\int_{AB} F(s)\mathrm{e}^{st}\,\mathrm{d}s = \int_{\sigma-\mathrm{j}\infty}^{\sigma+\mathrm{j}\infty} F(s)\mathrm{e}^{st}\,\mathrm{d}s, \quad \int_{C_R} F(s)\mathrm{e}^{st}\,\mathrm{d}s = 0$$

$p_i(i=1,2,\cdots,n)$ 为 $F(s)$ 的极点，亦即 $D(s)=0$ 的根；$\mathrm{Res}[p_i]$ 为极点 p_i 的留数。以下分两种情况介绍留数的具体求法。

(1) 若 p_i 为 $D(s)=0$ 的单根[即为 $F(s)$ 的一阶极点]，则其留数为

$$\text{Res}[p_i] = F(s)e^{st}(s-p_i)\,|_{s=p_i} \tag{9-13}$$

(2) 若 p_i 为 $D(s)=0$ 的 m 阶重根[即为 $F(s)$ 的 m 阶极点]，则其留数为

$$\text{Res}[p_i] = \frac{1}{(m-1)!}\frac{\mathrm{d}^{m-1}}{\mathrm{d}s^{m-1}}[F(s)e^{st}(s-p_i)^m]\bigg|_{s=p_i} \tag{9-14}$$

将式(9-13)、式(9-14)分别与式(9-5)、式(9-11)相比较，可看出部分分式的系数与留数的差别，部分分式法与留数法的差别。它们在形式上有差别，但在本质上是一致的。

与部分分式相比，留数法的优点是：不仅能处理有理函数，也能处理无理函数，因此，其适用范围较部分分式法为广。但运用留数法反求原函数时应注意到，因为冲激函数及其导数不符合约当引理，因此当原函数 $f(t)$ 中包含有冲激函数或其导数时，需先将 $F(s)$ 分解为多项式与真分式之和，由多项式决定冲激函数或其导数项，再对真分式求留数决定其他各项。若 $F(s)$ 有重阶极点，此时用留数法求拉氏反变换要略为简便些(见例9-14)。

例 9-14 用留数法求 $F(s)=\dfrac{s+2}{(s+1)^2(s+3)s}$ 的原函数 $f(t)$。

解 $D(s)=(s+1)^2(s+3)s=0$ 的根(极点)为 $p_1=-1$(二重根，即二阶极点)，$p_2=-3$，$p_3=0$，故根据式(9-13)和式(9-14)可求得各极点上的留数为

$$\begin{aligned}
\text{Res}[p_1] &= \frac{1}{(2-1)!}\frac{\mathrm{d}^{2-1}}{\mathrm{d}s^{2-1}}\left[\frac{s+2}{(s+1)^2(s+3)s}e^{st}(s+1)^2\right]\bigg|_{s=-1}\\
&= \frac{\mathrm{d}}{\mathrm{d}s}\left[\frac{s+2}{(s+3)s}e^{st}\right]\bigg|_{s=-1}\\
&= \frac{s+2}{(s+3)s}te^{st}\bigg|_{s=-1} + \frac{s(s+3)-(s+2)(2s+3)}{s^2(s+3)^2}e^{st}\bigg|_{s=-1}\\
&= -\frac{1}{2}te^{-t} - \frac{3}{4}e^{-t}\\
\text{Res}[p_2] &= \frac{s+2}{(s+1)^2(s+3)s}e^{st}(s+3)\bigg|_{s=-3} = \frac{1}{12}e^{-3t}\\
\text{Res}[p_3] &= \frac{s+2}{(s+1)^2(s+3)s}e^{st}s\bigg|_{s=0} = \frac{2}{3}
\end{aligned}$$

故得

$$\begin{aligned}
f(t) &= \sum_{i=1}^{3}\text{Res}[p_i] = \text{Res}[p_1]+\text{Res}[p_2]+\text{Res}[p_3]\\
&= \left(-\frac{1}{2}te^{-t}-\frac{3}{4}e^{-t}+\frac{1}{12}e^{-3t}+\frac{2}{3}\right)\varepsilon(t)
\end{aligned}$$

与例9-11的结果全同，但计算过程要比例9-11中的稍简便些。

9.4 电路定律的复频域形式

9.4.1 电路的 s 域模型

具体电路，可以不必先列出微分方程再取拉氏变换，而是通过导出的复频域电路模型，直接列写复频域形式的电路方程。下面从电路结构约束和元件约束两方面讨论它们

在 s 域的形式。

时域的 KCL 方程描述了在任意时刻流出(或流入)任一节点(或割集)电流的方程,它是各电流的一次函数,若各电流 $i_k(t)$ 的象函数为 $I_k(s)$(称其为象电流),则由线性性质有

$$\sum_{k=1}^{n} I_k(s) = 0 \tag{9-15}$$

上式表明,对任一节点(或割集),流出(或流入)该节点的象电流的代数和恒等于零。虽然它是象函数表达式,习惯上仍称其为 KCL。

同理,时域的 KVL 方程 $\sum_{k=1}^{n} u_k(t) = 0$ 也是回路中各支路电压的一次函数,若各支路电压 $u_k(t)$ 的象函数为 $U_k(s)$(称其为象电压),则由线性性质有

$$\sum_{k=1}^{n} U_k(s) = 0 \tag{9-16}$$

上式表明,对任一回路,沿着回路各支路象电压的代数和恒等于零,习惯上同样称其为 KVL。

对于线性非时变二端元件 R、L、C,若规定其端电压 $u(t)$ 与电流 $i(t)$ 为关联参考方向,其相应的象函数分别为 $U(s)$ 和 $I(s)$,那么由拉普拉斯变换的线性和微分、积分性质可得到它们的 s 域模型。

(1)电阻 R

因为时域的伏安关系为 $u_R(t) = R i_R(t)$,取拉氏变换有

$$U_R(s) = R I_R(s) \quad 或 \quad I_R(s) = \frac{1}{R} U_R(s) = G U_R(s)$$

(2)电感 L

对于含有初始值 $i_L(0_-)$ 的电感 L,因为时域的伏安关系有微分形式和积分形式两种,对应的 s 域模型也有两种形式

$$u_L(t) = L \frac{\mathrm{d}i_L(t)}{\mathrm{d}t} \longleftrightarrow U_L(s) = sL I_L(s) - L i_L(0_-)$$

$$i_L(t) = i_L(0_-) + \frac{1}{L} \int_{0_-}^{t} u_L(\tau) \mathrm{d}\tau \longleftrightarrow I_L(s) = \frac{1}{sL} U_L(s) + \frac{i_L(0_-)}{s}$$

式中,$U_L(s) = \mathscr{L}[u_L(t)]$,$I_L(s) = \mathscr{L}[i_L(t)]$;$Ls$ 称为电感 L 的复频域感抗,其倒数 $\frac{1}{Ls}$ 称为电感 L 的复频域感纳;$\frac{1}{s} i_L(0_-)$ 为电感元件初始电流 $i_L(0_-)$ 的象函数,可等效表示为附加的独立电流源;$L i_L(0_-)$ 可等效表示为附加的独立电压源。$\frac{1}{s} i_L(0_-)$ 和 $L i_L(0_-)$ 均称为电感 L 的内激励。根据上两式即可画出电感元件的复频域电路模型,前者为串联电路模型,后者为并联电路模型,两者实为有伴电源的等效关系,如表 9-2 所示。

(3)电容 C

对于含有初始值 $u_C(0_-)$ 的电容 C,用与分析电感 s 域模型类似的方法,同理可得电

容 C 的 s 域模型为

$$u_C(t) = \frac{1}{C}\int_{0_-}^{t} i_C(\tau)\mathrm{d}\tau + u_C(0_-) \longleftrightarrow U_C(s) = \frac{1}{sC}I_C(s) + \frac{u_C(0_-)}{s}$$

$$i_C(t) = C\frac{\mathrm{d}u_C(t)}{\mathrm{d}t} \longleftrightarrow I_C(s) = sCU_C(s) - Cu_C(0_-)$$

式中，$I_C(s) = \mathscr{L}[i_C(t)]$，$U_C(s) = \mathscr{L}[u_C(t)]$；$\dfrac{1}{Cs}$ 称为电容 C 的复频域容抗，其倒数 Cs 称为电容 C 的复频域容纳；$\dfrac{1}{s}u_C(0_-)$ 为电容元件初始电压 $u_C(0_-)$ 的象函数，可等效表示为附加的独立电压源；$Cu_C(0_-)$ 可等效表示为附加的独立电流源。$\dfrac{1}{s}u_C(0_-)$ 和 $Cu_C(0_-)$ 均称为电容 C 的内激励。根据上两式即可画出电容元件的复频域电路模型，前者为串联电路模型，后者为并联电路模型，同样，两者也为有伴电源等效关系。

三种元件（R、L、C）的时域和 s 域关系都列在表 9-2 中。

表 9-2　电路元件的 s 域模型

（4）耦合电感元件

耦合电感元件的时域电路模型如图 9-4(a)所示，其时域伏安关系为

$$u_1(t) = L_1\frac{\mathrm{d}i_1(t)}{\mathrm{d}t} + M\frac{\mathrm{d}i_2(t)}{\mathrm{d}t}$$

$$u_2(t) = M\frac{\mathrm{d}i_1(t)}{\mathrm{d}t} + L_2\frac{\mathrm{d}i_2(t)}{\mathrm{d}t}$$

对上两式求拉氏变换,即得其复频域伏安关系为

$$U_1(s) = L_1 s I_1(s) - L_1 i_1(0_-) + Ms I_2(s) - Mi_2(0_-)$$

$$U_2(s) = Ms I_1(s) - Mi_1(0_-) + L_2 s I_2(s) - L_2 i_2(0_-)$$

式中,$U_1(s) = \mathscr{L}[u_1(t)]$,$U_2(s) = \mathscr{L}[u_2(t)]$,$I_1(s) = \mathscr{L}[i_1(t)]$,$I_2(s) = \mathscr{L}[i_2(t)]$; $i_1(0_-)$,$i_2(0_-)$分别为电感 L_1,L_2 中的初始电流; Ms 称为耦合电感元件的复频域互感抗; $L_1 i_1(0_-)$,$L_2 i_2(0_-)$,$Mi_1(0_-)$,$Mi_2(0_-)$均可等效表示为附加的独立电压源,均为耦合电感元件的内激励。根据上两式即可画出耦合电感元件的复频域电路模型,如图 9-4(b) 所示。

若将图 9-4(a)所示耦合电感的去耦等效电路画出,则如图 9-4(c)所示,与之对应的 s 域电路模型如图 9-4(d)所示。

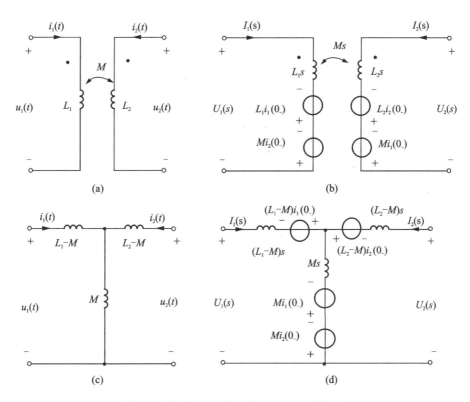

图 9-4　耦合电感元件及其复频域电路模型

9.4.2 复频域阻抗与复频域导纳

零状态二端无源网络端口电压 $U(s)$ 与电流 $I(s)$ 之比定义为复频域阻抗或运算阻抗,记为 $Z(s)$,即

$$Z(s) = \frac{U(s)}{I(s)} \tag{9-17}$$

零状态二端无源网络端口电流 $I(s)$ 与电压 $U(s)$ 之比定义为复频域导纳或运算导纳，记为 $Y(s)$，即

$$Y(s) = \frac{I(s)}{U(s)} \tag{9-18}$$

显然

$$Y(s) = \frac{1}{Z(s)} \tag{9-19}$$

图 9-5(a)所示为时域 RLC 串联电路模型，设电感 L 中的初始电流为 $i(0_-)$，电容 C 上的初始电压为 $u_C(0_-)$。于是可作出其复频域电路模型如图 9-5(b)所示，进而可写出其 KVL 方程为

$$U(s) = \left(R + Ls + \frac{1}{Cs}\right)I(s) - Li(0_-) + \frac{1}{s}u_C(0_-)$$

故得

$$I(s) = \frac{U(s) + Li(0_-) - \dfrac{1}{s}u_C(0_-)}{R + Ls + \dfrac{1}{Cs}}$$

$$= \underbrace{\frac{U(s)}{Z(s)}}_{s\text{域零状态响应}} + \underbrace{\frac{Li(0_-) - \dfrac{1}{s}u_C(0_-)}{Z(s)}}_{s\text{域零输入响应}}$$

$$= I_f(s) + I_x(s) \tag{9-20}$$

式中

$$Z(s) = R + Ls + \frac{1}{Cs}$$

$Z(s)$ 称为支路的复频域阻抗，它只与电路参数 R、L、C 及复频率 s 有关，而与电路的激励（包括内激励）无关。

令

$$Y(s) = \frac{1}{Z(s)} = \frac{1}{R + Ls + \dfrac{1}{Cs}}$$

$Y(s)$ 称为支路的复频域导纳。可见 $Y(s)$ 与 $Z(s)$ 互倒，即有 $Y(s)Z(s)=1$。

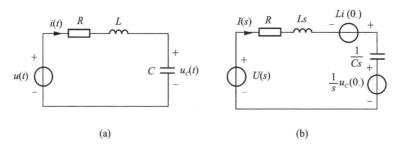

图 9-5　RLC 串联电路时域和复频域电路模型

式(9-20)中等号右端的第一项只与激励 $U(s)$ 有关，故为 s 域中的零状态响应，用加下脚标 $I_f(s)$ 表示；等号右端的第二项则只与初始条件 $i(0_-)$，$u_C(0_-)$ 有关，故为 s 域中的零输入响应，用加下脚标 $I_x(s)$ 表示；等号左端的 $I(s)$ 则为 s 域中的全响应。

若 $i(0_-)=0, u_C(0_-)=0$, 则式(9-20)变为

$$\left.\begin{array}{c} I(s) = \dfrac{U(s)}{Z(s)} = Y(s)U(s) \\[3mm] U(s) = Z(s)I(s) = \dfrac{I(s)}{Y(s)} \end{array}\right\} \tag{9-21}$$

或

(9-21)两式即为复频域形式的欧姆定律。

不难看出,这里引入的阻抗及导纳的概念比正弦稳态分析中为完成相量计算而引入复阻抗及复导纳的概念更具有普遍性,它把阻抗、导纳考虑为复变量 s 的函数而不是纯虚数变量 $j\omega$ 的函数,因而它把元件或二端网络的零状态响应的拉氏变换和任意输入的拉氏变换联系起来,而不仅是把单一频率正弦稳态的输出相量和输入相量联系起来。

同时也不难得出线性时不变电路的一个重要规则:若电路为**零初始状态**,则处理拉氏变换的规律与处理相量的规律完全相同,只需把 s 换以 $j\omega$ 即可。相量法中的相量模型在把 $j\omega$ 换以 s 后即可得到同一电路的 s 域模型,当然这一模型只适用于零状态分析,激励的拉氏变换也应根据具体情况而定。

9.5 应用拉普拉斯变换分析线性动态电路

由于复频域形式的 KCL、KVL、欧姆定律,在形式上与相量形式的 KCL,KVL,欧姆定律全同,因此关于电路分析的各种方法(节点法、割集法、网孔法、回路法)、各种定理(齐次定理、叠加定理、戴维南定理和诺顿定理、替代定理、互易定理等)以及电路的各种等效变换方法与原则,均适用于复频域电路的分析,只是此时必须在复频域中进行,所有电量用相应的象函数表示,各无源支路用复频域阻抗或复频域导纳代替,但相应的运算仍为复数运算。其一般步骤如下:

(1)根据换路前的电路(即 $t<0$ 时的稳态电路)求 $t=0_-$ 时刻电感的初始电流 $i_L(0_-)$ 和电容的初始电压 $u_C(0_-)$;

(2)求电路激励(电源)的拉氏变换(即象函数);

(3)画出换路后电路(即 $t\geqslant 0$ 时的电路)的复频域电路模型;

(4)应用节点法、割集法、网孔法、回路法及电路的各种等效变换、电路定理,对复频域电路模型列写方程组,并求解此方程组,从而求得全响应解的象函数;

(5)对所求得的全响应解的象函数进行拉氏反变换,即得时域中的全响应解,有时还画出其波形。

例 9-15 试求图 9-6(a)所示的电流 $i(t)$。已知 $R=6\ \Omega, L=1\ \text{H}, C=0.04\ \text{F}$, $u_S(t)=12\sin(5t)\varepsilon(t)\text{V}$,初始状态 $i_L(0_-)=5\ \text{A}, u_C(0_-)=1\ \text{V}$。

解 本题 s 域模型如图 9-6(b)所示,其中

$$U_S(s) = 12 \times \frac{5}{s^2 + 5^2} = \frac{60}{s^2 + 5^2}$$

$$Li_L(0_-) = 1 \times 5 = 5$$

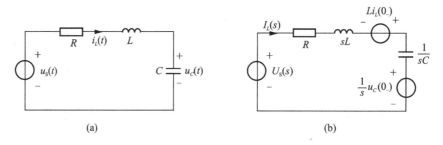

图 9-6   例 9-15 图

$$\frac{1}{s}u_C(0_-) = \frac{1}{s} \times 1 = \frac{1}{s}$$

由 KVL 可得

$$\left(R + sL + \frac{1}{sC}\right)I_L(s) = U_S(s) + Li_L(0_-) - \frac{1}{s}u_C(0_-)$$

由此可得

$$I_L(s) = \frac{U_3(s)}{R + sL + \dfrac{1}{sC}} + \frac{Li_L(0_-) - \dfrac{1}{s}u_C(0_-)}{R + sL + \dfrac{1}{sC}} = I_f(s) + I_x(s)$$

其中

$$I_f(s) = \frac{U_S(s)}{R + sL + \dfrac{1}{sC}}$$

为零状态响应的象函数,是由输入引起的;

$$I_x(s) = \frac{Li_L(0_-) - \dfrac{1}{s}u_C(0_-)}{R + sL + \dfrac{1}{sC}}$$

为零输入响应的象函数,是由初始状态引起的。

先计算 $I_f(s)$。将 R、L、C 的数值代入得

$$I_f(s) = \frac{U_S(s)}{R + sL + \dfrac{1}{sC}} = \frac{60s}{[(s+3)^2 + 4^2](s^2 + 5^2)}$$

应用部分分式展开式,可写成

$$I_f(s) = \frac{K_1}{s + 3 - j4} + \frac{K_1^*}{s + 3 + j4} + \frac{K_2}{s - j5} + \frac{K_2^*}{s + j5}$$

式中

$$K_1 = (s + 3 - j4)I_f(s) \big|_{s=-3+j4} = j1.25 = 1.25 \underline{/90°}$$

$$K_2 = (s - j5)I_f(s) \big|_{s=j5} = -j = 1 \underline{/-90°}$$

求拉氏反变换

$$i_f(t) = \mathscr{L}^{-1}[I_f(s)] = [2.5e^{-3t}\cos(4t+90°) + 2\cos(5t-90°)]\varepsilon(t)$$
$$= (-2.5e^{-3t}\sin4t + 2\sin5t)\varepsilon(t)$$

再计算 $I_x(s)$。将 R、L、C 及 $i(0_-)$,$u_C(0_-)$ 值代入

$$I_x(s) = \frac{Li_L(0_-) - \frac{1}{s}u_C(0_-)}{R + sL + \frac{1}{sC}} = \frac{5s-1}{(s+3)^2+4^2}$$

$$= \frac{K_3}{s+3-j4} + \frac{K_3^*}{s+3+j4}$$

且 $\qquad K_3 = (s+3-j4)I_x(s)\,|_{s=-3+j4} = 2.5 + j2 = 3.2\,\underline{/38.6°}$

求拉氏反变换

$$i_x(t) = \mathscr{L}^{-1}[I_x(s)] = 6.4e^{-3t}\cos(4t+38.6°)$$
$$= 5e^{-3t}\cos4t - 4e^{-3t}\sin4t \qquad (t\geqslant0)$$

于是完全响应

$$i_L(t) = i_f(t) + i_x(t)$$
$$= 5e^{-3t}\cos4t - 6.5e^{-3t}\sin4t + 2\sin5t$$
$$= 8.2e^{-3t}\cos(4t+52.43°) + 2\sin5t\ \text{A} \qquad (t\geqslant0)$$

例 9-16 图 9-7(a)所示电路,已知 $t<0$ 时 S 闭合,电路已工作于稳定状态。今于 $t=0$ 时刻打开 S,求 $t>0$ 时开关 S 两端的电压 $u(t)$。已知 $R_1=30\ \Omega$,$R_2=R_3=5\ \Omega$,$C= 10^{-3}\ \text{F}$,$L=0.1\ \text{H}$,$U_S=140\ \text{V}$。

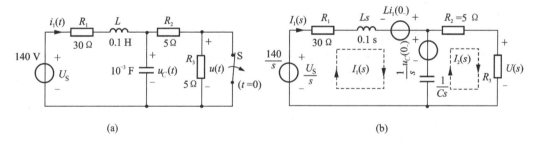

(a)   (b)

图 9-7　例 9-16 图

解　因 $t<0$ 时 S 闭合,电路已工作于稳态,且电路中作用的是直流电压源 U_S,此时电感 L 相当于短路,电容 C 相当于开路,故有

$$i_1(0_-) = \frac{U_S}{R_1+R_2} = 4\ \text{A}$$

$$u_C(0_-) = R_2 i_1(0_-) = 20\ \text{V}$$

于是可作出 $t\geqslant0$ 时的复频域电路模型,如图 9-7(b)所示,进而可写出网孔的 KVL 方程为

$$\left(R_1 + Ls + \frac{1}{Cs}\right)I_1(s) - \frac{1}{Cs}I_2(s) = \frac{1}{s}U_s + Li_1(0_-) - \frac{1}{s}u_C(0_-)$$

$$-\frac{1}{Cs}I_1(s) + \left(R_2 + R_3 + \frac{1}{Cs}\right)I_2(s) = \frac{1}{s}u_C(0_-)$$

将已知数据代入并求解即得

$$I_2(s) = \frac{3.5}{s} - \frac{1.5s + 400}{s^2 + 400s + 40\,000}$$

又

$$U(s) = R_3 I_2(s) = 5\left(\frac{3.5}{5} - \frac{1.5s + 400}{s^2 + 400s + 40\,000}\right) = \frac{17.5}{s} - \frac{7.5s + 2\,000}{(s + 200)^2}$$

$$= \frac{17.5}{s} - \frac{500}{(s + 200)^2} - \frac{7.5}{s + 200}$$

故得

$$u(t) = \mathscr{L}^{-1}[U(s)] = [17.5 - 500te^{-200t} - 7.5e^{-200t}]\varepsilon(t) \text{ V}$$

此例中电源 U_s 一直作用于电路,$t < 0$ 时提供电路的状态值,$t > 0$ 时提供外激励。

例 9-17 图 9-8(a)所示电路,已知 $R_1 = 2 \ \Omega$,$R_2 = \frac{1}{2} \ \Omega$,$L = 2 \text{ H}$,$C = \frac{1}{2} \text{ F}$,$r_m = -\frac{1}{2} \ \Omega$,$u_C(0_-) = 0.5 \text{ V}$,$i_L(0_-) = -1 \text{ A}$,求 $i_L(t)$。

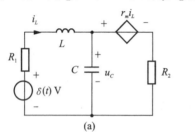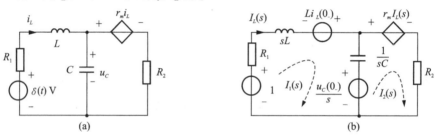

图 9-8 例 9-17 图

解 此题是冲激激励,而且有受控源,初始状态又不为零,用时域法分析由冲激引起的跃变值较麻烦,而用复频域分析法就很方便。由于是线性受控源,根据拉氏变换的线性性质,则此 CCVS 的复频域形式如图 9-8(b)中所示。由图 9-8(b)所示的复频域电路,应用网孔法就可得到所求的响应。

设网孔电流为 $I_1(s)$ 和 $I_2(s)$,方向如图 9-8(b)中所示,则回路方程为

$$(2 + 2s + \frac{2}{s})I_1(s) - \frac{2}{s}I_2(s) = 1 - \frac{0.5}{s} - 2$$

$$-\frac{2}{s}I_1(s) + (\frac{2}{s} + \frac{1}{2})I_2(s) = \frac{0.5}{s} + \frac{1}{2}I_L(s)$$

$$I_L(s) = I_1(s)$$

解得

$$I_L(s) = \frac{-0.5s - \frac{9}{4}}{s^2 + 5s + 4} = -\frac{\frac{7}{12}}{s + 1} + \frac{\frac{1}{12}}{s + 4}$$

所以

$$i_L(t) = \left(-\frac{7}{12}e^{-t} + \frac{1}{12}e^{-4t}\right) \text{ A} \qquad (t \geqslant 0)$$

例 9-18　图 9-9(a)所示电路。已知 $C_1 = 1$ F, $C_2 = 2$ F, $R = 3$ Ω, $u_1(0_-) = 10$ V, $u_2(0_-) = 0$。今于 $t = 0$ 时刻闭合 S,求 $t \geqslant 0$ 时的响应 $i_1(t), u_1(t), u_2(t), i_2(t), i_R(t)$,并画出波形。

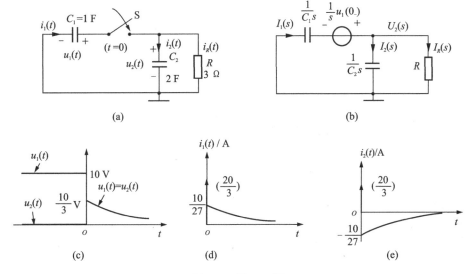

图 9-9　例 9-18 图

解　$t \geqslant 0$ 时的 s 域电路模型如图 9-9(b)所示,进而可列出独立节点的 KCL 方程为

$$\left(C_1 s + C_2 s + \frac{1}{R} \right) U_2(s) = \frac{1}{s} u_1(0_-) C_1 s = 10$$

代入数据解得

$$U_2(s) = \frac{30}{9s + 1} = \frac{\dfrac{10}{3}}{s + \dfrac{1}{9}}$$

故得

$$u_2(t) = \mathscr{L}^{-1}[U_2(s)] = \frac{10}{3} e^{-\frac{1}{9}t} \text{ V} \qquad (t \geqslant 0)$$

又有

$$U_2(s) = \frac{1}{s} u_1(0_-) - \frac{1}{C_1 s} I_1(s)$$

故

$$\frac{1}{C_1 s} I_1(s) = \frac{1}{s} u_1(0_-) - U_2(s)$$

即

$$\frac{1}{s} I_1(s) = \frac{10}{s} - \frac{30}{9s + 1} = \frac{10(6s + 1)}{s(9s + 1)}$$

故

$$I_1(s) = 10 \times \frac{6s + 1}{9s + 1} = 10 \left[\frac{2}{3} + \frac{\dfrac{1}{3}}{9s + 1} \right] = 10 \left[\frac{2}{3} + \frac{1}{27} \times \frac{1}{s + \dfrac{1}{9}} \right]$$

$$= \frac{20}{3} + \frac{10}{27} \times \frac{1}{s + \dfrac{1}{9}}$$

故得
$$i_1(t) = \left[\frac{20}{3}\delta(t) + \frac{10}{27}e^{-\frac{1}{9}t}\right]A \qquad (t \geqslant 0)$$

又
$$I_2(s) = C_2 s U_2(s) = 2s\frac{30}{9s+1}$$

$$= 60\left(\frac{s}{9s+1}\right) = 60\left[\frac{1}{9} - \frac{\frac{1}{9}}{9s+1}\right] = \frac{20}{3} - \frac{20}{27}\times\frac{1}{s+\frac{1}{9}}$$

故得
$$i_2(t) = \left[\frac{20}{3}\delta(t) - \frac{20}{27}e^{-\frac{1}{9}t}\right]A \qquad (t \geqslant 0)$$

又
$$I_R(s) = \frac{U_2(s)}{R} = \frac{1}{3}\times\frac{30}{9s+1} = \frac{10}{9}\times\frac{1}{s+\frac{1}{9}}$$

故得
$$i_R(t) = \frac{10}{9}e^{-\frac{1}{9}t}A \qquad (t \geqslant 0)$$

可以验证有 $i_1(t) = i_2(t) + i_R(t)$。

也可以用以下方法求 $u_1(t), i_1(t), i_2(t), i_R(t)$。从图 9-9(a)可看出有

$$u_1(t) = u_2(t) = \frac{10}{3}e^{-\frac{1}{9}t}V \qquad (t \geqslant 0)$$

故
$$i_1(t) = -C_1\frac{du_1(t)}{dt} = \left[\frac{20}{3}\delta(t) + \frac{10}{27}e^{-\frac{1}{9}t}\right]A \qquad (t \geqslant 0)$$

$$i_2(t) = C_2\frac{du_2(t)}{dt} = \left[\frac{20}{3}\delta(t) - \frac{20}{27}e^{-\frac{1}{9}t}\right]A \qquad (t \geqslant 0)$$

$$i_R(t) = \frac{1}{R}u_2(t) = \frac{10}{9}e^{-\frac{1}{9}t}A \qquad (t \geqslant 0)$$

其波形如图 9-9(c)、(d)、(e)所示。可见 $i_1(t)$ 和 $i_2(t)$ 中出现了冲激,这是因为电路中有纯电容回路存在,在电路的换路瞬间(即 $t=0$ 时刻),C_1、C_2 上的电压 $u_1(t)$、$u_2(t)$ 发生了跃变。

例 9-19 图 9-10(a)所示含耦合电感的电路。求 $u_0(t), t>0$。

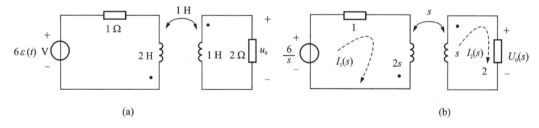

(a)   (b)

图 9-10 例 9-19 图

解 $t>0$ 时的 s 域电路模型如图 9-10(b)所示,用网孔法列出 KVL 方程为

$$\begin{cases} (2s+1)I_1(s) + sI_2(s) = \dfrac{6}{s} \\ sI_1(s) + (s+2)I_2(s) = 0 \end{cases}$$

应用行列式解得

$$I_2(s) = \frac{\begin{vmatrix} 2s+1 & \dfrac{6}{s} \\ s & 0 \end{vmatrix}}{\begin{vmatrix} 2s+1 & s \\ s & s+2 \end{vmatrix}} = \frac{-6}{s^2+5s+2} = \frac{1.455}{s+4.562} - \frac{1.455}{s+0.438}$$

又　　$U_0(s) = sI_2(s) = 2.91\left(\dfrac{1}{s+4.562} - \dfrac{1}{s+0.436}\right)$

所以　　$u_0(t) = 2.91(\mathrm{e}^{-4.562t} - \mathrm{e}^{-0.436t})\varepsilon(t)$ V

9.6 网络函数

电路(或称网络)的响应一方面与激励有关,同时也与电路本身的结构和元件参数有关。网络函数就是描述电路本身的行为特性,它在电路与系统理论中占有重要地位,是信号处理技术中一个非常重要的概念。本节将介绍网络函数的定义、物理意义、分类和求法。

9.6.1 网络函数的定义与分类

线性时不变电路在单一激励情况下,零状态响应的象函数 $Y_f(s)$ 与激励的象函数 $F(s)$ 之比[①]即

$$H(s) = \frac{Y_f(s)}{F(s)} \tag{9-22}$$

式中,$H(s)$ 称为复频域网络函数,简称**网络函数**(**network function**)。

由于 $H(s)$ 是响应与激励的两个象函数之比,所以 $H(s)$ 与网络的激励和响应的具体数值无关,它只与网络本身的结构与元件参数有关。它充分、完整地描述了电路本身的特性。因此,研究电路的特性,也就归结为对网络函数 $H(s)$ 的研究。

在具体问题中,见图 9-11,激励 $\mathscr{L}[f(t)]$、零状态响应 $\mathscr{L}[y(t)]$ 可以是 $U(s)$ 或 $I(s)$,网络函数也可分为**驱动点**(也称**策动点**)**函数**(**driving function**)和**转移**(或**传输**)**函数**(**transfer function**)。

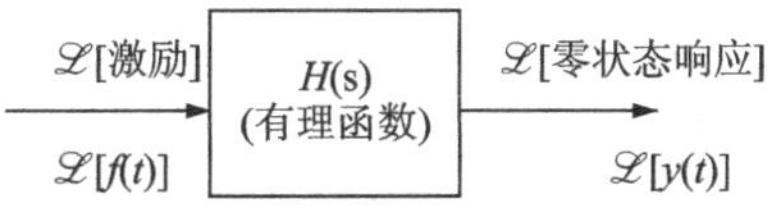

当响应与激励是在同一个端口时,网络函数称为驱动点函数,其比值称为驱动点阻抗或驱动点导纳;当响应与激励是在不同的端口是,网络函数称为转移函数,其比值为转移阻抗、转移导纳或电压比、电流比。

驱动点函数与转移函数在电路理论中统称为网络函数,在系统理论中也称**系统函数**(**system function**)。

图 9-11　表征 s 域模型响应与激励关系的方框图

---

① 请注意,$Y(s)$ 既表示响应 $\mathscr{L}[y(t)]$,又表示复频域导纳,需结合上下文加以区别。

9.6.2 网络函数的物理意义与求法

设电路的激励 $f(t) = e^{st}$，e^{st} 称为 s 域本征信号或单元信号。此时电路的零状态响应为

$$y_f(t) = h(t) * e^{st} = \int_{-\infty}^{\infty} h(\tau) e^{s(t-\tau)} d\tau$$

$$= e^{st} \int_{-\infty}^{\infty} h(\tau) e^{-s\tau} d\tau$$

$$= H(s) e^{st}$$

式中，$H(s) = \int_{-\infty}^{\infty} h(\tau) e^{-s\tau} d\tau = \mathscr{L}[h(t)]$，为 $h(t)$ 的拉氏变换。可见，$H(s)$ 就是当激励为 e^{st} 时电路零状态响应的加权函数。

根据 s 域模型，不难求得指定响应对激励的网络函数。若已知网络函数 $H(s)$ 和 $F(s)$，根据网络函数的定义，则零状态响应 $Y_f(s)$ 可求得为

$$Y_f(s) = H(s) F(s)$$

若 $F(s) = 1$，则 $Y_f(s) = H(s)$，即网络函数就是该响应的象函数，而当 $F(s) = 1$ 时，$f(t) = \delta(t)$，所以网络函数的原函数 $h(t)$ 是电路的单位冲激响应，即

$$h(t) = \mathscr{L}^{-1}[H(s)] = \mathscr{L}^{-1}[Y_f(s)] = y_f(t) \tag{9-23}$$

例 9-20 图 9-12(a)所示电路激励为 $i_S(t) = \delta(t)$，求冲激响应电容电压 $u_C(t)$。

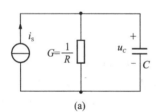

图 9-12 例 9-20 图

解 复频域电路模型如图 9-12(b)，由于此冲激响应为电路端电压，与冲激电流激励属于同一端口，因而网络函数为驱动点阻抗，即

$$H(s) = \frac{Y_f(s)}{I_S(s)} = \frac{U_C(s)}{1} = D(s) = \frac{1}{sC + G}$$

$$= \frac{1}{C} \cdot \frac{1}{s + \dfrac{1}{RC}}$$

由式(9-23)得

$$h(t) = u_C(t) = \mathscr{L}^{-1}[H(s)] = \frac{1}{C} e^{-\frac{t}{RC}} \varepsilon(t)$$

例 9-21 确定图 9-13 所示电路的传输函数 $H(s) = \dfrac{U_0(s)}{I(s)}$。

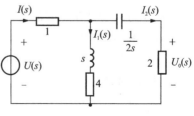

图 9-13 例 9-21 图

解　由分流原理知

$$I_2(s) = \frac{(s+4)I(s)}{s+4+2+1/2s}$$

而

$$U_0(s) = 2I_2(s) = \frac{2(s+4)I(s)}{s+6+1/2s}$$

所以

$$H(s) = \frac{U_0(s)}{I(s)} = \frac{4s(s+4)}{2s^2+12s+1}$$

9.7　网络函数的应用

9.7.1　$H(s)$的零点和极点

网络函数 $H(s)$ 一般形式为复数变量 s 的两个实系数多项式之比,即

$$H(s) = \frac{N(s)}{D(s)} = \frac{b_m s^m + b_{m-1}s^{m-1} + \cdots + b_1 s + b_0}{a_n s^n + a_{n-1}s^{n-1} + \cdots + a_1 s + a_0} \tag{9-24}$$

对于线性时不变电路,式(9-24)中的 n,m 均为正整数,系数 $a_r(r=1,2,\cdots,n),b_i(i=1,2,\cdots,m)$ 均为实数;式中的 m 可大于、等于、小于 n。将式(9-24)等号右边的分子 $N(s)$、分母 $D(s)$ 多项式各自分解因式(若设为单根情况),即可将其写成如下形式

$$H(s) = \frac{b_m(s-z_1)(s-z_2)\cdots(s-z_i)\cdots(s-z_m)}{a_n(s-p_1)(s-p_2)\cdots(s-p_r)\cdots(s-p_n)}$$

$$= H_0 \frac{\displaystyle\prod_{i=1}^{m}(s-z_i)}{\displaystyle\prod_{r=1}^{n}(s-p_r)} \tag{9-25}$$

式中,H_0 为实常数;符号 $\prod$ 表示连乘;$p_r(r=1,2,\cdots,n)$ 为 $D(s)=0$ 的根;$z_i(i=1,2,\cdots,m)$ 为 $N(s)=0$ 的根。

由式(9-25)可见,当复数变量 $s=z_i$ 时,即有 $H(s)=0$,故称 z_i 为网络函数 $H(s)$ 的**零点**(**zero**),且 z_i 就是分子多项式 $N(s)=b_m s^m + b_{m-1}s^{m-1} + \cdots + b_1 s + b_0 = 0$ 的根;当复数变量 $s=p_r$ 时,即有 $H(s)=\infty$,故称 p_r 为 $H(s)$ 的**极点**(**pole**),且 p_r 就是分母多项式 $D(s)$ 的根。

将 $H(s)$ 的零点与极点画在 s 平面(复频率平面)上所构成的图形,称为 $H(s)$ 的零、极点分布图,或简称为网络函数 $H(s)$ 的**零、极点图**(**zero-pole diagram**)。其中零点用符号"○"表示,极点用符号"×"表示,同时在图中将 H_0 的值也标出。若 $H_0=1$,则不予以标出。

零、极点图表示了 $H(s)$ 的特性,由零、极点在复平面上处的位置,可定性确定相应的时间函数及其波形。由此不难看出,在描述电路特性方面,$H(s)$ 与零、极点图是等价的。

例 9-22　求图 9-14(a)所示电路的驱动点阻抗 $Z(s)$,并画出零、极点图。已知 $R=3$ $\Omega,L=0.5$ H,$C=\frac{1}{17}$ F。

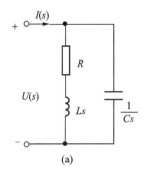

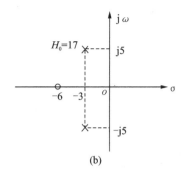

图 9-14 例 9-22 图

解 $Z(s)=\dfrac{\dfrac{17}{s}(3+0.5s)}{\dfrac{17}{s}+3+0.5s}=\dfrac{17(s+6)}{s^2+6s+34}=\dfrac{17(s+6)}{(s+3-j5)(s+3+j5)}$

其中 $H_0=17$。可见 $Z(s)$ 有一个零点 $z_1=-6$；有两个极点：$p_1=-3+j5$，$p_2=-3-j5=\overset{*}{p_1}$。其零、极点分布如图 9-14(b)所示。

例 9-23 求图 9-15(a)所示网络的转移导纳函数 $H(s)=\dfrac{I_2(s)}{U_1(s)}$，并画出零、极点图。已知 $R_1=R_2=R_3=1\ \Omega,C_1=C_2=1\ \mathrm{F}$。

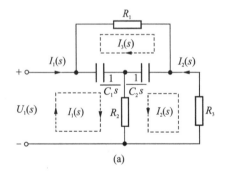

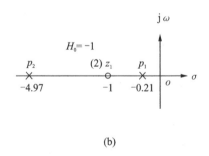

图 9-15 例 9-23 图

解 对三个网孔列 KVL 方程为

$$\left(\frac{1}{C_1s}+R_2\right)I_1(s)+R_2I_2(s)-\frac{1}{C_1s}I_3(s)=U_1(s)$$

$$R_2I_1(s)+\left(R_2+R_3+\frac{1}{C_2s}\right)I_2(s)+\frac{1}{C_2s}I_3(s)=0$$

$$-\frac{1}{C_1s}I_1(s)+\frac{1}{C_2s}I_2(s)+\left(\frac{1}{C_1s}+\frac{1}{C_2s}+R_1\right)I_3(s)=0$$

代入数据联解得

$$H(s)=\frac{I_2(s)}{U_1(s)}=-\frac{s^2+2s+1}{s^2+5s+1}=-\frac{(s+1)^2}{(s+0.21)(s+4.79)}$$

其中 $H_0 = -1$。可见 $H(s)$ 有一个二重零点 $z_1 = -1$；有两个极点：$p_1 = -0.21$，$p_2 = -4.79$，其分布如图 9-15(b) 所示。图中零点旁边写以 (2)，表示该零点是二重的。

由于该电路中只有一种性质的动态元件(即只有电容而无电感)，故其极点一定是位于负实轴上。

例 9-24 图 9-16(a) 所示电路，激励是电压源 $u_1(t)$。已知 $R = 1\ \Omega$，$C = 1\ \mathrm{F}$。求转移电压比函数 $H(s) = \dfrac{U_2(s)}{U_1(s)}$，并画出零、极点图。

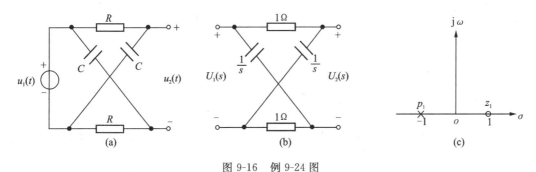

图 9-16 例 9-24 图

解 画出 s 域电路如图 9-16(b)。由欧姆定律和 KVL 得

$$U_2(s) = \frac{U_1(s)}{1 + \dfrac{1}{s}}\,\frac{1}{s} - \frac{U_1(s)}{\dfrac{1}{s} + 1} \times 1 = -\frac{s-1}{s+1}U_1(s)$$

故

$$H(s) = \frac{U_2(s)}{U_1(s)} = -\frac{s-1}{s+1}$$

其中 $H_0 = -1$。可见 $H(s)$ 有一个零点 $z_1 = 1$，一个极点 $p_1 = -1$，其分布如图 9-16(c) 所示。可见零点与极点的分布是以 $\mathrm{j}\omega$ 轴左右对称，其幅频特性是常数，具有这种特性的网络，称为**全通网络**（**all-pass network**）。

9.7.2 $H(s)$ 的极点、零点与冲激响应

如前所述，线性时不变电路的网络函数 $H(s)$ 的原函数是冲激响应 $h(t)$。$H(s)$ 极点的性质(实数、虚数、复数、阶数)及极点在复平面上的具体位置决定 $h(t)$ 的形式，$H(s)$ 的零点影响 $h(t)$ 的幅度和相位。此外，由于 $H(s)$ 的分母多项式 $D(s) = 0$ 是电路的特征方程，特征根就是 $H(s)$ 的极点，因此，$H(s)$ 的极点也决定系统自由响应(固有响应)的形式。也就是说，一般情况下 $h(t)$ 的特性就是时域响应中自由分量的特性，而 $h(t) = \mathscr{L}^{-1}[H(s)]$，所以分析网络函数的极点与冲激响应的关系就可预见时域响应的特点。

若网络函数为真分式且分母具有单根，则冲激响应为

$$h(t) = \mathscr{L}^{-1}[H(s)] = \mathscr{L}^{-1}\left[\sum_{i=1}^{n}\frac{K_i}{s-p_i}\right] = \sum_{i=1}^{n}K_i\mathrm{e}^{p_i t} \tag{9-26}$$

式中 p_i 为 $H(s)$ 的极点。从式 (9-26) 可以看出，当 p_i 为负实根时，$\mathrm{e}^{p_i t}$ 为衰减指数函数；当 p_i 为正实根时，$\mathrm{e}^{p_i t}$ 为增长的指数函数；而且 $|p_i|$ 越大，衰减或增长的速度越快。这说

明若 $H(s)$ 的极点都位于负实轴上,则 $h(t)$ 将随 t 的增大而衰减,这种电路是稳定的;若有一个极点位于正实轴上,则 $h(t)$ 将随 t 的增长而增长,这种电路是不稳定的。当极点 p_i 为共轭复数时,根据式(9-26)可知 $h(t)$ 是以指数曲线为包络线的正弦函数,其实部的正或负确定增长或衰减的正弦项。当 p_i 为虚根时,则 $h(t)$ 将是等幅正弦项。图 9-17 画出了网络函数的一阶极点分别为负实数、正实数、虚数以及共轭复数时,对应的时域响应的波形。图中"×"号表示极点。

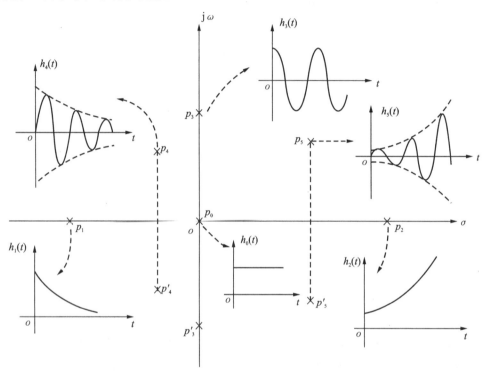

图 9-17　$H(s)$ 的极点与冲激响应的对应关系

由以上讨论得到如下结论:

$H(s)$ 在左半平面的极点无论一阶极点或重极点,它们对应的时域函数都是按指数规律衰减的,当 $t \to \infty$ 时,时域函数的值趋于零,故电路是稳定的。

$H(s)$ 在虚轴上的一阶极点对应的时域函数是幅度不随时间变化的阶跃函数或正弦函数,故电路是临界稳定的。$H(s)$ 在虚轴上的二阶极点或二阶以上极点对应的时域函数随时间的增长而增大,当 $t \to \infty$ 时,时域函数的值趋于无穷大,故电路是不稳定的。

$H(s)$ 在右半平面极点无论一阶极点或重极点,它们对应的时域函数随时间的增长而增大,当 $t \to \infty$ 时,时域函数的值趋于无穷大,故电路是不稳定的。

从式(9-26)还可以看出,p_i 仅由系统的结构及元件值确定,因而将 p_i 称为电路的自然频率或固有频率。

$H(s)$ 的零点分布只影响 $h(t)$ 波形的幅度和相位,不影响 $h(t)$ 的时域波形模式。但 $H(s)$ 零点阶次的变化,则不仅影响 $h(t)$ 的波形幅度和相位,还可能使其波形中出现冲激函数 $\delta(t)$。

例 9-25 分别画出下列各网络函数的零、极点分布及冲激响应 $h(t)$ 的波形。

(1) $H(s) = \dfrac{s+1}{(s+1)^2 + 2^2}$

(2) $H(s) = \dfrac{s}{(s+1)^2 + 2^2}$

(3) $H(s) = \dfrac{(s+1)^2}{(s+1)^2 + 2^2}$

解 所给三个系统函数的极点均相同,即均为 $p_1 = -1 + j2$,$p_2 = -1 - j2 = \overset{*}{p_1}$,但零点是各不相同的。

(1) $h(t) = \mathscr{L}^{-1}\left[\dfrac{s+1}{(s+1)^2 + 2^2}\right] = e^{-t}\cos 2t\,\varepsilon(t)$

(2) $h(t) = \mathscr{L}^{-1}\left[\dfrac{s}{(s+1)^2 + 2^2}\right] = \mathscr{L}^{-1}\left[\dfrac{s+1}{(s+1)^2 + 2^2} - \dfrac{1}{2}\dfrac{2}{(s+1)^2 + 2^2}\right]$

$\qquad = e^{-t}\cos 2t\,\varepsilon(t) - \dfrac{1}{2}e^{-t}\sin 2t\,\varepsilon(t) = e^{-t}\left(\cos 2t - \dfrac{1}{2}\sin 2t\right)\varepsilon(t)$

$\qquad = \dfrac{\sqrt{5}}{2}e^{-t}\cos(2t + 26.57°)\,\varepsilon(t)$

(3) $h(t) = \mathscr{L}^{-1}\left[\dfrac{(s+1)^2}{(s+1)^2 + 2^2}\right] = \mathscr{L}^{-1}\left[1 - 2\dfrac{2}{(s+1)^2 + 2^2}\right]$

$\qquad = \delta(t) - 2e^{-t}\sin 2t\,\varepsilon(t) = \delta(t) - 2e^{-t}\cos(2t - 90°)\,\varepsilon(t)$

它们的零、极点分布及其波形分别如图 9-18(a)、(b)、(c)所示。

从上述分析结果和图 9-18 看出,当零点从 -1 移到原点 0 时,$h(t)$ 的波形幅度与相位发生了变化;当 -1 处的零点由一阶变为二阶时,则不仅 $h(t)$ 波形的幅度和相位发生了变化,而且其中还出现了冲激函数 $\delta(t)$。

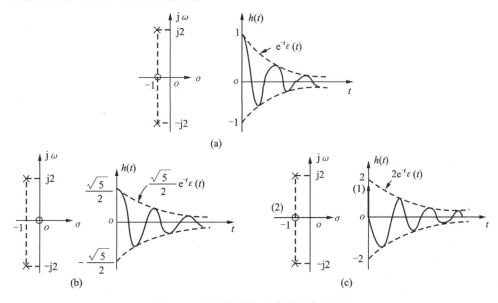

图 9-18 $H(s)$ 的零点对冲激响应的影响

9.7.3 $H(s)$ 与频率特性

如果用相量法求图 9-16(a) 所示电路在正弦稳态下的电压转移函数,则图(b)中的 $\dfrac{1}{sC}$ 将是 $\dfrac{1}{j\omega C}$,输入电压 $U_1(s)$ 和输出电压 $U_2(s)$ 将是相量 $\dot{U}_1$ 和 $\dot{U}_2$。不难求得

$$\dot{U}_2 = -\frac{j\omega - 1}{j\omega + 1}\dot{U}_1$$

$$\frac{\dot{U}_2}{\dot{U}_1} = -\frac{j\omega - 1}{j\omega + 1}$$

可见,若把例 9-24 的解 $H(s)$ 中的 s 用 $j\omega$ 代替,则 $H(j\omega) = \dfrac{\dot{U}_2}{\dot{U}_1}$,就是说,在 $s = j\omega$ 处计算所得网络函数 $H(s)$ 即 $H(j\omega)$,而 $H(j\omega)$ 是角频率为 ω 时正弦稳态情况下的输出相量与输入相量之比。

由 $H(s)$ 的极点与冲激响应的对应关系分析可知,对于稳定和临界稳定电路,可令 $H(s)$ 中的 $s = j\omega$ 而求得 $H(j\omega)$[①]。即对于某一固定角频率 ω,$H(j\omega)$ 一般为 $j\omega$ 的复数函数,故可写为

$$H(j\omega) = |H(j\omega)| e^{j\varphi(\omega)} = |H(j\omega)| \underline{/\varphi(\omega)} \tag{9-27}$$

式中,$|H(j\omega)|$ 和 $\varphi(\omega)$ 分别称为网络函数在 ω 处的幅频特性(幅频响应)与相频特性(相频响应),统称**频率特性**(**frequency property**),也称频率响应。根据式(9-25)有

$$H(j\omega) = H_0 \frac{\prod_{i=1}^{m}(j\omega - z_i)}{\prod_{r=1}^{n}(j\omega - p_r)} \tag{9-28}$$

设零点矢量因子

$$(j\omega - z_i) = N_i e^{j\psi_i}$$

极点矢量因子

$$(j\omega - p_r) = M_r e^{j\theta_r}$$

则式(9-28)又可以表示为

$$H(j\omega) = |H(j\omega)| e^{j\varphi(\omega)} = H_0 \frac{\prod_{i=1}^{m} N_i e^{j\psi_i}}{\prod_{r=1}^{n} M_r e^{j\theta_r}} \tag{9-29}$$

故得幅频与相频特性为

---

① 对于不稳定的电路不存在 $H(j\omega)$,不能用式 $H(s)|_{s=j\omega} = H(j\omega)$ 求 $H(j\omega)$。

$$| H(\mathrm{j}\omega) | = H_0 \cdot \frac{\displaystyle\prod_{i=1}^{m} N_i}{\displaystyle\prod_{r=1}^{n} M_r} = H_0 \frac{N_1 N_2 \cdots N_i \cdots N_m}{M_1 M_2 \cdots M_r \cdots M_n}$$

$$\varphi(\omega) = \sum_{i=1}^{m} \psi_i - \sum_{r=1}^{n} \theta_r$$

$$= (\psi_1 + \psi_2 + \cdots + \psi_i + \cdots + \psi_m) - (\theta_1 + \theta_2 + \cdots + \theta_r + \cdots + \theta_n)$$

所以若已知网络函数的零点和极点,则按式(9-29)便可以计算对应的频率响应,同时还可以通过 s 平面上作图的方法定性描绘出频率响应。也就是说,式(9-29)中的 $N_i, \psi_i,$ M_r, θ_r 均可用图解法求得,如图 9-19 所示。故当 ω 沿 $\mathrm{j}\omega$ 轴变化时,即可根据上式求得 $| H(\mathrm{j}\omega) |$ 与 $\varphi(\omega)$。

系统函数的频率特性可用解析法或图解法求得。具体求法用以下例子说明。

例 9-26　用解析法求图 9-20 所示两个电路的频率特性。图 9-20(a)所示为一阶低通滤波电路,图 9-20(b)所示为一阶高通滤波电路。

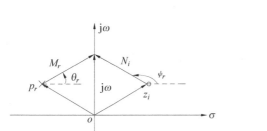

图 9-19　$H(s)$ 零、极点的矢量表示及
差矢量表示

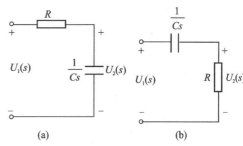

图 9-20　例 9-26 图

解　图(a) 中　　$$H(s) = \frac{U_2(s)}{U_1(s)} = \frac{\dfrac{1}{Cs}}{R + \dfrac{1}{Cs}} = \frac{1}{1 + CRs}$$

故得　　　　$$H(\mathrm{j}\omega) = | H(\mathrm{j}\omega) | e^{\mathrm{j}\varphi(\omega)} = \frac{1}{1 + \mathrm{j}\omega RC}$$

即　　　　　$$| H(\mathrm{j}\omega) | = \frac{1}{\sqrt{1 + (\omega RC)^2}}$$

$$\varphi(\omega) = -\arctan(RC\omega)$$

根据上两式即可画出幅频特性与相频特性,如图 9-21 所示,可见为一低通滤波器。当 $\omega = \omega_c = \dfrac{1}{RC}$ 时,$| H(\mathrm{j}\omega) | = \dfrac{1}{\sqrt{2}}$,$\varphi(\omega) = -45°$。$\omega_c = \dfrac{1}{RC}$ 称为截止频率,0 到 ω_c 的频率范围称为低通滤波器的通频带。通频带就等于 ω_c。

图(b)中　　　　$$H(s) = \frac{U_2(s)}{U_1(s)} = \frac{R}{R + \dfrac{1}{Cs}} = \frac{RCs}{RCs + 1}$$

故得　　　　$$H(\mathrm{j}\omega) = | H(\mathrm{j}\omega) | e^{\mathrm{j}\varphi(\omega)} = \frac{\mathrm{j}\omega RC}{\mathrm{j}\omega RC + 1}$$

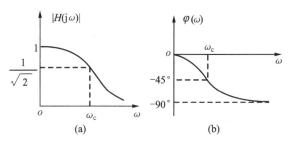

图 9-21   图 9-20(a)的幅频特性和相频特性

即
$$|H(\mathrm{j}\omega)| = \frac{RC\omega}{\sqrt{1+(RC\omega)^2}}$$

$$\varphi(\omega) = \arctan\frac{1}{RC\omega}$$

其频率特性如图 9-22 所示,可见为一高通滤波器。当 $\omega = \omega_c = \dfrac{1}{RC}$ 时,$|H(\mathrm{j}\omega)| = \dfrac{1}{\sqrt{2}}$,

$\varphi(\omega) = 45°$。$\omega_c = \dfrac{1}{RC}$ 为其截止频率,ω_c 到 ∞ 的频率范围为其通频带。

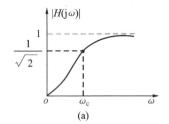
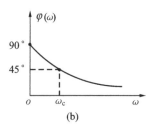

图 9-22   图 9-20(b)的频率特性

例 9-27   用解析法求图 9-23(a)所示有源二阶电路的频率特性。

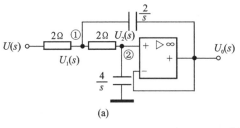
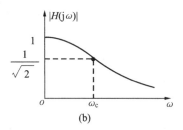

图 9-23   例 9-27 图

解   对节点①、②列写节点法方程为

节点 ① $\left(\dfrac{1}{2}+\dfrac{1}{2}+\dfrac{1}{\frac{2}{s}}\right)U_1(s) - \dfrac{1}{2}U(s) - \dfrac{1}{2}U_2(s) - \dfrac{U_0(s)}{\frac{2}{s}} = 0$

节点 ② $\left(\dfrac{1}{2}+\dfrac{1}{\frac{4}{s}}\right)U_2(s) - \dfrac{1}{2}U_1(s) = 0$

由虚短特性
$$U_2(s) = U_0(s)$$

联解得
$$H(s) = \frac{U_0(s)}{U(s)} = \frac{2}{s^2 + 2s + 2}$$

由于 $H(s)$ 的分母多项式为二次多项式,各项中的系数均为正实数,故电路必为稳定的。

故得
$$H(\mathrm{j}\omega) = |H(\mathrm{j}\omega)| \, \mathrm{e}^{\mathrm{j}\varphi(\omega)} = \frac{2}{(\mathrm{j}\omega)^2 + \mathrm{j}2\omega + 2} = \frac{2}{(2-\omega^2) + \mathrm{j}2\omega}$$
$$= \frac{2}{\sqrt{(2-\omega^2)^2 + 4\omega^2}} \mathrm{e}^{-\mathrm{j}\arctan\frac{2\omega}{2-\omega^2}}$$

故
$$|H(\mathrm{j}\omega)| = \frac{2}{\sqrt{(2-\omega^2)^2 + 4\omega^2}} = \frac{2}{\sqrt{4+\omega^4}}$$

$$\varphi(\omega) = -\arctan\frac{2\omega}{2-\omega^2}$$

当 $\omega=0$ 时, $|H(\mathrm{j}\omega)|=1$;当 $\omega=\omega_c=\sqrt{2}\,\mathrm{rad/s}$ 时, $|H(\mathrm{j}\omega)| = \frac{1}{\sqrt{2}}$;当 $\omega=\infty$ 时, $|H(\mathrm{j}\omega)|=0$。

其幅频特性如图 9-23(b)所示,可见为一有源二阶 RC 低通滤波器。$\omega_c = \sqrt{2}\,\mathrm{rad/s}$ 为其截止频率。

需要指出,含有运算放大器的 RC 电路,其 $|H(\mathrm{j}\omega)|$ 的最大值是可以设计成 $\geqslant 1$ 的。

9.7.4 复频域二端口网络

二端口网络的外部特性由端口变量间关系决定,当端口变量用象函数表示为 $U_1(s)$、$U_2(s)$、$I_1(s)$ 和 $I_2(s)$ 时,电压、电流的参考方向如图 9-24 所示,则其端口特性也有六种方程,相应地有六组参数,称之为复频域形式的 $Z(s)$ 参数、$Y(s)$ 参数、$T(s)$ 参数和 $H(s)$ 参数等,具体形式与相量形式的参数方程类似,相应的特性也完全相同,这里不再重复,动态元件的初始状态设为零状态。

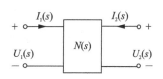

图 9-24　复频域二端口网络

例 9-28　图 9-25(a)所示二端口网络,求复频域 $Z(s)$ 和 $Y(s)$。

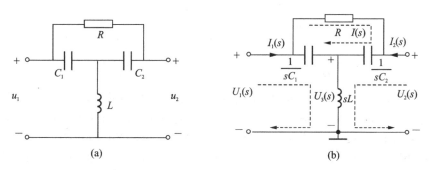

图 9-25　例 9-28 图

解 建立二端口网络 S 域模型如图 9-25(b)所示,并标出端口电压、电流参考方向,选取网孔电流,为方便计算,设 $\dfrac{1}{sC_1}=Z_1(s)$,$\dfrac{1}{sC_2}=Z_2(s)$,$sL=Z_3(s)$。应用网孔法,列出回路方程为

$$\begin{cases}[Z_1(s)+Z_3(s)]I_1(s)-Z_1(s)I(s)+Z_3(s)I_2(s)=U_1(s)\\ Z_3(s)I_1(s)+Z_2(s)I(s)+[Z_2(s)+Z_3(s)]I_2(s)=U_2(s)\\ -Z_1(s)I_1(s)+[R+Z_1(s)+Z_2(s)]I(s)+Z_2(s)I_2(s)=0\end{cases}$$

消去非端口变量 $I(s)$,经整理有 Z 参数方程为

$$\begin{cases}U_1(s)=\left[Z_1(s)+Z_3(s)-\dfrac{Z_1^2(s)}{R+Z_1(s)+Z_2(s)}\right]I_1(s)+\left[Z_3(s)+\dfrac{Z_1(s)Z_2(s)}{R+Z_1(s)+Z_2(s)}\right]I_2(s)\\ U_2(s)=\left[Z_3(s)+\dfrac{Z_1(s)Z_2(s)}{R+Z_1(s)+Z_2(s)}\right]I_1(s)+\left[Z_2(s)+Z_3(s)-\dfrac{Z_2^2(s)}{R+Z_1(s)+Z_2(s)}\right]I_2(s)\end{cases}$$

将 $Z_1(S)=\dfrac{1}{sC_1}$,$Z_2(s)=\dfrac{1}{sC_2}$,$I_3(s)=sL$ 分别代入 Z 参数方程得 Z 参数矩阵为

$$\mathbf{Z}(s)=\begin{bmatrix}sL+\dfrac{sRC_2+1}{s2RC_1C_2+s(C_1+C_2)} & sL+\dfrac{1}{s^2RC_1C_2+s(C_1+C_2)}\\ sL+\dfrac{1}{s^2RC_1C_2+s(C_1+C_2)} & sL+\dfrac{sRC_1+1}{s^2RC_1C_2+s(C_1+C_2)}\end{bmatrix}$$

选取参考节点如图 9-25(b)所示,应用节点法,列出节点方程为

$$\begin{cases}I_1(s)=\left(\dfrac{1}{R}+sC_1\right)U_1(s)-\dfrac{1}{R}U_2(s)-sC_1U_3(s)\\ I_2(s)=-\dfrac{1}{R}U_1(s)+\left(\dfrac{1}{R}+sC_2\right)U_2(s)-sC_2U_3(s)\\ 0=\left(sC_1+sC_2+\dfrac{1}{sL}\right)U_3(s)-sC_1U_1(s)-sC_2U_2(s)\end{cases}$$

消去非端口变量 $U_3(s)$,经整理有 Y 参数方程为

$$\begin{cases}I_1(s)=\left[\dfrac{1}{R}+\dfrac{sC_1(s^2LC_2+1)}{s^2L(C_1+C_2)+1}\right]U_1(s)-\left[\dfrac{1}{R}+\dfrac{s^3LC_1C_2}{s^2L(C_1+C_2)+1}\right]U_2(s)\\ I_2(s)=-\left[\dfrac{1}{R}+\dfrac{s^3LC_1C_2}{s^2L(C_1+C_2)+1}\right]U_1(s)+\left[\dfrac{1}{R}+\dfrac{sC_2(s^2LC_1+1)}{s^2L(C_1+C_2)+1}\right]U_2(s)\end{cases}$$

由 Y 参数方程得短路导纳矩阵

$$\mathbf{Y}(s)=\begin{bmatrix}\dfrac{1}{R}+\dfrac{sC_1(s^2LC_2+1)}{s^2L(C_1+C_2)+1} & -\dfrac{1}{R}-\dfrac{s^3LC_1C_2}{s^2L(C_1+C_2)+1}\\ -\dfrac{1}{R}-\dfrac{s^3LC_1C_2}{s^2L(C_1+C_2)+1} & \dfrac{1}{R}+\dfrac{sC_2(s^2LC_1+1)}{s^2L(C_1+C_2)+1}\end{bmatrix}$$

本例也可以将二端口网络分解为两个简单二端口网络的并联,用并联的二端口网络的导纳参数矩阵求和得到。应用电路中的对偶关系,开路阻抗参数矩阵亦可用串联的两个端口网络的阻抗参数矩阵求和的结论得到,具体过程请读者自行体会。

例 9-29 图 9-26 所示二端口网络,已知其中的双口网络 N 的 T 参数矩阵为 $\mathbf{T}_N=\begin{bmatrix}1 & 0\\ 1 & 1\end{bmatrix}$。求二端口网络的 T 参数矩阵;写出其传输参数方程。

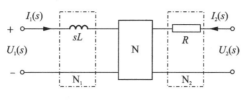

图 9-26   例 9-29 图

解 将图 9-26 中二端口网络分解成三个简单双口网络 N_1、N、N_3 的级联,分别求得 N_1 和 N_2 的传输参数矩阵为

$$\boldsymbol{T}_1 = \begin{bmatrix} 1 & sL \\ 0 & 1 \end{bmatrix}, \quad \boldsymbol{T}_2 = \begin{bmatrix} 1 & R \\ 0 & 1 \end{bmatrix}$$

所以

$$\boldsymbol{T} = \boldsymbol{T}_1 \cdot \boldsymbol{T}_N \cdot \boldsymbol{T}_2 = \begin{bmatrix} 1 & sL \\ 0 & 1 \end{bmatrix} \begin{bmatrix} 1 & 0 \\ 1 & 1 \end{bmatrix} \begin{bmatrix} 1 & R \\ 0 & 1 \end{bmatrix}$$

$$= \begin{bmatrix} 1+sL & R+s(R+1)L \\ 1 & 1+R \end{bmatrix}$$

其传输参数方程为

$$\begin{bmatrix} U_1(s) \\ I_1(s) \end{bmatrix} = \begin{bmatrix} 1+sL & R+s(R+1)L \\ 1+ & 1+R \end{bmatrix} \begin{bmatrix} U_2(s) \\ -I_2(s) \end{bmatrix}$$

9.7.5 对给定激励 $f(t)$ 求系统的零状态响应 $y_f(t)$

设

$$F(s) = \mathcal{L}[f(t)]$$

$$Y_f(s) = \mathcal{L}[y_f(t)]$$

则根据式(9-22)

$$Y_f(s) = H(s)F(s)$$

进行反变换即得零状态响应为

$$y_f(t) = \mathcal{L}^{-1}[Y_f(s)] = \mathcal{L}^{-1}[H(s)F(s)]$$

若 $Y_f(s)$ 的分子、分母没有公因式相消,则 $Y_f(s)$ 的极点中包括了 $H(s)$ 和 $F(s)$ 的全部极点。其中 $H(s)$ 的极点确定了零状态响应 $y_f(t)$ 中自由响应分量的时间模式;而 $F(s)$ 的极点则确定了 $y_f(t)$ 中强迫响应分量的时间模式(见例 9-28)。

例 9-30 图 9-27(a)所示电路。已知 $f(t) = 20e^{-2t}\varepsilon(t)$,求零状态响应 $u(t)$。

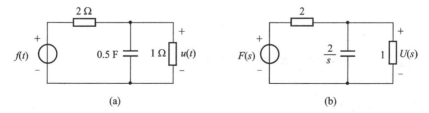

(a)   (b)

图 9-27   例 9-30 图

解 其复频域电路如图 9-27(b)所示。

$$H(s) = \frac{U(s)}{F(s)} = \frac{1}{2 + \dfrac{1}{1 + 0.5s}} \cdot \frac{1}{1 + 0.5s} = \frac{1}{s + 3}$$

$$F(s) = \mathscr{L}[f(t)] = \frac{20}{s + 2}$$

$$U(s) = H(s)F(s) = \frac{1}{s + 3} \cdot \frac{20}{s + 2} = \frac{-20}{s + 3} + \frac{20}{s + 2}$$

故得

$$u(t) = \underbrace{-20\mathrm{e}^{-3t}\varepsilon(t)}_{自由响应} + \underbrace{20\mathrm{e}^{-2t}\varepsilon(t)}_{强迫响应}$$

瞬态响应

零状态响应

例 9-31 若 $f(t) = 4\sin(2t)\varepsilon(t)$，$h(t) = 3\mathrm{e}^{-5t}\varepsilon(t)$，利用卷积定理求 $y_\mathrm{f}(t) = f(t) * h(t)$。

解 由卷积定理知 $f(t) * h(t) = \mathscr{L}^{-1}[F(s) \cdot H(s)]$

而

$$F(s) = \frac{8}{s^2 + 2^2}$$

$$H(s) = \frac{3}{s + 5}$$

所以

$$y_\mathrm{f}(t) = f(t) * h(t) = \mathscr{L}^{-1}\left[\frac{8}{s^2 + 2^2} \cdot \frac{3}{s + 5}\right]$$

$$= \mathscr{L}^{-1}\left[\frac{24}{29}\left(-\frac{s - 5}{s^2 + 2^2} + \frac{1}{s + 5}\right)\right]$$

$$= \frac{24}{29}[2.5\sin(2t) - \cos(2t) + \mathrm{e}^{-5t}]\varepsilon(t)$$

9.7.6 根据 $H(s)$ 写出微分方程

若 $H(s)$ 的分子、分母多项式无公因式相消，则可根据 $H(s)$ 的表达式写出它所联系的响应 $y(t)$ 与激励 $f(t)$ 之间关系的微分方程。例如设

$$H(s) = \frac{s + 2}{s^3 + 4s^2 + 5s + 10}$$

则其微分方程为

$$\frac{\mathrm{d}^3}{\mathrm{d}t^3}y(t) + 4\frac{\mathrm{d}^2}{\mathrm{d}t^2}y(t) + 5\frac{\mathrm{d}y(t)}{\mathrm{d}t} + 10y(t) = \frac{\mathrm{d}f(t)}{\mathrm{d}t} + 2f(t)$$

*9.8 用拉普拉斯变换解微积分方程

拉普拉斯变换是分析线性动态电路的有效方法，它将描述电路的时域微分积分方程变换为 s 域的代数方程，因而便于运算和求解；同时，它将电路的初始状态自然地包含在

象函数方程中,既可分别求得零输入响应、零状态响应,也可同时求得全响应。

设电路的激励为 $f(t)$,描述 n 阶电路的微分方程一般形式可写为

$$\frac{\mathrm{d}^n y(t)}{\mathrm{d}t^n} + a_{n-1}\frac{\mathrm{d}^{n-1} y(t)}{\mathrm{d}t^{n-1}} + \cdots + a_1\frac{\mathrm{d}y(t)}{\mathrm{d}t} + a_0 y(t)$$

$$= b_m\frac{\mathrm{d}^m f(t)}{\mathrm{d}t^m} + b_{m-1}\frac{\mathrm{d}^{m-1} f(t)}{\mathrm{d}t^{m-1}} + \cdots + b_1\frac{\mathrm{d}f(t)}{\mathrm{d}t} + b_0 f(t) \qquad (9\text{-}30)$$

对上式两边取拉普拉斯变换,并假定 $f(t)$ 在 $t=0$ 时作用于电路,即 $t<0$ 时,$f(t)=0$,因而

$$f(0_-) = f'(0_-) = f''(0_-) = \cdots = f^{(n-1)}(0_-) = 0$$

利用时域微分性质,有

$$\left.\begin{aligned}
\mathscr{L}\left[\frac{\mathrm{d}^n y(t)}{\mathrm{d}t^n}\right] &= s^n Y(s) - s^{n-1} y(0_-) - s^{n-2} y'(0_-) - \cdots - y^{(n-1)}(0_-) = 0 \\
\mathscr{L}\left[a_{n-1}\frac{\mathrm{d}^{n-1} y(t)}{\mathrm{d}t^{n-1}}\right] &= a_{n-1}\left[s^{n-1} Y(s) - s^{n-2} y(0_-) - \cdots - y^{(n-2)}(0_-)\right] \\
&\cdots \\
\mathscr{L}\left[a_1\frac{\mathrm{d}y(t)}{\mathrm{d}t}\right] &= a_1\left[s Y(s) - y(0_-)\right] \\
\mathscr{L}\left[a_0 y(t)\right] &= a_0 Y(s)
\end{aligned}\right\} \qquad (9\text{-}31)$$

和

$$\left.\begin{aligned}
\mathscr{L}\left[b_m\frac{\mathrm{d}^m f(t)}{\mathrm{d}t^m}\right] &= b_m s^m F(s) \\
\mathscr{L}\left[b_{m-1}\frac{\mathrm{d}^{m-1} f(t)}{\mathrm{d}t^{m-1}}\right] &= b_{m-1} s^{m-1} F(s) \\
&\cdots \\
\mathscr{L}\left[b_1\frac{\mathrm{d}f(t)}{\mathrm{d}t}\right] &= b_1 s F(s) \\
\mathscr{L}\left[b_0 f(t)\right] &= b_0 F(s)
\end{aligned}\right\} \qquad (9\text{-}32)$$

式(9-31)中 $y^{(i)}(0_-)$ 表示响应 $y(t)$ 的 i 阶导数的初始状态。将式(9-31)与式(9-32)代入式(9-30),可得

$$\begin{aligned}
(s^n + a_{n-1}s^{n-1} + \cdots + a_1 s + a_0)Y(s) &= \left[b_m s^m + b_{m-1}s^{m-1} + \cdots + b_1 s + b_0\right]F(s) \\
&\quad + (s^{n-1} + a_{n-1}s^{n-2} + \cdots + a_1)y(0_-) \\
&\quad + (s^{n-2} + a_{n-1}s^{n-3} + \cdots + a_2)y'(0_-) + \cdots \\
&\quad + (s + a_{n-1})y^{(n-2)}(0_-) + y^{(n-1)}(0_-) \qquad (9\text{-}33)
\end{aligned}$$

设

$$\begin{aligned}
A_0(s) &= s^{n-1} + a_{n-1}s^{n-2} + \cdots + a_1 \\
A_1(s) &= s^{n-2} + a_{n-1}s^{n-3} + \cdots + a_2 \\
&\cdots \\
A_{n-2}(s) &= s + a_{n-1} \\
A_{n-1}(s) &= 1
\end{aligned}$$

代入式(9-33),则得

$$\begin{aligned}
(s^n + a_{n-1}s^{n-1} + \cdots + a_1 s + a_0)Y(s) &= (b_m s^m + b_{m-1}s^{m-1} + \cdots + b_1 s + b_0)F(s) \\
&\quad + \sum_{i=0}^{n-1} A_i(s) y^{(i)}(0_-)
\end{aligned}$$

可见,时域的微分方程通过取拉氏变换化成复频域的代数方程,并且自动地引入了初始状态。响应的拉普拉斯变换为

$$Y(s) = \frac{b_m s^m + b_{m-1} s^{m-1} + \cdots + b_1 s + b_0}{s^n + a_{n-1} s^{n-1} + \cdots + a_1 s + a_0} F(s) + \frac{\displaystyle\sum_{i=0}^{n-1} A_i(s) y^{(i)}(0_-)}{s^n + a_{n-1} s^{n-1} + \cdots + a_1 s + a_0}$$

$$= Y_f(s) + Y_x(s) \tag{9-34}$$

式(9-34)表示响应由两部分组成。一部分是由激励产生的零状态响应;另一部分是由电路初始状态产生的零输入响应。因此电路的复频域框图可用图 9-28 表示。它由两个子框图和一个加法器构成。左边框图是零状态响应的拉氏变换与激励的拉氏变换之比,它们为网络函数或传递函数 $H(s)$,即

$$H(s) = \frac{Y_f(s)}{F(s)} = \frac{b_m s^m + b_{m-1} s^{m-1} + \cdots + b_1 s + b_0}{s^n + a_{n-1} s^{n-1} + \cdots + a_1 s + a_0} = \frac{N(s)}{D(s)}$$

式中,$N(s)$ 和 $D(s)$ 分别是 $H(s)$ 的分子多项式和分母多项式。

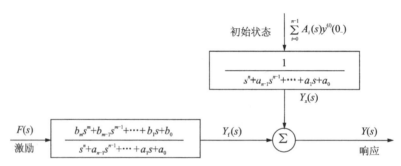

图 9-28　电路的复频域框图

若令 $T(s) = \displaystyle\sum_{i=0}^{n-1} A_i(s) y^{(i)}(0_-)$,则式(9-34)可写为

$$Y(s) = Y_f(s) + Y_x(s) = H(s) F(s) + \frac{1}{D(s)} T(s)$$

电路全响应 $y(t)$ 为

$$y(t) = y_f(t) + y_x(t) = \mathcal{L}^{-1}[Y(s)] =$$

$$\mathcal{L}^{-1}[H(s) F(s)] + \mathcal{L}^{-1}\left[\frac{1}{D(s)} T(s)\right]$$

这种方法是利用拉氏变换把时域微分方程变换为复频域的代数方程,运算后再求反变换得到全响应,所以称之为**拉普拉斯变换分析法(Laplace transform analysis method)**。

例 9-32　描述某线性动态电路的微分方程为

$$y''(t) + 3y'(t) + 2y(t) = 2f'(t) + 6f(t)$$

已知输入激励 $f(t) = \varepsilon(t)$,初始状态 $y(0_-) = 2$,$y'(0_-) = 1$。试求电路的零输入响应、零状态响应和完全响应。

解　对微分方程进行拉普拉斯变换,可得

$$s^2 Y(s) - s y(0_-) - y'(0_-) + 3s Y(s) - 3y(0_-) + 2Y(s) = 2s F(s) + 6F(s)$$

即

$$(s^2 + 3s + 2)Y(s) - [sy(0_-) + y'(0_-) + 3y(0_-)] = 2(s+3)F(s)$$

可解得

$$Y(s) = Y_{\mathrm{f}}(s) + Y_{\mathrm{x}}(s)$$

$$= \frac{2(s+3)}{s^2 + 3s + 2}F(s) + \frac{sy(0_-) + y'(0_-) + 3y(0_-)}{s^2 + 3s + 2}$$

将 $F(s) = \mathscr{L}[\varepsilon(t)] = \dfrac{1}{s}$ 和各初值代入上式,得

$$Y_{\mathrm{f}}(s) = \frac{2(s+3)}{s^2 + 3s + 2}\frac{1}{s} = \frac{2(s+3)}{s(s+1)(s+2)}$$

$$= \frac{3}{s} - \frac{4}{s+1} + \frac{1}{s+2}$$

$$Y_{\mathrm{x}}(s) = \frac{2s+7}{s^2 + 3s + 2} = \frac{2s+7}{(s+1)(s+2)}$$

$$= \frac{5}{s+1} - \frac{3}{s+2}$$

对以上两式取反变换,得零状态响应和零输入响应分别为

$$y_{\mathrm{f}}(t) = \mathscr{L}^{-1}[Y_{\mathrm{f}}(s)] = (3 - 4\mathrm{e}^{-t} + \mathrm{e}^{-2t})\varepsilon(t)$$

$$y_{\mathrm{x}}(t) = \mathscr{L}^{-1}[Y_{\mathrm{x}}(s)] = 5\mathrm{e}^{-t} - 3\mathrm{e}^{-2t}, \quad t \geqslant 0$$

电路的全响应

$$y(t) = y_{\mathrm{f}}(t) + y_{\mathrm{x}}(t) = 3 + \mathrm{e}^{-t} - 2\mathrm{e}^{-2t}, \quad t > 0$$

或直接对 $Y(s)$ 取拉氏反变换,亦可求得全响应

$$y(t) = \mathscr{L}^{-1}[Y(s)] = 3 + \mathrm{e}^{-t} - 2\mathrm{e}^{-2t}, \quad t > 0$$

直接求全响应时,零状态响应分量和零输入响应分量已经叠加在一起,看不出不同原因引起的各个响应分量的具体情况。这时拉氏变换作为一种数学工具,自动引入了初始状态。简化了微分方程的求解。

必须指出,零状态响应 $y_{\mathrm{f}}(t)$,当 $t < 0$ 时,$y_{\mathrm{f}}(t) = 0$,所以 $y_{\mathrm{f}}(t)$ 可以表示成乘以 $\varepsilon(t)$ 的形式。但零输入响应 $y_{\mathrm{x}}(t)$,当 $t < 0$ 时,$y_{\mathrm{x}}(t)$ 不一定为零,只可以标明 $t \geqslant 0$。当把两部分合在一起时,只应标明 $t > 0$,即解从 $t > 0$ 后才满足原微分方程。

例 9-33 如图 9-29 所示电路中,已知 $C = \dfrac{1}{2}$ F,$R_1 = 2\ \Omega, R_2 = 2\ \Omega, L = 2$ H,激励 $i_{\mathrm{S}}(t)$ 为单位阶跃电流 $\varepsilon(t)$ A,电阻 R_1 上电压的初始状态 $u_1(0_-) = 1$ V,$u_1'(0_-) = 2$ V,试求该电路的响应电压 $u_1(t)$。

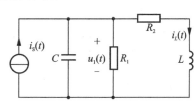

图 9-29 例 9-33 图

解 先列写该电路的数学模型

由 KCL

$$C\frac{\mathrm{d}u_1(t)}{\mathrm{d}t} + \frac{u_1(t)}{R_1} + i_L(t) = i_{\mathrm{S}}(t)$$

由 KVL

$$u_1(t) - R_2 i_L(t) - L\frac{\mathrm{d}i_L(t)}{\mathrm{d}t} = 0$$

代入元件值,消去中间参量 $i_L(t)$ 可得微分方程

$$\frac{\mathrm{d}^2 u_1(t)}{\mathrm{d}t^2} + 2\frac{\mathrm{d}u_1(t)}{\mathrm{d}t} + 2u_1(t) = 2\frac{\mathrm{d}i_\mathrm{S}(t)}{\mathrm{d}t} + 2i_\mathrm{S}(t)$$

对上式两边取拉氏变换,可得

$$s^2 U_1(s) - su_1(0_-) - u_1'(0_-) + 2[sU_1(s) - u_1(0_-)] + 2U_1(s) = 2sI_\mathrm{S}(s) + 2I_\mathrm{S}(s)$$

整理后可得

$$U_1(s) = \frac{2s+2}{s^2+s+2} I_\mathrm{S}(s) + \frac{(s+2)u_1(0_-) + u'(0_-)}{s^2+2s+2}$$

$$= U_{1\mathrm{f}}(s) + U_{1\mathrm{x}}(s)$$

将输入 $I_\mathrm{S}(s) = \mathscr{L}[\varepsilon(t)] = \dfrac{1}{s}$, $u_1(0_-) = 1$, $u_1'(0_-) = 2$ 代入

$$U_1(s) = \frac{2s+2}{s^2+2s+2}\frac{1}{s} + \frac{s+4}{s^2+2s+2}$$

零状态响应为

$$U_{1\mathrm{f}}(s) = \frac{2s+2}{s^2+2s+2}\frac{1}{s} = \frac{1}{s} - \frac{s+1}{(s+1)^2+1} + \frac{1}{(s+1)^2+1}$$

因此

$$u_{1\mathrm{f}}(t) = \mathscr{L}^{-1}[U_{1\mathrm{f}}(s)] = (1 - \mathrm{e}^{-t}\cos t + \mathrm{e}^{-t}\sin t)\varepsilon(t) \text{ V}$$

零输入响应为

$$U_{1\mathrm{x}}(s) = \frac{s+4}{s^2+2s+2} = \frac{s+1}{(s+1)^2+1} + \frac{3}{(s+1)^2+1}$$

因此

$$u_{1\mathrm{x}}(t) = \mathscr{L}^{-1}[U_{1\mathrm{x}}(s)] = \mathrm{e}^{-t}\cos t + 3\mathrm{e}^{-t}\sin t, \quad t \geqslant 0$$

全响应为

$$u_1(t) = u_{1\mathrm{f}}(t) + u_{1\mathrm{x}}(t) = 1 + 4\mathrm{e}^{-t}\sin t \text{ V}, \quad t > 0$$

习题

9-1 根据拉普拉斯变换定义,求下列函数的拉普拉斯变换。

(1) $\varepsilon(t-2)$ (2) $(\mathrm{e}^{2t} + \mathrm{e}^{-2t})\varepsilon(t)$

(3) $2\delta(t-1) - 3\mathrm{e}^{-4t}\varepsilon(t)$ (4) $\cos(\omega t + \theta)$

9-2 利用拉普拉斯变换的基本性质,求下列函数的拉普拉斯变换。

(1) $t^2 + 2t$ (2) $\sin\left(\omega t + \dfrac{\pi}{4}\right)$

(3) $1 + (t-2)\mathrm{e}^{-t}$ (4) $t^2 \mathrm{e}^{-5t}\varepsilon(t-1)$

(5) $\mathrm{e}^{-t}[\varepsilon(t) - \varepsilon(t-2)]$ (6) $\mathrm{e}^{-t}\cos 2t - 5\mathrm{e}^{-2t}$

(7) $\mathrm{e}^{-2t} + \mathrm{e}^{-(t-1)}\varepsilon(t-1) + \delta(t-2)$ (8) $\dfrac{\mathrm{d}}{\mathrm{d}t}[\sin 2t\varepsilon(t)]$

9-3 求图题 9-3 所示函数 $f(t)$ 的拉普拉斯变换。

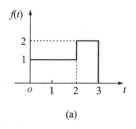

(a)

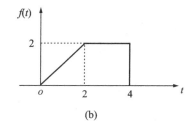

(b)

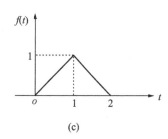

(c)

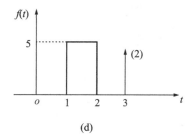

(d)

图题 9-3

9-4 已知 $f_1(t)$ 的波形如图题 9-4 所示,设 $f_2(t) = \dfrac{\mathrm{d}}{\mathrm{d}t}[f_1(t)]$。求象函数 $F_1(s)$ 和 $F_2(s)$。

9-5 求下列函数的拉普拉斯反变换。

(1) $\dfrac{4}{s(2s+3)}$

(2) $\dfrac{3s}{s^2+6s+8}$

(3) $\dfrac{s^2+2}{s^2+1}$

(4) $\dfrac{6s^2+19s+15}{(s+1)(s^2+4s+4)}$

图题 9-4

9-6 求下列各象函数的原函数。

(1) $\dfrac{s-1}{s^2+2s+2}$

(2) $\dfrac{1}{s^2(s+2)}$

(3) $\dfrac{s^2+4s+1}{s(s+1)^2}$

(4) $\dfrac{1-\mathrm{e}^{-2s}}{s^2+7s+12}$

9-7 已知图题 9-7 所示各电路原已达稳态,且图(a)中 $u_{C2}(0_-)=0$。若 $t=0$ 时开关 S 换接,试画出复频域电路模型。

9-8 图题 9-8 所示电路,开关 S 在闭合时电路已处于稳定状态,如在 $t=0$ 时将 S 打开,试求 $t \geqslant 0$ 时的 $u_C(t)$。

9-9 图题 9-9 所示电路,开关 S 在闭合时电路已处于稳定状态,在 $t=0$ 时将 S 打开。试求 $t \geqslant 0$ 时的 $i_{L_1}(t)$ 和 $u(t)$。

9-10 图题 9-10 所示电路,$f(t)$ 为激励,$i(t)$ 为响应。求单位冲激响应 $h(t)$ 与单位阶跃响应 $g(t)$。

9-11 图题 9-11 所示电路,$i(0_-)=1\,\mathrm{A}$,$u_C(0_-)=2\mathrm{V}$。求零输入响应 $u_{Cx}(t)$。

9-12 图题 9-12 所示电路,$u_S(t)=10\varepsilon(t)\mathrm{V}$。求零状态响应 $i(t)$。

9-13 图题 9-13 所示电路,已知 $u_S(t)=\mathrm{e}^{-t}\cos 2t\varepsilon(t)\mathrm{V}$,$u_C(0_-)=10\,\mathrm{V}$,试用复频域分析法求 $u_C(t)$。

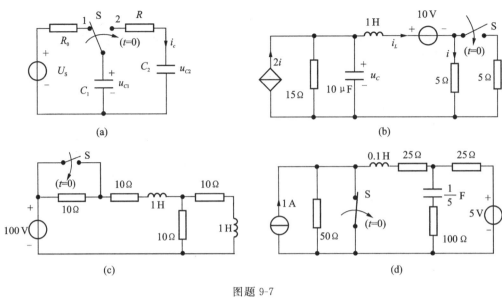

图题 9-7

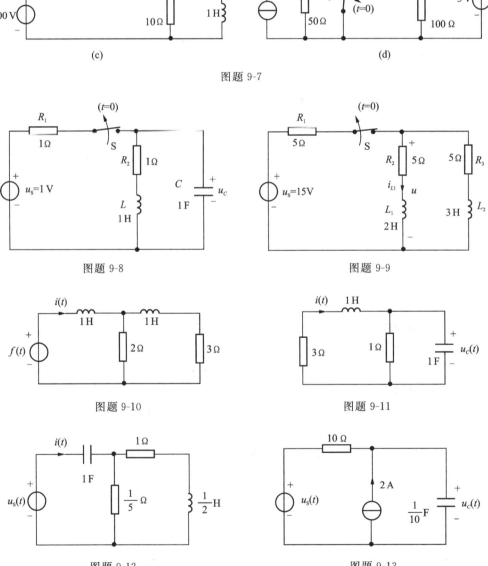

图题 9-8　　　　　　　　　　　　　　　　图题 9-9

图题 9-10　　　　　　　　　　　　　　　图题 9-11

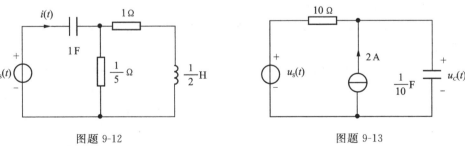

图题 9-12　　　　　　　　　　　　　　　图题 9-13

9-14 图题 9-14 所示电路,已知 $u_S(t)=12$ V,$L=1$ H,$C=1$ F,$R_1=3$ Ω,$R_2=2$ Ω,$R_3=1$ Ω。$t<0$ 时电路已达稳态,$t=0$ 时开关 S 闭合。求 $t\geqslant0$ 时电压 $u(t)$ 的零输入响应、零状态响应和完全响应。

9-15 图题 9-15 所示理想变压器电路,求电流 $i_o(t)$。

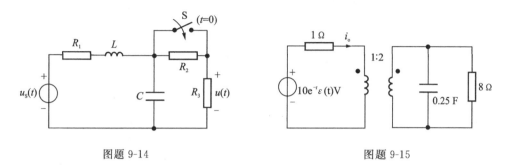

图题 9-14　　　　　　　　　图题 9-15

9-16 图题 9-16 所示电路,已知 $i_1(0_-)=1$ A,$u_2(0_-)=2$ V,$u_3(0_-)=1$ V,试用拉氏变换法求 $t\geqslant0$ 时的电压 $u_2(t)$ 和 $u_3(t)$。

9-17 图题 9-17 所示电路原已达稳态,$t=0$ 时将开关 S 合上,试用复频域分析法求 $u(t)$,$t>0$。

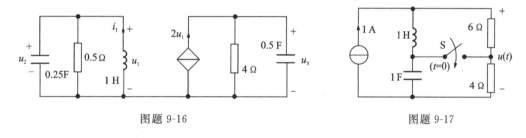

图题 9-16　　　　　　　　　图题 9-17

9-18 图题 9-18 所示电路,$t<0$ 时处于稳定状态,且 $u_C(0_-)=0$,$t=0$ 时开关 S 闭合。求 $t>0$ 时的 $u_2(t)$。

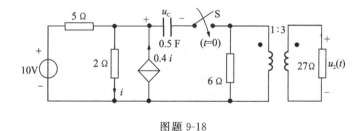

图题 9-18

9-19 图题 9-19 所示零状态电路,$u_S(t)=4\varepsilon(t)$ V 时,$i_L(t)=(2-2e^{-t})$ A,$t\geqslant0$;若 $u_S(t)=2\varepsilon(t)$ V,且 $i_L(0)=2$ A。求 $t\geqslant0$ 时的 $i_L(t)$。

9-20 电路如图题 9-20 所示,已知 $R=1$ Ω,当 $u_S(t)=\delta(t)$ V 时,其单位冲激响应为 $u_o(t)=6(e^{-3t}-e^{-6t})\varepsilon(t)$ V,试求 L、C 的值。

图题 9-19

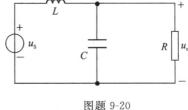

图题 9-20

9-21　图题 9-21 所示电路,设 $i(0)=1$ A,$u_o(0)=2$ V,$u_S(t)=4e^{-2t}\varepsilon(t)$V,求 $u_o(t)$,$t\geqslant 0$。

9-22　图题 9-22 所示运放电路中,已知 $u_S=3e^{-5t}\varepsilon(t)$V,求输出电压 $u_o(t)$,$t>0$。

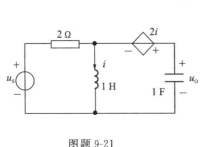

图题 9-21

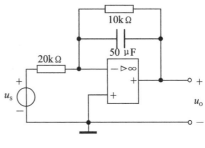

图题 9-22

9-23　求图题 9-23 所示电路的网络函数,已知图(a)中 $H(s)=\dfrac{I(s)}{F(s)}$,图(b)中

$H(s)=\dfrac{U(s)}{F(s)}$。

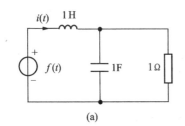

(a)

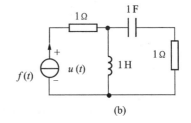

(b)

图题 9-23

9-24　求图题 9-24 所示电路的网络函数,已知

(a) $H_1(s)=\dfrac{U_o(s)}{U_s(s)}$,(b) $H_2(s)=\dfrac{U_o(s)}{I(s)}$。

9-25　图题 9-25 所示电路。(1)求 $H(s)=\dfrac{U_2(s)}{U_1(s)}$;(2)求冲激响应 $h(t)$ 与阶跃响应 $g(t)$。

9-26　试求图题 9-26 所示电路的冲激响应 $h(t)=u(t)$。并求 $u(0_+)$,如发生跃变,试解释之。

9-27　电路如图题 9-27 所示,试求 $u(t)$,$t\geqslant 0$。并求在 $t=0$ 瞬间 i_1 和 i_2 的跃变情况。

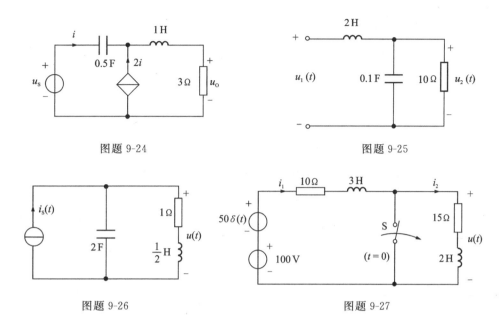

图题 9-24

图题 9-25

图题 9-26

图题 9-27

9-28 电路如图题 9-28 所示，$f(t)$ 为激励，$u(t)$ 为响应。

(1) 求网络函数 $H(s)$；画出其零、极点分布图；

(2) 已知 $f(t) = \varepsilon(t)\mathrm{A}, i_1(0_-) = 2\ \mathrm{A}, i_2(0_-) = 0$，求全响应 $u(t)$。

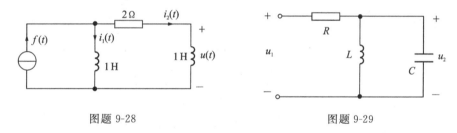

图题 9-28

图题 9-29

9-29 电路如图题 9-29 所示，要求其传递函数是

$$\frac{U_2(s)}{U_1(s)} = \frac{2s}{s^2 + 2s + 6}$$

选定 $R = 1\ \mathrm{k}\Omega$，求 L 和 C。

9-30 已知图题 9-30(a)所示电路驱动点阻抗函数 $Z(s)$ 的零极点分布如图题 9-26(b)所示，且知 $Z(0) = 1$，求 R, L, C 的值。

9-31 图题 9-31 所示电路。(1)求 $H(s) = \dfrac{U_2(s)}{U_1(s)}$；(2)求 $H(\mathrm{j}\omega)$，并说明该电路属于哪一类滤波器；(3)求 $|H(\mathrm{j}\omega)|$ 的最大值和截止频率 ω_c。

9-32 已知某电路的网络函数 $H(s)$ 的零极点分布如图题 9-32 所示。

(1) 若 $H(\infty) = 1$，求图(a)对应电路的 $H(s)$；

(2) 若 $H(0) = -\dfrac{1}{2}$，求图(b)对应电路的 $H(s)$；

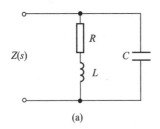

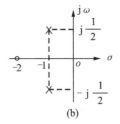

题图 9-30

（3）求电路频率响应 $H(j\omega)$，粗略画出其幅频特性和相频特性曲线。

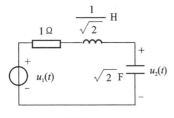

图题 9-31

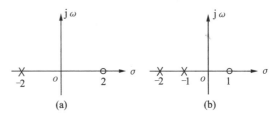

图题 9-32

9-33　图题 9-33 所示电路。试求：

（1）网络函数 $H(s) = \dfrac{U_3(s)}{U_1(s)}$，并画出幅频特性示意图；

（2）求冲激响应 $h(t)$。

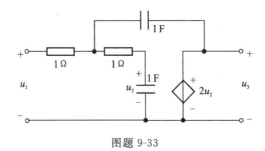

图题 9-33

9-34　图题 9-34 所示双口网络的 Y 参数为

$$Y(s) = \begin{bmatrix} \dfrac{s^2+1}{s} & -s \\ -s & s+1 \end{bmatrix}$$

试求冲激响应 $i_1(t)$ 和 $u_2(t)$。

9-35　图题 9-35（a）所示电路中 N 网络的开路阻抗矩阵为 $Z(s) = \begin{bmatrix} s+1 & s \\ s & 1+s+\dfrac{1}{s} \end{bmatrix}$，$u_S(t)$ 的波形如图题 9-35（b）。

（1）求网络函数 $H(s) = \dfrac{U_o(s)}{U_S(s)}$；

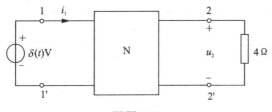

图题 9-34

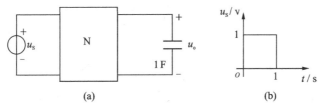

(a)　　　　　　　　　(b)

图题 9-35

(2) 绘出 $H(s)$ 的零、极点图；

(3) 求在 $u_S(t)$ 作用下的零状态响应 $u_o(t)$。

9-36　题 9-36 所示为含理想运算放大器电路。求：

(1) 转移函数 $H(s) = \dfrac{U_o(s)}{U_i(s)}$；

(2) 若激励 $u_i(t) = 2\varepsilon(t)\text{V}$，求零状态响应 $u_o(t)$。

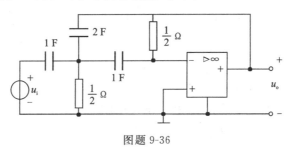

图题 9-36

9-37　图题 9-37 所示电路中，$R = 1\ \Omega$，$C = 1\ \text{F}$。

(1) 求网络函数 $H(s) = \dfrac{U_2(s)}{U_1(s)}$；

(2) 画出 $H(s)$ 的零、极点分布图；

(3) 当输入电压 $u_1(t) = 3\sin(2t + 30°)\text{V}$ 时，求输出电压 $u_2(t)$ 的稳态响应。

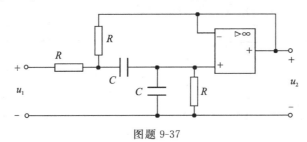

图题 9-37

9-38 图题 9-38 所示电路已达稳态,在 $t=0$ 时闭合开关 S,求 $i(t)$ 及 $u_C(t)$ 的变化规律。

9-39 电路如图题 9-39 所示,开关 S 闭合前电路处于稳定状态,开关于 $t=0$ 时闭合,求电流 $i_1(t)$ 和 $i_2(t)$,$t \geqslant 0$。在 $t=0$ 时 i_1、i_2 是否跃变?

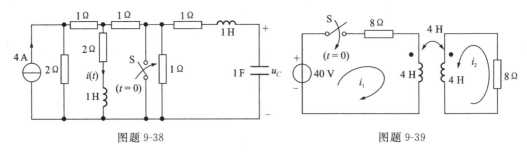

图题 9-38　　　　　　　　　　　图题 9-39

9-40 电路如图题 9-40 所示,已知 $u_S(t)=[4-e^{-t}\varepsilon(t)]$V,试求 $u(t)$,$t \geqslant 0$。

9-41 图题 9-41 所示电路,若 $u_S(t)=\sqrt{2}\cos(2t+45°)\varepsilon(t)$V,$u_R$ 为响应,试求:

(1) 网络函数 $H(s)=\dfrac{U_R(s)}{U_S(s)}$;

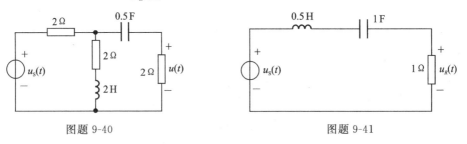

图题 9-40　　　　　　　　　　　图题 9-41

(2) 零状态响应 $u_R(t)$;

(3) 正弦稳态响应 $u_R(t)$。

9-42 电路如图题 9-42 所示,u_S 和 i 分别为电路的激励和响应。求:

(1) 网络函数 $H(s)=\dfrac{I(s)}{U_S(s)}$;

(2) 当 $u_S=3e^{-t}\cos6t$ V 时的零状态响应;

(3) 当 $u_S=(2+\cos2t)$V 时的稳态响应。

9-43 图题 9-43 所示电路,求:

(1) 关于 $u_C(t)$ 的冲激响应 $h(t)$;

(2) 写出关于变量 $u_C(t)$ 的微分方程;

(3) 若 $u_S(t)=\varepsilon(t)$V 时的零状态响应 $u_C(t)$。

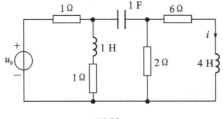
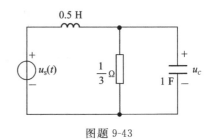

图题 9-42　　　　　　　　　　　图题 9-43

9-44　图题 9-44 所示电路，$f(t)$ 为激励，$u_C(t)$ 为响应。

(1) 列写出以 u_C，i_L 为变量的标准形式状态方程；

(2) 求网络函数 $H(s)$，并画出其零极点图；

(3) 若 $f(t) = \varepsilon(t)\mathrm{V}$，$i_L(0_-) = 0$，$u_C(0_-) = 1\ \mathrm{V}$，求全响应 $u_C(t)$。

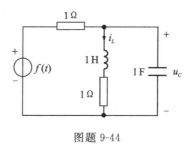

图题 9-44

9-45　用拉普拉斯变换法求解下列微积分方程，设 $y(0) = 1$：

$$\frac{\mathrm{d}y(t)}{\mathrm{d}t} + 9\int_0^t y(\tau)\mathrm{d}\tau = \cos 2t$$

9-46　用拉普拉斯变换法求下面的微分方程，若 $y'(0) = y(0) = 1$：

$$\frac{\mathrm{d}^2 y(t)}{\mathrm{d}t^2} + 4\frac{\mathrm{d}y(t)}{\mathrm{d}t} + 4y(t) = \mathrm{e}^{-t}$$

9-47　已知 $x(0) = 0$，$y(0) = 0$，试用拉普拉斯变换解下列微分方程组：

$$\begin{cases} \dfrac{\mathrm{d}x}{\mathrm{d}t} + y = 2 \\[2mm] \dfrac{\mathrm{d}y}{\mathrm{d}t} - x = 1 \end{cases}$$

9-48　利用拉普拉斯变换，求解下列方程组：

$$\begin{cases} \dfrac{\mathrm{d}y(t)}{\mathrm{d}t} + y(t) + \dfrac{\mathrm{d}x(t)}{\mathrm{d}t} + x(t) = 1 \\[2mm] \dfrac{\mathrm{d}y(t)}{\mathrm{d}t} - y(t) - 2x(t) = 0 \end{cases}$$

已知初始条件为：在 $t \geqslant 0$ 时，$x(0) = 0$，$y(0) = 1$。

9-49　用拉氏变换法求解例 8-15。

9-50　描述某二阶电路的微分方程为

$$\frac{\mathrm{d}^2 y(t)}{\mathrm{d}t^2} + 3\frac{\mathrm{d}y(t)}{\mathrm{d}t} + 2y(t) = 5\mathrm{e}^{-3t}\varepsilon(t)$$

已知初始条件 $y(0_-) = 1$，$\left.\dfrac{\mathrm{d}y(t)}{\mathrm{d}t}\right|_{0_-} = 0$，用拉普拉斯变换法求其零输入响应 $y_x(t)$、零状态响应 $y_f(t)$ 及全响应 $y(t)$。

第10章

磁路和有铁心线圈的交流电路

在物理学和本书 1.3 节中已学习过一些关于磁学的知识,如**磁感应强度 *B*** (**magnetic induction strength**)(简称磁感强度,又称磁通密度)、**磁场强度 *H*** (**magnetic field strength**)、磁通 ***Φ*** (**flux**)、磁链、电磁感应定律等,这些都是比较熟知的内容。在分析电工设备中发生的物理过程和电磁现象,尤其是在研究电机、变压器等电磁器件的运行性能和结构优化时,还必须具备关于物质磁化和磁路计算等方面的理论知识,同时为学习其他有关课程提供必要的基础。

本章将在已有磁学基础上,介绍铁磁材料的磁特性,磁路基本定律和计算方法,铁质磁饱和与磁滞作用对电压电流及磁通波形的影响,铁心交变磁化产生的损耗,最后介绍含铁心线圈的交流电路及变压器分析方法和小功率变压器的设计。

10.1 磁路的概念和铁磁材料的磁特性

10.1.1 磁路的概念

如果电流是集中在较小的空间范围之内,不是分散很宽,就可用电路的观点研究电流在回路中的运动变化规律和它产生的各种效应及其分析计算方法。磁路也是这样,如果磁通是集中在一定路径之内,便可用磁路的方法研究,建立磁路理论。所谓**磁路** (**magnetic circuit**)是指磁通所通过的主要由铁磁性材料所构成的(包括气隙)路径。如果磁通分布较广,就必须作为磁场问题处理,磁场与磁路仅是相对的看法,并没有严格的界限。关于场的一些较深刻较严密的分析,将在电磁场课程中讨论。

磁通最容易集中在有铁磁媒质的路径上,所以电工理论中遇到的磁路大都是含有铁磁物质的。磁路与电路相比有些不同的地方。磁路中的铁磁材料虽有良好的导磁性能,与附近的空间相比,磁导率可能高几百倍甚至几千倍,但仍难避免有一小部分磁通从铁心中漏出来通过磁路之外的空间,而电流却几乎全部通过导线,不是很高电压时,通过绝缘介质的漏电流接近于零。

通过磁路的磁通称为**主磁通** (**main magnetic flux**),而通过磁路之外空间的磁通则称**漏磁通** (**leakage flux**)。一般说来,主磁通是用来进行能量转换和传递,是电机电器赖以正常工作的磁通,所以又称工作磁通。例如在图 10-1 所示的磁路里,*Φ* 通过用铁心限定的路径为主磁通,它是变压器赖以正常工作的磁通;而 *Φ*_σ 的路径有一部分在铁心之外的空间,所以是漏磁通。此外,有时磁路中必须留

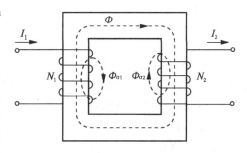

图 10-1 主磁通与漏磁通

有空气隙,作为磁路的一部分,这时主磁通必须穿过空气隙闭合。为了对磁路作定量计算,必须对构成磁路的铁磁材料的特性有所了解,这是本节要讨论的主要内容之一。

10.1.2　铁磁材料的主要特性及磁滞回线

铁磁材料主要是铁、镍、钴以及它们的合金,它具有高导磁性、磁饱和性及磁滞性。

1. 高导磁性($\mu \geqslant \mu_0$)

高导磁性的形成是由于铁磁物质内部存在着许多很小、强烈磁化了的自然磁化区域,好似一些小磁铁,称之为磁畴。没有外磁场作用时,这些磁畴杂乱排列,其磁场互相抵消,对外界不显示磁性,如示意图 10-2(a)所示。但在有外磁场的作用时,这些磁畴沿着外磁场的方向作有规则的取向;或者顺着外磁场方向的磁畴区域扩大,逆方向的缩小,即畴壁发生位移,两种作用使诸磁畴的磁场不再互相抵消,而形成附加磁场叠加到外磁场上,如示意图 10-2(b)所示。强烈磁化的磁畴产生的附加磁感应强度很强,远比非铁磁物质在同一外磁场作用下所产生的附加磁场大得多,因此铁磁物质的磁导率比非铁磁物质(近似等于真空的磁导率 $\mu_0 = 4\pi \times 10^{-7}$ H/m)大得多。

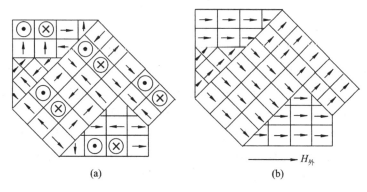

图 10-2　磁畴与外磁场的关系

2. 磁饱和性与非线性

在非铁磁物质中,磁通密度 B 与磁场强度 H 成正比例(磁场强度在工程上定义为作用于磁路单位长度上的磁通势,其 SI 单位为 A/m),它们的相互关系为一条通过坐标原点的直线,即 $\mu = B/H$ 为一常量。但铁磁物质却不同,它的 B 与 H 的关系是一条曲线,称为该种材料的磁化曲线,通常也称为 $B \sim H$ 曲线。

通过实验,从 $B=0$、$H=0$ 的状态开始,测得对应于不同 H 值下的磁通密度 B,便可逐点描绘出 $B \sim H$ 曲线,如图 10-3 曲线①所示,称为被测试铁磁材料的**起始磁化曲线**(**initial magnetization curve**)。该曲线基本上可以分为三段:在开始的 oa 段,B 值随着 H 缓慢增加;以后在 ab 段,B 迅速上升;再以后在 bc 段,B 值又转为缓慢上升,称为饱和段。过了 c 点,

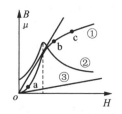

图 10-3　$B \sim H$、$\mu \sim H$ 曲线

达到磁饱和,曲线几乎变成像非铁磁物质的磁化曲线(图中直线③)那样趋近于一条直线。

曲线形状发生如此变化的原因是:当外磁场 H 较小时(oa 段),畴壁位移使 B 值缓慢增加。当 H 较强时(ab 段),畴壁位移过程继续进行,且与此同时,逆着 H 方向的磁畴开始翻转到外磁场的方向,故 B 值迅速增加。当 H 更强时(如 bc 段),所有磁畴几乎都转到外磁场的方向,它们产生的附加磁通密度接近于最大值,即使再增大 H,B 的增加也很有限,最后出现了磁饱和。

在图 10-3 中还按 B 与 H 的比值画出了 μ 随磁场强度 H 变化的曲线②。显然,由于 B 与 H 的关系是非线性的,μ 不是一个常量。开始时 μ 较小,以后迅速增加达到它的最大值(对应于由 o 点所作 $B\sim H$ 曲线的切线的切点),最后出现饱和时,μ 的量值趋近于真空的磁导率 μ_0,即此时铁磁材料的相对磁导率 μ_r 接近于 1。工程上,磁路一般工作在未饱和状态,此时铁磁物质的磁导率比真空的磁导率大得多,为其数十倍,乃至数万倍。通常把此倍数称为相对磁导率 μ_r,即 $\mu=\mu_r\mu_0$。

3. 磁滞性与磁滞回线

如果磁场强度从未磁化(完全去磁后)的状态开始逐渐增加到使磁化达饱和状态的 H_m 值,B 沿着起始磁化曲线上升到 c 点,如图 10-4 所示,然后 H 由 H_m 下降,B 值也随着减小,但是不按照起始磁化曲线而是沿着 cd 曲线变化。当 H 值下降到零时,B 值并不为零,保留着 B_{r1} 值(od),称为剩余磁通密度,简称剩磁。要退磁使 B 值降到零(e 点),必须将 H 的方向反过来并达到 $H=-H_{c1}$,这个使 $B=0$ 的反向磁场 $-H_{c1}$ 称为矫顽磁场强度,简称矫顽力。继续增大反向磁场,便进入反向的磁化过程,B 变为负值。到 $H=-H_m$(f 点)后再减小反向磁场,则 B 的绝对值也随着减小,到 $H=0$ 时,又保留着反方向的剩磁(og)。再将 H 的方向反过来增加到 H_{c1},又使 $B=0$(h 点)。再继续增大 H 的值到 H_m,这时的 B 值比第一次 $H=H_m$ 时的 B 值稍低,即 c' 点略低于 c 点,这是由于起始磁化曲线是从 $B=0$ 时进行磁化,而第二次是从 B 等于一定的负值(og)时进行磁化,所以两次的 B 值稍有不同。

上述反复磁化过程每次的变化曲线并不完全对称,但经过多次循环以后,将得到一个十分接近对称于原点的闭合曲线,如图 10-5 所示。可以看出,铁磁物质由于外磁场的方向和绝对值变化而反复磁化与退磁的过程中,磁通密度 B 的变化总是滞后于磁场强度 H 的变化,这种现象称为磁滞,这样得到的闭合磁化曲线称为**磁滞回线(hysteresis loop)**。

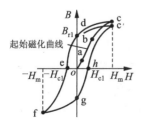

图 10-4　起始磁化曲线

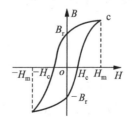

图 10-5　磁滞回线

不同的铁磁材料有不同的磁滞回线,因而有不同的矫顽力和剩磁。矫顽力大的材料称为"硬"磁材料,如钨钢、碳钢、钴钢及镍钴合金等,这类材料被磁化后,其剩磁不易消失,故适宜于用来制造永久磁铁。矫顽力较小的材料称为"软"磁材料,如纯铁、铸铁、铸钢、硅钢、铁淦氧磁体及坡莫合金等,适用于制作电机、变压器及各种电磁器件的铁心。此外,锰镁铁氧体和锂锰铁氧体的磁滞回线很接近于矩形,故常称为矩磁材料,可用于制作电子计算机内部存储器的磁心和外部设备中的磁鼓、磁带及磁盘等。

铁磁物质的磁性与温度有很大关系。在一定的磁场强度下,温度升高,磁导率将减小。每种铁磁物质有一临界温度,称为居里点,当温度升到该值时,铁磁物质将变为非铁磁物质,磁导率下降到 μ_0。铁的居里点约为 1040 K,镍的约为 630 K,钴的约为 1388 K。反之,在居里点以下,即足够的低温下,顺磁性物质(相对磁导率稍大于1,例如铝,$\mu_r = 1.00002$)可以变成铁磁性物质,例如明矾的居里点约为 0.03 K。另有所谓反磁性物质,μ_r 略小于1,例如铜,$\mu_r = 0.999991$。在工程上顺磁性和反磁性物质的相对磁导率均可认为等于1,即与真空无异。

4. 基本磁化曲线(平均磁化曲线)

从磁滞回线可以看出,B 是 H 的多值函数,对应于一个 H 值,应是哪个 B 值,要看是励磁还是退磁,这取决于过去的磁化状况。这样使得从 H 值求 B 值的问题变得很复杂。在工程上,除了某些特殊情况必须根据磁滞回线来分析外,一般可用简单的**基本磁化曲线**(**fundamental magnetization curve**)来确定 B 与 H 之间的关系。

所谓基本磁化曲线,是对一种磁铁材料取多个不同的 H_m 值,得到一系列不同的对称磁滞回线(如图 10-6 所示),再把各磁滞回线的正顶点联成的曲线(oc)。基本磁化曲线亦称平均磁化曲线。它是一条比较稳定的曲线,在工程上简称磁化曲线。电工手册中给出的 $B \sim H$ 曲线都是基本磁化曲线或是给出相应的 B、H 数据表。本章将在例题和习题的适当位置给出一些铁磁材料的磁化曲线或磁化数据表。从图 10-4 和图 10-6 不难看出,基本磁化曲线的形状和起始磁化曲线很相似,都是非线性的,B 与 H 都互为单值函数。

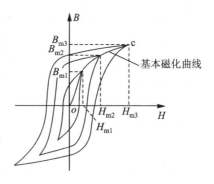

图 10-6　基本磁化曲线

10.2　磁路的基本定律

磁路的基本问题就是确定磁通势、磁通和磁路结构(材料、形状、尺寸)三者之间的关系。这一关系是用磁路的三个基本定律来表述的。它们是:磁路的欧姆定律,磁路的基尔霍夫磁通定律(又称基尔霍夫第一定律)和磁路的基尔霍夫磁位差(磁压)定律(又称基尔霍夫第二定律)。在形式上磁路的定律与电路的定律很相似,通过对比,便于学习与掌握,但又必须注意它们的区别和磁路的特点。下面将分别加以介绍。

10.2.1 磁路的欧姆定律

图 10-7 是最简单的磁路,设一铁心上绕有 N 匝线圈,通以电流 I,并假定不考虑漏磁,则沿整个磁路的 Φ 值相同。

设铁心的平均长度为 l,截面积为 S,铁心材料的磁导率为 μ,考虑铁心饱和,μ 不是常量,随 B、H 或 Φ 的大小而变化。

沿着平均长度 l 路径,H 的大小不变,方向与 l 平行。应用物理学中的**安培环路定律**(**Ampere's circuital law**),可得

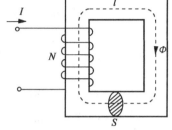

图 10-7 磁路

$$\oint_l \boldsymbol{H} \cdot \mathrm{d}l = Hl = NI$$

因

$$H = \frac{B}{\mu}, \quad B = \frac{\Phi}{S}$$

故得

$$\frac{\Phi l}{\mu S} = NI$$

即

$$\Phi = \frac{NI}{\dfrac{l}{\mu S}}$$

从上式看出,NI 愈大,则 Φ 愈大,$\dfrac{l}{\mu S}$ 愈大,则 Φ 愈小。在工程上把 NI 称为**磁通势**(**magnetomotive force**),一般也称为安匝数是产生磁通的源,用符号 F 表示,SI 单位是 A;$\dfrac{l}{\mu S}$ 称为**磁阻**(**reluctance**),用 R_m 表示,其 SI 单位是 1/H,记为 H^{-1},即

$$[R_\mathrm{m}] = \frac{[l]}{[\mu][S]} = \frac{\mathrm{m}}{(\mathrm{H/m})\mathrm{m}^2} = \mathrm{H}^{-1}$$

于是有

$$\Phi = \frac{NI}{\dfrac{l}{\mu S}} = \frac{F}{R_\mathrm{m}} \tag{10-1}$$

上式与电路的欧姆定律相似,故称为磁路的欧姆定律。和电导的概念相似,磁阻的倒量称为**磁导**(**permeance**),用 Λ 表示,即 $\Lambda = \dfrac{\mu S}{l}$,因此磁路的欧姆定律也可以写成

$$\Phi = F\Lambda \tag{10-2}$$

对于一段材料一致且截面相同的局部磁路,若其长度为 l,则有

$$\oint_l \boldsymbol{H} \cdot \mathrm{d}l = Hl = \frac{\Phi}{\mu S}l = \Phi R_\mathrm{m}$$

其中 Hl 称为**磁压降**(**magnetic potential difference**),也称磁压或磁位差,用 U_m 表示,其 SI 单位是 A。于是有

$$\Phi = \frac{U_\mathrm{m}}{R_\mathrm{m}}$$

必须指出,由磁路欧姆定律可知,只有在磁路的气隙或非铁磁物质部分 R_m 是常数时,才保持磁通与磁通势或磁位差成正比例的关系。在有铁磁材料的各段,R_m 因 μ 随 B 或 Φ 变化而不是常数,这时必须利用 B 与 H 的非线性曲线,由 B 决定 H 或由 H 决定 B,这就是磁路计算的困难所在,将在 10.3 节详细讨论。

10.2.2 基尔霍夫磁通定律

计算比较复杂的磁路问题,常涉及分岔点上多个磁通的关系。如图 10-8 所示为有两个励磁线圈的较复杂磁路。设磁路分为三段,各段的磁通分别为 Φ_1、Φ_2 和 Φ_3,它们的参考方向标在图中,H 和 B 的参考方向与磁通一致(相关联),故未另标出。如忽略漏磁通,根据磁通连续性原理,在 Φ_1、Φ_2、Φ_3 的汇合处作一闭合面 S,必有

$$\oint_S B_n \mathrm{d}S = 0 \text{ 或 } \Sigma\Phi = 0 \tag{10-3}$$

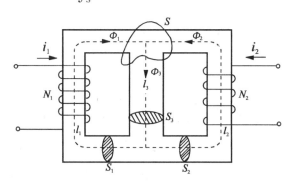

图 10-8　有分支磁路

即穿入任一封闭面的总磁通量为零,也就是穿入的磁通等于穿出的磁通。上式与电路的 KCL 形式相似,故称为基尔霍夫磁通定律。如果把穿出闭合面 S 的磁通前面取正号,则穿入闭合面 S 的磁通前面应取负号,即各分支磁路联接处闭合面上磁通代数和等于零。即

$$-\Phi_1 - \Phi_2 + \Phi_3 = 0$$

如考虑有漏磁通,磁通连续性原理和基尔霍夫磁通定律仍然成立,不过要把漏磁计算在内。

10.2.3 基尔霍夫磁位差(磁压)定律

仍采用图 10-8 的磁路,设沿 l_1 和 l_3 两段的 H 值分别为 H_1 和 H_3,并分别处处与 l_1、l_3 平行。沿着 l_1、l_3 组成的闭合路径,根据安培环路定律,有

$$N_1 i_1 = \oint \boldsymbol{H} \cdot \mathrm{d}\boldsymbol{l} = H_1 l_1 + H_3 l_3 = \varPhi_1 R_{\mathrm{m}1} + \varPhi_3 R_{\mathrm{m}3}$$

同理,沿 l_1、l_2 所组成的闭合路径,应用安培环路定律,有

$$N_1 i_1 - N_2 i_2 = H_1 l_1 - H_2 l_2 = \varPhi_1 R_{\mathrm{m}1} - \varPhi_2 R_{\mathrm{m}2}$$

$N_2 i_2$ 项前面有负号是因为闭合路径的绕行方向与 i_2 的参考方向不符合右手螺旋法则,$H_2 l_2$ 即 $\varPhi_2 R_{\mathrm{m}2}$ 项前有负号是因为绕行方向与第二段路径上的 H_2、B_2、$\varPhi_2$ 的参考方向相反。

根据上述例子,可以总结得出一般规律如下:在磁路中,沿任意闭合路径磁势的代数和等于磁位差的代数和,即等于磁阻压降的代数和。其中,若假定一绕行方向,当 I 的参考方向与绕行方向符合右手螺旋法则时,$NI(F)$ 取正号,否则取负号。而 $\varPhi$(即 B、H)的参考方向与绕行方向相同时,$\varPhi R_{\mathrm{m}}(Hl)$ 取正号,否则取负号。即

$$\Sigma F = \Sigma U_{\mathrm{m}} = \Sigma \varPhi R_{\mathrm{m}}$$
$$\Sigma NI = \Sigma Hl = \Sigma \varPhi R_{\mathrm{m}} \tag{10-4}$$

上式在形式上与电路中的 KVL 相似,称为磁路的基尔霍夫磁位差定律。但在有磁通势的回路中,一般不存在 $\Sigma U_{\mathrm{m}} = 0$ 形式的基尔霍夫磁位差定律。

当激磁电流为直流时,磁路中产生恒定磁通,此磁路称为恒定磁通磁路;当激磁电流为交流时,产生交变磁通,此磁路称交变磁通磁路。

10.3 恒定磁通磁路的计算

磁路计算根据已知量和待求量可以分为两类。第一类是已知磁通 $\varPhi$ 求磁通势 F;第二类是相反的问题,即从已知磁通势 F 求磁通 $\varPhi$。工程实际中,磁路计算大多数是第一类问题,即已知 $\varPhi$ 求 F,所以本节以讨论此类问题为主,对第二类问题仅提供解决的线索。

根据磁路结构,又可分为无分支磁路和分支磁路。本课程主要要求掌握无分支磁路的计算方法。

10.3.1 无分支磁路的计算

先计算第一类问题,即已知磁通和磁路的材料、尺寸,求磁通势。

无分支磁路仅含一个磁通回路,且忽略漏磁,所以处处磁通 $\varPhi$ 相同。但各段材料、长度和截面积可能不同,故各段的磁通密度和磁场强度都可能不同,在计算时,必须分段考虑,可按下列步骤进行:

(1) 根据磁路中各部分的材料和截面进行分段,要求每一段磁路均匀(材料相同和截面积相等)。

(2) 根据磁路尺寸算出各段的截面积和平均长度(一般沿中心线计算)。在计算截面积时,必须注意由涂有绝缘漆的硅钢片堆叠而成的铁心,根据几何尺寸计算出来的面积

是视在面积。磁感应线通过的面积应按有效面积来计算,所以应除去叠片间绝缘的厚度。设填充系数为 k,则有效面积=$k\times$视在面积。k 值随硅钢片厚度和所用绝缘漆厚度而定,一般约在 0.9 左右。

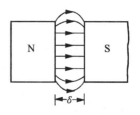

图 10-9 空气隙中磁通的边缘效应

在空气隙中,磁通会向外扩张,造成边缘效应(见图 10-9),因而增大了空气隙的有效截面积。当空气隙的长度 δ 很短时,其有效截面积可按下列近似公式估算。对于截面积为矩形的铁心,设它的长、宽分别为 a、b,则空气隙的有效面积为

$$S_0 \approx (a+\delta)(b+\delta) \approx ab + (a+b)\delta$$

对于截面积为圆形,且其半径为 r 的铁心,空气隙的有效面积为

$$S_0 \approx \pi\left(r+\frac{\delta}{2}\right)^2 \approx \pi r^2 + \pi r\delta$$

(3)根据已知的磁通计算各段的磁感应强度 $B=\dfrac{\Phi}{S}$。

(4)根据每一段的磁感应强度求磁场强度。对于铁磁材料,可查其基本磁化曲线或相应的 B、H 数据表;对于空气隙,引用公式 $H_0 = B_0/\mu_0$,或采用下列近似公式

$$H_0 = \frac{B_0}{4\pi \times 10^{-7}} \approx 0.8 \times 10^6 B_0$$

(5)根据每一段的磁场强度和平均长度求出每一段的 Hl 值。

(6)根据基尔霍夫磁位差定律求所需的磁通势

$$F = NI = \Sigma Hl = H_0 l_0 + H_1 l_1 + H_2 l_2 + \cdots$$

上述步骤可归纳为如下的计算程序:

$$\Phi \rightarrow B \rightarrow H \rightarrow Hl \rightarrow \Sigma Hl = NI$$

例 10-1 有一闭合铁心磁路,铁心的截面积 $S=9\times10^{-4}$ m²,磁路平均长度 $l=0.3$ m,铁心磁导率 $\mu=5\times10^3\,\mu_0$,套装在铁心上的绕组为 500 匝。试求在铁心中产生 1 T 的磁通密度,需多少励磁磁动势和励磁电流?

解 这是所谓的正面问题,已知磁通求磁势。据磁通密度求出磁场强度

$$H = \frac{B}{\mu} = \frac{1}{5\times10^3 \times 4\pi\times10^{-7}} = 159 \text{ A/m}$$

由磁路第二定律得磁动势为

$$F = Hl = 159 \times 0.3 = 47.7 \text{ A}$$

由此得励磁电流

$$I = \frac{F}{N} = \frac{47.7}{500} = 95.4 \text{ mA}$$

例 10-2 对图 10-10(a)所示磁路,其尺寸(单位为 mm)已注明在图上,所用硅钢片的基本磁化曲线如同图 10-10(b)。设填充系数 $k=0.9$,励磁绕组的匝数为 120,求在该磁路中获得 $\Phi=15\times10^{-4}$ Wb 所需的电流。

解 (1)此磁路由硅钢片和空气隙构成,而硅钢片部分有两种截面积,因此分 3 段来计算。

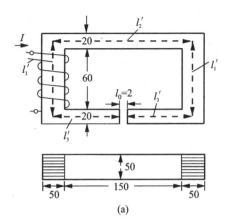
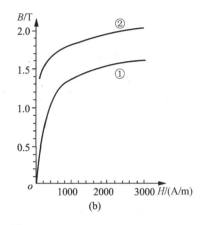

图 10-10 例 10-2 图

(2) 各段的截面积和平均长度为

$$S_1 = 50 \times 50 \times 0.9 = 2250 \text{ mm}^2 = 22.5 \times 10^{-4} \text{ m}^2$$

$$S_2 = 50 \times 20 \times 0.9 = 900 \text{ mm}^2 = 9 \times 10^{-4} \text{ m}^2$$

$$S_0 = 20 \times 50 + (20 + 50) \times 2 = 1140 \text{ mm}^2 = 11.4 \times 10^{-4} \text{ m}^2$$

$$l_1 = 2l_1' = (100 - 20) \times 2 = 160 \text{ mm} = 0.16 \text{ m}$$

$$l_2 = l_2' + 2l_3' = (250 - 50) \times 2 - 2 = 398 \text{ mm} = 0.398 \text{ m}$$

$$l_0 = 2 \text{ mm} = 0.002 \text{ m}$$

(3) 各段的磁感应强度为

$$B_1 = \frac{\Phi}{S_1} = \frac{15 \times 10^{-4}}{22.5 \times 10^{-4}} = 0.667 \text{ T}$$

$$B_2 = \frac{\Phi}{S_2} = \frac{15 \times 10^{-4}}{9 \times 10^{-4}} = 1.667 \text{ T}$$

$$B_0 = \frac{\Phi}{S_0} = \frac{15 \times 10^{-4}}{11.4 \times 10^{-4}} = 1.316 \text{ T}$$

(4) 求各段的磁场强度。

由图 10-10(b)所示曲线查得(电曲线①查得数值即为 H 的实际值,而由曲线②查得数值应乘以 10 才是 H 值)

$$H_1 = 170 \text{ A/m}, \quad H_2 = 4500 \text{ A/m}$$

空气隙中 $\quad H_0 = 0.8 \times 10^6 B_0 = 10.53 \times 10^5 \text{ A/m}$

(5) 各段的 Hl 为

$$H_1 l_1 = 170 \times 0.16 = 27.2 \text{ A}$$

$$H_2 l_2 = 4500 \times 0.398 = 1791 \text{ A}$$

$$H_0 l_0 = 10.53 \times 10^5 \times 0.002 = 2106 \text{ A}$$

(6) 总磁通势

$$F = NI = H_1 l_1 + H_2 l_2 + H_0 l_0 = 3924 \text{ A}$$

$$I = \frac{3924}{120} = 32.7 \text{ A}$$

从以上计算可以看出,空气隙虽然很短,它只占磁路平均长度的 0.35%,但空气隙的 $H_0 l_0$ 却占总磁通势的 53.7%。这是由于空气隙的磁导率比硅钢片的磁导率小很多的缘故。在本例中,l_2 部分的截面积较小,在磁通 $\Phi = 15 \times 10^{-4}$ Wb 的作用下已处于饱和状态,使这部分硅钢片的磁导率显著下降,所以这一段的磁阻较大,磁压增大,否则,空气隙的磁压所占的比例还要高。

如果给定无分支磁路的磁通势而要求出该磁通势在磁路中所激发的磁通,则由于磁路各段的磁导率不是常数,因此需要采用试探法或图解法来求解。试探法的步骤见下例。

例 10-3 给定磁路如图 10-11(a)所示,空气隙的长度 $l_0 = 1$ mm,磁路的横截面积 $S = 16$ cm^2,中心线长度 $l = 50$ cm。线圈的匝数 $N = 1250$,励磁电流 $I = 800$ mA。求磁路中的磁通。磁路的材料为铸钢,其基本磁化曲线如图 10-11(b)所示。

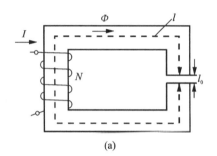
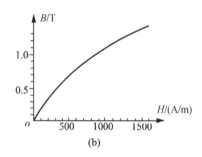

图 10-11 例 10-3 图

解 $NI = 1250 \times 800 \times 10^{-3} = 1000$ A

此磁路由 2 段构成,铸钢段的平均长度为

$$l_1 \approx l = 50 \text{ cm} = 0.5 \text{ m}$$

铸钢段的截面积为

$$S = 16 \text{ cm}^2 = 16 \times 10^{-4} \text{ m}^2$$

空气隙长度 $l_0 = 0.1$ cm $= 1 \times 10^{-3}$ m。为简化起见,忽略空气隙的边缘效应,即设 $S_0 = 16 \times 10^{-4}$ m^2。

空气隙的磁阻较大,故暂设整个磁路的磁通势全部都用于空气隙中,于是取第 1 次试探值为 Φ^1,

$$\Phi^1 = B_0^1 S_0 = \frac{NI}{l_0} \times \mu_0 \times S_0$$

$$= \frac{1000 \times 16 \times 10^{-4}}{1 \times 10^{-3}} \times 4\pi \times 10^{-7}$$

$$= 20.11 \times 10^{-4} \text{ Wb}$$

由于设 $S_0 = S$,故铸钢中磁感应强度为

$$B_1^1 = B_0^1 = \frac{20.11 \times 10^{-4}}{16 \times 10^{-4}} = 1.26 \text{ T}$$

按图 10-11(b)的磁化曲线,查得

$$H_1^1 = 1410 \text{ A/m}$$

空气隙中的磁场强度为

$$H_0^1 = 0.8 \times 10^6 \times B_0^1 = 10.08 \times 10^5 \text{ A/m}$$

磁路的磁通势

$$F^1 = H_1^1 l_1 + H_0^1 l_0 = 1713 \text{ A}$$

由于 $F^1 > F(=NI)$，所以磁通的第 2 次试探值可以取得小一些。以此类推，将几次试探结果列于表 10-1 中，试探过程可以编写程序，由计算机完成。

表 10-1　磁路计算试探法数据表

	$\Phi(\text{Wb})$	$B_1 = B_0(\text{T})$	$H_1(\text{A/m})$	$H_0(\text{A/m})$	$F(\text{A})$
1	20.11×10^{-4}	1.26	1410	10.08×10^5	1713
2	15×10^{-4}	0.9375	820	7.5×10^5	1160
3	12×10^{-4}	0.750	630	6.0×10^5	915
4	14×10^{-4}	0.875	770	7.0×10^5	1085
5	13×10^{-4}	0.8125	690	6.5×10^5	995

可见第 5 次试探结果 $F^5 = 995$ A 与给定的 1000 A 已很接近，故可以认为待求磁通 $\Phi = 13 \times 10^{-4}$ Wb。

另一种方法是根据上述多次试算的结果，将每次假定的磁通值 Φ^1、Φ^2、Φ^3、$\cdots$ 和计算所得对应的磁通势值 F^1、F^2、F^3、$\cdots$，在坐标纸上描出一条 $\Phi = f(F)$ 的曲线（见图 10-12）。再利用作图内插法按所给定的磁通势 F 从曲线上直接查出所相应的磁通 Φ。

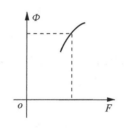

图 10-12　$\Phi = f(F)$ 曲线

求解这类问题的图解法与非线性电阻电路的图解法相似。以例 10-3 的无分支磁路为例，它可以看作是由两段磁路串联组成，一段是空气隙，其磁阻 R_{m0} 是线性的（μ_0 为常数），另一段磁阻 R_{m1} 是非线性的。R_{m1} 可以用韦安特性即磁通 Φ 与磁位差 $U_{m1}(=H_1 l_1)$ 的关系曲线 $\Phi(U_{m1})$ 来表示，它可以根据该段磁路的截面积和平均长度，按基本磁化曲线上的磁感应强度值和对应的磁场强度值逐点求出。至于 R_{m0} 则可表示为 $R_{m0} = l_0/(\mu_0 S_0)$。这样可以获得计算磁路图如图 10-13(a)，其中 $F_m = NI$ 相当于电路中的电压源的电压。于是可以用类似于非线性电阻电路中的曲线相交法（见图 7-16）得出图 10-13(b)，从两条曲线的交点即可求得所需要的磁通。

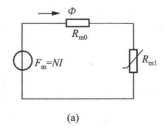

(a)

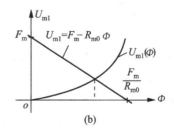

(b)

图 10-13　计算磁路图及其图解法

如果给定无分支磁路由几段不同的磁路组成,则其计算磁路图可以看作是由几个磁阻串联而成的磁路。同样可以用图解法来求解。

10.3.2　分支磁路的计算

有两个或两个以上回路的磁路就是有分支磁路。有分支的恒定磁通磁路的计算比较复杂。下面通过一个具体例子来介绍计算方法的思路。

图 10-14 是具有一个磁通势的分支磁路。按所假设的各磁通的参考方向和磁路定律,式(10-3)和式(10-4)有下列关系式

$$\Phi_1 = \Phi_2 + \Phi_3$$
$$H_2 l_2 + H_0 l_0 = H_3 l_3$$
$$H_1 l_1 + H_3 l_3 = NI$$

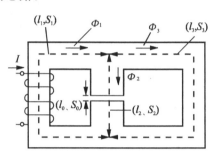

图 10-14　有分支磁路

如果给定的为通过空气隙的磁通 Φ_2,则可以直接求出所需要的磁通势。主要步骤如下:

(1) 从给定的 Φ_2 可以求出 B_2,并从相应的基本磁化曲线(或 B、H 数据表格)求出 H_2。然后求出空气隙中的 B_0 和 H_0。再通过 $H_3 l_3 = H_2 l_2 + H_0 l_0$ 求出 H_3;

(2) 由 H_3 可以求出 Φ_3;

(3) 按 $\Phi_1 = \Phi_2 + \Phi_3$,求出 Φ_1;

(4) 从 Φ_1 求出 $H_1 l_1$;

(5) 最后按 $NI = H_1 l_1 + H_3 l_3$ 可以求出所需要的磁通势。

如果给定的是其他支路的磁通,则有一部分非采用试探法或图解法计算不可。如果给定的是磁通势,需求各磁通,则必须用试探法或图解法来求解。

10.4　磁饱和与磁滞对电压、电流及磁通波形的影响

当激磁电流为交流时,交变的磁通使铁心处于反复磁化中,此时,由于铁心的饱和性和磁滞作用都会对电压、电流及磁通的波形发生一定的影响,现在分别进行讨论。

10.4.1　磁饱和对电压电流及磁通波形的影响

为了突出铁心饱和的非线性特点,暂时忽略漏磁、线圈电阻的功率损耗,也忽略磁滞与涡流的影响,这时 B 与 H 的关系可用平均磁化曲线来描述。设磁路是均匀的一段,这样铁心磁通 Φ 与 B 成正比例。由于 H 与 i 也成正比例,因此 Φ 与 i 之间的关系可以用与 B-H 曲线相似的曲线来表示,见图 10-15(b)。

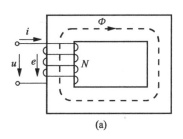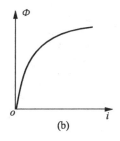

图 10-15　带铁心的线圈

（1）假设外加励磁电压为正弦波，其值为

$$u = U_{\mathrm{m}}\sin\left(\omega t + \frac{\pi}{2}\right) = U_{\mathrm{m}}\cos\omega t \tag{10-5}$$

在求磁通 $\Phi(t)$ 及电流 i 的波形时，按图 10-15(a)中假设各量的参考方向并忽略上述各因素后，则励磁电压与主磁通变化感应的电动势平衡，有

$$u = -e = N\frac{\mathrm{d}\Phi}{\mathrm{d}t} \tag{10-6}$$

式中 N 为线圈匝数。将 u 代入求 Φ，有

$$\Phi(t) = \frac{1}{N}\int u(t)\,\mathrm{d}t = \frac{1}{N}\int U_{\mathrm{m}}\cos\omega t\,\mathrm{d}t = \frac{U_{\mathrm{m}}}{N\omega}\sin\omega t + C$$

因外加电压 u 不含直流分量，且忽略了铁心的磁滞作用，磁通不含直流分量，故 $\Phi(t)$ 中的积分常数 $C=0$，于是

$$\Phi(t) = \frac{U_{\mathrm{m}}}{N\omega}\sin\omega t = \Phi_{\mathrm{m}}\sin\omega t \tag{10-7}$$

式中 $\Phi_{\mathrm{m}} = U_{\mathrm{m}}/(N\omega)$ 为磁通的最大值即幅值，从而得励磁电压幅值与主磁通幅值的比例关系

$$U_{\mathrm{m}} = \omega N\Phi_{\mathrm{m}} = 2\pi f N\Phi_{\mathrm{m}} \tag{10-8}$$

$$U = \sqrt{2}\,\pi f N\Phi_{\mathrm{m}} \approx 4.44 f N\Phi_{\mathrm{m}}$$

上式说明在不计漏磁、线圈损耗，忽略磁滞和涡流影响时，励磁线圈的电压、频率、匝数一定，则铁心中的主磁通幅值就可确定。

在图 10-16(a)中先作出 $u(t)=U_{\mathrm{m}}\cos\omega t$ 及 $\Phi(t)=\Phi_{\mathrm{m}}\sin\omega t$ 的曲线，再根据图 10-15(b) 的 $\Phi \sim i$ 曲线（或 $i \sim \Phi$ 曲线），便可从 $\Phi(t)$ 曲线逐点投影到 $i \sim \Phi$ 曲线上求出（同瞬间）相应的电流瞬时值，从而绘出电流 $i(t)$ 的曲线。

从图 10-16(a)的曲线可以得到这样的结论，当 $u(t)$ 及 $\Phi(t)$ 为正弦波时，$i(t)$ 不是正弦波，而是对称的尖顶波，其中有很强的三次谐波，还有一定含量的五次谐波。因此，线圈上外加电压不能超过额定值过多，否则磁路过于饱和，除波形严重畸变外，还可能因电流有效值过大，导致线圈过热而损坏。

（2）假如线圈中电流是正弦波 $i(t)=I_{\mathrm{m}}\sin\omega t$，由 $i(t)$ 及 $\Phi(i)$ 曲线可作出 $\Phi(t)$ 的曲线，又由 $u=N\dfrac{\mathrm{d}\Phi}{\mathrm{d}t}$ 得到 $u(t)$ 的曲线如图 10-16(b)所示。可以看出，$i(t)$ 是正弦波时，$\Phi(t)$

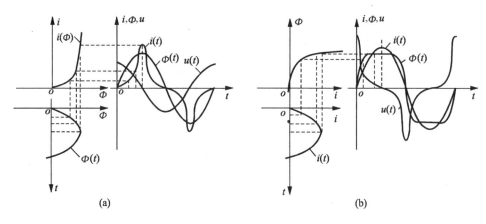

图 10-16　交变磁化下电流、电压和磁通的波形

是平顶波,$u(t)$ 则是畸变极严重的尖顶波,在某些情况,必须注意,u 的峰值过高,可能损坏线圈绝缘。

综合上述可知,由于磁饱和,电流与磁通不可能同时都是正弦波,但在上述两种情况下,$i(t)$ 和 $\Phi(t)$ 都是同时最大,同时过零,如果电流用它的"等效"正弦波或基波分量代替时,电流和磁通总是同相。

例 10-4　需设计绕制一个铁心线圈。已知电源电压 220 V,频率 50 Hz,测得铁心截面积 30.2 cm²,铁心由 D23 硅钢片叠成,叠片间隙系数 0.91。

(1) 如取铁心中 $B_m = 1.2$ T,问线圈需要绕多少匝;

(2) 若磁路(无气隙)平均长度 60 cm,问励磁电流为多大?

解　(1) 铁心有效面积

$$S = 30.2 \times 0.91 = 27.5 \text{ cm}^2 = 2.75 \times 10^{-3} \text{ m}^2$$

忽略漏磁、线圈损耗、磁滞和涡流影响,则

$$N = \frac{U}{4.44 f B_m S} = \frac{220}{4.44 \times 50 \times 1.2 \times 2.75 \times 10^{-3}} = 300 \text{ 匝}$$

(2) 当 $B_m = 1.2$ T,查 D23 硅钢片磁化数据表(表题 10-4),得

$$H_m = 6.52 \text{ A/cm}$$

由磁路定律

$$N I_m = H_m l$$

所以

$$I = \frac{H_m l}{\sqrt{2} N} = \frac{6.52 \times 60}{\sqrt{2} \times 300} = 0.92 \text{ A}$$

10.4.2　磁滞对电压电流及磁通波形的影响

考虑磁滞现象时,B 与 H 之间的关系不能用平均磁化曲线而必须用磁滞回线来描

述。相应地,铁心磁通 Φ 与线圈电流 i 之间的函数关系 $\Phi = F(i)$ 的曲线,在忽略线圈电阻和铁心的漏磁及涡流损耗时,将与磁滞回线 $B = F(H)$ 的形状完全相似,也是一条闭合回线。

假设线圈两端外加电压为正弦波 $u = U_m \cos\omega t$,则在上述条件下,有 $u = N\dfrac{\mathrm{d}\Phi}{\mathrm{d}t}$,同样可得如式(10-7)的磁通波 $\Phi = \Phi_m \sin\omega t$,其相位滞后于 u 的相角 90°。将 $\Phi(t)$ 的曲线绘于图 10-17,然后从 $\Phi(t)$ 曲线逐点投影到 $\Phi(i)$ 回线上求出(同瞬间)相应的电流瞬时值,从而可绘出电流 $i(t)$ 的曲线来。

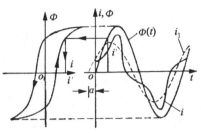

图 10-17 磁滞对电流波形的影响

从图 10-17 中所绘出的 $i(t)$ 曲线可以看出,它不对称于纵轴,也不对称于原点。电流与磁通的曲线虽同时到达最大值,但不同时过零,电流基波 i_1 的曲线(如图 10-17 中的虚线所示)比磁通的曲线要超前一个不大的角度 α,此角称为磁滞角。$i(t)$ 除了基波分量之外,还有很强的三次谐波和其他一些较弱的奇次谐波。

如果线圈电流 $i(t)$ 是时间的正弦波,用上述类似的方法绘制磁通和电压曲线,结果磁通的波形是圆钝的,根据 $u = N\dfrac{\mathrm{d}\Phi}{\mathrm{d}t}$,电压波便是尖削的形状,比不考虑磁滞特性时畸变更为显著。

由以上分析可知,当考虑磁滞影响时,励磁线圈的电压和电流相位差不再是 90°,而是 90°$-\alpha$,小于 90°,故带有铁心线圈时其电压和电流构成了有功功率,即所谓的铁耗。

10.5 铁心中的功率损耗

在恒定磁通磁路中铁心内没有功率损耗。但在交变磁路中,铁心内由于交变磁化将产生功率损耗,称为磁损耗,在工程上常简称**铁损**(**iron loss**)或铁耗。铁损是由于涡流和磁滞作用产生的,分别称涡流损耗和磁滞损耗,通常用 P_e 和 P_h 表示。

10.5.1 涡流和涡流损耗

根据电磁感应原理,交变磁通在导体中产生感应电流,这个电流在垂直于磁通方向的平面内围绕磁感应线 B 呈旋涡状流动(如图 10-18 中虚线所示),因此称为**涡流**(**eddy current**),用 i'_e 表示。涡流在导体中流动将产生两种效应,一是磁效应,因它将建立磁通势作用于磁路中,使原来的磁通分布变得不均匀;二是涡流在导体中产生焦耳热效应,形成功率损耗,即所谓**涡流损耗** P_e(**eddy current loss**)。

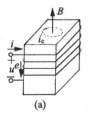
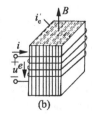

图 10-18 铁心中的涡流

在电机电器等电磁设备中,普遍不用像图 10-18(a)所示那样的整块铁心,因为整块铁心内上述两种效应都很强烈。而用图 10-18(b)所示含硅 1%～5% 的电工硅钢片叠装成的铁心,片间加绝缘涂料,以阻隔涡流,使涡流的作用大为削弱。因硅钢片很薄,可以近似认为每一薄片的截面内磁通均匀分布;钢片含硅后使电阻率增大几倍,涡流减小,且片间相互绝缘使在每片中起推动涡流作用的感生电动势降低,因而涡流损耗降低。

在现代工业中,许多场合利用涡流的两种效应制成有益的装置。因为若铁心上线圈两端外加电压量值及波形不变,则必须磁通不变,考虑涡流磁效应后,线圈电流 i 必须增加一个分量 i_e,以抵消涡流 i_e' 产生的附加磁通势的作用,维持磁通不变。这样,线圈中 i_e 的出现,或者说 i 的变化成了反映铁心(或其他金属体)中涡流存在的信号。根据此原理可制成一种实现无损检测工件内部的伤痕和断裂情况的传感器。利用涡流的热效应可制成感应式电炉和金属感应热处理装置,这时线圈电流中的附加分量 i_e 还起到引入电功率,经电磁耦合传输到铁心中转化为热能的作用。引入的电功率就是 P_e,在电机电器中就是涡流损耗。

经过详细的分析推导,若铁心是由平行于磁感应强度向量的钢片叠成,单位体积内涡流损耗的计算公式为

$$P_{e0} = \frac{1}{6}\sigma\pi^2 f^2 d^2 B_m^2 \tag{10-9}$$

可见涡流损耗与铁心材料的电导率 σ 成正比,与每一叠片厚度 d、电源频率 f 及磁通密度的幅值 B_m 三者平方成正比。故减小叠片厚度是降低涡流损耗十分有效的措施,在工频时采用 d 为 0.35mm 和 0.5 mm 的两种硅钢片,在音频范围厚度应减小到 0.02～0.05 mm。而在高频时则常改用粉末铁心或铁淦氧磁体,效果更好。

在工程上,常把式(10-9)的涡流计算公式简化为

$$P_{e0} = \sigma_e f^2 B_m^2$$

如果在一段体积为 V 的铁心内,磁通和涡流损耗都均匀分布,则体积 V 内的总涡流损耗为

$$P_e = \sigma_e f^2 B_m^2 V \tag{10-10}$$

式中,σ_e 是决定于铁心材料电导率与叠片厚度的系数。实际上,在电机变压器等设备的铁心中,磁通密度和涡流损耗很少是均匀分布的,所以严格地计算涡流损耗必须用场的数值分析法,这将在电磁场课程中有所介绍。

10.5.2 磁滞损耗

磁滞损耗(hysteresis loss)是铁心在交变磁化下,内部磁畴不断改变排列方向和发生畴壁位移而造成的能量损耗。磁滞损耗的能量也是由线圈中引入的电功率经电磁耦合传输到铁心中的,它转变为热能使铁心温度升高。不难证明,磁滞回线包围的面积乘以纵横坐标的比例尺就等于单位体积的铁磁物质反复磁化一周的磁滞损耗。

现以图 10-7 所示具有均匀截面的磁路为例来加以论证。若忽略漏磁通和线圈导线电阻的焦耳功率损耗 i^2R(常称铜损或铜耗),则由线圈电压电流所决定(由电源在交变磁

化过程中提供)的功率瞬时值为

$$p = ui = iN\frac{\mathrm{d}\Phi}{\mathrm{d}t} = Hl\frac{\mathrm{d}\Phi}{\mathrm{d}t}$$

当铁心截面上磁通 Φ 均匀分布时 $\Phi = BS$,得

$$p = Hl\frac{\mathrm{d}(SB)}{\mathrm{d}t} = lSH\frac{\mathrm{d}B}{\mathrm{d}t} = VH\frac{\mathrm{d}B}{\mathrm{d}t}$$

式中,$V = lS$ 为均匀截面铁心的体积。所以电源供给的平均功率(有功功率)为

$$P = \frac{1}{T}\int_0^T p\mathrm{d}t = \frac{1}{T}\int_0^T VH\frac{\mathrm{d}B}{\mathrm{d}t}\mathrm{d}t = \frac{V}{T}\oint H\mathrm{d}B = fV\oint H\mathrm{d}B$$

式中,$f = \frac{1}{T}$ 为线圈所接交流电源的频率,$\oint H\mathrm{d}B$ 即沿图 10-5 所示磁滞回线所取的闭合积分,可以证明它与磁滞回线的面积成正比例。

因为当磁场强度从 $-H_m$ 增加到 $+H_m$ 的过程中(见图 10-19(a)),能量由 edl 及 clg 两块面积之和来决定。但面积 edl 是正的,因为 $H>0$、$\mathrm{d}B>0$,而面积 clg 是负的,因为 $H<0$、$\mathrm{d}B>0$,所以实际上决定于两块面积的绝对值之差。

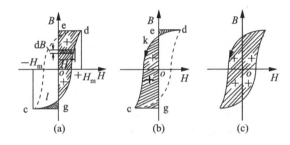

图 10-19　磁滞损耗与回线面积成正比例

同理,当磁场强度从 $+H_m$ 降低到 $-H_m$ 的过程中,能量由 kcg 及 ked 两块面积的绝对值之差来决定(见图 10-19(b),注意此时 $\mathrm{d}B<0$)。

将图 10-19(a)与 10-19(b)叠合起来得图 10-19(c),就证明了磁滞损耗与回线面积成正比例的论断。令 P_{h0} 代表铁心交变磁化一个循环,单位体积的磁滞损耗,则有

$$P_{h0} = \oint H\mathrm{d}B$$

斯坦麦兹提出了如下的一个经验公式

$$P_{h0} = \sigma_h B_m^n$$

计入电源频率 f 及铁心体积 V,则计算磁滞损耗的经验公式为

$$P_h = \sigma_h fVB_m^n \tag{10-11}$$

式中 σ_h 是与铁心材料性质和选用单位有关的系数,可由实验确定或从手册查到。n 值在 $B_m<1$ T 时可取 1.6,当在 $B_m>1$ T 时宜取 2。

实践表明,在正常运行的电机和变压器中,磁滞损耗常较涡流损耗大 2～3 倍,因此减小铁心的磁滞损耗特别值得重视。由上述可知,要磁滞损耗小,必须磁滞回线的面积小,软磁材料磁滞回线的面积远小于硬磁材料的回线面积,所以电磁设备的铁心普遍采

用软磁材料。20世纪70年代发展起来的非晶态合金,磁滞回线的面积极小,磁滞损耗也就特别小,并且非晶态合金的电导率极低,因此涡流损耗也极小。综合起来,这种材料的磁损耗(铁损)比普通电工硅钢片的磁损耗小得多,用来制造变压器时,其铁损只有同容量普通变压器的20%左右。

10.5.3 磁损耗(铁损)

将式(10-10)与式(10-11)相加,便得到一段均匀磁路磁损耗 P_{Fe} 的计算公式

$$P_{Fe} = P_h + P_e = (\sigma_h f B_m^n + \sigma_e f^2 B_m^2)V \quad (W) \tag{10-12}$$

利用磁滞损耗和涡流损耗对频率的不同依赖关系,在保持磁通密度幅值不变的条件下,用改变电源频率的方法,可以用图解法将两种损耗分解开来。保持 B_m 不变,式(10-12)可以改写成

$$P_{Fe} = Af + Bf^2 \tag{10-13}$$

式中 $A = \sigma_h B_m^n V$,$B = \sigma_e B_m^2 V$,均为与频率 f 无关的常数,于是有

$$\frac{P_{Fe}}{f} = A + Bf \tag{10-14}$$

在两种不同频率下(如 $f = f_1$ 及 $f = f_2$)测出 P_{Fe} 便可决定常数 A 和 B,从而将两种损耗分开。

为了更精确起见,可用功率表测出对应于几种频率的铁损,并在图上以 P_{Fe}/f 为纵坐标以 f 为横坐标,画出不同频率下的点,如图10-20所示,可作出一条直线。延长此直线与纵轴相交于 a 点,则 a 点纵坐标就是式(10-14)中的常数 A。将 A 乘以某一个频率,便得到该频率下的磁滞损耗,从同一频率下的铁损减去磁滞损耗,即可求得涡流损耗。

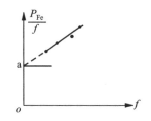

图 10-20　求涡流损耗的图解法

10.6　有铁心线圈的等效电路

本节研究有**铁心线圈(coil with iron core)**的电路在正弦电压作用下的物理过程。

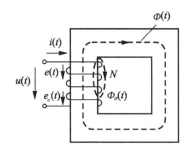

图 10-21　正弦磁通磁路

如图10-21所示,线圈两端加以交变电压 $u(t)$ 时,线圈中就产生交变电流 $i(t)$,此电流在线圈上产生电阻压降 iR,同时发生焦耳热损耗。这个电流还建立通过铁心闭合的主磁通 $\Phi(t)$ 和部分路径在铁心附近空气中闭合的漏磁通 $\Phi_\sigma(t)$,主磁通和漏磁通将在线圈中分别感应主电动势 $e(t)$ 和漏磁电动势 $e_\sigma(t)$,当电流 $i(t)$ 流过线圈时就有抵偿这两种电动势的电压 $u_0 = -e$ 和 $u_\sigma = -e_\sigma$。其中漏磁通与励磁电流呈线性关系,因此按图中规定的各

种物理量的参考方向,根据 KVL,可列出电路的(瞬时值)电压平衡方程式

$$u(t) = Ri(t) + u_\sigma(t) + u_0(t)$$

$$= Ri(t) + N \frac{\mathrm{d}\varPhi_\sigma}{\mathrm{d}t} + N \frac{\mathrm{d}\varPhi}{\mathrm{d}t}$$

$$= Ri(t) + L_\sigma \frac{\mathrm{d}i}{\mathrm{d}t} + N \frac{\mathrm{d}\varPhi}{\mathrm{d}t} \tag{10-15}$$

若用等效正弦波代替非正弦波作近似计算,则上式可以写成相量形式:

$$\dot{U} = R\dot{I} + \mathrm{j}\omega L_\sigma \dot{I} + \dot{U}_0 = \dot{I}(R + \mathrm{j}X_\sigma) + \dot{U}_0 \tag{10-16}$$

上式 $\dot{U}_0$ 就是不计线圈损耗、漏磁时的励磁电压,其超前主磁通 90°。因此有

$$\dot{U}_0 = \mathrm{j}4.44fN\dot{\varPhi}_\mathrm{m}, \quad \dot{E} = -\dot{U}_0 = -\mathrm{j}4.44fN\dot{\varPhi}_\mathrm{m} \tag{10-17}$$

式(10-16)便可改写成

$$\dot{U} = \dot{I}(R + \mathrm{j}X_\sigma) - \dot{E} \tag{10-18}$$

$\dot{E}$ 为主磁通感应的电动势,式(10-16)或式(10-18)是含铁心线圈正弦交流电路稳态情况下的基本方程式。依式(10-16)或式(10-18)可作出铁心线圈的电路模型如图 10-22 所示,其铁心本身是一典型的交变磁通的磁路。

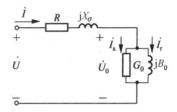

图 10-22　铁心线圈的电路模型

电路模型中各参数的意义如下:

R——线圈的交流电阻(有效电阻),其量值由铜损 $P_\mathrm{Cu} = RI^2$ 来确定,或者用线圈的直流电阻乘以反映集肤效应的系数。

X_σ——反映漏磁通作用的感抗,称为漏电抗。$X_\sigma = \omega L_\sigma$。漏磁通只与线圈的部分线匝相交链,现在等效为全部线圈 N 匝相交链,因此,$L_\sigma = \frac{\varPsi_\sigma}{i} = \frac{N\varPhi_\sigma}{i}$。因为漏磁通的路径在空气部分的磁阻比铁心内部的磁阻大得多,可以认为 L_σ 是线性电感,与铁心的饱和程度无关。

G_0——是反映磁损耗 P_Fe 的电导。因此应有 $G_0 U_0^2 = P_\mathrm{Fe}$,或 $G_0 = \frac{P_\mathrm{Fe}}{U_0^2} = \frac{I_\mathrm{a}}{U_0}$($I_\mathrm{a}$ 为补偿铁损的电流分量,即电流的有功分量与铁损相对应,简称铁损电流)。G_0 是变化的量值与铁心饱和程度有关,即与主磁通的量值有关,因而与它的感应电动势有效值 E 有关,随着 E 值的增大而略微增大,其变化趋势大致如图 10-23 所示,图中曲线可由试验测量获得或查阅有关手册。

B_0——反映激励起主磁通的电纳,其值也是变化的,与铁心的饱和程度有关,将随着 E 值的增大而增大,如图 10-23 所示。因 B_0 是反映励磁作用的电纳,属于感性电纳,故流过 B_0 支路的电流 $\dot{I}_\mathrm{r}$(见图 10-24)应滞后于电压 $\dot{U}_0$ 90°,而 $\dot{I}_\mathrm{a}$ 为有功分量,与 $\dot{U}_0$ 同相,用复数表示得

$$\dot{I} = \dot{I}_\mathrm{a} + \dot{I}_\mathrm{r} = \dot{U}_0(G_0 + \mathrm{j}B_0)$$

$$= (-\dot{E})(G_0 + \mathrm{j}B_0) = (-\dot{E})Y_0 \tag{10-19}$$

式中，$Y_0 = G_0 + jB_0$ 称为励磁导纳，G_0、B_0 则分别称为励磁电导和励磁电纳。$\dot{I}_r = jU_0B_0$ 为电流无功分量，常称**励磁电流**（exciting current）。

根据铁心线圈的电路模型或根据电压平衡方程式(10-18)及电流表达式(10-19)，可以绘出铁心线圈的相量图，如图 10-24 所示。图中首先在水平方向画出 $\dot{\Phi}_m$ 作参考正弦量，作出 $\dot{I}_r$ 与 $\dot{\Phi}_m$ 重合，$\dot{E}$ 滞后于 $\dot{\Phi}_m 90°$，在超前于 $\dot{\Phi}_m 90°$ 的方向作出 $\dot{U}_0 = -\dot{E}$ 及 $\dot{I}_a$，然后求 $\dot{I}_r$ 与 $\dot{I}_a$ 的相量和得 $\dot{I}$，再在 $\dot{U}_0$ 的末端作平行于电流 $\dot{I}$ 的电阻压降 $\dot{U}_R = R\dot{I}$，在 $\dot{U}_R$ 的末端作超前于 $\dot{U}_R 90°$ 的漏抗压降 $\dot{U}_\sigma = jX_\sigma \dot{I}$，最后从原点 o 作出电压 $\dot{U}$ 的相量，便得一个完整的相量图。图 10-24 中 φ 是对应于此种运行情况下的功率因数角，α 则是此时的铁损角，因 $I_a = P_{Fe}/U_0$ 决定于全部铁损，以致 α 比单考虑磁滞损耗的磁滞角略大。

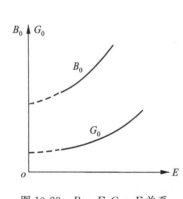

图 10-23　$B_0 \sim E$、$G_0 \sim E$ 关系

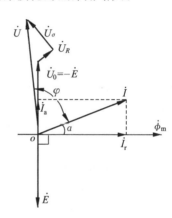

图 10-24　铁心线圈的相量图

如果引入励磁阻抗 Z_0 的概念，有

$$Z_0 = \frac{1}{Y_0} = \frac{\dot{U}_0}{\dot{I}} = R_0 + jX_0$$

即

$$\dot{U}_0 = \dot{I}(R_0 + jX_0), \quad Z_0 = \frac{1}{G_0 + jB_0}$$

式中，$R_0 = \dfrac{G_0}{G_0^2 + B_0^2}$，$X_0 = \dfrac{-B_0}{G_0^2 + B_0^2}$，再根据基本方程式(10-16)，则可作出如图 10-25 所示铁心线圈的串联电路模型。图中 R_0 是反映磁损耗的电阻，称为励磁电阻，R_0 的大小应由 $P_{Fe} = R_0 I^2$ 来确定；X_0 是反映主磁通感应电动势作用的电抗，称为激磁电抗，$X_0 = \sqrt{|Z_0|^2 - R_0^2}$。显然，$R_0$ 和 X_0 都与主磁通的大小有关，即在一定程度上，受铁心饱和的影响。

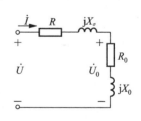

图 10-25　铁心线圈的串联电路模型

在大多数情况下，例如在通常的变压器中，由于线圈电阻较小，漏磁通相对主磁通也很小，因此，在忽略线圈电阻和漏磁通的情况下，线圈两端

电压可近似表示为

$$u(t) \approx N \frac{\mathrm{d}\Phi}{\mathrm{d}t}$$

由式(10-15)~式(10-18)分析得知

$$U = 4.44fN\Phi_{\mathrm{m}} = 4.44fNB_{\mathrm{m}}S \tag{10-20}$$

式中,B_{m} 单位为 T,S 单位为 m^2,U 单位为 V,f 单位为 Hz。

　　通常,在交流磁路中我们关心的是磁通或磁通密度的最大值 Φ_{m} 或 B_{m},因这涉及磁路是否饱和的问题。而外施电压则常以有效值表示,因此,变压器设计中常采用式(10-20),它是电磁器件理论中的一个极其重要的公式。

　　从以上分析看出,铁心线圈是电与磁相互作用的复杂问题,若只研究电压、电流、功率问题时,工程上可以依据电路模型进行近似计算,从而把铁心线圈复杂问题的研究转变为对它的电路模型的研究,使问题得以简化。

　　例 10-5　一铁心线圈已知线圈电阻 $R = 0.5\ \Omega$,漏电抗 $X_\sigma = 1\Omega$,在外加工频电压 $U = 100$ V 时,测得 $I = 10$ A,$P = 200$ W。试求铁损和主磁通的感应电动势 E 与磁化电流 I_r,并作出其相量图。

　　解　已知 $R = 0.5\ \Omega$,$I = 10$ A,则铜损为

$$P_{\mathrm{Cu}} = I^2 R = 50\ \mathrm{W}$$

铁损为

$$P_{\mathrm{Fe}} = P - P_{\mathrm{Cu}} = 200 - 50 = 150\ \mathrm{W}$$

而

$$\dot{U} = \dot{I}(R + \mathrm{j}X_\sigma) + \dot{U}_0$$

令

$$\dot{I} = I\underline{/0^\circ} = 10\underline{/0^\circ}\ \mathrm{A}$$

因

$$\cos\varphi = \frac{P}{UI} = \frac{200}{100 \times 10} = 0.2$$

得

$$\varphi = 78.5^\circ$$

则

$$\dot{U} = U\underline{/\varphi} = 100\underline{/78.5^\circ}\ \mathrm{V}$$

故

$$\dot{U}_0 = 100\underline{/78.5^\circ} - 10(0.5 + \mathrm{j}1) = 89.2\underline{/80.4^\circ}\ \mathrm{V}$$

即主磁通感应电动势为

$$E = U_0 = 89.2\ \mathrm{V}$$

磁化电流为

$$I_r = I\sin(\overset{\frown}{\dot{U}_0,\dot{I}}) = 10\sin80.4^\circ = 9.86\ \mathrm{A}$$

作出相量图如图 10-26 所示(此图仅表示各相量的相位关系,为清楚起见,将部分相量量值增大)。

　　在现代工程实际中,常常用到有直流偏磁的交流铁心线圈。其作用是改变直流的大小,以调整铁心的磁饱和程度,从而改变交流线圈的等效电感和相应的电抗。例如,在电力系统静态无功补偿和电力拖动控制系统中用的饱和电抗器,图 10-27 为其原理示意图。此外可采用两个有相同的交、直流同时供电的线圈组成的磁放大器,即用较小的直流功率作控制量控制大得多的交流功率,这在控制系统中有很大的作用。

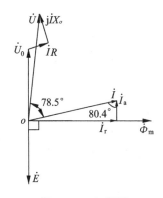

图 10-26　相量图

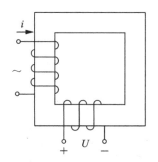

图 10-27　饱和电抗器原理示意图

10.7　铁心变压器

在第 5 章中曾分析了空心变压器的工作原理,它是由两个套绕在非铁磁材料上的线圈构成,线圈上的励磁电流与产生的磁通呈线性关系,变压器的两个绕组可以看成为两个线性耦合电感线圈,其常用于高频电子线路中。而用于电能传输的电力变压器,则是由套在一闭合铁心上的两个或多个线圈构成,即所谓的铁心变压器。本节从磁路的角度分析铁心变压器的工作原理及其电压、电流关系。

图 10-28 是一铁心变压器的工作原理示意图,与空心变压器类似,将与电源相联的线圈称为原边线圈(原绕组或初级绕组),与负载相联的线圈称为副边线圈(副绕组或次级绕组),有时也称变压器电源侧为一侧,负载侧为二次侧,为了减少磁通变化所引起的涡流损耗,变压器的铁心常用厚度为 0.35～0.5 mm 硅钢片叠成,片间用缘绝层隔开,此外绕组与绕组之间,绕组与铁心间也相互绝缘。为了分析方便,这里以正弦交流激励为例分析变压器的工作情况。

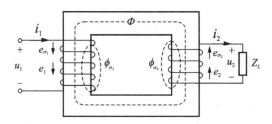

图 10-28　铁心变压器工作原理

1. 变压器空载运行

变压器原边绕组接上额定交变电压,副边开路,称为**空载(no-load)**运行,此时变压器为一带铁心线圈,如图 10-29(a)所示,由式(10-18)得原边绕组电压方程

$$\dot{U}_1 = (R_1 + jX_{\sigma 1})\dot{I}_0 - \dot{E}_1 \qquad\qquad (10\text{-}21)$$

忽略原边绕组铜损电阻 R_1 和漏感 $X_{\sigma 1}$,则由式(10-21)得

$$\dot{U}_1 = -\dot{E}_1 = \mathrm{j}4.44fN_1\dot{\Phi}_\mathrm{m} \tag{10-22}$$

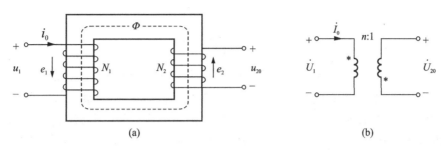

图 10-29　变压器空载运行

空载时,副边绕组开路,由图 10-29(a)中线圈的绕行可判断副边感应电动势方向,因此有

$$\dot{U}_{20} = \dot{E}_2 = -\mathrm{j}4.44fN_2\dot{\Phi}_\mathrm{m} \tag{10-23}$$

联立式(10-22)和式(10-23)有

$$\frac{\dot{U}_1}{\dot{U}_{20}} = -\frac{N_1}{N_2} = -n \tag{10-24}$$

式中 n 为相对匝比,据图 10-29(a)绕组在铁心上的绕向和式(10-24)得出空载时变压器电路模型如图 10-29(b)所示。式(10-24)表明变压器在全耦合、无损耗时,原副边电压之比为其匝数之比,极性相对于同名端一致,换句话说,在图 10-29 中,原副边电压极性在同名端处都同标为"+"或同标为"−",则式(10-24)中匝比 n 前为"+"。

空载时,u_1 作用下原边线圈有交变电流 i_0 产生,这个电流称为空载电流,又称为激励电流,它与原线圈匝数 N_1 的乘积 i_0N_1 称为激励磁动势,在铁心中建立主磁通 Φ_m,空载电流有效值 I_0 一般都很小,约为额定电流的 $3\%\sim8\%$。

2. 变压器负载运行

图 10-30(a)所示为变压器带负载状态下运行。

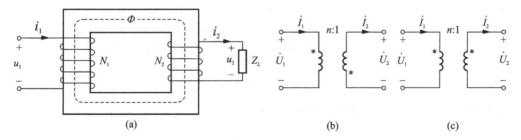

图 10-30　变压器负载运行

根据图 10-30(a)线圈绕行方向,副边绕组电压方程

$$\dot{U}_2 = \dot{E}_2 - R_2\dot{I}_2 - \mathrm{j}X_{\sigma_2}\dot{I}_2 \tag{10-25}$$

忽略副边绕组铜损电阻 R_2 及漏感 X_{σ_2}，则有

$$\dot{U}_2 = \dot{E}_2 = -\mathrm{j}4.44fN_2\dot{\Phi}_\mathrm{m}$$

仍有

$$\frac{\dot{U}_1}{\dot{U}_2} = -\frac{N_1}{N_2} = -n$$

所以,变压器原副边电压关系空载与带载时是一样的。其电路符号如图 10-30(b)所示。

当变压器副边绕组接上负载后,因为有感应电动势的存在,负载上必然有电流 i_2 流过。由于原边所加电压的幅值和频率不变,所以铁心中的主磁通不变;而整个磁路结构不变,那么铁心中的磁压降也不变,所以有负载时,原副边绕组产生的总磁动势也和空载时一样为 i_0N_1,由图 10-30(a)原、副绕组中电流方向知其磁动势是相互加强的,故有

$$i_1N_1 + i_2N_2 = i_0N_1 \tag{10-26a}$$

$$\dot{I}_1N_1 + \dot{I}_2N_2 = \dot{I}_0N_1 \tag{10-26b}$$

由于空载时电流很小,可忽略不计,则有

$$\dot{I}_1N_1 + \dot{I}_2N_2 = 0$$

即

$$\frac{\dot{I}_1}{\dot{I}_2} = -\frac{N_2}{N_1} = -\frac{1}{n} \tag{10-27}$$

式(10-27)表明变压器在全耦合、无损耗时,原、副边电流之比与其匝数成反比,方向相对于同名端一致。

若原、副绕组的同名端如图 10-30(c)所示,此时变压器的伏安关系则有

$$\left.\begin{aligned} \frac{\dot{U}_1}{\dot{U}_2} &= n \\[2mm] \frac{\dot{I}_1}{\dot{I}_2} &= \frac{1}{n} \end{aligned}\right\} \tag{10-28}$$

综上所述,变压器的伏安关系是在不计绕组损耗、漏感、铁心损耗下导出,实质上是认为变压器无损耗、全耦合、电感与互感量均无穷大的理想情况下得出的,这些关系近似成立。实际变压器与理想变压器的差别将在后续电机学课程中进一步讨论,在此不再详细阐述。

*10.8 小功率变压器的设计

变压器可能是最大、最重,也常常是最贵的电路元件。但是,它却是电路中不可缺少的无源设备,在众多高效装置中,变压器的效率一般都为 95%,而达到 99% 也是可能的。变压器有许许多多的应用。例如:

(1) 提升或降低电压和电流,使变压器在电力输送和配电方面显得很有用;

（2）将电路的一部分与另一部分隔离开来(在没有任何电连接的情况下传送功率)；

（3）变压器用作阻抗匹配装置,以实现最大功率输送；

（4）用于感应性响应的选频电路中。

由于变压器应用的多样性,所以有许多专用变压器,如电压变压器、电流变换器、功率转换器、配电变压器、阻抗匹配变压器、声频变压器、单相变压器、三相变压器、整流变压器、小功率电源变压器。

本节简要地介绍小功率电源变压器的设计计算。设计计算所需要的数据一般都需查手册,在学习时最主要的并不是这一计算过程本身,而是对这一过程在原理上的理解。

在无线电设备中常用的小功率电源变压器,其容量一般不超过几百伏安。设计任务通常是给定初级的输入电源电压和频率以及变压器次级各绕组输出的电压和电流,要求对以下各项进行设计计算:

（1）铁心尺寸的计算和铁心的选用；

（2）初、次级绕组匝数的计算；

（3）初、次级绕组线径的计算和选用；

（4）绕组层数和绝缘层厚度的计算；

（5）线包尺寸的计算,并校核是否与铁心窗口相适应。

常见的设计方法均大同小异,下面介绍较为简单的一种。

10.8.1 铁心尺寸的计算和铁心的选用

小功率变压器的铁心材料有热轧钢片冲制成的 EI 型冲片和冷轧 C 型硅钢带两种。现在介绍使用前一种铁心的设计方法。至于使用 C 型铁心,其计算方法大体相似,只是有关数据不尽相同。

EI 型冲片可以交叉堆叠成有分支的磁路如图 10-31 所示。它的主要几何参数有两个。一个是通过主磁通的磁路截面积。因为铁心采用叠片式,它的有效截面积小于根据变压器几何尺寸计算出来的面积,$S_c = k_c ab$,而填充系数 $k_c < 1$,一般取 $k_c = 0.9$。初次级绕组就套在中间的一条磁路上；另一个是为装配绕组所留的窗口,其面积 $S_0 = hc$。上述诸量中 a、b、c、h 等尺寸对各种不同型号的硅钢片有不同的规定值(见表 10-3),b 的尺寸因叠片多少有一定伸缩性,一般取 $b = (1 \sim 2)a$。

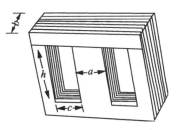

图 10-31　用 EI 型冲片堆叠的有分支铁心

铁心的尺寸要根据变压器容量来计算,为此先要计算出次级各绕组的总伏安数,然后根据效率求出初级输入的伏安数,变压器的效率根据不同容量可由表 10-2 查得。有了初级伏安数 $U_1 I_1$ 后,电源频率为 50 Hz 时,可由下列经验公式计算磁路截面积 S_c:

$$S_c = 1.25 \sqrt{U_1 I_1} \ \text{cm}^2$$

式中的系数 1.25 也可以稍有变动。

确定了 S_c，根据 $S_c=k_c ab$ 的关系，就可以选用适当型号的硅钢片。

表 10-2　有关变压器设计的一些经验数据

变压器容量 /V·A	磁通密度幅值① /T	效　率	导线电流密度 /(A/mm²)	漆包线线径 /mm
<10	0.5~0.6	0.6~0.7	2.5~3	
10~30	0.7	0.7~0.8	2.5	
30~50	0.8	0.8~0.85	2~2.5	$0.7\sqrt{I}$
50~100	1.0	0.85~0.9	2~2.5	
>100	1.1	0.9	2	$0.8\sqrt{I}$

① 本表所列磁通密度适用于热轧硅钢片，对于冷轧硅钢带约为(1.7~1.8)T。

表 10-3　EI 型硅钢片尺寸数据

型　　号	a/cm	b/cm①	c/cm	h/cm
EI-8	0.8	0.8~1.6	0.7	2.0
EI-9	0.9	0.9~1.8	1.1	3.0
EI-11	0.11	1.1~2.2	1.15	3.4
EI-12	1.2	1.2~2.4	1.4	4.0
EI-15	1.5	1.5~3.0	1.35	2.4
EI-16	1.6	1.6~3.2	1.8	5.0
EI-19	1.9	1.9~3.8	1.7	4.6
EI-20	2.0	2.0~4.0	1.0	3.0
EI-24	2.4	2.4~4.8	1.3	3.9
EI-25	2.5	2.5~5.0	2.5	6.0
EI-30	3.0	3.0~6.0	1.5	4.5
EI-40	4.0	4.0~8.0	3.0	7.0

注：①尺寸 b 栏两个数值是其上下限，可在此范围内选用。

10.8.2　初、次级各绕组匝数的计算

计算各绕组匝数时，常先将每伏匝数算出。由式(10-20)得

$$U = 4.44fN\Phi_m = 4.44fNB_m S_c \text{ V}$$

式中，f 为电源频率，N 为绕组匝数，B_m 为磁通密度的幅值（T）；S_c 为铁心主磁通磁路截面积（m²）。当 $f=50$ Hz 时，每伏匝数为

$$n_1 = \frac{N}{U} = \frac{4.5 \times 10^{-3}}{B_m S_c}$$

式中，B_m 的选择视变压器的容量大小而异，其值可由表 10-2 查得。由上式可见，当电压、磁通密度、频率等都确定时，绕组匝数和铁心截面积成反比关系，就是说在设计变压器时，减少硅钢片就要多用铜线。

有了每伏匝数，即可求得初级绕组的匝数 $N_1 = n_1 U_1$。但是考虑到初、次级绕组中均

有电位降,端电压与感应电压并不等同。因此,次级不能用同样的每伏匝数来进行计算,而须把次级绕组的每伏匝数较初级提高 $5\% \sim 10\%$,即

$$n_2 = (1.05 \sim 1.1)n_1$$

于是次级绕组的匝数为

$$N_2 = n_2 U_2$$

10.8.3 初、次级绕组线径的计算和选用

线径是由各绕组的电流大小和相应的电流密度确定的,变压器容量较小时,散热比较容易,可取较大的电流密度;反之容量较大时,要取较小的电流密度。不同容量变压器导线的电流密度也可由表 10-2 查得。作为近似计算,当电流密度为 $2.5 \ \text{A/mm}^2$ 时,线径 $d = 0.7\sqrt{I} \ \text{mm}$;当电流密度为 $2 \ \text{A/mm}^2$ 时,线径 $d = 0.8\sqrt{I} \ \text{mm}$。

根据计算所得的线径,再由表 10-4 选用适当的标准规格的漆包线。

10.8.4 绕组层数和绝缘层厚度的计算

用漆包线绕制成的线包如图 10-32 所示。线包是空心的,可容硅钢片从中间插入,所以中间空心部分的尺寸 a'、b' 应当和铁心截面尺寸 a、b 相等,而线包高度 h' 和线包厚度 c',则应分别比铁心窗口的尺寸 h 和 c 略小。

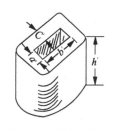

图 10-32 线包示意图

各绕组的线径一经决定,则每层能绕多少匝就可以由表 10-4 中各种漆包线每厘米可绕匝数乘以线包高度 h' 算得,而线包高度 h' 要比窗口高度 h 约小 $2 \sim 3 \ \text{mm}$,再以各绕组匝数分别除以其每层匝数,即得各绕组的层数。

变压器绕组的匝间、层间、各绕组之间以及内层绕组和铁心之间,都应敷设绝缘,以防短路和电击穿。绕组匝间电压一般都在 1V 以下,漆包线漆膜的绝缘强度已经足够;层间电压差就比较大,通常线径小于 0.5 mm 时,用厚度为 0.05 mm 绝缘纸一层;当电压不超过 500 V 时,绕组之间的绝缘可用 0.12 mm 的绝缘纸三层或厚度相当的多层薄绝缘纸;内层绕组与铁心间一般用硬绝缘纸做成框架来衬垫,其厚度为 $1 \sim 2 \ \text{mm}$。

10.8.5 漆包尺寸的计算和校核

由各绕组漆包线的线径和层数,就可计算出各绕组的导线厚度。再加上层间和绕组间等的绝缘厚度,可求得线包总厚度 c'。另外,还要考虑到线包受热体积增大的因素,线包实际厚度可按上面所得结果再加 10% 计算。核算结果;如果它略小于铁心窗口尺寸 c(一般可小 $0.3 \sim 0.5 \ \text{cm}$),则设计即可完成;如果线包厚度大于窗口尺寸,线包将无法装入,这时就要重选窗口尺寸较大型号的硅钢片,再重复上述各步的设计。

例 10-6 设计一个电源变压器,要求初级输入电压 $U_1 = 220$ V,次级有三组输出,分别为 $U_2 = 700$ V,$I_2 = 100$ mA;$U_3 = 6.3$ V,$I_3 = 1.6$ A;$U_4 = 5$ V,$I_4 = 2$ A。

解 (1)确定铁心尺寸和硅钢片型号

首先计算各次级绕组的总伏安数 S_2

$$S_2 = U_2 I_2 + U_3 I_3 + U_4 I_4 = 700 \times 0.1 + 6.3 \times 1.6 + 5 \times 2 = 90 \text{ V·A}$$

其次计算初级绕组伏安容量 S_1,由表 10-2 取效率 $\eta = 0.9$ 则

$$S_1 = U_1 I_1 = \frac{S_2}{\eta} = \frac{90}{0.9} = 100 \text{ V·A}$$

由此可得初级电流

$$I_1 = \frac{S_1}{U_1} = \frac{100}{220} = 0.455 \text{ A}$$

再次计算铁心截面积 S_c,选用 EI 型硅钢片,则

$$S_c = 1.25 \sqrt{U_1 I_1} = 1.25 \sqrt{100} = 12.5 \text{ cm}^2$$

由此值按表 10-3 可以选用 EI-25 型的硅钢片,它的尺寸 $a = 2.5$ cm,$c = 2.5$ cm,$h = 6$ cm,b 可取 5 cm,实际铁心有效截面积 $k_c ab = 0.9 \times 2.5 \times 5 = 11.25$ cm²,因为系数 1.25 可以略有伸缩,所以实际 S_c 值虽略小于 12.5 cm²,仍无妨。

(2)计算初、次级绕组的匝数

由表 10-2,选取 $B_m = 1$ T,初级绕组的每伏匝数为

$$n_1 = \frac{4.5 \times 10^{-3}}{B_m \times S_c} = \frac{4.5 \times 10^{-3}}{1 \times 10.3 \times 10^{-4}} = 3.98 \text{ 匝/V}$$

次级绕组的每伏匝数为

$$n_2 = 1.05 \times n_1 = 1.05 \times 3.98 = 4.18 \text{ 匝/V}$$

由此得初级绕组的匝数为

$$N_1 = n_1 U_1 = 3.98 \times 220 = 875 \text{ 匝}$$

次级绕组的匝数为

$$N_2 = n_2 U_2 = 4.18 \times 700 = 2930 \text{ 匝}$$

$$N_3 = n_2 U_3 = 4.18 \times 6.3 = 26.3 (即 27 \text{ 匝})$$

$$N_4 = n_2 U_4 = 4.18 \times 5 = 20.9 (即 21 \text{ 匝})$$

(3)确定初、次级绕组的线径

由表 10-2,选取电流密度为 2 A/cm²,则漆包线线径为 $d = 0.8\sqrt{I}$,由此得

表 10-4 我国标准线规 CWG

直径/mm	截面积/mm²	每厘米可绕匝数	载流量/A (载流密度为 2.5 A/mm²)
0.050	0.0020	151.51	0.005
0.065	0.0025	138.88	0.006
0.063	0.0032	125.00	0.008
0.071	0.0040	110.11	0.010
0.080	0.0050	104.77	0.013

直径/mm	截面积/mm²	每厘米可绕匝数	载流量/A （载流密度为 2.5 A/mm²）
0.090	0.0063	90.90	0.016
0.100	0.0080	83.33	0.020
0.112	0.010	76.52	0.025
0.125	0.012	66.66	0.031
0.140	0.016	62.50	0.039
0.160	0.020	55.55	0.050
0.180	0.025	47.62	0.064
0.200	0.032	43.47	0.079
0.210	0.035	42.60	0.087
0.224	0.040	38.46	0.099
0.250	0.050	35.71	0.124
0.280	0.063	32.25	0.154
0.290	0.066	30.30	0.165
0.315	0.080	28.57	0.195
0.355	0.100	25.00	0.248
0.380	0.113	23.80	0.284
0.400	0.125	22.72	0.315
0.450	0.160	20.00	0.398
0.500	0.200	18.18	0.491
0.560	0.250	16.40	0.616
0.630	0.315	14.70	0.779
0.710	0.400	12.98	0.989
0.800	0.500	10.67	1.26
0.900	0.630	10.30	1.59
1.000	0.800	9.90	1.96
1.12	1.00	8.33	2.46
1.25	1.25	7.96	3.06
1.40	1.60	6.66	3.85

初级绕组线径为 $d_1 = 0.8\sqrt{0.455} = 0.54$ mm

次级绕组线径为 $d_2 = 0.8\sqrt{0.1} = 0.253$ mm

$$d_3 = 0.8\sqrt{1.6} = 1.01 \text{ mm}$$

$$d_4 = 0.8\sqrt{2} = 1.13 \text{ mm}$$

按上述各值分别由表 10-4 选用标准线径得

初级绕组为 $d_1 = 0.560$ mm

次级绕组为 $d_2 = 0.250$ mm

$$d_3 = 1.00 \text{ mm}$$

$$d_4 = 1.12 \text{ mm}$$

（4）绕组层数、绝缘层厚度和线包尺寸的计算

由表 10-4 查得上述几种导线的排绕数据为

线径(mm)	0.56	0.25	1.0	1.12
每 cm 匝数	16.4	35.71	9.90	8.33

取线包高度 $h'=h-0.3=6-0.3=5.7$ cm，由此计算各绕组的层数 m 和厚度 C 得

初级绕组为　$m_1=\dfrac{875}{5.7\times16.4}=9.36$　（即 10 层）

$$C_1'=\frac{10}{16.4}=0.61 \text{ cm}$$

次级绕组为　$m_2=\dfrac{2930}{5.7\times35.71}=14.4$　（即 15 层）

$$C_2'=\frac{15}{35.71}=0.42 \text{ cm}$$

$$m_3=\frac{27}{5.7\times9.90}=0.478 \quad （即 1 层）$$

$$C_3'=\frac{1}{9.90}=0.10 \text{ cm}$$

$$m_4=\frac{21}{5.7\times8.33}=0.484 \quad （即 1 层）$$

$$C_4'=\frac{1}{8.33}=0.12 \text{ cm}$$

绝缘层厚度：初级绕组层间用 0.12 mm 绝缘纸，共厚 $0.012\times10=0.12$ cm；700 V 次级绕组层间用 0.05 mm 绝缘纸，共厚 $0.005\times15=0.075$ cm；各绕组间用 0.5 或 1 mm 绝缘纸；内层绕组与铁心间用 2 mm 硬绝缘纸，总共厚度约为 0.5 cm。以上绝缘层全部厚度总计为 0.70 cm。

线包总厚度 $C'=1.1\times(0.61+0.42+0.10+0.12+0.70)$

$$=2.15 \text{ cm}$$

EI-25 型硅钢片窗口尺寸 C 为 2.5 cm，还留有 0.35 cm 余量，所以设计是恰当的。

（5）总结以上设计结果如下：

铁心选用 EI-25 型硅钢片，叠片厚度 b 为 5 cm；

初级绕组线径为 0.56 mm，绕 875 匝，分 10 层；

700 V 绕组线径为 0.25 mm，绕 2930 匝，分 15 层；

6.3 V 绕组线径为 1.0 mm，绕 27 匝，1 层；

5 V 绕组线径为 1.12 mm，绕 21 匝，1 层。

习题

10-1　图题 10-1 所示磁路，已知 i_1、i_2、N_1、N_2。

(1) $\displaystyle\oint_l \boldsymbol{H}\cdot\mathrm{d}\boldsymbol{l}=?$

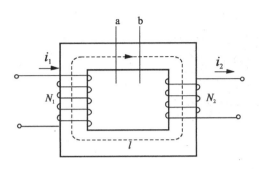

图题 10-1

(2) 如果 i_2 反向，$\oint_l \boldsymbol{H} \cdot \mathrm{d}\boldsymbol{l} = ?$

(3) 如果在 ab 处切开，形成一段空气，在左右线圈磁通势均不变情况下，$\oint_l \boldsymbol{H} \cdot \mathrm{d}\boldsymbol{l} = ?$

(4) 将(1)、(3)铁心中的 B、H 量值进行比较。

10-2　图题 10-2 所示两个大小完全相同的圆环形磁路，一个用铁磁材料，一个用木材(磁导率视为 μ_0)，两圆环的磁通势相等。

(1) 沿 l 积分，两个环的 $\oint_l \boldsymbol{H} \cdot \mathrm{d}\boldsymbol{l}$ 是否相等？

(2) 两环中的 B、H 是否相等？

(3) 分别在环上开一大小相同的缺口，两环中 $\oint_l \boldsymbol{H} \cdot \mathrm{d}\boldsymbol{l}$ 及 B、H 的量值如何变化？

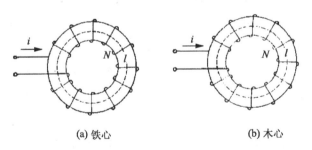

(a) 铁心　　　　　　　　　(b) 木心

图题 10-2

10-3　图题 10-3 所示一电机槽，内置两根直导线，i_1、i_2 参考方向规定如图所示。

(1) $\oint_l \boldsymbol{H} \cdot \mathrm{d}\boldsymbol{l} = ?$

(2) 对于此闭合路径来说，磁位差主要是在空气隙中还是在铁心中，为什么？

10-4　图题 10-4 所示用 D23 硅钢片做成的环形磁路，其平均长度为 70 cm，截面积为 6 cm²（必要数据查表题 10-4）。

(1) 设环中磁通为 5×10^{-4} Wb，当线圈匝数为 10 000 匝时，求所需通过的电流。

(2) 设环中磁通增加一倍，再求电流。

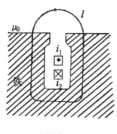

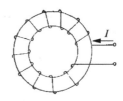

图题 10-3　　　　　　　　　　图题 10-4

(3) 求(1)、(2)情况下的 H 值。

(4) 若在圆环上开一缺口,长为 1 cm,不考虑气隙边缘效应。当磁通为 5×10^{-4} Wb 时,求所需电流。

(5) 计算(4)中铁心和空气隙里 H 的值。

表题 10-4　D23 硅钢片磁化数据表　　　　　　$H/(\text{A/cm})$

B/T	0	0.01	0.02	0.03	0.04	0.05	0.06	0.07	0.08	0.09
0.4	1.38	1.40	1.42	1.44	1.46	1.48	1.50	1.52	1.54	1.56
0.5	1.58	1.60	1.62	1.64	1.66	1.69	1.71	1.74	1.76	1.78
0.6	1.81	1.84	1.86	1.89	1.91	1.94	1.97	2.00	2.03	2.06
0.7	2.10	2.13	2.16	2.20	2.24	2.28	2.32	2.36	2.40	2.45
0.8	2.50	2.55	2.60	2.65	2.70	2.76	2.81	2.87	2.93	2.99
0.9	3.06	3.13	3.19	3.26	3.33	3.41	3.49	3.57	3.65	3.74
1.0	3.83	3.92	4.01	4.11	4.22	4.33	4.44	4.56	4.67	4.80
1.1	4.93	5.07	5.21	5.36	5.52	5.68	5.84	6.00	6.16	6.33
1.2	6.52	6.72	6.94	7.16	7.38	7.62	7.86	8.10	8.36	8.62
1.3	8.90	9.20	9.50	9.80	10.1	10.5	10.9	10.3	10.7	12.1
1.4	12.6	13.1	13.6	14.2	14.8	15.5	16.3	17.1	18.1	19.1
1.5	20.1	21.2	22.4	23.7	25.0	26.7	28.5	30.4	32.6	35.1
1.6	37.8	40.7	43.7	46.8	50.0	53.4	56.8	60.4	64.6	67.8
1.7	72.0	76.4	80.8	85.4	90.2	95.0	100	105	110	116
1.8	122	128	134	140	146	152	158	165	172	180

说明:第一列和第一行都为 B 值,其余格子中都为 H 值。例如 $B=0.41$ T 时,$H=1.40$ A/cm;$B=0.42$ T 时,$H=1.42$ A/cm;余类推。

10-5　图题 10-5 所示磁路由铸钢和电工钢片构成,其尺寸单位为 mm。若要使铸钢中的磁通为 3.2×10^{-4} Wb,求所需的磁通势。可不考虑填充系数。铸钢和电工钢片的磁化数据见表题 10-5。

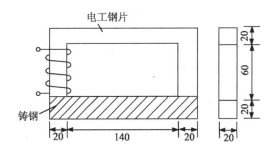

图题 10-5

表题 10-5　铸钢和电工钢片磁化数据表

铸钢	$H(A/m)$	200	300	400	500	600	700	800	900	1000	1100
	$B(T)$	0.27	0.39	0.50	0.61	0.72	0.82	0.90	0.98	1.05	1.11
电工钢片	$H(A/m)$	40	60	80	100	120	140	160	180	200	
	$B(T)$	0.12	0.30	0.45	0.57	0.65	0.70	0.76	0.80	0.85	

10-6　图题 10-6 所示恒定磁通磁路,已知 $l=40\text{cm}$,$S=20\text{cm}^2$,$\mu=0.01\text{H/m}$,$N_1=800$ 匝,$N_2=600$ 匝,欲使铁心中磁通 $\Phi=0.002\text{Wb}$,不计漏磁,求线圈中的电流 I。

10-7　有一匝数为 1000 匝的线圈,绕在由铸铁制成的均匀闭合铁心上。铁心的有效截面积 $S=20\text{ cm}^2$,平均长度 $l=50\text{ cm}$,要在铁心中产生 $\Phi=0.002\text{ Wb}$ 磁通,试问线圈中应通入多大的直流电流?若在铁心中开一气隙,其他条件不变,则铁心中的磁感应强度 B 将如何变化?(附铸铁的 $B\sim H$ 数据如右简表)

B/T	$H/(\text{A/m})$
0.6	488
0.8	682
1.0	924
1.2	1290

10-8　对称分支磁路如图题 10-8 所示。铁心①为铸铁,②为 D_{21} 电工钢片。已知侧柱中的 $\Phi=4.8\times10^{-4}\text{ Wb}$。(1)求所需磁动势;(2)若线圈匝数为 4000 匝,求电流。(图中尺寸单位为 cm,必要数据查表题 10-8)。

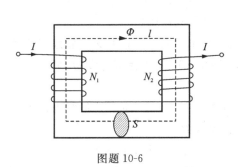

图题 10-6

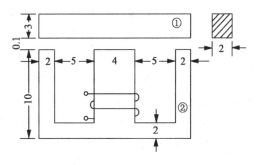

图题 10-8

表题 10-8 　　　　　　　　　　　　　　　　　　　　　　　　　　　　$H/(A/m)$

	B/T	0	0.01	0.02	0.03	0.04	0.05	0.06	0.07	0.08	0.09
铸铁基本磁化曲线数据表	0.5	2200	2260	2350	2400	2470	2550	2620	2700	2780	2860
	0.6	2940	3030	3130	3220	3320	3420	3520	3620	3720	3820
	0.7	3920	4050	4180	4320	4460	4600	4750	4910	5070	5230
	0.8	5400	5570	5750	5930	6160	6300	6500	6710	6930	7140
	0.9	7360	7500	7780	8000	8300	8600	8900	9200	9500	9800
	1.0	10100	10500	10800	11200	11600	12000	12400	12800	13200	13600
	1.1	14000	14400	14900	15400	15900	16500	17000	17500	18100	18600
	B/T	0	0.01	0.02	0.03	0.04	0.05	0.06	0.07	0.08	0.09
D_{21}电工钢片磁化曲线数据表	0.7	272	278	281	289	295	300	305	315	321	329
	0.8	340	348	356	364	372	380	389	398	407	416
	0.9	425	435	445	455	465	475	488	500	512	524
	1.0	536	549	562	575	588	602	616	630	645	660
	1.1	675	691	708	726	745	765	786	808	831	855
	1.2	880	906	933	961	990	1020	1050	1090	1120	1160
	1.3	1200	1250	1300	1350	1400	1450	1500	1560	1620	1680
	1.4	1740	1820	1890	1980	2060	2160	2260	2380	2500	2640

[注] D表示电工钢片;其下标第一位数字表示含硅量等级,例如 D_2 为中硅,含硅量为 1.81%～2.80%;第二位数字表示电磁性能等级。

10-9 图题 10-9(a)表示一个拍合式的直流接触器的磁路图,其磁路尺寸如下:气隙的平均长度 $\delta=1$ cm;铁心、衔铁、支架的总和的平均长度为 40 cm;铁心、衔铁、支架都是用工程纯铁做成的,它们的截面积都是 2 cm²。衔铁被吸引的磁力可按 $F=\dfrac{B^2}{2\mu_0}S$ 计算,式中 B 为气隙中的均匀磁通密度,S 为气隙磁通分布的截面积,F、B 和 S 的单位分别为 N、T 和 m²。计算时必要数据可查图(b)。

(1) 衔铁在最大气隙 $\delta=1$ cm 时,要产生 20 N 的吸力,需要多大的磁通势?

(2) 衔铁吸合后,若线圈电压不变,吸力有多大?

(3) 吸合后,串入电阻使电流减少一半,吸力又有多大?

10-10 一铁心线圈在电压 $U=220$ V 和频率 $f=50$ Hz 下运行时,$P_h:P_e=3$。若电压不变,而频率为 55 Hz,问 $P_h:P_e=?$(设 P_h 与 $B_m^{1.6}$ 成正比)。

10-11 某铁心在 $f=50$ Hz 的正弦交变磁通势的作用下,铁心中交变磁通最大值 $\Phi_m=2.25\times10^{-3}$ Wb,现在此铁心上绕一线圈,若欲得到 100 V 的感应电动势,问线圈的匝数应为若干?

10-12 磁路横截面积 $S=33$ cm²,励磁线圈匝数 $N=300$,所加工频正弦电压 $U=220$ V,不计线圈电阻和漏磁。试求磁感应强度的最大值 B_m。

10-13 图题 10-13(a)所示磁路厚度 40 mm,其他尺寸如图,单位为 mm。材料的 B-H 关系见图题 10-13(b)中的表,线圈所加电压为 111 V,50 Hz,匝数 $N=200$。求线圈中电流的极大值。

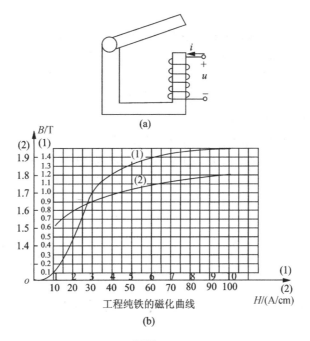

(a)

(b)

工程纯铁的磁化曲线

图题 10-9

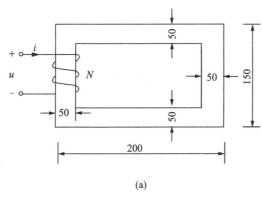

(a)

B/T	H/(A/cm)
0.95	2.4
1.15	4
1.25	6
1.35	10

(b)

图题 10-13

10-14 某铁心线圈的交流电路串联模型如图题 10-14 所示（忽略铁心漏磁通），将该铁心接在 3 V 直流电源上时，测得电流 1.5 A；接在 160 V、工频交流电源上时，测得电流为 2 A，功率 24 W。试求电路模型 R、R_0 与 X_0 的值。

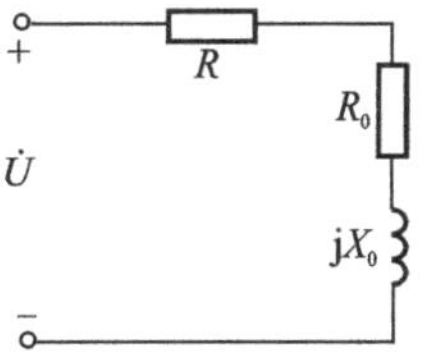

10-15 一线圈电阻为 1.75 Ω 的铁心线圈加上正弦电压，测得电压 $U = 120$ V，$P = 70$ W，$I = 2$ A，若略去漏磁通，试求铁心损耗，并计算 R_0、X_0、G_0 和 B_0 四个参数的值，绘出并联、串联电路模型和相量图。

图题 10-14

10-16 将一铁心线圈接于电压 $U = 100$ V，频率 $f = 50$ Hz 的正弦电源上，其电流 $I_1 = 5$ A，$\cos\varphi_1 = 0.7$。若将此线圈中的铁心抽出，再接于上述电源上，则线圈中电流 $I_2 =$

10 A,功率因数 $\cos\varphi_2 = 0.05$。

  (1) 试求此线圈在具有铁心时的铜损和铁损;

  (2) 试求铁心线圈等效电路的参数(R、$X_\sigma = 0$、R_0 及 X_0)。

  10-17 一个铁心线圈接于 $U = 50$ V、$f = 50$ Hz 的正弦电源上,其电流为 10 A,吸取的功率为 100 W。线圈的电阻为 0.5 Ω,漏抗为 1 Ω。

  (1) 求磁化电流 I_r 和铁损电流 I_a;

  (2) 求并联等效电路参数 G_0、B_0,并作出其相量图。

  *10-18 设计一个电源电压为 220 V,输出电压为 12 V,最大输出电流为 4 A 的电源变压器,选用 EI 型钢片。

附录 电路的计算机辅助分析与仿真

随着计算机技术的飞速发展,电路设计可以通过计算机辅助分析和仿真技术来完成,电路仿真(simulation),就是将设计好的电路通过仿真软件进行实时模拟、分析改进,最后实现电路的优化设计。通过仿真可以直观、高效地理解电路,形象地展示电路性能,验证电路设计的正确性,仿真代替了大量的实验,减少了复杂电路的计算量,减轻了验证阶段的工作量,满足了电子设计自动化(Electronic Design Automation,EDA)的需求。一般说到 EDA 软件就是指电路仿真软件。目前进入我国并具有广泛影响的 EDA 软件有很多,为了使读者及早接触电路仿真软件并很快地入门,循序渐进地学习,我们以电路基本原理和基本分析方法的学习为契入点,介绍电路设计与仿真中最常用的 PSpice、MATLAB 和 Saber 三款软件。

附录 A PSpice 软件

A.1 OrCAD/PSpice 软件简介

OrCAD/PSpice 是众多 EDA 工具中使用最广泛的高功能电路仿真软件。其不仅功能强大,实用性强,仿真效果好,且图形界面友好,易学易用。PSpice 软件内集成了许多仿真功能,如计算直流工作点(Bias Point),进行直流扫描(DC Sweep)、交流扫描(AC Sweep)、瞬态分析(Time Domain (Transient))和参数扫描(Parametric Sweep)等,可以显示计算值(如电压、电流、功率等)随时间变化的波形,也可以显示各值之间的关系曲线,该软件还集成了诸多数学运算,便于用户提取仿真结果的特征值。

A.2 OrCAD/PSpice 的运用

本节通过具体例题来介绍运用 OrCAD/PSpice 的 Capture CIS 程序完成电路原理图的绘制并进行仿真的过程。作为入门介绍,本节只涉及 OrCAD/PSpice 软件的最基本应用。以 OrCAD/PSpice 9.2 版本为例。

例 A-1 求图 A-1 电路中的电压 U_o。

(1) 启动 Capture CIS 编辑器

安装 OrCAD/PSpice 后,在计算机左下方单击"开始→所有程序"后就会出现 Orcad Family Release 菜单项,在其下一级菜单中

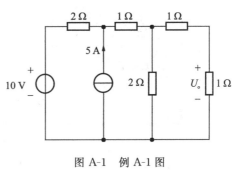

图 A-1 例 A-1 图

选择 Capture CIS,单击进入图 A-2 所示的 OrCAD Capture 仿真界面。图中的工作区窗口相当于一张办公桌面,在启动之初,这桌面上仅有一个称为 Session Log 的阶段记录窗口,用于显示相关操作提示或出错信息。

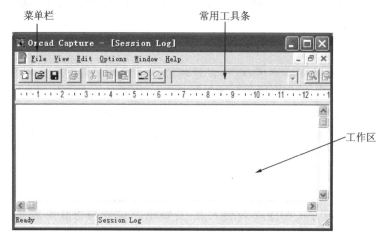

图 A-2 Capture 启动后的界面

(2) 创建工程项目

单击命令 File→New→Project,打开图 A-3 所示的 New Project 对话框,选中 Analog or Mixed A/D Project,在 Name 下方的空白栏中输入项目名称,比如 ex1,在 Location 下

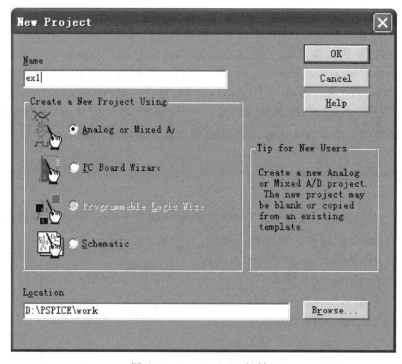

图 A-3 New Project 对话框

方的空白栏里输入项目存放的位置，比如 D:\PSPICE\work，单击 OK 按钮，出现图 A-4 所示的对话框，其中 Create based upon an existing project 选项指在已经存在的电路图基础上创建电路图，可在下方空白栏中选择需要编辑的电路图，Create a blank project 选项是指创建一个新工程，选中 Create a blank project 选项后，单击 OK 按钮回到图 A-5 所示的 OrCAD Capture 界面。

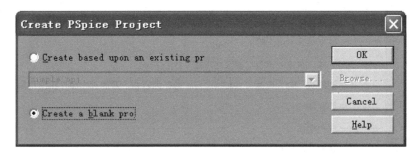

图 A-4　Create PSpice Project 对话框

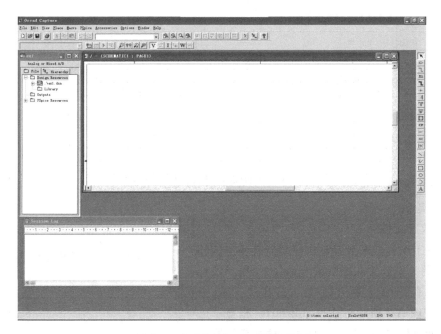

图 A-5　OrCAD Capture 用户界面

　　图 A-5 中打开了 3 个窗口，其中 SCHEMATIC1:PAGE1 窗口相当于一张空白图纸，用来绘制电路图。右侧的工具栏若没打开，可单击 SCHEMATIC1:PAGE1 窗口，使其成为活动窗口，工具栏就会出现。下方的 Session Log 窗口显示执行任务中的有关信息及仿真中出现的错误。左侧窗口是以工程文件名命名的分层结构图，在这个窗口中还可以看到工程文件所关联的库。SCHEMATIC1 工具栏中各个图标按钮的作用如图 A-6 所示。

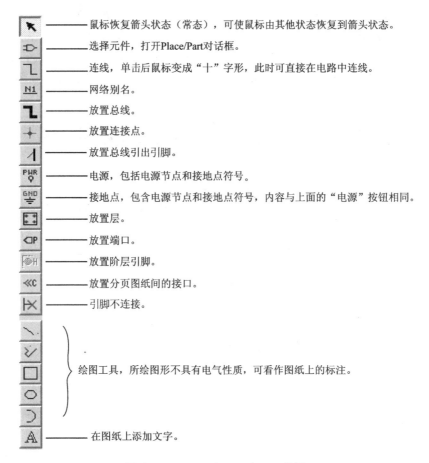

鼠标恢复箭头状态（常态），可使鼠标由其他状态恢复到箭头状态。

选择元件，打开Place/Part对话框。

连线，单击后鼠标变成"十"字形，此时可直接在电路中连线。

网络别名。

放置总线。

放置连接点。

放置总线引出引脚。

电源，包括电源节点和接地点符号。

接地点，包含电源节点和接地点符号，内容与上面的"电源"按钮相同。

放置层。

放置端口。

放置阶层引脚。

放置分页图纸间的接口。

引脚不连接。

绘图工具，所绘图形不具有电气性质，可看作图纸上的标注。

在图纸上添加文字。

图 A-6　SCHEMATICI 窗口工具栏

（3）绘制电路图

① 放置元件。

绘图工作就是根据需要选择元器件库中的相应元件，将它们放置在图纸的合适位置，用导线连接起来。在图 A-5 菜单栏中单击命令 Place→Part，出现图 A-7 所示对话框，Libraries 栏显示已载入的元件库名称，若元件列表中没有找到所需元件，可单击 Add Library 按钮，打开库文件选择框，点开 PSpice 文件夹，选择所需要的元件库如 ANALOG 库和 SOURCE 库进行加载。查找元件可以在 Part 下方的空白栏中输入元件名，配合"＊"、"？"两个通配符查找；也可以在元件列表中选择所需元件，元件名会显示在 Part 栏中，在界

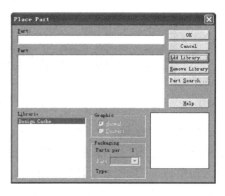

图 A-7　添加元件库

面右下方的窗口中会显示元件的图标；也可以单击 Part Search 按钮，在弹出的对话框中

查找所需元件。通常情况下,选取元件需要的库文件主要有:

ANALOG.olb:包含模拟电路中的各种无源器件(如电阻、电感、电容等);

SOURCE.olb:包含模拟电路分析用到的各种电压源和电流源;

SOURCSTM.olb:包含编辑激励信号源用到的符号;

SPECIAL.olb:包含模拟电路分析时特殊处理用到的符号。

在 ANALOG 库中选择电阻 R,单击 OK 按钮,关闭对话框,出现一个随光标移动的电阻元件。在图 A-5 的图纸上选定位置单击左键,电阻元件便被置于选定位置。移动光标,依次单击左键,可以重复放置该电阻元件,系统依次将所置元件排序。如若对放置好的元件进行编辑则单击右键,出现图 A-8 所示的菜单栏,用其中的选项完成,其含义:

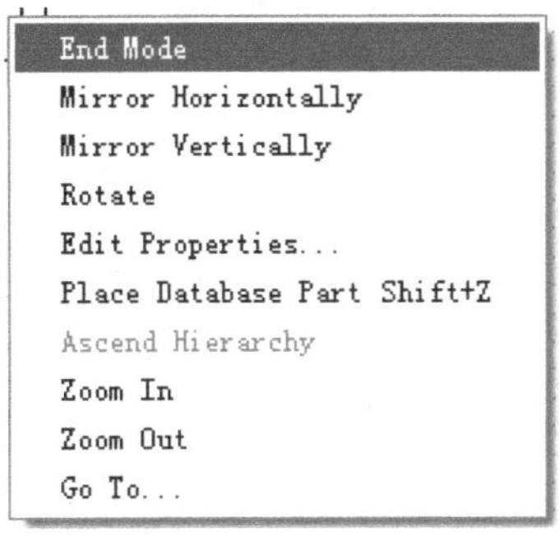

| End Mode |
| Mirror Horizontally |
| Mirror Vertically |
| Rotate |
| Edit Properties... |
| Place Database Part Shift+Z |
| Ascend Hierarchy |
| Zoom In |
| Zoom Out |
| Go To... |

图 A-8 元件放置功能菜单

End Mode:结束放置;

Mirror Horizontally 和 Mirror Vertically:分别可以使元件左右翻转和上下翻转;

Rotate:可以使元件逆时针旋转 90°;

Edit Properties...:编辑元件属性;

Zoom in 和 Zoom out:分别为放大和缩小绘图区;

Go To:跳转至指定位置。

用同样的方法,在 Source 库中选择直流电压源 VDC 和直流电流源 IDC 放置在选定的位置上。如元件放置的位置不合适需要移动时,可用鼠标左键单击选中该元件,拖动鼠标到合适的位置放置。如需删除某个元件,可用鼠标左键单击选中该元件,然后按 Delete 键。

② 放置电路“地”。

PSpice 程序分析电路时,所绘制的电路必须有“地”,它的节点编号为 0。仍在图 A-5 菜单栏中单击命令 Place→Ground,或单击 SCHEMATIC1 窗口工具栏中的图标 和 ,出现 Place Ground 对话框,在其中单击 Add Library 按钮,打开库文件选择界面,选择 PSpice 文件夹,加载 Source 库,选择 0 放置在合适的位置上。

在 SCHEMATIC1 窗口中放置好的元件及接地如图 A-9 所示。

③ 编辑元件属性。

元件放置好,通常需对元件的名称、序号、参数值等属性进行编辑,在图 A-8 中选择 Edit Properties 项,在弹出的对话框中,输入元件的参数值如“1k”、元件名称如“R1”。编辑元件属性的另一个方法是使用 Properties Editor,单击需修改属性的元件,在元件上单击右键,在弹出的菜单中选择 Edit Properties 项,打开 Properties Editor 窗口,该窗口中显示了元件的所有参数和性质,滚动窗口,找到要修改的参数,直接键入数值如将 R2 的阻值修改成“1”。也可直接双击待修改的元件参数值,在弹出的对话框中将 Value 栏中的数值修改成所需的数值。

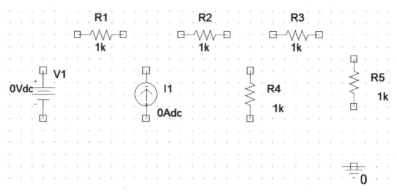

图 A-9　例 A-1 放置好的电源、电阻和接地点

元件参数不需要带单位,PSpice 会根据元件类型自动选择国际单位。对于输入参数,PSpice 允许在数值后面加上比例因子。如：T/t（10^{12}）、G/g（10^9）、MEG/meg（10^6）、K/k（10^3）、M/m（10^{-3}）、MIL/mil（25.4×10^{-6}）、U/u（10^{-6}）、N/n（10^{-9}）、P/p（10^{-12}）、F/f（10^{-15}）等。

④ 连线与节点的编辑。

在图 A-5 界面中单击 SCHEMATIC1 窗口工具栏中图标 ⌐ 或单击菜单命令 Place→Wire,光标形状变为虚十字形,单击需要连接的两个元件的引脚,便完成了一次连接。依次单击各个需要连接元件的引脚,完成所有连接。若要结束连接,单击鼠标右键,选择 End Wire 项即可。在某些场合下,Capture CIS 会自动在连线上加上节点,也可以自己编辑节点。单击图标 ✛ 或单击菜单命令 Place→Junction,便可进入放置节点的模式。将光标移动到需要放置节点的地方,单击即可。若要退出编辑状态,单击鼠标右键,选择 End Mode 项。

最后绘制完成后的电路图如图 A-10 所示。单击菜单命令 File→Save 保存。

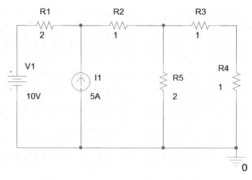

图 A-10　例 A-1 仿真电路原理图

（4）设置仿真参数

电路图绘制好后可对电路进行模拟仿真。电路仿真需要启动 PSpice 模块。如果在创建 Capture 工程时,选择了 Analog or Mixed signal circuit 项,则图 A-5 界面菜单栏中就有 PSpice 项,这说明 PSpice 模块已启动,可进入电路的仿真环节。

在对电路进行仿真分析之前,需要设置分析的参数和类型,菜单中单击命令 PSpice→New Simulation Profile,或单击上方常用工具栏的图标 ,打开 New Simulation 对话框,在 Name 栏中输入仿真文件名如"ex1",需注意文件名和路径均不能含有汉字。单击 Create 按钮,打开仿真参数设置页面,这是个多页面结构,一般只需要设置 Analysis 页面,其他页面均采用系统的默认设置。Analysis Type 项是指仿真分析类型,可选项有:Time Domain (Transient):时域(或瞬态)仿真;DC Sweep:直流扫描;AC Sweep:交流扫描;Bias Point:直流工作点。

本例将 Analysis Type 设置成 Bias Point。也可以单击菜单命令 PSpice→Edit Simulation Profile,或单击上方常用工具栏中图标 打开已有的仿真文件。

(5)进行仿真

单击命令 PSpice→Run,或单击常用工具栏中图标 ▶,PSpice 仿真程序开始运行,同时打开 PSpice A/D 窗口。由于本例是直流工作点分析,故运行后不会出现波形,此窗口是灰色的,关闭该窗口,返回界面,单击上方常用工具栏中的 V、I 和 W 图标,电路图上即会显示出各节点电压、支路电流和元件的功率,如图 A-11 所示,从图中可知所求电压 U_o 为 2.5 V。

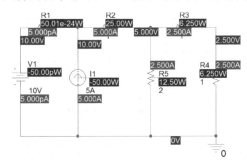

图 A-11 例 A-1 仿真计算结果

PSpice 软件可以输出观测结果的文本文件,在 PSpice A/D 窗口单击菜单命令 View→Output File,在打开的文本文件中即可查到各元件属性的具体值、仿真结果等。如果绘制的电路图不正确,运行仿真程序时便无法执行,PSpice 程序会显示警告信息,用户可以根据提示信息修改电路图,然后再进行仿真。

例 A-2 求图 A-12 所示电路 a,b 端的戴维南等效电路。

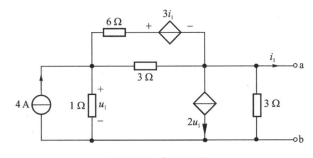

图 A-12 例 A-2 图

（1）绘制电路原理图

新建工程文件，在 SCHEMATIC1 窗口的图纸中按照例 A-1 的方法放置电阻和独立源，并设置其属性。注意受控源是双端口元件，在 ANALOG 库中找到电流控制电压源 H 和电压控制电流源 G 拖至图纸合适的位置放置，将其控制端接到控制量所在的位置，H 的控制量是输出端的电流，因此串接进去，G 的控制量是 R3 上电压，因此与 R3 并联。绘制好的仿真电路图如图 A-13 所示。双击受控源 H 打开 property editor 对话框，将受控源 H1 的 GAIN 参数设置为 3，将受控源 G1 的 GAIN 参数设置为 2。

原理图绘制完成后成单击命令 PSpice→Markers→Voltage Level，或单击工具栏上的图标 ![magnifier icon]，调出电压探测笔放至电路输出端，如图 A-13 所示，观察电路输出端的电压。

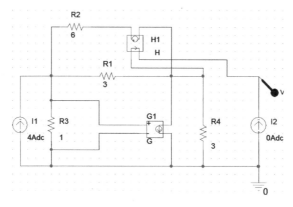

图 A-13　例 A-2 仿真电路图

（2）创建仿真文件

单击命令 PSpice→New Simulation Profile，创建仿真文件。以端口的直流电流源 I2 为自变量，端口电压 Uab 为因变量扫描。打开仿真参数设置对话框，选择分析标签 Analysis，在 Analysis Type 中下拉列表中选择 DC Sweep 进行直流扫描分析，电流源 I2 的起始值设为 0A，终止值设为 1A，步长为 0.1A 均匀变化。

单击命令 PSpice→Run 进行仿真运算，仿真窗口即可看到图 A-14 所示仿真波形图。

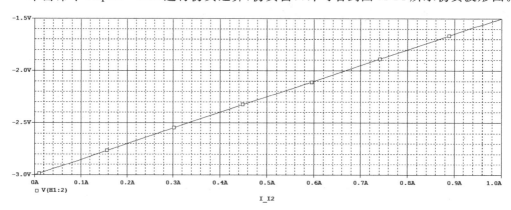

图 A-14　仿真波形图

由图 A-14 可知,I2＝0 所对应的 V(H1:2)即为端口 ab 的开路电压,直线的斜率即为除源电阻。可得本例的戴维南等效电路为

$$U_{oc} = -3\ \text{V}, \quad R_i = 1.5\ \Omega$$

例 A-3 在图 A-15 所示的正弦电路中,已知 $U_m = 166.2$ V,$f = 159.2$ Hz,$R_1 = 50\ \Omega$,$R_2 = 30\ \Omega$,$L = 0.04$ H,$C = 25\ \mu$F。试求各支路电流。

(1)绘制电路原理图

新建工程文件,绘制好的仿真电路图如图 A-16 所示。本例中的电压源为交流电压源 VAC,双击其图符,打开属性设置窗口,设置其振幅值为:ACMAG＝166.2,初相位:ACPHASE＝0。

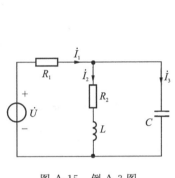

图 A-15　例 A-3 图

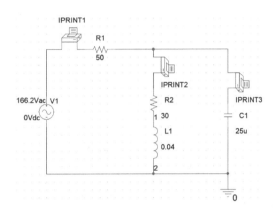

图 A-16　例 A-3 仿真电路图

为了得到数值形式的输出结果,可用 PSpice 提供的 IPRINT 标示符完成,在 SPECIAL 库中,该标示符表示一台虚拟打印机,在仿真运算结束时,它会把运算的结果打印到输出文件(Output File)中。除了 IPRINT 之外,PSpice 还有 VPRINT 标示符,它输出电压值。电路图中放置虚拟打印机的方法与放置普通元器件相同,如本例中需放置 3 个 IPRINT,放置后双击标示符"IPRINT",打开属性设置窗口,将其序号分别设置为 1、2、3,设置其属性为:AC＝yes(交流仿真),MAG＝yes(输出电流振幅),PHASE＝yes(输出电流相位)。

(2)创建仿真文件

打开仿真参数设置对话框选择交流扫描,频率的起点和终点均设为 159.2 Hz。

运行仿真程序,结束后在 PSpice A/D 页面单击命令 View→Output File,即可在输出文件中看到计算结果:支路 1 的电流频率为 159.2 Hz、幅值为 1.500 A、初相位为 21.18°;支路 2 的电流频率为 159.2Hz、幅值为 2.000A、初相位为 -68.86°;支路 3 的电流频率为 159.2Hz、幅值为 2.500A、初相位为 74.28°。

本题还可用另一种方法观察仿真结果,运行结束后,在 PSpice A/D 页面单击命令 Trace/Add Trace,在打开的 Full List 栏中选择 I(R1),I(R2),I(C1)输出变量,显示结

果为三个支路电流 I1、I2、I3 的幅值。初相角的计算可使用 PSpice 提供的函数 P( )完成。单击命令 Plot→Add Plot to Window,在新增的图形显示区域,单击命令 Trace→Add Trace,在打开的 Trace Expression 对话框中输入 P(I(R1)),P(I(R2)),P(I(C1)),单击 OK 按钮,则在图形显示区域显示 I1、I2、I3 的初相角值,此时光标定位功能无效,读数时只能根据图纸的坐标目测读数。

例 A-4 图 A-17 所示电路中,$t = 0$ 时先断开开关 S_1 使电容充电,到 $t = 0.1$ s 时再闭合开关 S_2。试求响应 $u_C(t)$ 和 $i_C(t)$ 的波形。

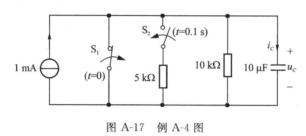

图 A-17 例 A-4 图

(1)绘制电路原理图

新建工程文件,绘制完成的电路原理图如图 A-18 所示。图中开关 U1、U2 在 ANL_MISC 库中,其中 U1 为 Sw_tOpen,处于闭合状态,双击其图符,在打开的编辑参数窗口中将 TOPEN 设置成 0s。开关 U2 为 Sw_tClose,处于打开状态,双击其图符,在打开的编辑参数窗口中将 TCLOSE 设置成 0.1 s。从工具栏中调出电压探测笔放至图中 C1 所在位置。

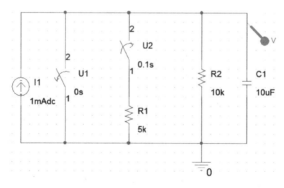

图 A-18 例 A-4 仿真电路图

(2)创建仿真文件

本例采用时域仿真,参数设置:仿真时间为 0～0.3 s,步长为 0.01 s。

运行仿真程序,将观察到本例所求响应 $u_C(t)$ 的仿真结果。

在 PSpice A/D 页面单击命令 Plot→Add Plot to Window,在新增的图形显示区域,单击命令 Trace→Add Trace,在 Trace Expression 对话框中输入 I(C1),即可观察到响应 $i_C(t)$ 的波形,如图 A-19 所示。

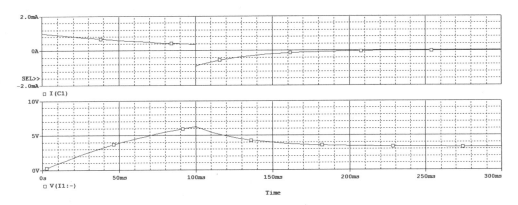

图 A-19 例 A-4 响应 $u_C(t)$ 和 $i_C(t)$ 的波形

附录 B MATLAB 软件

B.1 MATLAB 软件简介

MATLAB 意为矩阵实验室,用于算法开发、数据可视化、数据分析以及数值计算的高级技术计算语言和交互式环境,主要包括 MATLAB 和 Simulink 两大部分。MATLAB 软件具有很多面向具体应用的工具箱和仿真模块,被广泛地应用于信号与图像处理、控制系统设计、通信系统仿真等诸多领域。Simulink 是一个结合框图、界面和交互仿真功能的动态系统建模和仿真软件包。它与 MATLAB 的主要区别在于其与用户交互接口是基于 Windows 的模型化图形输入,使用户可以把精力投入到系统模型的构建,而非语言的编程上。本节主要介绍 Simulink 在电路仿真中的应用。

B.2 Simulink 的运用

本节通过具体例题来介绍运用 Simulink 完成电路仿真的过程,以 MATLAB7.5 版本为例。

例 B-1 对例 A-1 进行 MATLAB 的 Simulink 仿真。

(1) Simulink 的启动

运行 MATLAB 以后通常有两种方法可启动 Simulink,一种是在 MATLAB 命令窗口中直接输入 Simulink;另一种是在 MATLAB 工具栏上单击 Simulink 图标,打开图 B-1 所示的 Simulink 的库模块浏览器 Simulink Library Browser。

(2) 仿真模块的建立

电路仿真使用电力系统模块库。在图 B-1 Simulink Library Browser 的已安装专用模块库中,找到 SimPowerSystems 图标双击,打开电力系统模块库,它包括电源库 Electrical Sources、基本元件库 Elements、元件库 Extra Library、电机元件库 Machines、

图 B-1　Simulink Library Browser 窗口

测量元件库 Measurements 和电力电子元件库 Power Electronics 等。左键单击库文件名，可打开下级子模块，子模块库包含了大多数常用电力电子系统元件模型。利用这些模型可方便、直观地建立各种系统模型并进行仿真。单击命令 File→New→Model，打开名为 untitled 的仿真模型编辑窗口，创建所需的 Simulink 模型。

（3）放置元器件并设置属性

① 放置电源：在 SimPowerSystems 的子模块 Electrical Sources 中选择直流电压源 DC Voltage Source，左键拖至仿真模型编辑窗口合适的位置，双击该元件打开参数设置对话框，将其幅值 Amplitude 设置成 10 V，单击 OK 按钮确定后，将元件旁边的标注 DC Voltage Source 改写成 U1。

MATLAB 中没有直流电流源模型，可用直流电压源控制受控电流源来建立，在 Electrical Sources 模块中选择受控电流源 Controlled Current Source 拖至合适位置，再拖一个直流电压源，电压设为 5 V（本例中电流源的电流为 5 A），电压源与受控电流源间需要电压测量单元 Voltage Measurement 连接，在 Measurements 模块中找到它并拖至合适位置。或者选择 SimPowerSystems 的子模块 Electrical Sources 中的交流电流源 AC Voltage Source，在其参数设置对话框里将相位设为 90，频率设为 0，当直流电流源用。

② 放置电阻：在 SimPowerSystems 的子模块 Elements 中选择 Series RLC Branch，拖至仿真模型编辑窗口合适位置，双击弹出参数设置对话框，在 Branch type 下拉框中选择 R，阻值设置为 2 Ω。按本例要求在模型编辑窗口中放置其他电阻并设置参数。

③ 放置电压测量表及显示器：在 SimPowerSystems 模块的子模块 Measurements 中选择 Voltage Measurement 拖入仿真模型编辑窗口。在 Simulink 模块的子模块 Sinks 中选择 Display 拖入仿真模型编辑窗口。

放置好的元器件如图 B-2 所示。

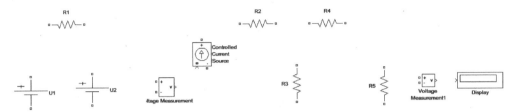

图 B-2　例 B-1 放置好的元器件

（4）布局和连线

放置好元器件以后可进行适当的布局，以使元件之间的连线短且清晰，然后进行连线。将光标移动到需要连线的元件的端子上，按住左键移动到另一个元件的端子，松开鼠标完成连线。若要使线折弯，则按住 shift 键，在要折弯的线处左键单击一下，线上出现圆圈表示折点，在折点处可将线拉到不同位置。若要在已画好的线上拉出一个分支，则按住右键，在需要分支的地主拉出即可，或按住 Ctrl 键在要分支的地方拉出。完成布线的电路仿真模型如图 B-3 所示。命名保存。

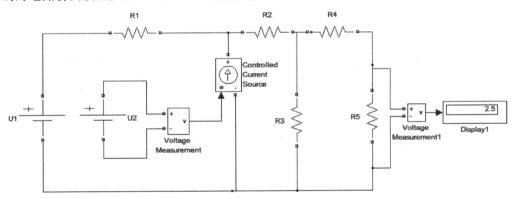

图 B-3　例 B-1 仿真电路模型

（5）运行仿真

在仿真模型编辑窗口菜单栏中单击命令 Simulation→Start 进行电路仿真，仿真结束后 Display 中显示所要求的电压值。本例如图 B-3 所示电压 U_o 等于 2.5 V。

例 B-2　电路如图 B-4 所示，应用 MATLAB 的 Simulink 仿真，求出电流 i_1 的值，并与理论值进行比较。

（1）建立仿真模型

本例中有一个电流控制电流源，其控制量电流需

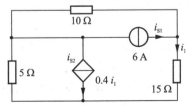

图 B-4　例 B-2 图

从 Measurements 模块中电流测量模块 Current Measurement 引出,控制系数 0.4 由 Simulink 模块的子模块 Math operations 中的 Gain 完成。按本例要求将各元器件放入仿真模型编辑窗口并对各元件赋值。

搭建好的电路仿真模型如图 B-5 所示。

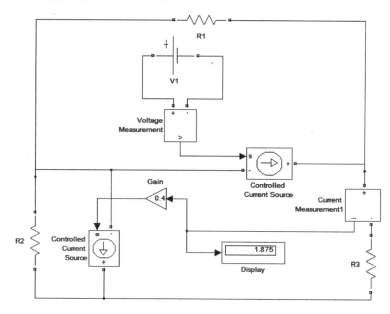

图 B-5　例 B-2 仿真电路模型

(2) 运行仿真

单击命令 Simulation→Start 进行电路仿真,本例所求如图 B-4 所示电流 i_1 等于 1.875A。

例 B-3　对例 A-3 进行 MATLAB 的 Simulink 仿真。

(1) 建立仿真模型

本例中有中交流电压源 AC Voltage Source,其可从 SimPowerSystems 模块的子模块 Electrical Sources 中选取,设置好参数。本例要显示交流电流的幅值和相位,可选择 SimPowerSystems 中 Extra Library 模块的子模块 Measurements 中的傅里叶变换模块 Fourier 完成,属性设置中输入激励源频率及谐波次数 1。Fourier 进行傅里叶变换得到电流的幅值和相位,送给 2 个 Display 显示。其余电阻、电容、电感的参数按题目给定的条件设定。按本例要求将各元器件放入仿真模型编辑窗口并对各元件赋值。

搭建好的电路仿真模型如图 B-6 所示。

(2) 运行仿真

在仿真模型编辑窗口的工具栏中将仿真时间设为 0.01 s,仿真结果如图 B-6 所示:支路 1 的电流幅值为 1.498 A、初相位为 21.21°;支路 2 的电流幅值为 2.003 A、初相位为 −68.89°;支路 3 的电流幅值为 2.503 A、初相位为 74.35°。

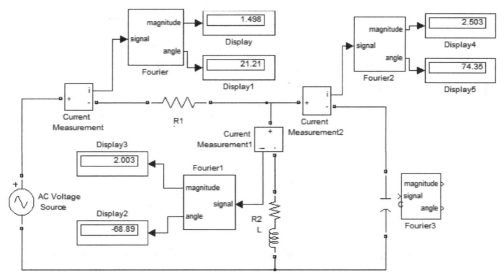

图 B-6　例 B-3 仿真电路模型

例 B-4　对例 A-4 进行 MATLAB 的 Simulink 仿真。

（1）仿真模型的建立

本例中需要开关元件 Breaker，可在 SimPowerSystems 中的 Elements 中选取。先选择开关 Breaker1 拖入仿真模型编辑窗口，其需在 $t=0$ 时打开，属性设置：开通电阻 Breaker resistance Ron 设为 1×10^{-6}，初始状态 Initial state 设为 1，吸收电阻 Snubber resistance Rs 设为 inf，吸收电容 Snubber capacitance Cs 设为 0，将开关时间 Switching times 设为 0，使其在 $t=0$ s 时断开，不选择外部开关时间控制 External control of switching time。再选择开关 Breaker2 拖入仿真模型编辑窗口，其需在 $t=0.1$ s 时闭合，属性设置：初始状态 Initial state 设为 0，开关时间 Switching times 设为 0.1，使其在 $t=0.1$ s 时闭合。同样不选择外部开关时间控制 External control of switching time。本例选择 Simulink 中 Sinks 模块中的虚拟示波器 Scope 观察响应波形。按本例要求将各元器件放入仿真模型编辑窗口并对各元件赋值。

搭建好的电路仿真模型如图 B-7 所示。

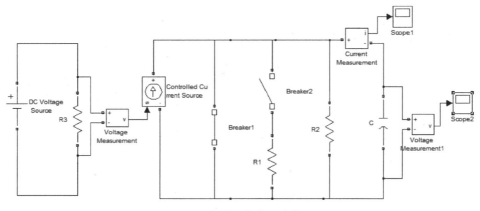

图 B-7　例 B-4 仿真电路模型

（2）运行仿真

在仿真模型编辑窗口的工具栏中将仿真时间设为0.3s,仿真结束后双击虚拟示波器Scope,在打开菜单中选择 Autoscale,即可自动设置坐标范围,使输出波形达到较佳的显示状态。图 B-8 显示的 $u_C(t)$ 和 $i_C(t)$ 的波形。

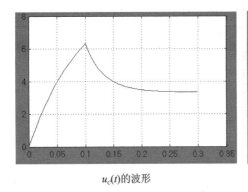
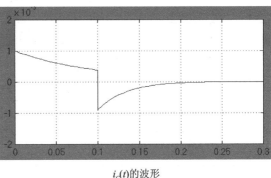

$u_C(t)$的波形 $\qquad\qquad\qquad\qquad\qquad$ $i_C(t)$的波形

图 B-8　例 B-4 输出的电压、电流波形

例 B-5　图 B-9 所示是典型的 RLC 二阶电路,图中 $u_S(t)$ 为激励,设 $u_C(0_+)=10$ V。求在下列条件下,电路的零输入响应 $u_C(t)$。

(a) $R=220$ Ω,$L=0.25$ H,$C=100$ μF;

(b) $R=100$ Ω,$L=0.25$ H,$C=100$ μF;

(c) $R=50$ Ω,$L=1$ H,$C=100$ μF;

(d) $R=0$ Ω,$L=1$ H,$C=100$ μF。

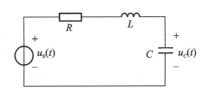

图 B-9　例 B-5 电路图

（1）建立仿真模型

实际电路中纯电感是不存在的,搭建电路仿真模型时可用一个电阻和电感并联模拟,电阻值可设得较大,相当于开路,对仿真波形的影响较小,本例中该电阻值设为 1 MΩ。电路中开关元件 Breaker 的属性设置如例 B-4 中的 Breaker2;设置电容属性。搭建完成的电路仿真模型如图 B-10 所示。

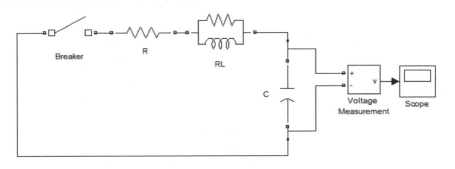

图 B-10　例 B-5 仿真电路模型

（2）运行仿真

本例仿真需要按 4 个条件,根据例题给出的条件改变分别改变电阻、电感、电容的参数,然后进行仿真,仿真时间设为 0.5 s。条件(a)得到过阻尼波形如图 B-11(a)所示；条件(b)得到临界阻尼波形如图 B-11(b)所示；条件(c)得到欠阻尼波形如图 B-11(c)所示；条件(d)得到自由振荡波形如图 B-11(d)所示。

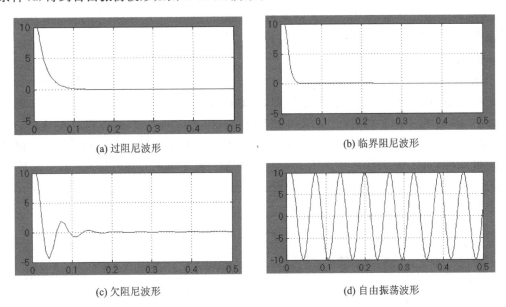

(a) 过阻尼波形　　　　　　　　　　(b) 临界阻尼波形

(c) 欠阻尼波形　　　　　　　　　　(d) 自由振荡波形

图 B-11　仿真波形图

附录 C　Saber

C.1　Saber 软件简介

Saber 被誉为全球最先进的系统仿真软件,是唯一的多技术、多领域的系统仿真产品,现已成为混合信号、混合技术设计和验证工具的业界标准,可用于电子、电力电子、机电一体化、机械、光电、光学、控制等不同类型系统构成的混合系统仿真,兼容模拟、数字、控制量的混合仿真,可以解决从系统开发到设计验证等一系列问题。一般情况下,Saber 软件主要用于外围电路的仿真模拟,包括 SaberSketch 和 SaberDesigner 两部分。SaberSketch 用于绘制电路图,而 SaberDesigner 用于对电路仿真模拟,模拟结果可在 SaberScope 和 DesignProbe 中查看。

C.2　Saber 软件应用

Saber 仿真主要分为原理图编辑和模拟运行两大步骤。仍以例题来具体介绍。

例 C-1　求图 C-1 所示电路中各节点电压。

（1）原理图编辑

① 启动 SaberSketch。

在开始菜单中找到 Synopsys 程序，双击 SaberSketch 图标，或者双击 SaberSketch 桌面快捷图标 ，打开 SaberSketch 用户界面，单击 File→New→Schematic，或者单击菜单栏处快捷图标 ，打开一个空白窗口作为电路编辑窗口。

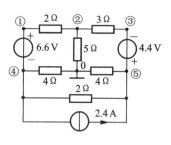

图 C-1　例 C-1 图

② 选择和放置电路元件。

本例中，元器件为：2 个直流电压源、1 个直流电流源、6 个电阻、1 个地。在左边 Parts Gallery 框中用导航树，一层层往下查找。双击每层的名称，就可以显示该层的子层，单击子层中元件名，会显示元件图形，双击元件名就可以将元件放入电路图中。熟练的话可以在 Parts Gallery 框中单击 search，并在空白框中输入元件名如 v_dc，单击 图标，在电路图中放置两个直流电压源，在空白框中再分别输入：i_dc、resistor、ground，得到本题所需的所有元器件如图 C-2 所示。

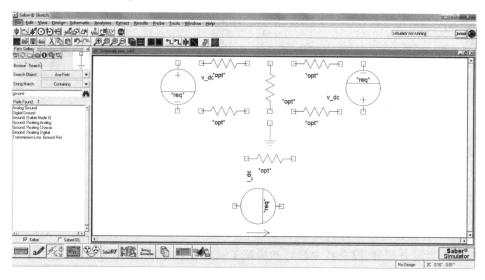

图 C-2　例 C-1 放置好的元件

③ 修改元器件属性。

将鼠标光标移至元件符号，双击，或者单击右键选择 Properties，就会出现属性编辑器，通过修改 Name 和 Value 处的值就可以修改属性。本例中直流电流源是 2.4 A，将 *req* 改为 2.4，依次修改直流电压源和电阻的参数。

④ 布线。

将鼠标移至元件管脚处，图标变成十字，单击左键即可开始画线。或者按 W 键，或者单击布线图标 ，或者单击 Schematic→Create→Wire，或者单击右键菜单中 Create→

Wire；要改变布线方向，在改方向位置单击左键继续画下一段线。连线将元器件连接起来之后给连线命名，将光标移至连线上，高亮显示红色，单击右键在菜单中选择 Attributes，打开连线属性框，在属性框的 name 中输入与相应连线的名称，如 U1，注意连线名称应用字母和数字构成，连线名不能是 SaCer 的命令，单击 Apply 按钮完成。如果要全局改变电路图中的连线，可以在连线属性框中的左下角的 Apply to 中选择 All Wires。

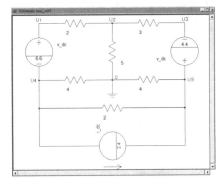

图 C-3　例 C-1 布线后的电路图

命名之后布线图如图 C-3 所示。

⑤ 保存。

单击菜单 File→Save 保存电路图，SaberSketch 以尾缀为 . ai_ sch 来保存所有的电路图。SaberSketch 将多张图纸的电路图保存为一个文件，如果保存的电路图是层次电路，则 SaberSketch 只保存当前的电路图。

（2）仿真模拟

① 指定顶级电路。

本例中电路图不包含层次设计，SaberSketch 会默认打开的电路图为顶级电路图，可以略过此步。

② 查找、调试 DC 工作点。

单击 Analyses→Operating Point→DC Operating Point 或者单击图标 ≧ 打开 DC 工作点分析面板，其中基本设置 Monitor Progress 如果设为 0，Transcript 将报告分析的整个执行时间；如果设为 −1，Transcript 将报告执行概要和时间；如果设为其他整数，Transcript 将报告电路系统的总体信息、运算法则、CPU 时间等。在其输入输出状态设置中，Initial Point File 包含 DC 分析开始时所有设计变量的初始值；默认文件名（zero），设置所有连续时间变量（模拟）为 0，如果在数字管脚上不定义或者为一个初始值；End Point File 包含在 DC 分析完成处的节点值，用该文件作为其他 Saber 分析的初始点文件，如时域（瞬态）和小信号频域（ac）。默认情况下，Saber 为该文件命名 dc。单击 Apply 按钮，执行 DC 分析。

在 SaberSketch 的用户界面，单击 Results→Operation Point Report 显示 DC 分析报告结果。因元器件均为线性元件，且无交流信号，电压值都是固定不变的，可读出 5 个节点的电压为：u1＝3.53 V，u2＝3.273 V，u3＝4.852 V ，u4＝−3.07 V，u5＝0.4517 V。

③ 时域分析

单击 Analysis→Time-domain→Transient 或者单击瞬态分析图标 ⊘ ，打开瞬态分析设置面板指定瞬态分析所要求的信息，本例中只有直流量，参数设定不是很严格，单击 Apply 按钮执行分析，Saber 用初始点文件来验证设计的瞬态响应，从而验证初始电路状况。

④ 查看瞬态分析结果。

单击 Results→View Plot Files in Scope，激活查看瞬态结果对话框，单击 Plot File

处的箭头,选择 Last,单击 Apply 按钮,运行 SaberScope,双击 U1 信号,其波形在 Graph 窗口中出现,如图 C-4 所示。

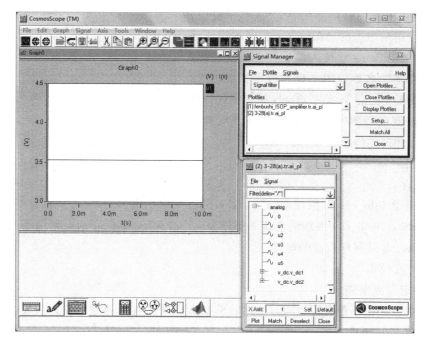

图 C-4　波形显示

⑤ 测量分析结果。

在 SaberSketch 界面中单击 Tools→Measurement Tool 或单击测量工具图标 ,打开测量面板,在 Measurement 处单击 At X,从不同的测量种类中选择测量类型,本例选择 Levels→Average,单击 Apply,可以得出 U_1 节点的电压值,此节点的电压值与查找 DC 工作点中所得的值一致,可以证明查找出的工作点是正确的。用同样的方法可以测出 $U_2 \sim U_5$ 的电压值。

例 C-2　图 C-5 所示为高阶带通电路,其频率特性要在很宽的频率范围内才能看出来,为了展宽频率视野,用对数方式取频率坐标。试用计算机软件求输出电压 U_o 的频率特性($f=0 \sim 10^9$ Hz)。

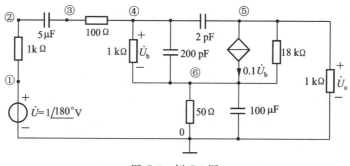

图 C-5　例 C-2 图

（1）原理图编辑

启动 SaberSketch，打开电路编辑窗口，创建一个新的设计，选择和放置电路元件。本例元器件有：1 个正弦交流电压源、6 个电阻、4 个电容、1 个电压控制电流源、1 个地。在 Parts Gallery 框中选择元件 v_sin（正弦交流电压源）、resistor、capacitor、vccs、ground，放入电路编辑窗口，按例题要求设置元件属性，本例正弦交流电压源的有效值是 1 V，最大值为 1.414 V，初相为 180°，频率取工频 50 Hz，双击正弦交流电压源的图标，将其中 amplitude 改为 1.414，frequency 改为 50，phase 改为 180 然后布线命名，其他元件属性修改同前。布线命名，编辑好电路原理图如图 C-6 所示。给文件命名后保存。

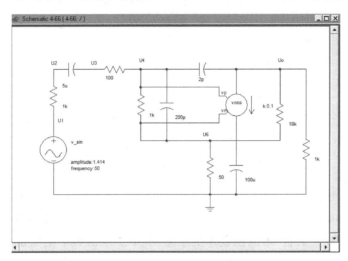

图 C-6　例 C-2 仿真电路原理图

（2）仿真模拟

① 查找、调试 DC 工作点。

打开 DC 分析对话框修改参数，执行工作点 DC 分析，显示工作点 DC 分析结果。

② 时域分析

单击 Analysis→Time-domain→Transient 或者单击瞬态分析图标 ⊘ ，打开瞬态分析设置面板，工频 50 Hz，周期为 0.02 s，设置 End Time 为 150 ms，步长 10 n，选择 Run DC Analysis First，可以省去查找 DC 工作点的过程，单击 Apply 按钮执行分析。

③ 查看瞬态分析结果。

单击 Results→View Plot Files in Scope，激活查看瞬态结果对话框，单击 Plot File 处的箭头，选择 Last，单击 Apply 按钮，运行 SaberScope，双击 U_o 信号，其时域波形在 Graph 窗口中出现，如图 C-7 所示，此时 U_o 也是个正弦波，且频率也与正弦电压源的频率 50Hz 相等。

④ 测量分析结果。

在 SaberSketch 界面中单击 Tools→Measurement Tool 或单击测量工具图标 🔧 ，打开测量面板，在 Measurement 处单击 At X，从不同的测量种类中选择测量类型，本例选择 Levels→Maximum、Levels→Minimum、Time Domain→Frequency，单击 Apply 按钮，可以得出 U_o 节点的电压峰值、电压谷值、频率。

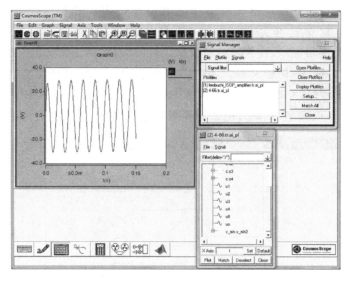

图 C-7　例 C-2 输出电压正弦波

⑤ AC 频率分析。

单击 Analysis→Frequency→Small Signal AC 或者单击信号频率分析图标 打开小信号频率分析设置面板，输入所要求的信息，例中要求的频率范围是 $0 \sim 10^9$ Hz，因为 Start Frequency 不能为 0，因此将其设为 1 Hz，End Frequency 设为 10^9 Hz。单击 Apply 按钮执行分析。

(3) 查看交流小信号频率分析结果。

单击 Results→View Plot Files in Scope，激活 View Plotfiles 对话框，选择 Last，单击 Apply 按钮，运行 SaberScope，双击 U_o 信号，波形在 Graph 窗口中如图 C-8 所示，图中很好地表现出高阶带通电路的特性。本例如不进行频率特性分析，则直接进行交流 AC 仿真。

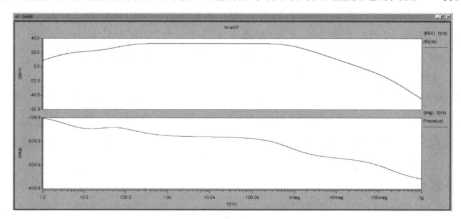

图 C-8　例 C-2 小信号频率分析结果

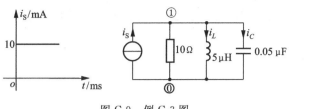

图 C-9 例 C-3 图

例 C-3 图 C-9 所示电路,利用计算机软件分析计算 $t=0\sim1$ ms 内的 $i_C(t)$ 和 $i_L(t)$,分析计算完成后观察 $u(1)$ 对阶跃信号的响应波形。

(1) 原理图编辑

启动 SaberSketch,打开电路编辑窗口,创建一个新的设计,选择和放置电路元件。本例元器件有:1 个电流源、1 个电阻、1 个电感、1 个电容、1 个地。电流源是阶跃信号可自行定义,在 Parts Gallery 框中单击 search,并在空白框中输入 i_ pwl,单击 🔍 图标,在电路图中放置 1 个可自定义的电流源,查找出用于观察电流波形的元器件 short,并添加到电路图中,在 Parts Gallery 框中继续选择元件 resistor、inductor、capacitor、ground,放入电路编辑窗口。按例题要求设置元件属性,双击电流源的图标,单击 * req *,出现 Graph Editor 框,分别在 time 和 current 栏中输入数值,定义电流源波形的起点,再右击鼠标,选择 Insert Point,输入数值,定义电流源波形的下一点,如此自定义需要的电流源,如图 C-10 所示。布线命名,编辑好电路原理图如图 C-11 所示。给文件命名后保存。

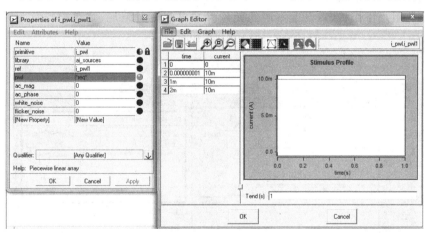

图 C-10 自定义电流源属性

(2) 仿真模拟

① 查找、调试 DC 工作点。

打开 DC 分析对话框修改参数,执行工作点 DC 分析,显示工作点 DC 分析结果。

② 时域分析。

单击 Analysis→Time-domain→Transient 或者单击瞬态分析图标 ⊙ ,打开瞬态分析设置面板,题目中要求观察 $0\sim1$ ms 的电压、电流波形,因此设 End Time 为 1 m,步长 10 n。选择 Run DC Analysis First,单击 Apply 按钮执行分析。

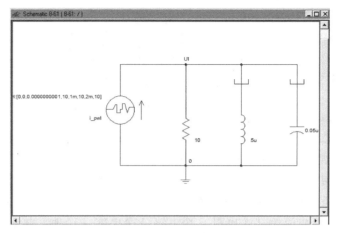

图 C-11　例 C-3 电路仿真原理图

③ 查看瞬态分析结果

单击 Results→View Plot Files in Scope,激活查看瞬态结果对话框,单击 Plot File 处的箭头,选择 Last,单击 Apply 按钮,分别双击 short.ic＞i、short. iL＞i 信号,其波形在 Graph 窗口如图 C-12 所示。双击 U1 信号,其波形与图 C-12 相似。可见仿真时间结束 在 1 ms 时 i_C、i_L 与 U1 早已趋于稳定。将 End Time 减少到 10 μs,步长 10 n,重新进行 时域分析,得到 i_C、i_L 与 U1 的波形如图 C-13、C-14、C-15 所示。图中波形可看出此二阶 电路处于欠阻尼工作状态,设置不同的元件参数可观察过阻尼、临界阻尼及无阻尼的工 作状态。

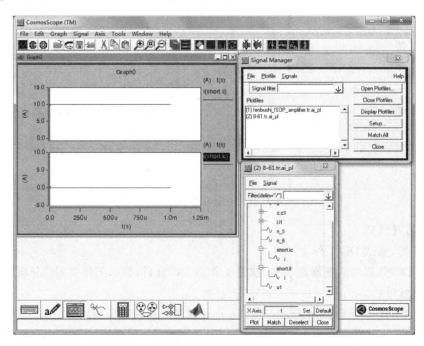

图 C-12　End Time 为 1 ms 时电容电流和电感电流波形

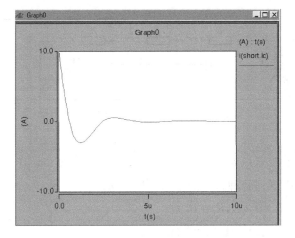

图 C-13　End Time 为 1 μs 时电容电流波形

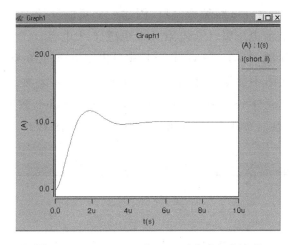

图 C-14　End Time 为 1 μs 时电感电流波形

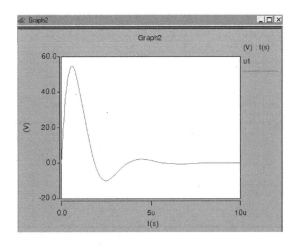

图 C-15　End Time 为 1 μs 时电压波形

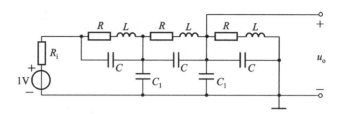

图 C-16　例 C-4 图

例 C-4　图 C-16 所示电路中,已知 $C=0.001\ \mu\mathrm{F}, C_1=0.04\ \mu\mathrm{F}$。利用计算机软件分析计算 $t=0\sim3\ \mu\mathrm{s}$ 内下列两种情况的零状态响应 $u_\mathrm{o}(t)$：

(1) $L=10\ \mathrm{mH}, R=1\ \mathrm{k\Omega}, R_\mathrm{i}=10\ \Omega$；

(2) $L=1\ \mathrm{mH}, R=0.1\ \mathrm{k\Omega}, R_\mathrm{i}=1\ \Omega$。

(1) 原理图编辑

启动 SaberSketch,打开电路编辑窗口,创建一个新的设计,选择和放置电路元件。本例元器件有：1 个直流电压源、4 个电阻、3 个电感、5 个电容、1 个地。因为要模拟零状态响应,自定义的电压源。在 Parts Gallery 框中单击 search,并在空白框中输入 v－pwl,单击 🔍 图标,在电路图中放置 1 个可自定义的电压源,并添加到电路图中,在 Parts Gallery 框中继续选择元件 resistor、inductor、capacitor、ground,放入电路编辑窗口。按例题要求设置元件属性。布线命名,编辑好电路原理图如图 C-17 所示。给文件命名后保存。

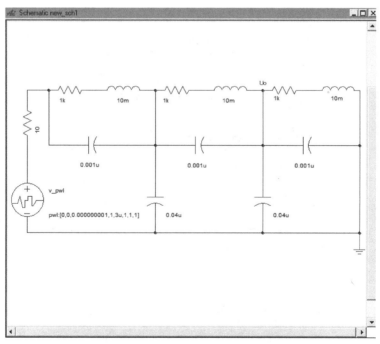

图 C-17　例 C-4 电路仿真原理图

（2）仿真模拟

① 查找、调试 DC 工作点。

打开 DC 分析对话框修改参数，执行工作点 DC 分析，显示工作点 DC 分析结果。

② 时域分析。

单击 Analysis→Time-domain→Transient 或者单击瞬态分析图标 ⊙ ，打开瞬态分析设置面板，题目中要求观察 0～3 μs 的电压波形，因此设 End Time 为 3 μs，步长 1 n。选择 Run DC Analysis First，单击 Apply 按钮执行分析

③ 查看瞬态分析结果。

单击 Results→View Plot Files in Scope，激活查看瞬态结果对话框，单击 Plot File 处的箭头，选择 Last，单击 Apply 按钮，单击 U_o 信号，其波形在 Graph 窗口如图 C-18 所示。图中可见在 3 μs 时，U_o 还没有到达稳定状态，将 End Time 扩大到 300 μs，重新进行时域分析。U_o 电压波形如图 C-19 所示。

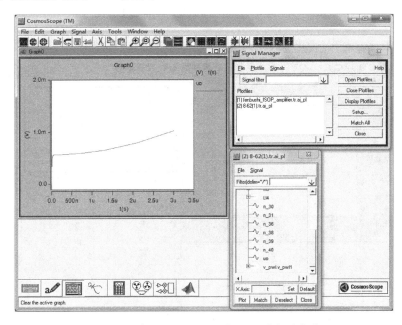

图 C-18　例 C-4End Time 为 3 μs 时电压波形

例 C-5　图 C-16 所示电路中，根据例 C-4 要求，计算 $t=0\sim3$ μs 内，当 $L=1$ mH，$R=0.1$ kΩ，$R_i=1$ Ω 时的零状态响应 $u_o(t)$。

（1）原理图编辑

操作过程与第一小题基本相同，只是按第二小题中的值依次修改电阻和电感的参数。

（2）仿真模拟

操作过程与第一小题基本相同，进行 0～3 μs 内的时域分析，得到 U_o 的波形如图 C-20 所示。可见在 3 μs 时，U_o 都没有到达稳定状态，所以将 End Time 扩大到 300 μs，重新进行时域分析。U_o 电压波形如图 C-21 所示。可见其震荡后趋于稳定。

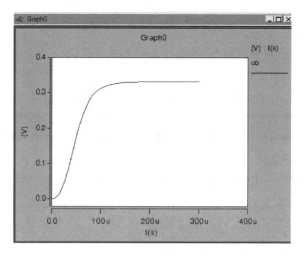

图 C-19 例 C-4 End Time 为 300 μs 时电压波形

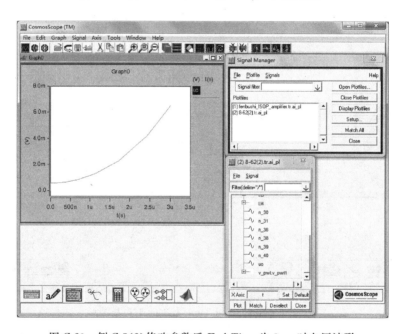

图 C-20 例 C-5(2)修改参数后 End Time 为 3 μs 时电压波形

电路仿真软件在教学、科研、产品设计与制造等各方面都发挥着巨大的作用。科研方面主要利用电路仿真工具进行电路设计与仿真,利用虚拟仪器进行产品测试,从事PCB 设计和 ASIC 设计;在产品设计与制造方面,包括前期的计算机仿真,产品开发中的仿真软件的应用、系统级模拟及测试环境的仿真,生产流水线的仿真技术应用、产品测试等各个环节;从应用领域来看,仿真技术已经渗透到各行各业,包括机械、电子、通信、航空航天、化工、矿产、生物、医学、军事等各个领域。随着计算机通信技术、网络技术、数据库技术、面向对象技术、Internet 技术及软件标准化技术的飞速发展,系统仿真软件将向

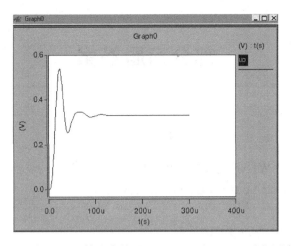

图 C-21 例 C-5(2)修改参数后 End Time 为 300 μs 时电压波形

网络化、专业化、实时化和具有更高的开放性、可移植性和可扩展性方向发展。本课程中仿真软件的学习主要是为了了解仿真的基本概念和基本原理,使用仿真软件进行电子电路课程的实验并从事简单系统的设计,为今后科研和工作打下基础。

部分习题答案

第 1 章

1-1 (a) 吸收 10 W；(c) 发出 10 W

1-3 (d) 1.75cos2tA；(e) 3 Ω；(f) 1.8cos^{2}2t W

1-6 0.1 A

1-8 2 μF；4×10^{-6} C；4×10^{-6} J

1-11 1−e$^{-10^6t}$A，$t \geqslant$0

1-13 W(0~2s)＝0；0.4 F 的电容元件

1-15 15.92 mH，0.288 mH，1.43 mH

1-19 (b) 4 W；(d)2 W

1-21 959×10^3 kW

1-22 (b) U_2＝−3V，i_S 供 5W

1-23 (1) 24 V，发出 72 W

1-26 (b) 8 V，−10 V，18 V

1-28 (b) 80 V；(c) 3.25 V

1-29 10 Ω

1-33 ±18 V

第 2 章

2-1 (b) 1.6 R；(d) $R/2$；(f) 2.448 Ω

2-3 1.618 Ω

2-4 低热，484 W；高热，1.94 kW

2-5 (1) 400 V

2-7 5 kΩ

2-8 0.75 Ω

2-9 38 kΩ，$\dfrac{10}{3}$ kΩ

2-10 (d) 串联 1 V，2 Ω；或并联 0.5 A，2 Ω

2-12 (a) 0.5 mH

2-13 (a) 6 Ω

2-14 (b) 1.5 Ω

2-15 (a) 5 V，20 Ω

2-17 (b) 1.33 mA；(c) 1.5 mA

2-18 4.6 Ω

2-20 (a) 20 V

2-21 (b) 1 A

2-23 (2) $U=-2+4I$

2-26 (3) 0.5 Ω,50 W

2-28 (b) $\begin{bmatrix} 700 & 200 \\ 600 & 200 \end{bmatrix}\Omega$

2-29 (c) $\begin{bmatrix} \dfrac{5}{12} & -\dfrac{1}{12} \\ -\dfrac{1}{4} & \dfrac{1}{4} \end{bmatrix}$ S, $\begin{bmatrix} 3 & 1 \\ 3 & 5 \end{bmatrix}\Omega$

2-30 (a) $\begin{bmatrix} 1 & 0 \\ 0.01\text{ S} & 1 \end{bmatrix}$

2-31 (a) $\begin{bmatrix} 24\Omega & 0.4 \\ -0.4 & 0.01\text{ S} \end{bmatrix}$

2-32 $R_1=R_2=R_3=5$ Ω,$r=3$ Ω

2-33 5 Ω,10 Ω,20 Ω

2-35 (2) 68 W+190 W

2-36 (3) 1.02 W

2-37 $\begin{bmatrix} 5 & 53\Omega \\ 3\text{ S} & 32 \end{bmatrix}$

2-40 10 V

2-41 (1) 80 mW (2) 40 kΩ

2-42 (2) 1 Ω,9 W

2-43 1 A

2-46 (1) 23.6 V

2-47 2 Ω

2-48 4 V

*2-49 0.2 A

第 3 章

3-1 (a) 2 A

3-4 7.33 V

3-5 (a) 85.76 W

3-8 电压源 50 W,电流源 1050 W

3-12 2 Ω

3-14 4.5 V

3-15 −18 V

3-19　9 V

3-20　10/3 kW,50 kΩ

3-21　$u_o = -(u_{i1} + u_{i2} + u_{i3})$，加法运算

3-22　$i_S R_3(R_1 + R_2)/R_1$

3-25　(b) 8 V　(d) -1.5 V

3-26　155 V

3-28　6 A

3-31　12 W

3-32　(1) 9V

3-33　4 V

3-34　4 Ω,9 W

3-36　(1) 13.85 W　(3) 10.833 kΩ

3-37　(1) 串联 5 V,1.6 Ω　(3) 27.63 W

第 4 章

4-1　(1) 141.4 V, 100 V,0,$-120°$,50 Hz,0.02 s

　　　(2) 120°

4-2　(1) 7.07 $\underline{/0°}$ A

　　　(2) 1 $\underline{/-45°}$ A

4-5　(1) 67.08 V,30 V,25 V

　　　(2) (a) 12 V,0

4-8　4 Ω,1.5 H

4-10　5 Ω,0.1 F

4-11　5 A, 20 $\underline{/-53.1°}$ Ω

4-12　(1) 45°

　　　(2) 16 $\underline{/90°}$ V

4-14　$-Z$

4-15　$\dfrac{3+j2\omega}{2+j\omega}$,都是等效的

4-17　3.47 Ω

4-18　$0.316\sqrt{2}\cos(1000t+108.43°)$ A

4-19　26.3 Ω, 78.8 mH,34.6 μF

4-20　0.252 μF,117 V

4-22　40.5 pF

4-23　$20\sqrt{2}$ V

4-28　20+j10Ω,2.5 W,0.894

4-31　(2) 7.2 Ω,9.6 Ω

4-35　(2) 400 V • A,240 W,−320 Var

4-36　(a) −j2A 电流源

4-38　8.66 Ω,15.92 mH

4-41　1.88+j0.53Ω,8.17 W

4-45　(a) $\begin{bmatrix} -1 & -j20\Omega \\ 0 & -1 \end{bmatrix}$　(c) $\begin{bmatrix} -j10 & -100\ \Omega \\ -jS & -10 \end{bmatrix}$

4-47　(c) $Y=\begin{bmatrix} 0 & 0 \\ g_{\mathrm{m}} & 0 \end{bmatrix}$,Z 不存在

4-50　(1) $\begin{bmatrix} 1 & (10+j20)\Omega \\ (0.02-j0.04)S & 2 \end{bmatrix}$

4-52　$(Z_L+j\omega Cr^2)/(1+j\omega CZ_L)$

4-54　$\dfrac{1}{\omega^2-1-j6\omega}$

4-56　10 H

第 5 章

5-1　$15\sqrt{2}\cos(2t-143.13°)$V

5-3　$-5\,e^{-t}$ V　$10.5\,e^{-t}$ V

5-7　顺接:8.24 V,12.65 V

5-9　13.42 $\underline{/10.3°}$ V,1.69 $\underline{/-61.3°}$ V

5-11　j0.75 Ω

5-12　(1) 1 H　　(2) $1.2\cos(4t+53.1°)$A

5-13　$0.1\cos(200t-45°)$A

5-15　20 μH,2.5 W,250 V

5-16　2 kW,3.2 kW

5-17　0.09 W,3,0.25 W

5-18　1.414 A

5-20　20−j15 Ω

*5-24　(2) 0.1 A

5-25　$29.21\cos(1000t-14.09°)$mA

5-26　(2) 1.25+j1.25Ω,2.5 W

5-29　r_1/r_2

5-33　(1) 0.02 H,50

5-34　(1) 45 W,−45 Var　(2) 10^{-3}F

5-37　20 mH,4.4 $\underline{/-90°}$ V

5-39　1000 rad/s

5-42　(2) 1422 W

5-43　12 Ω,0.051 H

5-46　190 W,380 W

5-48　6.03 A

5-49　(2) 7.65 kW

5-52　$3\dot{E}_A/(Z+3Z_1),\dot{E}_AZ/(Z+3Z_1)$

5-54　(1) 功率表读数 25.63 kW,负载吸收总功率 28.49 kW

　　　(2) 电流表 A_2 读数 40.54 A

第 6 章

6-1　$\dfrac{U_m}{\pi}+\dfrac{U_m}{2}\sin\omega t-\dfrac{2U_m}{\pi}\left[\dfrac{\cos2\omega t}{1\times3}+\dfrac{\cos4\omega t}{3\times5}+\dfrac{\cos6\omega t}{5\times7}+\cdots\right]$

6-4　122.9 V,10.97 A,272.1 W

6-7　87.25 V,1.69 A,1.80 A

6-9　$0.894\cos(t-26.6°)+1.414\cos(2t-45°)$A,2.8 W

6-12　0.253 mH,3.166 μH

6-14　(2) 112.5 W

6-15　700 W

6-16　(2) 24 W

6-18　80.56 W

6-19　0.202 A

6-21　(2) 9.84 W

6-23　101.8 V,223.3 V,220.7 V,382.2 V,223.3 V

第 7 章

7-2　$1.25\times10^{-5}(3\cos\omega t+\cos3\omega t)$ V

7-7　2 V,6 V,$\cos t+\varepsilon(\cos t)$V

7-9　10.83 V 或 5.17 V

7-10　1.34 V,1.16 A,2.17 A

7-11　0.34 V,0.66A

7-13　3.53 mA

7-15　$2+\dfrac{1}{9}\cos t$ V

7-17　$7+0.02\cos2t$ V

7-19　$1+6.667\times10^{-4}\cos628t$ A

第 8 章

8-2　(a) 6 V,0.2 A; (b) 10 V,10 mA

8-3　(b) 0.05 A$,0,-1000$ A/s$,5\times10^4$ V/s

8-5　(3) 20 V$,1200$ V/s$, 44$ V

8-7　(b) $10e^{-2t}$V$,t\geqslant0$

8-9　$0.24(e^{-500t}-e^{-1000t})$A

8-11　(b)$12(1-e^{-0.1t})$V

8-13　-39.3 V$,i(15\ \mu s)=-2.02$ mA

8-14　$-6(1-e^{-0.5t})$V$,t>0$

8-16　$(5-e^{-t})/8$V$,\ t\geqslant0$

8-18　$15e^{-7.5t}$ V$,t\geqslant0$

8-21　(1) $-10+20e^{-0.2t}$ V

8-24　(b) $6-7e^{-20t}$V$,t>0$

8-26　(2) 25 J; (3)$25/3$ J$,50/3$ J

8-27　$20-15e^{-2t}$V$,t\geqslant0$

8-32　(1) $f(-t_1)$; (2) 1.547

8-34　$120+67.5e^{-250t}$V$, 0<t<0.1$ s

　　　$150-38.6e^{-57.1(t-0.1)}$V$, t>0.1$ s

8-37　$0.5(1-e^{-t})\varepsilon(t)-0.5[1+e^{-(t-2)}]\varepsilon(t-2)$V

8-39　$-2.5e^{-10t}$V$,t>0$

8-42　$1-2e^{-t}$A$,-e^{-t}$A$,3+e^{-t}+5\sqrt{2}\cos(t-3\pi/4)$A

8-46　$-0.417\pm j0.323$

8-49　$60e^{-4t}-40e^{-5t}$V$,12e^{-4t}-10e^{-5t}$A

8-51　$1+1.41e^{-t}\cos(t+135°)$A

8-53　$1.6e^{-2t}-1.88e^{-4t}+0.434\cos(t+49.4°)$V

8-55　(b) $0.778e^{-0.375t}\sin0.2856tV,t\geqslant0$

8-56　(a)$10-(5+e^{-4t})\varepsilon(t)A, 12\delta(t)+12e^{-4t}\varepsilon(t)$V

8-57　$3-(0.667+0.133e^{-2.4t})\varepsilon(t)V,$

　　　$-0.6\delta(t)-(2+0.16e^{-2.4t})\varepsilon(t)$A

8-58　(2) $(t-1)[\varepsilon(t-1)-\varepsilon(t-2)]$

*8-61　$-0.667e^{-0.833t}\varepsilon(t)V,$

$\begin{cases}0.96-0.8t-0.96e^{-0.833t}V,0\leqslant t<1\ s\\ -0.257e^{-0.833(t-1)}V,t\geqslant1\ s\end{cases}$

8-63　$\begin{bmatrix}\dfrac{du_C}{dt}\\\dfrac{di_L}{dt}\end{bmatrix}=\begin{bmatrix}-0.25&-1\\31&-6\end{bmatrix}\begin{bmatrix}u_C\\i_L\end{bmatrix}+\begin{bmatrix}0.25\\-30\end{bmatrix}[u_S]$

8-64　$\begin{bmatrix}\dfrac{du_C}{dt}\\\dfrac{di_L}{dt}\end{bmatrix}=\begin{bmatrix}-\dfrac14&-\dfrac12\\\dfrac12&-1\end{bmatrix}\begin{bmatrix}u_C\\i_L\end{bmatrix}+\begin{bmatrix}\dfrac14&1\\\dfrac12&0\end{bmatrix}\begin{bmatrix}u_S\\i_S\end{bmatrix}$

8-67
$$
\begin{bmatrix}
\dfrac{\mathrm{d}u_C}{\mathrm{d}t} \\[2mm]
\dfrac{\mathrm{d}i_1}{\mathrm{d}t} \\[2mm]
\dfrac{\mathrm{d}i_2}{\mathrm{d}t}
\end{bmatrix}
=
\begin{bmatrix}
-\dfrac{1}{R_3 C} & -\dfrac{1}{C} & 0 \\[2mm]
-\dfrac{L_2}{\Delta} & \dfrac{L_2 R_1}{\Delta} & -\dfrac{R_2 M}{\Delta} \\[2mm]
\dfrac{M}{\Delta} & -\dfrac{R_1 M}{\Delta} & \dfrac{L_1 R_2}{\Delta}
\end{bmatrix}
\begin{bmatrix}
u_C \\[1mm]
i_1 \\[1mm]
i_2
\end{bmatrix}
+
\begin{bmatrix}
\dfrac{1}{R_3 C} \\[2mm]
0 \\[1mm]
0
\end{bmatrix}
[u_S]
$$

式中,$\Delta = M^2 - L_1 L_2$

第 9 章

9-1 (1) $\dfrac{1}{s}\mathrm{e}^{-2s}$ (2) $\dfrac{1}{s-2}+\dfrac{1}{s+2}$ (3) $2\mathrm{e}^{-s}-\dfrac{3}{s+4}$ (4) $\dfrac{s\cos\theta-\omega\sin\theta}{s^2+\omega^2}$

9-2 (1) $\dfrac{2}{s^3}+\dfrac{2}{s^2}$ (2) $\dfrac{\sqrt{2}}{2}\cdot\dfrac{s+\omega}{s^2+\omega^2}$ (3) $\dfrac{1}{s}+\dfrac{1}{(s+1)^2}-\dfrac{2}{s+1}$ (4) $\dfrac{2}{s+5}\mathrm{e}^{-(s+5)}$

    (5) $\dfrac{1}{s+1}-\dfrac{1}{s+1}\mathrm{e}^{-2(s+1)}$ (6) $\dfrac{s+1}{(s+1)^2+4}-\dfrac{5}{s+2}$ (7) $\dfrac{1}{s+2}+\dfrac{\mathrm{e}^{-s}}{s+1}+\mathrm{e}^{-2s}$

    (8) $\dfrac{2s}{s^2+4}$

9-3 (a) $\dfrac{1}{s}(1+\mathrm{e}^{-2s})-\dfrac{2}{s}\mathrm{e}^{-3s}$ (b) $\dfrac{1}{s^2}(1-\mathrm{e}^{-2s})-\dfrac{2}{s}\mathrm{e}^{-4s}$

    (c) $\dfrac{1}{s^2}-\dfrac{2}{s^2}\mathrm{e}^{-s}+\dfrac{1}{s^2}\mathrm{e}^{-2s}$ (d) $\dfrac{5(\mathrm{e}^{-s}-\mathrm{e}^{-2s})}{s}+2\mathrm{e}^{-3s}$

9-4 $F_1(s)=10\left(\dfrac{1}{s}-\dfrac{1}{s^2}+\dfrac{1}{s^2}\mathrm{e}^{-s}\right)$ $F_2(s)=10\left(1-\dfrac{1}{s}+\dfrac{1}{s}\mathrm{e}^{-s}\right)$

9-5 (1) $\dfrac{4}{3}(1-\mathrm{e}^{-1.5t})\varepsilon(t)$ (2) $(6\mathrm{e}^{-4t}-3\mathrm{e}^{-2t})\varepsilon(t)$

    (3) $\delta(t)+\sin t\varepsilon(t)$ (4) $[(4-t)\mathrm{e}^{-2t}+2\mathrm{e}^{-t}]\varepsilon(t)$

9-6 (1) $2.236\mathrm{e}^{-t}\cos(t+63.4°)\varepsilon(t)$ (2) $(-0.25+0.5t+0.25\mathrm{e}^{-2t})\varepsilon(t)$

    (3) $(1+2t\mathrm{e}^{-t})\varepsilon(t)$ (4) $(\mathrm{e}^{-3t}-\mathrm{e}^{-4t})\varepsilon(t)-[\mathrm{e}^{-3(t-2)}-\mathrm{e}^{-4(t-2)}]\varepsilon(t-2)$

9-8 $0.577\mathrm{e}^{-0.5t}\cos\left(\dfrac{\sqrt{3}}{2}t+30°\right)\mathrm{V}$

9-9 $-0.2\mathrm{e}^{-2t}\mathrm{A},t\geqslant 0$

    $-2.4\delta(t)-0.2\mathrm{e}^{-2t}\varepsilon(t)\mathrm{V}$

9-11 $3t\mathrm{e}^{-2t}+2\mathrm{e}^{-2t}\mathrm{V},t\geqslant 0$

9-12 $(80\mathrm{e}^{-4t}-30\mathrm{e}^{-3t})\varepsilon(t)\mathrm{A}$

9-13 $\left[10(2-\mathrm{e}^{-t})+\dfrac{1}{2}\mathrm{e}^{-t}\sin 2t\right]\varepsilon(t)\mathrm{V}$

9-14 $u_x(t)=(6+8t)\mathrm{e}^{-2t}\mathrm{V},t\geqslant 0$

    $u_f(t)=3[1-(2t+1)\mathrm{e}^{-2t}]\varepsilon(t)\mathrm{V}$

9-15 $20\mathrm{e}^{-1.5t}-10\mathrm{e}^{-10t}\mathrm{V}$

9-16 $(2.732\mathrm{e}^{-7.464t}-0.7321\mathrm{e}^{-0.5359t})\mathrm{V}$

$(-1.57e^{-7.464t}+81.57e^{-0.5359t}-79e^{-0.5t})V$

9-17 $(4+6e^{-6t}+6e^{-0.25t})\varepsilon(t)V$

9-18 $6e^{-0.5t}\varepsilon(t)V$

9-19 $1+e^{-t}A$

9-20 $0.5H,\dfrac{1}{9}F$

9-21 $-(2+4.333e^{-0.5t}+1.333e^{-2t})V,t\geqslant 0$

9-22 $(e^{-5t}-e^{-2t})\varepsilon(t)V$

9-23 (a) $\dfrac{s+1}{s^2+s+1}$ (b) $\dfrac{2s^2+2s+1}{s^2+s+1}$

9-24 (b) 9

9-25 (1) $\dfrac{5}{s^2+s+5}$ (2) $h(t)=\dfrac{10}{\sqrt{19}}e^{-0.5t}\sin\dfrac{\sqrt{19}}{2}t\varepsilon(t)$

9-26 $\dfrac{1}{2}(e^{-t}+te^{-t})\varepsilon(t)V$

9-27 $32\delta(t)+60(1+e^{-5t})\varepsilon(t)V$

   $10A\rightarrow 16A$ $0\rightarrow 16A$

9-28 (1) $\dfrac{s^2}{2(s+1)}$ (2) $-0.5\delta(t)+0.5e^{-t}\varepsilon(t)V$

9-29 $0.333H,0.5F$

9-30 $1\Omega,0.5H,1.6F$

9-31 (1) $\dfrac{1}{s^2+\sqrt{2}s+1}$

   (2) $\dfrac{1}{\sqrt{1+\omega^4}},-\arctan\dfrac{\sqrt{2}\omega}{1-\omega^2}$,为低通滤波器

   (3) 当 $\omega=0$ 时,$|H(j\omega)|$ 出现最大值 $|H(j0)|=1,\omega_C=1rad/s$

9-32 (1) $\dfrac{s-2}{s+2}$ (2) $\dfrac{s-1}{(s+1)(s+2)}$

9-33 (1) $\dfrac{2}{s^2+s+1}$ (2) $2.31e^{-\frac{1}{2}t}\sin\dfrac{\sqrt{3}}{2}t$

9-34 $1.25\delta(t)+(1-1.5625e^{-1.25t})\varepsilon(t)$ A

   $\delta(t)-1.25e^{-1.25t}\varepsilon(t)$ V

9-35 (1) $\dfrac{0.5s}{s^2+1.5s+1}$

   (3) $0.834e^{-0.75t}\cos(0.66t-90°)\varepsilon(t)-0.834e^{-0.75(t-1)}\cos[0.66(t-1)-90°]$

   $\varepsilon(t-1)V$

9-36 (1) $\dfrac{-0.5s^2}{s^2+4s+2}$

   (2) $(0.21e^{-0.59t}-1.21e^{-3.41t})\varepsilon(t)V$

9-37　(1) $\dfrac{s}{s^2+4s+2}$

　　　(3) $0.515\sqrt{2}\sin(2t+16°)\text{V}$

9-39　$5-2.5\mathrm{e}^{-t}\text{A}$　　$-2.5\mathrm{e}^{-t}\text{A}$　提示：磁链不能跃变

9-40　$(0.5t\mathrm{e}^{-t}-0.5\mathrm{e}^{-t})\text{V},t\geqslant0$

9-41　(1) $\dfrac{2s}{s^2+2s+2}$

　　　(2) $[2\mathrm{e}^{-t}\cos(t-126.86°)+1.2\cos2t-0.4\sin2t]\varepsilon(t)\text{V}$

　　　(3) $1.265\cos(2t+18.43°)=(1.2\cos2t-0.4\sin2t)\text{V}$

9-42　(1) $\dfrac{s}{2(s+2)(3s+2)}$

　　　(2) $-\dfrac{3}{148}\mathrm{e}^{-2t}-\dfrac{3}{1300}\mathrm{e}^{-\frac{2}{3}t}+0.081\mathrm{e}^{-t}\cos(6t-74.3°)\text{A}$　　$t>0$

　　　(3) $0.056\cos(2t-26.5°)\text{A}$

9-43　(1) $2(\mathrm{e}^{-t}-\mathrm{e}^{-2t})$

　　　(2) $\dfrac{\mathrm{d}^2u_C}{\mathrm{d}t^2}+3\dfrac{\mathrm{d}u_C}{\mathrm{d}t}+2u_C=2u_S$

　　　(3) $(1-2\mathrm{e}^{-t}+\mathrm{e}^{-2t})\varepsilon(t)\text{V}$

9-44　(1) $\begin{cases}\dfrac{\mathrm{d}u_C}{\mathrm{d}t}=-u_C-i_L+f(t)\\[2mm]\dfrac{\mathrm{d}i_L}{\mathrm{d}t}=u_C-i_L\end{cases}$

　　　(2) $\dfrac{s+1}{s^2+2s+2}$

　　　(3) $[0.5+0.5\sqrt{2}\,\mathrm{e}^{-t}\cos(t-45°)]\varepsilon(t)\text{V}$

9-45　$-0.4\sin2t+\cos3t+0.6\sin3t$

9-46　$(\mathrm{e}^{-t}+2t\mathrm{e}^{-2t})\varepsilon(t)$

9-47　$x(t)=-1+2.236\cos(t-63.4°)$ 或 $=-1+\cos t+2\sin t$

　　　$y(t)=2+2.236\cos(t-153.4°)$ 或 $=2-2\cos t+\sin t$

9-48　$x(t)=\mathrm{e}^{-t}-1$　　　$y(t)=2-\mathrm{e}^{-t},t\geqslant0$

9-49　$y_x(t)=2\mathrm{e}^{-t}-\mathrm{e}^{-2t},t\geqslant0$

　　　$y_f(t)=2.5(\mathrm{e}^{-t}-2\mathrm{e}^{-2t}+\mathrm{e}^{-3t})\varepsilon(t)$

　　　$y(t)=(4.5\mathrm{e}^{-t}-6\mathrm{e}^{-2t}+2.5\mathrm{e}^{-3t})\varepsilon(t)$

第 10 章

10-1　(1) $N_1i_1+N_2i_2$；(2) $N_1i_1-N_2i_2$

10-3　(1) i_2-i_1

10-4　(1) 18.55 mA；(3) 2.65 A/cm,60.4 A/cm

10-5　176 A

10-6　0.2 A

10-8　(1) 2670 A

10-9　(1) 4072 A；(2) 264 N

10-10　2.83

10-13　1.5 A

10-16　(1) 12.5 W,337.5 W

　　　(2) 0.5 Ω,13.5 Ω,14.3 Ω

参 考 文 献

[1] 邱关源著,罗先觉修订.电路(第5版).北京:高等教育出版社,2006
[2] 李瀚荪编.简明电路分析基础.北京:高等教育出版社,2002
[3] 陈洪亮,张峰,田社平主编.电路基础.北京:高等教育出版社,2007
[4] 范世贵主编.电路基础.西安:西北工业大学出版社,1993
[5] 周克定,张文灿主编.电工理论基础.北京:高等教育出版社,1994
[6] 江缉光,刘秀成主编.电路原理(第2版).北京:清华大学出版社,2007
[7] 于歆杰,朱桂萍,陆文娟编著.电路原理.北京:清华大学出版社,2007
[8] Charles K Alexander, Matthew N O Sadiku. Fundamentals of Electric Circuits. 北京:清华大学出版社,2000
[9] Charles K Alexander, Matthew N O Sadiku 著.电路基础.刘巽亮,倪国强译.北京:电子工业出版社,2003
[10] 卢勤庸.电子电路仿真(第2版).北京:科学出版社,2010